ERNST MACH
DIE MECHANIK IN IHRER ENTWICKLUNG

PHILOSOPHIEHISTORISCHE TEXTE

Ernst Mach

Die Mechanik in ihrer Entwicklung

Historisch-kritisch dargestellt

Herausgegeben
und mit einem Anhang versehen
von
Renate Wahsner
und
Horst-Heino von Borzeszkowski

AKADEMIE-VERLAG BERLIN
1988

ISBN 3-05-000250-6
ISSN 0233-089X

Erschienen im Akademie-Verlag Berlin, Leipziger Straße 3—4,
DDR - 1086 Berlin
© Akademie-Verlag Berlin 1988
Lizenznummer: 202 · 100/15/88
Printed in the German Democratic Republic
Gesamtherstellung: VEB Druckerei „Gottfried Wilhelm
Leibniz" 4450 Gräfenhainichen · 6737
Schutzumschlag- u. Einbandgestaltung: Eckhard Steiner
LSV 0116
Bestellnummer: 754 727 3 (4081)

04800

Inhaltsverzeichnis

Vorwort zur ersten Auflage 13
Vorwort zur zweiten Auflage 16
Vorwort zur dritten Auflage 17
Vorwort zur vierten Auflage 18
Vorwort zur fünften Auflage 20
Vorwort zur sechsten Auflage 21
Vorwort zur siebenten Auflage 22

Einleitung 25

Erstes Kapitel

Entwicklung der Prinzipien der Statik 32

  1. Das Hebelprinzip 32
  2. Das Prinzip der schiefen Ebene 48
  3. Das Prinzip der Zusammensetzung der Kräfte . 58
  4. Das Prinzip der virtuellen Verschiebungen . . . 70
  5. Rückblick auf die Entwicklung der Statik . . . 94
  6. Die Prinzipien der Statik in ihrer Anwendung auf die flüssigen Körper 108
  7. Die Prinzipien der Statik in ihrer Anwendung auf die gasförmigen Körper 128

Zweites Kapitel

Die Entwicklung der Prinzipien der Dynamik 145

  1. Galileis Leistungen 145
  2. Die Leistungen von Huygens 177

3. Newtons Leistungen 208
4. Erörterung und Veranschaulichung des Gegenwirkungsprinzips 226
5. Kritik des Gegenwirkungsprinzips und des Massenbegriffs 240
6. Newtons Ansichten über Zeit, Raum und Bewegung 246
7. Übersichtliche Kritik der Newtonschen Aufstellungen 267
8. Rückblick auf die Entwicklung der Dynamik . . 273
9. Die Hertzsche Mechanik 282
10. Verschiedene Auffassungen der hier dargelegten Gedanken 288

Drittes Kapitel

Die weitere Verwendung der Prinzipien und die deduktive Entwicklung der Mechanik 302

1. Die Tragweite der Newtonschen Prinzipien . . . 302
2. Die Rechnungsausdrücke und Maße der Mechanik 313
3. Die Gesetze der Erhaltung der Quantität der Bewegung, der Erhaltung des Schwerpunktes und der Erhaltung der Flächen 325
4. Die Gesetze des Stoßes 340
5. Der D'Alembertsche Satz 362
6. Der Satz der lebendigen Kräfte 372
7. Der Satz des kleinsten Zwanges 379
8. Der Satz der kleinsten Wirkung 392
9. Der Hamiltonsche Satz 409
10. Einige Anwendungen der Sätze der Mechanik auf hydrostatische und hydrodynamische Aufgaben . 412

Viertes Kapitel

Die formelle Entwicklung der Mechanik 444

1. Die Isoperimeterprobleme 444
2. Theologische, animistische und mystische Gesichtspunkte in der Mechanik 465
3. Die analytische Mechanik 480
4. Die Ökonomie der Wissenschaft 494

Fünftes Kapitel
Beziehungen der Mechanik zu anderen Wissensgebieten ... 510
   1. Beziehungen der Mechanik zur Physik ... 510
   2. Beziehungen der Mechanik zur Physiologie ... 520
   3. Schlußwort ... 523

ANHANG

Anmerkungen der Herausgeber zum Text ... 529

Zur vorliegenden Ausgabe ... 561

Nachwort der Herausgeber ... 563

Ernst Mach – Biographische und bibliographische Daten ... 648

Ludwig Mach
Vorwort zur neunten Auflage ... 650

Ernst Mach
Die Leitgedanken meiner naturwissenschaftlichen Erkenntnislehre und ihre Aufnahme durch die Zeitgenossen ... 653

Max Planck
Zur Machschen Theorie der physikalischen Erkenntnis. Eine Erwiderung ... 670

Albert Einstein
Vier Briefe an Ernst Mach ... 679

Albert Einstein
Ernst Mach ... 683

Personenregister ... 690

DIE MECHANIK
IN IHRER ENTWICKLUNG

HISTORISCH-KRITISCH
DARGESTELLT VON

Dr. ERNST MACH
EMER. PROFESSOR AN DER UNIVERSITÄT WIEN

MIT 257 ABBILDUNGEN

SIEBENTE VERBESSERTE
UND VERMEHRTE AUFLAGE

LEIPZIG:
F. A. BROCKHAUS
1912

DEM ANDENKEN
EMIL WOHLWILLS,
DES HOCHGESCHÄTZTEN
HISTORIKERS DER PHYSIK,
GEWIDMET

Vorwort zur ersten Auflage

Vorliegende Schrift ist kein Lehrbuch zur Einübung der Sätze der Mechanik. Ihre Tendenz ist vielmehr eine aufklärende oder, um es noch deutlicher zu sagen, eine antimetaphysische.

Auch die Mathematik ist in dieser Schrift gänzlich Nebensache. Wer sich aber für die Fragen interessiert, worin der *naturwissenschaftliche* Inhalt der Mechanik besteht, *wie* wir zu demselben gelangt sind, aus welchen *Quellen* wir ihn geschöpft haben, wie weit derselbe als ein gesicherter Besitz betrachtet werden kann, wird hier hoffentlich einige Aufklärung finden. Eben dieser Inhalt, welcher für jeden Naturforscher, jeden Denker das größte und allgemeinste Interesse hat, liegt eingeschlossen und verhüllt in dem intellektuellen Fachapparat der heutigen Mechanik.

Der Kern der Gedanken der Mechanik hat sich fast durchaus an der Untersuchung sehr einfacher besonderer Fälle mechanischer Vorgänge entwickelt. Die historische Analyse der Erkenntnis dieser Fälle bleibt auch stets das wirksamste und natürlichste Mittel, jenen Kern bloßzulegen, ja man kann sagen, daß *nur* auf diesem Wege ein volles Verständnis der allgemeinern Ergebnisse der Mechanik zu gewinnen ist. Der erwähnten Anschauung folgend, bin ich zu einer etwas breiten, dafür aber sehr verständlichen Darstellung gelangt. Bei der vorläufig noch nicht hinreichend entwickelten Genauigkeit der allgemeinen Verkehrssprache konnte ich von dem Gebrauch der kurzen und präzisen mathematischen Bezeichnung nicht überall absehen, sollte nicht stellenweise die Sache der Form geopfert werden.

Die Aufklärungen, welche ich hier bieten kann, sind im Keime teilweise schon enthalten in meiner Schrift: „Die Geschichte und die Wurzel des Satzes von der Erhaltung der Arbeit" (Prag 1872). Obgleich nun später von Kirchhoff („Vorlesungen über mathematische Physik. Mechanik", Leipzig 1874) und Helmholtz („Die Tatsachen in der Wahrnehmung", Berlin 1879) einigermaßen ähnliche Ansichten ausgesprochen wurden und zum Teil sogar schon den Charakter von Schlagworten angenommen haben, scheint mir hiermit dasjenige, was ich zu sagen habe, doch nicht erschöpft, und ich halte meine Darstellung keineswegs für überflüssig.

Mit meiner Grundansicht über die Natur der Wissenschaft als einer *Ökonomie des Denkens*, die ich in der oben zitierten Schrift sowie in einer andern („Die Gestalten der Flüssigkeit", Prag 1872) angedeutet und in meiner akademischen Festrede („Die ökonomische Natur der physikalischen Forschung", Wien 1882) etwas weiter ausgeführt habe, stehe ich nicht mehr allein. Sehr verwandte Ideen hat nämlich in seiner Weise R. Avenarius entwickelt („Philosophie als Denken der Welt gemäß dem Prinzip des kleinsten Kraftmaßes", Leipzig 1876), was mir zu besonderer Befriedigung gereicht. Die Achtung vor dem echt philosophischen Streben, alles Wissen in einen Strom zusammenzuleiten, wird man in meiner Schrift überhaupt nicht vermissen, wenngleich dieselbe gegen Übergriffe der *spekulativen* Methode entschiedene Opposition macht.

Die hier behandelten Fragen haben mich schon in früher Jugend beschäftigt, und mein Interesse für dieselben wurde mächtig erhöht durch die wunderbaren Einleitungen von Lagrange zu den Kapiteln seiner analytischen Mechanik, sowie durch das klar und frisch geschriebene Schriftchen von Jolly („Prinzipien der Mechanik", Stuttgart 1852). Das schätzbare Buch von Dühring („Kritische Geschichte der Prinzipien der Mechanik", Berlin 1873) hat auf meine Gedanken, welche bei dessen Erscheinen schon im wesentlichen abgeschlossen und auch ausgesprochen waren, keinen bemerkenswerten Einfluß mehr geübt. Gleichwohl wird man, wenigstens in bezug auf die *negative* Seite der Kritik, manche Berührungspunkte finden.

Vorwort zur vierten Auflage

Die Zahl der Freunde dieser Darstellung scheint im Verlaufe von 17 Jahren zugenommen zu haben, und die teilweise Berücksichtigung meiner Ausführungen in den Schriften von Boltzmann, Föppl, Hertz, Love, Maggi u. a. läßt mich hoffen, daß meine Arbeit nicht verloren sein wird. Besondere Freude gewährt es mir, daß ich in J. B. Stallo („The concepts of modern physics") wieder einen Genossen in meiner Stellung zur Metaphysik und in W. K. Clifford („Lectures and essays" und „The common sense of the exact sciences") einen Denker von verwandten Zielen und Gesichtspunkten gefunden habe.

Neue den Gegenstand betreffende Arbeiten, sowie vorgebrachte Einwürfe wurden in besonderen, zum Teil umfangreichen Einschaltungen berücksichtigt. Unter den letzteren war mir besonders wertvoll O. Hölders Bemerkung über meine Kritik der Archimedes'schen Ableitung („Denken und Anschauung in der Geometrie", S. 63, Note 62), da sie mir den Anlaß gegeben hat, meine Ansicht (S. 16, 17, 22, 23, 32) noch eingehender zu begründen. Daß in der Mechanik *bindende* Beweise so gut möglich sind als in der Mathematik, bestreite ich nicht. In Bezug auf die fragliche Archimedes'sche und auch manche andere Ableitung glaube ich aber meine Meinung aufrecht erhalten zu müssen.

Durch historische Einzeluntersuchungen dürfte sich noch manche kleinere Korrektur an meiner Darstellung ergeben. Im großen und ganzen glaube ich aber, das Bild der Umwandlungen, welche die Mechanik erlebt und mutmaßlich noch durchzumachen hat, richtig gezeichnet zu haben. Der Grundton, von dem sich die späteren Einschaltungen deutlich ab-

Die hier abgebildeten und beschriebenen neuen Demonstrationsapparate sind durchgängig von mir konstruiert und von Herrn F. Hajek, Mechaniker des unter meiner Leitung stehenden physikalischen Instituts, ausgeführt worden.

In loserm Zusammenhang mit dem Text stehen die genauen Nachbildungen in meinem Besitz befindlicher alter Originale. Die eigentümlichen und naiven Züge der großen Forscher, welche sich in denselben aussprechen, haben aber auf mich beim Studium sehr erfrischend gewirkt, und ich wünschte, daß meine Leser dieses Vergnügen mit genießen möchten.

Prag, im Mai 1883.   E. Mach

Vorwort zur zweiten Auflage

Infolge der freundlichen Aufnahme dieses Buches ist eine starke Auflage in weniger als fünf Jahren vergriffen worden. Dieser Umstand, sowie die seither erschienen Schriften von E. Wohlwill, H. Streintz, L. Lange, J. Epstein, F. A. Müller, J. Popper, G. Helm, M. Planck, F. Poske u. a. beweisen die erfreuliche Tatsache, daß man gegenwärtig Fragen der Erkenntnistheorie mit Teilnahme verfolgt, die vor zwanzig Jahren fast noch niemand beachtet hat.

Da mir eine durchgreifende Änderung meiner Darstellung noch nicht zweckmäßig schien, habe ich mich, was den Text betrifft, auf Verbesserungen von Druckfehlern beschränkt und habe die seither erschienen Schriften, soweit mir dies möglich war, in einigen Zusätzen als „Anhang" berücksichtigt.

Prag, im Juni 1888
D. V.

Vorwort zur dritten Auflage

Bei der sorgfältigen Revision, welche Herr Thomas G[ ]mack bei Gelegenheit der Übersetzung des vor[ ] Buches ins Englische vorgenommen hat, wurden einige[ ] gefunden, die in dieser dritten Auflage beseitigt s[ ] von anderen gelegentlich bemerkte Fehler habe ich [ ]

Das Interesse für die Grundlagen der Mechani[ ] immer im Zunehmen begriffen, wie die seit 1889 e[ ] Schriften von Budde, B. und J. Friedländer, H[ ] Johannesson, K. Laßwitz, J. G. MacGregor, K. [ ] Petzoldt, Rosenberger, E. Strauß, Vicaire, P. V[ ] Wohlwill u. a. beweisen, von welchen viele, w[ ] knapper Form, berücksichtigt werden mußten.

Durch die Publikation von K. Pearson ([ ] Science", London 1892) habe ich einen Forscher [ ] mit dessen erkenntniskritischen Ansichten ich m[ ] sentlichen Punkten in Übereinstimmung befin[ ] außerwissenschaftlichen Tendenzen in der Wisse[ ] mutig entgegenzutreten weiß. Die Mechanik [ ] wärtig in ein neues Verhältnis zur Physik tret[ ] sich dies insbesondere in der Publikation vo[ ] spricht. Die angebahnte Umwandlung in d[ ] Fernkräfte dürfte auch durch die interessante[ ] von H. Seeliger („Über das Newton'sche Gravi[ ] zungsber. d. Münchener Akad. 1896) beeinflu[ ] die Unvereinbarkeit des strengen Newtonsch[ ] Annahme einer unbegrenzten Masse des W[ ]

Wien, im Januar 1897

heben, konnte demnach stehenbleiben. Ich wünsche auch nicht, daß derselbe geändert werde, wenn etwa nach meinem Tode noch eine neue Auflage nötig werden sollte.

Wien, im Januar 1901   D. V.

Vorwort zur fünften Auflage

Für Verbesserungsvorschläge, die mir teils durch öffentliche Besprechungen, teils durch briefliche Mitteilungen bekannt geworden sind, bin ich insbesondere den Herren S. Günther, H. Kleinpeter, E. Lampe, R. M. Milne, P. Volkmann, K. Zahradniček und G. Zemplén zu Dank verpflichtet. Wenn ich nicht allen Vorschlägen Folge leisten konnte, so wird vielleicht genauere Erwägung des Inhalts der kritisierten Stellen mein Verhalten rechtfertigen.

Diese Auflage hat wieder einige Erweiterungen erfahren. Namentlich sei auf die Berücksichtigung der neueren Arbeiten über das Trägheitsgesetz hingewiesen.

Die kürzlich erschienene französische Ausgabe dieses Buches hat mir den Anlaß geboten, die französische methodologische Literatur der Mechanik genauer anzusehen. Schriften wie jene von G. Lechalas („Études sur l'espace et le temps", 1896), E. Picard („Quelques reflexions sur la mécanique", 1902), H. Poincaré („La science et l'hypothèse", 1903) und vor allem das von tiefen und umfassenden Blick zeugende Buch von P. Duhem („L'évolution de la mécanique", 1903) lassen mich hoffen, daß meine Schrift auch in Frankreich, wo naheliegende Wege schon eingeschlagen worden sind, freundliche Aufnahme finden wird.

Wien, im März 1904

D. V.

Vorwort zur sechsten Auflage

Arbeiten von Anding, Duhem, Föppl, Hartmann, Seeliger, Vailati und Wohlwill wurden in sechs zum Teil umfangreichen Zusätzen, auf welche im Text verwiesen ist, in einem Anhang berücksichtigt. Anregungen und Verbesserungen verdanke ich Herrn E. Lampe in Berlin und Herrn V. Samter in North Woburn, Mass.

Wien, im November 1907   D. V.

Vorwort zur siebenten Auflage

Als vor 40 Jahren die in diesem Buche dargelegten Ideen zum erstenmal geäußert wurden, fanden sie nur wenig Anklang, ja vielfachen und entschiedenen Widerspruch. Nur wenige Freunde, vor allem Ingenieur *Josef Popper*, interessierten sich wirklich für diese Gedanken und ermunterten den Autor. Als zwei Jahre später *Kirchhoff* mit seinem bekannten, vielzitierten Ausspruch hervortrat, der heute noch von der überwiegenden Mehrzahl der Physiker kaum richtig aufgefaßt wird, wurde die Anschauung beliebt, der Autor des vorliegenden Buches hätte *Kirchhoff* mißverstanden. Dieses divinatorische, antizipierende Mißverstehen eines noch nicht getanen Ausspruchs muß ich allerdings als meinem Ahnungsvermögen und meinen Verstandeskräften nicht entsprechend mit Dank ablehnen.

Dennoch erlebt das Buch die siebente deutsche Auflage und gewinnt nach und nach durch eine vorzügliche englische, französische, italienische und russische Übersetzung fast internationale Verbreitung. Es stellen sich auch zustimmende Äußerungen von Fachgenossen ein, für welche natürlich nur Einzelheiten in dem zur allgemeinen Einführung bestimmten Buch von Interesse sein konnten, so von *J. Cox, Hertz, Love, MacGregor, Maggi, H. v. Seeliger* u. a. Die bei diesem Thema kaum vermeidliche Berührung philosophischer, historischer und erkenntniskritischer Fragen rief auch die Aufmerksamkeit verschiedener Kritiker wach. Eine besondere Freude gewährte mir die Anerkennung, die ich bei den Philosophen *R. Avenarius, J. Petzoldt, H. Cornelius* und später auch bei *W. Schuppe* fand. Auch die scheinbar geringen Zugeständnisse, die

Philosophen anderer Richtung, wie *G. Heymans*, *P. Natorp*, *Alois Müller*, meiner Bezeichnung des absoluten Raumes und der absoluten Zeit als Mißgriffen entgegenbrachten, genügen mir; ich verlange in der Tat nicht mehr. Den Herren *L. Lange* und *J. Petzoldt* danke ich nicht nur für ihre Zustimmung in Einzelheiten, sondern auch für ihre tätige und erfolgreiche Mitarbeit. In historischer Beziehung waren mir wertvoll, und besonders über die Jugendperiode von Galilei aufklärend, die Kritiken von *Emil Wohlwill*, dessen Tod mir leider soeben angezeigt wird; ferner die kritischen Bemerkungen von *P. Duhem* und *G. Vailati*. Sehr dankbar bin ich Herrn *Ph. E. B. Jourdain, M. A. Cant*, für seine kritischen Noten, welche bei dem weit vorgeschrittenen Druck *dieser* Ausgabe leider größtenteils zu späte kamen. An den Erkenntniskritischen Diskussionen haben lebhaft und in für mich förderlicher Weise teilgenommen. *P. Duhem, O. Hölder, G. Vailati* und *P. Volkmann*.

Zu Ende des abgelaufenen Jahrhunderts hatten meine Ausführungen über Mechanik am meisten Glück; man mochte fühlen, daß die empiriokritische Seite die am meisten vernachlässigte Seite dieser Wissenschaft sei. Nun aber machen sich wieder die *Kantschen* Traditionen geltend; man hat wieder das Bedürfnis nach einer Begründung der Mechanik a priori. Ich bin nun zwar der Meinung, daß, was man von einem empirischen Gebiet a priori wissen kann, sich immer nur der logischen Besonnenheit, nach mehrfachen Überblicken dieses Gebiets, offenbaren muß, glaube aber durchaus nicht, daß Untersuchungen, wie die von *G. Hamel* („Über Raum, Zeit und Kraft als apriorische Formen der Mechanik" in „Jahresbericht der deutschen Mathematiker-Vereinigung", Bd. 18, 1909; „Über die Grundlagen der Mechanik" in „Mathematische Annalen", Bd. 66, 1908) der Sache schaden werden. Beide Seiten der Mechanik, die empirische und die logische, fordern ihre Untersuchung. Ich denke, daß dies auch in meinem Buch deutlich genug zum Ausdruck kommt, wenn auch *meine* Arbeit aus guten Gründen sich besonders der *empirischen* Seite zuwandte.

Mit 74 Jahren, von schweren Leiden getroffen, werde ich keine Revolution mehr machen. Ich hoffe aber wesentliche Fortschritte von einem jüngern Mathematiker, Dr. *Hugo*

Dingler, der sich, nach seinen Publikationen zu urteilen („Grenzen und Ziele der Wissenschaft", 1910; „Die Grundlagen der angewandten Geometrie", 1911), den freien unbefangenen Blick für *beide* Seiten der Wissenschaft bewahrt hat.

Man wird diese Auflage etwas homogener finden als die ältern. Viel ältere Polemik, für die sich heute niemand mehr interessiert, wurde weggelassen, dafür manches hinzugefügt. Der Charakter des Buches ist geblieben. Bezüglich der Begriffsungetüme des absoluten Raumes und der absoluten Zeit konnte ich nichts zurücknehmen. Ich habe hier nur deutlicher als vorher gezeigt, daß *Newton* zwar manches über diese Dinge geredet, aber durchaus keine ernste Anwendung von denselben gemacht hat. Sein Coroll. V („Principia", 1687, p. 19) enthält das einzig praktisch brauchbare (wahrscheinlich angenäherte) *Inertialsystem*.

Wien, 5. Februar 1912 . D. V.

Einleitung

1. Jener Teil der Physik, welcher der älteste und einfachste ist und daher auch als Grundlage für das Verständnis vieler anderer Teile der Physik betrachtet wird, beschäftigt sich mit der Untersuchung der Bewegung und des Gleichgewichts der Massen. Er führt den Namen *Mechanik*.

2. Die Entwicklungsgeschichte der Mechanik, deren Kenntnis auch zum vollen Verständnis der heutigen Form dieser Wissenschaft unerläßlich ist, liefert ein einfaches und lehrreiches Beispiel der Prozesse, durch welche die Naturwissenschaft überhaupt zustande kommt.

Die *instinktive* unwillkürliche Kenntnis der Naturvorgänge wird wohl stets der wissenschaftlichen willkürlichen Erkenntnis, der *Erforschung* der Erscheinungen, vorausgehen. Erstere wird erworben durch die Beziehung der Naturvorgänge zur Befriedigung unserer Bedürfnisse. Die Erwerbung der elementarsten Kenntnisse fällt sogar sicherlich nicht dem Individuum allein anheim, sondern wird durch die Entwicklung der Art vorbereitet.

In der Tat haben wir zu unterscheiden zwischen mechanischen Erfahrungen und Wissenschaft der Mechanik im heutigen Sinne. Mechanische Erfahrungen sind ohne Zweifel sehr alt. Wenn wir die altägyptischen oder assyrischen Denkmäler durchmustern, finden wir die Abbildung (Fig. 1) von mancherlei Werkzeugen und mechanischen Vorrichtungen, während die Nachrichten über die wissenschaftlichen Kenntnisse dieser Völker entweder fehlen oder doch nur auf eine sehr niedere Stufe derselben schließen lassen. Neben sehr sinnreichen Geräten bemerken wir wieder ganz rohe Prozeduren, wie z. B.

den Transport gewaltiger Steinmassen durch Schlitten. Alles trägt den Charakter des Instinktiven, des Undurchgebildeten, des zufällig Gefundenen.

Fig. 1

Auch die Gräber aus vorhistorischer Zeit enthalten viele Werkzeuge, deren Anfertigung und Handhabung eine nicht unbeträchtliche technische Fertigkeit und mancherlei mechanische Erfahrungen voraussetzt. Lange bevor also an eine Theorie im heutigen Sinne gedacht werden kann, finden wir Werkzeuge, Maschinen, mechanische Erfahrungen und Kenntnisse.

3. Zuweilen drängt sich der Gedanke auf, daß wir durch die unvollständigen schriftlichen Nachrichten zu einem falschen Urteil über die alten Völker verleitet werden. Es finden sich nämlich bei den alten Autoren einzelne Stellen, aus welchen viel tiefere Kenntnisse hervorzublicken scheinen, als man den betreffenden Völkern zuzuschreiben pflegt. Betrachten wir des Beispiels wegen nur eine Stelle bei Vitruv, „De architectura", Lib. V, Cap. III, 6. Dieselbe lautet: „Die Stimme aber ist ein fließender Hauch und infolge der Luftbewegung durch das Gehör vernehmlich; sie bewegt sich in unendlichen kreisförmigen Rundungen fort, wie in einem stehenden Wasser, wenn man einen Stein hineinwirft, unzählige Wellenkreise entstehen, welche wachsend sich soweit als möglich vom Mittelpunkt ausbreiten, wenn nicht die beengte Stelle sie unterbricht, oder irgendeine Störung, welche nicht gestattet, daß jene kreislinienförmigen Wellen bis ans Ende gelangen; denn so bringen die ersten Wellenkreise, wenn sie durch Störungen

unterbrochen werden, zurückwogend die Kreislinien der nachfolgenden in Unordnung. Nach demselben Gesetz bringt auch die Stimme solche Kreisbewegungen hervor, aber im Wasser bewegen sich die Kreise auf der Fläche bleibend nur in der Breite fort; die Stimme aber schreitet einerseits in der Breite vor und steigt andererseits stufenweise in die Höhe empor."

Meint man hier nicht einen populären Schriftsteller zu hören, dessen unvollkommene Auseinandersetzung auf uns gekommen ist, während vielleicht gediegenere Werke, aus welchen er geschöpft hat, verloren gegangen sind? Würden nicht auch wir nach Jahrtausenden in einem sonderbaren Lichte erscheinen, wenn nur unsere populäre Literatur, die ja auch der Masse wegen schwerer zerstörbar ist, die wissenschaftliche überdauern sollte? Freilich wird diese günstige Auffassung durch die Menge der andern Stellen wieder erschüttert, welche so grobe und offenbare Irrtümer enthalten, wie wir sie bei höherer wissenschaftlicher Kultur kaum für möglich halten können.

Je mehr wir übrigens durch neuere Forschungen über die antike naturwissenschaftliche Literatur erfahren, desto günstiger wird unser Urteil. So hat Schiaparelli sehr zur Schätzung der griechischen Astronomie beigetragen, und Govi hat uns durch seine Ausgabe der Optik des Ptolemäus reiche Schätze vermittelt. Die noch vor kurzem verbreitete Meinung, daß die Griechen insbesondere das Experiment ganz vernachlässigt hätten, kann heute nicht mehr im frühern Umfang aufrechterhalten werden. Die ältesten Experimente sind wohl jene der Pythagoräer, welche das Monochord mit verschiebbarem Steg zur Bestimmung der Seitenlängen bei harmonischem Verhältnis benutzten. Des Anaxogoras' Nachweis der Körperlichkeit der Luft durch einen aufgeblähten verschlossenen Schlauch und des Empedokles' mit nach unten gekehrter Mündung ins Wasser getauchtes Gefäß (Arist. Phys.) sind primitive Experimente. Planmäßige Versuche über Lichtbrechung stellt schon Ptolemäus an, und heute noch interessant sind dessen physiologisch-optische Beobachtungen. Aristoteles (Meteor.) berichtet über Beobachtungen, welche zur Erklärung des Regenbogens leiten. Die unsinnigen Sagen, die geeignet sind, unser Mißtrauen zu erregen, wie jene von Pythagoras und den Schmiedehämmern, welche ein harmonisches, ihrem Gewicht entsprechendes Intervall hören ließen, mögen der Phantasie unwissender Berichterstatter entsprungen sein. Plinius ist reich an solchen kritiklosen Berichten. Sie sind im Grunde auch nicht schlechter und unrichtiger als die Erzählungen von Newtons fallendem Apfel und von Watts Teekessel. Vielleicht werden dieselben noch verständlicher, wenn wir die Schwierigkeit und Kostbarkeit der Herstellung der antiken Schriften und deren dadurch bedingte spärlichere Verbreitung in Erwägung ziehen. Was sich in engem Rahmen über diese Fragen sagen läßt, findet sich bei J. Müller: „Über das Experiment in den physik. Studien der Griechen". Naturwiss. Verein zu Innsbruck, XXII, 1896—97.[1]

4. Wann, wo und in welcher Art die Entwicklung der Wissenschaft wirklich begonnen hat, ist jetzt historisch schwer zu ermitteln. Es scheint aber trotzdem natürlich anzunehmen, daß die instinktive Sammlung von Erfahrungen der wissenschaftlichen Ordnung derselben vorausgegangen sei. Die Spuren dieses Prozesses lassen sich an der heutigen Wissenschaft noch nachweisen, ja wir können den Vorgang an uns selbst gelegentlich beobachten. Die Erfahrungen, welche der auf Befriedigung seiner Bedürfnisse ausgehende Mensch unwillkürlich und instinktiv macht, verwendet er ebenso gedankenlos und unbewußt. Hierher gehören z. B. die ersten Erfahrungen, welche die Anwendung der Hebel in den verschiedensten Formen betreffen. Was man aber so gedankenlos und instinktiv findet, kann nie als etwas Besonderes, nie als etwas Auffallendes erscheinen, gibt in der Regel auch zu keinen weitern Gedanken Anlaß.

Der Übergang zur geordneten, wissenschaftlichen Erkenntnis und Auffassung der Tatsachen ist erst dann möglich, wenn sich besondere Stände herausgebildet haben, die sich die Befriedigung bestimmter Bedürfnisse der Gesellschaft zur Lebensaufgabe machen. Ein solcher Stand beschäftigt sich mit besondern Klassen von Naturvorgängen. Die Personen dieses Standes wechseln aber; alte Mitglieder scheiden aus, neue treten ein. Es ergibt sich nun die Notwendigkeit, den Neueintretenden die vorhandenen Erfahrungen mitzuteilen, die Notwendigkeit, ihnen zu sagen, auf welche Umstände es bei der Erreichung eines gewissen Zieles eigentlich ankommt, um den Erfolg im voraus zu bestimmen. Erst bei dieser Mitteilung wird man zu scharfer Überlegung genötigt, wie dies jeder heute noch an sich selbst beobachten kann. Andererseits fällt dem neueintretenden Mitglied eines Standes dasjenige, was die übrigen gewohnheitsmäßig treiben, als etwas Ungewöhnliches auf und wird so ein Anlaß zum Nachdenken und zur Untersuchung.

Will man einem andern gewisse Naturerscheinungen oder Vorgänge zur Kenntnis bringen, so kann man ihn dieselben entweder selbst beobachten lassen; dann entfällt aber der Unterricht; oder man muß ihm die Naturvorgänge auf irgendeine Weise beschreiben, um ihm die Mühe, jede Erfahrung selbst aufs neue zu machen, zu ersparen. Die Beschreibung ist aber nur möglich in bezug auf Vorgänge, die sich immer wiederholen oder doch nur aus Teilen bestehen, die immer wiederkehren. Beschrieben, begrifflich in Gedanken nachgebildet, kann nur werden, was gleichförmig, gesetzmäßig ist, denn die Beschreibung setzt die Anwendung von Namen für die Elemente voraus, welche nur bei immer wiederkehrenden Elementen verständlich sein können.

5. In der Mannigfaltigkeit der Naturvorgänge erscheint manches gewöhnlich, anderes ungewöhnlich, verwirrend, überraschend, ja sogar dem Gewöhnlichen widersprechend. Solange dies der Fall ist, gibt es keine ruhige einheitliche Naturauffassung. Es entsteht somit die Aufgabe, die gleichartigen, bei aller Mannigfaltigkeit stets vorhandenen Elemente der Naturvorgänge aufzusuchen. Hierdurch wird einerseits die sparsamste kürzeste Beschreibung und Mitteilung ermöglicht. Hat man sich andererseits die Fertigkeit erworben, diese gleichbleibenden Elemente in den mannigfaltigsten Vorgängen wiederzuerkennen, sie in denselben zu sehen, so führt dies zur *übersichtlichen, einheitlichen, widerspruchslosen und mühelosen Erfassung der Tatsachen*. Hat man es dahin gebracht, überall *dieselben* wenigen einfachen Elemente zu bemerken, die sich in gewohnter Weise zusammenfügen, so treten uns diese als etwas Bekanntes entgegen, wir sind nicht mehr überrascht, es ist uns nichts mehr an den Erscheinungen fremd und neu, wir fühlen uns in denselben zu Hause, sie sind für uns nicht mehr verwirrend, sondern *erklärt*. Es ist ein Anpassungsprozeß der Gedanken an die Tatsachen, um den es sich hier handelt.

6. Die Ökonomie der Mitteilung und Auffassung gehört zum Wesen der Wissenschaft, in ihr liegt das beruhigende, aufklä-

rende und ästhetische Moment derselben, und sie deutet auch unverkennbar auf den historischen Ursprung der Wissenschaft zurück. Anfänglich zielt alle Ökonomie nur unmittelbar auf Befriedigung der leiblichen Bedürfnisse ab. Für den Handwerker und noch mehr für den Forscher wird die kürzeste, einfachste, mit den geringsten geistigen Opfern zu erreichende Erkenntnis eines bestimmten Gebietes von Naturvorgängen selbst zu einem ökonomischen Ziel, bei welchem, obgleich es ursprünglich Mittel zum Zweck war, wenn einmal die betreffenden geistigen Triebe entwickelt sind und ihre Befriedigung fordern, an das leibliche Bedürfnis gar nicht mehr gedacht wird.

Was also in den Naturvorgängen sich gleichbleibt, die Elemente derselben und die Art ihrer Verbindung, ihrer Abhängigkeit voneinander, hat die Naturwissenschaft aufzusuchen. Sie bestrebt sich, durch die übersichtliche und vollständige Beschreibung das Abwarten neuer Erfahrungen unnötig zu machen, dieselben zu ersparen, indem z. B. vermöge der erkannten Abhängigkeit der Vorgänge voneinander, bei Beobachtung eines Vorganges die Beobachtung eines andern, dadurch schon mitbestimmten und vorausbestimmten, unnötig wird. Aber auch bei der Beschreibung selbst kann Arbeit gespart werden, indem man Methoden aufsucht, möglichst viel auf einmal und in der kürzesten Weise zu beschreiben. Alles dies wird durch die Betrachtung des Einzelnen viel klarer werden, als es durch allgemeine Ausdrücke erreicht werden kann. Doch ist es zweckmäßig, auf die wichtigsten Gesichtspunkte hier schon vorzubereiten.[2]

7. Wir wollen nun auf unsern Gegenstand näher eingehen und hierbei, ohne die Geschichte der Mechanik zur Hauptsache zu machen, die historische Entwicklung so weit beachten, als dies zum Verständnis der gegenwärtigen Gestaltung der Mechanik nötig ist und als es den Zusammenhang in der Hauptsache nicht stört. Abgesehen davon, daß wir den großen Anregungen nicht aus dem Wege gehen dürfen, die wir von den bedeutendsten Menschen aller Zeiten erhalten können und die zusammengenommen auch ausgiebiger sind, als sie die besten Menschen der Gegenwart zu bieten vermögen, gibt es kein großartigeres, ästhetisch erhebenderes Schauspiel als die Äußerungen der gewaltigen Geisteskraft der grundlegenden Forscher. Noch ohne alle Methode, welche ja durch ihre Arbeit erst geschaffen wird, und die ohne Kenntnis ihrer Leistung

immer unverstanden bleibt, fassen sie und bezwingen sie ihren Stoff und prägen ihm die begrifflichen Formen auf. Jeder, der den ganzen Verlauf der wissenschaftlichen Entwicklung kennt, wird natürlich viel freier und richtiger über die Bedeutung einer gegenwärtigen wissenschaftlichen Bewegung denken als derjenige, welcher, in seinem Urteil auf das von ihm selbst durchlebte Zeitelement beschränkt, nur die augenblickliche Bewegungsrichtung wahrnimmt.

Erstes Kapitel

Entwicklung der Prinzipien der Statik

1. Das Hebelprinzip

1. Die ältesten Untersuchungen über Mechanik, über welche wir Nachrichten haben, diejenigen der alten Griechen, bezogen sich auf die Statik, auf die Lehre vom Gleichgewicht. Auch als nach der Eroberung von Konstantinopel durch die Türken (1453) die flüchtigen Griechen durch die mitgebrachten alten Schriften im Abendlande neue Anregungen gaben, waren es Untersuchungen über Statik, welche, hauptsächlich durch die Werke des Archimedes hervorgerufen, die bedeutendsten Forscher beschäftigten.

Die Untersuchungen über Mechanik beginnen bei den Griechen überhaupt spät und halten mit den großen Fortschritten dieses Volkes in der Mathematik, insbesondere in der Geometrie, nicht gleichen Schritt.

Die Nachrichten über Mechanik, soweit sie die älteren griechischen Forscher betreffen, sind höchst spärlich. Archytas, ein angesehener Bürger von Tarent (um 400 v. Chr.), zeichnete sich als Geometer aus, befaßte sich mit dem berühmten Problem der Verdopplung des Würfels und konstruierte mechanische Vorrichtungen zur Beschreibung verschiedener Kurven. Als Astronom lehrte er die Kugelgestalt und die Achsendrehung der Erde im Laufe eines Tages. Als Mechaniker ist er der Begründer der Lehre von den Rollen. In einer besonderen Schrift über Mechanik soll er die Geometrie auf diese Wissenschaft angewendet haben, doch fehlen uns über die Einzelheiten alle näheren Nachrichten. Dagegen erfahren wir durch Aulus Gellius (X, 12), daß Archytas einen aufsehenerregenden Automaten, eine fliegende Taube aus Holz, konstruiert hat, welche wahrscheinlich durch verdichtete Luft in Bewegung gesetzt wurde. Es ist eben charakteristisch für die Vorgeschichte der Mechanik, daß man einerseits ihrer praktischen Bedeutung die Aufmerksamkeit zuwendet und andererseits auf Konstruktion von Automaten sich verlegt, welche bei Unwissenden Bewunderung erregen können.

Noch viel später, bei Ktesibios (285–247 v. Chr.) und bei Heron (1. Jahrh. n. Chr.), hat sich dieses Verhältnis nicht wesentlich geändert. Auch in der Zeit des Verfalls der Kultur im Mittelalter tritt diese Erscheinung aufs neue auf. Die künstlichen Automaten, Uhrwerke, deren Zustandekommen der Volksglaube der Mitwirkung des Teufels zuschrieb, sind bekannt. Indem man das Leben äußerlich nachahmte, hoffte man, es innerlich zu ergründen. Im Zusammenhang mit der mißverständlichen Auffassung des Lebens steht dann auch der wunderliche Glaube an die Möglichkeit eines Perpetuum mobile. Erst allmählich, langsam und in verschwommener Form tauchen vor dem Geist der Denker die wahren Probleme der Mechanik auf. Bezeichnend hierfür ist die ehemals dem Aristoteles (383–322 v. Chr.) zugeschriebene Schrift „Mechanische Probleme" (deutsch nach Poselger, Hannover 1881). Der Verfasser weiß Probleme zu *erkennen* und zu *stellen*, sieht das Prinzip des *Bewegungs*parallelogramms, kommt der Erkenntnis der Zentrifugalkraft nahe, ist aber in der Lösung der Probleme nicht glücklich. Die ganze Schrift hat mehr einen dialektischen als naturwissenschaftlichen Charakter und begnügt sich, die „Aporien", Verlegenheiten, zu beleuchten, welche sich in den Problemen aussprechen. Die Schrift charakterisiert übrigens sehr gut die intellektuelle Situation, welche den *Anfang* einer wissenschaftlichen Untersuchung bedingt.

„Wunderbar erscheint, was zwar naturgemäß erfolgt, wovon aber die Ursache sich nicht offenbart . . . Solcherlei ist, worin Kleineres das Größere bewältigt, und geringes Gewicht schwere Lasten, und beiläufig alle Probleme, die wir mechanische nennen . . . Zu den Aporien aber von dieser Gattung gehören die den Hebel betreffenden. Denn ungereimt erscheint es, daß eine große Last durch eine kleine Kraft, jene noch verbunden mit einer größeren Last bewegt werde. Wer ohne Hebel eine Last nicht bewegen kann, bewegt sie leicht, die eines Hebels noch hinzufügend. Von allem diesem liegt die Grundursache im Wesen des Kreises, und zwar sehr natürlich: denn nicht ungereimt ist es, daß aus dem Wunderbaren etwas Wunderbares hervorgeht. Eine Verknüpfung aber entgegengesetzter Eigenschaften in Eins ist das Wunderbarste. Nun ist der Kreis wirklich aus solchen zusammengesetzt. Er wird sogar erzeugt durch etwas Bewegliches und etwas an seinem Orte Verharrendes."

An einer spätern Stelle derselben Schrift offenbart sich eine Ahnung des Prinzips der virtuellen Verschiebungen in sehr unbestimmter Form.

Solche Betrachtungen bezeichnen die Anerkennung und Aufstellung eines Problems, führen aber noch bei weitem nicht zur Lösung desselben.

2. Archimedes von Syrakus (287—212 v. Chr.) hat eine Anzahl von Schriften hinterlassen, deren einige vollständig auf uns gekommen sind. Wir wollen uns zunächst einen Augenblick mit dem Buch „De aequiponderantibus" beschäftigen, das Sätze über den Hebel und Schwerpunkt enthält.

In demselben geht er von folgenden, von ihm als selbstverständlich angesehenen Voraussetzungen aus:

a. Gleichschwere Größen, in gleicher Entfernung (vom Unterstützungspunkt) wirkend, sind im Gleichgewicht.

b. Gleichschwere Größen, in ungleicher Entfernung (vom Unterstützungspunkt) wirkend, sind nicht im Gleichgewicht, sondern die in größerer Entfernung wirkende sinkt.

Er leitet aus diesen Voraussetzungen den Satz ab: „Kommensurable Größen sind im Gleichgewicht, wenn sie ihrer Entfernung (vom Unterstützungspunkt) umgekehrt proportioniert sind."

Es scheint, als ob an diesen Voraussetzungen nicht mehr viel zu analysieren wäre; dem ist aber, wenn man genau zusieht, nicht so.

Wir denken uns eine Stange (Fig. 2), von deren Gewicht wir absehen; dieselbe hat einen Unterstützungspunkt. Wir hängen in gleicher Distanz von diesem zwei gleiche Gewichte an. Daß diese jetzt im Gleichgewicht sind, ist eine Voraussetzung, von der Archimedes ausgeht. Man könnte meinen, dies sei (nach dem sogenannten Satze des zureichenden Grundes), abgesehen von aller Erfahrung, selbstverständlich,

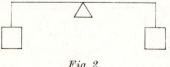

Fig. 2

es sei bei der Symmetrie der ganzen Vorrichtung kein Grund, warum die Drehung eher in dem einen als in dem andern Sinne eintreten sollte. Man vergißt aber hierbei, daß in der Voraussetzung schon eine Menge *negativer* und *positiver*, unwillkürlicher, instinktiver Erfahrungen liegen, die negativen z. B., daß ungleiche Farben der Hebelarme, die Stellung des Beschauers, ein Vorgang in der Nachbarschaft usw., keinen Einfluß haben, die positiven hingegen (wie in Voraussetzung 2 sich zeigt), daß nicht nur die Gewichte, sondern auch die Entfernungen vom Stützpunkt für die Gleichgewichtsstörung maßgebend sind, daß sie bewegungsbestimmende Momente sind. Mit Hilfe dieser Erfahrungen sieht man allerdings ein, daß die Ruhe (keine Bewegung) die einzige durch die bewegungsbestimmenden Umstände *eindeutig* bestimmte Bewegung ist.*

Nun können wir aber unsere Kenntnis der *maßgebenden* Umstände nur dann für zureichend halten, wenn die letzteren einen Vorgang eindeutig bestimmen. Unter Voraussetzungen der erwähnten Erfahrung, daß *nur die Gewichte und ihre Abstände maßgebend sind*, hat nun der Satz 1 des Archimedes wirklich einen hohen Grad von Evidenz und eignet sich also sehr zur Grundlage für weitere Untersuchungen. Stellt sich der Beschauer selbst in die Symmetrieebene der betreffenden Vorrichtung, so zeigt sich der Satz 1 auch als eine sehr zwingende *instinktive* Einsicht, was durch die Symmetrie unseres eigenen Körpers bedingt ist. Die Aufsuchung derartiger Sätze ist auch ein vorzügliches Mittel, sich in Gedanken an dieselbe Bestimmtheit zu gewöhnen, welche die Natur in ihren Vorgängen offenbart.[3]

3. Wir wollen nun in freier Weise den Gedankengang reproduzieren, durch welchen Archimedes den allgemeinen Hebelsatz auf den speziellen anscheinend selbstverständlichen zurückzuführen sucht. Die beiden in a und b (Fig. 3) aufgehängten gleichen Gewichte (1) sind, wenn die Stange ab um den Mittelpunkt c drehbar ist, im Gleichgewicht. Hängt man das

---

* Würde man z. B. annehmen, daß das Gewicht rechter Hand sinkt, so würde die Gegendrehung in gleicher Weise bestimmt, wenn der einflußlose Beschauer sich auf die entgegengesetzte Seite stellt.

Ganze an einer Schnur in c auf, so wird dieselbe, vom Gewicht der Stange abgesehen, das Gewicht 2 zu tragen haben. Die gleichen Gewichte an dem Ende ersetzen also das doppelte Gewicht in der Mitte der Stange.

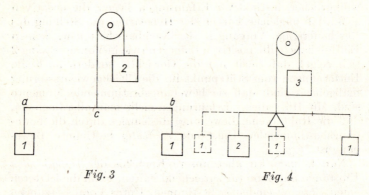

Fig. 3 Fig. 4

An dem Hebel (Fig. 4), dessen Arme sich wie 1:2 verhalten, sind Gewichte im Verhältnis 2:1 angehängt. Wir denken uns das Gewicht 2 durch zwei Gewichte 1 ersetzt, welche beiderseits in dem Abstand 1 von dem Aufhängepunkt angebracht sind. Dann haben wir wieder vollkommene Symmetrie um den Aufhängepunkt und folglich Gleichgewicht.

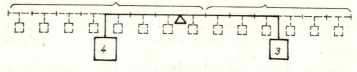

Fig. 5

An den Hebelarmen 3 und 4 (Fig. 5) hängen die Gewichte 4 und 3. Der Hebelarm 3 werde um 4, der Arm 4 um 3 verlängert die Gewichte 4 und 3 beziehungsweise durch 4 und 3 Paare symmetrisch angebrachter Gewichte 1/2 ersetzt, wie dies die Figur ersichtlich macht. Dann haben wir wieder vollkommene Symmetrie. Diese Betrachtung, die wir in speziellen Zahlen ausgeführt haben, kann leicht verallgemeinert werden.

4. Es ist interessant zu sehen, in welcher Art die Betrach-

tungsweise von Archimedes durch Galilei und Stevin modifiziert worden ist.

Galilei denkt sich ein horizontales homogenes schweres Prisma und eine ebensolange homogene Stange (Fig. 6), an der das Prisma an seinen Enden aufgehängt ist. Die Stange ist in der Mitte mit einer Aufhängung versehen. In diesem Falle wird Gleichgewicht bestehen; das läßt sich sofort einsehen. In *diesem* Falle ist aber *jeder andere* Fall enthalten. Galilei zeigt dies auf folgende Weise. Setzen wir, es wäre die ganze Länge der Stange oder des Prismas $2(m+n)$. Wir schneiden nun das Prisma derart entzwei, daß das eine Stück die Länge $2m$, das zweite $2n$ erhält. Wir können dies ohne Störung des Gleichgewichts tun, wenn wir zuvor die Enden der beiden Stücke hart an den Schnitt durch Fäden an der Stange befestigen. Wir können nun auch alle vorhandenen Fäden entfernen, wenn wir zuvor die beiden Prismenstücke in deren Mitte an der Stange aufhängen. Da die ganze Länge der Stange $2(m+n)$, so beträgt eine jede Hälfte $m+n$. Es ist also die Distanz des Aufhängepunktes des rechten Prismenstückes vom Aufhängepunkt der Stange m, des linken aber n. Die Erfahrung, daß es auf das *Gewicht* und *nicht* auf die Form der Körper ankommt, ist leicht gemacht. Somit ist klar, daß das Gleichgewicht noch besteht, wenn irgendein Gewicht von der Größe $2m$ auf einer Seite in der Entfernung n und irgendein Gewicht von der Größe $2n$ auf der andern Seite in der Entfernung m aufgehängt wird. Die instinktiven Erkenntniselemente treten bei dieser Ableitung noch mehr hervor als bei jener von Archimedes.

Man kann übrigens an dieser schönen Betrachtung noch einen Rest der Schwerfälligkeit erkennen, die besonders den Forschern des Altertums eigen ist.

Wie ein neuerer Physiker dieselbe Sache aufgefaßt hat, sehen wir an folgender Betrachtung von Lagrange. Er sagt: Wir denken uns ein homogenes horizontales Prisma in der Mitte aufgehängt

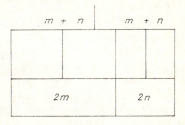

Fig. 6

(Fig. 7). Dasselbe stellen wir uns in die Prismen von den Längen 2 *m* und 2 *n* geteilt vor.

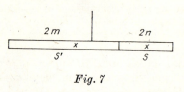

Fig. 7

Beachten wir nun die Schwerpunkte *S* dieser Stücke, in welchen wir uns Gewichte proportional 2 *m* und 2 *n* angreifend denken können, so haben dieselben beziehungsweise die Abstände *n* und *m* vom Stützpunkt. Diese kurze Erledigung ist nur der geübten mathematischen Anschauung möglich.

5. Das Ziel, welches Archimedes und seine Nachfolger in den angeführten Betrachtungen anstreben, besteht darin, den komplizierten Hebelfall auf den einfachern, anscheinend selbstverständlichen zurückzuführen, in dem komplizierten den einfachern zu *sehen* oder auch umgekehrt. In der Tat halten wir einen Vorgang für erklärt, wenn es uns gelingt, in demselben bekannte einfachere Vorgänge zu erblicken.

So überraschend uns nun auf den ersten Blick die Leistung von Archimedes und seinen Nachfolgern erscheint, so steigen uns bei genauer Betrachtung doch Zweifel an der Richtigkeit derselben auf. Aus der bloßen Annahme des Gleichgewichts gleicher Gewichte in gleichen Abständen wird die verkehrte Proportion zwischen Gewicht und Hebelarm abgeleitet! Wie ist das möglich?

Wenn wir schon die bloße Abhängigkeit des Gleichgewichts vom Gewicht und Abstand überhaupt nicht aus uns *herausphilosophieren* konnten, sondern aus der Erfahrung holen mußten, um wieviel weniger werden wir die Form dieser Abhängigkeit, die Proportionalität, auf spekulativem Wege finden können.

Wirklich wird von Archimedes und allen Nachfolgern die Voraussetzung, daß die (gleichgewichtsstörende) Wirkung eines Gewichts P im Abstand L von der Achse durch das Produkt $P \cdot L$ (das sogenannte statische Moment) gemessen sei, mehr oder weniger versteckt oder stillschweigend eingeführt. Zunächst ist klar, daß bei vollkommen symmetrischer Anordnung das Gleichgewicht unter Voraussetzung *irgendeiner* beliebigen Abhängigkeit des gleichgewichtsstörenden Moments von L, also $P \cdot f(L)$, besteht; demnach kann aus diesem

Gleichgewicht *unmöglich* die bestimmte Form $P \cdot L$ abgeleitet werden. Der Fehler der Ableitung muß also in der vorgenommenen Transformation liegen, und liegt hier auch. Archimedes setzt die Wirkung zweier gleicher Gewichte unter allen Umständen gleich der Wirkung des doppelten Gewichts mit dem Angriffspunkt in der Mitte. Da er aber einen Einfluß der Entfernung vom Drehpunkt kennt und voraussetzt, so darf dies nicht von vornherein angenommen werden, wenn die beiden Gewichte ungleiche Entfernung vom Drehpunkt haben. Wenn nun ein Gewicht, das seitwärts vom Drehpunkt liegt, in zwei gleiche Teile geteilt wird, welche symmetrisch zu dem ursprünglichen Angriffspunkt verschoben werden, so *nähert* sich das eine Gewicht dem Drehpunkt so viel, als sich das andere von demselben *entfernt*. Nimmt man nun an, daß die Wirkung hierbei *dieselbe* bleibt, so ist hiermit schon über die Form der Abhängigkeit des Moments von L entschieden, denn dies ist nur möglich bei der Form $P \cdot L$, bei *Proportionalität* zu L. Dann ist aber jede weitere Ableitung überflüssig. Die ganze Ableitung enthält den zu beweisenden Satz, wenn auch nicht ausdrücklich ausgesprochen und in anderer Form, schon als Voraussetzung.[4]

6. Einem Kopf wie Huygens ist das Verfahren des Archimedes, wenn er auch den Fehler nicht klar zu erkennen scheint, unbehaglich, und er gibt eine andere Ableitung, in welcher er den Fehler vermieden zu haben glaubt. Denken wir uns bei der Lagrangeschen Betrachtung die beiden Prismenstücke um durch ihre Schwerpunkte s, s' gelegte vertikale Achsen und um 90° gedreht (Fig. 8a), und weisen wir nach, daß hierbei das Gleichgewicht fortbesteht, so erhalten wir die Huygenssche Ableitung. Sie ist gekürzt und vereinfacht folgende. Wir ziehen (Fig. 8) in einer starren gewichtslosen Ebene durch den Punkt S eine Gerade, an welcher wir einerseits die Länge 1, andererseits 2,

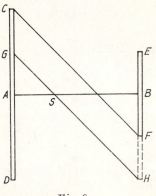

Fig. 8

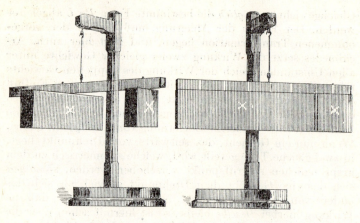

Fig. 8a

in A und B abschneiden. Auf die Enden legen wir senkrecht zu dieser Geraden, mit ihren Mitten, homogene, dünne, schwere Prismen CD und EF von den Längen und Gewichten 4 und 2. Ziehen wir die Gerade HSG (wobei $AG = 1/2\,AC$) und die Parallele CF und transportieren das Prismenstück CG durch Parallelverschiebung nach FH, so wird die Symmetrie um die Achse GH ersichtlich. Im Gleichgewicht sind aber auch die Prismen CD, EF in bezug auf die Achse AB. Gleichgewicht besteht folglich für jede Achse durch S, also auch für die zu AB Senkrechte, womit der neue Hebelfall gegeben ist.

Hierbei wird nun scheinbar nichts vorausgesetzt, als daß gleiche Gewichte p, p (Fig. 9) in einer Ebene und in gleichen Abständen l, l von einer Achse AA' (in dieser Ebene) sich das Gleichgewicht halten. Stellt man sich in die durch AA' senkrecht zu l, l gelegte Ebene, etwa in den Punkt M, und sieht man einmal nach A, dann

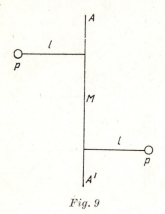

Fig. 9

nach A' hin, so gesteht man diesem Satz dieselbe Evidenz zu wie dem Archimedesschen Satz 1. Die Verhältnisse werden auch nicht geändert, wenn man Parallelverschiebungen zur Achse mit den Gewichten vornimmt, was Huygens auch tut.

Der Fehler entsteht auch erst durch den Schluß: Wenn für zwei Achsen der Ebene Gleichgewicht besteht, so besteht es auch für jede andere durch deren Durchschnittspunkt geführte Achse. Dieser Schluß (soll er nicht ein bloß instinktiver sein) kann nur gezogen werden, wenn den Gewichten ihren Entfernungen von der Achse *proportionale* störende Wirkungen zugeschrieben werden. Darin liegt aber der Kern der Lehre vom Hebel und Schwerpunkt.

Wir beziehen die schweren Punkte einer Ebene auf ein rechtwinkliges Koordinatensystem (Fig. 10). Die Koordinaten des Schwerpunkts eines Systems von Massen $m\ m'\ m''$ ... mit den Koordinaten $x\ x'\ xx''$ ... $y\ y'\ y''$ ... sind bekanntlich:

$$\xi = \frac{\Sigma mx}{\Sigma m}, \quad \eta = \frac{\Sigma my}{\Sigma m}.$$

Drehen wir das Koordinatensystem um den Winkel α, so sind die neuen Koordinaten der Massen

$$x_1 = x \cos \alpha - y \sin \alpha, \quad y_1 = y \cos \alpha + x \sin \alpha$$

und folglich die Koordinaten des Schwerpunkts

$$\xi = \frac{\Sigma m(x \cos \alpha - y \sin \alpha)}{\Sigma m} = \cos \alpha \frac{\Sigma mx}{\Sigma m} - \sin \alpha \frac{\Sigma my}{\Sigma m}$$
$$= \xi \cos \alpha - \eta \sin \alpha$$

und analog

$$\eta_1 = \eta \cos \alpha + \xi \sin \alpha.$$

Wir erhalten also die Koordinaten des neuen Schwerpunkts, indem wir die Koordinaten des frühern auf die neuen Achsen einfach transformieren. Der Schwerpunkt bleibt also *derselbe* Punkt. Legen wir den Anfangspunkt in den Schwerpunkt, so wird $\Sigma mx = \Sigma my = 0$. Bei Drehung des Achsensystems bleibt dieses Verhältnis

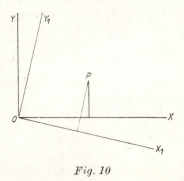

Fig. 10

bestehen. Wenn also für zwei zueinander senkrechte Achsen der Ebene Gleichgewicht besteht, so besteht es auch, und nur dann besteht es auch, für jede andere Achse durch den Durchschnittspunkt. Folglich, wenn für irgend zwei Achsen der Ebene Gleichgewicht besteht, so besteht es auch für jede andere Achse der Ebene, welche durch deren Durchschnittspunkt geht.

Diese Schlüsse sind aber unausführbar, wenn die Koordinaten des Schwerpunkts durch eine andere, *allgemeinere* Gleichung etwa

$$\xi = \frac{mf(x) + m'f(x') + m''f(x'') + \ldots}{m + m' + m'' + \ldots}$$

bestimmt sind.

Die Huygenssche Schlußweise ist also unzulässig und enthält denselben Fehler, welchen wir bei Archimedes bemerkten.

Archimedes hat sich bei dem Streben, den komplizierten Hebelfall auf den instinktiv zu überblickenden zurückzuführen, wahrscheinlich getäuscht, indem er schon vorher über den Schwerpunkt mit *Hilfe des zu beweisenden Satzes gemachte Studien* unwillkürlich verwendete. Charakteristisch ist, daß er sich und vielleicht auch andern die sich leicht darbietende Bemerkung über die Bedeutung des Produkts $P \cdot L$ nicht glauben will und eine weitere Begründung sucht.

Tatsächlich kommt man nun, wenigstens auf dieser Stufe, nicht zum Verständnis des Hebels, wenn man nicht das Produkt $P \cdot L$ als das bei der Gleichgewichtsstörung Maßgebende in den Vorgängen *erschaut*. Insofern Archimedes in seiner griechischen Beweissucht dies zu umgehen trachtet, ist seine Ableitung verfehlt. Betrachtet man aber auch die Bedeutung von $P \cdot L$ als gegeben, so behalten die Archimedischen Ableitungen immer noch einen beträchtlichen Wert, insofern die Auffassungen verschiedener Fälle aneinander gestützt werden, insofern gezeigt wird, daß ein einfacher Fall alle andern enthält, insofern dieselbe Auffassung für alle Fälle hergestellt wird. Denken wir uns ein homogenes Prisma, dessen Achse AB sei (Fig. 11), in der Mitte C gestützt. Um die für die Gleichgewichtsstörung maßgebende Summe der Produkte der Gewichte und Abstände anschaulich zu machen, setzen wir auf den Elementen der Achse, welche den Gewichtselementen proportional sind, die zugehörigen Abstände als Ordinaten auf, welche wir etwa rechts von C (als positiv) nach aufwärts, links von C (als negativ) nach abwärts auftragen. Die Flächensumme der beiden Dreiecke $ACD + CBE = 0$ veranschaulicht uns das Bestehen des Gleichgewichts. Teilen wir das Prisma durch M in zwei Teile, so können wir $MTEB$ durch das Rechteck $MUWB$ und $TMCAD$ durch das Rechteck $MVXA$ ersetzen, wobei $TP = 1/2\ TE$ und $TR = 1/2\ TD$ ist und die Prismenstücke MB, MA durch Drehung um Q und S zu AB senkrecht gestellt zu denken sind.

In der hier angedeuteten Richtung ist die Archimedische Betrachtung gewiß noch nützlich gewesen, als schon niemand mehr über die Bedeutung des Produkts $P \cdot L$ Zweifel hegte und die Meinung hierüber sich schon historisch und durch vielfache Prüfung festgestellt hatte.

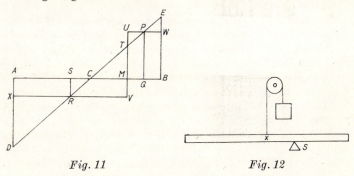

Fig. 11   *Fig. 12*

Experimente sind nie vollkommen *genau*, können aber dazu *leiten* und *haben* wohl auch dazu geleitet, in dem exakten Maßbegriff $P \cdot L$ den Schlüssel zu *vermuten*, der den Zusammenhang aller Tatsachen aufklärt. In der Tat werden so alle Deduktionen des Archimedes, Galilei u. a. erst verständlich. Jetzt kann man die nötigen Transformationen, Streckung und Pressung der Prismen, mit voller Sicherheit ausführen. Einem in der Mitte aufgehängten Prisma (Fig. 12) kann man *irgendwo* eine Schneide ohne Störung des Gleichgewichts unterlegen, und mehrere solche Anordnungen können zu scheinbar neuen Gleichgewichtsfällen fest verbunden werden. Die Umkehrung, Zerschneidung des Gleichgewichtsfalles in mehrere (Galilei), ist nur unter Beachtung der Werte von $P \cdot L$ möglich. Ich kann O. Hölder nicht zustimmen, der in einer mir sehr sympathischen Schrift „Denken und Anschauung in der Geometrie" (1900) die Korrektheit der Archimedischen Deduktion gegen meine Kritik aufrechterhalten will, obgleich ich mich sonst über die weitgehende Übereinstimmung in der Auffassung der exakten Wissenschaft und ihrer Grundlagen sehr freue. Man könnte glauben, daß Archimedes (vom Gleichgewicht der Ebene I) es als eine *allgemeine Erfahrung* ansieht, daß zwei gleiche Gewichte *unter allen Umständen* durch das doppelte Gewicht in der Mitte ersetzt werden können (Satz 5, Folg. 2). Dann wäre seine lange Anleitung (Satz 6) unnötig, denn das gesuchte Resultat folgt sogleich (s. S. 38, 39). Gegen diese Ansicht spricht die Ausdrucksweise des Archimedes. Als a priori einleuchtend kann aber ein solcher Satz gewiß nicht gelten. Somit scheint mir nur die S. 38, 39 dargelegte Ansicht übrigzubleiben.

Ich muß hier meine Leser auf eine schöne Schrift von G. Vailati („La dimostrazione del principio delle leva data da Archimede." Bolletino di bibliografia e storia delle scienze matematiche, Maggio e Giugno 1904) aufmerksam machen, in welcher der Verfasser mit Hölder gegen meine Kritik der Ableitung des Hebelsatzes durch Archimedes Stellung nimmt, zugleich aber teilweise sich auch gegen Hölder wendet. Ich glaube, daß jeder mit Nutzen Vailatis Ausführungen lesen und durch Vergleichung des von mir S. 41, 43 Gesagten in den Stand gesetzt sein wird, sich selbst ein klares Urteil über die strittigen Punkte zu bilden. Vailati zeigt, daß Archimedes sich auf allgemeine Erfahrungen über den Schwerpunkt stützend das Hebelgesetz ableitet. Daß ein solcher Vorgang möglich und zulässig, auf einer gewissen Stufe der Forschung sogar sehr fruchtbar, vielleicht der einzig richtige ist, habe ich nirgend bestritten, im Gegenteil, durch die Art, wie ich die nach dem Muster des Archimedes angelegten Ableitungen Stevins und Galileis dargestellt habe, ausdrücklich anerkannt. Mein ganzes Buch verfolgt aber das Ziel, den Leser zu überzeugen, daß man *Eigenschaften* der Natur nicht mit Hilfe selbstverständlicher Annahmen aus den Fingern saugen kann, sondern daß diese der *Erfahrung* entnommen werden müssen. Gegen dieses Ziel hätte ich mich verfehlt, wenn ich nicht auf die Zerstörung des *Eindrucks* hingewirkt hätte, als könnte aus dem Gleichgewicht *gleicher*

Gewichte an *gleichen* Armen das allgemeine Hebelgesetz gefolgert werden. Ich mußte also zeigen, wo die Erfahrung eingeführt wird, welche schon das ganze allgemeine Hebelgesetz enthält. Dieselbe liegt nun in der S. 38 hervorgehobenen Annahme und in gleicher Weise auch in jedem der von Vailati angeführten allgemeinen, zweifellos richtigen Sätze über den Schwerpunkt. Darin nun, daß dem der Hebelarm *proportionale* Wert einer Last nicht in einfachster Weise direkt aus einer solchen Erfahrung herausanalysiert, herausgelesen wird, sondern als auf einem künstlichen Umweg gefunden dem überraschten Leser dargeboten wird, liegt das, was der moderne Leser an der Ableitung des Archimedes auszusetzen hat. Dieselbe Ableitung aus einfachen, beinahe selbstverständlichen Sätzen kann den Mathematiker, namentlich den Liebhaber der Methode Euklids, und jeden andern, der sich in die entsprechende Stimmung versetzt, *entzücken*. In andern Stimmungen, bei andern Zielen haben wir aber allen Grund, *Überführung* von *Überzeugung*, *Überraschung* von *Einsicht* und *Durchsicht* ihrem *Werte* nach zu unterscheiden. Wenn der Leser aus dieser Diskussion Nutzen zieht, so liegt mir wenig daran, in jedem Wort recht zu behalten.

7. Die Art nun, wie die Hebelgesetze, welche uns von Archimedes in einfacher Form überliefert worden sind, von den modernen Physikern weiter verallgemeinert und behandelt wurden, ist sehr interessant und lehrreich. Leonardo da Vinci (1452–1519), der berühmte Maler und Forscher, scheint einer der ersten gewesen zu sein, der die Wichtigkeit des allgemeinen Begriffs der sogenannten statischen Momente gekannt hat. In seinen hinterlassenen Manuskripten finden sich mehrere Stellen, aus welchen dies hervorgeht. Er sagt z. B.: Wir setzen eine um A drehbare Stange AD, an derselben ein Gewicht P angehängt, und an einer Schnur, die über eine Rolle geht, ein zweites Gewicht Q (Fig. 13). Welches Verhältnis müssen die Kräfte einhalten, damit Gleichgewicht bestehe? Der Hebelarm für das Gewicht P ist nicht AD, sondern der *„potenzielle"* Hebel ist AB. Der Hebelarm für das Gewicht Q ist nicht AD, sondern der *„potenzielle"* Hebel ist AC. Auf welche Weise er zu dieser Anschauung gekommen ist, läßt sich allerdings schwer angeben. Es ist aber klar, daß er erkannt hat, wodurch die Wirkung der Gewichte bestimmt ist.

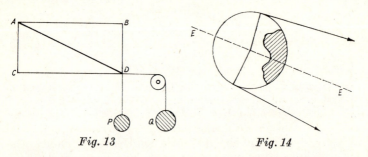

Fig. 13   *Fig. 14*

Ähnliche Überlegungen wie bei Leonardo da Vinci finden wir bei Guido Ubaldo del Monte.

8. Wir wollen versuchen, uns klar zu machen, auf welche Weise man zum Begriff des statischen Moments, unter welchem bekanntlich das Produkt einer Kraft und der auf die Richtung derselben von der Achse aus gezogenen Senkrechten verstanden wird, hätte kommen können, wenn auch der Weg, welcher zu demselben geführt hat, nicht mehr vollständig zu ermitteln ist. Daß Gleichgewicht besteht, wenn man eine Schnur mit beiderseits gleicher Spannung über eine Rolle legt, wird unschwer eingesehen. Man findet immer eine Symmetrieebene der ganzen Vorrichtung, die Ebene, welche auf der Schnurebene senkrecht steht und den Schnurwinkel halbiert (*EE* in Fig. 14). Die Bewegung, welche hier noch eintreten könnte, ließe sich durch keine Regel eindeutig bestimmen, sie wird also auch nicht eintreten. Der aufmerksame Praktiker erfährt nun leicht, daß das Material der Rolle nur insofern wesentlich ist, als es die Art der Beweglichkeit der Angriffspunkte der Schnüre bestimmt. So erkennt man, daß ohne Gleichgewichtstörung auch ein beliebiger Teil der Rolle fehlen oder ein neuer hinzukommen kann. Wesentlich bleiben nur die gleichen starren Radien, welche zu den Tangentialpunkten der Schnur führen. Man sieht also, daß die starren Radien (oder Senkrechten auf die Schnurrichtungen) hier eine ähnliche Rolle spielen wie die Hebelarme beim Hebel des Archimedes.

Betrachten wir ein sogenanntes Wellrad (Fig. 15) mit dem Radradius 2 und dem Wellenradius 1, und beziehungsweise mit den Belastungen 1 und 2, so entspricht dasselbe voll-

Entwicklung der Prinzipien der Statik

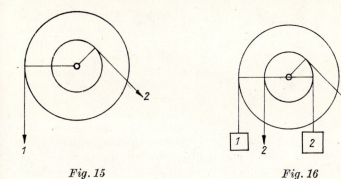

Fig. 15 *Fig. 16*

ständig dem Hebel des Archimedes. Legen wir noch in beliebiger Weise (Fig. 16) um die Welle eine zweite Schnur, welche wir beiderseits durch des Gewicht 2 spannen, so stört dieselbe das Gleichgewicht nicht. Es ist aber klar, daß wir auch die beiden in der Fig. 16 bezeichneten Züge als sich das Gleichgewicht haltend ansehen können, indem wir die beiden andern, als sich gegenseitig zerstörend, nicht weiter beachten. In ähnlichen Gedanken bewegt sich häufig Poinsot in seiner modernen elementaren Statik. Hiermit sind wir aber, von allem Unwesentlichen absehend, zu der Einsicht gelangt, daß nicht nur die durch die Gewichte ausgeübten Züge, sondern auch die auf die Richtungen derselben vom Drehpunkt aus gefällten Senkrechten bewegungsbestimmende Umstände sind. Maßgebend sind die Produkte aus den Gewichten und den zugehörigen Senkrechten, welche von der Achse aus auf die Richtungen der Züge gefällt werden, also die sogenannten statischen Momente.[5]

9. Was wir bisher betrachtet haben, ist die Entwicklung der Erkenntnis des Hebelprinzips; ganz unabhängig davon entwickelte sich die Erkenntnis des *Prinzips der schiefen Ebene*. Man hat aber nicht nötig, für das Verständnis der Maschinen nach einem neuen Prinzip außer dem des Hebels zu suchen, da dieses für sich ausreicht. Galilei erläutert z. B. die schiefe Ebene in folgender Art durch den Hebel: Wir betrachten eine schiefe Ebene, auf dieser das Gewicht Q und dasselbe im Gleichgewicht gehalten durch das Gewicht P (Fig. 17). Galilei läßt nun durchblicken, daß es nicht darauf ankommt,

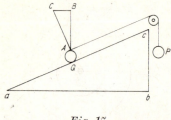

Fig. 17

daß Q gerade auf der schiefen Ebene liege, daß das Wesentliche vielmehr die Art der Beweglichkeit von Q ist. Wir können uns also das Gewicht auch an der zur Ebene senkrechten Stange AC, die um C drehbar ist, angebracht denken; wenn wir nämlich dann nur eine sehr kleine Drehung vornehmen, so ist das Gewicht in einem Bogenelement, das in die schiefe Ebene fällt, beweglich. Daß sich die Bahn krümmt, wenn man weitergeht, hat keinen Einfluß, weil jene Weiterbebewegung im Gleichgewichtsfall nicht wirklich erfolgt, und nur die momentane Beweglichkeit maßgebend ist. Halten wir uns aber die früher besprochene Bemerkung von Leonardo da Vinci vor Augen, so sehen wir leicht die Gültigkeit des Satzes $Q \cdot CB = P \cdot CA$ $\quad \dfrac{Q}{P} = \dfrac{CA}{CB} = \dfrac{ca}{cb}$ und damit das Gleichgewichtsgesetz der schiefen Ebene ein. Hat man also das Hebelprinzip erkannt, so kann man es leicht zur Erkenntnis der andern Maschinen verwenden.

2. Das Prinzip der schiefen Ebene

1. *Stevin* (1548—1620) untersuchte die mechanischen Eigenschaften der schiefen Ebene auf eine ganz originelle Weise. Liegt ein Gewicht auf einem horizontalen Tisch (Fig. 18), so

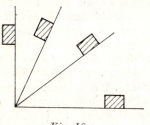

Fig. 18

sieht man, weil der Druck senkrecht gegen die Ebene des Tisches ist, nach dem bereits mehrfach verwendeten Symmetrieprinzip das Bestehen des Gleichgewichts sofort ein. An einer vertikalen Wand hingegen wird ein Gewicht an seiner Fallbewegung *gar nicht* gehindert. Die schiefe Ebene

Entwicklung der Prinzipien der Statik

wird also einen Mittelfall zwischen den beiden Grenzflächen darbieten. Das Gleichgewicht wird nicht von selbst bestehen, wie auf der horizontalen Unterlage, es wird aber durch ein geringeres Gegengewicht zu erhalten sein als an der vertikalen Wand. Das statische Gesetz zu ermitteln, welches hier besteht, bereitete den älteren Forschern beträchtliche Schwierigkeiten.

Stevin geht etwa in folgender Art vor. Er denkt sich ein dreiseitiges Prisma mit horizontalen Kanten, dessen Querschnitt ABC in der Fig. 19 dargestellt ist. Hierbei soll beispielsweise $AB = 2\,BC$ und AC horizontal sein. Um dieses Prisma legt Stevin eine in sich zurücklaufende Schnur mit 14 gleich schweren, gleich weit abstehenden Kugeln. Wir können dieselbe mit Vorteil durch eine geschlossene gleichmäßige Kette oder Schnur ersetzen. Die Kette wird entweder im Gleichgewicht sein oder nicht. Nehmen wir das letztere an, so muß die Kette, weil sich bei ihrer Bewegung die Verhältnisse nicht ändern, wenn sie *einmal* in Bewegung ist, fortwährend in Bewegung bleiben, also ein Perpetuum mobile darstellen, was Stevin absurd erscheint. Demnach ist nur der erste Fall denk-

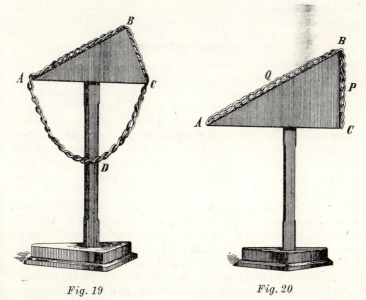

Fig. 19   *Fig. 20*

bar. Die Kette bleibt im Gleichgewicht. Dann kann der symmetrische Kettenteil ADC ohne Störung des Gleichgewichts entfernt werden. Es hält also das Kettenstück AB dem Kettenstück BC das Gleichgewicht. Auf schiefen Ebenen von gleicher Höhe wirken demnach gleiche Gewichte im umgekehrten Verhältnis der Längen der schiefen Ebenen.

Denken wir uns in dem Prismenquerschnitt Fig. 20 AC horizontal, BC vertikal und $AB = 2\,BC$, ferner die den Längen proportionalen Kettengewichte auf AB und BC, Q und P, so folgt $\dfrac{Q}{P} = \dfrac{AB}{BC} = 2$. Die Verallgemeinerung ist selbstverständlich.

2. In der Annahme, von welcher Stevin ausgeht, daß die geschlossene Kette sich nicht bewegt, liegt ohne Frage zunächst nur eine *ganz instinktive* Erkenntnis. Er fühlt sofort, und wir mit ihm, daß wir etwas einer derartigen Bewegung Ähnliches nie beobachtet, nie gesehen haben, daß dergleichen nicht vorkommt. Diese Überzeugung hat eine solche *logische Gewalt*, daß wir die hieraus gezogene Folgerung über das Gleichgewichtsgesetz der schiefen Ebene ohne Widerrede annehmen, während uns das Gesetz als bloßes Ergebnis des Versuchs oder auf eine andere Art dargelegt zweifelhaft erscheinen würde. Dies kann uns nicht befremden, wenn wir bedenken, daß jedes Versuchsergebnis durch fremdartige Umstände (Reibung) getrübt und jede Vermutung über die maßgebenden Umstände dem Irrtum ausgesetzt ist. Daß Stevin einer solchen instinktiven Erkenntnis eine höhere Autorität zuerkennt als seiner einfachen klaren direkten Beobachtung, könnte uns in Verwunderung versetzen, wenn wir selbst nicht die gleiche Empfindung hätten. Es drängt sich uns also die Frage auf: Woher kommt diese höhere Autorität? Erinnern wir uns, daß der wissenschaftliche Beweis, die ganze wissenschaftliche Kritik nur aus der Erkenntnis der eigenen Fehlbarkeit der Forscher hervorgegangen sein kann, so liegt die Aufklärung nicht weit. Wir fühlen deutlich, daß wir *selbst* zu dem Zustandekommen einer instinktiven Erkenntnis *nichts* beigetragen, daß wir nichts willkürlich hineingelegt haben, sondern daß sie ganz ohne *unser* Zutun da ist. Das Mißtrauen gegen unsere eigene subjektive Auffassung des Beobachteten fällt also weg.

Die Stevinsche Ableitung ist eine der wertvollsten Leitmuscheln in der Urgeschichte der Mechanik und wirft ein wunderbares Licht auf den Bildungsprozeß der Wissenschaft, auf die Entstehung derselben aus instinktiven Erkenntnissen Wir erinnern uns, daß Archimedes ganz die gleiche Tendenz wie Stevin, nur mit weniger Glück verfolgt. Auch später noch werden instinktive Erkenntnisse häufig zum Ausgangspunkt von Untersuchungen genommen. Ein jeder Experimentator kann täglich an sich beobachten, wie er durch instinktive Erkenntnisse geleitet wird. Gelingt es ihm, begrifflich zu formulieren, was in denselben liegt, so hat er in der Regel einen erheblichen Fortschritt gemacht.

Stevins Vorgang ist kein Fehler. Läge darin auch ein Fehler, so würden wir ihn alle teilen. Ja es ist sogar gewiß, daß nur die Verbindung des stärksten Instinkts mit der größten begrifflichen Kraft den großen Naturforscher ausmacht. Dies nötigt uns aber keineswegs, aus dem Instinktiven in der Wissenschaft eine neue Mystik zu machen und dasselbe etwa für unfehlbar zu halten. Daß letzteres nicht zutrifft, erfährt man sehr leicht. Selbst instinktive Erkenntnisse von so großer logischer Kraft wie das von Archimedes verwendete Symmetrieprinzip können irreführen. Mancher Leser wird sich vielleicht erinnern, welche geistige Erschütterung es ihm verursachte, als er zum erstenmal hörte, daß eine im magnetischen Meridian liegende Magnetnadel durch einen über derselben parallel hingeführten Stromleiter in einem bestimmten Sinne *aus* dem Meridian abgelenkt wird. Das Instinktive ist ebenso fehlbar wie das klar Bewußte. Es hat vor allem nur Wert auf einem Gebiet, mit welchem man sehr vertraut ist.

Stellen wir uns, statt Mystik zu treiben, lieber die Frage: Wie entstehen instinktive Erkenntnisse, und was liegt in ihnen? Was wir an der Natur beobachten, prägt sich auch *unverstanden* und *unanalysiert* in unsern Vorstellungen aus, welche dann in den allgemeinsten und stärksten Zügen die Naturvorgänge nachahmen. Wir besitzen nun in diesen Erfahrungen einen Schatz, der immer bei der Hand ist und von welchem nur der kleinste Teil in den klaren Gedankenreihen enthalten ist. Der Umstand, daß wir diese Erfahrungen leichter verwenden können als die Natur selbst, und daß sie doch im angedeuteten Sinne frei von Subjektivität sind, verleiht ihnen einen hohen Wert. Es liegt in der Eigentümlichkeit der instinktiven Erkenntnis, daß sie vorwiegend negativer Natur ist.

Wir können nicht sowohl sagen, was vorkommen muß, als vielmehr nur, was nicht vorkommen kann, weil nur letzteres mit der unklaren Erfahrungsmasse, in welcher man das Einzelne nicht unterscheidet, in grellem Gegensatz steht.

Legen wir den instinktiven Erkenntnissen auch einen hohen heuristischen Wert bei, so dürfen wir auf unserm Standpunkte doch bei der Anerkennung ihrer Autorität nicht stehenbleiben. Wir müssen vielmehr fragen: Unter welchen Bedingungen konnte die gegebene instinktive Erkenntnis entstehen? Gewöhnlich finden wir dann, daß *dasselbe* Prinzip, zu dessen Begründung wir die instinktive Erkenntnis herangezogen haben, wieder die *Grundbedingung* für das Entstehen dieser Erkenntnis bildet. Das ist auch ganz unverfänglich. Die instinktive Erkenntnis leitet uns zu dem Prinzip, welches sie selbst erklärt und welches durch deren Vorhandensein, das ja eine Tatsache für sich ist, wieder gestützt wird. So verhält es sich auch, wenn man genau zusieht, in dem Stevinschen Fall.[6]

3. Die Betrachtung von Stevin erscheint uns so geistreich, weil das Resultat, zu welchem er gelangt, mehr zu enthalten scheint als die Voraussetzung, von welcher er ausgeht. Während wir einerseits das Resultat zur Vermeidung von Widersprüchen gelten lassen müssen, bleibt andererseits ein Reiz übrig, der uns antreibt, nach weiterer Einsicht zu streben. Hätte Stevin die ganze Tatsache nach allen Seiten klargelegt, wie dies Galilei getan hat, so würde uns seine Überlegung nicht mehr geistreich erscheinen, wir würden aber einen viel mehr befriedigenden und klaren Einblick erhalten. In der geschlossenen Kette, welche auf dem Prisma nicht gleitet, liegt in der Tat schon alles. Wir könnten sagen, die Kette gleitet nicht, weil hierbei kein Sinken der schweren Körper eintritt. Dies wäre nicht genau, denn manche Kettenglieder sinken wirklich bei der Bewegung er Kette, während andere dafür steigen. Wir müssen also genauer sagen, die Kette gleitet nicht, weil für jeden Körper, der sinken könnte, ein gleichschwerer gleichhoch, oder ein Körper von doppeltem Gewicht zur halben Höhe usw. steigen müßte. Dieses Verhältnis war Stevin, der es auch in seiner Lehre von den Rollen darlegte und benutzte, bekannt; er war aber offenbar zu mißtrauisch gegen sich, das Gesetz auch ohne weitere Stütze als für die schiefe Ebene gültig hinzustellen. Bestünde aber ein solches Gesetz nicht allgemein,

so hätte die instinktive Erkenntnis bezüglich der geschlossenen Kette gar nie entstehen können. Hiermit sind wir vollständig aufgeklärt. — Daß Stevin in seinen Überlegungen nicht so weit gegangen ist und sich damit begnügt hat, seine (indirekt gefundenen) Begriffe mit seinem instinktiven Denken in Übereinstimmung zu bringen, braucht uns nicht weiter zu stören.

Man kann den Stevinschen Vorgang noch in etwas anderer Weise auffassen. Wenn es für den Instinkt feststeht, daß eine geschlossene schwere Kette nicht rotiert, so sind die einzelnen einfachen, quantitativ leicht zu übersehenden Fälle der schiefen Ebene, welche Stevin erdenkt, als ebenso viele Spezialerfahrungen aufzufassen. Denn es kommt nicht darauf an, ob das Experiment wirklich ausgeführt wird, wenn der Erfolg nicht zweifelhaft ist. Stevin *experimentiert* eben *in Gedanken*. Aus den entsprechenden physischen Experimenten mit möglichst ausgeschlossener Reibung hätte sich das Stevinsche Ergebnis wirklich ableiten lassen. In analoger Weise kann die Archimedische Hebelbetrachtung etwa in der Galileischen Form aufgefaßt werden. Wenn die Reihe der fingierten Gedankenexperimente physisch ausgeführt worden wäre, hätte sich aus derselben in aller Strenge die *lineare* Abhängigkeit des Moments vom Achsenabstand der Last folgern lassen. Von dieser versuchsweisen Anpassung quantitativer Spezialauffassungen an allgemeine instinktive Eindrücke werden uns im Gebiete der Mechanik noch mehrere Beispiele bei den bedeutendsten Forschern vorkommen. Auch in andern Gebieten treten diese Erscheinungen auf. In dieser Beziehung möchte ich auf meine Darstellung in „Prinzipien der Wärmelehre", S. 151,[7] verweisen. Man kann sagen, daß die bedeutendsten und wichtigsten Erweiterungen der Wissenschaft auf diese Weise zustande kommen. Das von den großen Forschern geübte Verfahren des Zusammenstimmens der Einzelvorstellungen mit dem Allgemeinbild eines Erscheinungsgebietes, die stete Rücksicht auf das Ganze bei Betrachtung des Einzelnen, kann als ein wahrhaft philosophisches Verfahren bezeichnet werden. Eine wirklich philosophische Behandlung einer Spezialwissenschaft wird immer darin bestehen, daß man deren Ergebnisse mit dem feststehenden Gesamtwissen in Zusammenhang und Einklang bringt. Traumhafte Ausschreitungen der Philosophie, sowie unglückliche monströse Spezialtheorien entfallen hierdurch.

Es wird sich der Mühe lohnen, noch einmal die Übereinstimmung und den Unterschied in dem Gedankengang von Stevin und Archimedes zu betrachten. Beide gehen vom Instinktiven aus. Stevin hat aber die sehr allgemeine Einsicht gewonnen, daß eine leichtbewegliche, schwere, geschlossene Kette von beliebiger Form in Ruhe bleibt. Er kann hieraus ohne Schwierigkeit quantitativ leicht übersehbare spezielle Fälle ziehen. Der Fall, von welchem Archimedes ausgeht, ist hingegen der denkbar *speziellste*. Aus demselben kann er unmöglich in einwandfreier Weise das Verhalten unter *allgemeineren* Bedingungen ableiten. Wenn es ihm scheinbar gelingt, so liegt dies daran, daß er den Fall schon kennt, während Stevin das Gesuchte ohne Zweifel annähernd auch schon kennt, aber auf dem eingeschlagenen Wege auch direkt hätte finden können. Wird ein statisches Verhältnis auf solchem Wege wiedergefunden, so hat es einen *höhern* Wert als das Ergebnis eines messenden Experiments, welches von jenem immer etwas abweicht. Allein die Abweichung wächst mit den störenden Umständen, Reibung usw., und nimmt mit diesen ab. Das genaue statische Verhältnis ergibt sich durch *Idealisierung* und *Absehen* von den störenden Umständen. Es erscheint nun durch die Archimedischen und Stevinschen Prozeduren als eine durch die Erfahrung nahegelegte *Hypothese*, durch deren Aufgeben die einzelnen Tatsachen der Erfahrung sofort in logischen Widerspruch geraten würden. Nun erst können wir die Tatsachen mit exakten Begriffen operierend selbsttätig rekonstruieren, wissenschaftlich, logisch beherrschen. Der Hebel und die schiefe Ebene sind geradeso selbstgeschaffene Idealobjekte der Mechanik, wie die Dreiecke Idealobjekte der Geometrie sind. Diese Objekte allein können den logischen Forderungen vollkommen genügen, welche wir ihnen *aufgelegt* haben. Der physische Hebel genügt ihnen nur so weit, als er sich dem idealen nähert. Der Naturforscher strebt, seine *Ideale* der Wirklichkeit *anzupassen*.

Der Dienst, den Stevin sich und seinen Lesern leistet, besteht also darin, daß er verschiedene, teils instinktive, teils klare Erkenntnisse gegeneinanderhält, miteinander in Verbindung und Einklang bringt, aneinander stützt. Welche Stärkung seiner Anschauungen aber Stevin durch dieses Verfahren gewonnen hat, sehen wir aus dem Umstand, daß das Bild der

Entwicklung der Prinzipien der Statik 55

geschlossenen Kette auf dem Prisma als Titelvignette sein Werk (Hypomnemata mathematica, Leiden 1605) ziert mit der Umschrift: „Wonder en is gheen wonder" (Fig. 21). Wirklich ist jeder aufklärende wissenschaftliche Fortschritt mit einem gewissen Gefühl von Enttäuschung verbunden. Wir erkennen, daß was uns wunderbar erschienen ist, nicht wunder-

Fig. 21

barer ist als anderes, das wir instinktiv kennen und für selbstverständlich halten, ja daß das Gegenteil viel wunderbarer wäre, daß überall *dieselbe* Tatsache sich ausspricht. Unser Problem erweist sich dann als gar kein Problem mehr, es zerfließt in nichts und geht unter die historischen Schatten.

4. Nachdem Stevin das Prinzip der schiefen Ebene gewonnen hatte, wurde es ihm leicht, dasselbe auch auf die übrigen Maschinen anzuwenden und diese dadurch zu erläutern. Er macht hiervon z. B. auch folgende Anwendung.

Wir hätten eine schiefe Ebene (Fig. 22) und denken uns auf dieser die Last Q, ziehen einen Faden über eine Rolle A und denken uns die Last Q durch die Last P im Gleichgewicht gehalten. Stevin nimmt nun einen ähnlichen Weg, wie ihn Galilei eingeschlagen. Er bemerkt, es sei nicht notwendig, daß die Last Q auf der schiefen Ebene liege. Wenn nur die Art ihrer Beweglichkeit beibehalten wird, so bleibt auch das Verhältnis von Kraft und Last dasselbe. Wir können uns also die Last auch angebracht denken an einem Faden, der über eine Rolle D geführt wird und den wir entsprechend belasten, und zwar ist dieser Faden normal gegen die schiefe Ebene. Führen wir dies aus, so haben wir eigentlich eine sogenannte Seilmaschine vor uns. Nun sehen wir, daß wir den Gewichtsanteil, mit dem der Körper auf der schiefen Ebene nach abwärts strebt, sehr leicht ermitteln können. Wir brauchen nämlich nur eine Vertikale zu ziehen und auf dieser ein der Last Q entsprechendes Stück ab aufzutragen. Ziehen wir nachher auf aA die Senkrechte bc, so haben wir $\dfrac{P}{Q} = \dfrac{AC}{AB} = \dfrac{ac}{ab}$, es stellt also ac die Spannung der Schnur aA vor. Nun hindert uns nichts, die beiden Schnüre ihre Funktion in Gedanken wechseln zu lassen, und uns die Last Q auf der (punktiert dargestellten) schiefen Ebene EDF liegend zu denken. Dann finden wir analog ad für die Spannung R des zweiten Fadens. Stevin gelangt also auf diese Weise indirekt zur Kenntnis des statischen Verhältnisses der Seilmaschine und des sogenannten Kräfteparallelogramms, freilich zunächst nur für den speziellen Fall gegeneinander senkrechter Schnüre (oder Kräfte) ac, ad.

Allerdings verwendet Stevin später das Prinzip der Zusammensetzung und Zerlegung der Kräfte in allgemeinerer Form; doch ist der Weg, auf dem er hierzu gelangt, nicht recht deutlich oder wenigstens nicht übersichtlich. Er bemerkt z. B., daß bei drei unter beliebigen Winkeln gespannten Schnüren AB, AC, AD, an deren ersterer die Last P hängt, die Spannungen auf folgende Art ermittelt werden können. Man verlängert (Fig. 23) AB nach X und trägt darauf ein Stück

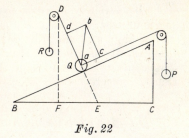

Fig. 22

AE ab. Zieht man von E aus EF parallel zu AD und EG parallel zu AC, so sind die Spannungen von AB, AC, AD beziehungsweise proportional AE, AF, AG.

Mit Hilfe dieses Konstruktionsprinzips löst er dann schon

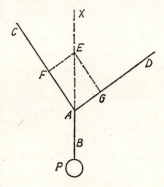

Fig. 23

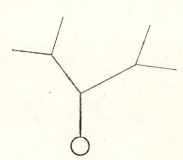

Fig. 24

recht komplizierte Aufgaben. Er bestimmt z. B. Spannungen an einem System von verzweigten Schnüren, Fig. 24, wobei er selbstverständlich von der gegebenen Spannung der vertikalen Schnur ausgeht.

Die Spannungsverhältnisse an einem Seilpolygon werden

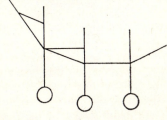

Fig. 25

ebenfalls durch Konstruktion ermittelt, wie dies in Fig. 25 angedeutet ist.

Man kann also mit Hilfe des Prinzips der schiefen Eben in ähnlicher Weise die Verhältnisse der übrigen einfachen Maschinen aufzuklären suchen, als dies durch das Prinzip des Hebels versucht worden ist.[8]

3. Das Prinzip der Zusammensetzung der Kräfte

1. Der Satz des Kräfteparallelogramms, zu dem Stevin gelangt und den er verwendet, ohne ihn übrigens ausdrücklich zu formulieren, besteht bekanntlich in folgendem. Wenn ein Körper A (Fig. 26) von zwei Kräften ergriffen wird, deren Richtungen mit den Linien AB und AC zusammenfallen und deren Größen den Längen AB, AC proportional sind, so sind beide Kräfte in ihrer Wirkung durch eine einzige Kraft ersetzbar, welche nach der Diagonale AD des Parallelogramms $ABCD$ wirkt und derselben proportional ist. Würden also z. B. an Schnüren AB, AC Gewichte ziehen, welche den Längen AB, AC proportional wären, so würde ein an der Schnur AD ziehendes, der Länge AD proportionales Gewicht deren Wirkung ersetzen. Die Kräfte AB und AC werden die Komponenten, AD die Resultierende genannt. Selbstverständlich ist auch umgekehrt eine Kraft durch zwei oder mehrere Kräfte ersetzbar.

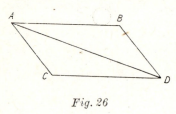

Fig. 26

2. Wir wollen an Stevins Untersuchungen anknüpfend uns vergegenwärtigen, auf welche Weise man zu dem allgemeinen Satz des Kräfteparallelogramms hätte gelangen können. Die von Stevin gefundene Beziehung zweier zueinander rechtwinkliger Kräfte zu einer dritten ihnen das Gleichgewicht haltenden setzen wir als (indirekt) gegeben voraus. Wir nehmen an, es wirken an drei Schnüren OX, OY, OZ (Fig. 27) Züge, die sich das Gleichgewicht halten. Versuchen wir diese Züge zu bestimmen. Jeder Zug hält den beiden andern das Gleichgewicht. Den Zug OY ersetzen wir (nach dem Stevinschen Prinzip)

durch zwei rechtwinklige Züge nach Ou (der Verlängerung von OX) und senkrecht dazu nach Ov. Ebenso zerlegen wir den Zug OZ nach Ou und Ow. Die Summe der Züge nach Ou muß dem Zuge OX des Gleichgewicht halten, während die Züge nach Ov und Ow sich zerstören müssen. Nehmen wir letztere gleich und entgegengesetzt, stellen sie durch Om, On dar, so bestimmen sie dadurch die Komponenten Op, Oq parallel Ou sowie die die Züge Or, Os. Die Summe $Op+Oq$ ist gleich und entgegengesetzt

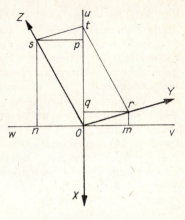

Fig. 27

dem Zuge nach OX. Ziehen wir st parallel OY, oder rt parallel OZ, so schneiden beide Linien das Stück $Ot = Op + Oq$ ab, und damit ist das allgemeinere Prinzip des Kräfteparallelogramms gefunden.

Noch auf eine andere Art kann man aus der Zusammensetzung rechtwinkliger Kräfte die allgemeinere Zusammensetzung ableiten. Es seien (Fig. 28) OA und OB die beiden an O angreifenden Kräfte. Wir ersetzen OB durch eine parallel zu OA wirkende Kraft OC und eine zu OA senkrechte OD. Dann wirken für OA und OB die beiden Kräfte $OE = OA + OC$ und OD, deren Resultierende OF zugleich auch die Diagonale des über OA, OB konstruierten Parallelogramms $OAFB$ ist.

3. Der Satz des Kräfteparallelogramms stellt sich, wenn man auf dem Wege Stevins zu demselben gelangt, als etwas indirekt Gefundenes dar. Er zeigt sich als eine Folge und als Bedingung bekannter Tatsachen. Man sieht aber nur, *daß* er besteht, noch nicht *warum* er besteht, d. h. man kann ihn nicht (wie in der Dynamik) auf noch einfachere Sätze zurückführen. In der Statik gelangte

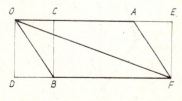

Fig. 28

der Satz zu eigentlicher Geltung auch erst durch Varignon, als die Dynamik, welche direkt zu dem Satze führt, bereits so weit fortgeschritten war, daß eine Entlehnung desselben ohne Schwierigkeit stattfinden konnte. Der Satz des Kräfteparallelogramms wurde zuerst von Newton in seinen „Prinzipien der Naturphilosophie" klar ausgesprochen. Im selben Jahre hat auch Varignon unabhängig von Newton in einem der Pariser Akademie vorgelegten, aber erst nach Varignons Tode gedruckten Werke den Satz ausgesprochen und mit Hilfe eines geometrischen Theorems zur Verwendung gebracht.

Der geometrische Satz ist folgender: Wenn wir (Fig. 29) von einem Punkt m der Ebene des Parallelogramms, der *außerhalb* des von den Seiten p, q eingeschlossenen und die Resultierende r enthaltenen Winkelraumes liegt auf die Richtung dieser drei Geraden Senkrechte ziehen, die wir u, v, w nennen, so ist $p \cdot u + q \cdot v = r \cdot w$. Der Nachweis ergibt sich leicht durch Ziehen der Geraden zwischen m und den Endpunkten von p, q, r und Betrachtung der so entstandenen Dreiecke, deren Flächen den Hälften der obigen Produkte entsprechen. Wählt man (Fig. 30) m *innerhalb* des genannten Winkelraumes und zieht jetzt Senkrechte, so nimmt der Satz die Form an: $p \cdot u - q \cdot v = r \cdot w$. Fällt endlich m in die Richtung der Resultierenden, und ziehen wir wieder Senkrechte, so ist, da die Senkrechte auf die Diagonale die Länge Null hat: $p \cdot u - q \cdot v = 0$, oder $p \cdot u = q \cdot v$.

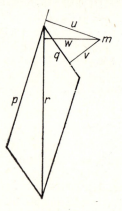
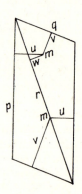

Fig. 29   *Fig. 30*

Mit Hilfe der Bemerkung, daß die Kräfte den von ihnen in gleichen Zeiten hervorgebrachten Bewegungen proportioniert sind, gelangt Varignon leicht von der Zusammensetzung der Bewegungen zur Zusammensetzung der Kräfte. Kräfte, welche auf einen Punkt wirkend, der Größe und Richtung nach durch die Parallelogrammseiten dargestellt werden, sind durch eine Kraft ersetzbar, welche in gleicher Weise durch die Diagonale des Parallelogramms dargestellt ist.

Stellen nun in dem obigen Parallelogramm p, q die zusammenwirkenden Kräfte (Komponenten) und r die Kraft vor, welche beide zu ersetzen vermag (die Resultierende), so heißen die Produkte pu, qv, rw Momente dieser Kräfte in bezug auf den Punkt m. Liegt der Punkt m in der Richtung der Resultierenden, so sind für ihn die beiden Momente pu und qv einander gleich.

4. Mit Hilfe dieses Satzes kann nun Varignon die Maschinen in einfacherer Weise behandeln, als dies seine Vorgänger zu tun vermochten. Betrachten wir z. B. einen starren Körper (Fig. 31), der um eine durch O hindurchgehende Achse drehbar ist. Wir legen zu derselben eine senkrechte Ebene und wählen darin zwei Punkte A, B, an welchen in der Ebene die Kräfte P, Q angreifen. Wir erkennen mit Varignon, daß die Wirkung der Kräfte nicht geändert wird, wenn die Angriffspunkte derselben in der Kraftrichtung verschoben werden, da ja alle Punkte derselben Richtung miteinander in starrer Verbindung sind und einer den andern drückt und zieht.

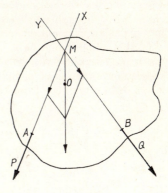

Fig. 31

Demnach können wir P irgendwo in der Richtung AX, Q irgendwo in der Richtung BY, also auch im Durchschnittspunkt M angreifen lassen. Wir konstruieren mit den nach M verschobenen Kräften ein Parallelogramm und ersetzen die Kräfte durch deren Resultierende. Auf die Wirkung derselben kommt es nun allein an. Greift sie an beweglichen Punkten an, so besteht kein Gleichgewicht. Geht aber deren Richtung durch die Achse, durch den Punkt O hindurch, welcher nicht beweglich ist, so kann auch keine Bewegung eintreten, es besteht Gleichgewicht. Im letztern Falle ist nun O ein Punkt der Resultierenden, und wenn wir von demselben auf die Richtungen der Kräfte p, q die Senkrechten u und v fällen, so ist nach dem erwähnten Satze $p \cdot u =$ $= q \cdot v$. Wir haben hiermit das Hebelgesetz aus dem Satze des Kräfteparallelogramms abgeleitet.

In ähnlicher Weise erklärt Varignon andere Gleichgewichtsfälle aus der Aufhebung der Resultierenden durch irgendein Hindernis. An der schiefen Ebene z. B. besteht Gleichgewicht, wenn die Resultierende senkrecht gegen die Ebene ausfällt. Die ganze Statik Varignons ruht in der Tat auf dynamischer Grundlage, sie ist für ihn ein spezieller Fall der Dynamik. Immer schwebt ihm der allgemeinere dynamische Fall vor, und er beschränkt sich in der Untersuchung freiwillig auf den Gleichgewichtsfall. Wir haben es mit einer dynamischen Statik zu tun, wie sie nur *nach* den Untersuchungen von Galilei möglich war. Nebenbei sei bemerkt, daß von Varignon die meisten der Sätze und Betrachtungsweisen herrühren, welche die Statik der heutigen Elementarbücher ausmachen.

5. Wie wir gesehen haben, können auch rein statische Betrachtungen zum Satze des Kräfteparallelogramms führen. In speziellen Fällen läßt sich der Satz auch sehr leicht bestätigen. Man erkennt z. B. ohne weiteres, daß eine beliebige Anzahl gleicher, in einer Ebene auf einen Punkt (ziehend oder drückend) wirkender Kräfte, von welchen je zwei aufeinanderfolgende gleiche Winkel einschließen, sich das Gleichgewicht halten. Lassen wir z. B. auf den Punkt O (Fig. 32) die drei gleichen Kräfte OA, OB, OC unter Winkeln von $120°$ angreifen, so halten je zwei der dritten das Gleichgewicht. Man sieht sofort, daß die Resultierende von OA und OB der OC gleich und entgegen-

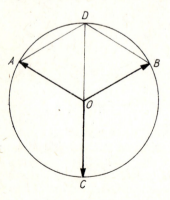

Fig. 32

gesetzt ist. Sie wird durch OD dargestellt und ist zugleich die Diagonale des Parallelogramms $OADB$, wie sich leicht daraus ergibt, daß der Kreisradius zugleich die Sechseckseite ist.

6. Fallen die zusammenwirkenden Kräfte in dieselbe oder in die entgegengesetzte Richtung, so entspricht die Resultierende der Summe oder der Differenz der Komponenten. Beide Fälle erkennt man ohne Schwierigkeit als Spezialfälle des Satzes vom Kräfteparallelogramm. Denkt man sich in den beiden Zeichnungen (Fig. 33) den Winkel AOB allmählich zu dem Werte von $0°$, den Winkel $A'O'B'$ zu dem Werte $180°$ übergeführt, so erkennt man, daß OC in $OA + AC = OA + OB$ und $O'C'$ in $O'A' - A'C' = O'A' - O'B'$ übergeht. Der Satz des Kräfteparallelogramms enthält also die Sätze schon in sich, welche gewöhnlich als besondere Sätze demselben vorausgeschickt werden.

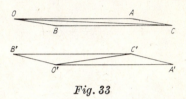

Fig. 33

7. Der Satz des Kräfteparallelogramms stellt sich in der Form, in welcher derselbe von Newton und Varignon gegeben wird, deutlich als ein Erfahrungssatz dar. Ein von zwei Kräften ergriffener Punkt führt zwei voneinander unabhängige Bewegungen mit den Kräften proportionalen Beschleunigungen aus. Darauf gründet sich die Parallelogrammkonstruktion. Daniel Bernoulli war nun der Meinung, daß der Satz des Kräfteparallelogramms eine *geometrische* (von physikalischen Kräften unabhängige) Wahrheit sei. Er versuchte auch einen geometrischen Beweis zu liefern, dessen Hauptpunkt wir in Augenschein nehmen wollen, da die Bernoullische Ansicht noch immer nicht ganz verschwunden ist.

Wenn zwei gleiche Kräfte, deren Richtungen einen rechten Winkel einschließen, auf einen Punkt wirken, so kann nach Bernoulli kein Zweifel obwalten, daß die Halbierungslinie des Winkels (nach dem Symmetrieprinzip) die Richtung der Resultierenden r sei. Um auch die Größe derselben geometrisch zu bestimmen, wird jede der Kräfte p (Fig. 34) in zwei gleiche Kräfte q parallel und senkrecht zu r zerlegt. Hierbei ist nun die Größenbeziehung von p und q dieselbe wie jene von r und p.

Wir haben demnach:

$$p = \mu q \quad \text{und} \quad r = \mu p, \quad \text{folglich} \quad r = \mu^2 q.$$

Da sich aber die zu r senkrechten Kräfte q heben, die zu r parallelen aber die Resultierende vorstellen, so ist auch

$$r = 2q, \quad \text{also} \quad \mu = \sqrt{2}, \quad \text{und} \quad r = \sqrt{2} \cdot p.$$

Die Resultierende wird also auch der Größe nach durch die Diagonale des über p als Seite konstruierten Quadrats dargestellt.

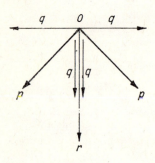

Fig. 34

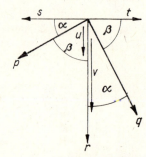

Fig. 35

Analog läßt sich die Größe der Resultierenden für rechtwinklige ungleiche Komponenten bestimmen. Hier ist aber über die Richtung der Resultierenden r von vornherein nichts bekannt. Zerlegt man die Komponenten p, q (Fig. 35) parallel und senkrecht zu der noch unbestimmten Richtung r in die Kräfte u, s beziehungsweise v, t, so bilden die neuen Kräfte mit den Komponenten p, q dieselben Winkel, welche p, q mit r einschließen. Es sind dadurch auch folgende Größenbeziehungen bestimmt:

$$\frac{r}{p} = \frac{p}{u} \quad \text{und} \quad \frac{r}{q} = \frac{q}{v}, \quad \frac{r}{q} = \frac{p}{s} \quad \text{und} \quad \frac{r}{p} = \frac{q}{t},$$

aus welchen zwei letzteren Gleichungen folgt

$$s = t = \frac{pq}{r}.$$

Andererseits ist aber auch

$$r = u + v = \frac{p^2}{r} + \frac{q^2}{r} \quad \text{oder} \quad r^2 = p^2 + q^2.$$

Die Diagonale des über p und q konstruierten Rechtecks stellt also die Größe der Resultierenden vor.

Für alle Rhomben ist nun die *Richtung*, für alle Rechtecke die *Größe* der Resultierenden, für das Quadrat die Größe und Richtung bestimmt. Bernoulli löst dann die Aufgabe, zwei unter einem Winkel wirkende gleiche Kräfte durch andere gleiche, unter einem andern Winkel wirkende äquivalente Kräfte zu ersetzen, und gelangt schließlich durch umständliche und auch mathematisch nicht ganz einwurfsfreie Betrachtungen, die Poisson später verbessert hat, zu dem allgemeinen Satz.

8. Betrachten wir nun die physikalische Seite der Sache. Der Satz des Kräfteparallelogramms war Bernoulli als ein Erfahrungssatz bereits bekannt. Was Bernoulli tut, besteht also darin, daß er sich vor sich selbst *unwissend stellt* und den Satz aus möglichst wenigen Voraussetzungen herauszuphilosophieren sucht. Diese Arbeit ist keineswegs sinnlos und zwecklos. Im Gegenteil, man findet durch dieses Verfahren, wie wenige und wie unscheinbare *Erfahrungen* den Satz schon geben. Nur darf man nicht wie Bernoulli sich selbst täuschen, man muß sich *alle* Voraussetzungen gegenwärtig halten und darf keine Erfahrung übersehen, die man unwillkürlich verwendet. Welche Voraussetzungen liegen nun in Bernoullis Ableitung?[9]

9. Die Statik kennt die Kraft zunächst nur als einen Zug oder Druck, der stets, woher er auch stammen mag, durch den Zug oder Druck eines Gewichts ersetzt werden kann. Alle Kräfte können als *gleichartige* Größen betrachtet und durch Gewichte gemessen werden. Die Erfahrung lehrt ferner, daß das Gleichgewichts- oder Bewegungsbestimmende einer Kraft nicht nur in deren *Größe*, sondern auch in deren *Richtung* liegt, welche durch die Richtung der eintretenden Bewegung, durch die Richtung einer gespannten Schnur usw. kenntlich wird. Anderen, ebenfalls durch die physikalische Erfahrung gegebenen Dingen, wie der Temperatur, der Potentialfunktion, können wir wohl Größe, aber keine Richtung zuschreiben. Daß an einer einen Punkt ergreifenden Kraft Größe *und* Richtung maßgebend ist, ist schon eine wichtige, wenn auch unscheinbare Erfahrung.

Wenn die Größe und Richtung der einen Punkt ergreifenden Kräfte *allein* maßgebend ist, so erkennt man, daß zwei gleiche entgegengesetzte Kräfte im Gleichgewicht sind, weil sie keine

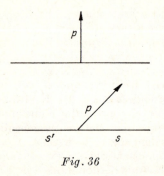

Fig. 36

Bewegung *eindeutig* bestimmen können. Auch senkrecht zu ihrer Richtung kann eine Kraft p eine Bewegungswirkung nicht *eindeutig* bestimmen. Ist aber eine Kraft p schief gegen eine andere Richtung ss' (Fig. 36), so kann sie nach derselben eine Bewegung bestimmen. Allein nur die *Erfahrung* kann lehren, daß die Bewegung nach $s's$ und nicht nach ss' bestimmt ist, also nach der Seite des *spitzen* Winkels oder nach der Seite hin, nach welcher p auf $s's$ eine *Projektion* ergibt.

Diese letztere Erfahrung wird nun gleich zu Anfang von Bernoulli benutzt. Der *Sinn* der Resultierenden zweier gleicher zueinander rechtwinkliger Kräfte läßt sich nämlich nur auf Grund dieser Erfahrung angeben. Aus dem Symmetrieprinzip folgt nämlich nur, daß die Resultierende in die *Ebene* der Kräfte und in die *Halbierungslinie* des Winkels, nicht aber daß sie in den *spitzen* Winkel hineinfällt. Gibt man aber diese Bestimmung auf, so ist die ganze Beweiserei schon vor dem Beginn zu Ende.

10. Wenn wir uns überzeugt haben, daß wir den Einfluß der Richtung einer Kraft *überhaupt* nur aus der Erfahrung kennen, so werden wir noch weniger glauben, daß wir die *Art* dieses Einflusses auf einem *andern* Wege zu ermitteln vermögen. Daß eine Kraft p nach einer Richtung s, welche mit ihrer eigenen den Winkel α einschließt, so wirkt wie eine Kraft $p \cos \alpha$ in der Richtung s, was mit dem Satz des Kräfteparallelogramms gleichbedeutend ist, kann man nicht erraten. Auch Bernoulli wäre dies nicht imstande gewesen. Er verwendet aber in kaum merklicher Weise Erfahrungen, welche dieses mathematische Verhältnis schon mitbestimmen.

Derjenige, welchem die Zusammensetzung und Zerlegung der Kräfte bereits *geläufig* ist, weiß, daß mehrere an einem Punkt angreifende Kräfte in ihrer Wirkung in *jeder* Beziehung und nach *jeder* Richtung durch *eine* Kraft ersetzt werden können. In Bernoullis Beweisverfahren spricht sich diese Kenntnis darin aus, daß die Kräfte p, q als solche betrachtet werden, welche die Kräfte s, u und t, v vollständig, sowohl nach der Richtung r als auch nach jeder andern Richtung zu ersetzen vermögen. Ebenso wird r als ein Äquivalent von p und q betrachtet. Es wird ferner als gleichgültig angesehen, ob man s, u, t, v zuerst nach den Richtungen p, q und p, q alsdann nach der Richtung r schätzt oder ob s, u, t, v direkt nach der Richtung r geschätzt werden. Das kann aber nur derjenige wissen, der schon eine sehr ausgedehnte Erfahrung über die Zusammensetzung und Zerlegung der Kräfte gewonnen hat. Am einfachsten gelangt man zu dieser Kenntnis, wenn man weiß, daß eine Kraft p nach einer Richtung, welche den Winkel α mit ihrer eigenen einschließt, mit dem Betrage $p \cos \alpha$ wirkt. *Tatsächlich ist man auch auf diesem Wege zu dieser Einsicht gelangt.*

In einer Ebene mögen die Kräfte $P, P', P'' \ldots$ unter den Winkeln $\alpha, \alpha', \alpha'' \ldots$ gegen eine gegebene Richtung X an einem Punkt angreifen. Dieselben sollen ersetzbar sein durch eine Kraft H, welche irgendeinen Winkel μ mit X einschließt. Nach dem bekannten Prinzip hat man dann

$$\Sigma P \cos \alpha = \Pi \cos \mu.$$

Soll Π der Ersatz für das Kraftsystem bleiben, welche Richtung auch X annimmt, wenn es um den bliebigen Winkel δ gedreht wird, so ist ferner

$$\Sigma P \cos (\alpha + \delta) = \Pi \cos (\mu + \delta),$$

oder

$$(\Sigma P \cos \alpha - \Pi \cos \mu) \cos \delta - (\Sigma P \sin \alpha - \Pi \sin \mu) \sin \delta = 0.$$

Setzen wir

$$\Sigma P \cos \alpha - \Pi \cos \mu = A,$$
$$(\Sigma P \sin \alpha - \Pi \sin \mu) = B,$$
$$\tang \tau = \frac{B}{A},$$

so folgt

$$A \cos \delta + B \sin \delta = \sqrt{A^2 + B^2} \sin (\delta + \tau) = 0,$$

welche Gleichung für *jedes* δ nur bestehen kann, wenn

$$A = \Sigma P \cos \alpha - \Pi \cos \mu = 0$$

und

$$B = \Sigma P \sin \alpha - \Pi \sin \mu = 0 \quad \text{ist}.$$

Hieraus ergibt sich
$$\Pi \cos \mu = \Sigma P \cos \alpha$$
$$\Pi \sin \mu = \Sigma P \sin \alpha.$$

Aus diesen Gleichungen folgen für Π und μ die bestimmten Werte
$$\Pi = \sqrt{(\Sigma P \sin \alpha)^2 + (\Sigma P \cos \alpha)^2}$$
und
$$\operatorname{tang} \mu = \frac{\Sigma P \sin \alpha}{\Sigma P \cos \alpha}.$$

Kann man also die Wirkung einer Kraft in einer gegebenen Richtung durch die *Projektion* auf diese Richtung messen, so ist wirklich jedes an einem Punkt angreifende Kraftsystem durch *eine* Kraft von *bestimmter* Größe und Richtung ersetzbar. Die angestellten Betrachtungen lassen sich aber nicht ausführen, wenn man an die Stelle von cos α irgendeine allgemeine Winkelfunktion $\varphi(\alpha)$ setzt. Tut man aber dies und betrachtet gleichwohl die Resultierende als *eine bestimmte,* so ergibt sich, wie z. B. aus Poissons Ableitung ersichtlich ist, für $\varphi(\alpha)$ die Form cos α. Die Erfahrung, daß mehrere auf einen Punkt wirkende Kräfte in jeder Beziehung stets durch eine ersetzbar sind, ist also *mathematisch gleichwertig* mit dem Prinzip des Kräfteparallelogramms oder mit dem Projektionsprinzip. Das Parallelogramm- oder Projektionsprinzip ist aber viel leichter durch Beobachtung zu gewinnen, als jene allgemeinere Erfahrung durch statische Beobachtungen gewonnen werden kann. Wirklich ist auch das Parallelogrammprinzip früher gewonnen worden. Es würde auch ein beinahe übermenschlicher Scharfsinn dazu gehören, aus der allgemeinen Ersetzbarkeit mehrerer Kräfte durch *eine*, ohne Leitung durch anderweitige Kenntnis des Sachverhaltes, das Parallelogrammprinzip mathematisch zu folgern. An Bernoullis Ableitung setzen wir demnach aus, daß das leichter Beobachtbare auf das schwerer Beobachtbare zurückgeführt wird. Darin liegt ein Verstoß gegen die Ökonomie der Wissenschaft. Außerdem täuscht sich Bernoulli darin, daß er meint, überhaupt von keiner Beobachtung auszugehen.

Wir müssen noch die Bemerkung hinzufügen, daß auch die *Unabhängigkeit* der Kräfte *voneinander,* welche sich in dem

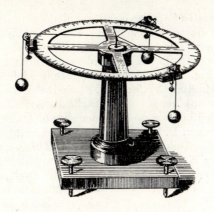

Fig. 37

Prinzip der Zusammensetzung ausspricht, eine Erfahrung ist, welche von Bernoulli fortwährend stillschweigend verwendet wird. Solange wir mit regelmäßigen oder symmetrischen Kraftsystemen zu tun haben, in welchen jede Kraft gleichwertig ist, kann jede von den übrigen auch im Falle einer gegenseitigen Abhängigkeit nur in derselben Weise beeinflußt werden. Schon bei drei Kräften, von welchen zwei zur dritten symmetrisch sind, wird die Betrachtung sehr schwierig, sobald man die Möglichkeit einer gegenseitigen Abhängigkeit der Kräfte zugibt.

11. Sobald man direkt oder indirekt zu dem Prinzip des Kräfteparallelogramms geführt worden ist und dasselbe *erschaut* hat, ist dasselbe so gut eine Beobachtung als jede andere. Ist die Beobachtung neu, so genießt sie selbstverständlich noch nicht das Vertrauen wie alte, vielfach erprobte Beobachtungen. Man sucht dann die neue Beobachtung durch die alten zu stützen und ihre Übereinstimmung nachzuweisen. Nach und nach wird die neue Beobachtung den ältern ebenbürtig. Es ist dann nicht mehr nötig, jene fortwährend auf diese zurückzuführen. Eine solche Ableitung ist nur dann zweckmäßig, wenn hierbei schwer unmittelbar zu gewinnende Beobachtungen auf einfachere und leichter zu gewinnende zurückgeführt werden können, wie dies mit dem Prinzip des Kräfteparallelogramms in der Dynamik geschieht.

12. Man hat den Satz des Kräfteparallelogramms auch durch besonders zu diesem Zwecke angestellte Versuche veranschaulicht. Eine hierzu sehr geeignete Vorrichtung ist von Varignon angegeben worden. Der Mittelpunkt eines horizontalen geteilten Kreises (Fig. 37) ist durch eine Spitze bezeichnet. Drei miteinander verknüpfte Fäden f, f', f'' sind über Rollen r, r', r'' gelegt, welche an einer beliebigen Stelle des Kreisumfanges festgestellt werden können, und werden durch Gewichte p, p', p'' belastet. Wenn z. B. drei gleiche Gewichte aufgelegt und die Rollen auf die Teilungspunkte 0, 120, 240 gestellt sind, so stellt sich der Knotenpunkt der Fäden auf den Kreismittelpunkt ein. Drei gleiche Kräfte unter Winkeln von 120° sind also im Gleichgewicht.

Will man einen andern Fall darstellen, so kann man auf folgende Art verfahren. Man denkt sich (Fig. 38) zwei beliebige Kräfte p, q unter einem beliebigen Winkel α, stellt dieselben durch Linien dar und konstruiert über denselben als Seiten ein Parallelogramm. Man fügt ferner eine der Resultierenden r gleiche und entgegengesetzte Kraft hinzu. Die drei Kräfte p, q, r halten sich unter den aus der Konstruktion ersichtlichen Winkeln das Gleichgewicht. Man stellt die Rollen des geteilten Kreises auf die Teilungsprodukte o, α, α + β und belastet die zugehörigen Fäden mit den Gewichten p, q, r. Der Verknüpfungspunkt stellt sich auf den Kreismittelpunkt ein.

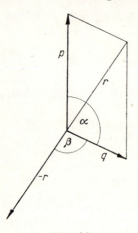

Fig. 38

4. Das Prinzip der virtuellen Verschiebungen

1. Wir gehen nun zur Besprechung des Prinzips der virtuellen (möglichen) Verschiebungen über. In meiner Darstellung der vorigen Auflagen findet E. Wohlwill die Leistung Stevins

Entwicklung der Prinzipien der Statik

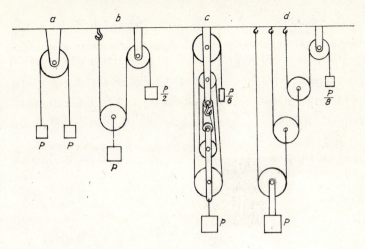

Fig. 39

jener von del Monte und Galilei gegenüber überschätzt. In der Tat hat del Monte in seinem „Mechanicorum liber" (Pisauri 1577) beim Hebel, bei den Rollenverbindungen und beim Wellrad die Weglängen beachtet, die von den Gewichten gleichzeitig durchlaufen werden. Seine Betrachtung ist allerdings eine mehr *geometrische* als *mechanische*. Auch eine Auffassung des Prinzips, durch welche der Maschinenwirkung der Charakter des Wunders genommen wird, fehlt bei del Monte. (Vgl. Wohlwill, Galilei, I, S. 142 f.) So bleibt del Monte gegen andere mittelalterliche Schriftsteller, welche die antike Überlieferung des Prinzips der virtuellen Geschwindigkeit pflegen und die bei anderer Gelegenheit erwähnt werden sollen, zurück. Stevin geht nun zu Ende des 16. Jahrhunderts über seinen unmittelbaren Vorgänger del Monte *nicht* hinaus. Zunächst behandelt Stevin die Rollensysteme in der noch jetzt gewöhnlichen Weise. In dem Fall *a* (Fig. 39) herrscht aus bereits bekannten Gründen Gleichgewicht bei beiderseits gleicher Belastung P. Bei *b* hängt das Gewicht P an zwei parallelen Schnüren, deren jede also das Gewicht $\frac{P}{2}$ trägt, womit im Gleichgewichtsfalle auch das freie Ende der Schnur belastet sein muß. Bei *c* hängt P an sechs Schnüren, und die Belastung des freien Endes mit $\frac{P}{6}$ stellt das Gleichgewicht her. Bei d, bei dem sogenannten Archimedischen oder Potenzflaschenzug, hängt P zunächst an zwei Schnüren, deren jede $\frac{P}{2}$ trägt; die eine von beiden hängt wieder an zwei Schnüren usw., so daß das freie Ende durch die Belastung $\frac{P}{8}$ im Gleichgewicht erhalten wird. Erteilt man diesen Rollensystemen Verschiebungen, bei welchen das Gewicht P um die Höhe h sinkt, so bemerkt man, daß wegen der Anordnung der Schnüre

in a das Gewicht P um die Höhe h
„ b „ „ $\frac{P}{2}$ „ „ „ $2h$
„ c „ „ $\frac{P}{6}$ „ „ „ $6h$
„ d „ „ $\frac{P}{8}$ „ „ „ $8h$

steigt.

Im Gleichgewichtsfall sind also an einem Rollensystem die Produkte aus den Gewichten und den zugehörigen Verschiebungsgrößen beiderseits gleich. („Ut spatium agentis ad spatium patientis, sic potentia patientis ad potentiam agentis", Stevini „Hypomnemata", T. IV. lib. 3, p. 172.) In dieser Bemerkung liegt nun der Keim des Prinzips der virtuellen Verschiebungen.

2. Galilei hatte schon vorher (1594) bei einer andern Gelegenheit, bei Untersuchung des Gleichgewichts auf der schiefen Ebene, die Gültigkeit des Prinzips erkannt und auch schon eine etwas allgemeinere Form desselben gefunden. Auf einer schiefen Ebene (Fig. 40), deren Länge AB der doppelten Höhe BC gleich ist, wird eine auf AB liegende Last Q durch die längs der Höhe BC wirkende Last P im Gleichgewicht gehalten, wenn $P = \frac{Q}{2}$ ist. Werden die Gewichte in Bewegung gesetzt, so sinkt etwa $P = \frac{Q}{2}$ um

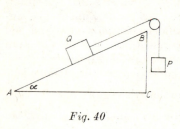

Fig. 40

die Höhe h, und um dieselbe Strecke h steigt Q auf die Länge AB auf. Indem nun Galilei die Erscheinung auf sich wirken läßt, erkennt er, daß das Gleichgewicht nicht nur durch die Gewichte, sondern auch durch deren *mögliche Annäherung und Entfernung von dem Erdmittelpunkt* bestimmt ist. Während nämlich $\frac{Q}{2}$ längs der Höhe um h sinkt, steigt Q längs der Länge um h, in *vertikalem* Sinn aber nur um $\frac{h}{2}$ auf, so zwar, daß die Produkte $Q \cdot \frac{h}{2}$ und $\frac{Q}{2} \cdot h$ beiderseits gleich ausfallen.

Man kann kaum genug hervorheben, wie aufklärend die Bemerkung Galileis ist und welches Licht sie verbreitet. Dabei ist die Bemerkung so natürlich und ungezwungen, daß man dieselbe gern akzeptiert. Was kann einfacher erscheinen, als daß in einem System von schweren Körpern keine Bewegung eintritt, wenn im ganzen keine schwere Masse sinken kann? Das scheint uns instinktiv annehmbar.

E. Wohlwill betont, daß Galilei bei den Maschinen den Verlust an Geschwindigkeit hervorhebt, welcher der Ersparnis an Kraft entspricht. (Vgl. Galilei, I, S. 141, 142.) Erlaubt man sich den modernen Begriff „Arbeit" zu verwenden, zu dessen Entwicklung Galilei so viel beigetragen hat, so kann man, ohne Mißdeutungen ausgesetzt zu sein, einfach sagen: Bei Maschinen wird nichts an Arbeit erspart.

Die Auffassung der schiefen Ebene durch Galilei erscheint uns viel weniger geistreich als die Stevinsche, aber wir erkennen sie als natürlicher und tiefer. Darin zeigt sich Galilei als ein so großer wissenschaftlicher Charakter, daß er den *intellektuellen Mut* hat, in einer längst untersuchten Sache *mehr* zu sehen als seine Vorgänger und seiner Beobachtung zu vertrauen. Mit der ihm eigenen Offenheit gibt er seine Ansicht samt den Motiven, die ihn zu derselben geführt haben, dem Leser preis.

3. Torricelli bringt das Galileische Prinzip durch Verwendung des Begriffs „Schwerpunkt" in eine Form, in welcher es dem Gefühl noch näher liegt, in welcher es übrigens gelegentlich auch schon von Galilei verwendet wird. Nach Torricelli besteht an einer Maschine Gleichgewicht, wenn bei Verschiebung derselben der Schwerpunkt der angehängten Lasten nicht sinken kann. Bei einer Verschiebung an der obigen schiefen

Ebene sinkt z. B. P um die Strecke h, dafür steigt Q um $h \sin \alpha$ auf. Soll der Schwerpunkt nicht sinken, so ist

$$\frac{P \cdot h - Q \cdot h \sin \alpha}{P+Q} = 0, \quad \text{oder} \quad P \cdot h - Q \cdot h \sin \alpha = 0,$$

oder

$$P = Q \sin \alpha = Q \frac{BC}{AB}.$$

Stehen die Lasten in einem andern Verhältnis, so kann der Schwerpunkt bei einer oder der andern Verschiebung sinken, und es besteht kein Gleichgewicht. Wir erwarten *instinktiv* Gleichgewicht, wenn der Schwerpunkt eines Systems schwerer Körper nicht sinken kann. Es enthält aber der Torricellische Ausdruck durchaus nicht *mehr* als der Galileische.

4. So wie an den Rollensystemen und an der schiefen Ebene läßt sich die Gültigkeit des Prinzips der virtuellen Verschiebungen leicht auch an andern Maschinen, z. B. dem Hebel, dem Wellrad usw., nachweisen. Am Wellrad z. B. mit den Radien R, r und den zugehörigen Lasten P, Q besteht bekanntlich Gleichgewicht, wen $PR = Qr$. Dreht man das Wellrad um den Winkel α, so sinkt etwa P um $R\alpha$, und es steigt Q um $r\alpha$. Nach Stevins und Galileis Auffassung ist im Gleichgewichtsfall $P \cdot R\alpha = Q \cdot r\alpha$, welche Gleichung dasselbe besagt wie die obige.

5. Wenn wir ein System von schweren Körpern, an welchem Bewegung auftritt, vergleichen mit einem ähnlichen im Gleichgewicht befindlichen System, so drängt sich uns die Frage auf: Was ist das Unterscheidende beider Fälle? Worin liegt das Bewegungsbestimmende (Gleichgewichtstörende), welches in dem einen Falle vorhanden ist, in dem andern aber fehlt. Indem Galilei sich diese Frage stellte, erkannte er als bewegungsbestimmend nicht nur die Gewichte, sondern auch deren *Falltiefen* (deren vertikale Verschiebungsgrößen). Nennen wir P, P', P'' ... die Gewichte eines Systems schwerer Körper, und h, h', h'' ... die zugehörigen vertikalen, gleichzeitig möglichen Verschiebungsgrößen, wobei Verschiebungen abwärts positiv, Verschiebungen aufwärts negativ gerechnet werden. Galilei findet nun, daß in der Erfüllung der Bedingung $Ph + P'h' + P''h'' + \ldots = 0$ das Merkmal des Gleichgewichts-

falles liegt. Die Summe $Ph + P'h' + P''h'' + \ldots$ ist das Gleichgewichtstörende, das Bewegungsbestimmende. Man hat diese Summe ihrer Wichtigkeit wegen in neuerer Zeit mit dem besondern Namen Arbeit bezeichnet.

6. Während die ältern Forscher bei Vergleichung von Gleichgewichts- und Bewegungsfällen ihre Aufmerksamkeit auf die Gewichte und deren Abstände von der Drehachse richteten und die *statischen Momente* als maßgebend erkannten, beachtet Galilei die Gewichte und die *Falltiefen* und erkennt die *Arbeit* als maßgebend. Es kann natürlich dem Forscher nicht vorgeschrieben werden, auf *welche* Merkmale des Gleichgewichts er zu achten hat, wenn mehrere zur Auswahl vorliegen. Nur der Erfolg kann darüber entscheiden, ob er die richtige Wahl getroffen hat. So wenig man aber, wie wir gesehen haben, die Bedeutung der statischen Momente als etwas unabhängig von der Erfahrung Gegebenes, logisch Einleuchtendes darstellen darf, ebensowenig darf dies mit der Arbeit geschehen. Pascal ist im Irrtum, und diesen Irrtum teilen manche moderne Forscher, wenn er bei Anwendung des Prinzips der virtuellen Verschiebungen auf die Flüssigkeiten sagt: „étant clair, que c'est la même chose de faire faire un pouce de chemin à cent livres d'eau, que de faire faire cent pouces de chemin à une livre d'eau"...[10] Das ist nur dann richtig, wenn man schon die Arbeit als *maßgebend* anerkennt, was nur die Erfahrung lehren kann.

Wenn wir einen gleicharmigen, beiderseits gleich belasteten Hebel vor uns haben, so erkennen wir das Gleichgewicht desselben als die einzige eindeutig bestimmte Wirkung, ob wir nun die Gewichte und die Abstände, oder die Gewichte und die Falltiefen als bewegungsbestimmend ansehen. Diese oder ähnliche Erfahrungserkenntnisse müssen aber vorausgehen, wenn wir überhaupt ein Urteil über den Fall haben sollen. Die *Form* der Abhängigkeit der Gleichgewichtstörung von den angeführten Umständen, also die Bedeutung des statischen Moments $(P \cdot L)$ oder der Arbeit $(P \cdot h)$, kann man noch weniger herausphilosophieren als die Abhängigkeit überhaupt.

7. Wenn zwei gleiche Gewichte mit gleichen entgegengesetzten Verschiebungsgrößen einander gegenüberstehen, so erkennen wir das Bestehen des Gleichgewichts. Wir könnten

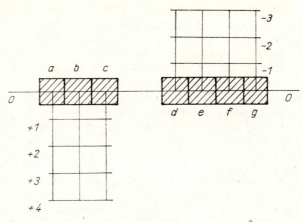

Fig. 41

nun versucht sein, den allgemeinen Fall der Gewichte P, P' mit den Verschiebungsgrößen h, h', wobei $Ph = P'h'$ ist, auf den einfachern zurückzuführen. Wir hätten z. B. (Fig. 41) die Gewichte $3P$ und $4P$ an einem Wellrade mit den Radien 4 und 3. Wir zerfällen die Gewichte in lauter gleiche Stücke von der Größe P, die wir durch a, b, c, d, e, f, g bezeichnen. Nun führen wir a, b, c auf das Niveau $+3$ und d, e, f auf das Niveau -3. Diese Verschiebungen werden die Gewichte weder von selbst eingehen, noch werden sie derselben widerstehen. Wir fassen jetzt das Gewicht g auf dem Niveau 0 mit dem a auf $+3$ zusammen, schieben ersteres auf -1 und letzteres auf $+4$, dann in gleicher Weise g auf -2 und b auf $+4$, g auf -3 und c auf $+4$. Allen diesen Verschiebungen leisten die Gewichte keinen Widerstand und bringen sie auch selbst nicht hervor. Schließlich erscheinen aber a, b, c (oder $3P$) auf dem Niveau $+4$ und d, e, f, g (oder $4P$) auf dem Niveau -3. Auch diese Verschiebung bringen also die Gewichte nicht selbst hervor und widerstehen ihr auch nicht, d. h. bei diesem Verschiebungsverhältnis sind die Gewichte im Gleichgewicht. Die Gleichung $4 \cdot 3P - 3 \cdot 4P = 0$ ist also für das Gleichgewicht in diesem Falle charakteristisch. Die Verallgemeinerung $(Ph - P'h' = 0)$ liegt auf der Hand.

Bei genügender Aufmerksamkeit erkennt man unschwer,

daß man den Schluß nicht machen kann, wenn man nicht die *Gleichgültigkeit der Ordnung der Operationen und des Überführungsweges* voraussetzt, d. h. wenn man nicht die *Arbeit* schon als das Maßgebende erschaut hat. Man würde, den Schluß akzeptierend, denselben Fehler machen, den Archimedes in seiner Ableitung des Hebelgesetzes begangen hat,[11] wie dies genauer auseinandergesetzt worden ist, und in diesem Falle nicht ebenso ausführlich zu geschehen braucht. Nichtsdestoweniger ist die angeführte Überlegung insofern nützlich, als sie die Verwandtschaft der einfachen und der komplizierten Fälle fühlbar macht.

8. Die *allgemeine* Bedeutung des Prinzips der virtuellen Verschiebungen für die Gleichgewichtsfälle hat Joh. Bernoulli erkannt, und er hat seine Entdeckung (1717) in einem Briefe an Varignon mitgeteilt. Wir wollen nun das Prinzip in seiner allgemeinsten Form aussprechen. An den Punkten A, B, $C \ldots$ (Fig. 42) mögen die Kräfte $P, P', P'' \ldots$ angreifen. Wir erteilen den Punkten irgendwelche unendlich kleine, mit der Natur der Verbindungen verträgliche (sogenannte virtuelle) Verschiebungen $v, v', v'' \ldots$ und bilden von denselben die Projektionen $p, p', p'' \ldots$ auf die Richtungen der Kräfte.

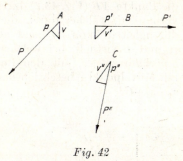

Fig. 42

Diese Projektionen betrachten wir als positiv, wenn sie in die Richtung der Kraft fallen, als negativ, wenn sie in die entgegengesetzte Richtung fallen. Die Produkte $P \cdot p$, $P' \cdot p'$, $P'' \cdot p''$ ... heißen virtuelle Momente und haben in den beiden eben erwähnten Fällen ein entgegengesetztes Zeichen. Das Prinzip sagt nun, daß für den Fall des Gleichgewichts $P \cdot p + P' \cdot p' + P'' \cdot p'' + \ldots = 0$, oder kürzer $\Sigma P \cdot p = 0$.

9. Gehen wir nun auf einige Punkte näher ein. Vor Newton dachte man sich unter einer Kraft fast immer nur den Zug oder Druck eines schweren Körpers. Alle mechanischen Untersuchungen dieser Zeit beschäftigen sich fast nur mit schweren Körpern. Als nun in der Newtonschen Zeit die Verallgemeinerung des Kraftbegriffs eintrat, konnte man alle für schwere

Körper bekannten mechanischen Sätze sofort auf beliebige Kräfte übertragen. Man konnte sich jede Kraft durch den Zug eines schweren Körpers an einer Schnur ersetzen. In diesem Sinne kann man auch das zunächst nur für schwere Körper gefundene Prinzip der virtuellen Verschiebungen auf beliebige Kräfte anwenden.

Virtuelle Verschiebungen nennt man solche, welche mit der Natur der Verbindungen des Systems und miteinander verträglich sind. Wenn z. B. die beiden Systempunkte A und B (Fig. 43,1), an welchen Kräfte angreifen, durch einen rechtwinkligen, um C drehbaren Winkelhebel verbunden sind, so sind für $CB = 2CA$ alle virtuellen Verschiebungen von B und A stets Kreisbogenelemente, welche zu C als Mittelpunkt gehören, die Verschiebungen von B sind stets doppelt so groß als jene von A, und beide stets zueinander senkrecht. Sind die Punkte AB (Fig. 43,2) durch einen Faden von der Länge l verbunden, welcher durch die festen Ringe C und D hindurchgleiten kann, so sind alle jene Verschiebungen von A und B virtuell, bei welchen sich diese Punkte auf oder innerhalb zweier, mit den Radien r_1 und r_2 um C und D (als Mittelpunkte) beschriebenen Kugelflächen bewegen, wobei $r_1 + r_2 + CD = l$.

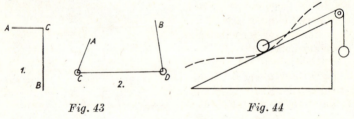

Fig. 43   *Fig. 44*

Die Anwendung der *unendlich kleinen* Verschiebungen, statt der *endlichen* von Galilei betrachteten, rechtfertigt sich durch folgende Bemerkung. Wenn zwei Gewichte an der schiefen Ebene im Gleichgewicht sind, so wird dieses nicht gestört, wenn die Ebene, wo sie mit den Körpern nicht in unmittelbarer Berührung ist, in eine Fläche von anderer Form übergeht (Fig. 44). Es kommt also auf die augenblickliche Verschiebbarkeit bei der augenblicklichen Konformation des Systems an. Zur Beurteilung des Gleichgewichts dürfen die

Verschiebungen nur verschwindend klein angenommen werden, weil sonst das System in eine ganz andere Nachbarkonformation übergeführt würde, für welche vielleicht das Gleichgewicht nicht mehr besteht.

Daß nicht die Verschiebungen überhaupt, sondern nur soweit sie *im Sinne* der Kräfte stattfinden, also deren *Projektionen* auf die Kraftrichtungen maßgebend sind, hat schon Galilei an dem Fall der schiefen Ebene hinreichend klar erkannt.

Was den Ausdruck des Prinzips betrifft, so bemerken wir, daß gar keine Aufgabe vorliegt, wenn alle Punkte des Systems, auf welche Kräfte wirken, voneinander unabhängig sind. Jeder solche Punkt kann dann nur im Gleichgewicht sein, wenn er *im Sinne* der Kraft nicht beweglich ist. Für jeden solchen Punkt ist einzeln das virtuelle Moment gleich Null. Sind einige Punkte voneinander unabhängig, andere aber in ihren Verschiebungen voneinander abhängig, so gilt für erstere die eben gemachte Bemerkung. Für die letztern gilt eben der von Galilei gefundene Grundsatz, daß die Summe ihrer virtuellen Momente gleich Null ist. Demnach ist die Gesamtsumme der virtuellen Momente wieder gleich Null.

10. Wir wollen uns nun die Bedeutung des Prinzips zunächst an einigen einfachen Beispielen erläutern, und zwar an solchen, welche nicht nach dem gewöhnlichen Schema des Hebels, der schiefen Ebene usw. behandelt werden können.

Der Differentialflaschenzug von Weston (Fig. 45) besteht aus zwei koaxialen, miteinander fest verbundenen Rollen von den wenig verschiedenen Radien r_1 und $r_2 < r_1$. Über diese Rollen ist eine Schnur oder Kette in der angedeuteten Weise geführt. Zieht man in der Richtung des Pfeiles mit der Kraft P und findet eine Drehung um den Winkel φ statt, so wird das angehängte Gewicht Q etwas gehoben. Im Gleichgewichtsfall besteht zwischen den beiden virtuellen Momenten die Gleichung

$$Q \frac{(r_1 - r_2)}{2} \varphi = P r_1 \varphi, \quad \text{oder} \quad P = Q \frac{r_1 - r_2}{2 r_1}.$$

Ein Wellrad (Fig. 46) vom Gewicht Q, welches sich beim Abwickeln der Schnur mit dem Gewicht P an einer um die Welle gewickelten Schnur aufwindet und erhebt, liefert im Gleichge-

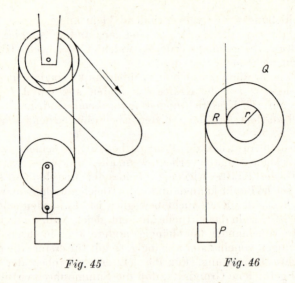

Fig. 45   *Fig. 46*

wichtsfalle für die virtuellen Momente die Gleichung

$$P(R-r)\varphi = Qr\varphi, \quad \text{oder} \quad P = \frac{Qr}{R-r}.$$

In dem Spezialfall $R-r=0$ haben wir für das Gleichgewicht auch $Qr=0$ zu setzen, oder bei endlichen Werten von r ist $Q=0$. In der Tat verhält sich dann der Faden wie eine Schlinge, in welcher sich das Gewicht Q befindet. Letzteres kann, wenn es von Null verschieden ist, sich immer abwärts winden, ohne das Gewicht P zu bewegen. Setzen wir aber bei $R=r$ auch $Q=0$, so folgt $P = \frac{0}{0}$, ein unbestimmter Wert. Wirklich hält *jedes* Gewicht P den Apparat im Gleichgewicht, weil bei $R=r$ *keins* sinken kann.

Eine Doppelrolle (Fig. 47) von den Radien r, R liegt mit Reibung auf einer horizontalen Unterlage, während an den Fäden die Kräfte P und Q wirken. Nennen wir P die Reibung der Unterlage, so besteht Gleichgewicht, wenn $Q = \frac{2R}{R-r} \cdot P$. Wird aber $P' < \frac{R-r}{R+r} \cdot P$, so tritt neben dem Rollen auch Gleiten auf.

Entwicklung der Prinzipien der Statik

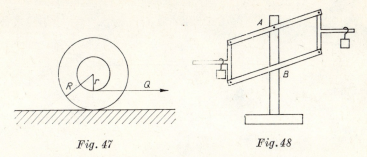

Fig. 47 *Fig. 48*

Die Robervalsche Waage besteht aus einem Parallelogramm mit veränderlichen Winkeln, in welchem zwei gegenüberliegende Seiten um deren Mittelpunkte A, B drehbar sind (Fig. 48). An den beiden andern, stets vertikalen Seiten sind horizontale Stäbe befestigt. Hängt man an diese Stäbe zwei gleiche Gewichte P, so besteht unabhängig von der Aufhängungsstelle Gleichgewicht, weil bei einer Verschiebung die Senkung des einen Gewichts stets gleich ist der Erhebung des andern.

In drei fixen Punkten A, B, C (Fig. 49) seien Rollen angebracht, über welchen drei mit gleichen Gewichten belastete und bei O verknüpfte Schnüre gelegt sind. Bei welcher Lage der Schnüre besteht Gleichgewicht? Wir nennen die drei Schnurlängen $AO = s_1$, $BO = s_2$, $CO = s_3$. Um die Gleichgewichtsgleichung zu gewinnen, verschieben wir den Punkt O nach den Richtungen s_2 und s_3 um die unendlich kleinen Stücke δs_2 und δs_3 und bemerken, daß wir hierdurch jede Verschiebungsrichtung in der Ebene ABC (Fig. 50) herstellen können. Die Summe der virtuellen Momente ist

$$P\delta s_2 - P\delta s_2 \cos \alpha + P\delta s_2 \cos (\alpha + \beta)$$
$$+ P\delta s_3 - P\delta s_3 \cos \beta + P\delta s_3 \cos (\alpha + \beta) = 0,$$

oder

$$[1 - \cos \alpha + \cos (\alpha + \beta)] \delta s_2 + [1 - \cos \beta + \cos (\alpha + \beta)] \delta s_3 = 0.$$

Da jede der Verschiebungen δs_2, δs_3 willkürlich, von der andern unabhängig ist und für sich $=0$ genommen werden kann, so folgt

$$1 - \cos \alpha + \cos (\alpha + \beta) = 0$$
$$1 - \cos \beta + \cos (\alpha + \beta) = 0.$$

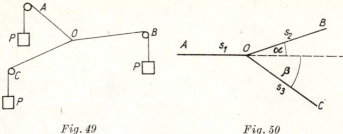

Fig. 49   *Fig. 50*

Es ist somit
$$\cos\alpha = \cos\beta,$$
und wir können statt jeder der Gleichungen setzen
$$1-\cos\alpha+\cos 2\alpha = 0,$$
$$\text{oder } \cos\alpha = 1/2,$$
$$\text{also } \alpha+\beta = 120°.$$

Jede der Schnüre bildet also im Gleichgewichtsfall mit den andern Winkel von 120°, was auch unmittelbar einleuchtet, da drei gleiche Kräfte nur bei dieser Anordnung im Gleichgewicht sein können. Wenn dies einmal bekannt ist, so kann man die Lage des Punktes O in bezug auf ABC auf verschiedene Weise finden. Man kann z. B. auf folgende Art verfahren. Man konstruiert über AB, BC, CA als Seiten je ein gleichseitiges Dreieck. Umschreibt man diesen Dreiecken Kreise, so ist der gemeinschaftliche Durchschnittspunkt derselben der gesuchte Punkt O, was sich aus der bekannten Beziehung der Zentri- und Peripheriwinkel leicht ergibt.

Eine Stange OA (Fig. 51) ist in der Ebene des Papiers um O drehbar und schließt mit einer festen Geraden OX den veränderlichen Winkel α ein. Bei A greift eine Kraft P an, die mit OX den Winkel γ einschließt, und bei B an einem längs der Stange verschiebbaren Ring eine Kraft Q unter dem Winkel β gegen OX. Wir erteilen der Stange eine unendlich kleine Drehung, wodurch B und A um δs und δs_1 senkrecht gegen OA fortschreiten, und verschieben den Ring um δr längs der Stange. Die variable Strecke OB^* nennen wir r und $OA = a$. Für den Gleichgewichtsfall haben wir
$$Q\delta r\cos(\beta-\alpha)+Q\delta s\sin(\beta-\alpha)+P\delta s_1\sin(\alpha-\gamma)=0.$$

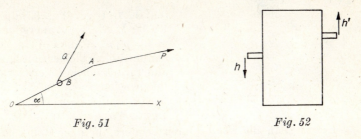

Fig. 51   *Fig. 52*

Da die Verschiebung δr auf die übrigen Verschiebungen gar keinen Einfluß hat, so muß das betreffende virtuelle Moment für sich $= 0$ sein, und wegen der beliebigen Größe von δr auch der Koeffizient desselben. Es ist also
$$Q \cos(\beta - \alpha) = 0,$$
oder wenn Q von Null verschieden,
$$\beta - \alpha = 90°.$$

Ferner haben wir mit Rücksicht darauf, daß
$$\delta s_1 = \frac{a}{r} \delta s \quad \text{auch} \quad r \cdot Q \sin(\beta - \alpha) + aP \sin(\alpha - \gamma) = 0,$$
oder weil
$$\sin(\beta - \alpha) = 1, \; rQ + aP \sin(\alpha - \gamma) = 0,$$
wodurch die Beziehung der beiden Kräfte gegeben ist.

11. Ein nicht zu übersehender Vorteil, den jedes allgemeinere Prinzip und so auch das Prinzip der virtuellen Verschiebungen gewährt, besteht darin, daß es uns das Nachdenken über jeden neuen speziellen Fall großenteils erspart. Im Besitz dieses Prinzips brauchen wir uns z. B. um die Einzelheiten einer Maschine gar nicht zu kümmern. Wenn etwa eine neue Maschine in einem Kasten (Fig. 52) so eingeschlossen wäre, daß nur zwei Hebel als Angriffspunkte für die Kraft P und die Last P' hervorragten, und wir fänden die gleichzeitigen Verschiebungen derselben h und h', so wüßten wir sofort, daß im Gleichgewichtsfall $Ph = P'h'$ sei, welche Beschaffenheit die Maschine sonst auch haben möchte. Jedes derartige Prinzip hat also einen gewissen *ökonomischen* Wert.

12. Wir kehren noch einmal zu dem allgemeinen Ausdruck des Prinzips der virtuellen Verschiebungen zurück, um an denselben weitere Betrachtungen zu knüpfen. Wenn an den Punk-

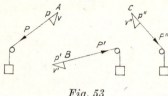

Fig. 53

ten $A, B, C \ldots$ (Fig. 53) die Kräfte $P, P', P'' \ldots$ angreifen und $p, p', p'' \ldots$ die Projektionen unendlich kleiner, miteinander verträglicher Verschiebungen sind, so haben wir für den Fall des Gleichgewichts
$$Pp + P'p' + P''p'' + \ldots = 0.$$
Ersetzt man die Kräfte durch Schnüre, die über Rollen in den Richtungen der Kräfte führen, und hängt die entsprechenden Gewichte an, so sagt der Ausruck nur, daß der *Schwerpunkt* des ganzen Systems von Gewichten nicht sinken kann. Wenn aber bei gewissen Verschiebungen der Schwerpunkt *steigen* könnte, so wäre das System noch immer im Gleichgewicht, da die schweren Körper, sich selbst überlassen, diese Bewegung nicht eingehen würden. In diesem Falle wäre die obige Summe negativ oder kleiner als Null. Der allgemeine Ausdruck der Gleichgewichtsbedingung lautet also

$$Pp + P'p' + P''p'' \ldots \leq 0.$$

Wenn für jede virtuelle Verschiebung eine *gleiche* und *entgegengesetzte* existiert, wie dies z. B. bei den Maschinen der Fall ist, so können wir uns auf das obere Zeichen, auf die *Gleichung*, beschränken. Denn wenn bei gewissen Verschiebungen der Schwerpunkt steigen könnte, so müßte er wegen der vorausgesetzten Umkehrbarkeit aller virtuellen Verschiebungen auch sinken können. Es ist also in diesem Falle auch eine mögliche Erhebung des Schwerpunktes mit dem Gleichgewicht unverträglich.

Anders gestaltet sich die Sache, wenn nicht alle Verschiebungen *umkehrbar* sind. Zwei durch Fäden miteinander verbundene Körper können sich zwar einander nähern, sie können sich aber nicht über die Länge der Fäden voneinander entfernen. Ein Körper kann auf der Oberfläche eines andern Körpers gleiten oder rollen, so daß er sich von dieser Oberfläche zwar entfernen, dieselbe aber nicht durchdringen kann. In diesen Fällen können also gewisse Verschiebungen nicht umgekehrt werden. Es kann also für gewisse Verschiebungen eine Schwerpunkt*erhebung* stattfinden, während die entgegengesetzten Verschiebungen, welchen die Schwerpunkt*senkung* entspricht, gar nicht ausführbar sind. Dann müssen wir also die allgemeinere Gleichgewichtsbedingung festhalten und sagen, die Summe der virtuellen Momente ist *gleich oder kleiner* als Null.

13. Lagrange hat in seiner analytischen Mechanik eine Ableitung des Prinzips der virtuellen Verschiebungen versucht, die wir jetzt betrachten wollen. Auf die Punkte A, B, C ... (Fig. 54) wirken die Kräfte P, P', P'' ... Wir denken uns an

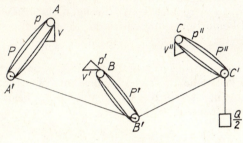

Fig. 54

den Punkten Ringe angebracht, und in den Richtungen der Kräfte ebenfalls Ringe A', B', C' ... befestigt. Wir suchen ein gemeinschaftliches Maß $\frac{Q}{2}$ der Kräfte P, P', P'' ..., so daß wir setzen können

$$2n \cdot \frac{Q}{2} = P,$$

$$2n' \cdot \frac{Q}{2} = P',$$

$$2n'' \cdot \frac{Q}{2} = P'',$$

. . . .

wobei n, n', n'' ... ganze Zahlen sind. Wir befestigen ferner einen Faden an dem Ringe A', führen ihn n-mal zwischen A' und A *hin* und *her*, nachher durch B', n' mal zwischen B' und B hin und her, durch C', n''-mal zwischen C' und C hin und her, lassen ihn schließlich bei C' herabhängen und bringen daselbst das Gewicht $\frac{Q}{2}$ an. Da nun die Schnur in allen Teilen die

Spannung $\frac{Q}{2}$ hat, so ersetzen wir durch diese idealen Flaschenzüge alle im System vorhandenen Kräfte durch die eine Kraft $\frac{Q}{2}$. Sind nun die virtuellen (möglichen) Verschiebungen bei einer gegebenen Konformation des Systems solche, daß bei denselben ein Sinken des Gewichts $\frac{Q}{2}$ eintreten kann, so wird das Gewicht wirklich sinken und jene Verschiebungen hervorrufen, es wird also kein Gleichgewicht bestehen. Dagegen wird keine Bewegung eintreten, wenn die Verschiebungen das Gewicht $\frac{Q}{2}$ an Ort und Stelle lassen oder dasselbe erheben. Der Ausdruck dieser Bedingung, wenn wir die Projektion der virtuellen Verschiebungen im Sinne der Kräfte positiv rechnen, ist mit Rücksicht auf die Zahl der Schnurwindungen in jedem Flaschenzug

$$2np + 2n'p' + 2n''p'' + \ldots \leqq 0\,.$$

Mit dieser Bedingung gleichbedeutend ist aber

$$2n\frac{Q}{2}p + 2n'\frac{Q}{2}p' + 2n''\frac{Q}{2}p'' + \ldots \leqq 0\,,$$

oder

$$Pp + P'p' + P''p'' + \ldots \leqq 0\,.$$

14. Die Lagrangesche Ableitung hat wirklich etwas Überzeugendes, wenn man sich über die etwas fremdartige Fiktion der Flaschenzüge hinwegsetzt, weil das Verhalten eines einzigen Gewichts unserer Erfahrung *viel näher* liegt und leichter zu übersehen ist als das Verhalten mehrerer Gewichte. Daß aber die *Arbeit* für die Gleichgewichtstörung maßgebend ist, wird durch die Lagrangesche Ableitung nicht *bewiesen*, sondern vielmehr durch die Anwendung der Flaschenzüge schon *vorausgesetzt*. In der Tat enthält jeder Flaschenzug schon die Tatsache, welche durch das Prinzip der virtuellen Verschiebungen ausgesprochen und anerkannt wird. Die Ersetzung aller Kräfte durch *ein* Gewicht, welches dieselbe Arbeit leistet, setzt eben die Kenntnis der Bedeutung der Arbeit schon voraus und kann nur unter dieser Voraussetzung vorgenommen wer-

den. Daß manche Fälle uns geläufiger sind und unserer Erfahrung näher liegen, bringt mit sich, daß wir dieselben unanalysiert hinnehmen und als Grundlage einer Ableitung gelten lassen, ohne uns deren Inhalt ganz klarzumachen.

Im Entwicklungsgang der Wissenschaft kommt es oft vor, daß ein neues Prinzip, welches ein Forscher in einer Tatsache erblickt, nicht sofort in seiner vollen Allgemeinheit erkannt und geläufig wird. Es werden dann, wie billig und natürlich, alle Mittel, welche helfen können, aufgeboten. Es werden die verschiedensten Tatsachen, in welchen die Forscher das Prinzip noch gar nicht erkennen, obgleich es in denselben enthalten ist, welche Tatsachen aber dafür von anderer Seite geläufiger sind, zur Stütze der neuen Auffassung herangezogen. Der *reifen* Wissenschaft ziemt es nicht, sich durch solche Vorgänge täuschen zu lassen. Wenn wir ein Prinzip, welches nicht *bewiesen*, aber als *bestehend* erkannt werden kann, durch alle Tatsachen klar *hindurchsehen*, so sind wir in der widerspruchslosen Auffassung der Natur viel weiter gekommen, als wenn wir uns durch einen Scheinbeweis imponieren lassen. Haben wir diesen Standpunkt gewonnen, so sehen wir die Lagrangesche Ableitung allerdings mit andern Augen an; sie interessiert uns aber noch immer und erregt unser Gefallen dadurch, daß sie die Gleichartigkeit der einfachen und komplizierten Fälle fühlbar macht.[12]

15. Maupertuis hat einen auf das Gleichgewicht bezüglichen interessanten Satz gefunden, welchen er unter dem Namen „Loi de repos" 1740 der Pariser Akademie mitgeteilt hat. Derselbe ist 1751 von Euler in den Abhandlungen der Berliner Akademie weiter diskutiert worden. Wenn wir an einem System unendlich kleine Verschiebungen vornehmen, so entspricht denselben eine Summe virtueller Momente $Pp + P'p' + P''p'' + \ldots$, welche nur im Gleichgewichtsfall $= 0$ ist. Diese Summe ist die den Verschiebungen entsprechende Arbeit oder, da sie für unendlich kleine Verschiebungen selbst unendlich klein ist, das entsprechende Arbeitselement. Fahren wir mit den Verschiebungen fort, bis eine endliche Verschiebung zustande kommt, so summieren sich auch die Arbeitselemente zu einer endlichen Arbeit. Wenn wir von einer gewissen Anfangskonformation des Systems ausgehen und bis zu einer beliebigen Endkonformation übergehen, so entspricht

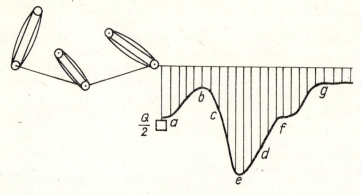

Fig. 55

dieser Prozedur eine gewisse geleistete Arbeit. Maupertuis hat nun bemerkt, daß diese geleistete Arbeit für eine Endkonformation, welche eine Gleichgewichtskonformation ist, im allgemeinen ein Maximum oder Minimum ist, d. h. wenn wir das System durch die Gleichgewichtskonformation hindurchführen, so ist die geleistete Arbeit vor- und nachher kleiner oder vor- und nachher größer als in der Gleichgewichtskonformation selbst. Für die Gleichgewichtskonformation ist

$$Pp + P'p' + P''p'' + \ldots = 0,$$

d. h. das Element der Arbeit oder das Differential (korrekter die Variation) der Arbeit ist gleich Null. Wenn das Differential einer Funktion gleich Null gesetzt werden kann, so hat die Funktion im allgemeinen einen Maximal- oder Minimalwert.

16. Wir können uns die Bedeutung des Maupertuisschen Satzes in sehr anschaulicher Weise klarmachen.

Wir denken uns in einem System die Kräfte durch die Lagrangeschen Flaschenzüge und das Gewicht $\frac{Q}{2}$ ersetzt. Gesetzt, es könnte sich jeder Punkt des Systems nur auf einer bestimmten Kurve bewegen, und zwar so, daß, wenn ein Punkt auf seiner Kurve eine bestimmte Lage hat, alle übrigen Punkte auf ihren zugehörigen Kurven ebenfalls eindeutig bestimmte Lagen einnehmen. Die Maschinen sind in der Regel solche Systeme. Wir können dann, während wir das System verschieben, an dem mit einem Schreibstift versehenen, vertikal auf und ab gehenden Gewicht $\frac{Q}{2}$ ein Blatt Papier horizontal vorbeiführen, wobei der Stift eine Kurve schreibt (Fig. 55). Befindet sich der Stift in den Punkten a, c, d der Kurve, so gibt es Nachbarlagen der Systempunkte, für welche das Gewicht $\frac{Q}{2}$ höher oder tiefer steht als bei der gegebenen Konformation. Das Gewicht wird dann auch, wenn das System sich selbst überlassen wird, in diese tiefere Lage übergehen und das System mit verschieben. Demnach besteht in solchen Fällen kein Gleichgewicht. Steht der Stift bei e, so gibt es nur Nachbarkonformationen, für welche das Gewicht $\frac{Q}{2}$ höher steht. In diese Konformationen wird aber das System nicht von selbst übergehen. Es wird im Gegenteil jeder Verschiebung dahin durch die Eigenschaft des Gewichts, sich abwärts zu bewegen, wieder rückgängig gemacht. *Einer tiefsten Lage des Gewichts oder einem Maximum von geleisteter Arbeit im System entspricht also stabiles Gleichgewicht.* Steht der Stift bei b, so sehen wir, daß jede merkliche Verschiebung das Gewicht $\frac{Q}{2}$ tiefer bringt, daß also das Gewicht diese Verschiebung fortsetzen wird. Bei unendlich kleinen Verschiebungen bewegt sich aber der Stift in der horizontalen Tangente an b, wobei also das Gewicht nicht sinken kann. *Einem höchsten Stand des Gewichts $\frac{Q}{2}$ oder einem Minimum von geleisteter Arbeit im System entspricht also labiles Gleichgewicht*. Dagegen bemerkt man, daß nicht umgekehrt jedem Gleichgewicht ein Maximum oder Minimum von geleisteter Arbeit entspricht. Befindet sich der Stift in f, in einem Punkte mit horizontaler Inflexionstangente, so ist für unendlich kleine Verschiebungen ein Sinken des Gewichts ebenfalls ausgeschlossen. Es besteht Gleichgewicht, obgleich die geleistete Arbeit weder ein Maximum noch ein Minimum ist. Das Gleichgewicht ist in dem gegebenen Falle ein sogenanntes *gemischtes*. Es ist für manche Störungen stabil, für andere labil. Es steht nichts im Wege, das gemischte Gleichgewicht als zu dem labilen gehörig zu betrachten. Wenn der Stift bei g steht, wo die Kurve eine endliche Strecke horizontal verläuft, so besteht ebenfalls Gleichgewicht. Eine kleine Verschiebung wird bei der betreffenden Konformation weder fortgesetzt noch rückgängig gemacht. Dieses Gleichgewicht, welchem ebenfalls kein Maximum oder Minimum entspricht, nennt man *indifferent*.

Hat die von $\frac{Q}{2}$ beschriebene Kurve eine Spitze nach oben, so bietet dieselbe ein Minimum von geleisteter Arbeit, aber kein Gleichgewicht (auch kein labiles) dar. Einer Spitze nach unten entspricht ein Maximum und stabiles Gleichgewicht. Die Summe der virtuellen Momente ist in diesem Gleichgewicht nicht gleich Null, sondern negativ.

17. Wir haben bei unserer Überlegung vorausgesetzt, daß mit der Bewegung eines Systempunktes auf einer Kurve die Bewegung aller übrigen Punkte auf den zugehörigen Kurven bestimmt ist. Die Verschiebbarkeit des Systems wird nun mannigfaltiger, wenn jeder Punkt auf einer zugehörigen Fläche verschiebbar ist, jedoch so, daß mit der Lage eines Punktes auf der zugehörigen Fläche die Lagen aller übrigen Punkte eindeutig bestimmt sind. Wir dürfen in diesem Falle nicht mehr die von $\frac{Q}{2}$ beschriebene Kurve betrachten, sondern müssen uns eine von $\frac{Q}{2}$ beschriebene Fläche vorstellen. Ist jeder Punkt in analoger Weise in einem zugehörigen Raume beweglich, so verschwindet die Möglichkeit, uns die Bewegung des Gewichts $\frac{Q}{2}$ in rein geometrischer Weise zu veranschaulichen. Um so mehr ist dies der Fall, wenn die Lage *eines* Systempunktes noch nicht alle übrigen Lagen mitbestimmt, sondern die Beweglichkeit des Systems noch mannigfaltiger ist. In allen diesen Fällen kann uns aber die von $\frac{Q}{2}$ beschriebene Kurve als ein Symbol der zu betrachtenden Vorgänge nützen. Wir finden auch in diesen Fällen die Maupertuisschen Sätze wieder.

Wir haben bisher noch vorausgesetzt, daß in dem System konstante (unveränderliche), von der Lage der Systempunkte unabhängige Kräfte wirken. Nehmen wir an, daß die Kräfte von der Lage der Systempunkte (nicht aber von der Zeit) abhängen, so können wir zwar nicht mehr mit einfachen Flaschenzügen operieren, sondern müssen Apparate fingieren, deren durch $\frac{Q}{2}$ ausgeübte Kraft sich mit der Verschiebung ändert, die gewonnenen Ansichten bleiben aber bestehen. Die Tiefe des Gewichts $\frac{Q}{2}$ mißt immer die geleistete Arbeit, welche bei derselben Konformation des Systems immer dieselbe und von dem Überführungsweg unabhängig bleibt. Eine Vorrichtung, welche durch ein konstantes Gewicht eine mit der Verschiebung veränderliche Kraft entwickeln würde, wäre z. B. ein Welirad (Fig. 56) mit nicht kreisrundem Rad. Es verlohnt sich jedoch nicht der Mühe, auf die Einzelheiten der angedeuteten Überlegung einzugehen, da man ihre Durchführbarkeit sofort einsieht.

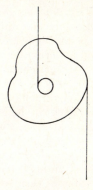

Fig. 56

18. Kennt man die Beziehung zwischen der geleisteten Arbeit und der sogenannten lebendigen Kraft eines Systems, welche in der Dynamik konstatiert wird, so kommt man leicht zu dem von Courtivron 1749 der Pariser Akademie mit geteilten Satze:

Für die Konformationen des $\frac{\text{stabilen}}{\text{labilen}}$ Gleichgewichts, für welche die geleistete Arbeit ein $\frac{\text{Maximum}}{\text{Minimum}}$ ist, ist auch die lebendige Kraft des bewegten Systems ein $\frac{\text{Maximum}}{\text{Minimum}}$ beim Durchgang durch diese Konformationen.

19. Ein homogenes, schweres, dreiachsiges Ellipsoid, welches auf einer horizontalen Ebene ruht, ist sehr geeignet, die verschiedenen Gleichgewichtsarten anschaulich zu machen. Ruht das Ellipsoid auf dem Endpunkt der kleinsten Achse, so ist es im stabilen Gleichgewicht, denn jede Verschiebung hebt den Schwerpunkt. Ruht es auf der großen Achse, so ist das

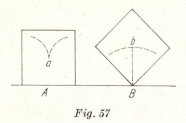

Fig. 57

Gleichgewicht labil. Steht das Ellipsoid auf der mittlern Achse, so ist das Gleichgewicht gemischt. Eine homogene Kugel oder ein homogener Kreiszylinder auf einer horizontalen Ebene erläutern das indifferente Gleichgewicht. In der Fig. 57 sind die Bahnen des Schwerpunkts für einen auf der Horizontalebene um eine Kante rollenden Würfel dargestellt. Der Schwerpunktlage a entspricht stabiles, der Lage b labiles Gleichgewicht.

20. Wir wollen nun ein Beispiel betrachten, welches auf den ersten Blick sehr kompliziert scheint, aber durch das Prinzip der virtuellen Verschiebungen sofort aufgeklärt wird. Johann und Jakob Bernoulli stießen bei Gelegenheit eines Gesprächs über mathematische Dinge auf einem Spaziergang in Basel auf die Frage, welche Form wohl eine an den beiden Enden befestigte, frei aufgehängte Kette annehmen möchte. Sie kamen bald und leicht in der Ansicht überein, daß die Kette diejenige Gleichgewichtsform annimmt, bei welcher ihr Schwerpunkt möglichst tief liegt. In der Tat sieht man ein, daß Gleichgewicht besteht, wenn alle Kettenglieder so tief gesunken sind, als dies möglich ist, wenn keins mehr sinken kann, ohne eine entsprechende Masse vermöge der Verbindungen gleichhoch oder höher zu haben. Wenn der Schwerpunkt so tief als möglich gesunken ist, wenn so viel geschehen ist, als geschehen kann, besteht stabiles Gleichgewicht. Der *physikalische* Teil der Aufgabe ist hiermit erledigt. Die Bestimmung der Kurve, welche bei gegebener Länge zwischen den beiden Punkten A, B den tiefsten Schwerpunkt hat, ist nur mehr eine *mathematische* Aufgabe. (Fig. 58)

21. Fassen wir alles zusammen, so sehen wir, daß in dem Prinzip der virtuellen Verschiebungen nur die Anerkennung einer Tatsache liegt, die uns längst instinktiv geläufig war, nur daß wir sie nicht so scharf und klar erfaßten. Die Tatsache besteht darin, daß schwere Körper sich von selbst nur abwärts bewegen. Wenn mehrere untereinander verbunden sind, so daß sie sich nicht unabhängig voneinander verschieben können, so bewegen sie sich nur, wenn hierbei *im ganzen* schwere

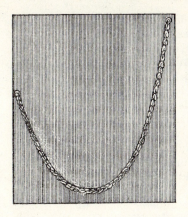 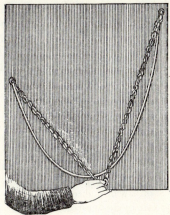

Fig. 58

Masse sinken kann, oder, wie dies das Prinzip nach vollkommenerer Anpassung der Gedanken an die Tatsachen eben schärfer ausdrückt, wenn hierbei *Arbeit* geleistet werden kann. Übertragen wir nach Erweiterung des Kraftbegriffs das Prinzip auch auf andere als Schwerkräfte, so liegt darin wieder die Anerkennung der Tatsache, daß die betreffenden Naturvorgänge *nur in einem bestimmten Sinne* und nicht im entgegengesetzten von selbst ablaufen. So wie die schweren Körper abwärts sinken, können sich die elektrischen und Temperaturdifferenzen von selbst nicht vergrößern, sondern nur *verkleinern* usw. Sind derartige Vorgänge so aneinandergebunden, daß sie nur im entgegengesetzten Sinne ablaufen können, so konstatiert das Prinzip eben genauer, als dies die instinktive Auffassung zu tun vermag, die Arbeit als bestimmend und ausschlaggebend für die Richtung der Vorgänge. Die Gleichgewichtsgleichung des Prinzips läßt sich immer auf den trivialen Ausdruck bringen: *Es geschieht nichts, wenn nichts geschehen kann.*

22. Es ist wichtig, sich klar zu machen, daß es sich bei dem Prinzip lediglich um Konstatierung einer *Tatsache* handelt. Unterläßt man dies, so fühlt man immer einen Mangel und sucht nach einer Begründung, die nicht zu finden ist. Jacobi

führt in seinen „Vorlesungen über Dynamik" an, Gauß hätte (mündlich) gesagt, Lagranges Bewegungsgleichungen seien nicht bewiesen, sondern nur historisch ausgesprochen worden. In der Tat scheint uns diese Auffassung auch in bezug auf das Prinzip der virtuellen Verschiebungen die richtige zu sein.

Die Aufgabe der ältern, in einem Gebiet grundlegenden Forscher ist eine ganz andere als jene der spätern. Die erstern haben nur die wichtigsten Tatsachen aufzusuchen und zu konstatieren, und hierzu gehört, wie die Geschichte lehrt, mehr Geist, als man gewöhnlich glaubt. Sind einmal die wichtigsten Tatsachen gegeben, dann kann man dieselben in der mathematischen Physik deduktiv und logisch verwerten, kann das Gebiet ordnen, kann zeigen, daß in der Annahme *einer* Tatsache schon eine ganze Reihe anderer eingeschlossen ist, die man in der ersten nur nicht gleich sieht. Die eine Aufgabe ist so wichtig als die andere. Man darf beide aber nicht miteinander vermengen. Man kann nicht mathematisch beweisen, daß die Natur so sein müsse, wie sie ist. Man kann aber beweisen, daß die beobachteten Eigenschaften eine Reihe anderer, oft nicht direkt sichtbarer mitbestimmen.

Schließlich sei bemerkt, daß das Prinzip der virtuellen Verschiebungen, wie jedes allgemeinere Prinzip, durch die Einsicht, die es gewährt, *enttäuschend* und *aufklärend* zugleich wirkt. Enttäuschend wirkt es, insofern wir in demselben nur längst bekannte und instinktiv erkannte Tatsachen, wenngleich schärfer und bestimmter, wiedererkennen. Aufklärend wirkt es, indem es uns gestattet, überall dieselben einfachen Tatsachen durch die kompliziertesten Verhältnisse hindurch zu sehen.[13]

5. *Rückblick auf die Entwicklung der Statik*

1. Nachdem wir die Prinzipien der Statik einzeln in Augenschein genommen haben, können wir die ganze Entwicklung der Statik noch einmal kurz überblicken. Die Statik, als der ältesten Periode der Mechanik angehörend, welche im griechischen Altertum beginnt und schon in der Zeit des Aufschwunges der modernen Mechanik durch Galilei und dessen jüngere Zeitgenossen ihren Abschluß findet, erläutert vorzüg-

lich den Bildungsprozeß der Wissenschaft. Hier liegen alle Anschauungen, alle Methoden in der einfachsten Form, in ihrer Kindheit vor. Diese Anfänge weisen deutlich auf ihren Ursprung aus den Erfahrungen des Handwerks hin. Dem Bedürfnis, diese Erfahrungen in *mitteilbare* Form zu bringen und dieselben über die Grenzen des Standes und des Handwerks hinaus zu verbreiten, verdankt die Wissenschaft ihren Ursprung. Dem Sammler solcher Erfahrungen, der dieselben schriftlich aufzubewahren sucht, liegen viele verschiedene oder für verschieden gehaltene Erfahrungen vor. Er ist in der Lage, dieselben öfter, in wechselnder Ordnung und unbefangener zu überblicken als der auf ein kleines Gebiet beschränkte Arbeiter. Die Tatsachen und ihre Regeln treten sich in seinem Kopfe und in seiner Schrift zeitlich und räumlich näher und haben Gelegenheit, ihre Verwandtschaft, ihren Zusammenhang, ihren allmählichen Übergang ineinander zu offenbaren. Der Wunsch, die Mitteilung zu vereinfachen und zu kürzen, drängt nach derselben Richtung hin. So werden also bei dieser Gelegenheit aus ökonomischen Gründen viele Tatsachen und deren Regeln zusammengefaßt und auf *einen* Ausdruck gebracht.[14]

2. Ein derartiger Sammler hat auch Gelgenheit, eine *neue* Seite der Tatsachen zu beachten, welcher frühere Beobachter keine Aufmerksamkeit geschenkt haben. Eine Regel, welche aus der Beobachtung von Tatsachen gewonnen wird, kann nicht die *ganze* Tatsache in ihrem unendlichen Reichtum, in ihrer unerschöpflichen Mannigfaltigkeit fassen, sondern gibt vielmehr nur eine *Skizze* der Tatsache, einseitig dasjenige hervorhebend, was für den technischen (oder wissenschaftlichen) Zweck wichtig ist. Welche Seiten einer Tatsache beachtet werden, wird also von zufälligen Umständen, ja von der Willkür des Beobachters abhängen. Demnach wird sich der Anlaß finden, eine neue Seite der Tatsache zu bemerken, welche zur Aufstellung neuer, den alten ebenbürtiger oder überlegener Regeln führt. So hat man z. B. am Hebel zuerst die Gewichte und Arme (Archimedes), dann die Gewichte und die senkrechten Abstände der Zugrichtungen von der Achse, die statischen Momente (da Vinci, Ubaldo), dann die Gewichte und die Verschiebungsgrößen (Galilei), endlich die Gewichte und die Zugrichtungen in bezug auf die Achse (Varignon) als

gleichgewichtbestimmende Umstände ins Auge gefaßt und demnach die Gleichgewichtsregeln gebildet.

3. Derjenige, welcher eine derartige neue Beobachtung macht und eine neue Regel aufstellt, weiß gewöhnlich, daß man auch irren kann, wenn man eine Tatsache in Vorstellungen und Begriffen *nachzubilden* sucht, um dies Bild als Ersatz stets zur Hand zu haben, wo die fragliche Tatsache ganz oder teilweise unzugänglich ist. Wirklich sind die Umstände, auf welche man zu achten hat, von so vielen andern Nebenumständen begleitet, daß es oft schwer wird, die für den Zweck wesentlichen auszuwählen und zu beachten. Man denke z. B. an die Reibung, Steifigkeit der Schnüre usw. bei Maschinen, welche das reine Verhältnis der untersuchten Umstände trüben und verwischen. Kein Wunder also, wenn der Entdecker oder Prüfer einer neuen Regel, vom Mißtrauen gegen sich selbst getrieben, nach einem *Beweis* der Regel sucht, deren Gültigkeit er bemerkt zu haben glaubt. Der Entdecker oder Prüfer vertraut der Regel nicht sofort oder er traut nur einem Teil derselben. So zweifelt z. B. Archimedes, daß die Gewichte *proportional* mit ihren Hebelarmen wirken, er läßt aber ohne Bedenken den Einfluß der Hebelarme *überhaupt* gelten. Daniel Bernoulli bezweifelt nicht den Einfluß der Kraftrichtung überhaupt, sondern nur die Art ihres Einflusses usw. In der Tat ist es weit leichter zu beobachten, daß ein Umstand in einem gegebenen Falle *überhaupt* Einfluß habe, als zu ermitteln, *welchen* Einfluß er hat. Man ist bei letzterer Untersuchung viel mehr dem Irrtum ausgesetzt. Das Verhalten der Forscher ist also vollkommen natürlich und berechtigt.

Der Beweis der Richtigkeit einer neuen Regel kann dadurch erbracht werden, daß diese Regel oft angewandt, mit der Erfahrung verglichen und unter den verschiedensten Umständen *erprobt* wird. Dieser Prozeß vollzieht sich im *Lauf der Zeit* von selbst. Der Entdecker wünscht aber rascher zum Ziel zu kommen. Er vergleicht das Ergebnis seiner Regel mit allen ihm geläufigen Erfahrungen, mit allen ältern bereits vielfach erprobten Regeln und sieht nach, ob er auf keinen Widerspruch stößt. Die größte Autorität wird hierbei wie billig den ältesten geläufigsten Erfahrungen, den am meisten erprobten Regeln eingeräumt. Unter den Erfahrungen nehmen wieder die *instinktiven*, welche ohne alles persönliche Zutun lediglich durch die Wucht und die Häufung der auf den Menschen eindringenden Tatsachen entstehen, eine Sonderstellung ein, was wieder ganz gerechtfertigt ist, wo es sich eben um das Ausschließen der subjektiven Willkür und des persönlichen Irrtums handelt.

Archimedes *beweist* in der angedeuteten Art sein Hebelgesetz, Stevin sein Gesetz des schiefen Druckes, Daniel Bernoulli das Kräfteparallelogramm, Lagrange das Prinzip der virtuellen Verschiebungen. Nur Galilei ist sich bei letzterm Satze vollkommen klar darüber, daß seine neue Beobachtung und Bemerkung jeder andern *ältern* ebenbürtig sei, daß sie aus *derselben* Erfahrungsquelle stamme. Er versucht gar keinen Beweis. Archimedes verwendet bei seinem Beweis Kenntnisse über den Schwerpunkt, die er wohl selbst mit Hilfe des Hebelsatzes schon abgeleitet hat, die ihm aber wahrscheinlich auch von anderer Seite her als alte Erfahrungen so geläufig waren, daß er nicht mehr an denselben zweifelte, ja ihre Verwendung bei dem Beweis vielleicht nicht einmal bemerkte. Auf die instinktiven Elemente in den Betrachtungen von Archimedes und Stevin ist gehörigen Orts schon ausführlich eingegangen worden.

4. Es ist ganz in der Ordnung, daß bei Gelegenheit einer neuen Entdeckung alle Mittel herangezogen werden, welche zur Prüfung einer neuen Regel dienen können. Wenn aber die Regel nach Verlauf einer entsprechenden Zeit genügend oft direkt erprobt worden ist, geziemt es der Wissenschaft zu erkennen, daß ein anderer Beweis ganz unnötig geworden ist, daß es keinen Sinn hat, eine Regel für mehr gesichert zu halten, indem man sie auf andere stützt, welche (nur etwas früher) auf ganz demselben Wege der Beobachtung gewonnen worden sind, daß eine besonnene und erprobte Beobachtung so gut ist als eine andere. Wir können heute das Hebelprinzip, die statischen Momente, das Prinzip der schiefen Ebene, das Prinzip der virtuellen Verschiebungen, das Kräfteparallelogramm als durch *gleichwertige* Beobachtungen gefunden ansehen. Ohne Belang ist *gegenwärtig*, daß manche dieser Funde direkt, andere auf Umwegen und nebenher bei Gelegenheit anderer Beobachtungen gemacht worden sind. Es entspricht auch vielmehr der Ökonomie des Denkens und der Ästhetik der Wissenschaft, wenn wir ein Prinzip, wie z. B. das der statischen Momente, direkt als den Schlüssel zum Verständnis

aller Tatsachen eines Gebietes *erkennen* und dasselbe *alle* Tatsachen im Geiste *durchdringen sehen,* als wenn wir es nötig finden, dasselbe zuvor flickend und hinkend, unscheinbare, uns *zufällig* schon geläufige, dasselbe Prinzip enthaltende Sätze zur Grundlage wählend, erst zu beweisen. Diesen Prozeß kann die Wissenschaft und das Individuum (beim historischen Studium) *einmal* durchmachen. Beide dürfen sich aber nachher auf einen freiern Standpunkt stellen.

5. In der Tat führt diese Sucht zu beweisen in der Wissenschaft zu einer *falschen* und *verkehrten Strenge.* Einige Sätze werden für sicherer gehalten und als die notwendige und unanfechtbare Grundlage anderer angesehen, während ihnen nur der gleiche oder zuweilen sogar nur ein geringerer Grad der Sicherheit zukommt. Eben die Klarstellung des Grades der Sicherheit, welchen die *strenge* Wissenschaft anstrebt, wird hierbei nicht erreicht. Solche Beispiele falscher Strenge finden sich fast in jedem Lehrbuch. Die Ableitungen des Archimedes leiden, von ihrem historischen Wert abgesehen, an dieser falschen Strenge. Das auffallendste Beispiel aber liefert Daniel Bernoulli mit seiner Ableitung des Kräfteparallelogramms. (Comment. Acad. Petrop., T. I.)

6. Es ist schon besprochen worden, daß die instinktiven Erkenntnisse ein ganz besonderes Vertrauen genießen. Wir wissen nicht mehr, *wie* wir sie erworben haben, und können daher an der Art der Erwerbung nichts mehr bemängeln. Wir haben nichts zu ihrer Entstehung beigetragen. Sie treten uns mit einer Macht entgegen, welche dem Ergebnis einer willkürlichen reflektierenden Erfahrung, bei welcher wir immer unser Eingreifen fühlen, niemals zukommt. Sie erscheinen uns als etwas von Subjektivität Freies, Fremdes, das wir aber doch stets zur Hand haben und das uns näher liegt als die einzelnen Naturtatsachen.

Alles dies hat zuweilen dazu geführt, diese Art Erkenntnisse aus einer ganz andern Quelle abzuleiten, dieselben wohl gar als a priori (vor aller Erfahrung) vorhanden zu betrachten. Daß diese Ansicht nicht haltbar sei, wurde bei Besprechung der Stevinschen Leistungen ausführlicher erläutert. Auch die Autorität solcher instinktiver Kenntnisse, mögen dieselben für die Entwicklungsprozesse noch so wichtig sein, muß schließlich jener eines klar und mit Absicht beobachteten

Prinzips nachgeben. Auch die instinktiven Erkenntnisse sind Erfahrungserkenntnisse und können, wie dies schon berührt worden ist, bei plötzlicher Eröffnung eines neuen Erfahrungsgebietes sich als ganz unzureichend und ohnmächtig erweisen.

7. Das *wahre* Verhältnis der verschiedenen Prinzipien ist ein *historisches*. Eins reicht weiter auf diesem, ein anderes weiter auf jenem Gebiet. Mag immerhin ein Prinzip, wie das der virtuellen Verschiebungen, mit Leichtigkeit eine größere Anzahl verschiedener Fälle beherrschen als die übrigen Prinzipien, so kann ihm doch nicht verbürgt werden, daß es stets die Oberhand behalten werde und nicht durch ein neues zu übertreffen sei. Alle Prinzipien fassen mehr oder weniger willkürlich bald diese, bald jene Seiten derselben Tatsachen heraus und enthalten eine skizzenhafte Regel zur Nachbildung der Tatsachen in Gedanken. Niemals kann man behaupten, daß dieser Prozeß vollkommen gelungen und daß er abgeschlossen sei. Wer dieser Anschauung huldigt, wird den Fortschritt der Wissenschaft nicht hindern.

8. Werfen wir schließlich noch einen Blick auf den Kraftbegriff der Statik. Die Kraft ist ein Umstand, welcher Bewegung im Gefolge hat. Mehrere derartige Umstände, von welchen jeder einzelne Bewegung bedingt, können *zusammen* auch ohne Bewegung vorkommen. Die Statik untersucht eben die hierzu nötige Abhängigkeit dieser Umstände voneinander. Um die besondere Art der Bewegung, welche durch eine Kraft bedingt ist, kümmert sich die Statik weiter nicht. Diejenigen bewegungbestimmenden Umstände, die uns am besten bekannt sind, sind unsere eigenen Willensakte, die Innervationen. Bei den Bewegungen, welche wir selbst bestimmen, sowie bei jenen, zu welchen wir durch äußere Umstände gezwungen sind, empfinden wir stets einen Druck. Dadurch stellt sich die Gewohnheit her, jeden bewegungbestimmenden Umstand als etwas einem Willensakt Verwandtes und als einen *Druck* vorzustellen. Die Versuche, diese Vorstellung als subjektiv, animistisch, unwissenschaftlich zu beseitigen, mißglücken uns immer. Es kann auch nicht nützlich sein, wenn man seinen eigenen natürlichen Gedanken Gewalt antut und sich zu freiwilliger Armut derselben verdammt. Wir werden bemerken, daß auch noch bei Begründung der Dynamik die erwähnte Auffassung eine Rolle spielt.

Wir können in vielen Fällen die in der Natur vorkommenden bewegungbestimmenden Umstände durch unsere Innervationen ersetzen und dadurch die Vorstellung einer Intensitätsabstufung der Kräfte gewinnen. Allein bei Beurteilung dieser Intensität sind wir ganz auf unsere Erinnerung angewiesen und können unsere Empfindung nicht mitteilen. Da wir aber *jeden* bewegungbestimmenden Umstand auch durch ein Gewicht darstellen können, gelangen wir zu der Einsicht, daß alle bewegungbestimmenden Umstände (Kräfte) gleichartig seien und durch Gewichtsgrößen ersetzt und gemessen werden können. Das meßbare Gewicht leistet uns bei Verfolgung der mechanischen Vorgänge als sicheres, bequemes und mitteilbares Merkmal analoge Dienste wie das unsere Wärmeempfindung in exakter Weise vertretende Thermometer bei Verfolgung der Wärmevorgänge. Wie wir schon bemerkt haben, kann die Statik sich nicht jeder Kenntnis der Bewegungsvorgänge entschlagen. Dies zeigt sich besonders deutlich bei Bestimmung der Richtung einer Kraft durch die Richtung der Bewegung, welche dieselbe, wenn sie allein vorhanden ist, bestimmt. Als Angriffspunkt können wir jenen Körperpunkt bezeichnen, dessen Bewegung durch die Kraft auch dann noch bestimmt ist, wenn derselbe von seinen Verbindungen mit andern Körperteilen befreit wird.

Die Kraft ist also ein bewegungbestimmender Umstand, dessen Merkmale sich in folgender Art angeben lassen. Die Richtung der Kraft ist die Richtung der von der gegebenen Kraft allein bestimmten Bewegung. Der Angriffspunkt ist derjenige Punkt, dessen Bewegung auch unabhängig von seinen Verbindungen bestimmt ist. Die Größe der Kraft ist das Gewicht, welches, nach der bestimmten Richtung (an einer Schnur) wirkend, an dem gegebenen Punkt angreifend, dieselbe Bewegung bestimmt oder dasselbe Gleichgewicht erhält. Die übrigen Umstände, welche die Bestimmung einer Bewegung modifizieren, aber eine solche für sich allein nicht bestimmen können, wie die virtuellen Verschiebungen, die Hebelarme usw., können als bewegung- oder als gleichgewichtbestimmende Nebenumstände bezeichnet werden.

9. Die Kenntnis der Entwicklung einer Wissenschaft beruht auf dem Studium der Schriften in der historischen Folge und in ihrem Zusammenhang. Für die antike Zeit fehlen

natürlich manche Quellen, und für andere ist der Autor unbekannt oder zweifelhaft. In den späteren Jahrhunderten besonders vor Erfindung des Buchdrucks, herrscht die Unsitte, daß der Autor selten die ihm bekannten Vorgänger angeführt, wo er ihre Arbeit benutzt, sondern in der Regel nur dort, wo er meint, den Vorgängern widersprechen zu müssen. Durch diese Umstände wird das bezeichnete Studium sehr erschwert und stellt die höchsten Ansprüche an die Kritik.

P. Duhem führt in seinem Buche „Les origines de la statique", Paris 1905, T. I, den auch schon von E. Wohlwill vertretenen Gedanken aus, daß die moderne wissenschaftliche Kultur viel inniger mit der antiken zusammenhängt, als man gewöhnlich annimmt. Die wissenschaftlichen Gedanken der Renaissance seien durch eine sehr langsame, allmähliche Entwicklung in kleinen Schritten aus jenen des griechischen Altertums, namentlich der peripatetischen und der alexandrinischen Schule, hervorgegangen. Ich will gleich hier hervorheben, daß Duhems Buch eine Fülle von anregenden, belehrenden und aufklärenden Einzelheiten auf engem Raum zusammengedrängt bietet, zu deren Kenntnis man sonst nur durch mühsames Studium alter Druckschriften und Manuskripte gelangen kann. Dadurch allein ist es schon eine wunderbare, fruchtbringende Lektüre.

Insbesondere schreibt Duhem dem Jordanus de Nemore, einem Schriftsteller des 13. Jahrhunderts, als Vermittler und Förderer antiker Gedanken, sowie einem spätern Bearbeiter des „Liber Jordani de ratione ponderis", den er den „Vorläufer des Leonardo da Vinci" nennt, einen großen Einfluß auf Leonardo, Cardano und Benedetti zu. Die wichtigsten Korrekturen an „Jordani opusculum de ponderositate", die Tartaglia für seine eigenen ausgab und die er auch in „Quesiti et inventioni diverse" verwendet, ohne Jordanus oder dessen spätern Bearbeiter zu nennen, sind nämlich in einem Manuskript „Liber Jordani de ratione ponderis", welches Duhem in der Nationalbibliothek zu Paris auffand, fond latin No. 7378 A, schon erhalten. Dies drängt eben zur Annahme des anonymen „Vorläufers". Auch die Manuskripte Leonardos, welche, unzureichend verwahrt, vor unbefugter Benutzung nicht geschützt waren, haben trotz verspäteter Publikation nach Duhem ihre Wirkung auf Cardano und Benedetti ausgeübt. Die bisher genannten Autoren beeinflußten nun in Italien vor allen Galilei, in Holland Stevin, und wurden auf beiden Wegen in Frankreich wirksam, wo sie zunächst bei Roberval und Descartes fruchtbaren Boden fanden. Hiernach wäre also die Kontinuität zwischen der antiken und modernen Statik niemals unterbrochen worden.

Betrachten wir nun einige Einzelheiten. Der Verfasser der S. 33 erwähnten „Mechanischen Probleme" bemerkt über den Hebel, daß die im Gleichgewicht stehenden Lasten sich verkehrt wie deren Hebelarme, oder verkehrt wie die von den Endpunkten der Arme bei derselben Bewegung beschriebenen Bogen verhalten.* Bei großer Freiheit der Interpretation kann man diese Bemerkung als den unvollkommenen Ausdruck des Prinzips der virtuellen Verschiebungen auffassen. Bei Jordanus de Nemore, Duhem, l. c., S. 121, 122, wird aber das Hebelgleichgewicht dadurch charakterisiert, daß *Hubhöhe*, beziehungsweise *Falltiefe* der im Gleichgewicht stehenden Lasten diesen umgekehrt proportioniert sind, wodurch die eigentlich maßgebenden Umstände bezeichnet werden. Jordanus weiß auch, daß eine Last nicht immer gleich wirkt, und führt, wenn auch nur *qualitativ*, den Begriff der gravitas secundum situm ein. „Secundum situm gravius, quando in eodem situ minus obliquus est descensus" (l. c., S. 118). Der „Vorläufer" des Leonardo verbessert und vervollständigt die Darlegung des Jordanus. Er erkennt das Gleichgewicht eines Winkelhebels, dessen Achse über den Lasten liegt, durch Beachtung der möglichen Falltiefen und Steighöhen als ein *stabiles* (l. c., S. 142). Er weiß auch, daß ein solcher Hebel sich so orientiert, daß die Lasten den Abständen von der Vertikalen durch die Achse proportioniert sind (l. c., S. 142, 143), gelangt also im wesentlichen zum Gebrauch des Begriffes der *Momente*. Die „gravitas secundum situm" gewinnt also hier schon *quantitative* Form und wird in glänzender Weise zur Lösung des

---

* Nach der Ansicht von E. Wohlwill kann es als ausgemacht gelten, daß die „Mechanischen Probleme" nicht von Aristoteles herrühren können. Vgl. Zeller, 3. Aufl., Tl. II Abt. 2, S. 90 Anm. Dann bedarf es aber einer gründlichen Untersuchung, ob nicht die neu aufgefundene und 1893 veröffentlichte arabische Übersetzung der Heronschen Mechanik der ältere Text ist. Vgl. Herons Werke, herausgegeben von L. Nix und W. Schmidt (Leipzig 1900), Bd. II.

Problems der schiefen Ebene verwendet (l. c., S. 145). Wenn zwei Lasten auf schiefen Ebenen von gleicher Höhe aber verschiedener Länge ruhend derart durch Schnur und Rolle verbunden sind, daß die eine steigen muß, wenn die andere sinkt, so verhalten sich diese Lasten im Gleichgewichtsfall verkehrt wie die *vertikalen* Verschiebungsgrößen, d. h. direkt wie die Längen der schiefen Ebenen. Hiermit hat also der „Vorläufer" schon die wesentlichen Elemente der modernen Statik vorweggenommen.

Das Studium der nur teilweise publizierten Manuskripte Leonardos liefert die reichste Ausbeute. Die Vergleichung seiner verschiedenen gelegentlichen Noten zeigt deutlich seine Kenntnis des Prinzips der virtuellen Verschiebungen, oder besser gesagt des Begriffs der Arbeit, wenn auch ohne besondere Benennung. „Wenn eine Kraft einen Körper (eine Last?) in einer gewissen Zeit durch einen bestimmten Weg führt (erhebt?), so kann dieselbe Kraft in derselben Zeit die Hälfte des Körpers (der Last?) durch den doppelten Weg führen (erheben?)." Der Satz wird auf Maschinen, Hebel, Rollenzüge usw. angewendet, wodurch der an sich zweifelhafte Sinn der obigen Worte näher bestimmt wird. Hat man eine bestimmte Wassermenge, die auf eine bestimmte Tiefe sinken kann, so kann man (nach Leonardo) mit derselben eine oder auch zwei gleiche Mühlen treiben, aber im zweiten Falle nur ebensoviel verrichten als im ersten Falle. Das geniale Apercu des „potentiellen Hebels" setzt Leonardo in den Stand, alle jene Einsichten zu gewinnen, welche später auf den Begriff „Moment" gegründet wurden. Seine Zeichnungen lassen vermuten, daß die Betrachtung von Rolle und Wellrad ihm den Weg zu seiner Konzeption gewiesen hat (vgl. Mech., S. 45). Leonardos Konstruktionen, betreffend die Züge an Seilkombinationen, beruhen ersichtlich ebenfalls auf dem Gedanken des potentiellen Hebels. Minder glücklich war Leonardo in Behandlung des Problems der schiefen Ebene. Neben Zeichnungen, in welchen sich flüchtig eine richtige Auffassung äußert, finden sich mannigfaltige unrichtige Konstruktionen. Wir müssen jedoch Leonardos Aufschreibungen als Tagebuchblätter auffassen, welche die verschiedensten Einfälle und Gesichtspunkte, Anfänge von Untersuchungen fixieren, ohne das Bestreben, diese Forschungen nach einem einheitlichen Prinzip durchzuführen. Wenn nun aber Leonardo Probleme nicht bewältigt, die im 13. Jahrhundert schon vollständig gelöst waren, so genügt es, wie man mit Duhem anerkennen muß, durchaus nicht, daß eine Einsicht einmal gewonnen und bekannt gemacht sei, sondern Jahre und Jahrhunderte sind oft noch nötig, damit dieselbe *allgemein* erkannt und verstanden werde (Duhem, l. c., S. 182).

Der Gedanke der Unmöglichkeit des perpetuum mobile findet sich bei Leonardo bereits zu hoher Klarheit entwickelt vor. Seine erwähnten Betrachtungen über die Mühle lassen dies schon erwarten. „Kein Antrieb ohne Leben kann einen Körper drücken oder ziehen, ohne den bewegten Körper zu begleiten; diese Antriebe können nichts anderes sein als Kräfte oder die Schwere. Wenn die Schwere drückt oder zieht, bewirkt sie die Bewegung nur, weil sie nach Ruhe (in ihrem Ziel) strebt; kein Körper kann durch seine Fallbewegung zur ursprünglichen Höhe zurückkehren; seine Bewegung erreicht ein Ende" (l. c., S. 53). „Die Kraft ist eine geistige unsichtbare Macht, welche durch die Bewegung den Körpern eingeprägt ist (hier ist wohl an das zu denken, was heute lebendige Kraft heißt); je größer sie ist, desto schneller verzehrt sie sich" (l. c., S. 54). Cardano vertritt eine ähnliche Auffassung, in welcher man Einflüsse Leonardos vermuten kann, wenn man Gründe hat, ersterem die Selbständigkeit abzusprechen (l. c., S. 40, 57, 58). Auch der Gedanke des Aristoteles, daß nur die Kreisbewegung des Himmels eine ewige sei, kommt bei Cardano wieder zum Vorschein, Duhem betrachtet Cardano nicht als einen gewöhnlichen Plagiator. Er habe zwar die Arbeiten seiner Vorgänger, namentlich jene des Leonardo, stillschweigend benutzt, dieselben aber in bessern Zusammenhang gebracht und dem Stande des 16. Jahrhunderts entsprechend gefördert (l. c., S. 42, 43). Das Problem der schiefen Ebene überwindet Cardano nicht; er meint, das Gewicht des Körpers auf der schiefen Ebene verhalte sich zum ganzen Gewicht wie der Elevationswinkel der Ebene zum rechten Winkel. Benedetti stellt sich zu allen Vorgängern in Opposition, welche insbesondere durch die Kritik der dynamischen Lehren des Aristoteles günstig wirkt. Sonst bekämpft aber Benedetti vielfach auch Richtiges. In seine Schriften kehren Gedanken Leonardos wieder, allerdings auch Irrtümer des letztern.

Sieht man die bisher besprochenen Funde als hinreichend bekannt und den Nachfolgern zugänglich an, so bleibt für diese allerdings, insbesondere für Stevin und Galilei, in der Statik nicht mehr viel zu leisten übrig. Stevins Lösung des Problems der schiefen Ebene (vgl. Mech., S. 48ff.) ist ja ganz originell, das *Ergebnis* seiner und Galileis Betrachtungen, welcher letztere an Cardanos Überlegungen anknüpft, hat aber schon der „Vorläufer" Leonardos gekannt. Stevin gelangt von der Betrachtung der schiefen Ebene aus noch zur Zusammensetzung und Zerlegung *rechtwinkliger* Komponenten nach dem Parallelogrammprinzip, hält dies Prinzip auch für allgemein gültig, ohne es aber beweisen zu können. Die letztere Lücke füllt Roberval aus. Er denkt sich eine Last R durch über Rollen gezogene und mit den Gegengewichten P, Q belastete Schnüre von beliebiger Richtung im Gleichgewicht gehalten. Faßt man erst die eine Schnur als um die Rolle drehbaren Stab auf, wendet Leonardos Prinzip des potentiellen Hebels an und verfährt man dann ebenso bezüglich der andern Schnur, so findet man die Relationen von R zu P und Q und alle für das Kräftedreieck oder Kräfteparallelogramm gültigen Sätze (l. c., insbesondere S. 319). Descartes findet in dem Prinzip der virtuellen Verschiebungen die Grundlage für das Verständnis *aller* Maschinen. Er sieht in der Arbeit, dem Produkt aus Gewicht und Falltiefe (nach seiner Bezeichnung „force"), das Bestimmende, die Ursache des Verhaltens der Maschinen, das *Warum*, nicht bloß das *Wie* des Geschehens. Nicht auf die Geschwindigkeit, sondern auf die Hubhöhe und die Falltiefe komme es an. „Denn es ist dasselbe, 100 Pfund um 2 Fuß oder 200 Pfund um 1 Fuß zu erheben" (l. c., S. 328; vgl. Mech., S. 50, Pascals Ausspruch). Den unverkennbaren Einfluß aller Vorgänger auf seine Gedanken von Jordanus bis Roberval stellt Descartes in Abrede, doch bezeichnen seine Ausführungen überall wichtige Fortschritte, und er betont durchaus wesentliche Punkte (l. c., S. 327–352).

In bezug auf Einzelheiten muß auf Duhems prächtiges Buch verwiesen werden. Hier möchte ich nur *meine* etwas abweichende Meinung über das Verhältnis der antiken und modernen Naturwissenschaft aussprechen. Auf zweifache Weise wächst diese Wissenschaft. *Einmal,* indem wir die beobachteten Tatsachen, die Vorgänge im Gedächtnis festzuhalten, in den Vorstellungen nachzubilden, in Gedanken zu rekonstruieren suchen. Bei Fortsetzung der Beobachtungen weisen aber diese nacheinander oder zugleich vorgenommenen Konstruktionsversuche immer gewisse Mängel auf, durch welche die Übereinstimmung derselben sowohl mit den Tatsachen als auch untereinander gestört wird. Es ergibt sich also das Bedürfnis der sachlichen Korrektur und der logischen Zusammenstimmung der Konstruktionen; dies ist der *zweite* die Wissenschaft bauende Prozeß. Wäre jeder nur auf sich angewiesen, müßte jeder mit seinen Beobachtungen und Gedanken allein von neuem beginnen, so könnte er nicht weit gelangen. Dies gilt für den einzelnen Menschen wie für das einzelne Volk. Das Erbe also, welches unsere unmittelbaren Kulturvorgänger, die griechischen Naturforscher, Astronomen und Mathematiker, zurückgelassen haben, können wir gar nicht hoch genug einschätzen. Im Besitz eines wenn auch unzureichenden Weltbildes und namentlich mit der logisch-kritischen Schulung der griechischen Mathematiker ausgerüstet, treten wir schon unter günstigen Bedingungen in die Forschung ein. Dieser Besitz erleichtert uns die Fortsetzung der Arbeit. Aber nicht allein der wissenschaftliche Nachlaß, sondern auch die *materielle* Kultur, in unserm besondern Falle die überkommenen Maschinen und Werkzeuge, sowie die Tradition des Gebrauchs derselben müssen in Betracht gezogen werden. An diesem materiellen Nachlaß können wir mit Leichtigkeit die Beobachtungen *selbst* anstellen oder wiederholen und erweitern, welche die antiken Forscher zu ihren wissenschaftlichen Aufstellungen geführt haben, und diese eigentlich erst *verstehen* lernen. Es will mir scheinen, als ob dieser materielle, die Selbsttätigkeit stets neu weckende Nachlaß dem literarischen gegenüber *zu gering geschätzt* würde. Kann man denn annehmen, daß die dürftigen Bemerkungen des Verfassers der „Mechanischen Probleme" über den Hebel und selbst die weitaus exaktern der alexandrinischen Mathematiker den mit Maschinen beschäftigten, beobachtenden Menschen nicht immer von neuem sich aufgedrängt haben würde, auch wenn sie nicht durch Schriften erhalten worden wären? Gilt nicht dasselbe etwa von der Erkenntnis der Unmöglichkeit des perpetuum mobile, die sich doch jedem darbieten muß, der nicht als Phantast nach der

Art der Alchimisten in der Mechanik Wunder sucht, sondern als nüchterner Forscher praktisch mit Maschinen sich beschäftigt? Auch wenn solche Funde auf den Nachfolger übertragen werden, muß sie dieser doch immer erst selbsttätig erwerben. Sein einziger Vorteil besteht in dem bei rascherem Durchlaufen derselben Strecke gewonnenen Anlauf, durch welchen er den Vorgänger überholt. Eine in Worte gefaßte unvollkommene Erkenntnis bildet eine relative festere Stütze der flüchtigen Gedanken, von welcher diese, in den Tatsachen suchend, ausgehen und zu welcher sie kritisch vergleichend immer wieder zurückkehren. Mag nun diese Stütze durch neuere Erfahrungen stärker befestigt, oder allmählich verschoben, oder endlich gar als hinfällig erkannt werden, so hat sie uns schließlich doch gefördert. Gilt aber der Vorgänger als große Autorität, wirkt er suggestiv, werden auch seine Irrtümer als tiefe Einsichten gepriesen, so kann alles dies nur lähmend auf den Nachfolger wirken. Scheint es doch nach manchen Ausführungen von E. Wohlwill und P. Duhem, als ob selbst Galilei bis in sein hohes Alter durch die erbliche peripatetische Belastung zuweilen verhindert worden wäre, sein eigenes weitaus stärkeres Licht ungetrübt wahrzunehmen. Bei Abschätzung der Bedeutung eines Forschers wird es also wohl nur darauf ankommen, welchen *neuen* Gebrauch derselbe von alten Einsichten gemacht hat und unter welcher *Opposition* der Zeitgenossen und Nachfolger *seine* Einsichten zur Geltung gelangt sind. Von diesem Standpunkt betrachtet, scheint mir Duhem in seiner Pietät gegen Aristoteles doch etwas zu weit zu gehen. Bei Aristoteles (De coelo, L. III, C. 2) finden sich z. B. unter unklaren und wenig anmutenden Äußerungen die Stellen: „Welche auch die bewegende Kraft sei, so wird das Geringere und Leichtere von derselben Kraft mehr Bewegung erhalten .. Die Geschwindigkeit des weniger schweren Körpers wird sich zu jener des schwerern verhalten wie der schwerere zum leichtern Körper." Sieht man davon ab, daß man Aristoteles eine scharfe Unterscheidung von Weg, Geschwindigkeit und Beschleunigung *nicht* zumuten kann, so kann man hierin den Ausdruck einer primitiven *richtigen* Erfahrung erkennen, welche schließlich zum Begriff der Masse geführt hat. Aber schon nach dem ganzen Inhalt des Cap. 2 scheint es nicht gut denkbar, diese Stelle auf die Erhebung von Gewichten durch Maschinen zu beziehen, mit den Äußerungen des Aristoteles über den Hebel zu kombinieren und darin den Keim des Begriffes der Arbeit zu sehen (Duhem, l. c., S. 6, 7; vgl. Vailati, Bolletino di bibliografia e storia di scienze matematiche, 1906, Febbraio e Marzo, S. 3). Duhem tadelt ferner Stevin wegen seiner Abneigung gegen die Peripatetiker. Stevin scheint mir aber doch im Recht, wenn er sich gegen die „wunderbaren" Kreise des Aristoteles auflehnt, welche ja im Gleichgewichtsfall gar nicht beschrieben werden. Es ist dies ebenso berechtigt wie der Protest Gilberts und Galileis gegen die Annahme der Wirksamkeit eines bloßen Ortes oder Punktes (Mech., S. 212). Erst bei reiferer Auffassung, wenn die Arbeit als das Geschwindigkeitsbestimmende erkannt ist, gewinnt die dynamische Ableitung des Gleichgewichts den Vorzug der größern Rationalität und Allgemeinheit. Vorher läßt sich gegen Stevins geniale Ableitungen auf instinktiver Erfahrungsgrundlage und nach Archimedes' Muster kaum etwas einwenden.

6. *Die Prinzipien der Statik in ihrer Anwendung auf die flüssigen Körper*

1. Die Betrachtung der flüssigen Körper hat zwar der Statik nicht viele wesentlich neue Gesichtspunkte geliefert, doch haben sich dabei zahlreiche Anwendungen und Bestätigungen der bereits bekannten Sätze ergeben, und die physikalische Erfahrung wurde durch die betreffenden Untersuchungen sehr bereichert. Wir wollen deshalb diesem Gegenstand einige Blätter widmen.

2. Auch im Gebiete der Statik der Flüssigkeiten hat Archimedes den Grund gelegt. Von ihm rührt der bekannte Satz über den Auftrieb (oder Gewichtsverlust) der in Flüssigkeiten eingetauchten Körper her, über dessen Auffindung Vitruv, „De architectura", Lib. 9, folgendes berichtet:

„Von all den vielen wunderbaren und mannigfachen, wohl auch unendlich sinnreichen Entdeckungen des Archimedes aber will ich nur die anführen, welche auf eine überaus kluge Weise gewonnen sein dürfte. Als nämlich Hiero, nachdem er zu königlicher Macht erhoben worden, für seine glücklichen Taten einen goldenen Kranz, den er gelobt hatte, in irgendeinem Heiligtum weihen wollte, ließ er diesen gegen Arbeitslohn fertigen und wog das dazu nötige Gold dem Unternehmer genau vor. Dieser überlieferte seinerzeit das zur vollen Zufriedenheit des Königs gefertigte Werk, und auch das Gewicht des Kranzes schien genau zu entsprechen.

Als aber später die Anzeige gemacht wurde, es sei Gold unterschlagen und dafür ebensoviel Silber beigemischt worden, da beauftragte Hiero, aufgebracht darüber, hintergangen worden zu sein, ohne einen Weg finden zu können, jene Unterschlagung zu erweisen, den Archimedes, die Ausfindigmachung eines solchen Überführungsweges auf sich zu nehmen. Dieser, damit eifrig beschäftigt, kam nun zufällig in ein Bad, und als er dort in die Wanne hinabstieg, bemerkte er, daß das Wasser in gleichem Maße über die Wanne austrete, in welchem er seinen Körper mehr und mehr in dieselbe niederließ. Sobald er nun auf den Grund dieser Erscheinung gekommen war, verweilte er nicht länger, sondern sprang von Freunde getrieben aus der Wanne, und nackend seinem Hause zulaufend zeigte er mit lauter Stimme an, er habe gefunden, was er suche. Denn im Laufe rief derselbe griechisch aus: εὕρηκα, εὕρηκα (ich habe es gefunden!).

3. Die Bemerkung, welche Archimedes zu seinem Satz führte, war demnach die, daß ein ins Wasser einsinkender Körper ein entsprechendes Wasserquantum heben muß, gerade so, als wenn der Körper auf einer, das Wasser auf der andern Schale einer Waage läge. Diese Auffassung, welche auch heute noch die natürlichste und direkteste ist, tritt auch in den Schriften des Archimedes „Über die schwimmenden Körper" hervor, welche leider nicht vollständig erhalten sind und teilweise von F. Comandinus restituiert wurden.

Die Voraussetzung, von welcher Archimedes ausgeht, lautet:

„Man setze als wesentliche Eigenschaft einer Flüssigkeit voraus, daß bei gleichförmiger und lückenloser Lage ihrer Teile der minder gedrückte durch den mehr gedrückten in die Höhe getrieben werde. Jeder Teil derselben aber wird von der nach senkrechter Richtung über ihm befindlichen Flüssigkeit gedrückt, wenn diese im Sinken begriffen ist oder doch von einer andern gedrückt wird."

Nun denkt sich Archimedes, um es kurz zu sagen, die ganze kugelförmige Erde flüssig und schneidet aus ihr Pyramiden heraus, deren Scheitel im Zentrum liegen. Alle diese Pyramiden

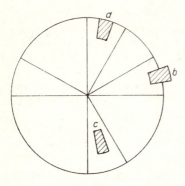

Fig. 59

müssen im Gleichgewichtsfall gleiches Gewicht haben, und die gleichliegenden Teile derselben müssen den gleichen Druck erleiden. Taucht man in eine der Pyramiden (Fig. 59) den Körper a vom selben spezifischen Gewicht wie Wasser, so sinkt er vollkommen ein und vertritt im Gleichgewichtsfall den Druck des verdrängten Wassers durch seinen eigenen Druck. Der Körper b vom geringern spezifischen Gewicht kann ohne Gleichgewichtstörung nur so weit einsinken, daß das Wasser unter ihm denselben Druck durch das Gewicht des Körpers erleidet, als wenn der Körper beseitigt und der eingetauchte Teil durch Wasser ersetzt würde. Der Körper c von größerm spezifischen Gewicht sinkt so tief als er kann. Daß er im Wasser um das Gewicht des verdrängten Wassers weniger wiegt, sieht man, wenn man sich diesen Körper mit einem zweiten von geringerm spezifischen Gewicht so verbunden denkt, daß ein Körper vom spezifischen Gewicht des Wassers entsteht, welcher eben vollkommen einsinkt.

4. Von den Arbeiten des Archimedes wurden, als man im 16. Jahrhundert wieder an deren Studium ging, kaum die Sätze begriffen. Das volle Verständnis der Ableitungen war damals nicht möglich.

Stevin fand auf seinem eigenen Wege die wichtigsten Sätze der Hydrostatik und deren Ableitungen wieder. Es sind hauptsächlich zwei Gedanken, aus welchen Stevin seine fruchtbaren Folgerungen schöpft. Der eine Gedanke ist ganz ähnlich demjenigen betreffend die geschlossene Kette. Der andere besteht in der Annahme, daß die Erstarrung der im Gleichgewicht befindlichen Flüssigkeit das Gleichgewicht nicht stört.

Zunächst stellt Stevin den Satz auf: Eine beliebige gegebene Wassermenge A (Fig. 60) bleibt im Wasser eingetaucht überall im Gleichgewicht. Würde A vom umgebenen Wasser nicht getragen, sondern etwa sinken, so müßten wir annehmen, daß das hierbei an die Stelle von A tretende, in denselben Ver-

Entwicklung der Prinzipien der Statik

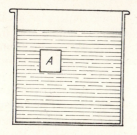

Fig. 60

hältnissen befindliche Wasser ebenfalls sinkt. Diese Annahme führt also zu einer fortwährenden Bewegung, zu einem Perpetuum mobile, was unserer Erfahrung und unserer instinktiven Erkenntnis widerspricht.

Das Wasser verliert also ins Wasser eingetaucht sein ganzes Gewicht. Denken wir uns nun die Oberfläche des eingetauchten Wassers erstarrt, das Oberflächengefäß (vas superficiarium), wie Stevin sich ausdrückt, so wird dieses noch immer denselben Druckverhältnissen unterliegen. Das *leere* Oberflächengefäß wird einen dem verdrängten Wassergewicht gleichen Auftrieb in der Flüssigkeit erfahren. Erfüllen wir das Oberflächengefäß mit einem andern Körper von beliebigem spezifischen Gewicht, so erkennen wir die Verminderung des Körpergewichts um das Gewicht der verdrängten Flüssigkeit beim Eintauchen.

In einem rechtwinklig parallelepipedischen, mit Flüssigkeit gefüllten Gefäß mit vertikalen Wänden findet sich der Druck auf den horizontalen Boden gleich dem Gewicht der Flüssigkeit. Dieser Druck ist auch für alle Bodenteile von gleicher Fläche derselbe. Denkt sich nun Stevin beliebige Flüssigkeitsteile herausgeschnitten und durch starre eingetauchte Körper von demselben spezifischen Gewicht ersetzt, oder, was dasselbe ist, denkt er sich einen Teil der Flüssigkeit erstarrt, so werden die Druckverhältnisse hierdurch nicht geändert. Mit Leichtigkeit übersieht man aber dann die Unabhängigkeit des Bodendruckes von der Gefäßform, die Druckgesetze in kommunizierenden Gefäßen usw.

5. Galilei behandelt das Gleichgewicht der Flüssigkeiten in kommunizierenden Gefäßen und die verwandten Fragen mit Hilfe des Prinzips der virtuellen Verschiebungen. Ist NN (Fig. 61) das gemeinschaftliche Niveau der im Gleichgewicht befindlichen Flüssigkeit in zwei kommunizierenden Gefäßen, so erklärt er das Gleichgewicht dadurch, daß bei einer Störung die Verschiebungen der Säulen sich umgekehrt wie die Querschnitte und Säulengewichte verhalten, also wie bei den Ma-

schinen im Gleichgewicht. Dies ist aber nicht ganz korrekt. Der Fall entspricht nicht genau den von Galilei untersuchten Gleichgewichtsfällen an Maschinen, welche ein indifferentes Gleichgewicht darbieten. Bei den Flüssigkeiten in kommunizierenden Röhren bringt nämlich jede Störung des gemeinschaftlichen Flüssigkeitsspiegels eine Schwerpunktserhebung hervor. In dem Falle der Fig. 61 wird der Schwerpunkt S der in A aus dem schraffierten Raum verdrängten Flüssigkeit nach S' gehoben, während man die übrige Flüssigkeit als unbewegt betrachten kann. Der Schwerpunkt liegt also im Gleichgewichtsfall am tiefsten.

6. Pascal verwendet ebenfalls das Prinzip der virtuellen Verschiebungen, aber in korrekter Weise, denn er sieht von dem Gewicht der Flüssigkeit ab und betrachtet nur den Oberflächendruck. Denkt man sich zwei kommunizierende Gefäße mit Kolben verschlossen (Fig. 62) und werden diese Kolben

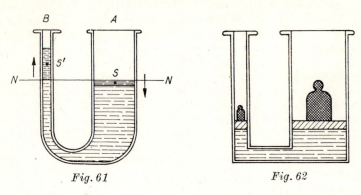

Fig. 61 *Fig. 62*

durch ihren Flächen proportionale Gewichte belastet, so besteht Gleichgewicht, weil vermöge der Unveränderlichkeit des Flüssigkeitsvolumens bei jeder Störung die Verschiebungen den Gewichten verkehrt proportioniert sind. Für Pascal *folgt* also aus dem Prinzip der virtuellen Verschiebungen, daß im Gleichgewichtsfall jeder Druck auf einen Oberflächenteil der Flüssigkeit sich auf jeden andern wie immer orientierten gleichen Oberflächenteil in gleicher Größe fortpflanzt. Es ist nichts dagegen einzuwenden, daß auf diesem Wege der Satz *gefunden* werde. Wir werden jedoch sehen, daß die natürliche und befriedigendere Auffassung darin besteht, den Satz als direkt gegeben zu betrachten.

7. Wir wollen nun nach dieser historischen Skizze die wichtigsten Fälle des Flüssigkeitsgleichgewichts nochmals betrachten und hierbei je nach Bequemlichkeit verschiedene Gesichtspunkte verwenden.

Die durch die Erfahrung gegebene Grundeigenschaft der Flüssigkeit besteht in der Verschiebbarkeit ihrer Teile durch die geringsten Druckkräfte. Stellen wir uns ein Volumelement der Flüssigkeit vor, von deren Schwere wir absehen, etwa ein kleines Würfelchen. Wenn auf eine der Würfelflächen der geringste Überdruck ausgeübt wird, weicht die Flüssigkeit und tritt nach allen Richtungen durch die übrigen fünf Würfelflächen aus. Ein starres Würfelchen kann etwa auf die obere und untere Fläche einen andern Druck erfahren als auf die Seitenflächen. Ein flüssiges Würfelchen kann hingegen nur bestehen, wenn normal auf alle Seitenflächen derselbe Druck ausgeübt wird. Eine ähnliche Überlegung läßt sich für jedes andere Polyeder anstellen. In dieser geometrisch geklärten Vorstellung liegt nichts als die rohe Erfahrung, daß die Teilchen der Flüssigkeit dem kleinsten Druck nachgeben und daß sie diese Eigenschaft im Innern der Flüssigkeit auch behalten, wenn diese unter einem hohen Druck steht, indem z. B. kleine schwere Körperchen noch immer in derselben untersinken usw.

Mit der Verschiebbarkeit der Teilchen verbinden die Flüssigkeiten noch eine andere Eigenschaft, die wir jetzt betrachten wollen. Die Flüssigkeiten erfahren durch Druck eine Volumverminderung, welche dem auf die Oberflächeneinheit ausgeübten Druck proportional ist. Jede Druckänderung führt eine proportionale Volum- und Dichtenänderung der Flüssigkeit mit sich. Nimmt der Druck ab, so wird das Volumen wieder größer, die Dichte wieder kleiner. Das Flüssigkeitsvolumen verkleinert sich also bei Druckzuwachs so weit, bis durch die geweckte Elastizität diesem Druckzuwachs das Gleichgewicht gehalten wird.

8. Die ältern Forscher, wie z. B. jene der Florentiner Akademie, waren der Meinung, daß die Flüssigkeiten überhaupt inkompressibel seien. Erst John Canton beschrieb 1763 einen Versuch, durch welchen die Kompressibilität des Wassers nachgewiesen wurde. Ein Thermometergefäß wird mit Wasser gefüllt, ausgekocht und dann zugeschmolzen (Fig. 63). Die

Flüssigkeit reicht bis *a*. Da aber der Raum über *a* luftleer ist, so trägt dieselbe den Luftdruck nicht. Wird die zugeschmolzene Spitze abgebrochen, so sinkt die Flüssigkeit bis *b*. Nur ein Teil der Verschiebung kommt aber auf Rechnung der Kompression der Flüssigkeit durch den Atmosphärendruck. Setzt man nämlich das Gefäß vor dem Abbrechen unter die Luftpumpe und evakuiert, so sinkt dadurch die Flüssigkeit bis *c*. Dies geschieht dadurch, daß der Druck, welcher auf dem Gefäß lastet und dessen Kapazität vermindert, aufhört. Beim Abbrechen der Spitze wird dieser Außendruck der Atmosphäre durch den Innendruck kompensiert, und es tritt wieder eine Kapazitätsvermehrung des Gefäßes ein. Der Teil *cb* entspricht also der eigentlichen Kompression der Flüssigkeit durch den Atmosphärendruck.

Oersted hat zuerst genauere Versuche über die Kompressibilität des Wassers angestellt und hierbei eine sehr sinnreiche Methode angewandt. Ein Thermometergefäß *A* (Fig. 64) ist mit ausgekochtem Wasser gefüllt und taucht mit der offenen Kapillarröhre in Quecksilber ein. Neben demselben befindet sich eine mit Luft gefüllte, mit dem offenen Ende ebenfalls ins Quecksilber tauchende Manometerröhre *B*. Der ganze Apparat wird in ein mit Wasser gefülltes Gefäß gebracht, das mit Hilfe einer Pumpe komprimiert wird. Hierbei wird das Wasser in *A* ebenfalls komprimiert und der Quecksilberfaden, welcher in der Kapillarröhre ansteigt, zeigt diese Kompression an. Die Kapazitätsänderung, welche das Gefäß *A* nun noch erfährt, entsteht nur mehr durch das Zusammendrücken der allseitig gepreßten Glaswände.

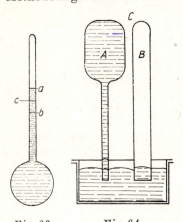

Fig. 63   Fig. 64

Die feinsten Versuche über diesen Gegenstand sind von Grassi mit einem von Regnault konstruierten Apparat ausgeführt und mit Hilfe von Lamés Korrektionsformeln berechnet worden. Um ein anschauliches Bild der Kompressibilität des Wassers zu haben, bemerken wir, daß Grassi (für ausgekochtes) Wasser von 0° bei einer Atmosphäre Druckzuwachs eine Verminderung um etwa 5 Hunderttausendteile des ursprünglichen Volumens beobachtet hat. Denken wir uns also das Gefäß A als Litergefäß (1000 ccm) und daran eine Kapillarröhre von 1qmm Querschnitt, so steigt der Quecksilberfaden beim Druck einer Atmosphäre um 5 cm.

9. Der Oberflächendruck bringt also eine physikalische Änderung (Dichtenänderung) der Flüssigkeit mit sich, welche durch hinreichend feine Mittel (z. B. auch optische) wahrgenommen werden kann. Wir dürfen uns immer vorstellen, daß stärker gedrückte Flüssigkeitsteile (wenn auch wenig) dichter sind als schwächer gedrückte Teile.

Denken wir uns nun in einer Flüssigkeit (in deren Innerem keine Kräfte wirken, von deren Schwere wir also absehen) zwei Teile von ungleichem Druck aneinandergrenzend. Der stärker gedrückte dichtere Teil wird sich ausdehnen und den schwächer gedrückten so lange komprimieren, bis an der Grenzfläche die einerseits geschwächte, andererseits gesteigerte Elastizitätskraft des Gleichgewicht herstellt und beide gleich komprimiert sind.

Versuchen wir nun unsere Vorstellung der beiden Tatsachen, der leichten Verschiebbarkeit und der Kompressibilität der Flüssigkeitsteile, quantitativ so zu klären, daß sie den verschiedensten Erfahrungen sich anpaßt, so gelangen wir zu dem Satz: In einer Flüssigkeit (in deren Innerem keine Kräfte wirken, von deren Schwere wir absehen) entfällt im Gleichgewichtsfall überall auf jedes beliebig gestellte (orientierte) gleiche Flächenelement der gleiche Druck. Der Druck ist also in allen Punkten derselbe, und er ist von der Richtung unabhängig.

Besondere Experimente zum Nachweis des Satzes sind wohl nie in der nötigen Genauigkeit angestellt worden. Der Satz ist aber durch die Erfahrungen über Flüssigkeiten sehr nahegelegt und macht diese sofort verständlich.

10. Ist eine Flüssigkeit in einem Gefäß eingeschlossen, das mit einem Stempel A (Fig. 65), dessen Querschnitt der Flächeneinheit gleich ist, versehen ist, und wird derselbe, während der Stempel B befestigt ist, mit dem Druck p belastet, so herrscht (von der Schwere abgesehen) überall im Gefäß derselbe Druck p.

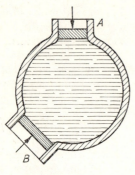

Fig. 65

Der Stempel dringt so weit ein und die Gefäßwände werden so weit deformiert, daß sich die Elastizitätskräfte der starren und flüssigen Körper überall das Gleichgewicht halten. Denkt man sich nun den Stempel B von dem Querschnitt f beweglich, so kann nur der Druck $f \cdot p$ ihn im Gleichgewicht erhalten.

Wenn Pascal den erwähnten Satz aus dem Prinzip der virtuellen Verschiebungen ableitet, so ist zu bemerken, daß das von ihm erkannte Verschiebungsverhältnis nur durch die leichte Verschiebbarkeit der Teile und durch die Gleichheit des Druckes in allen Teilen der Flüssigkeit bedingt ist. Könnte in einem Flüssigkeitsteil eine stärkere Kompression eintreten als in einem andern, so wäre das Verschiebungsverhältnis gestört und die Pascalsche Ableitung nicht mehr zulässig. Wir können um die Eigenschaft der Druckgleichheit als einer gegebenen nicht herumkommen, wie wir auch erkennen, wenn wir bedenken, daß auch bei Gasen, bei welchen von einem konstanten Volumen auch nicht annähernd die Rede sein kann, dasselbe Gesetz besteht, welches Pascal für tropfbare Flüssigkeiten ableitet. Unserer Auffassung bereitet dieser Umstand keine Schwierigkeit, wohl aber der Pascalschen. Auch beim Hebel wird, nebenbei bemerkt, das Verhältnis der virtuellen Verschiebungen durch die Elastizitätskräfte des Hebelkörpers gesichert, welche eine starke Abweichung von diesem Verhältnis nicht gestatten.

11. Wir wollen nun das Verhalten der Flüssigkeiten unter dem Einfluß der Schwere in Augenschein nehmen. Die Oberfläche der Flüssigkeit (Fig. 66) ist im Gleichgewichtsfall horizontal NN. Dies wird sofort verständlich, wenn man bedenkt, daß jede Veränderung dieser Oberfläche den Schwerpunkt der Flüssigkeit hebt, die Masse aus dem schraffierten Raum unter NN mit dem Schwerpunkt S in den schraffierten Raum über NN mit dem Schwerpunkt S' befördert. Diese Veränderung wird also durch die Schwere wieder rückgängig gemacht.

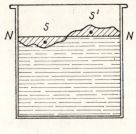
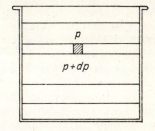

Fig. 66   *Fig. 67*

Eine schwere Flüssigkeit mit horizontaler Oberfläche befinde sich in einem Gefäß im Gleichgewicht. Wir betrachten ein kleines rechtwinkliges Parallelepiped im Innern derselben (Fig. 67). Dasselbe soll die horizontale Grundfläche α und die vertikalen Kanten von der Länge dh haben. Das Gewicht derselben ist also $\alpha \cdot dh \cdot s$, wobei s das spezifische Gewicht bedeutet. Wenn das Parallelogramm nicht fällt, so ist dies nur dadurch möglich, daß auf der untern Fläche ein größerer Eigendruck der Flüssigkeit lastet als auf der obern. Den Druck auf die obere und untere Fläche bezeichnen wir beziehungsweise durch αp und $\alpha(p+dp)$. Das Gleichgewicht besteht, wenn $\alpha dh \cdot s = \alpha dp$ oder $\dfrac{dp}{dh} = s$, wobei h nach abwärts positiv gerechnet wird. Man sieht hieraus, daß für gleiche Zuwüchse von h vertikal abwärts auch der Druck p gleiche Zuwüchse erfährt. Es ist $p = hs + q$, und wenn q der Druck in der freien Oberfläche (der gewöhnlich dem Atmosphärendruck entspricht), $= 0$ wird, noch einfacher $p = hs$, d. h. der Druck ist proportional der Tiefe unter dem Spiegel. Stellt man sich vor, die Flüssigkeit sei eingegossen und dieses Verhältnis sei noch nicht erreicht, dann wird jedes Flüssigkeitsteilchen etwas sinken, bis das darunter befindliche komprimierte Teilchen dem Gewicht des obern durch seine Elastizität die Waage hält.

Aus der angeführten Betrachtung ersieht man auch, daß die Druckzunahme in einer Flüssigkeit nur in dem Sinne stattfindet, in welchem die Schwerkraft wirkt. Nur an der untern Grundfläche des Parallelepipeds muß ein elastischer Überdruck der unterhalb liegenden Flüssigkeit dem Gewicht des Parallelepipeds die Waage halten. Zu beiden Seiten der vertikalen

Grenzflächen des Parallelepipeds befindet sich aber Flüssigkeit von gleicher Kompression, da in der Grenzfläche keine Kraft wirkt, welche eine stärkere Kompression auf einer Seite bedingen würde.

Denkt man sich den Inbegriff aller Punkte der Flüssigkeit, welche demselben Druck p entsprechen, so erhält man eine Fläche, die sogenannte Niveaufläche. Verschiebt man ein Teilchen in der Richtung der Schwerkraft, so erfährt es eine Druckänderung. Verschiebt man es senkrecht zur Schwerkraft, so findet keine Druckänderung statt. Im letztern Falle bleibt es in derselben Niveaufläche, und das Element der Niveaufläche steht also zur Richtung der Schwerkraft senkrecht.

Denken wir uns die Erde kugelförmig und flüssig, so sind die Niveauflächen konzentrische Kugeln, und die Richtungen der Schwerkraft (die Radien) stehen auf den Kugelflächenelementen senkrecht. Analoge Bemerkungen könnte man machen, wenn an Stelle der Schwerkraft die Flüssigkeitsteile von andern Kräften, z. B. magnetischen, angetrieben würden.

Die Niveauflächen bilden in gewisser Art die Kraftverhältnisse ab, unter welchen die Flüssigkeit steht, welche Betrachtung die analytische Hydrostatik weiter ausführt.

12. Die Zunahme des Druckes mit der Tiefe unter dem Spiegel einer schweren Flüssigkeit kann man durch einige Experimente anschaulich machen, die größtenteils von Pascal herrühren. Man kann bei dieser Gelegenheit auch die Unabhängigkeit des Druckes von der Richtung wahrnehmen. In 1 (Fig. 68) ist ein leeres, unten abgeschliffenes und mit einer aufgelegten Metallplatte pp verschlossenes Glasrohr g dargestellt, das in Wasser eingesenkt ist. Bei genügender Tiefe des Eintauchens kann man den Faden loslassen, ohne daß die vom Eigendruck der Flüssigkeit getragene Platte herabfällt. In 2 ist die Platte durch ein Quecksilbersäulchen ersetzt. Taucht man eine offene, mit Quecksilber gefüllte Heberröhre ins Wasser, so sieht man (3) durch den Druck bei a das Quecksilber in dem längern Schenkel steigen. In 4 sehen wir eine Röhre, die am untern Ende durch einen Lederbeutel verschlossen und mit Quecksilber gefüllt ist. Tieferes Eintauchen treibt das Quecksilber weiter in die Höhe. Das Holzstück H wird (5) durch den Wasserdruck in den kürzern Schenkel der leeren Heberröhre hinabgetrieben. Ein Holzstück H (6) bleibt unter

Quecksilber auf dem Boden des Gefäßes haften und wird an denselben angedrückt, solange das Quecksilber nicht unter dasselbe gelangt.

13. Hat man sich klar gemacht, daß der Druck im Innern der schweren Flüssigkeit proportional der Tiefe unter dem Spiegel zunimmt, so erkennt man leicht die Unabhängigkeit des Bodendruckes von der Gefäßform. Der Druck nimmt nach unten in gleicher Weise zu, ob das Gefäß (Fig. 69) die Form $abcd$ oder $ebcf$ hat. In beiden Fällen werden die Gefäßwände, wo sie die Flüssigkeit berühren, so weit deformiert, daß sie durch ihre Elastizität dem Flüssigkeitsdruck das Gleichgewicht halten, also die angrenzende Flüssigkeit in bezug auf den Druck ersetzen. Hierdurch rechtfertigt sich direkt die Stevinsche Fiktion der erstarrten, die Gefäßwände ersetzenden Flüssigkeit. Der Bodendruck bleibt immer $P = Ahs$, wobei A die Bodenfläche, h die Tiefe des horizontalen ebenen Bodens unter dem Niveau und s das spezifische Gewicht der Flüssigkeit bedeutet.

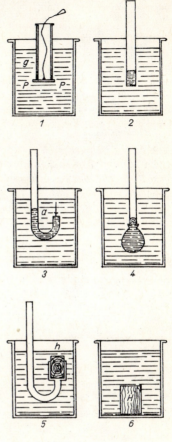

Fig. 68

Daß die Gefäße 1, 2, 3 (Fig. 70) bei gleicher Bodenfläche und Druckhöhe (von den Gefäßwänden abgesehen) auf der Waage ein ungleiches Flüssigkeitsgewicht anzeigen, steht natürlich mit den erwähnten Druckgesetzen nicht im Widerspruch. Beachtet man den Seitendruck, so ergibt dieser bei 1 noch eine Kom-

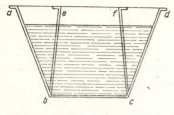

Fig. 69

ponente nach unten und bei 3 noch nach oben, so daß der resultierende Oberflächendruck immer dem Gewicht gleich wird.

14. Das Prinzip der virtuellen Verschiebungen ist sehr geeignet, um derartige Fälle klar zu überblicken, weshalb wir dasselbe verwenden wollen. Zuvor bemerken wir aber folgendes. Wenn das Gewicht q (Fig. 71) von 1 nach 2 sinkt, während dafür ein gleich großes von 2 nach 3 sich begibt, so ist die hierbei geleistete Arbeit $qh_1 + qh_2 = q(h_1 + h_2)$, also dieselbe, als ob das Gewicht q direkt von 1 nach 3 übergegangen, das Gewicht in 2 aber an seiner Stelle geblieben wäre. Die Bemerkung läßt sich leicht verallgemeinern.

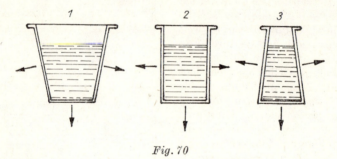

Fig. 70

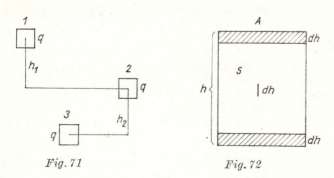

Fig. 71   *Fig. 72*

Betrachten wir ein homogenes schweres rechtwinkliges Parallelepiped mit vertikalen Kanten von der Länge h, der Basis A und dem spezifischen Gewicht s (Fig. 72). Dasselbe (oder der Schwerpunkt desselben) sinke um dh. Die Arbeit ist dann $Ahs \cdot dh$ oder auch $Adh \cdot s \cdot h$. Bei dem erstern Ausdruck denken wir uns das ganze Gewicht Ahs um die Höhe dh verschoben, bei dem zweiten Ausdruck hingegen das Gewicht $Adhs$ aus dem obern schraffierten Raum in den untern um die Höhe h gesenkt, während wir den übrigen Körper gar nicht beachten. Beide Auffassungen sind zulässig und gleichwertig.

15. Mit Hilfe dieser Bemerkung erhalten wir einen klaren Einblick in das von Pascal gefundene Paradoxon, welches in folgendem besteht. Das Gefäß g (Fig. 73), an einem besondern

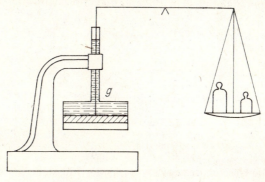

Fig. 73

Ständer befestigt und aus einem engen obern und einem sehr weiten untern Zylinder bestehend, ist durch einen beweglichen Kolben am Boden geschlossen, welcher mit Hilfe eines Fadens durch die Achse der Zylinder an der Waage aufgehängt ist. Wird g mit Wasser gefüllt, so müssen trotz der geringen Wassermenge auf die andere Waagschale beträchtliche Gewichte gelegt werden, deren Summe Ahs ist, wobei A die Stempelfläche, h die Flüssigkeitshöhe und s deren spezifisches Gewicht ist. Gefriert nun die Flüssigkeit mit Loslösung von den Gefäßwänden, so genügt sofort eine sehr kleine Belastung zur Erhaltung des Gleichgewichts.

Achten wir auf die virtuellen Verschiebungen in beiden Fällen. (Fig. 74) Im ersten Fall ist bei der Stempelerhebung dh das virtuelle Moment $Adhs \cdot h$ oder $Ahs \cdot dh$, also dasselbe, als wenn die vom Stempel verdrängte Masse um die ganze Druckhöhe bis zum Spiegel der Flüssigkeit, oder als ob das ganze Gewicht Ahs um dh gehoben würde. Im zweiten Fall tritt die vom Stempel verdrängte Masse nicht bis an den Spiegel, sondern erfährt eine viel kleinere Verschiebung, die Verschiebung des Stempels. Sind A, a die Querschnitte des weitern und engern Zylinders, k, l die zugehörigen Höhen, so ist das entsprechende virtuelle Moment $Adhs \cdot k + adhs \cdot l = (Ak + al) s \cdot dh$, es entspricht also der Erhebung des viel kleinern Gewichts $(Ak + al) s$ um die Höhe dh. Der Bodendruck hängt *nicht* ab von dem Gewicht, das *über* dem Boden steht, sondern von jenem, das mit dem Boden *allein gehoben* werden muß.

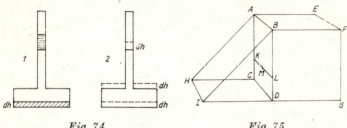

Fig. 74   *Fig. 75*

16. Die Gesetze des Seitendrucks der Flüssigkeiten sind nur geringfügige Modifikationen der Gesetze des Bodendrucks. Hat man z. B. ein würfelförmiges Gefäß von 1 Dezimeter Seite, also ein Litergefäß, so ergibt sich bei vollständiger Füllung mit Wasser der Druck auf eine vertikale Seitenwand $ABCD$ sehr leicht (Fig. 75). Je tiefer das Wandelement unter dem Spiegel, einen desto höhern Druck erfährt es. Man bemerkt leicht, daß der Druck derselbe ist, als ob auf der horizontal gestellten Wand der Wasserkeil $ABCDHI$ ruhen würde, wobei $ID \perp$ auf BD und $ID = HC = AC$ ist. Der Seitendruck beträgt also $^1/_2$ kg.

Um den Angriffspunkt des resultierenden Druckes zu ermitteln, denken wir uns wieder $ABCD$ horizontal mit dem darauf lastenden Keil. Schneiden wir $AK = BL = \dfrac{2}{3} AC$ ab, ziehen die Gerade KL und halbieren in M, so ist M der gesuchte

Angriffspunkt, denn durch diesen Punkt geht die den Schwerpunkt des Keiles passierende Vertikale hindurch.

Eine schiefe ebene Figur, welche den Boden eines mit Flüssigkeit gefüllten Gefäßes bildet, teilen wir in Elemente α, α', α'' ... mit den Tiefen h, h', h'' − unter dem Niveau. Der Bodendruck ist $(\alpha h + \alpha' h' + \alpha'' h'' + \ldots)s$.

Nennen wir A die Gesamtfläche und H die Tiefe ihres Schwerpunkts unter dem Spiegel, so ist

$$\frac{\alpha h + \alpha' h' + \alpha'' h'' + \ldots}{\alpha + \alpha' + \alpha'' + \ldots} = \frac{\alpha h + \alpha' h' + \ldots}{A} = H$$

demnach der Bodendruck AHs.

17. Das Prinzip des Archimedes kann in sehr verschiedener Weise abgeleitet werden. Nach dem Vorgange von Stevin denken wir uns im Innern der Flüssigkeit einen Teil derselben erstarrt. Er wird wie zuvor von der umgebenden Flüssigkeit getragen. Die Resultierende der Oberflächendruckkräfte greift also im Schwerpunkt der vom starren Körper verdrängten Flüssigkeit an und ist deren Gewicht gleich und entgegengesetzt. Bringen wir nun an die Stelle der erstarrten Flüssigkeit irgendeinen andern starren Körper von derselben Form, aber anderm spezifischen Gewicht, so bleiben die Oberflächendruckkräfte dieselben. Es wirken also zwei Kräfte an dem Körper, das Gewicht des Körpers, angreifend im Schwerpunkt des Körpers, und der Auftrieb, die Resultierende der Oberflächendruckkräfte, angreifend im Schwerpunkt der verdrängten Flüssigkeit. Nur bei homogenen starren Körpern fallen beide Schwerpunkte zusammen.

Taucht man ein rechtwinkliges Parallelepiped (Fig. 76) von der Höhe h und der Basis α mit vertikalen Kanten in eine Flüssigkeit vom spezifischen Gewicht s, so ist, wenn die obere Basisfläche die Tiefe k unter dem Niveau hat, der Druck auf dieselbe $\alpha k s$, auf die untere Fläche hingegen $\alpha(k+h)s$. Da sich nun die Seitendruckkräfte aufheben, verbleibt ein Überdruck $\alpha h s$ oder $v \cdot s$ nach oben, wobei v das Volumen des Parallelepipeds bedeutet.

Mit Hilfe des Prinzips der virtuellen Verschiebungen kommen wir der Auffassung am nächsten, von welcher Archimedes selbst ausgegangen ist. Ein Parallelepiped vom spezifischen Gewicht σ, der Basis a und der Höhe h sinke um dh. Dann ist das virtuelle Moment der Übertragung aus dem obern in den

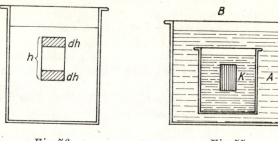

Fig. 76   *Fig. 77*

untern schraffierten Raum $adh \cdot \sigma h$. Dafür steigt die Flüssigkeit aus dem untern in den obern Raum, und deren Moment ist $a\, dh\, sh$. Das gesamte virtuelle Moment ist also $ah\,(\sigma-s)\,dh = (p-q)\,dh$, wobei p das Gewicht des Körpers, q jenes der verdrängten Flüssigkeit bedeutet.

18. Man könnte sich die Frage stellen, ob der Auftrieb eines Körpers in einer Flüssigkeit durch Eintauchen der letztern in eine andere Flüssigkeit alteriert wird. In der Tat hat man sich gelegentlich diese absonderliche Frage gestellt. Es sei also ein Körper K (Fig. 77) in eine Flüssigkeit A und letztere mit ihrem Gefäß abermals in eine Flüssigkeit B eingetaucht. Sollte bei Bestimmung des Gewichtsverlustes in A der Gewichtsverlust des A in B in Anschlag kommen, so müßte der Gewichtsverlust von K vollständig verschwinden, wenn die Flüssigkeit B mit A identisch ist. Es hätte also K in A eingetaucht einen Gewichtsverlust und auch keinen. Eine derartige Regel hat also keinen Sinn.

Mit Hilfe des Prinzips der virtuellen Verschiebungen überblickt man die verwickeltern Fälle dieser Art sehr leicht. Taucht ein Körper zuerst allmählich in B ein, dann teilweise in B und in A, endlich in A allein, so kommen (bei Beachtung der virtuellen Momente) im zweiten Falle beide Flüssigkeiten nach Maßgabe des eingetauchten Volumens in Betracht. Sobald aber der Körper ganz in A eingetaucht ist, steigt bei weiterer Verschiebung der Spiegel von A nicht mehr, und B ist also weiter nicht von Belang.

19. Das Prinzip von Archimedes läßt sich durch einen hübschen Versuch zur Anschauung bringen. Man hängt (Fig. 78) auf einer Seite einer Waage einen Hohlwürfel H und unter denselben einen Massivwürfel M, welcher in den Hohlwürfel genau

hineinpaßt, und setzt die Waage ins Gleichgewicht. Taucht man, ein unterhalb stehendes Gefäß erhebend, M ins Wasser, so wird das Gleichgewicht gestört, aber sofort wiederhergestellt, wenn man H mit Wasser füllt.

Ein Gegenversuch ist folgender. Auf einer Seite der Waage bleibt A. Auf die andere Waagschale wird ein Gefäß mit Wasser gesetzt und oberhalb desselben, auf einem von der Waage unabhängigen Stativ, M mit Hilfe eines dünnen Drahtes aufgehängt. Die Waage wird äquilibriert. Senkt man nun M so, daß es ins Wasser taucht, so tritt wieder eine Gleichgewichtstörung auf, welche beim Anfüllen von H mit Wasser verschwindet.

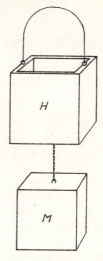

Fig. 78

Dieser Versuch scheint auf den ersten Blick etwas paradox. Man fühlt aber zunächst instinktiv, daß man M nicht ins Wasser tauchen kann, ohne einen Druck auszuüben, der die Waage affizieren muß. Bedenkt man, daß der Spiegel des Wassers im Gefäß steigt und daß der starre Körper M dem Oberflächendruck des umgebenden Wassers eben das Gleichgewicht hält, also ein gleiches Volumen Wasser vertritt und ersetzt, so verschwindet alles Paradoxe an dem Versuch.

20. Die wichtigsten statischen Sätze sind bei Betrachtung des Gleichgewichts starrer Körper gewonnen worden. Dieser Gang ist zufällig der *historische*, er ist aber keineswegs der einzig mögliche und *notwendige*. Die verschiedenen Wege, welche Archimedes, Stevin, Galilei u. a. eingeschlagen haben, legen uns diesen Gedanken nahe genug. Wirklich hätten allgemeine statische Prinzipien, mit Zuhilfenahme ganz einfacher Sätze aus der Statik starrer Körper, bei Betrachtung der Flüssigkeiten gefunden werden können.[15] Stevin war diesem Fund jedenfalls sehr nahe. Wir wollen hierauf einen Augenblick eingehen.

Wir stellen uns eine Flüssigkeit vor, von deren Schwere wir absehen. Dieselbe sei in einem Gefäß eingeschlossen und stehe unter einem gegebenen Druck. Ein Teil der Flüssigkeit möge erstarren. Auf die geschlossene Oberfläche wirken den Flächenelementen proportionale Normalkräfte, und wir sehen ohne Schwierigkeit, daß ihre Resultierende stets = 0 ist.

Grenzen wir einen Teil der geschlossenen Oberfläche durch eine geschlossene Kurve ab (Fig. 79), so erhalten wir eine nicht geschlossene Oberfläche. Alle Oberflächen, welche durch dieselbe (doppelt gekrümmte) Kurve begrenzt werden und auf welche den Flächenelementen proportionale Normalkräfte (in demselben Sinne) wirken, geben die gleiche Resultierende.

Es möge nun ein durch irgendeine geschlossene Leitlinie bestimmter flüssiger Zylinder erstarren. Von den beiden zur Achse senkrechten Basisflächen können wir absehen. Statt der Mantelfläche kann die bloße Leitlinie betrachtet werden. Es ergeben sich hierdurch ganz analoge Sätze für die den Elementen einer ebenen Kurve proportionalen Normalkräfte.

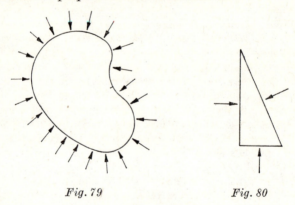

Fig. 79 *Fig. 80*

Wird die geschlossene Kurve zu einem Dreieck (Fig. 80), so gestaltet sich die Betrachtung in folgender Weise. Wir stellen die in den Seitenmittelpunkten angreifenden resultierenden Normalkräfte der Größe, Richtung und dem Sinne nach durch Linien dar. Die betreffenden Geraden schneiden sich in einem Punkt, dem Mittelpunkt des dem Dreieck umschriebenen Kreises. Ferner bemerkt man, daß sich durch bloße Parallelverschiebung der die Kräfte darstellenden Linien ein dem gegebenen Dreieck ähnliches Dreieck bilden läßt, dessen Umfang in demselben Sinne durchlaufen wird, wenn man den Sinn der Kräfte beachtet.

Es ergibt sich somit der Satz:

Drei Kräfte, welche an einem Punkt angreifen, welche den Seiten eines Dreiecks proportioniert und parallel gerichtet sind, die ferner durch Parallelverschiebung zu einem Dreieck mit *übereinstimmendem* Umlaufssinn sich schließen, sind im Gleichgewicht. Man erkennt ohne Schwierigkeit in diesem Satz nur eine andere Form des Satzes von Kräfteparallelogramm.

Denkt man sich statt des Dreiecks ein Polygon, so gelangt man zu dem bekannten Satz des Kräftepolygons.

Nun denken wir uns in einer schweren Flüssigkeit vom spezifischen Gewicht $\varkappa$ einen Teil erstarrt. Auf ein Element α der geschlossenen Oberfläche wirkt nun eine Normalkraft $\alpha \varkappa z$, wenn z der Abstand des Elements vom Spiegel der Flüssigkeit ist. Das Resultat ist uns im vorhinein bekannt.

Wirken auf eine geschlossene Oberfläche Normalkräfte einwärts, welche durch $\alpha \varkappa z$ bestimmt sind, wobei α das Flächenelement und z dessen senkrechten Abstand von einer gegebenen Ebene E bedeutet, so ist die Resultierende $V \cdot \varkappa$, in welchem Ausdruck V das eingeschlossene Volumen vorstellt. Die Resultierende greift im Schwerpunkt des Volumens an, ist senkrecht zur genannten Ebene und gegen dieselbe gerichtet.

Es sei unter denselben Umständen eine starre krumme Oberfläche durch eine ebene Kurve begrenzt, welche auf der Ebene die Fläche A einschließt. Die Resultierende der auf die krumme Fläche wirkenden Kräfte ist R, wobei $R^2 = (AZ\varkappa)^2 + (V\varkappa)^2 - 2AZV\varkappa^2 \cos v$. Dabei bedeutet Z den Abstand des Schwerpunktes der Fläche A von E, ferner v den Normalenwinkel von E und A.

Mathematisch geübtere Leser haben in dem vorletzten Satze schon einen Spezialfall des Greenschen Satzes der Potentialtheorie erkannt, welcher im wesentlichen in der Zurückführung von Oberflächenintegrationen auf Volumintegrationen (oder umgekehrt) besteht.

Man kann also in das Kraftsystem einer im Gleichgewicht befindlichen Flüssigkeit mehr oder minder komplizierte Kraftsysteme *hineinsehen* oder, wenn man will, aus demselben *heraussehen* und dadurch auf kurzem Wege (a posteriori)

Sätze gewinnen. Es ist ein bloßer Zufall, daß Stevin diese Sätze nicht gefunden hat. Die hier befolgte Methode entspricht ganz der seinigen. Noch immer können auf diese Weise neue Entdeckugen gemacht werden.

21. Das Paradoxe, welches sich bei Untersuchung der Flüssigkeiten ergeben hat, hat als Reiz zu weiterem Nachdenken angetrieben. Auch darf nicht unbemerkt bleiben, daß die Vorstellung eines *physikalisch-mechanischen Kontinuums* zuerst bei Untersuchung der Flüssigkeiten sich gebildet hat. Es hat sich hierdurch eine viele freiere und reichere mathematische Anschauung entwickelt, als dies durch Betrachtung selbst eines Systems von mehreren starren Körpern möglich war. In der Tat läßt sich der Ursprung wichtiger moderner mechanischer Begriffe, wie z. B. des Potentials, bis auf diese Quelle zurückverfolgen.

7. Die Prinzipien der Statik in ihrer Anwendung auf die gasförmigen Körper

1. Mit nur geringen Veränderungen lassen sich bei gasförmigen Körpern dieselben Betrachtungen anwenden wie bei Flüssigkeiten. Insofern bietet also die Untersuchung der Gase keine sehr reiche Ausbeute für die Mechanik. Gleichwohl haben die ersten Schritte, welche auf diesem Gebiete getan worden sind, eine hohe kulturhistorische und allgemeine wissenschaftliche Bedeutung.

Wenngleich der gewöhnliche Mensch durch den Widerstand der Luft, durch den Wind, durch das Einschließen derselben in eine Blase Gelegenheit findet zu erkennen, daß die Luft die Natur eines Körpers hat, so zeigt sich dies doch viel zu selten und niemals so augenfällig und handgreiflich wie bei den starren Körpern und den Flüssigkeiten. Diese Erkenntnis ist zwar da, allein sie ist nicht geläufig und populär genug, um eine erhebliche Rolle zu spielen. An das Vorhandensein der Luft wird im gewöhnlichen Leben fast gar nicht gedacht.

Die modernen Vorstellungen knüpfen hier unmittelbar an die antiken an. Anaxagoras beweist die Körperlichkeit der Luft durch deren Widerstand gegen die Zusammenpressung in geschlossenen Schläuchen und durch das Auffangen der ausgepreßten Luft (in Form von Blasen?) im Wasser (Arist. Phys., IV, 6). Die Luft hindert nach Empedokles das Wasser, in ein mit abwärts gekehrter Mündung eingetauchtes Gefäß einzudringen (Gomperz, Griech. Denker, I, S. 191). Philo von Byzanz benutzt ein Gefäß, dessen nach oben gekehrter Boden mit einer durch Wachs verschlossenen Öffnung versehen ist. Erst bei Entfernung des Wachspfropfens dringt das Wasser in das untergetauchte Gefäß, während die Luft in Blasen entweicht. Eine ganze Reihe solcher Versuche wird fast in der heutigen schulmäßigen Form vorgeführt (Philonis lib. de ingeniis spiritualibus in V. Rose, Anecdota graeca et latina). Heron beschreibt in seiner „Pneumatik" viele Versuche seiner Vorgänger mit einigen eigenen Zutaten, wobei er sich in der *Theorie* an Straton anschließt, der eine Mittelstellung zwischen Aristoteles und Demokrit einnimmt. Ein *absolutes zusammenhängendes Vakuum*, meint er, lasse sich nur künstlich hervorbringen, während zahlreiche kleine leere Räume zwischen den Teilchen der Körper, auch der Luft, geradeso verteilt seien wie die Luft zwischen den Sandkörnern. Dies wird ganz in der naiven Weise der heutigen Elementarbücher durch die Möglichkeit der Verdünnung und Verdichtung der Körper, auch der Luft (Einblasen und Absaugen am „Heronsball"), begründet. Ein Heronsches Argument für die Vakua (Poren) zwischen den Körperteilchen wird von den Lichtstrahlen hergenommen, welche das Wasser durchdringen. Die Folge der künstlichen *Vergrößerung* des Vakuums ist nun nach Heron und seinen Vorgängern immer ein Anziehen, Hineinziehen der benachbarten Körperteile. Ein leichtes Gefäß mit enger Mündung bleibt nach dem Aussaugen an den Lippen hängen. Man kann aber die Mündung mit dem Finger verschließen und unter Wasser bringen. „Läßt man den Finger los, so steigt das Wasser in das entstandene Vakuum hinauf, obwohl die Bewegung der Flüssigkeit nach oben nicht naturgemäß ist. Ähnlich ist auch der Vorgang am Schröpfkopf. Nicht nur daß diese, an den Körper gesetzt, nicht abfallen, obwohl sie hinreichend schwer sind, sondern sie ziehen noch obendrein die benachbarte Materie durch die Poren des Körpers an." Ausführlich wird der gekrümmte Heber behandelt. Die Füllung desselben beim Ansaugen erfolgt durch Anschließen der Flüssigkeit an die ausgesaugte Luft, „weil ein kontinuierliches Vakuum undenkbar ist."

Sind beide Schenkel des Hebers gleichlang, so fließt nichts aus. „Wie eine Waage wird das Wasser im Gleichgewicht bleiben." Heron denkt sich also das Fließen analog der Bewegung einer Kette, welche auf einer Seite überhängend auf einer Rolle liegt. Den Zusammenhang der Säule, welchen für uns der Luftdruck besorgt, verbürgt ihm die „Undenkbarkeit des kontinuierlichen Vakuums". Es wird nun ausführlich dargelegt, daß nicht etwa durch die größere Menge des Wassers die kleinere angezogen, nachgezogen wird, und daß man nach diesem Prinzip das Wasser nicht nach *oben* leiten kann, daß vielmehr der Vorgang mit dem Prinzip der Kommunikationsgefäße zusammenhängt. Die vielen, zum Teil hübschen und sinnreichen Kunststücke, welche Heron in der „Pneumatik" und auch in den „Automaten" beschreibt, die bestimmt waren, teils zu unterhalten, teils Staunen zu erregen, bieten uns mehr ein anziehendes Bild der materiellen Kultur, als daß sie uns wissenschaftliches Interesse abgewinnen könnten. Das automatische Ertönen von Trompeten, das selbsttätige Öffnen der Tempelpforten und der hierbei hörbare Donner sind keine wissenschaftlichen Angelegenheiten. Doch haben Herons Schriften viel zur Verbreitung physikalischer Kenntnisse beigetragen. Vgl. W. Schmidt, Herons Werke (Leipzig 1899), und Diels, System des Straton, Sitzungsber. der Berliner Akad. 1893.

Obgleich die Alten, wie aus Vitruvs Beschreibungen zu ersehen ist, Instrumente hatten, welche auf der Verdichtung der Luft beruhten (wie die sogenannten Wasserorgeln), obgleich die Erfindung der Windbüchse bis auf Ktesibius zurückgeführt wird, und dieses Instrument auch Guericke bekannt war, so waren doch noch im 17. Jahrhundert die Vorstellungen über die Natur der Luft höchst sonderbare und ungeklärte. Wir dürfen uns daher nicht wundern über die geistige Bewegung, welche die ersten bedeutendern Versuche in dieser Richtung hervorgebracht haben. Wir begreifen die begeisterte Beschreibung, die Pascal von den Boyleschen Luftdruckexperimenten gibt, wenn wir uns lebhaft in die damalige Zeit zurückversetzen. Was konnte auch wunderbarer sein als die plötzliche Erkenntnis, daß ein Ding, welches wir nicht sehen, kaum fühlen und fast gar nicht beachten, uns immer und überall umgibt, alles durchdringt, daß es die wichtigste Bedingung des

Lebens, Brennens und gewaltiger mechanischer Vorgänge ist. Vielleicht zum erstenmal bei dieser Gelegenheit wurde es durch einen großen Erfolg klar, daß die Naturwissenschaft nicht auf die Untersuchung des Handgreiflichen, grob Sinnenfälligen beschränkt sei.

Um sich zu vergegenwärtigen, wie langsam die neuen Vorstellungen über die Luft den Menschen vertrauter wurden, genügt es, den Artikel über die Luft zu lesen, den Voltaire, einer der aufgeklärtesten Menschen seiner Zeit, noch 1764, ein Jahrhundert nach Guericke, Boyle und Pascal und nicht lange vor den Entdeckungen von Cavendish, Priestley, Volta und Lavoisier in seinem „Dictionnaire philosophique" aus der „Encyclopédie" abdrucken konnte. Die Luft sei nicht sichtbar, überhaupt nicht wahrnehmbar; alle Funktionen, welche man der Luft zuschreibt, könnten auch die wahrnehmbaren Dünste besorgen, an deren Existenz zu zweifeln man keinen Grund hätte. Wie sollte uns die Luft das gleichzeitige Hören der verschiedenen Töne einer Musikaufführung vermitteln? — Luft und Äther werden bezüglich der Sicherheit ihrer Existenz auf die gleiche Stufe gestellt.

2. Zu Galileis Zeit erklärte man die Saugwirkung, die Wirkung der Spritzen und Pumpen durch den sogenannten horror vacui, den Abscheu der Natur vor dem leeren Raum. Die Natur sollte die Eigenschaften haben, die Entstehung des leeren Raumes dadurch zu verhindern, daß sie das erste beliebige nächstliegende Ding zur sofortigen Ausfüllung eines solchen sich bildenden leeren Raumes verwendete. Abgesehen von dem unberechtigten spekulativen Element in dieser Ansicht, muß man zugeben, daß sie die Vorgänge bis zu einer gewissen Grenze wirklich darstellt. Wer befähigt war, sie aufzustellen, mußte in der Tat ein Prinzip in den Vorgängen erschaut haben. Dieses Prinzip paßt jedoch nicht in allen Fällen. Galilei soll auch sehr überrascht gewesen sein, als er von einer neu angelegten Pumpe mit zufällig sehr langem Saugrohr hörte, welche nicht imstande war, das Wasser über 18 italienische Ellen zu heben. Er dachte zunächst daran, daß der horror vacui (oder die resistenza del vacuo) eine meßbare Kraft habe. Die größte Höhe, auf welche das Wasser gehoben werden konnte, nannte er altezza limitatissima. Galilei suchte auch direkt die Last zu bestimmen, welche imstande wäre, den wohlanschließenden,

auf den Boden gesetzten Kolben aus einem verschlossenen Pumpenstiefel herauszuziehen.

3. Torricelli kam auf den Einfall, die Resistenz des Vakuums statt durch eine Wassersäule durch eine Quecksilbersäule zu messen, und erwartete eine Säule in etwa $1/_{14}$ der Länge der Wassersäule zu finden. Seine Erwartung bestätigte sich durch den von Viviani 1643 in der bekannten Weise ausgeführten Versuch, welcher heute den Namen des Torricellischen Versuchs führt. Eine etwa 1 m lange, einerseits zugeschmolzene, mit Quecksilber gefüllte Glasröhre wird am offenen Ende mit dem Finger geschlossen, mit diesem Ende nach unten in Quecksilber gebracht und vertikal aufgestellt. Entfernt man den Finger, so fällt die Quecksilbersäule und bleibt auf einer Höhe von etwa 76 cm stehen. Es war hierdurch sehr wahrscheinlich geworden, daß ein ganz bestimmter Druck die Flüssigkeiten in das Vakuum treibt. Welcher Druck dieses sei, erriet Torricelli sehr bald.

Galilei hatte schon versucht, das Gewicht der Luft zu bestimmen, indem er eine nur Luft enthaltene Glasflasche abgewogen und, nachdem die Luft durch Erwärmung teilweise vertrieben war, dieselbe nochmals abgewogen hatte. Daß die Luft schwer sei, war also bekannt. Der horror vacui und das Gewicht der Luft lagen sich aber für die meisten Menschen sehr fern. Bei Torricelli mochten beide Gedanken sich einmal nahe genug begegnen, um ihn zu der Überzeugung zu führen, daß alle dem horror vacui zugeschriebenen Erscheinungen sich in einfacher und konsequenter Weise durch den Gewichtsdruck einer Flüssigkeitssäule, der Luftsäule, erklären lassen, Torricelli entdeckte also den Luftdruck, und er beobachtete auch zuerst mit Hilfe seiner Quecksilbersäule die Veränderungen des Luftdrucks.

4. Die Nachricht über den Torricellischen Versuch wurde durch Mersenne in Frankreich verbreitet und gelangte zur Kenntnis Pascals im Jahre 1644. Die Mitteilungen über die Theorie des Versuches waren vermutlich so unvollständig, daß Pascal sich veranlaßt sah, selbst über den Versuch nachzudenken. („Pesanteur de Pair", Paris 1663).

Er wiederholte den Versuch mit Quecksilber und mit einer 40 Fuß langen Röhre mit Wasser oder vielmehr mit Rotwein. Bald überzeugte er sich durch Neigen der Röhre, daß der

Raum über der Flüssigkeitssäule wirklich leer sei, und sah sich genötigt, diese Ansicht gegen heftige Angriffe seiner Landsleute zu verteidigen. Die leichte Herstellung des für unmöglich gehaltenen Vakuums demonstrierte Pascal an einer Glasspitze, deren Mündung unter Wasser mit dem Finger verschlossen und deren Stempel hierauf ohne besondere Mühe zurückgezogen wurde. Nebenbei zeigte Pascal, daß ein 40 Fuß hoher, mit Wasser gefüllter (gekrümmter) Heber nicht fließt, hingegen durch genügende Neigung gegen die Vertikale zum Fließen gebracht werden kann. Dasselbe Experiment wurde in kleinern Dimensionen mit Quecksilber angestellt. Derselbe Heber fließt und fließt nicht, je nachdem er geneigt oder vertikal aufgestellt wird.

In einer spätern Arbeit weist Pascal ausdrücklich auf die Wägungen der Luft, auf den Gewichtsdruck der Luft hin. Er zeigt, daß kleine Tiere (Fliegen) in Flüssigkeiten einen hohen Druck ohne Schaden ertragen, wenn derselbe nur allseitig ist, und wendet dies sofort auf die Fische und die in der Luft lebenden Tiere an. Das Hauptverdienst Pascals ist der Nachweis der vollständigen Analogie der durch Flüssigkeitsdruck (Wasserdruck) und Luftdruck bedingten Vorgänge.

5. Durch eine Reihe von Versuchen zeigt Pascal, daß das Quecksilber durch den Luftdruck in den luftleeren Raum eindringt, gerade so wie das Quecksilber durch den Wasserdruck in den wasserleeren Raum aufsteigt. Wird in ein sehr tiefes Gefäß mit Wasser eine Röhre versenkt (Fig. 81), an deren unterm Ende ein Lederbeutel mit Quecksilber sich befindet, jedoch so, daß das obere Ende der Röhre aus dem Wasser hervorragt und die Röhre wasserleer bleibt, so steigt das Quecksilber durch den Wasserdruck in der wasserleeren Röhre desto höher auf, je tiefer man die Röhre einsenkt. Der Versuch kann auch mit einer Heberröhre oder einer unten offenen Röhre angestellt werden. Die aufmerksame Betrachtung des Vorganges führte Pascal offenbar auf den Gedanken, daß die Barometersäule auf dem Gipfel eines Berges tiefer stehen müsse als am Fuße und daß sie demnach zur Bestimmung der Höhe der Berge verwendbar sei. Er teilte diese Idee seinem Schwager Perier mit, welcher den Versuch alsbald mit günstigem Erfolg auf dem Puy de Dôme ausführte (19. Sept. 1648).

Die Erscheinungen an Adhäsionsplatten führt Pascal auf den

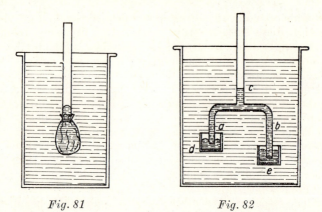

Fig. 81 *Fig. 82*

Luftdruck zurück und erläutert sie durch den Widerstand, den man empfindet, wenn man einen auf dem Tische flach aufliegenden (großen) Hut rasch aufhebt. Das Haften des Holzes auf dem Boden unter Quecksilber ist eine analoge Erscheinung.

Das Fließen des Hebers durch den Luftdruck ahmt Pascal mit Hilfe des Wasserdrucks nach. Eine Röhre abc (Fig. 82) wird mit den beiden offenen Schenkeln a und b, die ungleich lang sind, in Quecksilbergefäße e und d getaucht. Wird die ganze Vorrichtung in ein sehr tiefes Wassergefäß getaucht, jedoch so, daß die lange offene Röhre noch immer über den Spiegel hervorragt, so erhebt sich allmählich das Quecksilber in a und b, die Säulen vereinigen sich, und es beginnt das Überfließen aus d nach c durch den offenen Heber.

Den Torricellischen Versuch hat Pascal in einer sehr sinnreichen Weise abgeändert. Eine Röhre von der Form $abcd$ (Fig. 83) und ungefähr der doppelten Länge einer gewöhnlichen Barometerröhre wird mit Quecksilber gefüllt. Die Öffnungen a und b werden mit den Fingern geschlossen, und die Röhre wird mit dem Ende a unter Quecksilber gebracht. Öffnet man nun a, so fällt das Quecksilber in cd ganz in die Erweiterung bei c, und das Quecksilber in ab sinkt zur Höhe der gewöhnlichen Barometersäule herab. Bei b entsteht ein Vakuum, wodurch der verschließende Finger schmerzhaft angedrückt wird. Öffnet man auch b, so fällt die Säule in ab ganz herab, dafür steigt aber das Quecksilber aus der Erweiterung c, welches nun dem

Luftdruck ausgesetzt ist, in cd zur Höhe der Barometersäule auf. Es war kaum möglich, den Versuch und Gegenversuch ohne Luftpumpe in einfacherer und sinnreicherer Weise zu kombinieren, als dies Pascal getan hat.

6. Was das Pascalsche Bergexperiment betrifft, wollen wir kurz und ergänzend noch folgendes bemerken. Es sei b_0 der Barometerstand an der Meeresfläche, welcher bei der Erhebung um m Meter auf kb_0 sinkt, wobei k ein echter Bruch ist. Bei einer weitern Erhebung um m Meter haben wir den Barometerstand $k \cdot kb_0$ zu erwarten, da wir nun eine Luftschicht durchsetzen, deren Dichte sich zu jener im ersten Fall wie $k : 1$ verhält. Erheben wir uns um die Höhe $h = n \cdot m$ Meter, so ist der entsprechende Barometerstand

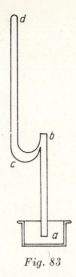

Fig. 83

$$b_h = k^n \cdot b_0 \quad \text{oder} \quad n = \frac{\log b_h - \log b_0}{\log k} \quad \text{oder}$$

$$h = \frac{m}{\log k} (\log b_h - \log b_0).$$

Das Prinzip der Methode ist also ein sehr einfaches; sie wird nur schwierig durch die mannigfaltigen zu beachtenden Nebenumstände und Korrekturen.

7. Die urwüchsigsten und ausgiebigsten Leistungen auf dem Gebiete der Aerostatik rühren von Otto von Guericke her. Die Triebfeder seiner Versuche scheinen hauptsächlich philosophische Betrachtungen gewesen zu sein. Er ist auch durchaus selbständig vorgegangen und hat erst auf dem Reichstag zu Regensburg (1654), wo er seine um das Jahr 1650 erfundenen Versuche demonstrierte, durch Valerianus Magnus von dem Torricellischen Versuch gehört. Hierzu paßt auch die von der Torricellischen ganz verschiedene Methode, durch welche er seine Wasserbarometer herstellte.

Guerickes erste Versuche (Experim. Magdeburg.).

Guerickes Buch (Experim. Magdeburg., Amstelod. 1672) bringt uns den beschränkten Standpunkt seiner Zeit lebhaft zur Anschauung. Daß er imstande war, allmählich diesen Standpunkt zu verlassen und durch eigene Arbeit einen bessern zu gewinnen, spricht eben für seine geistige Energie. Mit Erstaunen sehen wir, welche kurze Spanne Zeit uns von der wissenschaftlichen Barbarei trennt, und wir dürfen uns daher nicht wundern, daß die soziale Barbarei noch so schwer auf uns lastet.

In der Einleitung des Buches und an verschiedenen andern Stellen mitten unter den wissenschaftlichen Untersuchungen spricht Guericke von den der Bibel entnommenen Einwürfen gegen das Kopernikanische System (welche er zu entkräften sucht), von dem Ort des Himmels, von dem Ort der Hölle, von dem Jüngsten Gericht. Philosopheme über den leeren Raum nehmen einen beträchtlichen Platz ein.

Die Luft betrachtet Guericke als den Duft oder Geruch der Körper, welchen wir nur deshalb nicht wahrnehmen, weil wir ihn von Jugend auf gewöhnt sind. Die Luft ist für ihn kein Element. Er kennt ihre Volumveränderung durch Wärme und Kälte, ihre Kompressibilität durch den Heronsball, gibt auf Grund eigener Versuche ihren Druck zu 20 Ellen Wasser an und betont ihr Gewicht, durch welches die Flammen in die Höhe getrieben werden.

8. Zur Herstellung des Vakuums bediente sich Guericke zuerst eines hölzernen mit Wasser gefüllten Fasses. An das untere Ende wurde die Pumpe einer Feuerspritze befestigt. Das Wasser sollte, dem Kolben und seiner Schwere folgend, fallen und herausgepumpt werden. Guericke erwartete das Zurückbleiben eines leeren Raumes. Die Befestigung der Pumpe zeigte sich wiederholt nicht stark genug, da wegen des auf dem Kolben lastenden Luftdrucks ein bedeutender Zug angewandt werden mußte. Nach stärkerer Befestigung brachten endlich drei starke Männer das Auspumpen zustande. Gleichzeitig drang aber die Luft mit Getöse durch alle Fugen des Fasses ein, so daß kein Vakuum erzielt wurde. Bei einem weitern Versuch wurde ein kleines mit Wasser gefülltes, auszupumpendes Faß in ein größeres Wasserfaß eingeschlossen. Allein auch hier drang das äußere Wasser allmählich in das kleine Faß ein.

Nachdem sich auf diese Art Holz als ein ungenügendes Ma-

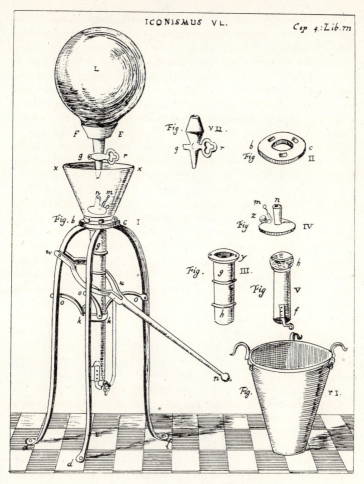

Guerickes Luftpumpe (Experim. Magdeburg.).

terial gezeigt und Guericke bei dem letzten Versuch bereits Anzeichen des Gelingens bemerkt hatte, nahm er eine große Hohlkugel aus Kupfer und wagte nun schon direkt die Luft auszupumpen. Anfangs ging auch das Pumpen gut und leicht vonstatten. Nach mehreren Kolbenzügen wurde aber das Pumpen so schwierig, daß kaum zwei vierschrötige Männer (viri quadrati) den Kolben bewegen konnten. Als aber das Auspumpen schon ziemlich weit fortgeschritten war, wurde plötzlich die Kugel mit einem heftigen Knall zerdrückt. Mit Hilfe eines Kupfergefäßes von vollkommener Kugelgestalt gelang endlich die Herstellung des Vakuums. Guericke beschreibt, mit welcher Gewalt die Luft beim Öffnen des Hahnes eindringt.

9. Nach diesen Experimenten konstruiert Guericke eine besondere Luftpumpe. Eine große Glaskugel wird durch eine Fassung und einen großen abnehmbaren Zapfen mit einem Hahn geschlossen. Durch diese Öffnung können die zu untersuchenden Gegenstände in die Kugel gebracht werden. Die Kugel steht des bessern Schlusses wegen mit dem Hahn unter Wasser auf einem Dreifuß, unter dem sich die eigentliche Pumpe befindet. Später werden auch noch besondere Nebengefäße verwendet, welche mit der ausgepumpten Kugel in Verbindung gesetzt werden.

Die Erscheinungen, die Guericke mit seinem Apparat beobachtet, sind schon sehr mannigfaltig. Das Geräusch, welches luftfreies Wasser beim Anschlagen an die Glaswände verursacht, das heftige Eindringen der Luft und des Wassers in die Gefäße beim plötzlichen Öffnen derselben, das Entweichen der in Flüssigkeiten absorbierten Gase beim Evakuieren, das Freigeben des Duftes, wie Guericke sich ausdrückt, fällt zunächst auf. Eine brennende Kerze verlischt beim Evakuieren, weil sie, wie Guericke vermutet, aus der Luft ihre Nahrung bezieht. Das Brennen ist, wie ausdrücklich bemerkt wird, keine Vernichtung, sondern eine Umwandlung der Luft.

Die Glocke tönt im Vakuum nicht. Vögel sterben im Vakuum, manche Fische schwellen daselbst an und bersten schließlich. Eine Traube erhält sich über eine halbes Jahr frisch.

Durch Ansetzen eines langen, ins Wasser tauchenden Rohres an einen luftleeren Kolben wird ein Wasserbarometer hergestellt. Die gehobene Säule ist 19—20 Ellen hoch. Alle dem horror vacui zugeschriebenen Wirkungen werden durch den Luftdruck erklärt.

Ein wichtiger Versuch besteht in dem Abwägen eines lufterfüllten und nachher leergepumpten Rezipienten. Das Gewicht der Luft variiert nach den Umständen (Temperatur und Barometerstand). Ein *bestimmtes* Gewichtsverhältnis von Luft und Wasser gibt es nach Guericke nicht.

Den größten Eindruck auf die Zeitgenossen machten die auf den Luftdruck bezüglichen Experimente. Eine aus zwei aneinandergelegten Hälften bestehende leergepumpte Kugel wird durch die Kraft von 16 Pferden mit einem gewaltigen Knall zerrissen. Dieselbe Kugel wird aufgehängt und an die untere Hälfte eine Wagschale mit großer Belastung befestigt. — Ein großer Pumpenstiefel ist durch einen Kolben geschlossen. An letzterem befindet sich ein Strick, der über eine Rolle führt und in zahlreiche Zweige sich teilt, an welchen viele Männer ziehen. Sobald der Stiefel mit einem leergepumpten Rezipienten in Verbindung gesetzt wird, werden sämtliche Männer hingestreckt. — Auf analoge Weise wird ein großes Gewicht gehoben.

Die Verdichtungswindbüchse erwähnt Guericke als etwas Bekanntes und konstruiert selbst ein Instrument, das man passend eine Verdünnungswindbüchse nennen könnte. Eine Kugel wird durch den äußern Luftdruck durch ein plötzlich evakuiertes Rohr getrieben, schlägt am Ende die dasselbe verschließende aufgelegte Lederplatte weg und fliegt mit beträchtlicher Geschwindigkeit fort.

Verschlossene Gefäße, auf den Gipfel eines Berges gebracht, und geöffnet, geben Luft von sich, in gleicher Weise abwärts transportiert, saugen sie Luft auf. Durch diese und andere Versuche erkennt Guericke die Luft als elastisch.

10. *R. Boyle* in England erweitert 1660 Guerickes zum Teil schon 1654 demonstrierte Versuche. Er hatte nur wenige neue Versuche hinzuzufügen. Er beachtet die Fortpflanzung des Lichts im Vakuum und die Wirkung des Magneten durch den leeren Raum, entzündet Zunder mit Hilfe des Brennglases, bringt das Barometer unter den Rezipienten der Luftpumpe und führt zuerst ein Waagemanometer aus. Das Sieden warmer Flüssigkeiten und das Frieren des Wassers beim Evakuieren wird von ihm zuerst beobachtet.

Von den gegenwärtig gebräuchlichen Luftpumpenversuchen erwähnen wir noch den Fallversuch, der Galileis Ansicht, daß schwere und leichte Körper mit derselben Beschleunigung fallen, wenn der Luftwiderstand eliminiert ist, in einfacher Weise bestätigt. In einer ausgepumpten Glasröhre befinden sich eine Bleikugel und ein Stückchen Papier. Bei Vertikalstellung und rascher Umdrehung der Röhre um 180° (um eine horizontale Achse) kommen beide Körper gleichzeitig am untern Ende der Röhre an.

Von den quantitativen Daten wollen wir erwähnen, daß der Luftdruck, welcher eine Quecksilbersäule von 76 cm trägt, sich durch das spezifische Gewicht des Quecksilbers 13,59 leicht zu 1,0328 kg auf 1 qcm berechnet. Das Gewicht von 1000 ccm Luft von 0 °C und 760 mm Druck ergibt sich zu 1,293 g und das entsprechende spezifische Gewicht auf Wasser bezogen zu 0,001293.

11. Guericke kannte nur *eine* Luft. Man kann sich also vorstellen, welches Aufsehen es erregte, als Black 1755 die Kohlensäure (fixe Luft) und Cavendish 1766 den Wasserstoff (die brennbare Luft) entdeckte, welcher Entdeckung bald andere analoge nachfolgten. Die verschiedenen physikalischen Eigenschaften der Gase sind sehr auffallend. Die große Ungleichheit des Gewichts hat Faraday durch einen schönen Vorlesungsversuch zur Anschauung gebracht. Hängt man zwei Bechergläser A, B (Fig. 84), das eine aufrecht, das andere mit der Öffnung nach unten an eine Waage und äquilibriert dieselbe, so kann man in das erstere die schwere Kohlensäure (CO_2) von oben, in das letztere den leichten Wasserstoff (H) von unten eingießen. In beiden Fällen schlägt die Waage im Sinne des Pfeiles aus. Bekanntlich läßt sich heutzutage durch die optische Schlierenmethode das Eingießen der Gase auch *direkt* sichtbar machen.

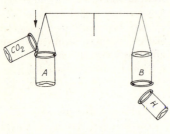

Fig. 84

12. Bald nach der Erfindung des Torricellischen Versuchs hat man sich bemüht, das hierbei auftretende Vakuum zu benutzen. Man wollte also sogenannte Quecksilberluftpumpen konstruieren. Bekanntlich hat dieses Bestreben erst in unserm Jahrhundert einen nennenswerten Erfolg gehabt. Die gegenwärtig gebräuchlichen Quecksilberluftpumpen sind eigentlich Barometer mit großen Erweiterungen der Röhrenenden und veränderlicher Niveaudifferenz dieser Enden. Das Quecksilber vertritt die Stelle des Kolbens der gewöhnlichen Luftpumpe.

13. Die von Guericke beobachtete Spannkraft der Luft wurde von Boyle und später von Mariotte genauer untersucht. Das Gesetz, welches beide fanden, besteht in folgendem. Nennt

man V das Volumen einer *gegebenen* Luftmenge und P ihren Druck auf die Oberflächeneinheit der Gefäßwand, so ist das Produkt $V \cdot P =$ einer konstanten Größe. Wird nämlich das Luftvolumen auf die Hälfte reduziert, so übt die Luft den doppelten Druck auf die Flächeneinheit aus; wird das Volumen derselben Menge verdoppelt, so sinkt der Druck auf die Hälfte usw. Es ist richtig, was einige englische Autoren in neuerer Zeit hervorgehoben haben, daß nicht Mariotte, sondern Boyle als der Entdecker des Gesetzes zu betrachten ist, welches gewöhnlich den Namen des Mariotteschen führt. Ja, es muß noch hinzugefügt werden, daß Boyle schon wußte, daß das Gesetz nicht genau gelte, während dies Mariotte entgangen zu sein scheint.

Die von Mariotte bei Ermittelung des Gesetzes befolgte Methode war sehr einfach. Er füllte Torricellische Röhren nur teilweise mit Quecksilber, maß das übrigbleibende Luftvolumen ab und führte mit den Röhren den Torricellischen Versuch aus. Hierbei ergab sich das neue Luftvolumen und, durch Abzug der Quecksilbersäule vom Barometerstand, der neue Druck, unter welchem dieselbe Luft jetzt stand.

Zur Verdichtung der Luft verwendete Mariotte eine Heberröhre mit vertikalen Schenkeln. Ein kürzerer, in welchem die Luft sich befand, war am obern Ende geschlossen, ein längerer, in welchen Quecksilber eingegossen wurde, war am obern Ende offen (Fig. 85). Das Luftvolumen wurde an der geteilten Röhre abgelesen und zur beobachteten Niveaudifferenz des Quecksilbers in beiden Schenkeln wurde der Barometerstand addiert. Gegenwärtig führt man beide Versuchsreihen in der einfachsten Weise aus, indem man eine oben geschlossene zylindrische Glasröhre rr an einem vertikalen Maßstab feststellt (Fig. 86) und mit einer zweiten offenen Glasröhre $r'r'$, die an demselben Maßstab verschiebbar ist, durch einen Kautschukschlauch kk verbindet. Füllt man die Röhren teilweise mit Quecksilber, so kann man durch Verschiebung von $r'r'$ jede beliebige

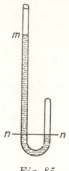

Fig. 85

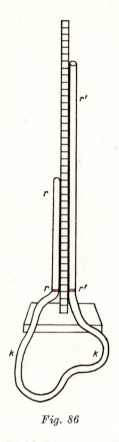

Fig. 86

Niveaudifferenz der beiden Quecksilberspiegel hervorbringen und die zugehörigen Volumänderungen der in *rr* eingeschlossenen Luft beobachten.

Mariotte fällt es bei Gelegenheit seiner Untersuchungen auf, daß auch ein kleines Luftquantum, welches von der übrigen Luft ganz abgeschlossen ist, also von deren Gewicht nicht direkt affiziert wird, doch die Barometersäule hält, wenn man z. B. den offenen Schenkel der Barometerröhre verschließt. Die einfache Aufklärung, die er natürlich sofort findet, liegt darin, daß die Luft vor dem Verschluß so weit komprimiert war, daß sie dem Gewichtsdruck der Luft das Gleichgewicht halten, also denselben Elastizitätsdruck ausüben mußte.

Auf die Einzelheiten in der Einrichtung und im Gebrauch der Luftpumpen, welche durch das Boyle-Mariottesche Gesetz leicht zu verstehen sind, wollen wir hier nicht eingehen.

14. Es bleibt uns nur die Bemerkung übrig, daß die aerostatischen Entdeckungen des Neuen und Wunderbaren so viel boten, daß der von denselben ausgehende intellektuelle Reiz nach keiner Richtung hin zu unterschätzen ist.

Zweites Kapitel

Die Entwicklung der Prinzipien der Dynamik

1. Galileis Leistungen

1. Wir gehen nun an die Besprechung der *Grundlagen der Dynamik*. Diese ist eine ganz moderne Wissenschaft. Alles, was die Alten, namentlich die Griechen, in bezug auf Mechanik dachten, gehört der Statik an; nur in meist verfehlten Spuren reicht dies Denken in die Dynamik hinein. Dies sehen wir deutlich, wenn wir nur einige Sätze der Aristoteliker der Galileischen Zeit betrachten. Zur Erklärung des Sinkens der schweren und des Steigens der leichten Körper (z. B. in Flüssigkeiten) wurde angenommen, daß jedes Ding seinen Ort suche, der Ort schwerer Körper sei aber unten, der leichter Körper oben. Die Bewegungen wurden eingeteilt in natürliche, wie die Fallbewegung, und gewaltsame, wie z. B. die Wurfbewegung. Aus einigen wenigen oberflächlichen Erfahrungen und Beobachtungen wurde dem Augenschein entgegen herausphilosophiert, daß schwere Körper rascher fallen, leichtere langsamer, oder genauer, daß Körper von größerm Gewicht rascher, solche von kleinerm Gewicht langsamer fallen. Hieraus geht deutlich genug hervor, daß die dynamischen Kenntnisse der Griechen sehr unbedeutend waren. Übrigens haben die Ansichten des Aristoteles schon im Altertum ihre Gegner gefunden. Namentlich die perverse aristotelische Meinung, daß die fortgesetzte Bewegung eines durch Anstoß geschleuderten Körpers durch Mitwirkung der zugleich in Bewegung gesetzten Luft vermittelt werde, bot der Kritik einen gar zu nahe liegenden Angriffspunkt. Nach *Wohlwills* Untersuchungen ist es *Philoponos*, ein Schriftsteller des 6. Jahrhunderts n. Chr., welcher der letztern, jedem gesunden Instinkt widersprechenden Ansicht nachdrücklich entgegentritt. Wozu muß

die bewegende Hand den Stein berühren, wenn die Luft alles besorgt? Diese natürliche Frage des Philoponos verfehlte ihre Wirkung nicht auf Leonardo, Cardano, Benedetti, Giordano Bruno und Galilei. Auch der Behauptung, daß Körper von größerm Gewicht schneller fallen, widerspricht Philoponos entschieden, indem er zugleich auf den Augenschein hinweist. Endlich zeigt Philoponos auch darin einen modernen Zug, daß er dem *Ort an sich* jede Kraft abspricht, den Körpern aber das Streben beilegt, ihre Ordnung zu bewahren. (Vgl. Wohlwill, Ein Vorgänger Galileis im 6. Jahrhundert. Physik. Zeitschrift von Riecke und Simon, 7. Jahrg., Nr. 1, S. 23–32.)[16]

Ein sehr bedeutender Vorgänger Galileis, von dem schon an anderer Stelle die Rede war, ist *Leonardo da Vinci* (1452 bis 1519). Dessen Arbeiten konnten aber rechtzeitig auf den Gang der Wissenschaften keinen Einfluß nehmen, da dieselben erst durch die Publikation von Venturi (1797) teilweise bekannt geworden sind. Leonardo kannte das Fallzeitenverhältnis für die Länge und Höhe der schiefen Ebene. Es wird ihm zuweilen auch die Kenntnis des Trägheitsgesetzes zugeschrieben. Eine gewisse instinktive Kenntnis der Beharrung einer eingeleiteten Bewegung wird wohl keinem normalen Menschen fehlen. Leonardo scheint etwas weiter gelangt zu sein. Er weiß, daß man aus einer Säule von Brettspielsteinen *einen* herausschlagen kann, ohne die übrigen zu stören; er weiß, daß ein in Bewegung gesetzter Körper bei *geringem* Widerstand sich *weiter* bewegt, denkt aber, daß der Körper die dem Impuls angemessene *Weglänge* vollenden wolle, und spricht nirgends von der Beharrung bei vollkommen *fehlendem* Widerstand. (Vgl. Wohlwill, Bibliotheca mathematica, Stockholm 1888, S. 19.)

Benedetti (1530–90), ein unmittelbarer Vorgänger Galileis, kennt die Beschleunigung der Fallbewegung und führt sie auf die Summation der Schwereimpulse während der Fallzeit zurück, ebenso wie die Steigerung der Wurfkraft eines Steines durch die Schleuder zurückgeführt wird auf die Häufung der Impulse. Ein solcher Impuls hat nach Benedetti die Tendenz, den Körper in gerader Linie fortzutreiben. Ein horizontal geschleuderter Körper nähert sich langsamer der Erde; dessen Schwere scheint demnach teilweise aufgehoben. Ein rotierender Kreisel fällt nicht um, sondern steht auf der Spitze der Achse, weil dessen Teile die Tendenz haben, tangential, senkrecht zur Achse, horizontal fortzufliegen und keineswegs der Erde zuzustreben. Die Fortbewegung des geworfenen Körpers schreibt Benedetti nicht dem Einfluß der Luft, sondern einer „virtus impressa" zu, ohne jedoch in bezug auf die Probleme zur vollen Klarheit zu gelangen. (G. Benedetti, Sulle proporzioni dei moti locali, a Venezia 1553. – Divers. speculat. math. et physic. liber, Taurini 1585).

2. In seinen Jugendarbeiten (in Pisa), die durch die neuen kritischen Ausgaben bekannt geworden sind, zeigt sich *Galilei* als Gegner des Aristoteles, als Verehrer des „göttlichen" Archimedes und als unmittelbarer Nachfolger Benedettis, dem er sowohl in der Art der Fragen, die er sich stellt, als auch oft in der Redeweise folgt, ohne ihn jedoch zu nennen. Wie Benedetti nimmt er beim Wurf eine allmählich abnehmende „vis impressa" an. Findet der Wurf aufwärts statt, so ist die vis impressa eine übertragene „Leichtigkeit"; indem diese abnimmt, erhält die Schwere ein wachsendes Übergewicht nach unten und die Fallbewegung wird beschleunigt. In dieser Idee trifft Galilei mit dem antiken Astronomen Hipparch (im 2. Jahrhundert v. Chr.) zusammen, wird aber Benedettis Auffassung der Fallbeschleunigung nicht gerecht. Nach Hipparch und Galilei müßte nämlich nach gänzlicher Überwindung der vis impressa die Fallbewegung *gleichförmig* werden.

In den bisherigen Ausgaben dieses Buches wurde der Darstellung der Forschungen Galileis dessen abschließendes Werk „Discorsi e dimostrazioni matematiche" (1638) zugrunde gelegt, während seine später bekannt gewordenen Originalaufzeichnungen zu abweichenden Auffassungen seines Entwicklungsganges führen, in bezug auf welche ich mich nun im wesentlichen *E. Wohlwill* („Galilei und sein Kampf für die Kopernikanische Lehre", Hamburg u. Leipzig 1909) anschließe. In der reifern, fruchtbarern Zeit seines Paduaner Aufenthalts läßt Galilei die Frage nach dem „warum" fallen und fragt lieber nach dem „wie" der mannigfaltigen Bewegung, die der Beobachtung zugänglich sind. Die Betrachtung der Wurflinie, die Auffassung dieser als Kombination einer gleichförmigen Horizontalbewegung mit einer beschleunigten Fallbewegung läßt ihn diese Linie als eine Parabel und demnach den Fallraum als dem Quadrat der Fallzeit proportional erkennen. Die statischen Untersuchungen der schiefen Ebenen führen zur Betrachtung des Falles auf solchen und leiten auch zur Beobachtung schwingender Pendel. Aus letztern umfassenden Beobachtungen und Experimenten ergibt sich die Folgerung, daß ein auf einer Reihe schiefer Ebenen fallender Körper vermöge der erlangten Fallgeschwindigkeit auf einer beliebigen Reihe anderer Ebenen nur wieder zur ursprünglichen Höhe aufsteigen kann, oder mit andern Worten, daß die im Fall erlangte Geschwindigkeit nur von der Falltiefe abhängt. Endlich gelingt es Galilei, eine Definition der gleichförmig beschleunigten Bewegung zu geben, welche die Eigenschaften der Fallbewegung aufweist und aus welcher sich umgekehrt alle provisorischen Hilfssätze deduktiv ableiten lassen, welche ihn zu seiner Auffassung geführt haben.

G. Vailati, der sich („Atti della R. Accad. di Torino", vol. XXXIII, 1898) eingehend mit der Würdigung von Benedettis Arbeiten beschäftigt hat, findet ein Hauptverdienst Benedettis darin, daß derselbe die aristotelischen Ansichten einer mathematisch-kritischen Prüfung und Korrektur unterzieht und deren innere Widersprüche aufzudecken sucht, wodurch der weitere Fortschritt vorbereitet war. Er erkennt die den Aristotelikern geläufige Annahme einer der Dichte des umgebenden Mediums verkehrt proportionalen Fallgeschwindigkeit als unhaltbar und nur in speziellen Fällen überhaupt möglich. Die Fallgeschwindigkeit sei $p-q$ proportional, wobei p das Gewicht des Körpers, q dessen Auftrieb im Medium bedeutet. Soll z. B. im Medium von zweifacher Dichte die halbe Fallgeschwindigkeit eintreten, so muß die Gleichung bestehen $p-q=2\,(p-2q)$, was nur für $p=3q$ zutrifft. An sich *leichte* Körper gibt es für Benedetti nicht; er schreibt auch der Luft ein Gewicht und einen Auftrieb zu. Ungleich große Körper desselben Stoffes fallen seiner Meinung nach mit gleicher Geschwindigkeit. Dies leitet Benedetti ab, indem er sich *gleiche* Körper dieser Art nebeneinander, einmal frei und dann in Verbindung, welche die Bewegung nicht ändern kann, fallend denkt. Hierin nähert er sich der Denkweise Galileis, nur daß letzterer die Sache doch noch tiefer faßt. Doch unterliegt Benedetti auch manchen Irrtümern. So glaubt er, daß die Fallgeschwindigkeit gleich großer und gleichgestalteter Körper

proportional sei ihrem Gewicht, ihrer Dichte. Ansprechend sind seine Vorstellungen über das Schwingen eines Körpers um den Erdmittelpunkt in einem zentral durch die Erde gebohrten Kanal, an welchen wenig auszusetzen ist. So löst er die Probleme nicht vollständig, bereitet aber die Lösung doch vor. Insbesondere fördert er die Erkenntnis des Beharrungsgesetzes.

3. In bezug auf die Definition der gleichförmig beschleunigten Bewegung hat Galilei eine Zeitlang geschwankt. Erst hat er jene Bewegung als gleichförmig beschleunigt bezeichnet, in welcher die Geschwindigkeitszuwüchse den zurückgelegten Wegen proportional sind; diese hielt er nach einem von 1604 herrührenden Fragment (Edizione Nazionale, VIII, S. 373 bis 374) und einem gleichzeitigen Brief an Sarpi für allen Tatsachen entsprechend, was jedoch eine Täuschung war. Um 1609 hatte er, nach Wohlwill, wahrscheinlich den Irrtum überwunden und definierte nun die gleichförmig beschleunigte Bewegung durch die Proportionalität der Geschwindigkeit zur Bewegungszeit. Er lehnt nun die erstere Auffassung aus ebenso unzutreffenden Gründen ab, als er sie früher angenommen hatte. Die natürliche Erklärung dieses Verhaltens kommt, wie in den ältern Auflagen, an einer spätern Stelle dieses Buches zur Sprache. Wir wollen nun betrachten, welches Erbe Galilei unserm heutigen Denken hinterlassen hat, wobei es sich auch klar zeigen wird, daß er sich durch Voraussetzungen leiten ließ, die sich heute als nähere oder fernere Folgerungen aus seinem Fallgesetz begreifen lassen, was vielleicht am besten für seine Forscherbegabung und seinen feinen Spürsinn spricht. Mag nun Galilei durch Betrachtung der Wurfparabel oder auf einem andern Wege zur Kenntnis der gleichförmig beschleunigten Fallbewegung gelangt sein, das können wir nicht bezweifeln, daß er das Fallgesetz auch experimentell auf die Probe gestellt hat. Salviati, der Hauptvertreter von Galileis Lehren in den Dialogen, versichert uns seiner wiederholten Teilnahme an den Experimenten und beschreibt diese aufs genaueste („Le opere di Galilei", Edizione Nazionale, VIII, S. 212–213).

Die Annahme, daß die erlangte Geschwindigkeit proportional der Fallzeit sei, war schwer direkt zuprüfen. Dagegen war es leichter, zu untersuchen, nach welchem Gesetz der

Fallraum mit der Fallzeit wächst; er leitet darum aus seiner Annahme die Beziehung zwischen Fallraum und Fallzeit ab, und diese wurde durch das Experiment geprüft. Die Ableitung ist einfach, anschaulich und vollkommen korrekt. Er zieht eine gerade Linie und schneidet auf dieser Stücke ab, die ihm die verflossenen Zeiten repräsentieren. An den Endpunkten derselben errichtet er Senkrechte (Ordinaten), und diese repräsentieren die erlangten Geschwindigkeiten. Irgendein Stück OG der Linie OA (Fig. 87) bedeutet also die verflossene Fallzeit und die zugehörige Senkrechte GH die erlangte Geschwindigkeit.

Wenn wir den Verlauf der Geschwindigkeiten ins Auge fassen, so bemerken wir mit Galilei folgendes. Betrachten wir den Moment C, in welchem die Hälfte OC der Fallzeit OA verflossen ist, so sehen wir, daß die Geschwindigkeit CD auch die Hälfte der Endgeschwindigkeit AB ist.

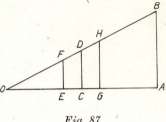

Fig. 87

Betrachten wir nun zwei von dem Moment C gleich weit abstehende Zeitmomente E und G vor und nach demselben, so erkennen wir, daß die Geschwindigkeit HG die *mittlere CD* um denselben Betrag übersteigt, als EF hinter derselben zurückbleibt. Für jeden Moment *vor C* findet sich ein entsprechender gleich weit abstehender nach C. Was also in der ersten Hälfte der Bewegung gegen die *gleichförmige* Bewegung mit der halben Endgeschwindigkeit versäumt wird, wird in der zweiten Hälfte nachgeholt. Wir können den Fallraum als mit der halben Endgeschwindigkeit in gleichförmiger Bewegung zurückgelegt ansehen. Setzen wir also die Endgeschwindigkeit v proportional der Fallzeit t, so erhalten wir $v = gt$, wobei g die in der Zeiteinheit erlangte Endgeschwindigkeit (die sogenannte Beschleunigung) bedeutet. Der Fallraum s ist daher gegeben durch $s = \frac{gt}{2} \cdot t$ oder $s = \frac{gt^2}{2}$. Wir nennen eine solche Bewegung, bei welcher nach der Voraussetzung in gleichen Zeiten stets gleiche Geschwindigkeiten zuwachsen, eine *gleichförmige beschleunigte Bewegung*.

Wenn wir die Fallzeiten, die Endgeschwindigkeiten und die zurückgelegten Wege zusammenstellen, so erhalten wir folgende Tabelle:

t	v	s
1.	$1g$	$1 \times 1 \cdot \dfrac{g}{2}$
2.	$2g$	$2 \times 2 \cdot \dfrac{g}{2}$
3.	$3g$	$3 \times 3 \cdot \dfrac{g}{2}$
4.	$4g$	$4 \times 4 \cdot \dfrac{g}{2}$
⋮	⋮	⋮
t	tg	$t \times t \cdot \dfrac{g}{2}$

4. Der Zusammenhang zwischen t und s läßt sich experimentell prüfen, und dies hat Galilei in der sofort zu beschreibenden Art ausgeführt.

Wir müssen zuvor bemerken, daß damals alle die Kenntnisse und Begriffe, die uns jetzt geläufig sind, nicht vorhanden waren, sondern daß Galilei dieselben erst für uns entwickeln mußte. Demnach konnte er nicht so verfahren, wie wir es heute tun, sondern er mußte einen andern Weg einschlagen. Er strebte, zuerst die Fallbewegung zu verlangsamen, um sie genauer beobachten zu können. Er beobachtete Kugeln, die auf einer schiefen Ebene (Fallrinne) herabrollten, indem er annahm, daß nur die Geschwindigkeit der Bewegung hierbei verringert, die Form des Fallgesetzes aber nicht alteriert werde. Wurden vom obern Ende der Fallrinne an die Längen 1, 4, 9, 16 ... abgeschnitten, so sollten die zugehörigen Fallzeiten durch die Zahlen 1, 2, 3, 4 ... dargestellt werden, was sich auch bestätigte. Die Beobachtung dieser Zeiten hat Galilei auf eine höchst sinnreiche Weise ausgeführt. Uhren von der heutigen Form gab es damals nicht, diese sind erst durch die von Galilei begründeten dynamischen Kenntnisse möglich geworden. Die mechanischen Uhren, die gebraucht wurden, waren sehr ungenau und nur zur Messung größerer Zeiträume brauchbar. Außerdem waren meist Wasser- und Sanduhren im Gebrauch, wie sie von den Alten überliefert worden waren.

Galilei stellte nun eine solche Uhr in der einfachsten Weise her und richtete sie zur Messung kleiner Zeiträume besonders ein, was damals nicht üblich war. Sie bestand aus einem Wassergefäß von großem Querschnitt mit einer feinen Bodenöffnung, die durch den Finger verschlossen wurde. Sobald die Kugel auf der schiefen Ebene ihre Bewegung begann, öffnete er das Gefäß und ließ das Wasser auf eine Waage ausfließen; kam sie am Ende der Bahn an, so schloß er es. Da sich die Druckhöhe der Flüssigkeit wegen des großen Querschnittes nicht merklich änderte, so waren die ausgeflossenen Wassergewichte proportional der Zeit. Es zeigte sich hierbei wirklich, daß die Zeiten bloß einfach wuchsen, während die Fallräume quadratisch fortschritten. Damit war also die Folgerung aus Galileis Annahme und sonach auch die Annahme selbst durch das Experiment bestätigt.

Wollen wir Galileis Gedankengang ganz verstehen, so müssen wir bedenken, daß er schon im Besitz von instinktiven Erfahrungen ist, bevor er an das Experiment geht. Den frei fallenden Körper verfolgt man desto schwerer mit den Augen, je länger und tiefer er bereits gefallen ist; in gleichem Maße wird dessen Stoß auf die auffangende Hand empfindlicher, der Schall bei Aufschlagen stärker. Die Geschwindigkeit wächst also mit Fallzeit und Fallraum. Für den wissenschaftlichen Gebrauch muß aber die gedankliche Nachbildung der sinnlichen Erlebnisse noch *begrifflich* geformt werden. Nur so können sie benutzt werden, um zu einer durch eine begriffliche *Maßreaktion* charakterisierten Eigenschaft durch eine begriffliche *Rechnungskonstruktion* die davon *abhängige* Eigenschaft der Tatsache zu finden, die teilweise gegebene zu ergänzen. Dieses Formen geschieht durch Herausheben des für wichtig Gehaltenen, durch Absehen von Nebensächlichem, durch *Abstraktion, Idealisierung*. Das Experiment entscheidet, ob die Formung genügt. Ohne irgendeine vorgefaßte Ansicht ist ein Experiment überhaupt unmöglich, indem letzteres durch erstere seine Form erhält. Denn wie und was sollte man versuchen, wenn man nicht schon eine Vermutung hätte? Von dem vorher Erfahrenen hängt es ab, worin das Experiment *ergänzend* einzutreten hat. Das Experiment bestätigt, modifiziert oder widerlegt die Vermutung. Der moderne Forscher würde im analogen Falle fragen: wovon ist v

eine Funktion? was für eine Funktion von t ist v? Galilei fragt in seiner naiv primitiven Weise: ist v proportional s, ist v proportional t? Galilei geht also tatonierend synthetisch vor und kommt ebenfalls zum Ziel. Schulmäßige, schablonenhafte Methoden sind erst das Ergebnis der Untersuchung und können nicht bei den ersten Schritten, welche das Genie tut, schon vollkommen entwickelt zur Verfügung stehen.[17] (Vgl. „Über Gedankenexperimente", Zeitschr. f. d. physik. u. chem. Unterricht, 1897, I; „Erkenntnis und Irrtum", 2. Aufl., Leipzig 1906.)

5. Um sich eine Vorstellung über das Verhältnis der Bewegungen auf der schiefen Ebene und im freien Fall zu bilden, macht Galilei die Annahme, daß ein Körper, der durch die Höhe der schiefen Ebene fällt, dieselbe Endgeschwindigkeit erreicht wie ein Körper, der ihre Länge durchfällt. Das ist eine Annahme, die uns etwas gewagt erscheint; in der Weise aber, wie sie Galilei aufgestellt und durchgeführt hat, ist sie ganz natürlich. Wir wollen versuchen, den Weg, auf dem er dazu geführt wurde, einfach auseinanderzusetzen. Er sagt: Wenn ein Körper frei herabfällt, so nimmt dessen Geschwindigkeit proportional der Fallzeit zu. Wenn nun der Körper unten angekommen ist, so denken wir uns die Geschwindigkeit umgekehrt und aufwärts gerichtet, wir sehen dann, daß der Körper aufwärts steigt. Wir machen die Wahrnehmung, daß seine jetzige Bewegung sozusagen ein Spiegelbild der frühern ist. Wie die Geschwindigkeit vorher proportional der Fallzeit zugenommen hat, so wird sie jetzt umgekehrt abnehmen. Wenn der Körper ebensolange steigt als er gefallen ist, und wenn er die ursprüngliche Höhe wieder erreicht hat, so ist seine Geschwindigkeit auf Null reduziert. Wir erkennen also, daß ein Körper vermöge der erlangten Fallgeschwindigkeit geradeso *hoch* steigt, als er herabgefallen ist. Wenn nun ein Körper auf der schiefen Ebene fallend eine Geschwindigkeit erlangen könnte, mit welcher er auf eine anders geneigte Ebene gesetzt, höher zu steigen vermöchte, als er herabgefallen ist, so könnte man durch die Schwere selbst eine Erhebung der Körper hervorbringen. Es liegt also in dieser Annahme, daß die erlangte Fallgeschwindigkeit lediglich von der *vertikalen* Fallhöhe abhängt und von der Neigung der Bahn unabhängig ist, nichts weiter als die widerspruchslose Auffassung und Anerkennung der *Tat-*

sache, daß die schweren Körper nicht das Bestreben haben zu steigen, sondern das zu *sinken*. Würden wir also annehmen, daß ein Körper, auf der Länge der schiefen Ebene fallend, etwa eine größere Geschwindigkeit erlangt als der vertikal die Höhe durchfallende, so könnten wir denselben mit der erlangten Geschwindigkeit auf eine andere schiefe oder vertikale Ebene übergehen lassen, auf welcher er zu einer größern Vertikalhöhe aufsteigen würde. Würde hingegen die erlangte Geschwindigkeit auf der schiefen Ebene kleiner sein, so brauchten wir den Prozeß nur umzukehren, um dasselbe zu erreichen. In beiden Fällen könnte ein schwerer Körper bei passender Anordnung von schiefen Ebenen lediglich durch sein eigenes Gewicht fort und fort in die Höhe getrieben werden, was unserer instinktiven Kenntnis der Natur der schweren Körper durchaus widerspricht.

6. Galilei ist wieder nicht bloß bei der philosophischen und logischen Erörterung seiner Annahme stehengeblieben, sondern hat mit der Erfahrung verglichen.

Er nimmt ein einfaches Fadenpendel mit einer schweren Kugel. Erhebt er dieselbe, das Pendel elongierend, bis zu einem gewissen Niveau, zu einer gewissen Horizontalebene, und läßt er sie dann fallen, so steigt sie auf der andern Seite zum selben Niveau. Wenn dies auch nicht *genau* zutrifft, so erkennt doch Galilei leicht den Luftwiderstand als Ursache des Zurückbleibens. Man ersieht dies schon daraus, daß ein Korkkügelchen mehr, ein schwerer Körper weniger zurückbleibt. Allein abgesehen davon erreicht der Körper wieder dieselbe Höhe. Man kann die Bewegung des Pendelkörpers auf einem Kreisbogen, als Fall auf einer Reihe von schiefen Ebenen ungleicher Neigung betrachten. Leicht können wir nun mit Galilei den Körper auf einem andern Bogen, einer andern Folge von schiefen Ebenen aufsteigen lassen. Wir erreichen dies, indem wir auf einer Seite neben dem vertikal hängenden Faden (Fig. 88) einen Nagel *f* oder *g* einschlagen, der einen Teil des Fadens hindert, an der einen Hälfte der Bewegung teilzunehmen. Sobald der Faden in der Gleichgewichtslage an diesem Nagel ankommt, wird die Kugel, welche durch *ba* gefallen ist, in einer andern Reihe von schiefen Ebenen, den Bogen *am* oder *an* beschreibend, steigen. Wenn nun die Neigung der Ebenen Einfluß auf die Fallgeschwindigkeit hätte, so könnte der Körper nicht zur

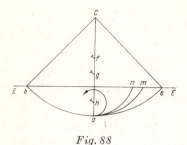

Fig. 88

selben Horizontalebene steigen, von der er herabgefallen ist. Dies geschieht aber. Man kann das Pendel für eine Halbschwingung beliebig verkürzen, indem man den Nagel beliebig tief einschlägt; die Erscheinung bleibt aber stets dieselbe. Schlägt man den Nagel h so tief ein, daß der Rest des Fadens nicht mehr zur Ebene E hinaufreicht, so überschlägt sich die Kugel und wickelt den Faden um den Nagel herum, weil sie noch einen Rest von Geschwindigkeit übrig hat, wenn sie die größte Höhe, die sie erreichen kann, erreicht hat.

7. Wenn wir nun voraussetzen, daß auf der schiefen Ebene dieselbe Endgeschwindigkeit erreicht wird, ob der Körper die Höhe oder die Länge der schiefen Ebene durchfällt, worin weiter nichts liegt als die Annahme, daß ein Körper vermöge der erlangten Geschwindigkeit geradeso hoch steigt, als er gefallen ist, so kommt man mit Galilei sehr leicht zur Einsicht, daß die Fallzeiten auf der Höhe und der Länge der schiefen Ebene einfach proportional sind der Höhe und der Länge dieser Ebene, also die Beschleunigungen verkehrt proportioniert dieser Fallzeit. Es wird sich also die Beschleunigung auf der Höhe zur Beschleunigung auf der Länge verhalten wie die Länge zur Höhe. Es sei

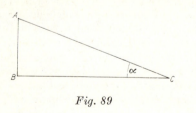

Fig. 89

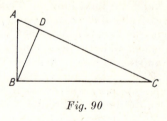

Fig. 90

AB die Höhe und AC die Länge der schiefen Ebene (Fig. 89). Beide werden in gleichförmig beschleunigter Bewegung in den Zeiten t und t' mit der Endgeschwindigkeit v durchfallen.

Deshalb ist
$$AB = \frac{v}{2} t \quad \text{und} \quad AC = \frac{v}{2} t', \quad \frac{AB}{AC} = \frac{t}{t'}.$$

Heißen g und g' die Beschleunigungen auf der Höhe und Länge, so ist
$$v = gt \quad \text{und} \quad v = g't', \quad \text{also} \quad \frac{g'}{g} = \frac{t}{t'} = \frac{AB}{AC} = \sin \alpha$$

Auf diese Weise ist man imstande, aus der Beschleunigung auf der schiefen Ebene die Beschleunigung für den freien Fall abzuleiten.

Hieraus zieht nun Galilei einige Folgesätze, welche zum Teil in die elementaren Lehrbücher übergegangen sind. Die Beschleunigungen auf Höhe und Länge verhalten sich umgekehrt proportioniert wie diese selbst. Läßt man also einen Körper auf der Länge der schiefen Ebene und zugleich einen andern frei durch die Höhe herabfallen und fragt, welche Wegstücke in *gleichen* Zeiten von beiden zurückgelegt werden, so findet man die Auflösung sehr einfach, indem man von B aus eine Senkrechte auf die Länge zieht (Fig. 90). Während also der eine Körper die Höhe durchfällt, legt der andere auf der schiefen Ebene das Stück AD zurück.

Wenn wir um AB als Durchmesser einen Kreis beschreiben (Fig. 91) so geht dieser durch D hindurch, weil wir bei D einen rechten Winkel haben. Wir sehen nun, daß wir uns eine beliebige Anzahl von anders geneigten schiefen Ebenen AE, AF durch A gelegt denken können, und daß stets die vom obern Durchmesserendpunkt aus gezogenen Sehnen AG, AH in jenem Kreise

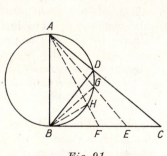

Fig. 91

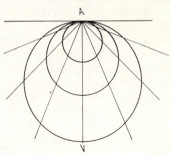

Fig. 92

vom fallenden Körper in gleicher Zeit zurückgelegt werden wie der vertikale Durchmesser selbst. Da hierbei natürlich nur die Längen und Neigungen wesentlich sind, so können wir die Sehnen auch vom untern Durchmesserende aus ziehen und allgemein sagen: Der vertikale Durchmesser eines Kreises wird in derselben Zeit durchfallen wie jede von einem Durchmesserendpunkt in diesem Kreise gezogene Sehne.

Wir führen noch einen weitern Folgesatz an, der in der hübschen Form, wie ihn Galilei hat, gewöhnlich nicht mehr in die Elementardarstellungen aufgenommen wird. Wir denken uns in einer Vertikalebene, von demselben Punkt A ausgehend, unter den verschiedensten Neigungswinkeln gegen den Horizont Rinnen (Fig. 92); wir legen in ihren Endpunkt A schwere Körper und lassen sie gleichzeitig ihre Fallbewegung beginnen. Es zeigt sich nun, daß zur selben Zeit sämtliche Körper stets einen Kreis erfüllen. Nach Verlauf einer größern Zeit befinden sie sich in einem Kreise von größerm Radius, und zwar wachsen die Radien proportional dem Quadrat der Zeit. Wenn man sich die Rinnen nicht nur eine Ebene, sondern den Raum unter der durch A geführten Horizontalen vollständig ausfüllend denkt, so erfüllen die Körper stets eine Kugel, und die Kugelradien wachsen proportional dem Quadrat der Zeit. Man erkennt das, wenn man sich die Figur um die Vertikale AV gedreht denkt.

8. Wir sehen nun, wie nochmals kurz bemerkt werden soll, daß Galilei nicht etwa eine *Theorie* der Fallbewegung gegeben, sondern vielmehr das *Tatsächliche* der Fallbewegung vorurteilslos untersucht und konstatiert hat.[18]

Bei dieser Gelegenheit hat er, seine Gedanken allmählich den Tatsachen *anpassend* und dieselben überall konsequent *festhaltend*, eine Ansicht gefunden, die vielleicht weniger ihm selbst als vielmehr seinen Nachfolgern als ein besonderes neues Gesetz erschienen ist. Galilei befolgte bei allen seinen Überlegungen zum größten Vorteil der Naturwissenschaft ein Prinzip, welches man passend das *Prinzip der Kontinuität* nennen könnte. Hat man für einen speziellen Fall eine Ansicht gewonnen, so modifiziert man allmählich in Gedanken die Umstände dieses Falles, soweit es überhaupt angeht, und sucht hierbei die gewonnene Ansicht möglichst festzuhalten. Es gibt kein Verfahren, welches sicherer zur *einfachsten*, mit dem geringsten Gemüts- und Verstandesaufwand zu erzielenden Auffassung aller Naturvorgänge führen würde.

Der besondere Fall wird deutlicher als die allgemeine Bemerkung zeigen, was wir meinen. Galilei betrachtet einen Körper, welcher auf der schiefen Ebene AB herabfällt (Fig. 93) und mit der erlangten Fallgeschwindigkeit auf eine andere, z. B. BC gesetzt, auf derselben wieder aufsteigt. Er steigt auf allen Ebenen BC, BD usw. bis zur Horizontalebene durch A auf. So wie er aber auf BD mit geringerer *Beschleunigung* fällt als auf BC, so steigt er auch auf BD mit geringerer *Verzögerung*. Je

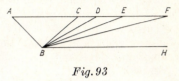

Fig. 93

mehr sich die Ebenen BC, BD, BE, BF der Horizontalebene nähern, desto geringer ist auf denselben die Verzögerung des Körpers, desto länger und weiter bewegt er sich auf denselben. Auf der Horizontalebene BH verschwindet die Verzögerung *ganz* (natürlich abgesehen von der Reibung und dem Luftwiderstand), der Körper bewegt sich unendlich lange und unendlich weit mit *konstanter* Geschwindigkeit. Indem nun Galilei bis zu diesem Grenzfall fortschreitet, findet er das sogenannte Gesetz der *Trägheit*, nach welchem ein Körper, der nicht durch besondere bewegungsändernde Umstände (Kräfte) daran gehindert ist, seine Geschwindigkeit (und Richtung) fortwährend beibehält. Wir kommen hierauf alsbald zurück.

E. Wohlwill hat in einer sehr eingehenden Untersuchung („Die Entdeckung des Beharrungsgesetzes" in: Zeitschrift für Völkerpsychologie, 1884, XIV, S. 365–410; XV, S. 70–135, 337–387) gezeigt, daß die Vorgänger und Zeitgenossen Galileis, ja Galilei selbst nur *sehr allmählich*, von den aristotelischen Vorstellungen sich befreiend, zur Erkenntnis des Beharrungsgesetzes gelangt sind. Auch bei Galilei nimmt die gleichförmige *Kreisbewegung* und die gleichförmig *horizontale Bewegung* noch eine Sonderstellung ein. Wohlwills Untersuchung ist sehr *dankenswert* und zeigt, daß Galilei in seinen eigenen bahnbrechenden Gedanken schwer die volle Klarheit erreichte und häufigen Rückfällen in ältere Anschauungen ausgesetzt war, was von vornherein sehr wahrscheinlich ist.

Übrigens wird der Leser auch aus *meiner* Darstellung die Ansicht schöpfen, daß Galilei das Beharrungsgesetz nicht in der Klarheit und Allgemeinheit vorschwebte, welche es später gewonnen hat. (Vgl. „Erhaltung der Arbeit", S. 47.[19]) Mit der eben gegebenen Darlegung glaube ich aber immer noch, entgegen der Meinung von Wohlwill und Poske, denjenigen Punkt bezeichnet zu haben, der sowohl Galilei als seinen Nachfolgern den *Übergang* von der alten Vorstellung zu der neuen am deutlichsten zum *Bewußtsein* bringen mußte. Wie wenig zur vollen Einsicht fehlte, ergibt sich daraus, daß Baliani ohne Schwierigkeit aus Galileis Darstellung die Unzerstörbarkeit einer einmal erlangten Geschwindigkeit herausliest, worauf Wohlwill selbst (l. c., S. 112) hinweist. Es ist nicht eben auffallend, daß Galilei, wo es sich fast ausschließlich um die Bewegung *schwerer* Körper handelt, das Trägheitsgesetz vorwiegend auf horizontale Bewegungen anwendet. Er weiß jedoch, daß eine *schwerlose* Flintenkugel geradlinig in der Richtung des Laufes fortfliegen würde (Strauß, Dialog über die beiden Weltsysteme, Leipzig 1891, S. 184). Das Zögern mit dem allgemeinen Ausdruck eines auf den ersten Blick so befremdlichen Satzes ist nicht wunderbar.[20]

9. Die Fallbewegung also, die Galilei als tatsächlich bestehend gefunden hat, ist eine Bewegung mit proportional der Zeit zunehmender Geschwindigkeit, eine sogenannte gleichförmig beschleunigte Bewegung.

Es wäre ein Anachronismus und gänzlich unhistorisch, wollte man die gleichförmig beschleunigte Fallbewegung, wie dies mitunter geschieht, aus der konstanten Wirkung der Schwerkraft ableiten. „Die Schwere ist eine konstante Kraft, *folglich* erzeugt sie in jedem gleichen Zeitelement den gleichen Geschwindigkeitszuwachs, und die Bewegung wird eine gleichförmig beschleunigte." Eine solche Darstellung wäre deshalb unhistorisch und würde die ganze Entdeckung in ein falsches Licht stellen, weil durch Galilei erst der heutige Kraftbegriff geschaffen worden ist. Vor Galilei kannte man die *Kraft* nur als einen *Druck*. Nun kann niemand, der es nicht erfahren hat, wissen, daß Druck überhaupt Bewegung mit sich bringt, noch viel weniger aber, *wie* Druck in Bewegung übergeht, daß durch den Druck keine Lage und auch keine Geschwindigkeit, sondern eine Beschleunigung bestimmt ist. Das läßt sich nicht herausphilosophieren. Es lassen sich darüber Vermutungen aufstellen. Die Erfahrung allein kann aber darüber endgültig belehren.

10. Daß also die bewegungsbestimmenden Umstände (Kräfte) *Beschleunigungen* bestimmen, ist durchaus nicht selbstverständlich. Ein Blick auf andere physikalische Gebiete macht das sofort deutlich. Die Temperaturdifferenzen der Körper bestimmen auch Veränderungen. Durch die Temperaturdifferenzen sind aber nicht Ausgleichs*beschleunigungen*, sondern Ausgleichs*geschwindigkeiten* bestimmt.

Daß durch die bewegungsbestimmenden Umstände Beschleunigungen gesetzt werden, hat Galilei in den Naturvorgängen *erschaut*. Auch andere vor ihm haben manches erschaut. Wenn man sagt, daß jedes Ding seinen Ort suche, so liegt darin auch eine richtige Beobachtung. Die Beobachtung gilt nur nicht überall und ist nicht erschöpfend. Wenn wir z. B. einen Stein aufwärts werfen, so sucht er seinen Ort, welcher unten ist, nicht mehr. Die Beschleunigung gegen die Erde, die Verzögerung der Aufwärtsbewegung, die Galilei zuerst gesehen hat, ist aber immer noch vorhanden. Seine Beobachtung bleibt immer richtig, sie gilt allgemeiner, sie erfaßt *viel mehr mit einem Blick*.

11. Wir haben schon erwähnt, daß Galilei ganz *nebenher* das sogenannte Gesetz der Trägheit gefunden hat. Ein Körper, auf welchen, wie man zu sagen pflegt, keine Kraft wirkt, behält seine Richtung und Geschwindigkeit unverändert bei. Mit diesem Gesetz der Trägheit ist es sonderbar zugegangen. Bei Galilei scheint es nie eine besondere Rolle gespielt zu haben. Die Nachfolger aber, namentlich Huygens und Newton, haben es als ein besonderes Gesetz formuliert. Ja letzterer hat sogar aus der Trägheit eine allgemeine Eigenschaft der Materie gemacht. Man erkennt aber leicht, daß das Trägheitsgesetz gar kein besonderes Gesetz ist, sondern in der Galileischen Anschauung, daß alle bewegungsbestimmenden Umstände (Kräfte) *Beschleunigungen* setzen, schon mit enthalten ist.

In der Tat, wenn eine Kraft keine Lage und keine Geschwindigkeit, sondern eine Beschleunigung, eine Geschwindigkeits*änderung* bestimmt, so versteht es sich, daß wo keine Kraft ist, auch keine Änderung der Geschwindigkeit stattfindet. Man hat nicht nötig, das besonders auszusprechen. Nur die Befangenheit des Anfängers, die sich auch der großen Forscher der Fülle des neuen Stoffes gegenüber bemächtigte, konnte bewirken, daß sie sich *dieselbe* Tatsache als *zwei verschiedene* Tatsachen vorstellten und dieselbe *zweimal* formulierten.[21]

Die Trägheit als selbstverständlich darzustellen oder sie aus dem allgemeinen Satz „die Wirkung einer Ursache verharrt" abzuleiten, ist jedenfalls durchaus verfehlt. Nur ein falsches Streben nach Strenge kann auf solche Abwege führen. Mit scholastischen Sätzen, wie mit dem angeführten, ist auf diesem Gebiete nichts zu verrichten. Man überzeugt sich leicht, daß auch der entgegengesetzte Satz „cessante causa cessat effectus" ebensogut paßt. Nennt man die erlangte Geschwindigkeit „Wirkung", so ist der erste Satz richtig, nennt man die Beschleunigung „Wirkung", so gilt der zweite Satz.[22]

12. Wir wollen nun die Galileischen Untersuchungen noch von einer andern Seite betrachten. Er begann dieselben mit den seinerzeit geläufigen, namentlich durch die Technik entwickelten Begriffen. Ein solcher Begriff ist der Begriff Geschwindigkeit, welche sehr leicht an der gleichförmigen Bewegung gewonnen wird. Legt ein Körper in jeder Zeitsekunde den gleichen Weg c zurück, so ist der nach t Sekunden zurückgelegte Weg $s = ct$. Den in der Sekunde zurückgelegten Weg c nennen wir die Geschwindigkeit und finden dieselbe auch durch Beobachtung eines beliebigen Wegstückes und der zugehörigen Zeit mit Hilfe der Gleichung $c = \dfrac{s}{t}$, also indem wir die Maßzahl des zurückgelegten Weges durch die Maßzahl der verflossenen Zeit dividieren.

Galilei konnte nun seine Untersuchungen nicht vollenden, ohne den hergebrachten Begriff der Geschwindigkeit stillschweigend zu modifizieren und zu erweitern. Stellen wir uns der Anschaulichkeit wegen in 1 (Fig. 94) eine gleichförmige, in 2 (Fig. 94) eine ungleichförmige Bewegung dar, indem wir nach OA als Abszissen die verflossenen Zeiten, nach AB als Ordinaten die zurückgelegten Wege auftragen. In 1 erhält man nun, man mag was immer für einen Wegzuwachs durch den zugehörigen Zeitzuwachs dividieren, für die Geschwindigkeit c *denselben* Wert. Wollte man hingegen in 2 ebenso verfahren, so würde man die verschiedensten Werte er-

Entwicklung der Prinzipien der Dynamik 163

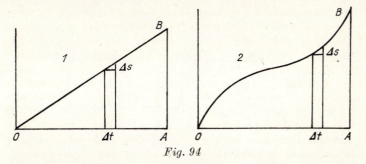

Fig. 94

halten, und der gewöhnliche Begriff „Geschwindigkeit" hat also in diesem Falle keinen bestimmten Sinn. Betrachtet man aber das Wachstum des Weges in einem hinreichend kleinen Zeitelement, wobei das Kurvenelement in 2 sich der Geraden nähert, so kann man dasselbe als gleichförmig ansehen. Man kann dann als Geschwindigkeit in diesem Bewegungselement den Quotienten $\frac{\Delta s}{\Delta t}$ des Zeitelements in das zugehörige Wegelement definieren. Noch genauer definiert man die Geschwindigkeit in einem Moment als den Grenzwert, welchen der Quotient $\frac{\Delta s}{\Delta t}$ bei unendlich klein werdenden Elementen annimmt, welchen man durch $\frac{ds}{dt}$ bezeichnet. Dieser neue Begriff enthält den frühern als speziellen Fall in sich und er ist ohne weiteres auch auf die gleichförmige Bewegung anwendbar. Wenngleich die ausdrückliche Formulierung dieses erweiterten Begriffes erst lange nach Galilei stattgefunden hat, so sieht man doch, daß er diesen Begriff in seinen Gedanken anwendet.

13. Ein ganz neuer Begriff, auf den Galilei geführt wurde, war der Begriff *Beschleunigung*. Bei der gleichförmig beschleunigten Bewegung wachsen die Geschwindigkeiten mit der Zeit nach demselben Gesetz wie bei der gleichförmigen die Wege mit den Zeiten. Nennen wir v die nach der Zeit t erlangte Geschwindigkeit, so ist $v = gt$. Hierbei bedeutet g den Geschwindigkeitszuwachs in der Zeiteinheit oder die Beschleunigung, die man auch durch die Gleichung $g = \frac{v}{t}$ erhält. Dieser Begriff

der Beschleunigung mußte eine ähnliche Erweiterung erfahren wie der Begriff der Geschwindigkeit, als man anfing, ungleichförmig beschleunigte Bewegungen zu untersuchen. Denken wir uns in 1 und 2 wieder die Zeiten als Abszissen, aber die *Geschwindigkeiten* als Ordinaten aufgetragen, so können wir die ganze frühere Betrachtung wiederholen und die Beschleunigung definieren durch $\frac{dv}{dt}$, wobei dv einen unendlich kleinen Geschwindigkeitszuwachs, dt den entsprechenden Zeitzuwachs bedeutet. In der Bezeichnung der Differentialrechnung haben wir für die Beschleunigung einer *geradlinigen* Bewegung auch $\varphi = \frac{dv}{dt} = \frac{d^2s}{dt^2}$.

Die eben entwickelten Begriffe entbehren auch nicht der Anschaulichkeit. Trägt man die Zeiten als Abszissen und die Wege als Ordinaten auf, so erkennt man, daß für jeden Moment die Steigung der Wegkurve die Geschwindigkeit mißt. Stellt man in ähnlicher Weise Zeiten und Geschwindigkeiten zusammen, so wird die momentane Beschleunigung durch die Steigung der Geschwindigkeitskurve gemessen. Den Verlauf dieser letztern Steigung erkennt man aber auch schon an der Krümmung der Wegkurve, wie man durch folgende Überlegung sieht. Denken wir uns in gewohnter Weise durch die Gerade OCD eine gleichförmige Bewegung dargestellt (Fig. 95). Vergleichen wir hiermit eine Bewegung OCE, deren Geschwindigkeit in der zweiten Hälfte der Zeit größer, und eine andere Bewegung OCF, deren Geschwindigkeit entsprechend kleiner ist. Wir haben also für die Zeit $OB = 2OA$ im ersten Fall mehr als $BD = 2AC$, im zweiten Fall weniger als Ordinate

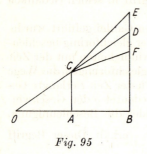

Fig. 95

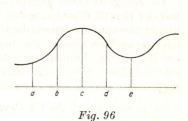

Fig. 96

aufzutragen. Wir erkennen nun ohne Schwierigkeit, daß der beschleunigten Bewegung eine gegen die Zeitabszissenachse konvexe, der verzögerten eine konkave Wegkurve entspricht. Denken wir uns einen in vertikaler Richtung irgendwie bewegten Schreibschrift, an welchem während der Bewegung das Papier von rechts nach links gleichmäßig vorbeigeschoben würde und welcher die Zeichnung Fig. 96 ausgeführt hätte, so können wir an derselben die Eigentümlichkeiten der Bewegung ablesen.

Bei a war die Geschwindigkeit des Stiftes aufwärts gerichtet, bei b war sie größer, bei c war sie $=0$, bei d abwärts gerichtet, bei e wieder $=0$. Die Beschleunigung ist bei a, b, d, e aufwärts, bei c, abwärts gerichtet; bei c und e ist sie am größten.

14. Wenn wir, was Galilei gefunden hat, übersichtlich zusammenstellen, so wird dies am deutlichsten durch die Tabelle, welche ein Verzeichnis der zusammengehörigen Zeiten, erlangten Geschwindigkeiten und der zurückgelegten Wege enthält. Da aber der Inhalt der Tabelle nach einem so einfachen

t	v	s
1	g	$1\,\dfrac{g}{2}$
2	$2g$	$4\,\dfrac{g}{2}$
3	$3g$	$9\,\dfrac{g}{2}$
...	...	...
t	tg	$t^2\,\dfrac{g}{2}$

Gesetz fortschreitet, welches man sofort erkennt, so steht nichts im Wege, die ganze Tabelle durch eine *Herstellungsregel* der Tabelle zu ersetzen. Betrachtet man den Zusammenhang der ersten und zweiten Kolumne, so ist dieser darstellbar durch die Gleichung $v = gt$, die im Grunde nichts ist als eine Anweisung, die Tabelle zu bilden. Der Zusammenhang der ersten und dritten Kolumne wird durch $s = \dfrac{gt^2}{2}$ gegeben. Der Zusammenhang der zweiten und dritten Kolumne läßt sich durch $s = \dfrac{v^2}{2g}$ darstellen. Von den drei Beziehungen

$$v = gt$$
$$s = \frac{gt^2}{2}$$
$$s = \frac{v^2}{2g}$$

verwendet Galilei eigentlich nur die beiden ersten. Die dritte hat erst Huygens mehr gewürdigt und dadurch bedeutende Fortschritte begründet.

15. An die Tabelle können wir gleich eine Bemerkung anknüpfen, welche sehr aufklärend ist. Es wurde schon gesagt, daß ein Körper vermöge der erlangten Fallgeschwindigkeit wieder zur ursprünglichen Höhe aufsteigen kann, wobei seine Geschwindigkeit in derselben Weise (der Zeit und dem Raume nach) abnimmt, als sie beim Herabfallen zugenommen hat. Ein frei fallender Körper erhält nun in der doppelten Fallzeit die doppelte Geschwindigkeit, fällt aber in dieser doppelten Fallzeit durch die vierfache Fallhöhe. Ein Körper also, dem wir die doppelte Geschwindigkeit vertikal aufwärts erteilen, wird *doppelt* so lange Zeit, aber *viermal* so hoch vertikal aufsteigen als ein Körper mit der einfachen Geschwindigkeit.

Man hat sehr bald nach Galilei bemerkt, daß in der Geschwindigkeit eines Körpers etwas einer Kraft Entsprechendes steckt, d. h. etwas, wodurch eine Kraft überwunden werden kann, eine gewisse „Wirkungsfähigkeit", wie dieses Etwas passend genannt worden ist. Nur darüber hat man gestritten, ob diese Wirkungsfähigkeit proportional der *Geschwindigkeit* oder proportional *dem Quadrat der Geschwindigkeit* zu schätzen sei. Die Cartesianer glaubten das erstere, die Leibnizianer das letztere. Man erkennt nun, daß darüber gar nicht zu streiten ist. Der Körper mit der doppelten Geschwindigkeit überwindet eine gegebene Kraft durch die doppelte Zeit, aber durch den *vierfachen Weg*. Der Zeit nach ist also seine Wirkungsfähigkeit der Geschwindigkeit, dem Wege nach dem Quadrat der Geschwindigkeit proportional. D'Alembert hat auf dieses Mißverständnis, wenngleich in nicht sehr deutlichen Ausdrücken, aufmerksam gemacht. Es ist jedoch hervorzuheben, daß schon Huygens über dieses Verhältnis durchaus klar dachte.[23]

16. Das experimentelle Verfahren, durch welches gegenwärtig die Fallgesetze geprüft werden, ist von jenem Galileis

etwas verschieden. Man kann zwei Wege einschlagen. Entweder man verlangsamt die rasche und schwer direkt zu beobachtende Fallbewegung ohne Änderung des Gesetzes derart, daß sie bequem beobachtbar wird, oder man ändert die Fallbewegung gar nicht und verfeinert die Beobachtungsmittel. Auf dem ersten Prinzip beruht die Galileische Fallrinne und die Atwoodsche Maschine. Die Atwoodsche Maschine besteht aus einer leichten Rolle (Fig. 97), über welche ein Faden gelegt ist, dessen Enden mit zwei gleichen Gewichten P versehen sind.

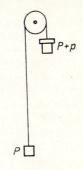

Fig. 97

Legt man dem einen Gewicht P ein kleines Gewichtchen p zu, so beginnt durch das Übergewicht eine gleichförmig beschleunigte Bewegung mit der Beschleunigung $\frac{p}{2P+p} \cdot g$, was sich leicht ergeben wird, wenn wir den Begriff „Masse" erörtert haben werden. Es ist nun leicht an einer mit der Rolle verbundenen Meßleiste nachzuweisen, daß in den Zeiten 1, 2, 3, 4 ... die Wege 1, 4, 9, 16 ... zurückgelegt werden. Die einer gegebenen Fallzeit entsprechende Endgeschwindigkeit untersucht man, indem man das längliche Zuleggewicht p durch einen Ring abfaßt und die Bewegung ohne Beschleunigung fortsetzen läßt.

Auf einem andern Prinzip beruht der Apparat von Morin. Ein mit einem Schreibstift versehener Körper beschreibt auf einem durch ein Uhrwerk gleichmäßig vorbeigeschobenen vertikalen Papierblatt eine horizontale Gerade. Fällt der Körper ohne Papierbewegung, so zeichnet er eine vertikale Gerade. Werden beide Bewegungen kombiniert, so entsteht eine Parabel, in welcher die horizontalen Abszissen den verflossenen Zeiten, die vertikalen Ordinaten den zurückgelegten Fallräumen entsprechen. Für die Abszissen 1, 2, 3, 4 ... erhält man die Ordinaten 1, 4, 9, 16 ... Nebensächlich ist, es, daß Morin statt des ebenen Papierblattes eine rasch rotierende zylindrische Trommel mit vertikaler Achse verwendet, neben welcher ein Körper an einer Drahtführung herabfällt. Ein anderes Verfahren nach demselben Prinzip haben unabhängig voneinander Laborde, Lippich und von Babo angewendet. Eine berußte Glasschiene (Fig. 98) fällt frei vertikal herab, während ein horizontal schwingender vertikaler Stab, der beim ersten Durchgang durch seine Gleichgewichtslage die Fallbewegung auslöst, eine Kurve auf der Schiene verzeichnet. Wegen der konstanten Schwingungsdauer des Stabes und der zunehmenden Fallgeschwindigkeit werden die vom Stabe verzeichneten Wellen immer länger. Es ist Fig. 98a $bc = 3ab$, $cd = 5ab$, $de = 7ab$ usw.

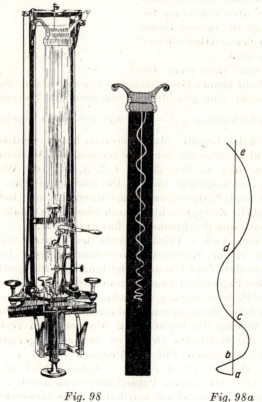

Fig. 98 *Fig. 98a*

Das Fallgesetz zeigt sich hierin deutlich, da $ab + cb = 4ab$, $ab + bc + cd = 9ab$ usw. Das Geschwindigkeitsgesetz bestätigt sich durch die Tangentenneigungen in den Punkten a, b, c, d usw. Bestimmt man die Schwingungsdauer des Stabes, so ergibt sich aus einem derartigen Versuch der Wert von g mit beträchtlicher Genauigkeit.

Wheatstone hat zur Messung kleiner Zeiten ein rasch laufendes Uhrwerk (Chronoskop) verwendet, welches zu Anfang der zu messenden Zeit in Gang gesetzt, zu Ende derselben wieder angehalten wird. Hipp hat dieses Verfahren dahin zweckmäßig modifiziert, daß in das rasch laufende, durch eine hochtönende Feder (statt der Unruhe) regulierte Uhrwerk nur ein Zeiger von geringer Masse ein- und ausgeschaltet wird. Die Ausschaltung geschieht durch einen elektrischen Strom. Wird nun, sobald der Körper zu fallen beginnt, der Strom unterbrochen (also der Zeiger eingeschaltet) und, sobald der Körper am Ziel ankommt, der Strom wieder geschlossen (also der Zeiger wieder ausgeschaltet), so kann man an dem vom Zeiger zurückgelegten Weg die Fallzeit ablesen.

17. Von den fernern Arbeiten Galileis haben wir noch zu erwähnen seine Gedanken über die Pendelbewegung, seine Widerlegung der Meinung, daß Körper von größerm Gewicht rascher fallen als Körper von geringerm Gewicht. Auf beide Punkte kommen wir noch bei einer andern Gelegenheit zurück. Hier mag noch bemerkt werden, daß Galilei, die konstante Dauer der Pendelschwingungen erkennend, das einfache Fadenpendel sofort zu Pulszählungen am Krankenbett sowie zu astronomischen Beobachtungen in Vorschlag gebracht und teilweise auch selbst verwendet hat.

18. Von größerer Wichtigkeit sind noch die Untersuchungen über den Wurf. Ein freier Körper erfährt nach der Galileischen Vorstellung stets eine Vertikalbeschleunigung g gegen die Erde. Ist er schon zu Anfang der Bewegung mit einer Vertikalgeschwindigkeit c behaftet, so wird nach der Zeit t seine Geschwindigkeit $v = c + gt$. Hierbei hätte man eine Anfangsgeschwindigkeit aufwärts negativ zu rechnen. Der nach der Zeit t zurückgelegte Weg ist dargestellt durch $s = a + ct + \frac{gt^2}{2}$, wobei ct und $\frac{gt^2}{2}$ die Weganteile sind, welche beziehungsweise der gleichförmigen und der gleichförmig beschleu-

nigten Bewegung entsprechen. Die Konstante a ist $= 0$ zu setzen, wenn wir den Weg von dem Punkte an zählen, welchen der Körper zur Zeit $t = 0$ passiert. Nachdem Galilei bereits seine Hauptgesichtspunkte gewonnen hatte, erkannte er sehr leicht den horizontalen Wurf als eine Kombination zweier voneinander *unabhängiger* Bewegungen, einer horizontalen gleichförmigen und einer vertikalen gleichförmig beschleunigten. Er brachte dadurch das Prinzip des *Bewegungsparallelogramms* in Gebrauch. Auch der schiefe Wurf konnte ihm keine wesentlichen Schwierigkeiten mehr bereiten.

Erhält ein Körper eine Horizontalgeschwindigkeit c (Fig. 99), so legt er in der Zeit t in horizontaler Richtung den Weg $y = ct$ zurück, während er in vertikaler Richtung um die Strecke $x = \dfrac{gt^2}{2}$ sinkt.

Verschiedene bewegungsbestimmende Umstände beeinflussen sich gegenseitig nicht und die durch dieselben bestimmten Bewegungen gehen *unabhängig voneinander* vor. Zu dieser Annahme ist Galilei durch aufmerksame Betrachtung der Vorgänge geführt worden, und sie hat sich bewährt.

Für die Kurve, welche eine Körper bei Kombination der beiden Bewegungen beschreibt, findet man durch Verwendung der beiden angeführten Gleichungen $y = \sqrt{\dfrac{2c^2}{g} x}$. Sie ist eine Apollonische Parabel mit dem Parameter $\dfrac{c^2}{g}$ und mit vertikaler Achse, wie Galilei wußte (Fig. 100).

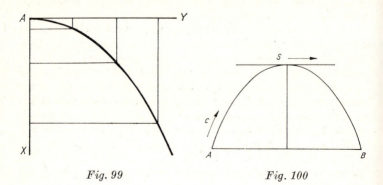

Fig. 99   *Fig. 100*

Leicht erkennen wir mit Galilei, daß der schiefe Wurf keinen neuen Fall darbietet. Die Geschwindigkeit c, welche unter dem Winkel α gegen den Horizont einem Körper erteilt wird, zerlegt sich in die Horizontalkomponente $c \cdot \cos \alpha$ und in die Vertikalkomponente $c \cdot \sin \alpha$. Mit letzterer steigt der Körper durch dieselbe Zeit t auf, welche er benötigen würde, um vertikal herabfallend diese Geschwindigkeit zu erlangen. Es ist also $c \cdot \sin \alpha = g t$. Dann hat er seine größte Höhe erreicht, die Vertikalkomponente seiner Anfangsgeschwindigkeit ist verschwunden, und die Bewegung setzt sich von S aus als horizontaler Wurf fort. Betrachtet man Momente, welche um gleiche Zeiten von dem Durchgang durch S vor- und nachher abstehen, so sieht man, daß der Körper in beiden von dem Lot durch S gleichweit absteht und gleichtief unter der Horizontalen durch S sich befindet. Die Kurve ist also symmetrisch in bezug auf die Vertikale durch S. Sie ist eine Parabel mit vertikaler Achse und dem Parameter $\dfrac{(c \cos \alpha)^2}{g}$.

Um die sogenannte Wurfweite zu finden, brauchen wir nur die Horizontalbewegung während der Zeit des Auf- und Absteigens zu betrachten. Diese Zeit ist für das Aufsteigen nach dem obigen $t = \dfrac{c \sin \alpha}{g}$ und dieselbe für das Absteigen. Mit der Horizontalgeschwindigkeit $c \cdot \cos \alpha$ wird also der Weg zurückgelegt:

$$w = c \cos \alpha \cdot 2 \, \frac{c \sin \alpha}{g} = \frac{c^2}{g} 2 \sin \alpha \cos \alpha = \frac{c^2}{g} \sin 2\alpha.$$

Die Wurfweite ist demnach am größten für $\alpha = 45°$ und gleichgroß für die beiden Winkel $\alpha = 45° \pm \beta°$.

19. Wieviel Galilei durch die Analyse der Wurfbewegung geleistet hat, können wir nur entsprechend würdigen, wenn wir die ältern Versuche dieser Art betrachten. Santbach (1561) glaubt, daß ein Kanonenprojektil bis zur Erschöpfung seiner Geschwindigkeit geradlinig fortgeht und dann vertikal herabfällt. Tartaglia (1537) setzt die Projektilbahn aus einem geradlinigen Teil, einem daran sich anschließenden Kreisbogen und der vertikalen Tangente desselben als Schlußstück zusammen. Er weiß wohl, was Rivius (1582) noch klarer ausspricht, daß die Bahn genau genommen überall krumm ist, da die Schwere überall ablenkend wirkt, ohne jedoch zur

vollständigen Analyse durchzudringen. Das Anfangsstück der Wurfbahn erzeugt leicht den trügerischen Schein einer durch die Wurfgeschwindigkeit aufgehobenen Schwere, welchem auch Benedetti (S. 148) unterlag. Wir vermissen an dem Kurvenstück den *Fall* und vergessen die Kürze der entsprechenden *Fallzeit*. Bei Nichtbeachtung dieses Umstandes kann auch dem modernen Menschen der Wasserstrahl, dessen rasch wechselnde Teilchen nicht in Betracht gezogen werden, als ein in der Luft hängender schwerer Körper erscheinen. Dieselbe Täuschung begegnet uns beim Zentrifugalpendel, beim Kreisel, bei Aitkens' loser, durch rasche Rotation starrer Kette („Philos. Mag.", 1878), bei der Lokomotive, welche bei ungenügender Fall- und Arbeitszeit im raschen Lauf eine schadhafte Brücke passiert, die sie ruhend zum Sturz bringen würde. Bei vollständiger Analyse sind alle diese Erscheinungen nicht wunderbarer als die gewöhnlichsten. Wie Vailati glaubt, hat die zunehmende Verbreitung der Feuerwaffen im 14. Jahrhundert wesentlich fördernd auf das Studium des Wurfes und mittelbar der ganzen Mechanik gewirkt. Wesentlich dieselben Erscheinungen treten ja auch bei den alten mechanischen Wurfmaschinen und beim Werfen mit der Hand auf, die neue und imposante Form kann aber doch die Aufmerksamkeit in sehr wirksamer Weise gefesselt haben.

20. Wichtig ist die Erkenntnis der *Unabhängigkeit* der in der Natur vorkommenden bewegungsbestimmenden Umstände (Kräfte) *voneinander*, welche bei der Untersuchung des Wurfes gewonnen wurde und zum Ausdruck kam. *Ein* Körper kann sich nach AB bewegen (Fig. 101), während der Raum, in welchem diese Bewegung stattfindet, sich nach AC verschiebt. Der Körper gelangt dann von A nach D. Das findet nun auch statt, wenn die beiden Umstände, welche die Bewegungen AB und AC in derselben Zeit bestimmen, aufeinander keinen Einfluß haben. Es ist leicht ersichtlich, daß man nach dem Parallelogramm nicht allein stattgehabte Verschiebungen, sondern auch augenblicklich statthabende Geschwindigkeiten und Beschleunigungen zusammensetzen kann.

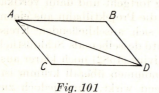

Fig. 101

Galileis Auffassung der Wurfbewegung als eines aus zwei verschiedenen, voneinander unabhängigen Bewegungen zusammengesetzten Vorganges leitet eine ganze Reihe analoger wichtiger Erkenntnisprozesse ein. Man kann sagen, daß es ebenso wichtig ist, die *Unabhängigkeit* zweier Umstände A und B voneinander, als die *Abhängigkeit* zweier Umstände A und C zu erkennen. Denn ersteres befähigt uns erst, den letztern Zusammenhang ungestört zu verfolgen. Man bedenke, wie sehr die mittelalterliche Naturforschung durch die Annahme nicht bestehender Abhängigkeiten behindert war. Analog dem Galileischen Fund ist der Satz des Kräfteparallelogramms von Newton, die Zusammensetzung der Saitenschwingungen von Sauveur, die Zusammensetzung der Wärmebewegungen von Fourier. Durch letztern Forscher dringt die Methode der Zusammensetzung einer Erscheinung aus voneinander unabhängigen Teilerscheinungen, in Form der Darstellung des allgemeinen Integrals als Summe von partikularen Integralen, in alle Gebiete der mathematischen Physik ein. Die Zerlegung der Vorgänge in voneinander unabhängige Teile hat P. Volkmann in treffender Weise als *Isolation*, die Zusammensetzung eines Vorganges aus solchen Teilen als *Superposition* bezeichnet. Beide Prozesse zusammen gestatten uns erst, *stückweise* zu begreifen oder in Gedanken zu rekonstruieren, was uns auf *einmal* unfaßbar ist.[24]

„Nur in den *seltensten* Fällen tritt uns die Natur mit ihrer Fülle der Erscheinungen einheitlich gegenüber, in der Mehrzahl der Fälle trägt die Erscheinungswelt im Gegenteil einen durchaus zusammengesetzten Charakter ..., dann wird es eine der Aufgaben unserer Erkenntnis sein müssen, die Erscheinungen, wie sie sich bieten, aus einer Reihe von Teilerscheinungen zusammengesetzt aufzufassen und zunächst diese Teilerscheinungen in ihrer Reinheit zu studieren. Erst wenn wir wissen, welchen Anteil jeder Umstand einzeln an der Gesamterscheinung trägt, dann beherrschen wir das Ganze ..." Vgl. Volkmann, Erkenntnistheoretische Grundzüge der Naturwissenschaft, 1896, S. 70. – Vgl. ferner „Prinzipien der Wärmelehre", S. 123, 151, 452.[25]

21. Fragen wir nun, welche Einsichten Galilei uns hinterlassen oder wenigstens durch klassische einfache Beispiele in unverlierbarer Weise gefördert hat, so finden wir:

1. die Nahelegung des Arbeitsbegriffes in statischer Beziehung. Keine Arbeitsersparnis an Maschinen;
2. die Förderung des Arbeitsbegriffes in dynamischer Beziehung. Die Fallgeschwindigkeit bei Beseitigung der Widerstände nur von der Falltiefe abhängig;
3. das Beharrungsgesetz;
4. das Prinzip der Superposition der Bewegungen.

22. Galileis schöpferische Tätigkeit reicht weit über die Grenzen der Mechanik hinaus. Wir erinnern nur an dessen Grundlegung der Thermometrie, an den Entwurf der Methode zur Bestimmung der Lichtgeschwindigkeit, an die direkte Konstatierung des Schwingungszahlenverhältnisses der musikalischen Intervalle, an die Erklärung des Mitschwingens. Er hört vom Fernrohr; dies genügt ihm, dasselbe nachzuerfinden, mit zwei Linsen und einem Orgelpfeifenrohr zu improvisieren. Rasch nacheinander zeigt ihm sein Instrument die Gebirge des Mondes, deren Höhe er mißt, den Jupiter mit den ihn umkreisenden Trabanten als verkleinertes Modell des Weltsystems, des Saturns eigentümliche Gestaltung, die Phasen der Venus, die Flecken und die Rotation der Sonne als neue und stärkste Argumente für Kopernikus. Auch seine Gedanken über geometrisch ähnliche Tiere und Maschinen, über die Form und Festigkeit der Knochen, die Anregungen zu neuen mathematischen Methoden müssen genannt werden. Nächst Wohlwill hat kürzlich E. Goldbeck („Galileis Atomistik", Bibioth. math., 3. Folge, Bd. III, Heft 1) gezeigt, daß dieser revolutionierende Denker von antiken und mittelalterlichen Einflüssen nicht ganz unabhängig war. Insbesondere der erste Tag der Dialoge enthält eine ausführliche Darlegung von Galileis atomistischen Betrachtungen, welche in deutlichem Gegensatz zu Aristoteles stehen und sich ebenso deutlich an Heron anschließen. Diese leiten ihn zu wunderlichen Erörterungen über das Kontinuum und zu mystisch-mathematischen Spekulationen über das Endliche und Unendliche, welche einerseits an Nikolaus von Cusa, andererseits aber auch lebhaft an manche moderne mathematische Untersuchungen erinnern, die auch von Mystik kaum ganz frei sind. Daß Galilei nicht in allen seinen Gedanken zur vollen Klarheit sich durchdringen konnte, darf uns ebensowenig wundern wie sein

Verweilen bei Paradoxem, dessen treibende und klärende Kraft ja jeder Denker erfahren haben muß.[26]

23. In bezug auf die Kenntnis der beschleunigten Bewegung hat sich Galilei das größte Verdienst erworben. Hier sei nur der Vollständigkeit wegen noch auf P. Duhems Untersuchungen verwiesen („De l'accélération produite par une force constante, notes pour servir à l'histoire de la dynamique. Congrès international de philosophie", Genève 1905, S. 859). Ohne uns auf die vielen historisch interessanten Einzelheiten einzulassen, die Duhem mitteilt, seien nur folgende Erwägungen hier angefügt. Nach der buchstäblich verstandenen aristotelischen Lehre müßte eine konstante Kraft eine konstante Geschwindigkeit bedingen. Da nun aber die zunehmende Fallgeschwindigkeit auch der rohen Beobachtung schwer entgehen kann, so entsteht die Schwierigkeit, diese Beschleunigung mit der geltenden Lehre in Einklang zu bringen. Durch Annäherung an den Boden wird der Körper nach der Meinung des Aristoteles schwerer. Beeilt sich ja auch der Wanderer bei Annäherung an sein Ziel, wie Tartaglia sich ausdrückt. Die Luft, die in zweifelhafter Weise einmal als Hindernis, dann wieder als Motor aufgefaßt wird, muß bald diese, bald jene Rolle spielen, um die Widersprüche erträglicher zu machen. Die hindernde Luftdicke zwischen Körper und Bodne ist (nach dem Kommentator Simplicius) im Beginn der Fallbewegung größer als zu Ende derselben. Der „Vorläufer" des Leonardo findet wieder, daß die einmal in Bewegung gesetzte Luft für den bewegten Körper ein kleineres Hindernis ist. Der naive Beobachter eines schief oder horizontal geschleuderten, fast eine gerade Anfangsbahn beschreibenden Steines mußte den natürlichen Eindruck gewinnen, daß die Schwere durch den Bewegungsimpuls aufgehoben sei (Mech., S. 118). Daher die Unterscheidung zwischen natürlicher und gewaltsamer Bewegung. Die Betrachtungen über den Wurf bei Leonardo, Tartaglia, Cardano, Galilei, Torricelli zeigen, wie allmählich die Vorstellung einer Abwechslung beider für grundverschieden gehaltener Bewegungen derjenigen einer Mischung und Gleichzeitigkeit beider weicht. Leonardo kennt die beschleunigte Fallbewegung, errät das Wachsen der Geschwindigkeit proportional der Zeit, welches er dem sukzessive verminderten Luftwiderstand zuschreibt, weiß dagegen die richtige Abhängigkeit des

Fallraumes von der Zeit nicht zu ermitteln. Erst um die Mitte des 16. Jahrhunderts tritt der Gedanke auf, daß die Schwere dem fallenden Körper fortwährend Impulse erteilt, welche sich zu der schon vorhandenen, allmählich abnehmenden eingeprägten Kraft hinzufügen. Diese Ansicht wird von A. Piccolomini, J. C. Scaliger und J. B. Benedetti vertreten. Schon Leonardo bemerkt flüchtig, der Pfeil werde nicht nur bei der höchsten Spannung des Bogens, sondern auch in den übrigen Lagen durch die berührende Sehne angetrieben (Duhem, l. c., S. 882). Aber erst als Galilei die Voraussetzung der allmählichen spontanen Abnahme der vis impressa aufgab und diese Abnahme auf Widerstände, Gegenkräfte zurückführte, die Fallbewegung experimentell und ohne Rücksicht auf deren Ursachen untersuchte, konnten die Gesetzte der gleichförmig beschleunigten Fallbewegung quantitativ rein hervortreten.

Aus Duhems historischer Darlegung geht ferner hervor, daß Descartes sich unabhängig von Galilei bedeutendere Verdienste um die Entwicklung der Grundvorstellungen der modernen Dynamik erworben hat, als gewöhnlich angenommen wird und als auch ich angenommen habe (Mech., Kap. III). Ich bin für diese Belehrung aufrichtig dankbar. Descartes hat sich während seines Aufenthalts in Holland (1617–19) in Gemeinschaft mit Beeckmann, anknüpfend an Cardanos und wahrscheinlich auch an Scaligers und Benedettis Untersuchungen, mit der Fallbeschleunigung beschäftigt. Er erkannte, wie aus 1629, vor Galileis Publikation, an Mersenne geschriebenen Briefen hervorgeht, vollständig das Trägheitsgesetz (E. Wohlwill hält in „Die Entdeckung des Beharrungsgesetzes", S. 142, 143, eine indirekte Anregung durch Galilei für möglich), das Gesetz der gleichförmig beschleunigten Bewegung unter dem Einfluß einer konstanten Kraft und irrte nur in bezug auf das Abhängigkeitsgesetz des Weges von der Zeit. Galileis und Descartes' Gedanken ergänzen sich gegenseitig. Galilei untersucht die Fallbewegung phänomenologisch, ohne nach den Ursachen derselben zu fragen, während Descartes dieselbe aus der konstanten Kraft ableitet. In beiden Untersuchungen ist natürlich ein konstruktiv-spekulatives Element wirksam, nur daß dieses bei Galilei sich eng an den konkreten Fall anschließt, bei Descartes aber viel früher bei allgemeinern Erfahrungen einsetzt. Descartes hat wohl („Prinzipien der Philosophie") die

Übertragung der Bewegung, den Bewegungsverlust des stoßenden, den Bewegungsgewinn des gestoßenen Körpers beobachtet und hieraus die allgemeinen philosophischen Gedanken gezogen: 1. Ohne Abgabe von Bewegung an andere Körper kein Bewegungsverlust (Trägheit). 2. Jede Bewegung ist ursprünglich oder von irgendwoher übertragen. 3. Die ursprüngliche Bewegungsquantität ist unzerstörbar. Jede scheinbar spontan auftretende Bewegung, deren Ursprung nicht wahrnehmbar war, konnte er sich auf diesem Standpunkt durch unsichtbare Stoßimpulse eingeleitet denken.

Der große Vorzug, den ich — vielleicht im Gegensatz zu Duhem — der Methode Galileis zuschreibe, besteht in der sorgfältigen, vollständigen Darlegung der bloßen Tatsache, wodurch nichts mehr unter dem Ausdruck „Kraft" zu verbergen bleibt, was noch erraten oder durch Spekulation enträtselt werden könnte. Darüber werden ja die Meinungen auch heute noch geteilt sein.[27]

2. *Die Leistungen von Huygens*

1. Huygens ist in allen Stücken als ein ebenbürtiger Nachfolger Galileis zu betrachten. War vielleicht auch seine philosophische Begabung etwas geringer als jene Galileis, so übertraf er denselben wieder durch sein geometrisches Talent. Huygens führte die von Galilei begonnenen Untersuchungen nicht nur weiter, sondern löste auch die ersten Aufgaben der *Dynamik mehrerer Massen*, während sich Galilei durchweg auf die Dynamik *eines* Körpers beschränkt hatte.

Die Fülle der Leistungen von Huygens zeigt sich schon in seinem 1673 erschienenen „Horologium oscillatorium". Die wichtigsten darin zum erstenmal behandelten Themen sind: die Lehre vom Schwingungsmittelpunkt, die Erfindung und Konstruktion der Pendeluhr, die Erfindung der Unruhe, die Bestimmung der Schwerebeschleunigung g durch Pendelbeobachtungen, ein Vorschlag betreffend die Verwendung der Länge des Sekundenpendels als Längeneinheit, die Sätze über die Zentrifugalkraft, die mechanischen und geometrischen Eigenschaften der Zykloide, die Lehre von den Evoluten und dem Krümmungskreis.

2. Was die Form der Darstellung betrifft, so ist zu bemerken, daß Huygens mit Galilei die erhabene und unübertreffliche vollkommene Aufrichtigkeit teilt. Er ist ganz offen in Darlegung der Wege, welche ihn zu seinen Entdeckungen geleitet haben und führt dadurch den Leser in das volle Verständnis seiner Leistungen ein. Er hat auch keine Ursache, diese Wege zu verbergen. Wird man auch nach einem Jahrtausend noch sehen, daß er ein Mensch war, so wird man doch zugleich bemerken, *was für ein* Mensch er war. In bezug auf unsere Besprechung der Huygensschen Leistungen müssen wir aber etwas anders verfahren als bei Galilei. Galileis Betrachtungen in ihrer klassischen Einfachheit konnten wir fast unverändert mitteilen. Das geht bei Huygens' Arbeiten nicht an. Derselbe behandelt viel kompliziertere Aufgaben, seine mathematischen Methoden und Bezeichnungen fangen an unzureichend und schwerfällig zu werden. Wir werden also der Kürze wegen alles in modernerer Form, aber mit Festhaltung der wesentlichen und maßgebenden Gedanken wiedergeben.

3. Wir beginnen mit den Untersuchungen über die Zentrifugalkraft. Hat man einmal die Galileische Erkenntnis, daß die Kraft eine Beschleunigung bestimmt, in sich aufgenom-

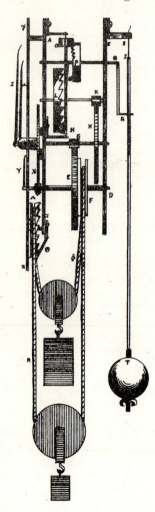

Huygens' Pendeluhr

men, so ist es unvermeidlich, jede *Abänderung* einer Geschwindigkeit und folglich auch jede Abänderung einer Bewegungs*richtung* (weil diese durch drei zueinander senkrechte Geschwindigkeitskomponenten bestimmt ist) auf eine *Kraft* zurückzuführen. Wenn also ein Körper (etwa ein Stein) an einem Faden gleichmäßig im Kreise geschwungen wird, so ist diese krummlinige Bewegung nur durch eine fortwährende aus der geradlinigen Bahn ablenkende Kraft verständlich. Die Spannung des Fadens ist diese Kraft, durch dieselbe wird der Körper fortwährend aus der geradlinigen Bahn gegen den Mittelpunkt des Kreises abgelenkt. Diese Spannung stellt also eine Zentripetalkraft vor. Andererseits wird durch die Fadenspannung auch die Achse oder der feste Mittelpunkt des Kreises ergriffen, und insofern zeigt sich diese Fadenspannung als Zentrifugalkraft.

Wir denken uns nun einen Körper, dem einmal eine Geschwindigkeit erteilt wurde und der nun durch eine stets nach dem Kreismittelpunkt gerichtete Beschleunigung in der gleichförmigen Kreisbewegung erhalten wird. Wovon diese Beschleunigung abhängt, wollen wir jetzt untersuchen. Wir denken uns zwei gleiche Kreise (Fig. 102) von zwei Körpern gleichmäßig durchlaufen, die Geschwindigkeiten in I und II sollen sich wie 1 : 2 verhalten. Betrachten wir in beiden dasselbe dem sehr kleinen Winkel α entsprechende Bogenelement, so ist auch das entsprechende Wegelement s, um welches sich die Körper vermöge der Zentripetalbeschleunigung aus der geradlinigen Bahn (der Tangente) entfernt haben, dasselbe. Nennen wir φ_1 und φ_2 die zugehörigen Beschleunigungen, τ und $\frac{\tau}{2}$ die betreffenden Zeitelemente für den Winkel α, so finden wir nach Galileis Gesetz:

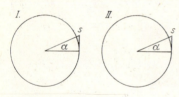

Fig. 102

$$\varphi_1 = \frac{2s}{\tau^2}, \quad \varphi_2 = 4\frac{2s}{\tau^2}, \quad \text{also} \quad \varphi_2 = 4\varphi_1.$$

In gleichen Kreisen findet sich also, durch Verallgemeinerung der Betrachtung, die Zentripetalbeschleunigung proportional dem Quadrat der Bewegungsgeschwindigkeit.

Entwicklung der Prinzipien der Dynamik

Betrachten wir nun die Bewegung in den Kreisen I und II (Fig. 103), deren Radien sich wie 1 : 2 verhalten, und nehmen wir für das Verhältnis der Bewegungsgeschwindigkeiten ebenfalls 1 : 2, so daß also ähnliche Bogenelemente in gleichen Zeiten durchlaufen werden. $\varphi_1, \varphi_2, s, 2s$ bezeichnen die Beschleunigungen und Wegelemente, τ ist das für beide Fälle gleiche Zeitelement.

$$\varphi_1 = \frac{2s}{\tau^2}, \quad \varphi_2 = \frac{4s}{\tau^2}, \quad \text{also} \quad \varphi_2 = 2\varphi_1.$$

Reduziert man nun die Bewegungsgeschwindigkeit in II auf die Hälfte, so daß die Geschwindigkeit in I und II gleich wird, so wird dadurch φ_2 auf den vierten Teil, also auf $\frac{\varphi_1}{2}$ reduziert. Verallgemeinernd finden wir die Zentripetalbeschleunigung bei *gleicher* Bewegungsgeschwindigkeit dem Kreisradius umgekehrt proportional.

4. Die alten Forscher fanden durch ihre Betrachtungsweise die Sätze meist in der schwerfälligen Form von Proportionen. Wir wollen nun einen andern Weg einschlagen. Auf ein Bewegliches von der Geschwindigkeit v wirke eine Kraft, welche ihm senkrecht zur Bewegungsrichtung die Beschleunigung φ erteilt, durch das Zeitelement τ ein (Fig. 104). Die neue Geschwindigkeitskomponente wird $\varphi\tau$, und die Zusammensetzung mit der frühern Geschwindigkeit ergibt eine neue Bewegungsrichtung, welche den Winkel α mit der

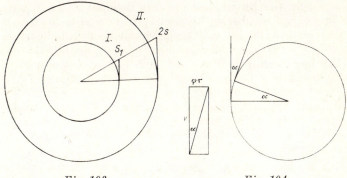

Fig. 103   *Fig. 104*

ursprünglichen einschließt. Hierbei ergibt sich, indem wir die Bewegung als in einem Kreise vom Radius r vorgehend denken und wegen der *Kleinheit des Winkelelements* tang $\alpha = \alpha$ setzen,

$$\frac{\varphi\tau}{v} = \text{tang } \alpha = \alpha = \frac{v\tau}{r} \quad \text{oder} \quad \varphi = \frac{v^2}{r}$$

als vollständiger Ausdruck für die Zentripetalbeschleunigung einer gleichförmigen Kreisbewegung.

Die Vorstellung einer gleichförmigen, durch eine konstante Zentripetalbeschleunigung bedingten Kreisbewegung hat etwas Paradoxes. Das Paradoxe liegt in der Annahme einer fortwährenden Beschleunigung gegen das Zentrum ohne wirkliche Annäherung und ohne Geschwindigkeitszuwachs. Dasselbe vermindert sich, wenn man bedenkt, daß ohne diese Zentripetalbeschleunigung eine fortwährende Entfernung des Beweglichen vom Zentrum auftreten würde (Fig. 105 a), daß die Richtung der Beschleunigung sich fortwährend ändert und daß eine Geschwindigkeitsänderung (wie sich bei Besprechung des Prinzips der lebendigen Kräfte zeigen wird) an eine Annäherung der einander beschleunigenden Körper geknüpft ist, die hier nicht stattfindet. Der kompliziertere Fall der elliptischen Zentralbewegung ist in dieser Richtung aufklärend.

Es sei noch die durchsichtige Ableitung des Ausdrucks für die Zentrifugalbeschleunigung angeführt, welche auf dem Prinzip des Hamiltonschen Hodographen beruht. Durchläuft ein Körper gleichförmig den Kreis (Fig. 105 b) vom Radius r, so geht die Geschwindigkeit v in dem Bahnpunkt A durch den Zug des Fadens über in die gleichgroße v von anderer Richtung in dem Punkt B. Tragen wir alle Geschwindigkeiten, welche der Körper nacheinander erlangt, der Größe und Richtung nach von O aus auf (Fig. 105 c), so stellen diese die sämtlichen Radien v eines Kreises dar. Damit OM in ON übergehe, muß die zu ersterer senkrechte Komponente MN hinzutreten. Nach den Richtungen der Radien r wächst während der Umlaufzeit T *gleichmäßig* die Geschwindigkeit $2\pi v$ zu. Die Maßzahl der radialen Beschleunigung ist also

$$\varphi = \frac{2\pi v}{T}, \quad \text{und da} \quad vT = 2\pi r, \quad \text{so ist auch} \quad \varphi = \frac{v^2}{r}.$$

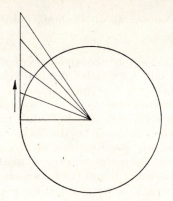

Fig. 105 a

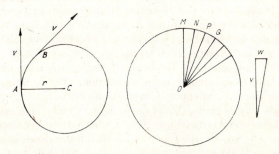

Fig. 105 b   *Fig. 105 c*   *Fig. 105 d*

Tritt zu $OM = v$ die sehr kleine Komponente w hinzu (Fig. 105 d), so resultiert genau genommen die größere Geschwindigkeit $\sqrt{v^2 + w^2} = v + \dfrac{w^2}{2v}$, wie sich durch näherungsweises Ausziehen der Quadratwurzel ergibt. Bei *kontinuierlicher* Ablenkung verschwindet aber $\dfrac{w^2}{2v}$ gegen v; es ändert sich dann nur die Richtung, nicht aber die Größe der Geschwindigkeit.

5. Der Ausdruck für die Zentripetal- oder Zentrifugalbeschleunigung $\varphi = \dfrac{v^2}{r}$ kann leicht noch in eine andere Form ge-

bracht werden. Nennen wir die Umlaufzeit der Kreisbewegung T, so ist $vT = 2r\pi$ und demnach $\varphi = \dfrac{4r\pi^2}{T^2}$, in welcher Form wir den Ausdruck später verwenden werden. Bewegen sich mehrere Körper mit der gleichen Umlaufszeit in Kreisen, so sind die zugehörigen Zentripetalbeschleunigungen, durch welche sie in diesen Bahnen erhalten werden, wie aus dem letzten Ausdruck ersichtlich ist, den Radien proportional.

6. Die Erscheinungen, welche die ausgeführten Betrachtungen erläutern, wie das Abreißen nicht genügend starker Fäden, an welchen Körper geschwungen werden, die Abplattung weicher rotierender Kugeln usw., wollen wir als bekannt voraussetzen. Huygens konnte mit Hilfe seiner Anschauung sofort eine ganze Reihe von Erscheinungen erklären. Als z. B. eine Pendeluhr, welche durch Richer (1671—73) von Paris nach Cayenne gebracht worden war, einen verzögerten Gang annahm, leitete Huygens aus der bedeutendern Zentrifugalbeschleunigung der rotierenden Erde am Äquator die scheinbare Verminderung der Schwerebeschleunigung g ab, wodurch die Beobachtung sofort verständlich wurde.

Ein hierher gehöriges Experiment wollen wir seines historischen Interesses wegen noch erwähnen. Als Newton seine Theorie der allgemeinen Gravitation entwickelte, gehörte Huygens zu der großen Zahl derjenigen, welche sich mit dem Gedanken einer Fernwirkung nicht zu befreunden vermochten. Er meinte vielmehr, die Gravitation durch die rasch bewegten Teile eines Mediums erklären zu können. Schließt man in ein gänzlich mit Flüssigkeit erfülltes Gefäß einige leichtere Körper, etwa Holzkugeln in Wasser, ein und versetzt das Gefäß um eine Achse in Rotation, so sieht man alsbald die Holzkugeln der Achse zueilen. Setzt man z. B. die Glasröhre RR (Fig. 106) mit den Holzkugeln KK mit Hilfe des Zapfens Z auf einen Rotationsapparat und rotiert um die vertikale Achse, so laufen die Kugeln, sich von der Achse entfernend, alsbald bergan.

Wird aber die Röhre mit Wasser gefüllt, so treibt jede Rotation die an den Enden EE schwimmenden Kugeln gegen die Achse. Die Erscheinung erklärt sich einfach durch ein Analogon des Prinzips von Archimedes. Die Kugeln erhalten einen zentripetalen Auftrieb, welcher der an der verdrängten Flüssigkeit wirkenden Zentrifugalkraft gleich und entgegengesetzt ist. Schon Descartes dachte daran, den zentripetalen Auftrieb schwimmender Körper in einem wirbelnden Medium auf diese Weise zu erklären, Huygens bemerkt aber mit Recht, daß man dann annehmen müßte, daß dann die *leichtesten* Körper den *stärksten* zentripetalen Auftrieb erfahren müßten und daß überhaupt alle schweren Körper leichter sein müßten als das wirbelnde Medium. Huygens bemerkt ferner, daß analoge Erscheinungen an *beliebigen* Körpern auftreten müßten, welche die Wirbelbewegung *nicht* mitmachen, also ohne Zentrifugalkraft in einem wirbelnden, also mit Zentrifugalkraft behafteten Medium sich befinden. Eine Kugel z. B. aus beliebigem Stoff, nur auf einem *fixen* Radius (Draht) beweglich, wird in dem wirbelnden Medium gegen die Rotationsachse getrieben.

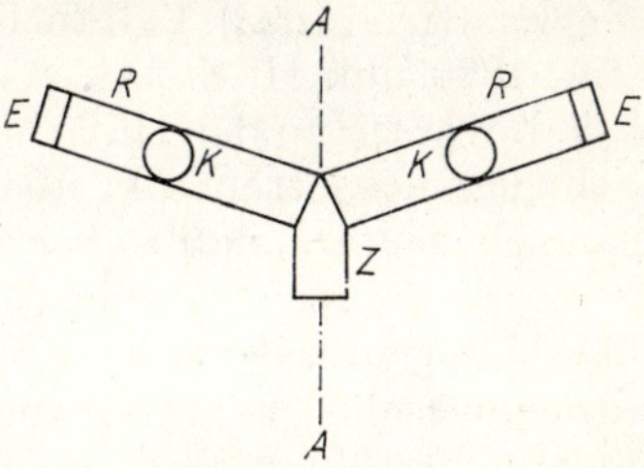

Fig. 106

Huygens legt in ein geschlossenes Gefäß mit Wasser Siegellackstückchen, die etwas *schwerer* sind als Wasser und die deshalb den Boden berühren. Rotiert das Gefäß, so drängen sich die Siegellackstückchen an den äußern Rand des Gefäßes. Bringt man hingegen das Gefäß plötzlich zur Reihe, so rotiert das Wasser weiter, während die den Boden berührenden und rascher an der Bewegung verhinderten Siegellackstückchen nun nach der Achse des Gefäßes getrieben werden. In diesem Vorgang sah Huygens ein Bild der Schwere. Ein in *einem Sinne* herumwirbelnder Äther schien seinem Bedürfnis nicht zu entsprechen. Derselbe hätte nach seiner Meinung schließlich alles mit sich reißen müssen. Er nahm deshalb rasch nach allen Richtungen bewegte Ätherteilchen an, bei welchen jedoch, wie er meinte, ein Übergewicht kreisförmiger Bewegungen gegenüber den radialen in einem abgeschlossenen Raum sich von selbst herstellen müßte. Dieser Äther schien ihm zur Erklärung der Schwere ausreichend. Die ausführliche Darstellung dieser kinetischen Theorie der Schwere findet sich in Huygens' Abhandlung „Über die Ursache der Schwere" (deutsch von

Mewes, Berlin 1893). Vgl. auch Laßwitz, Geschichte der Atomistik, 1890, Bd. II, S. 344.

7. Bevor wir zu den Huygensschen Untersuchungen über den Schwingungsmittelpunkt übergehen, wollen wir einige freiere, ganz elementare, dafür aber sehr anschauliche Betrachtungen über die Pendelbewegung und die schwingende Bewegung überhaupt anstellen.

Schon Galilei kannte manche Eigenschaften der Pendelbewegung. Daß er sich die folgende Vorstellung gebildet hatte oder daß ihm dieselbe wenigstens sehr nahe lag, ist aus manchen zerstreuten Andeutungen in seinen Dialogen zu ermitteln.

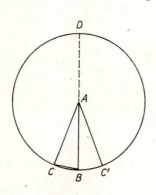

Fig. 107

Der Körper eines Fadenpendels von der Länge l bewegt sich auf einem Kreis (Fig. 107) vom Radius l. Geben wir dem Pendel eine sehr kleine Exkursion, so durchläuft es bei seinen Schwingungen einen sehr kleinen Bogen, welcher mit der zugehörigen Sehne nahe zusammenfällt. Die Sehne CB wird aber in derselben Zeit durchfallen als der vertikale Durchmesser $BD = 2l$. Nennen wir die Fallzeit t, so ist $2l = \frac{gt^2}{2}$, also $t = 2\sqrt{\frac{l}{g}}$. Da nun die Bewegung über B hinaus nach BC' dieselbe Zeit in Anspruch nimmt, so haben wir für die Zeit T einer Schwingung von C nach C' zu setzen $T = 4\sqrt{\frac{l}{g}}$. Man sieht also, daß selbst aus dieser rohen Anschauung die *Form* der Pendelgesetze sich richtig ergibt. Der genaue Ausdruck für die Dauer sehr kleiner Schwingungen ist bekanntlich $T = \pi\sqrt{\frac{l}{g}}$.

Die Bewegung des Pendelkörpers kann als Fall auf einer Folge von schiefen Ebenen angesehen werden. Schließt der Pendelfaden den Winkel α mit der Vertikalen ein, so erhält der Pendelkörper die Beschleunigung $g \cdot \sin \alpha$ nach der

Gleichgewichtslage. Für *kleine* α ist $g\cdot\alpha$ der Ausdruck dieser Beschleunigung, und diese ist also der Exkursion proportional und stets entgegen gerichtet. Bei *kleinen* Exkursionen kann man auch von der Krümmung der Bahn absehen.

8. Nach dieser Erörterung wollen wir also folgendes *einfachere Schema* unserer Betrachtung der schwingenden Bewegung zugrunde legen. Ein Körper ist auf eine Geraden OA (Fig. 108) beweglich und erhält stets eine Beschleunigung gegen den Punkt O hin, welche seiner Distanz von O proportional ist. Wir wollen uns diese Beschleunigungen durch an den betreffenden Stellen errichtete Ordinaten veranschaulichen. Ordinaten nach oben bedeuten Beschleunigungen nach links, Ordinaten nach unten Beschleunigungen nach rechts.

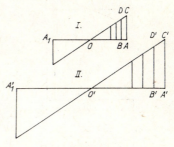

Fig. 108

Der Körper, in A freigelassen, wird sich ungleichförmig beschleunigt nach O bewegen, über O bis A_1, wobei $OA_1 = OA$ ist, hinausgehen, nach O zurückkehren usw. Es ergibt sich zunächst leicht die Unabhängigkeit der Schwingungsdauer (der Bewegungszeit durch AOA_1) von der Schwingungsweite (der Strecke OA). Zu diesem Zwecke denken wir uns in I und II dieselbe Schwingung mit einfacher und doppelter Schwingungsweite. Wir teilen, weil die Beschleunigung von Punkt zu Punkt variiert, OA und $O'A' = 2OA$ in eine gleiche, sehr große Zahl von Elementen. Jedes Element $A'B'$ von $O'A'$ ist dann doppelt so groß als das entsprechende Element AB von OA.

Die Anfangsbeschleunigungen φ und φ' stehen in der Beziehung $\varphi' = 2\varphi$. Demnach werden die Elemente AB und $A'B' = 2AB$ mit den betreffenden Beschleunigungen φ und 2φ in derselben Zeit τ zurückgelegt. Die Endgeschwindigkeiten v und v' in I und II für das erste Element werden sein $v = \varphi\tau$ und $v' = 2\varphi\tau$, also $v' = 2v$. Die Beschleunigungen und die Anfangsgeschwindigkeiten verhalten sich also in B und B' wieder wie 1:2. Demnach werden auch die nächstfolgenden sich entsprechenden Elemente in derselben Zeit zurückgelegt. Das Gleiche gilt von jedem folgenden Elementenpaar. Verallgemeinernd erkennt man die Unabhängigkeit der Dauer der Schwingung von der Weite, der Amplitude.

Nun stellen wir uns zwei schwingende Bewegungen I und II (Fig. 109) von gleicher Exkursion vor. In II soll aber derselben Entfernung von O die vierfache Beschleunigung entsprechen. Wir teilen die ganzen Schwingungsweiten OA und $O'A' = OA$ in eine gleiche, sehr große Anzahl Teile. Diese Teile in I und II fallen gleich aus. Die Anfangsbeschleunigungen in A und A' sind φ und 4φ, die Wegelemente $AB = A'B' = s$ und die Zeiten beziehungsweise τ und τ'. Wir finden $\tau = \sqrt{\dfrac{2s}{\varphi}}$, $\tau' = \sqrt{\dfrac{2s}{4\varphi}} = \dfrac{\tau}{2}$. Das Element

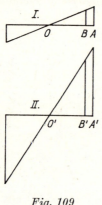

Fig. 109

$A'B'$ wird also in der Hälfte der Zeit durchlaufen wie das Element AB. Die Endgeschwindigkeiten v und v' in B und B' ergeben sich durch $v = \varphi\tau$ und $v' = 4\varphi\,\dfrac{\tau}{2} = 2v$. Da also die Anfangsgeschwindigkeiten in B und B' sich wie $1:2$, die Beschleunigungen wieder wie $1:4$ verhalten, so wird das folgende Element in II wieder in der halben Zeit zurückgelegt wie das entsprechende in I. Verallgemeinernd findet man: Die Schwingungsdauer ist der Wurzel aus der Beschleunigung bei gleicher gegebener Exkursion umgekehrt proportional.

9. Die eben ausgeführten Betrachtungen können sehr gekürzt und übersichtlich gestaltet werden mit Hilfe einer zuerst von Newton angewendeten Anschauungsweise. Newton nennt *ähnliche* materielle Systeme solche, welche geometrisch ähnliche Konformationen haben und deren homologe Massen in demselben Verhältnis stehen. Er sagt ferner, daß solche Systeme ähnliche Bewegungen ausführen, wenn die homologen Punkte ähnliche Bahnen in proportionalen Zeiten be-

schreiben. Entsprechend der heutigen geometrischen Terminologie dürfte man solche mechanische Gebilde (von 5 Dimensionen) nur *ähnlich* nennen, wenn sowohl die homologen Lineardimensionen als die Zeiten und die Massen in *demselben* Verhältnis stünden. Passender würden die Gebilde zueinander *affin* genannt.

Wir wollen aber den Namen phoronomisch *ähnliche* Gebilde beibehalten und bei der zunächst folgenden Betrachtung von den Massen ganz absehen.

Es sollen also bei zwei ähnlichen Bewegungen

die homologen Wege sein: s und αs,
die homologen Zeiten: t und βt,

dann sind

die homologen Geschwindigkeiten: $v = \dfrac{s}{t}$ und $\gamma v = \dfrac{\alpha}{\beta}\dfrac{s}{t}$,

die homologen Beschleunigungen: $\varphi = \dfrac{2s}{t^2}$ und $\varepsilon\varphi = \dfrac{\alpha}{\beta^2}\dfrac{2s}{t^2}$.

Leicht erkennen wir nun die Schwingungen, welche ein Körper unter den oben angenommenen Verhältnissen mit zwei verschiedenen Amplituden 1 und α ausführt, als *ähnliche* Bewegungen. Bemerken wir nun, daß das Verhältnis der homologen Beschleunigungen $\varepsilon = \alpha$ ist, so finden wir $\alpha = \dfrac{\alpha}{\beta^2}$ und das Verhältnis der homologen Zeiten, also auch der Schwingungszeiten, $\beta = \pm 1$. Es ergibt sich also die Unabhängigkeit der Schwingungsdauer von der Schwingungsweite.

Setzen wir bei zwei schwingenden Bewegungen das Amplitudenverhältnis $1 : \alpha$ und das Beschleunigungsverhältnis $1 : \alpha\mu$, so finden wir

$$\varepsilon = \alpha\mu = \dfrac{\alpha}{\beta^2}, \quad \text{folglich} \quad \beta = \pm\dfrac{1}{\sqrt{\mu}},$$

womit das zweite Schwingungsgesetz wiedergefunden ist.

Zwei gleichförmige Kreisbewegungen sind stets phoronomisch ähnlich. Es sei das Radienverhältnis $1 : \alpha$ und das Geschwindigkeitsverhältnis $1 : \gamma$.

Das Verhältnis der Beschleunigungen ist dann

$$\varepsilon = \dfrac{\alpha}{\beta^2}, \quad \text{und weil} \quad \gamma = \dfrac{\alpha}{\beta} \quad \text{auch} \quad \varepsilon = \dfrac{\gamma^2}{\alpha},$$

womit die Sätze über die Zentripetalbeschleunigung wiedergefunden sind.

Es ist schade, daß derartige Untersuchungen über mechanische und phoronomische *Verwandtschaft* nicht *mehr* kultiviert werden, da sie die schönsten und aufklärendsten Erweiterungen der Anschauung versprechen.

10. Wir wollen nun eine Beziehung der gleichförmigen Kreisbewegung zur schwingenden Bewegung der eben betrachteten Art besprechen.

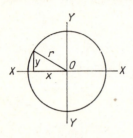

Fig. 110

Wir legen durch den Kreismittelpunkt O (Fig. 110) und in die Ebene des Kreises ein rechtwinkliges Koordinatensystem, auf welches wir die gleichförmige Kreisbewegung beziehen. Die Zentripetalbeschleunigung φ, welche diese Bewegung bedingt, zerlegen wir nach den Richtungen der X und Y und bemerken, daß die X-Komponente der Bewegung nur durch die X-Komponente der Beschleunigung affiziert wird. Beide Bewegungen und Beschleunigungen können wir als voneinander unabhängig ansehen.

Beide Bewegungskomponenten sind nun hin und her gehende (schwingende) Bewegungen um O. Der Exkursion x entspricht die Beschleunigungskomponente $\varphi \cdot \dfrac{x}{r}$ oder $\dfrac{\varphi}{r} \cdot x$ gegen O hin. Die Beschleunigung ist also der Exkursion *proportional*. Die Bewegung wird demnach von der bereits untersuchten Art sein. Die Dauer T eines Hin- und Herganges ist zugleich die Umlaufszeit der Kreisbewegung. Von letzterer wissen wir aber, daß $\varphi = \dfrac{4r\pi^2}{T^2}$, daß also $T = 2\pi \sqrt{\dfrac{r}{\varphi}}$. Nun ist $\dfrac{\varphi}{r}$ die Beschleunigung für $x = 1$, die der Exkursionseinheit entsprechende Beschleunigung, die wir kurz mit f bezeichnen wollen. Wir können also für die schwingende Bewegung setzen $T = 2\pi \sqrt{\dfrac{1}{f}}$. Bei der gewöhnlichen Zählung der Schwingungsdauer für einen Hingang oder einen Hergang finden wir $T = \pi \sqrt{\dfrac{1}{f}}$.

Entwicklung der Prinzipien der Dynamik 191

11. Dies läßt sich sofort auf Pendelschwingungen von *sehr kleiner* Exkursion anwenden, bei welchen wir, von der Bahnkrümmung absehend, die entwickelte Anschauung festhalten können. Wir finden für den Elongationswinkel α die Entfernung des Pendelkörpers von der Gleichgewichtslage $l\alpha$ die entsprechende Beschleunigung $g\alpha$, demnach

$$f = \frac{g\alpha}{l\alpha} = \frac{g}{l} \quad \text{und} \quad T = \pi\sqrt{\frac{l}{g}}.$$

Man liest hieraus ab, daß die Schwingungsdauer der Wurzel aus der Pendellänge direkt, der Wurzel aus der Schwerebeschleunigung verkehrt proportional ist. Ein Pendel, welches die vierfache Länge des Sekundenpendels hat, wird also eine Schwingung in zwei Sekunden ausführen. Ein Sekundenpendel, welches um einen Erdradius von der Erdoberfläche entfernt wird, also der Beschleunigung $\frac{g}{4}$ unterliegt, führt ebenfalls eine Schwingung in zwei Sekunden aus.

12. Die Abhängigkeit der Schwingungsdauer von der Pendellänge läßt sich sehr leicht experimentell nachweisen. Haben die zur Sicherung der Schwingungsebene doppelt aufgehängten Pendel a, b, c (Fig. 111) die Längen 1, 4, 9, so führt a zwei Schwingungen auf eine Schwingung von b und drei Schwingungen auf eine Schwingung von c aus.

Etwas schwieriger ist der Nachweis der Abhängigkeit der Schwingungsdauer von der Schwerebeschleunigung g, weil dieselbe nicht willkürlich verändert werden kann. Man kann jedoch den Nachweis dadurch führen, daß man nur eine Komponente von g das Pendel affizieren läßt. Denkt man sich die Schwingungsachse des

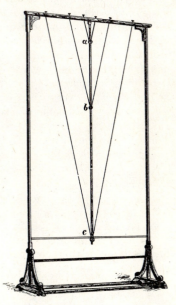

Fig. 111

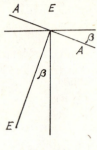

Fig. 112

Pendels AA in der vertikal gestellten Papierebene (Fig. 112), so ist EE der Durchschnitt der Schwingungsebene mit der Papierebene und zugleich die Gleichgewichtslage des Pendels. Die Achse schließt mit der Horizontalebene und die Schwingungsebene mit der Vertikalebene den Winkel β ein, und demnach ist in dieser Ebene die Beschleunigung $g \cdot \cos \beta$ wirksam. Erhält das Pendel in seiner Schwingungsebene die kleine Elongation α, so ist die entsprechende Beschleunigung $(g \cos \beta) \alpha$, demnach die Schwingungsdauer

$$T = \pi \sqrt{\frac{l}{g \cos \beta}}.$$

Man sieht hieraus, daß mit zunehmendem β die Beschleunigung $g \cos \beta$ abnimmt und dementsprechend die Schwingungsdauer zunimmt. Man kann den Versuch mit dem Apparat, der in Fig. 113 dargestellt ist, leicht ausführen.

Der Rahmen RR ist um ein Scharnier bei C drehbar, kann geneigt und umgelegt werden. Man fixiert die Neigung durch den mit einer Schraube feststellbaren Gradbogen G. Jede Vergrößerung von β vergrößert die Schwingungsdauer. Stellt man die Schwingungsebene horizontal, wobei R auf dem Fuß F ruht, so wird die Schwingungsdauer unendlich groß. Das Pendel kehrt dann überhaupt in keine bestimmte Lage mehr zurück, sondern macht mehrere volle Umläufe in demselben Sinn, bis dessen ganze Geschwindigkeit durch die Reibung vernichtet ist.

13. Wenn die Bewegung des Pendels nicht in einer *Ebene*, sondern in *Raum* stattfindet, so beschreibt der Pendelfaden eine Kegelfläche. Die Bewegung des konischen Pendels hat Huygens ebenfalls untersucht. Wir wollen einen einfachen hierher gehörigen Fall betrachten. Wir denken uns ein Pendel von der Länge l um den Winkel α elongiert (Fig. 114), dem Pendelkörper eine Geschwindigkeit v senkrecht zur Elongationsebene erteilt und freigelassen. Der Pendelkörper wird sich in einem horizontalen Kreis bewegen, wenn die entwickelte

Entwicklung der Prinzipien der Dynamik

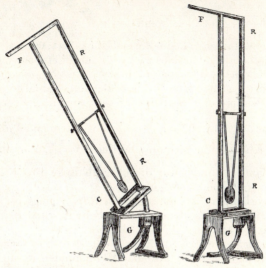

Fig. 113

Zentrifugalbeschleunigung φ der Schwerebeschleunigung g eben das Gleichgewicht hält, wenn also die resultierende Beschleunigung in die Richtung des Pendelfadens fällt. Dann ist aber $\frac{\varphi}{g} = \operatorname{tang} \alpha$. Bedeutet T die Umlaufzeit, so ist $\varphi = \frac{4r\pi^2}{T^2}$ oder $T = 2\pi \sqrt{\frac{r}{\varphi}}$. Den Wert $\frac{r}{\varphi} = \frac{l \sin \alpha}{g \operatorname{tang} \alpha} = \frac{l \cos \alpha}{g}$ einführend, finden wir $T = 2\pi \sqrt{\frac{l \cos \alpha}{g}}$ für die Umlaufzeit des Pendels.

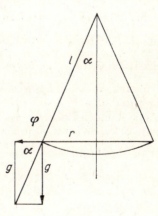

Fig. 114

Für die zugehörige Geschwindigkeit v finden wir $v = \sqrt{r\varphi}$, und weil $\varphi = g \operatorname{tang} \alpha$, so folgt $v = \sqrt{gl \sin \alpha \operatorname{tang} \alpha}$. Für sehr kleine Elongationen des Kegelpendels können wir setzen $T = 2\pi \sqrt{\dfrac{l}{g}}$, was mit der gewöhnlichen Pendelformel koinzidiert, wenn wir überlegen, daß *ein* Umlauf des Kegelpendels *zwei* Schwingungen des gewöhnlichen Pendels entspricht.

14. Huygens hat zuerst durch Pendelbeobachtungen eine genaue Bestimmung der Schwerebeschleunigung g vorgenommen. Aus der Formel $T = \pi \sqrt{\dfrac{l}{g}}$ für ein Fadenpendel mit einer kleinen Kugel findet sich ohne weiteres $g = \dfrac{\pi^2 l}{T^2}$. Man findet in Metern und Sekunden für die geographische Breite 45° den Wert für $g = 9{,}806$.

Für vorläufige Berechnungen im Kopf genügt es, sich zu merken, daß die Beschleunigung der Schwere rund 10 m in der Sekunde beträgt.

15. Jeder besonnene Anfänger stellt sich die Frage, wie so eine Schwingungsdauer, also eine *Zeit* gefunden werden kann, indem man die Maßzahl einer *Länge* durch die Maßzahl einer *Beschleunigung* dividiert und aus dem Quotienten die Wurzel zieht. Wir haben hierbei zu bedenken, daß $g = \dfrac{2s}{t^2}$ ist, also eine Länge dividiert durch das Quadrat einer Zeit. Es ist also eigentlich $T = \pi \sqrt{\dfrac{l}{2s} \cdot t^2}$. Da $\dfrac{l}{2s}$ das Verhältnis zweier Längen, demnach eine Zahl ist, so steht also unter dem Wurzelzeichen das Quadrat einer Zeit. Selbstverständlich werden wir nur dann T in Sekunden finden, wenn wir auch bei der Bestimmung von g die Sekunde als Zeiteinheit zugrunde legen.

An der Formel $g = \dfrac{\pi^2 l}{T^2}$ sieht man unmittelbar, daß g eine Länge dividiert durch das Quadrat einer Zeit ist, wie es der Natur einer Beschleunigung entspricht.

16. Die wichtigste Leistung von Huygens ist die Lösung der Aufgabe, den Schwingungsmittelpunkt zu bestimmen. Solange es sich um die Dynamik eines *einzelnen* Körpers handelt, reichen die Galileischen Prinzipien vollständig aus. Bei der erwähnten Aufgabe ist aber die Bewegung *mehrerer* Körper zu bestimmen, welche sich gegenseitig beeinflussen. Das kann nicht

ohne Zuhilfenahme eines *neuen* Prinzips geschehen. Ein solches hat Huygens in der Tat gefunden.

Wir wissen, daß längere Fadenpendel langsamer, kürzere schneller ihre Schwingung vollführen. Denken wir uns irgendeinen um eine Achse drehbaren schweren Körper, dessen Schwerpunkt außer der Achse liegt, so stellt dieser ein zusammengesetztes Pendel vor. Jeder Massenteil würde, wenn er allein in demselben Abstand von der Achse vorhanden wäre, seine eigene Schwingungsdauer haben. Wegen des Zusammenhanges der Teile kann aber der ganze Körper nur mit einer einzigen bestimmten Schwingungsdauer schwingen. Denken wir uns viele ungleich lange Fadenpendel (Fig. 115), so schwingen die kürzern rascher, die längeren langsamer. Werden alle miteinander zu einem einzigen Pendel verbunden, so läßt sich vermuten, daß die längern beschleunigt, die kürzern verzögert werden und daß eine mittlere Schwingungsdauer zum Vorschein kommt. Es wird demnach ein einfaches Pendel geben, dessen Länge zwischen jener der kürzesten und längsten Pendel liegt, welches dieselbe Schwingungsdauer darbietet wie das zusammengesetzte Pendel. Tragen wir diese Pendellänge auf dem zusammengesetzten Pendel ab, so finden wir einen Punkt, der in der Verbindung mit den übrigen dieselbe Schwingungsdauer beibehält, die er für sich allein hätte. Dieser Punkt ist der Schwingungsmittelpunkt. Mersenne hat zuerst die Aufgabe gestellt, den Schwingungsmittelpunkt zu bestimmen. Descartes' Auflösung derselben war aber überstürzt und unzureichend.

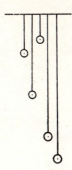

Fig. 115

17. Huygens hat zuerst eine allgemeine Lösung gegeben. Außer Huygens haben sich fast alle bedeutenden Naturforscher der damaligen Zeit mit dieser Aufgabe beschäftigt, und man kann sagen, daß sich die wichtigsten Prinzipien der modernen Mechanik an derselben entwickelt haben.

Der *neue* Gedanke, von welchem Huygens ausgeht und der weitaus wichtiger ist als die Aufgabe, ist folgender. In welcher

Weise auch die Massen eines Pendels ihre Bewegung gegenseitig abändern mögen, auf jeden Fall werden die bei der Abwärtsbewegung des Pendels erlangten Geschwindigkeiten nur solche sein können, durch welche der Schwerpunkt der Massen, ob sie verbunden bleiben oder ihre Verbindungen aufgelöst werden, gerade nur *so hoch steigen* kann, als er *herabgefallen* ist. Durch die Zweifel der Zeitgenossen an der Richtigkeit dieses Prinzips sah sich Huygens veranlaßt, zu bemerken, daß damit nur angenommen sei, daß die schweren Körper sich nicht *von selbst* aufwärts bewegen. Könnte der Schwerpunkt in Verbindung fallender Massen nach der Auflösung der Verbindungen höher steigen, als er gesunken ist, so ließen sich schwere Körper durch Wiederholung des Prozesses durch ihr eigenes Gewicht beliebig hoch erheben. Würde der Schwerpunkt nach Auflösung der Verbindungen sich nur zu einer geringeren Höhe erheben, als er herabgefallen ist, so brauchte man den Sinn des Prozesses nur umzukehren, um abermals die schweren Körper durch ihr eigenes Gewicht beliebig zu erheben. Was also Huygens behauptet, hat eigentlich nie jemand bezweifelt, im Gegenteil jeder *instinktiv* erkannt. Huygens hat aber diese instinktive Erkenntnis *begrifflich* verwertet. Er ermangelt auch nicht, von diesem Gesichtspunkt aus auf die Fruchtlosigkeit der Bemühungen um ein Perpetuum mobile hinzuweisen. Wir erkennen in dem eben entwickelten Satze die *Verallgemeinerung eines Galileischen Gedankens.*

18. Wir wollen nun sehen, was der Satz bei Bestimmung des Schwingungsmittelpunktes leistet. Es sei OA der Einfachheit wegen ein lineares Pendel (Fig. 116), bestehend aus vielen durch Punkte angedeuteten Massen. Es wird, in OA losgelassen, durch B hindurch bis OA' schwingen, wobei $AB = BA'$. Sein Schwerpunkt S wird auf der andern Seite ebenso hoch steigen als er auf der einen gesunken ist. Hieraus würde noch gar nichts folgen. Aber auch wenn wir in der Lage OB die einzelnen Massen von ihren Verbindungen plötzlich befreien, können sie mit den durch die Verbindungen aufgezwungenen Geschwindigkeiten nur dieselbe Schwerpunkthöhe erreichen. Fixieren wir die ausschwingenden freien Massen in ihrer *größten Höhe*, so bleiben die kürzern Pendel unter der Linie OA', die längern überschreiten sie, der Schwerpunkt des Systems bleibt aber auf der Horizontalen durch S.

Entwicklung der Prinzipien der Dynamik   197

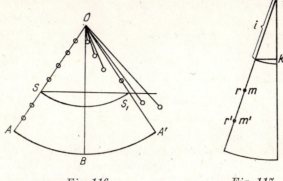

Fig. 116   *Fig. 117*

Nun bemerken wir, daß die erzwungenen Geschwindigkeiten den Abständen von der Achse proportional sind, mit der Angabe *einer* sind also alle bestimmt, und die Steighöhe des Schwerpunkts ist gegeben. Umgekehrt ist also auch die Geschwindigkeit irgendeiner Masse durch die bekannte Schwerpunkthöhe bestimmt. Kennt man aber bei einem Pendel die zu einer Falltiefe gehörige Geschwindigkeit, so kennt man dessen ganze Bewegung.

19. Nach diesen Bemerkungen gehen wir an die Aufgabe selbst. Wir schneiden an einem linearen zusammengesetzten Pendel das Stück $= 1$ von der Achse aus ab (Fig. 117). Bewegt sich das Pendel aus der größten Exkursion bis in die Gleichgewichtslage, so fällt der Punkt in der Distanz $= 1$ von der Achse um die Höhe k. Die Massen $m, m', m'' \ldots$ in den Distanzen $r, r', r'' \ldots$ werden hierbei die Falltiefen $rk, r'k, r''k \ldots$ erhalten und die Falltiefe des Schwerpunktes wird sein:

$$\frac{mrk + m'r'k + m''r''k + \ldots}{m + m' + m'' + \ldots} = k\,\frac{mr}{m}.$$

Der Punkt mit dem Abstand 1 von der Achse erhalte beim Durchgang durch die Gleichgewichtslage die noch unbestimmte Geschwindigkeit v. Seine Steighöhe nach Auflösung der Verbindungen wird sein $\dfrac{v^2}{2g}$. Die entsprechenden Steighöhen der andern Massen sind dann $\dfrac{(rv)^2}{2g}, \dfrac{(r'v)^2}{2g}, \dfrac{(r''v)^2}{2g} \ldots$ Die Steighöhe des Schwerpunktes der freien Massen ist

$$\frac{m\dfrac{(rv)^2}{2g}+m'\dfrac{(r'v)^2}{2g}+m''\dfrac{(r''v)^2}{2g}+\cdots}{m+m'+m''+\cdots}=\frac{v^2}{2g}\frac{\Sigma mr^2}{\Sigma m}.$$

Nach dem Huygensschen Grundsatz ist nun

$$k\frac{\Sigma mr}{\Sigma m}=\frac{v^2}{2g}\frac{\Sigma mr^2}{\Sigma m}\ \ldots a)$$

Hiermit ist eine Beziehung zwischen der Falltiefe k und der Geschwindigkeit v gegeben. Da nun aber alle Pendelbewegungen von gleichen Exkursionen phoronomisch ähnlich sind, so ist auch die untersuchte Bewegung hiermit vollständig bestimmt.

Um die Länge des einfachen Pendels zu finden, welches mit dem vorgelegten zusammengesetzten dieselbe Schwingungsdauer hat, bemerken wir, daß zwischen dessen Falltiefe und Geschwindigkeit dieselbe Beziehung bestehen muß wie beim freien Fall. Ist y die Länge des Pendels, so ist ky dessen Falltiefe und vy dessen Geschwindigkeit, also

$$\frac{(vy)^2}{2g}=ky \quad \text{oder} \quad y\cdot\frac{v^2}{2g}=k \ \ldots b)$$

Multipliziert man die Gleichung $a)$ mit $b)$, so findet sich

$$y=\frac{\Sigma mr^2}{\Sigma mr}.$$

Die phoronomische Ähnlichkeit benutzend, können wir auch so verfahren. Wir finden aus $a)$

$$v=\sqrt{2gk}\ \sqrt{\frac{\Sigma mr}{\Sigma mr^2}}.$$

Das einfache Pendel von der Länge 1 hat unter den entsprechenden Verhältnissen die Geschwindigkeit

$$v_1=\sqrt{2gk}.$$

Nennen wir die Schwingungsdauer des zusammengesetzten Pendels T, des einfachen Pendels von der Länge 1 aber $T_1=\pi\sqrt{\dfrac{1}{g}}$, so finden wir, die Voraussetzung gleicher Exkursionen

festhaltend,
$$\frac{T}{T_1} = \frac{v_1}{v}, \quad \text{demnach} \quad T = \pi \sqrt{\frac{\Sigma mr^2}{g\Sigma mr}}.$$

20. Unschwer erblickt man in dem Huygensschen Grundsatz die Erkenntnis, daß die *Arbeit das Geschwindigkeitsbestimmende* oder genauer das Bestimmende der sogenannten *lebendigen Kraft* sei. Unter der lebendigen Kraft eines Systems von Massen m, m', m'' ..., welche mit den Geschwindigkeiten v, v', v'' ... behaftet sind, verstehen wir die Summe

$$\frac{mv^2}{2} + \frac{m'v'^2}{2} + \frac{m''v''^2}{2} + \cdots$$

Der Grundsatz ist mit dem Satz der lebendigen Kräfte identisch. Was spätere Forscher hinzugetan haben, ist nicht so sehr auf den Gedanken, als vielmehr auf die Form des Ausdrucks gerichtet.

Stellen wir uns ganz allgemein ein System von Gewichten p, p', p'' ... vor, welche verbunden oder unverbunden durch die Höhen h, h', h' ... fallen und hierbei die Geschwindigkeiten v, v', v'' ... erlangen, so besteht nach der Huygensschen Anschauung die Gleichheit der *Falltiefe* und *Steighöhe* des Schwerpunkts, demnach die Gleichung

$$\frac{ph + p'h' + p''h'' + \cdots}{p + p' + p'' + \cdots} = \frac{p\dfrac{v^2}{2g} + p'\dfrac{v'^2}{2g} + p''\dfrac{v''^2}{2g} + \cdots}{p + p' + p'' + \cdots}$$

$$\text{oder} \quad \Sigma ph = \frac{1}{g} \Sigma \frac{pv^2}{2}.$$

Hat man den Begriff „Masse" gewonnen, welcher Huygens bei seinen Untersuchungen noch fehlte, so kann man $\dfrac{p}{g}$ durch die Masse m ersetzen und erhält dann die Form $\Sigma ph = \dfrac{1}{2} \Sigma mc^2$, welche sehr leicht für nicht konstante Kräfte zu verallgemeinern ist.

21. Mit Hilfe des Satzes der lebendigen Kräfte können wir die Dauer der unendlich kleinen Schwingungen eines beliebigen Pendels bestimmen. Wir ziehen vom Schwerpunkt S eine Senkrechte auf die Achse, die Länge derselben sei a (Fig. 118).

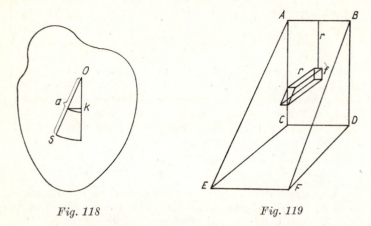

Fig. 118 *Fig. 119*

Auf derselben schneiden wir von der Achse aus die Länge = 1 ab. Die Falltiefe des betreffenden Punkts bis zur Gleichgewichtslage sei k und v die erlangte Geschwindigkeit. Da die Fallarbeit durch die Bewegung des Schwerpunkts bestimmt ist, so haben wir

die Fallarbeit = der lebendigen Kraft:

$$akgM = \frac{v^2}{2} \Sigma mr^2.$$

Hierbei nennen wir M die Gesamtmasse des Pendels und antizipieren den Ausdruck lebendige Kraft. Ähnlich schließend wie zuvor finden wir $T = \pi \sqrt{\dfrac{\Sigma mr^2}{agM}}$.

22. Wir sehen, daß die Dauer der unendlich kleinen Schwingungen eines Pendels durch zwei Stücke bestimmt ist, durch den Wert des Ausdrucks Σmr^2, der von Euler *Trägheitsmoment* genannt worden ist, welchen Huygens ohne besondere Bezeichnung verwendet, und durch den Wert von agM. Letzterer Ausdruck, den wir kurz das *statische Moment* nennen wollen, ist das Produkt aP des Pendelgewichts in den Abstand des Schwerpunkts von der Achse. Durch Angabe dieser beiden Werte ist die Länge des einfachen Pendels von gleicher Schwingungsdauer (des isochronen Pendels) und die Lage des Schwingungsmittelpunkts bestimmt.

Zur Bestimmung der betreffenden Pendellängen wählt Huygens in Ermangelung der erst später gefundenen analytischen Methoden ein sehr sinnreiches geometrisches Verfahren, welches wir durch Beispiele veranschaulichen wollen. Es sei die Schwingungsdauer eines homogenen (materiellen und schweren) Rechtecks $ABCD$ zu bestimmen, welches um AB als Achse schwingt (Fig. 119). Teilen wir das Rechteck in kleine Flächenelemente $f, f_I, f_{II} \ldots$ mit den Abständen $r, r_I, r_{II} \ldots$ von der Achse, so ist der Ausdruck für die Länge des isochronen einfachen Pendels oder den Abstand des Schwingungsmittelpunkts von der Achse gegeben durch

$$\frac{fr^2 + f_I r_I^2 + f_{II} r_{II}^2 + \ldots}{fr + f_I r_I + f_{II} r_{II} + \ldots}$$

Errichten wir auf $ABCD$ in C und D Senkrechte $CE = DF = AC = BD$ und denken wir uns einen homogenen Keil $ABCDEF$. Suchen wir den Abstand des Schwerpunkts dieses Keils von einer durch AB zu $CDEF$ parallel gelegten Ebene. Wir haben dann die Säulchen $fr, f_I r_I, f_{II} r_{II} \ldots$ und deren Abstände $r, r_I, r_{II} \ldots$ von der genannten Ebene zu berücksichtigen. Hierbei finden wir für den Abstand des Schwerpunkts den Ausdruck:

$$\frac{fr \cdot r + f_I r_I \cdot r_I + f_{II} r_{II} \cdot r_{II} + \ldots}{fr + f_I r_I + f_{II} r_{II} + \ldots}$$

also denselben Ausdruck wie zuvor. Der Schwingungsmittelpunkt des Rechtecks und der Schwerpunkt des Keils haben also denselben Abstand $\frac{2}{3} AC$ von der Achse.

Hiernach erkennt man leicht die Richtigkeit folgender Angaben. Für ein homogenes, um eine Seite schwingendes Rechteck von der Höhe h (Fig. 120) ist der Abstand des Schwerpunkts von der Achse $\frac{h}{2}$, der Abstand des Schwingungsmittelpunkts aber $\frac{2}{3} h$. Für ein homogenes Dreieck von der Höhe h (Fig. 120), dessen Achse parallel der Grundlinie durch den Scheitel geht, finden wir den Schwerpunktabstand $\frac{2}{3} h$, den Abstand des Schwingungsmittelpunkts $\frac{3}{4} h$. Nennen wir die Trägheitsmomente des Rechtecks und des Dreiecks $\varDelta_1, \varDelta_2$, die zugehörigen Massen M_1, M_2, so finden wir

$$\frac{2}{3}h = \frac{\Delta_1}{\frac{h}{2}M_1}, \quad \frac{3}{4}h = \frac{\Delta_2}{\frac{2h}{3}M_2}$$

folglich $\Delta_1 = \frac{h^2 M_1}{3}, \quad \Delta_2 = \frac{h^2 M_2}{2}$.

Man kann durch diese hübsche geometrische Anschauung noch manche Aufgabe lösen, die man heute allerdings viel bequemer nach der Schablone behandelt.

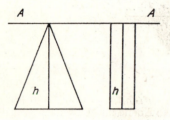

Fig. 120

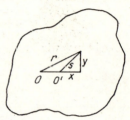

Fig. 121

23. Wir wollen nun einen auf die Trägheitsmomente bezüglichen Satz besprechen, den Huygens schon in etwas anderer Form benutzt hat. Es sei O der Schwerpunkt eines Körpers (Fig. 121). Durch denselben legen wir ein rechtwinkliges Koordinatensystem und denken uns das Trägheitsmoment in bezug auf die Z-Achse bestimmt. Heißt dann m ein Massenelement und r dessen Entfernung von der Z-Achse, so ist das Trägheitsmoment $\Delta = \Sigma m r^2$. Nun verschieben wir die Rotationsachse parallel zu sich selbst bis O' nach der X-Richtung um die Strecke a. Dadurch geht die Entfernung r in die neue ϱ über, und es ist das neue Trägheitsmoment

$$\Theta = \Sigma m \varrho^2 = \Sigma m[(x-a)^2 + y^2] = \Sigma m (x^2 + y^2) - 2a \Sigma m x + a^2 \Sigma m$$

oder, weil $\Sigma m (x^2 + y^2) = \Sigma m r^2 = \Delta$,

wegen der Eigenschaft des Schwerpunkts $\Sigma m x = 0$, ist bei Bezeichnung der Gesamtmasse durch $M = \Sigma m$

$$\Theta = \Delta + a^2 M.$$

Es läßt sich also aus dem Trägheitsmoment für eine durch den Schwerpunkt geführte Achse leicht jenes für eine andere zur erstern *parallele* Achse ableiten.

24. Hieran knüpft sich eine weitere Bemerkung. Der Abstand des Schwingungsmittelpunkts ist gegeben durch $l = \frac{\Delta + a^2 M}{aM}$, wobei Δ, M, a die frühere Bedeutung haben. Die Größen Δ und M sind für einen gegebenen Körper unveränderlich. Solange also a denselben Wert behält, wird auch l unverändert bleiben. Für alle *parallelen* Achsen, welche in *demselben* Abstand vom Schwerpunkt liegen, hat derselbe Körper als Pendel dieselbe Schwingungsdauer. Setzen wir $\frac{\Delta}{M} = \varkappa$, so ist

$$l = \frac{\varkappa}{a} + a.$$

Da nun l den Abstand des Schwingungsmittelpunkts, a den Abstand des Schwerpunkts von der Achse bedeutet, so ist der Schwingungsmittelpunkt stets weiter von der Achse, und zwar um die Strecke $\frac{\varkappa}{a}$. Es ist also $\frac{\varkappa}{a}$ der Abstand des Schwingungsmittelpunkts vom Schwerpunkt. Legen wir eine der ursprünglichen Achse parallele durch den Schwingungsmittelpunkt, so geht a in $\frac{\varkappa}{a}$ über, und wir erhalten die neue Pendellänge

$$l' = \frac{\varkappa}{\frac{\varkappa}{a}} + \frac{\varkappa}{a} = a + \frac{\varkappa}{a} = l.$$

Die Schwingungsdauer bleibt also dieselbe für die parallele Achse durch den Schwingungsmittelpunkt und folglich auch für jede parallele Achse, welche denselben Abstand $\frac{\varkappa}{a}$ vom Schwerpunkt hat wie der Schwingungsmittelpunkt.

Der Inbegriff aller parallelen, einer gleichen Schwingungsdauer entsprechenden Achsen mit den Schwerpunktsabständen a und $\frac{\varkappa}{a}$ erfüllt also zwei konaxiale Zylinder. Jeder Erzeugende ist mit jeder andern als Achse ohne Änderung der Schwingungsdauer vertauschbar.

25. Um den Zusammenhang der beiden Achsenzylinder, wie

wir sie kurz nennen wollen, zu überschauen, stellen wir folgende Überlegung an. Wir setzen $\Delta = k^2 M$, und es ist dann

$$l = \frac{k^2}{a} + a.$$

Suchen wir das a, welches einem gegebenen l, also einer gegebenen Schwingungsdauer entspricht, so finden wir

$$a = \frac{1}{2} \pm \sqrt{\frac{l^2}{4} - k^2}.$$

Es entsprechen also im allgemeinen *zwei* Werte von a *einem* Wert von l. Nur wenn

$$\sqrt{\frac{l^2}{4} - k^2} = 0, \quad \text{also} \quad l = 2k,$$

fallen beide Werte zusammen in $a = k$.

Bezeichnen wir zwei zu einem l gehörige Werte von a mit α, β, so ist

$$l = \frac{k^2 + \alpha^2}{\alpha} = \frac{k^2 + \beta^2}{\beta}, \quad \text{oder}$$
$$\beta (k^2 + \alpha^2) = \alpha (k^2 + \beta^2),$$
$$k^2 (\beta - \alpha) = \alpha\beta (\beta + \alpha),$$
$$k^2 = \alpha\beta.$$

Kennt man also an einem Pendelkörper *zwei* parallele Achsen von gleicher Schwingungsdauer und verschiedener Schwerpunktsdistanz α, β, wie dies z. B. der Fall ist, wenn man für eine Aufhängung den Schwingungsmittelpunkt anzugeben vermag, so kann man k konstruieren. Man trägt α und β nebeneinander auf einer Geraden auf, beschreibt über $\alpha + \beta$ als Durchmesser einen Halbkreis und errichtet an dem Teilungspunkt der Stücke α und β eine Senkrechte. Von dieser Senkrechten schneidet der Halbkreis das Stück k ab (Fig. 122). Kennt man aber k, so läßt sich zu jedem Wert von α, z. B. λ, ein Wert finden, welcher dieselbe Schwingungsdauer bedingt. Man bildet aus λ und k als Schenkel einen rechten Winkel (Fig. 123), verbindet die Endpunkte durch eine Gerade, zu welcher man durch den Endpunkt von k eine Senkrechte zieht, die an der Verlängerung von λ das Stück μ abschneidet.

Denken wir uns nun einen beliebigen Körper mit dem Schwerpunkt 0, legen durch denselben die Ebene der Zeichnung

Entwicklung der Prinzipien der Dynamik

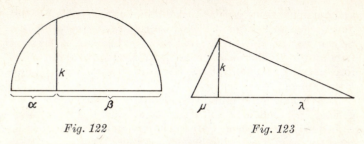

Fig. 122

Fig. 123

und lassen wir ihn um alle möglichen parallelen, zur Papierebene senkrechten Achsen schwingen. Alle Achsen, welche durch den Kreis α (Fig. 124) hindurchgehen, sind untereinander

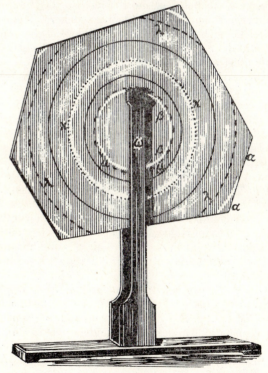

Fig. 124

und mit denjenigen, welche noch durch den andern Kreis β hindurchgehen, in bezug auf die Schwingungsdauer vertauschbar. Setzen wir an die Stelle von α einen kleinern Kreis λ, so tritt an die Stelle von β ein größerer Kreis μ. Fahren wir so fort, so fallen schließlich beide Kreise in einem mit dem Radius k zusammen.

26. Wir haben aus guten Gründen diese Einzelheiten so eingehend besprochen. Zunächst sollte an denselben der Reichtum der Huygensschen Untersuchungsergebnisse deutlich gemacht werden. Denn alles, was hier mitgeteilt wurde, ist, wenn auch in etwas anderer Form, in Huygens' Schriften enthalten oder ist durch dieselben doch so nahe gelegt, daß es ohne die geringste Schwierigkeit ergänzt werden kann. In die modernen elementaren Lehrbücher ist nur der kleinste Teil hiervon übergegangen. Ein solcher in die Elementarbücher aufgenommener Satz bezieht sich auf die Vertauschbarkeit des Aufhängepunkts mit dem Schwingungsmittelpunkt. Die gewöhnliche Darstellung ist aber nicht erschöpfend. Kater hat diesen Satz bekanntlich zur genauen Ermittlung der Länge des Sekundenpendels verwendet.

Die eben angestellten Überlegungen haben uns auch den Dienst geleistet, uns über die Natur des Begriffs „Trägheitsmoment" aufzuklären. Dieser Begriff liefert uns keine prinzipielle Einsicht, die wir nicht auch ohne denselben gewinnen könnten. Allein indem wir mit Hilfe dieses Begriffs die Einzelbetrachtung der Massenteile *ersparen* oder ein für allemal abmachen, gelangen wir auf kürzerm und bequemerm Wege zum Ziel. Dieser Begriff hat also eine Bedeutung in der *Ökonomie* der Mechanik. Poinsot hat, nachdem Euler und Segner mit geringerm Erfolg schon Ähnliches versucht hatten, die hierher gehörigen Gedanken weiter ausgebildet und hat durch sein Trägheitsellipsoid und Zentralellipsoid weitere Erleichterungen herbeigeführt.

27. Die Huygensschen Untersuchungen über die geometrischen und mechanischen Eigenschaften der Zykloide sind von geringerer Bedeutung. Das Zykloidalpendel, durch welches Huygens eine nicht bloß annähernde, sondern exakte Unabhängigkeit der Schwingungsdauer von der Schwingungsweite erzielte, ist gegenwärtig als unnötig aus der Praxis der Uhrenfabrikation verschwunden. Wir wollen uns deshalb mit diesen Unter-

suchungen, soviel des geometrisch Schönen sie auch bieten, hier nicht weiter beschäftigen.

So viele Verdienste Huygens sich auch um die verschiedensten physikalischen Theorien, um die Uhrmacherkunst,[28] die praktische Dioptrik und die Mechanik insbesondere erworben hat, seine *Hauptleistung*, welche den größten intellektuellen Mut erforderte und die auch von den wichtigsten Folgen war, bleibt die Aufstellung des Prinzips, durch welches er die Aufgabe über den Schwingungsmittelpunkt gelöst hat. Gerade dieses Prinzip ist aber von seinen weniger weitblickenden Zeitgenossen und auch noch lange nachher nicht hinreichend gewürdigt worden. Wir hoffen, dieses Prinzip, als identisch mit dem Satz der lebendigen Kräfte, hier in das richtige Licht gestellt zu haben.

28. Es ist nicht möglich, hier auch auf die bedeutenden Leistungen von Huygens auf dem Gebiete der Physik einzugehen.[29] Nur einiges soll kurz erwähnt werden. Er ist der Schöpfer der Elastizitätstheorie des Lichts, welche schließlich den Sieg über die Newtonsche Emissionstheorie davongetragen hat.[30] Seine Aufmerksamkeit wandte sich eben jenen Seiten der Lichtphänomene zu, die Newton entgangen waren. In bezug auf Physik nahm er des Descartes Idee, daß alles mechanisch zu erklären sei, mit großem Eifer auf, ohne aber gegen dessen Fehler blind zu sein, die er vielmehr scharf und richtig kritisierte. Seine Vorliebe für rein mechanische Erklärungen machten ihn auch zu einem Gegner der Newtonschen Fernkräfte, die er lieber durch Druck und Stoß, d. h. durch Berührungswirkungen, ersetzt sehen möchte. In diesem Bestreben verfiel er auf eigentümliche Auffassungen, wie jene einer magnetischen Strömung, welche zunächst vor dem großen Einfluß Newtons sich nicht erhalten konnten, deren großer Wert aber dank der Unbefangenheit Faradays und Maxwells in neurer Zeit wieder zur Geltung kam. Auch als bloßer Geometer und Mathematiker muß Huygens hoch geschätzt werden, und es sei in dieser Richtung nur noch auf seine Theorie der Glücksspiele hingewiesen. Seine astronomischen Beobachtungen, seine Leistungen in der theoretischen und praktischen Dioptrik haben die betreffenden Gebiete wesentlich gefördert. Als Techniker ist er der Erfinder der Pulvermaschine, deren Idee in den modernen Gasmaschinen verwirklicht ist. Als Physiolog ahnt er die Ak-

kommodation des Auges durch Deformation der Linse. Alles dies kann hier kaum berührt werden. Die Wertschätzung von Huygens wächst in dem Maße, als seine Arbeiten durch die Gesamtausgabe seiner Werke vollständiger bekannt werden. Eine kurze pietätvolle Darstellung der Gesamtleistungen siehe bei J. Bosscha, „Christian Huygens, Rede am 200. Gedächtnistage seines Lebensendes", übersetzt von Engelmann (Leipzig 1895).

3. Newtons Leistungen

1. Newton hat sich in bezug auf unsern Gegenstand zweierlei Verdienste erworben. Erstens hat er den Gesichtskreis der mechanischen Physik sehr erweitert durch seine Entdeckung der *allgemeinen Gravitation*. Dann hat er auch die Aufstellung der heute angenommenen *Prinzipien der Mechanik zu einem Abschluß gebracht*. Nach ihm ist ein wesentlich neues Prinzip nicht mehr ausgesprochen worden. Was nach ihm in der Mechanik geleistet worden ist, bezog sich durchaus auf die deduktive, formelle und mathematische Entwicklung der Mechanik auf Grund der Newtonschen Prinzipien.[31]

2. Werfen wir zunächst einen Blick auf Newtons *physikalische* Leistung. Kepler hatte aus Tychos Beobachtungen und aus seinen eigenen drei empirische Gesetze für die Bewegung der Planeten um die Sonne abgeleitet, welche Newton durch seine neue Ansicht verständlich machte. Die Keplerschen Gesetze sind folgende:
1) Die Planeten bewegen sich in Ellipsen um die Sonne als Brennpunkt.
2) Der von der Sonne nach einem Planeten gezogene Radiusvektor beschreibt in gleichen Zeiten gleiche Flächenräume.
3) Die Würfel der großen Bahnachsen verhalten sich wie die Quadrate der Umlaufszeiten.

Hat man den Galilei-Huygensschen Standpunkt gewonnen und sucht denselben konsequent festzuhalten, so erscheint eine *krummlinige* Bewegung eines Körpers nur durch das Vorhandensein einer fortwährenden ablenkenden *Beschleunigung* verständlich. Man sieht sich also veranlaßt, für die Planetenbewegung eine solche Beschleunigung, welche stets nach der konkaven Seite der Bahn gerichtet ist, zu suchen.

In der Tat erklärt sich das erwähnte Gesetz der Flächenräume durch die Annahme einer stets gegen die Sonne gerichteten Beschleunigung des Planeten in der einfachsten Weise. Durchstreicht in einem Zeitelement der Radiusvektor den Flächenraum ABS (Fig. 125), so würde ohne Beschleunigung im nächsten gleich großen Zeitelement BCS durchstrichen, wobei $BC = AB$ wäre und in der Verlängerung von AB liegen würde. Hat aber in dem ersten Zeitelement die Zentralbeschleunigung eine Geschwindigkeit hervorgebracht, vermöge welcher in derselben Zeit BD zurückgelegt würde, so ist der nächste durchstrichene Flächenraum nicht BCS, sondern BES, wobei CE parallel und gleich BD ist. Man sieht aber, daß $BES = BCS = ABS$. Das Flächengesetz oder Sektorengesetz spricht also deutlich für eine Zentralbeschleunigung.

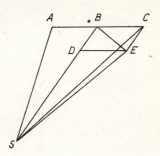

Fig. 125

Ist man so zur Annahme einer Zentralbeschleunigung gelangt, so führt das *dritte* Gesetz auf die *Art* derselben. Da sich die Planeten in von Kreisen wenig verschiedenen Ellipsen bewegen, so wollen wir der Einfachheit wegen annehmen, daß die Bahnen wirkliche Kreise seien. Sind R_1, R_2, R_3 die Radien und T_1, T_2, T_3 die zugehörigen Umlaufzeiten, so läßt sich das dritte Keplersche Gesetz schreiben

$$\frac{R_1^3}{T_1^2} = \frac{R_2^3}{T_2^2} = \frac{R_3^3}{T_3^2} = \ldots = \text{Konst.}$$

Nun kennen wir aber für die Zentripetalbeschleunigung einer Kreisbewegung den Ausdruck $\varphi = \dfrac{4R\pi^2}{T^2}$. Nehmen wir an, daß φ für alle Planeten das Gesetz befolgt $\varphi = \dfrac{k}{R^2}$, wobei k eine Konstante ist, so finden wir

$$\frac{k}{R^2} = \frac{4R\pi^2}{T^2} \quad \text{oder} \quad \frac{R^3}{T^2} = \frac{k}{4\pi^2} \quad \text{oder}$$

$$\frac{R_1^3}{T_1^2} = \frac{R_2^3}{T_2^2} = \frac{R_3^3}{T_3^2} = \ldots = \frac{k}{4\pi^2} \quad \text{Konst.}$$

Sobald die Annahme einer dem Quadrat der Entfernung umgekehrt proportionierten Zentralbeschleunigung einmal gewonnen ist, ist der Nachweis, daß dieselbe auch die Bewegung in Kegelschnitten, speziell in Ellipsen, erklärt, nur mehr eine rein *mathematische* Leistung.[32]

3. Außer der eben besprochenen, durch Kepler, Galilei und Huygens vollkommen vorbereiteten *Verstandesleistung* bleibt aber noch eine durchaus nicht zu unterschätzende *Phantasieleistung* Newtons zu würdigen übrig. Ja wir nehmen keinen Anstand, gerade diese für die bedeutendste zu halten. Welcher Natur ist die Beschleunigung, welche die krummlinige Bewegung der Planeten um die Sonne, der Satelliten um die Planeten bedingt?

Newton hat mit großer Kühnheit des Gedankens erkannt, und zwar zunächst am Beispiel des Mondes, daß diese Beschleunigung von der uns bekannten Schwerebeschleunigung nicht wesentlich verschieden sei. Wahrscheinlich war es das bereits erwähnte Prinzip der Kontinuität, welches auch bei Galilei so Großes geleistet hat, das ihn zu dieser Entdeckung geführt hat. Er war gewohnt, und diese Gewohnheit scheint jedem wahrhaft großen Forscher eigen zu sein, eine einmal gefaßte Vorstellung auch für Fälle mit modifizierten Umständen soweit als möglich festzuhalten, in den Vorstellungen dieselbe Gleichförmigkeit zu bewahren, welche uns die Natur in ihren Vorgängen kennen lehrt. Was *einmal* und irgendwo eine Eigenschaft der Natur ist, das findet sich, wenn auch nicht gleich auffallend, *immer* und *überall* wieder. Wenn die Erdschwere nicht nur auf der Oberfläche der Erde, sondern auch auf hohen Bergen und in tiefen Schächten beobachtet wird, so stellt sich der an Kontinuität der Gedanken gewöhnte Naturforscher auch in größern Höhen und Tiefen, als sie uns zugänglich sind, die Erdschwere wirksam vor. Er fragt sich: Wo liegt die Grenze für die Wirkung der Erdschwere? Sollte sie nicht bis zum Mond reichen? Mit dieser Frage ist der gewaltige Aufschwung der Phantasie gewonnen, von dem die große wissenschaftliche Leistung bei Newtons Verstandeskraft nur eine notwendige Folge war.[33]

Es ist richtig, was Rosenberger in seinem Buche („Newton und seine physikalischen Prinzipien", 1895) ausführt, daß der Gedanke der allgemeinen Gravitation bei Newton nicht *zuerst* auftritt, daß Newton vielmehr zahlreiche und hochverdiente Vorgänger hat. Man kann aber wohl sagen, daß es sich bei allen diesen Vorgängern um Ahnungen, Anläufe und unvollständige Erörterungen der Frage handelt und daß niemand vor Newton den Gedanken in einer so umfassenden und energischen Weise aufgenommen hat, so daß neben der Lösung des großen *mathematischen* Problems, welche Rosenberger anerkennt, noch eine ungewöhnliche Leistung der wissenschaftlichen Phantasie zu beachten bleibt.

Unter den Vorgängern Newtons wollen wir zunächst Kopernikus[34] nennen, welcher 1543 sagt: „Ich bin wenigstens der Ansicht, daß die Schwere nichts anderes ist als ein von der göttlichen Vorsehung des Weltenmeisters den Teilen eingepflanztes natürliches Streben, vermöge dessen sie dadurch, daß sie sich zur Form einer Kugel zusammenschließen, ihre Einheit und Ganzheit bilden. Und es ist anzunehmen, daß diese Neigung auch der Sonne, dem Mond und den übrigen Planeten innewohnt ..." In ähnlicher Weise faßt Kepler 1609 die Schwere, wie schon Gilbert 1600, als ähnlich der magnetischen Anziehung auf. Hooke kommt, wie es scheint, durch diese Analogie auf den Gedanken einer *Abnahme* der Schwere mit der Entfernung und denkt, indem er sich die Schwerewirkung durch eine *Strahlung* vermittelt vorstellt, sogar auf die verkehrt quadratische Wirkung. Die Abnahme der Wirkung versucht er sogar (1666) durch Wägungen auf der Höhe der Westminsterabtei an hoch und tief hängenden Körpern (ganz wie in moderner Zeit Jolly), mit Hilfe von Pendeluhren und Federwagen, natürlich resultatlos, zu prüfen. Das konische Pendel dient ihm als vorzügliches Mittel der Versinnlichung der Planetenbewegung. So kam Hooke Newtons Auffassung wirklich am nächsten, ohne doch dessen volle Höhe zu erreichen.

In zwei lehrreichen Schriften („Keplers Lehre von der Gravitation", Halle 1896; „Die Gravitation bei Galilei und Borelli, Berlin 1897) geht E. Goldbeck der Vorgeschichte der Gravitationstheorie einerseits bei Kepler, andererseits bei Galilei und Borelli nach. Trotz seiner Anhänglichkeit an aristotelisch-scholastische Gedanken weiß Kepler das Planetensystem als physisches Problem aufzufassen. Der Mond wird ihm durch die Erde *mitgeschleppt*, und derselbe *zieht* andererseits die Flutwelle nach sich, wie die Erde schwere Körper *anzieht.* Auch für die Planeten wird die Quelle der Bewegung in der Sonne gesucht, von der körperlose Hebelarme ausgehen, welche, mit ihr rotierend, die fernern Planeten langsamer als die nähern mitnehmen. Kepler kann nach dieser Auffassung sogar erraten, daß die Rotationszeit der Sonne weniger als 88 Tage (die Umlaufszeit des Merkur) beträgt. Gelegentlich wird die Sonne auch als gedrehter Magnet, dem die magnetischen Planeten gegenüberstehen, dargestellt. In Galileis Weltauffassung überwiegt der formal-mathematisch-ästhetische Standpunkt. Er weist jede Annahme einer Anziehung ab und verspottet dieselbe sogar als kindisch bei Kepler. Das Planetensystem ist ihm noch kein eigentlich physisches Problem. Doch nimmt er mit Gilbert an, daß ein leerer geometrischer Punkt nicht wirkt, und erwirbt sich um den Nachweis der irdischen Natur der Weltkörper große Verdienste. Borelli (in der Untersuchung über die Jupitermonde) denkt sich die Planeten zwischen ungleich dichten Ätherschichten schwimmend. Sie haben eine *natürliche* Neigung, sich dem Zentralkörper zu nähern (der Ausdruck „Attraktion" wird vermieden), welcher durch die Schleuderkraft beim Umlauf das Gleichgewicht gehalten wird. Diese Auffassung erläutert Borelli durch ein Experiment, welches dem von uns S. 184 f., Fig. 106, beschriebenen sehr ähnlich ist. Wie man sieht, nähert er sich hierbei Newton sehr. Seine Auffassung ist jedoch eine Kombination von jener Descartes' und Newtons.

Am Mond hat Newton zuerst erkannt, daß dieselbe Beschleunigung, welche die Fallbewegung des Steines beherrscht auch diesen Weltkörper verhindert, sich in geradliniger Bahn von der Erde zu entfernen, während umgekehrt seine Tangentialgeschwindigkeit ihn verhindert, gegen die Erde zu fallen. Die Mondbewegung erschien also mit einemmal in einem ganz neuen Licht und doch unter ganz bekannten Gesichtspunkten. Die neue Anschauung war *reizend,* indem sie bisher ganz fernliegende Objekte erfaßte, und *überzeugend* zugleich, indem sie die bekanntesten Elemente enthielt. Das erklärt ihre rasche Anwendung auf andere Gebiete und ihre *durchschlagende* Wirkung.

Nicht allein das tausendjährige Rätsel des Planetensystems hat Newton durch seine neue Anschauung gelöst, sondern auch andere Vorgänge wurden verständlich. So wie die Schwerebeschleunigung der Erde bis zum Mond und überallhin reicht, so reichen auch die von andern Weltkörpern herrührenden Beschleunigungen, welchen wir nach dem Prinzip der Kontinuität dieselben Eigenschaften zuerkennen müssen, überall hin, auch zur Erde. Ist die Schwere aber nichts Lokales, nichts der Erde individuell Angehöriges, so hat sie auch nicht im *Erdmittelpunkt allein* ihren Sitz. Jedes noch so kleine Stück der Erde hat teil an derselben. Jeder Teil beschleunigt jeden andern. Hiermit ist ein Reichtum und eine Freiheit der physikalischen Anschauung gewonnen, von der man vor Newton keine Ahnung hatte.

Eine ganze Reihe von Sätzen über die Wirkung von Kugeln auf andere Körper außerhalb, auf oder innerhalb der Kugeln, Untersuchungen über die Gestalt der Erde, insbesondere deren Abplattung durch die Rotation, flossen wie von selbst aus dieser Anschauung. Das Rätsel des Flutphänomens, dessen Zusammenhang mit dem Mond schon lange vermutet wurde, erklärte sich mit einemmal aus der Beschleunigung der beweglichen Wassermassen durch den Mond.

Newton machte sich die Identität der irdischen Schwere und der allgemeinen, die Bewegung der Himmelskörper bestimmenden Gravitation verständlich, indem er sich von dem Gipfel eines hohen Berges aus einen Stein mit sukzessiv größerer Horizontalgeschwindigkeit geschleudert denkt. Die Wurfparabel wird hierbei unter Absehen vom Luftwiderstand immer gestreckter, bis sie schließlich die Erde gar nicht mehr erreicht und der Stein in einen die Erde umkreisenden Trabanten übergeht. Von der *Tatsache* der allgemeinen Schwere geht er aus. Eine Erklärung dieser Erscheinung, sagt er, sei ihm nicht gelungen, und mit der Erdichtung von Hypothesen gebe er sich nicht ab. Doch konnte er seine Gedanken hierbei nicht beruhigen, wie man aus seinem bekannten Brief an Bentley sieht. Daß die Gravitation der Materie wesentlich und anerschaffen seine sollte, so daß ein Körper auf den andern ohne Vermittelung durch den leeren Raum wirken könnte, erscheint ihm *absurd*. Ob aber dieses vermittelnde Agens materiell oder immateriell (geistig?) sei, darüber will er sich nicht entscheiden. Newton hat also ebenso wie frühere und spätere Forscher das Bedürfnis nach einer Erklärung der Schwere, etwa durch Berührungswirkungen, gefühlt. Der große Erfolg jedoch, den Newton in der Astronomie mit den Fernkräften als Grundlage der Deduktion errang, änderte die Sachlage bald sehr bedeutend.[35] Man gewöhnte sich an die Fernkräfte als gegebenen Ausgangspunkt der Erklärung, und das Bedürfnis, nach der Herkunft derselben zu fragen, verschwand beinahe ganz. Man versuchte nun die Fernkräfte in allen übrigen Gebieten der Physik, indem man sich die Körper aus durch leere Zwischenräume getrennten fernwirkenden Teilchen konstituiert dachte. Zuletzt wurde sogar der Widerstand der Körper gegen Druck und Stoß, also die Berührungswirkung durch die Fernwirkung der Teilchen erklärt. In der Tat wird die erstere wegen ihrer Diskontinuität durch eine kompliziertere Funktion dargestellt als die letztere. In größtem Ansehen standen wohl die Fernkräfte bei *Laplace* und dessen Zeitgenossen. Faradays naiv-geniale Auffassungen und Maxwells mathematische Formulierung haben die Berührungskräfte wieder in den Vordergrund gedrängt. Verschiedene Schwierigkeiten hatten den Astronomen schon Zweifel an der Genauigkeit des Newtonschen Gesetzes erregt, und man versuchte geringe quantitative Abänderungen desselben. Nachdem aber der Nachweis der zeitlichen Fortpflanzung der elektrischen Wirkung gelungen war, trat naturgemäß die Frage nach ähnlichen Verhältnissen bei den analogen Wirkungen der Schwere wieder hervor. In der Tat hat die Schwere große Ähnlichkeit mit den elektrischen Fernkräften, nur kommt bei ersterer, soweit es bis jetzt bekannt ist, bloß Anziehung und nicht auch Abstoßung vor. Föppl („Über eine Erweiterung des Gravitationsgesetzes", Sitzungsber. d. Münch. Akad., 1897, S. 6f.) glaubt, daß man, ohne mit den Tatsachen in Widerspruch zu geraten, auch in bezug auf die Gravitation negative, sich untereinander ebenfalls anziehende, mit den positiven Massen sich aber abstoßende Massen und damit *endliche* Gravitationsfelder, ähnlich den elektrischen, annehmen könnte. Drude (in seinem Referat über die Fernwirkungen für die Naturforscherversammlung, 1897) zählt viele Versuche auf, eine Fortpflanzungsgeschwindigkeit der Gravitation nachzuweisen, welche bis auf Laplace zurückgehen. Das Resultat kann als ein negatives betrachtet werden, denn die möglichen Fortpflanzungsgeschwindigkeiten stimmen nicht untereinander, sind aber alle sehr große Vielfache der Lichtgeschwindigkeit. Nur Paul Gerber („Über die räumliche und zeitliche Ausbreirung der Gravitation", Zeitschr. f. Math. u. Phys., 1898, II) findet aus der Perihelbewegung des Merkur, 41 Sekunden in einem Jahrhundert, die Ausbreitungsgeschwindigkeit der Gravitation gleich der Lichtgeschwindigkeit. Dies spräche für den Äther als Medium der Schwere. Vgl. W. Wien, Über die Möglichkeit einer elektromagnetischen Begründung der Mechanik (Archives Néerlandaises, La Haye 1900, V, S. 96).[36]

4. Die Rückwirkung der neu gewonnenen physikalischen Reichtümer auf die Mechanik konnte nicht ausbleiben. Die sehr verschiedene Beschleunigung, welche *derselbe* Körper je nach seiner Lage im Weltraum nach der neuen Anschauung darbot, legte sofort den Gedanken eines *variablen* Gewichts nahe, wobei man doch *ein* Merkmal des Körpers als unveränderlich erkannte. Es trennten sich hierdurch zuerst klar die Begriffe der *Masse* und *Gewicht*. Die erkannte Veränderlichkeit der Beschleunigung veranlaßte Newton, durch besondere Versuche die Unabhängigkeit der Schwerebeschleunigung von der chemischen Beschaffenheit zu konstatieren, wodurch neue Anhaltspunkte zur Klarlegung des Verhältnisses von Masse und Gewicht gewonnen wurden, wie wir eingehender zeigen werden. Endlich wurde durch Newtons Leistungen die *allgemeine Anwendbarkeit* des Galileischen *Kraftbegriffs* stärker fühlbar gemacht, als dies je zuvor geschehen war. Man konnte nicht mehr glauben, daß dieser Begriff auf das Fallphänomen und die nächstliegenden Vorgänge allein anwendbar sei. Die Verallgemeinerung vollzog sich nun wie von selbst und ohne ein besonderes Aufsehen zu erregen.

5. Besprechen wir nun eingehender die Leistungen Newtons in bezug auf die *Prinzipien der Mechanik*.[37] Wir wollen uns hierbei zunächst den Anschauungen Newtons hingeben, dieselben dem Gefühl des Lesers nahe zu bringen suchen und nur ganz vorbereitende kritische Bemerkungen machen, die eingehende Kritik für eine spätere Stelle versparend. Als Hauptfortschritte gegen Galilei und Huygens fallen uns beim Durchblättern seines Werkes („Philos. natural. princip. mathemat.", Londini 1687) sofort folgende Punkte auf:
1) Die Verallgemeinerung des Kraftbegriffs.
2) Die Aufstellung des Begriffs „Masse".
3) Die deutliche und allgemeine Formulierung des Satzes vom Kräfteparallelogramm.

4) Die Aufstellung des Prinzips der Gleichheit von Wirkung und Gegenwirkung.

6. In bezug auf den ersten Punkt ist dem Gesagten wenig hinzuzufügen. Newton faßt alle *bewegungsbestimmenden* Umstände, nicht allein die Erdschwere, sondern auch die Anziehung der Planeten, die Wirkung des Magneten usw. als *beschleunigungsbestimmend* auf. Welche Erwägung zu dieser großen und raschen Verallgemeinerung geführt hat, ist schwer nachzuweisen. Besondere Versuche über jede Art von Kräften können wohl nicht angestellt worden sein. Dagegen lag der Gedanke nahe, daß alle Kräfte, die sich als *Druck oder Zug* äußern können, sich auch in bezug auf die Beschleunigung *gleich* verhalten werden. (Vgl. „Erkenntnis und Irrtum", 2. Aufl., 1906, S. 140, 315.[38] Hierbei bemerkt Newton ausdrücklich, daß er mit den Worten „Attraktion" usw. keine Vorstellung über die Ursache oder Art der Wechselwirkung ausdrücken, sondern nur das in den Bewegungsvorgängen sich tatsächlich Aussprechende bezeichnen wolle. Die wiederholte ausdrückliche Versicherung Newtons, daß es ihm nicht um Spekulationen über die verborgenen Ursachen der Erscheinungen, sondern um Untersuchung und Konstatierung des *Tatsächlichen* zu tun sei, die Gedankenrichtung, welche sich deutlich und kurz in seinen Worten „hypotheses non fingo" ausspricht, charakterisiert ihn als einen *Philosophen* von *eminenter* Bedeutung. Er ist nicht begierig, sich durch seine eigenen Einfälle in Erstaunen zu versetzen, überraschen und imponieren zu lassen, er will die *Natur* erkennen.*[39]

---

* Dies zeigt sich in vorzüglicher Weise durch die Regeln zur Erforschung der Natur, welche sich Newton gebildet hat:

„*1. Regel*. An Ursachen zur Erklärung natürlicher Dinge nicht mehr zuzulassen, als wirklich sind und zur Erklärung jener Erscheinungen ausreichen."

„*2. Regel*. Man muß daher, soweit es angeht, gleichartigen Wirkungen dieselben Ursachen zuschreiben. — So dem Atem der Menschen und der Tiere, dem Fall der Steine in Europa und Amerika, dem Licht des Küchenfeuers und der Sonne, der Zurückwerfung des Lichts auf der Erde und den Planeten."

„*3. Regel*. Diejenigen Eigenschaften der Körper, welche weder verstärkt noch vermindert werden können und welche allen Körpern zukommen, an denen man Versuche anstellen kann, muß

Entwicklung der Prinzipien der Dynamik . 217

7. Betreffend den Begriff „*Masse*" bemerken wir zunächst, daß die von Newton gegebene Formulierung, welche die Masse als die durch das Produkt des Volumens und der Dichte bestimmte *Quantität der Materie* eines Körpers bezeichnet, unglücklich ist. Da wir die Dichte doch nur definieren können als die Masse der Volumeneinheit, so ist der Zirkel offenbar. Newton hat deutlich gefühlt, daß jedem Körper ein quantitatives, von seinem Gewicht verschiedenes bewegungsbestimmendes Merkmal anhaftet, welches wir mit ihm Masse nennen, es ist ihm aber nicht gelungen, diese Erkenntnis in korrekter Weise auszusprechen. Wir kommen nochmals auf diesen Punkt zurück und wollen hier vorläufig nur folgendes bemerken.[40]

8. Zahlreiche Erfahrungen, von welchen eine hinreichende Menge Newton zur Verfügung stand, lehren deutlich die Existenz eines vom Gewicht verschiedenen *bewegungsbestimmenden Merkmals*. Baliani in seinem Vorwort zu dem Werk „De motu gravium" (1638) unterscheidet nach G. Vailati zwischen dem Gewicht als Agens und als Patiens, ist also ein Vorläufer Newtons. — Bindet man ein Schwungrad an ein Seil und versucht es über eine Rolle in die Höhe zu ziehen, so

---

man für Eigenschaften aller Körper halten." (Nun folgt die Aufzählung der allgemeinen Eigenschaften, welche in alle Lehrbücher übergegangen ist.)

„Sind endlich alle Körper in der Umgebung der Erde gegen diese schwer, und zwar im Verhältnis der Menge von Materie in jedem; ist der Mond gegen die Erde nach Verhältnis seiner Masse und umgekehrt unser Meer gegen den Mond schwer; hat man ferner durch Versuche und astronomische Beobachtungen erkannt, daß alle Planeten wechselseitig gegeneinander und die Kometen gegen die Sonne schwer sind, so muß man nach dieser Regel behaupten, daß alle Körper *gegeneinander* schwer sind."

„*4. Regel*. In der Experimentalphysik muß man die aus den Erscheinungen durch Induktion geschlossenen Sätze, trotz entgegenstehender Hypothesen, [in der deutschen Ausgabe von Wolfers: „wenn nicht entgegengesetzte Voraussetzungen vorhanden sind" — d. Hrsg.] entweder genau oder sehr nahe für wahr halten, bis andere Erscheinungen auftreten, durch welche sie entweder größere Genauigkeit erlangen oder Ausnahmen unterworfen werden. — Dies muß geschehen, damit nicht das Argument der Induktion durch Hypothesen aufgehoben werde."

empfindet man das *Gewicht* des Schwungrades. Wird aber das Schwungrad auf eine möglichst zylindrische und glatte Achse gesetzt und möglichst gut äquilibriert, so nimmt es vermöge seines Gewichts keine bestimmte Stellung mehr ein. Gleichwohl empfinden wir einen gewaltigen Widerstand, sobald wir das Schwungrad in Bewegung zu setzen oder das bewegte aufzuhalten versuchen. Es ist dies die Erscheinung, welche zur Aufstellung einer besondern Eigenschaft der Trägheit oder gar Kraft der Trägheit veranlaßt hat, was, wie wir gesehen haben und noch weiter beleuchten werden, unnötig ist. Zwei gleiche Lasten, gleichzeitig gehoben, widerstehen durch ihr Gewicht (Fig. 126). Beide, an die Enden einer Schnur

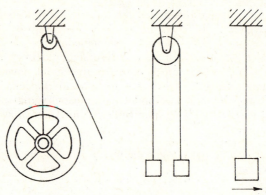

Fig. 126

geknüpft und über eine Rolle geführt, widerstehen der Bewegung oder vielmehr der Geschwindigkeits*änderung* der Rolle durch ihre *Masse*. Ein großes Gewicht, an einen sehr langen Faden als Pendel gehängt, kann mit geringer Mühe mit einer kleinen Fadenablenkung neben der Gleichgewichtslage erhalten werden. Die Gewichtskomponente, die das Pendel in die Gleichgewichtslage treibt, ist sehr gering. Nichtsdestoweniger empfinden wir einen bedeutenden Widerstand, wenn wir das Gewicht rasch bewegen oder anhalten wollen. – Ein Gewicht, das durch einen Luftballon eben getragen wird, setzt, obgleich wir dessen Schwere nicht mehr zu überwinden haben, jeder Bewegung einen fühlbaren Widerstand entgegen.

Nehmen wir hinzu, daß derselbe Körper in verschiedenen geographischen Breiten und an verschiedenen Orten im Weltraum eine sehr ungleiche Schwerebeschleunigung erfährt, so erkennnen wir die Masse als ein vom Gewicht verschiedenes bewegungsbestimmendes Merkmal.

Es soll nun hier noch darauf hingewiesen werden, daß für Newton bei seinem eigentümlichen Entwicklungsgang die Auffassung der Masse als *Quantität der Materie psychologisch* sehr nahe lag. Vor allem können wir kritische Untersuchungen über die Entstehung des Begriffs der Materie in der Newtonschen Zeit von einem Naturforscher nicht erwarten. Der Begriff hat sich ganz instinktiv entwickelt, wird als gegeben vorgefunden und wird mit voller Naivität aufgenommen. Das Gleiche geschieht mit dem Begriff Kraft. Die Kraft erscheint aber an die Materie gebunden. Indem nun gerade Newton allen materiellen Teilen gleichartige Gravitationskräfte zuschreibt, indem er die Kräfte der Weltkörper gegeneinander als die Summe der Kräfte der einzelnen Teile desselben ansieht, aus welchen sie sich zusammensetzen, erscheinen diese Kräfte geradezu an die Quantität der Materie gebunden. Auf letztern Umstand hat Rosenberger („Newton und seine physikalischen Prinzipien", Leipzig 1895, insbesondere S. 192) hingewiesen.

Ich habe anderwärts („Analyse der Empfindungen"[41]) zu zeigen versucht, wie wir durch die Beständigkeit der *Verbindung* verschiedener Sinnesempfindungen zur Annahme einer *absoluten* Beständigkeit geleitet werden, welche wir *Substanz* nennen, wie sich als das erste und nächstliegende Beispiel einer solchen Substanz der von seiner Umgebung unterscheidbare bewegliche *Körper* darbietet. Ist der Körper in gleichartige Teile teilbar, deren jeder einen beständigen Eigenschaftskomplex darbietet, so gelangen wir zur Vorstellung eines Substantiellen, welches *quantitativ* veränderlich ist, das wir *Materie* nennen. Was wir aber von einem Körper wegnehmen, erscheint dafür anderswo. Die gesamte Quantität der Materie zeigt sich *konstant*. Genau genommen haben wir es aber mit so vielen substantiellen Quantitäten zu tun, als die Körper Eigenschaften haben, und für die *Materie* bleibt keine andere Funktion übrig als die, die beständige Verbindung der einzelnen Eigenschaften darzustellen, von welchem die *Masse* nur *eine* ist. (Vgl. „Prinzipien der Wärmelehre", 1896, S. 425.[42]

9. Wichtig ist der Nachweis Newtons, daß unter gewissen besondern Umständen die Masse eines Körpers nach dem Gewicht geschätzt werden kann. Denken wir uns einen Körper auf einer Unterlage ruhend (Fig. 127), auf welche er durch sein Gewicht einen Druck ausübt. Es liegt die Bemerkung nahe, daß 2, 3 solche Körper oder die Hälfte, ein Drittel derselben auch den 2-, 3-, $\frac{1}{2}$-, $\frac{1}{3}$-fachen Druck hervorbringen. Denken wir uns die Fallbeschleunigung vergrößert, verkleinert oder verschwunden, so werden wir erwarten, daß auch der Druck sich vergrößert, verkleinert oder verschwindet. Wir *sehen* also, daß der Gewichtsdruck mit der „Menge der Materie" und mit der Größe der Fallbeschleunigung wächst, abnimmt und verschwindet. Wir fassen den Druck p in der einfachsten Weise als quantitativ darstellbar durch das Produkt aus der Menge der Materie m und der Fallbeschleunigung g auf, $p = mg$. Nehmen wir nun zwei Körper an, welche beziehungsweise den Gewichtsdruck p, p' ausüben, denen wir die „Mengen der Materie" m, m' zuschreiben und welche den Fallbeschleunigungen g, g' unterliegen, so ist $p = mg$ und $p' = m'g'$. Könnten wir nun nachweisen, daß unabhängig von der materiellen (chemischen) Beschaffenheit an demselben Ort der Erde $g = g'$, so wäre $\frac{m}{m'} = \frac{p}{p'}$, es könnte also die *Masse* an demselben Ort der Erde durch das *Gewicht gemessen* werden.

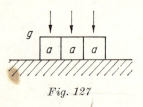

Fig. 127

Die Unabhängigkeit des g von der chemischen Beschaffenheit hat Newton durch gleichlange Pendel von *verschiedenem* Material konstatiert, welche trotzdem *gleiche* Schwingungsdauer zeigten. Hierbei hat er die Störungen durch den Luftwiderstand eingehend berücksichtigt. Man beseitigt den Einfluß desselben, indem man aus verschiedenem Material gleich große Pendelkugeln anfertigt, deren Gewicht durch Aushöhlen ausgeglichen ist. Alle Körper können demnach als mit demselben g behaftet angesehen und ihre Materiemenge oder Masse kann nach Newton durch ihr Gewicht gemessen werden.

Denken wir uns zwischen eine Reihe von Körpern und einen Magnet eine Scheidewand gebracht, so werden bei hinreichender Stärke des Magnets diese Körper, wenigstens die Mehrzahl derselben, einen Durck auf die Scheidewand ausüben. Niemand wird aber auf den Einfall kommen, diesen magnetischen Druck in derselben Weise wie den Gewichtsdruck als Massenmaß zu verwenden. Die zu offenbare Ungleichheit der durch den Magnet verschiedenen Körpern beigebrachten Beschleunigung läßt einen solchen Gedanken gar nicht aufkommen. Der Leser merkt übrigens, daß diese ganze Überlegung noch eine bedenkliche Seite hat, insofern sie den Massebegriff, der bisher immer nur *genannt* und als *Bedürfnis*, aber nicht *definiert* wird, *voraussetzt*.

10. Von Newton rührt die klare Formulierung des Prinzips der Zusammensetzung der Kräfte her.* Wird ein Körper von zwei Kräften gleichzeitig ergriffen (Fig. 128), von welchen die eine die Bewegung AB, die andere die Bewegung AC in derselben Zeit hervorrufen würde, so bewegt sich der Körper, weil beide Kräfte und die von denselben erzeugten Bewegungen *voneinander unabhängig* sind, in derselben Zeit nach AD. Diese Auffassung ist vollkommen natürlich und bezeichnet doch deutlich den wesentlichen Punkt. Sie enthält nichts von dem Künstlichen nnd Geschraubten, das man nachher in die Lehre von der Zusammensetzung der Kräfte gebracht hat.

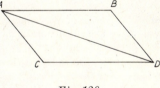

Fig. 128

Wir können den Satz noch etwas anders ausdrücken, um ihn der heutigen Form näherzubringen. Die Beschleunigungen, welche verschiedene Kräfte demselben Körper beibringen, sind zugleich das Maß dieser Kräfte. Den Beschleunigungen proportional sind aber auch die in gleichen Zeiten zurückge-

---

* Hier sind auch Robervals (1668) und Lamis (1687) Leistungen betreffend die Lehre von der Zusammensetzung der Kräfte zu erwähnen. Varignons wurde bereits gedacht.

legten Wege; letztere können also selbst als Maß der Kräfte dienen. Wir können also sagen: Wirken auf den Körper A nach den Richtungen AB und AC zwei Kräfte, welche den Linien AB und AC proportional sind, so tritt eine Bewegung ein, die auch durch eine dritte Kraft allein, welche nach der Diagonale des über AB, AC konstruierten Parallelogramms gerichtet und dieser proportional ist, hervorgebracht werden könnte. Letztere Kraft vermag also die beiden andern zu ersetzen. Sind nämlich φ und ψ die beiden nach AB und AC auftretenden Beschleunigungen, so ist für eine gewisse Zeit t $AB = \dfrac{\varphi t^2}{2}$, $AC = \dfrac{\psi t^2}{2}$. Denken wir uns AD durch *eine* Kraft (welche die Beschleunigung χ bedingt) in derselben Zeit hervorgebracht, so haben wir

$$AD = \frac{\chi t^2}{2} \quad \text{und} \quad AB : AC : AD = \varphi : \psi : \chi.$$

Erkennt man die Unabhängigkeit der Kräfte voneinander, so ergibt sich das Prinzip des Kräfteparallelogramms ohne Schwierigkeit aus dem Galileischen Kraftbegriff. Ohne die Annahme der Unabhängigkeit das Prinzip herauszuphilosophieren, würde man sich vergeblich bemühen.

11. Vielleicht die wichtigste Leistung Newtons in bezug auf die Prinzipien ist die deutliche und allgemeine Formulierung des Prinzips der *Gleichheit von Wirkung und Gegenwirkung*, von Druck und Gegendruck. Fragen über die Bewegung von Körpern, welche sich gegenseitig beeinflussen, können nicht durch die Galileischen Prinzipien allein gelöst werden. Es ist ein neues Prinzip nötig, welches eben die Wechselwirkung bestimmt. Ein solches Prinzip ist das von Huygens zur Untersuchung des Schwingungsmittelpunkts herangezogene, ein solches ist auch das Newtonsche Prinzip der Gleichheit von Wirkung und Gegenwirkung.

Ein Körper, der einen andern drückt oder zieht, wird nach Newton von dem andern ebensoviel gedrückt oder gezogen. Druck und Gegendruck, Kraft und Gegenkraft sind einander stets gleich. Da Newton die in der Zeiteinheit erzeugte Bewegungsgröße (Masse × Geschwindigkeit) als Kraftmaß definiert, so folgt, daß aufeinander wirkende Körper sich in gleichen Zeiten gleiche entgegengesetzte Bewegungsgrößen erteilen oder entgegengesetzte ihren Massen umgekehrt proportionierte Geschwindigkeiten annehmen.

Obgleich nun das Newtonsche Prinzip in seinem Ausdruck viel einfacher, naheliegender und auf den ersten Blick annehmbarer erscheint als das Huygenssche, so findet man doch, daß es keineswegs weniger unanalysierte Erfahrung, weniger Instinktives enthält. Ohne Frage ist die erste Anregung zur Aufstellung des Prinzips rein instinktiver Natur. Man weiß, daß man erst dann, wenn man sich bemüht, einen Körper in Bewegung zu setzen, von diesem Körper einen Widerstand erfährt. Je rascher wir einen großen Stein fortzuschleudern suchen, desto mehr wird unser eigener Leib zurückgedrängt. Druck und Gegendruck gehen parallel. Die Annahme der Gleichheit von Druck und Gegendruck liegt nahe, wenn wir uns (nach Newtons eigener Erläuterung) zwischen zwei Körpern ein gespanntes Seil, eine gespannte oder gedrückte Spiralfeder denken.[43]

Instinktive, der Statik angehörige Erkenntnisse, welche die Gleichheit von Druck und Gegendruck enthalten, gibt es sehr viele. Die triviale Erfahrung, daß niemand sich selbst durch Ziehen an seinem Stuhl in die Luft erheben kann, ist eine solche. In einem Scholion, in welchem Newton die Physiker Wren, Huygens und Wallis als Vorgänger in bezug auf die Benutzung des Prinzips anführt, stellt er auch analoge Überlegungen an. Er denkt sich die Erde, deren einzelne Teile gegeneinander gravitieren, durch irgendeine Ebene geteilt. Wäre der Druck des einzelnen Teils auf den andern nicht gleich dem Gegendruck, so müßte sich die Erde nach der Richtung des größern Drucks bewegen. Die Bewegung eines Körpers kann aber nach unserer Erfahrung nur durch andere Körper außerhalb desselben bestimmt sein. Zudem könnte man sich die genannte Teilungsebene beliebig legen, und die Bewegungsrichtung wäre daher ganz unbestimmt.

12. Die Unklarheit des Massenbegriffes macht sich aufs neue fühlbar, sobald wir das Prinzip der Gleichheit von Wirkung und Gegenwirkung dynamisch verwenden wollen. Druck und Gegendruck mögen gleich sein. Woher wissen wir aber, daß gleiche Drucke den Massen verkehrt proportionale Geschwindigkeiten erzeugen? Newton fühlt auch wirklich das Bedürfnis, diesen Grundsatz durch die Erfahrung zu er-

härten. Er führt in seinem Scholion die Stoßexperimente von Wren für seinen Satz an und stellt selbst Experimente an. Er schließt in ein verkorktes Gläschen einen Magnet, in ein anderes ein Stück Eisen ein, setzt beide auf Wasser und überläßt sie ihrer gegenseitigen Einwirkung. Die Gläschen nähern sich, stoßen aneinander, bleiben aneinander haften und verharren nachher in Ruhe. Dies spricht für die Gleichheit von Druck und Gegendruck und auch für gleiche und entgegengesetzte Bewegungsquantitäten (wie wir bei Besprechung der Stoßgesetze sehen werden).

13. Der Leser hat schon gefühlt, daß die verschiedenen Aufstellungen Newtons in bezug auf die Masse und das Gegenwirkungsprinzip miteinander *zusammenhängen*, daß eine durch die andere gestützt wird. Die zugrunde liegenden Erfahrungen sind: die instinktive Erkenntnis des Zusammenhangs von Druck und Gegendruck, die Erkenntnis, daß Körper unabhängig von ihrem Gewicht, aber dem Gewicht entsprechend der Geschwindigkeitsänderung widerstehen, die Bemerkung, daß Körper von größerm Gewicht unter gleichem Druck kleinere Geschwindigkeiten annehmen. Newton hat vortrefflich gefühlt, *welche* Grundbegriffe und Grundsätze der Mechanik notwendig sind. Die *Form* seiner Aufstellungen läßt jedoch, wie wir noch eingehender zeigen werden, manches zu wünschen übrig. Wir haben kein Recht, seine Leistung deshalb zu unterschätzen, denn er hatte die größten Schwierigkeiten zu überwinden und ist denselben weniger als alle andern Forscher aus dem Wege gegangen.

14. Newtons Leistungen beschränken sich nicht auf das Gebiet, welches Gegenstand unserer Darstellung ist. Schon die Prinzipien der Naturphilosophie gehen über die Behandlung der eigentlichen Mechanik hinaus.[44] Die Bewegung in widerstehenden Mitteln, die Bewegung der Flüssigkeiten auch unter dem Einfluß der Reibung wird daselbst behandelt, die Fortpflanzungsgeschwindigkeit des Schalls wird zum erstenmal theoretisch abgeleitet. Eine Reihe der wichtigsten Entdeckungen enthalten aber die optischen Werke Newtons. Hier zeigt er die prismatische Auflösung des Lichts, die Zusammensetzung des weißen Lichts aus ungleich brechbaren verschiedenfarbigen Bestandteilen, an welche er den Nachweis der Periodizität des Lichts und die Bestimmung der von der Farbe und

Isaac Newton

Brechbarkeit abhängigen Periodenlänge anschließt. Auch das Wesentliche der Polarisation hat Newton zuerst erfaßt. Andere Studien führten ihn zur Aufstellung seines Abkühlungsgesetzes und des hierauf gegründeten thermometrischen oder pyrometrischen Prinzips. In den Abhandlungen über Optik hat Newton die Wege zu seinen Entdeckungen mit rückhaltloser Offenheit dargelegt. Wie es scheint, haben die unangenehmen Streitigkeiten, in welche ihn diese ersten Publikationen verwickelten, auf die Darstellung in den Prinzipien Einfluß genommen. Hier gibt er in synthetischer Form die Beweise für die gefundenen Sätze, ohne die Methoden zu enthüllen, die ihn zu denselben geführt haben. Der erbitterte Streit zwischen Newton und Leibniz, beziehungsweise deren Anhängern, über die Priorität der Erfindung der Infinitesimalrechnung wurde wesentlich durch die späte Publikation von Newtons Fluxionsmethode bedingt. Heute sieht man wohl klar, daß beide Forscher ihre Anregung bei den Vorgängern fanden, ohne voneinander entlehnen zu müssen, daß die Erfindungsgedanken genügend vorbereitet waren, um in verschiedener Form hervortreten zu können. Die vorbereitenden Arbeiten von Kepler, Galilei, Descartes, Fermat, Roberval, Cavaleri, Guldin, Wallis, Barrow waren beiden zugänglich.[45]

4. *Erörterung und Veranschaulichung des Gegenwirkungsprinzips*

1. Wir wollen uns nun einen Augenblick dem Newtonschen Gedanken hingeben und das Gegenwirkungsprinzip unserm Gefühl und unserer Anschauung näher zu bringen suchen. Wenn zwei Massen M und m (Fig. 129) aufeinander wirken, so erteilen sie sich nach Newton *entgegengesetzte* Geschwindigkeiten V und v, welche sich verkehrt wie die Massen verhalten, so daß

$$MV + mv = 0 \ .$$

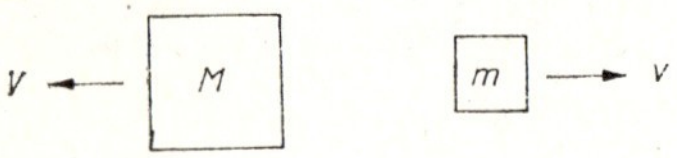

Fig. 129 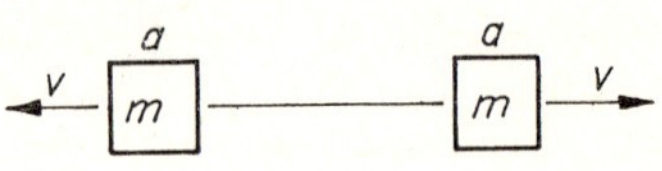 *Fig. 130*

Entwicklung der Prinzipien der Dynamik

Man kann diesem Grundsatz den Anschein großer Evidenz durch folgende Betrachtung geben. Wir denken uns zunächst zwei vollkommen (auch in chemischer Beziehung) *gleiche* Körper *a* (Fig. 130).

Stellen wir dieselben einander gegenüber und lassen wir sie aufeinander wirken, so ist bei Ausschließung des Einflusses eines dritten Körpers und des Beschauers die Erteilung von *gleichen* entgegengesetzten Geschwindigkeiten nach der Richtung der Verbindungslinie die einzige *eindeutig* bestimmte Wechselwirkung.[46]

Nun stellen wir (Fig. 131) m solcher Körper a in A zusammen und stellen denselben m' solcher Körper a in B entgegen. Wir haben also Körper, deren Materiemengen oder Massen sich wie $m:m'$ verhalten. Die Distanz beider Gruppen nehmen wir so groß, daß wir von der Ausdehnung der Körper absehen können. Betrachten wir nun die Beschleunigungen α, welche je zwei Körper a sich erteilen, als voneinander unabhängig. Jeder Teil in A wird nun durch B die Beschleunigung $m'\alpha$, jeder Teil in B durch A die Beschleunigung $m\alpha$ erhalten, welche Beschleunigungen also den Massen verkehrt proportioniert sein werden.

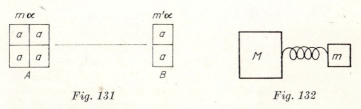

Fig. 131   *Fig. 132*

2. Wir stellen uns nun eine Masse M mit einer Masse m (beide bestehend aus lauter gleichen Körpern a) elastisch verbunden vor (Fig. 132). Die Masse m erhalte durch eine *äußere* Ursache eine Beschleunigung φ. Sofort tritt eine Zerrung an der Verbindung auf, wodurch einerseits m verzögert, M aber beschleunigt wird. Sobald sich beide Massen mit derselben Beschleunigung bewegen, hat die *weitere* Zerrung der Verbindung ein Ende. Nennen wir α die Beschleunigung von M, β die Verminderung der Beschleunigung von m, so ist dann

$$\alpha = \varphi - \beta,$$

wobei nach dem Frühern $\alpha M = \beta m$. Hieraus folgt
$$\alpha + \beta = \alpha + \frac{\alpha M}{m} = \varphi \quad \text{oder} \quad \alpha = \frac{m\varphi}{M+m}.$$

Wollte man noch mehr auf die Einzelheiten des Vorgangs eingehen, so würde man erkennen, daß die beiden Massen neben ihrer fortschreitenden Bewegung meist noch eine schwingende Bewegung gegeneinander ausführen. Entwickelt die Verbindung schon bei geringer Zerrung eine große Spannung, so kann es zu keiner großen Schwingungsweite kommen, und man kann von dieser schwingenden Bewegung ganz absehen, wie wir es getan haben.

Wenn wir den Ausdruck $\alpha = \frac{m\varphi}{M+m}$, welcher die Beschleunigung des ganzen Systems bestimmt, in Augenschein nehmen, so sehen wir, daß das Produkt m bei dieser Bestimmung eine ausgezeichnete Rolle spielt. Es ist deshalb dieses Produkt einer Masse in die derselben erteilte Beschleunigung von Newton mit dem Namen „*bewegende Kraft*" belegt worden. Dagegen stellt $M+m$ die Gesamtmasse des starren Systems vor. Wir erhalten also die Beschleunigung einer Masse m', auf welche die bewegende Kraft p wirkt, durch den Ausdruck $\frac{p}{m'}$.

3. Um zu diesem Resultat zu kommen, ist es durchaus nicht notwendig, daß die beiden miteinander verbundenen Massen in allen Teilen direkt aufeinander wirken. Nehmen wir die drei Massen m_1, m_2, m_3 (Fig. 133) als miteinander verbunden an, wobei aber m_1 bloß auf m_2, m_3 nur auf m_2 wirken soll. Die Masse m_1 erhalte durch eine äußere Ursache die Beschleunigung φ. Bei der Zerrung erhalten

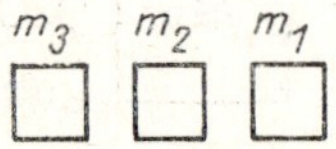

Fig. 133

die Massen ...	m_3	m_2	m_1
die Beschleunigungen	$+\delta$	$+\beta$	$+\varphi$
		$-\gamma$	$-\alpha$

Hierbei sind alle Beschleunigungen nach rechts positiv, nach links negativ gerechnet, und es ist ersichtlich, daß die Zerrung nicht weiter wächst,

wenn $\quad \delta = \beta - \gamma, \quad \delta = \varphi - \alpha,$
wobei $\quad \delta m_3 = \gamma m_2, \quad \alpha m_1 = \beta m_2.$

Die Auflösung dieser Gleichungen liefert die gemeinschaftliche Beschleunigung

$$\delta = \frac{m_1 \varphi}{m_1 + m_2 + m_3},$$

also ein Resultat von derselben Form wie zuvor. Wenn also ein Magnet auf ein Stück Eisen wirkt, welches mit einem Stück Holz verbunden ist, so brauchen wir uns nicht darum zu kümmern, welche Holzteile direkt oder indirekt (mit Hilfe anderer Holzteile) durch die Bewegung des Eisenstücks gezerrt werden. Die angestellten Überlegungen dürften dazu beigetragen haben, uns die große Bedeutung der Newtonschen Aufstellungen für die Mechanik fühlbar zu machen. Zugleich werden sie später dazu dienen, die Mängel dieser Aufstellungen leichter klarzulegen.

4. Wenden wir uns nun zu einigen anschaulichen physikalischen Beispielen für das Gegenwirkungsprinzip. Betrachten wir eine Last L auf einem Tisch T (Fig. 134). Der Tisch wird nur *insofern* durch die Last gedrückt, als er umgekehrt die Last drückt, dieselbe also am Fallen *hindert*. Heißt p das Gewicht, m die Masse und g die Beschleunigung der Schwere, so ist nach Newtons Anschauung $p = mg$.

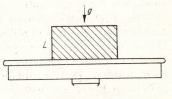

Fig. 134

Lassen wir den Tisch mit der Beschleunigung des freien Falles g sich abwärts bewegen, so hört jeder Druck auf denselben auf. Wir erkennen also, daß der Druck auf den Tisch durch die Relativbeschleunigung der Last gegen den Tisch bestimmt ist. Fällt oder steigt der Tisch mit der Beschleunigung γ, so ist beziehungsweise der Druck auf denselben $m(g-\gamma)$ und $m(g+\gamma)$. Man bemerke aber wohl, daß durch eine *konstante* Fall- oder Steig*geschwindigkeit* keine Änderung des Verhältnisses herbeigeführt wird. Die Relativ*beschleunigung* ist maßgebend.

Galilei kannte dieses Verhältnis sehr wohl. Die Meinung der Aristoteliker, daß Körper von größerm Gewicht rascher fallen, widerlegte er nicht nur durch Experimente, sondern er trieb seine Gegner auch logisch in die Enge.[47] Der größere Körper fällt schneller, sagten die Aristoteliker, weil die obern Teile auf den untern lasten und deren Fall beschleunigen. Dann, meint Galilei, muß wohl ein kleinerer Körper, mit einem größern verbunden, wenn ersterer an sich die Eigenschaft hat, langsamer zu fallen, den größern verzögern. Es fällt also dann ein größerer Körper langsamer als der kleinere. Die ganze Grundannahme, sagt Galilei, sei falsch, denn *ein* Teil eines *fallenden* Körpers kann durch sein Gewicht den *andern* gar nicht drücken.

Ein Pendel mit der Schwingungsdauer $T = \pi \sqrt{\frac{l}{g}}$ würde, wenn die Achse die Beschleunigung γ abwärts erhielte, die Schwingungsdauer $T = \pi \sqrt{\frac{l}{g-\gamma}}$ annehmen und im freien Fall eine unendliche Schwingungsdauer erhalten, d. h. aufhören zu schwingen.

Wenn wir selbst von einer Höhe herabspringen oder fallen, haben wir ein eigentümliches Gefühl, welches durch die Aufhebung des Gewichtsdrucks der Körperteile aufeinander, des Blutes usw. bedingt sein muß. Ein ähnliches Gefühl, als ob der Boden unter uns versinken würde, müßten wir auf einem kleinern Weltkörper haben, wenn wir plötzlich dorthin versetzt würden. Das Gefühl des fortwährenden Erhebens, wie bei einem Erdbeben, würde sich auf einem größern Weltkörper einstellen.

5. Diese Verhältnisse werden durch einen von Poggendorff konstruierten Apparat (Fig. 135a) sehr schön erläutert. Über eine Rolle c am Ende eines Waagebalkens wird ein beiderseits mit dem Gewicht P belasteter Faden gelegt. Man legt einerseits das Gewicht p hinzu (Fig. 135b) und bindet es an der Achse der Rolle durch einen dünnen Faden fest. Die Rolle trägt nun das Gewicht $2P+p$. Sobald man aber den Faden des Übergewichts p abbrennt, beginnt eine gleichförmig beschleunigte Bewegung mit der Beschleunigung γ, mit welcher $P+p$ sinkt und andererseits P steigt. Hierbei wird nun die Belastung der Rolle geringer, wie man am Ausschlag der Waage erkennt. Das sinkende Gewicht P wird durch das steigende P kompensiert, dagegen wiegt das Zuleggewicht statt p nunmehr $\frac{p}{g} \cdot (g-\gamma)$.

Entwicklung der Prinzipien der Dynamik

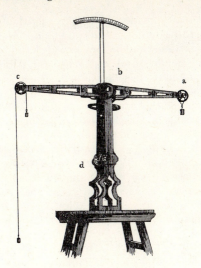

Fig. 135 a

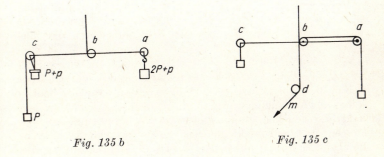

Fig. 135 b   *Fig. 135 c*

Da nun $=\dfrac{p}{2P+p}\cdot g$, so hat man anstatt p das Gewicht $p\cdot\dfrac{2P}{2P+p}$ als Belastung der Rolle anzusehen. Das nur teilweise an seiner Fallbewegung gehinderte Gewicht drückt nur teilweise auf die Rolle.

Man kann den Versuch variieren. Man führt einen einerseits dem Gewicht P belasteten Faden über die Rollen a, b, d des

Apparats, wie dies in der Fig. 135 c angedeutet ist, bindet das unbelastete Ende bei *m* fest und äquilibriert die Waage. Zieht man an dem Faden bei *m*, so kann dies, weil die Fadenrichtung genau durch die Achse der Waage geht, keine *direkte* Wirkung auf dieselbe haben. Doch sinkt sofort die Seite *a*. Jedes Nachlassen des Fadens bringt *a* zum Steigen. Die *unbeschleunigte* Bewegung des Gewichts würde das Gleichgewicht nicht stören. Man kann aber nicht *ohne* Beschleunigung von der Ruhe zur Bewegung übergehen.

6. Eine Erscheinung, welche auf den ersten Blick auffällt, ist die, daß in einer Flüssigkeit spezifisch schwerere oder leichtere Körperchen, wenn sie nur hinreichend klein sind, sehr lange suspendiert bleiben können. Man erkennt jedoch, daß solche Teilchen die Flüssigkeitsreibung zu überwinden haben. Teilt man den Würfel der Fig. 136 durch die angedeuteten 3 Schnitte in 8 Teile, die man nebeneinander legt, so bleibt die Masse und das Übergewicht gleich, der Querschnitt und die Oberfläche aber, mit welchen die Reibung Hand in Hand geht, wird verdoppelt.

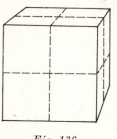

Fig. 136

Es ist nun gelegentlich die Ansicht aufgetreten, daß derartige suspendierte Teilchen auf das durch ein eingetauchtes Aräometer angezeigte spezifische Gewicht keinen Einfluß hätten, weil diese Teilchen ja selbst nur Aräometer wären. Man überlegt aber leicht, daß, sobald diese Teilchen mit konstanter Geschwindigkeit sinken oder steigen, was bei sehr kleinen Teilchen sofort eintritt, die Wirkung auf die Waage und das Aräometer dieselbe sein muß. Denkt man sich das Aräometer um seine Gleichgewichtslage schwingend, so merkt man, daß die Flüssigkeit mit ihrem ganzen Inhalt mitbewegt werden muß. Man ist also, das Prinzip der virtuellen Verschiebungen anwendend, nicht darüber im Zweifel, daß auch das Aräometer das mittlere spezifische Gewicht angeben muß. Von der Unhaltbarkeit der Regel, nach welcher das Aräometer nur das spezifische Gewicht der Flüssigkeit und nicht auch jenes der suspendierten Teile anzeigen soll, überzeugt man sich durch folgende Überlegung. In einer Flüssigkeit A sei eine kleinere Menge einer schwerern Flüssigkeit B fein in Tropfen verteilt. Das Aräometer zeige nur das spezifische Gewicht von A an. Nimmt man nun von der Flüssigkeit B immer mehr, zuletzt ebensoviel als von A, so kann man nicht mehr sagen, welche Flüssigkeit in der andern suspendiert ist, welches spezifische Gewicht also das Aräometer anzeigen soll.

7. Eine großartige Erscheinung, in welcher sich die Relativbeschleunigung der Körper als maßgebend für ihren gegenseitigen Druck äußert, ist das Flutphänomen. Wir wollen dasselbe hier nur insofern betrachten, als es zur Erläuterung des berührten Punkts dienen kann. Der Zusammenhang des Flutphänomens mit der Mondbewegung äußert sich durch die Übereinstimmung der Flutperiode mit der Mondperiode, durch die Verstärkung der Flut beim Vollmond und Neumond, durch die tägliche Flutverspätung (um 50 Minuten) entsprechend der Verspätung der Mondkulmination usw. In der Tat hat man schon sehr früh an einen Zusammenhang beider Vorgänge gedacht. Man stellte sich in der Newtonschen Zeit eine Art Luftdruckwelle vor, mit Hilfe welcher der Mond bei seiner Bewegung die Flutwelle erregen sollte.

Das Flutphänomen macht auf jeden, der es zum erstenmal in seiner ganzen Größe beobachtet, einen überwältigenden Eindruck. Wir dürfen uns also nicht wundern, daß es die Forscher aller Zeiten lebhaft beschäftigt hat. Die Krieger Alexanders des Großen kannten vom Mittelmeer her kaum einen Schatten des Flutphänomens und wurden daher durch die gewaltige Flut an der Mündung des Indus nicht wenig überrascht, wie wir dies aus der Beschreibung des *Curtius Rufus* („Von den Taten Alexanders des Großen", Lib. IX, Cap. 34—37) entnehmen, die wir hier wörtlich folgen lassen.

„34. Als sie nun etwas langsamer, weil sie in ihrem Lauf durch die Meeresflut zurückgetrieben wurden, eine andere mitten im Strom gelegene Insel erreichten, so legten sie mit der Flotte an und zerstreuten sich, um Proviant zu suchen, ohne Ahnung von dem Ereignis, das die Unkundigen überraschte.

35. Es war um die dritte Stunde, als der Ozean mit seinem stetigen Flutwechsel anzurücken und den Fluß zurückzudrängen begann. Erst gestaut, dann heftiger zurückgetrieben, strömte dieser mit größerer Gewalt nach entgegengesetzter

Richtung, als Gießbäche im abschüssigen Bett einherschießen. Der Menge war die Natur des Meeres unbekannt, und man glaubte ein Wunder und ein Zeichen des göttlichen Zornes zu sehen. Mit immer erneutem Andrang ergoß sich das Meer auch auf die kurz zuvor trocknen Gefilde. Und schon waren die Fahrzeuge in die Höhe gehoben und die ganze Flotte zerstreut, als von allen Seiten die ans Land Gesetzten erschreckt und bestürzt durch das unerwartete Unglück zurückrannten. Aber bei Verwirrung fördert auch Eile nicht. Die einen stießen die Schiffe mit Stangen ans Land, andere waren, während sie das Zurechtmachen der Ruder hinderten, festgefahren. Manche hatten bei ihrer Eile abzustoßen, nicht auf ihre Kameraden gewartet und brachten nun die lahmen und unlenkbaren Schiffe nur in matte Bewegung; andere Schiffe hatten die sich unbedacht auf sie Stürzenden nicht aufnehmen können, und es war gleichzeitig Überfülle und mangelhafte Bemannung, was die Eile hemmte. Das Geschrei, hier, man solle warten, dort, man solle abstoßen, und die widerstreitenden Rufe der niemals ein und dasselbe Wollenden hatten alle Möglichkeit benommen zu sehen und zu hören. Selbst bei den Steuerleuten war nicht die geringste Hilfe, da weder ihr Ruf von den Tobenden vernommen werden konnte, noch ihr Befehl von den Erschrockenen und Verwirrten beachtet wurde. Also begannen die Schiffe gegeneinander zu stoßen, sich wechselseitig die Ruder abzubrechen und ein Fahrzeug auf das andere loszudrängen. Man konnte glauben, es fahre da nicht die Flotte ein und desselben Heeres, sondern zwei verschiedene seien in einem Schiffskampf begriffen. Vorderteile schmetterten gegen Hinterteile; die eben die Vordern in Verwirrung gebracht hatten, sahen sich von den Folgenden bedrängt, und der Zorn der Streitenden steigerte sich bis zum Handgemenge.

36. Und bereits hatte die Flut die ganzen Gefilde um den Strom unter Wasser gesetzt, so daß nur noch die Hügel wie kleine Inseln hervorragten; diese schwimmend zu erreichen, eilten sehr viele in ihrer Angst, nachdem sie die Hoffnung auf die Schiffe aufgegeben. Zerstreut befand sich die Flotte teils auf sehr tiefem Wasser, wo Talsenkungen waren, teils saß sie auf Untiefen, wie eben die Wellen die ungleichen Bodenerhebungen bedeckt hatten: da wurde ihnen plötzlich ein neuer und größerer Schrecken eingejagt. Das Meer begann sich zu-

rückzuziehen, indem die Gewässer in langem Wogenzug an ihren Ort zurückrannen, um das kurz zuvor unter tiefer Salzflut versenkte Land wieder herauszugeben. Die also vom Wasser verlassenen Schiffe stürzten die einen nach vorn über, andere legten sich auf die Seite; die Gefilde waren mit Gepäck, Waffen und Stücken losgebrochener Bretter und Ruder bestreut. Die Soldaten wagten weder heraus aufs Land zu gehen, noch im Schiff zu bleiben, immer noch Weiteres und Schlimmeres als das Gegenwärtige erwartend. Kaum trauten sie ihren eigenen Augen über das, was sie erfahren, auf dem Trocknen ein Schiffbruch, im Strom ein Meer. Auch war des Unglücks kein Ende zu sehen. Denn unbekannt damit, daß die Flut in kurzem das Meer zurückbringen und die Schiffe flott machen werde, prophezeiten sie sich Hunger und die äußerste Not. Es krochen auch schreckliche Tiere, von den Fluten zurückgelassen, umher.

37. Schon brach die Nacht herein, und selbst der König war durch die Verzweiflung an ihrer Rettung schwer bekümmert. Dennoch überwältigten die Sorgen seinen unbesiegbaren Mut nicht, sondern die ganze Nacht blieb er unablässig auf der Ausschau und schickte Reiter an die Flußmündung voraus, um, sobald sie das Meer wieder heraufluten sähen, vorauszueilen. Auch gebot er, die geborstenen Fahrzeuge wieder auszubessern und die von den Fluten umgestürzten wieder aufzurichten und fertig bei der Hand zu sein, sobald wieder das Land vom Meer überschwemmt würde. Nachdem er so die ganze Nacht unter Wachen und Ermahnungen zugebracht hatte, kamen die Reiter eiligst im schnellsten Lauf zurückgesprengt, und ebenso schnell folgte die Flut. Erst begann diese mit ihren im leisen Wellenzug nahenden Gewässern die Schiffe zu heben, bald aber setzte sie, das ganze Gefilde überschwemmend, die Flotte auch in Bewegung. Am ganzen Küsten- und Ufersaum erschallte das Beifallsklatschen der Soldaten und Schiffsleute, die mit maßloser Freude ihre unverhoffte Rettung feierten. Woher doch, fragten sie verwundert, so plötzlich diese große Meeresflut zurückgekehrt? wohin sie gestern entwichen sei? und wie die Beschaffenheit dieses bald zwieträchtigen, bald dem Gesetz bestimmter Zeiten gehorchenden Elements? Da der König aus dem Hergang des Geschehenen schloß, daß nach Sonnenuntergang der

bestimmte Zeitpunkt eintrete, so fuhr er, um der Flut zuvorzukommen, gleich nach Mitternacht mit einigen wenigen Schiffen den Fluß hinunter, und als er dessen Mündung hinter sich hatte, schiffte er noch, sich endlich am Ziel seiner Wünsche sehend, 400 Stadien weit in das Meer hinein. Dann brachte er den Gottheiten des Meeres und jener Gegend ein Opfer und kehrte zur Flotte zurück."

8. Wesentlich ist bei Erklärung der Flut, daß die Erde als starrer Körper nur *eine* bestimmte Beschleunigung gegen den Mond annehmen kann, während die beweglichen Wasserteile auf der dem Mond zugewandten und abgewandten Seite *verschiedene* Beschleunigungen erhalten können.

Wir betrachten an der Erde E, welcher der Mond M gegenübersteht, drei Punkte A, B, C (Fig. 137, 138).

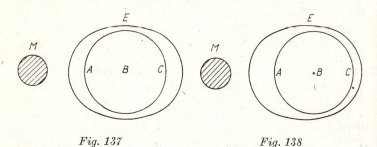

Fig. 137 *Fig. 138*

Die Beschleunigung der drei Punkte gegen den Mond, wenn wir sie als freie Punkte ansehen, ist beziehungsweise $\varphi + \Delta\varphi$, φ, $\varphi - \Delta\varphi$. Die gesamte Erde als starrer Körper nimmt hingegen die Beschleunigung φ an. Die Beschleunigung gegen den Erdmittelpunkt nennen wir g. Bezeichnen wir nun alle Beschleunigungen nach links negativ, alle nach rechts positiv, so haben

die freien Punkte	A	B	C
die Beschleunigungen	$-(\varphi+\Delta\varphi)$	$-\varphi$	$-(\varphi-\Delta\varphi)$
	$+g$		$-g$
die Beschleunigung der Erde ist	$-\varphi$	$-\varphi$	$-\varphi$
demnach die Beschleunigung gegen die Erde	$g-\Delta\varphi$	0	$-(g-\Delta\varphi)$.

Wir sehen also, daß das Wassergewicht in A und C um den gleichen Betrag vermindert erscheint. Das Wasser wird in A und C höher stehen; es wird täglich zweimal eine Flutwelle erscheinen.

Es wird nicht immer genügend hervorgehoben, daß die Erscheinung eine wesentlich andere sein müßte, wenn Mond und Erde nicht in beschleunigter Bewegung gegeneinander begriffen, sondern in relativer Ruhe fixiert wären. Modifizieren wir die Betrachtung für diesen Fall, so haben wir in der obigen Berechnung für die starre Erde einfach $\varphi = 0$ zu setzen. Dann erhalten

	A	C
die freien Punkte		
die Beschleunigungen	$-(\varphi + \Delta\varphi)$	$-(\varphi - \Delta\varphi)$
	$+g$	$-g$
oder	$(g-\Delta\varphi)-\varphi$	$-(g-\Delta\varphi)-\varphi$
oder	$g'-\varphi$	$-(g'+\varphi),$

wobei $g' = g - \Delta\varphi$ gesetzt würde. Dann würde also in A das Wassergewicht verkleinert, in C vergrößert, der Wasserstand in A erhöht, in C erniedrigt werden. Es würde nur auf der dem Mond zugekehrten Seite das Wasser gehoben.

9. Es verlohnt sich wohl kaum der Mühe, Sätze, welche man am besten auf deduktivem Wege erkennt, durch Experimente zu erläutern, die nur schwierig anzustellen sind. Unmöglich dürften aber solche Experimente nicht sein. Denken wir uns eine kleine eiserne Kugel K (Fig. 139) als Kegelpendel um einen Magnetpol schwingend und bedecken wir die Kugel mit einer magnetischen Eisensalzlösung, so dürfte der Tropfen bei hinreichend kräftigen Magneten das Flutphänomen darstellen. Denken wir uns aber die Kugel dem Magnetpol gegenüber fixiert, so wird der Tropfen sicherlich nicht auf der dem Magnetpol zugewandten *und*

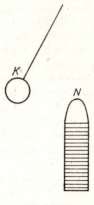

Fig. 139

abgewandten Seite zugespitzt erscheinen, sondern nur auf der Seite des Magnetpols an der Kugel hängenbleiben.

10. Man darf sich natürlich nicht vorstellen, daß die ganze Flutwelle durch den Mond auf einmal entsteht. Vielmehr hat man sich die Flut als einen Schwingungsvorgang zu denken, welcher durch den Mond *erhalten* wird. Würden wir z. B. über der Wasseroberfläche eines kreisförmigen Kanals mit einem Fächer fort und fort gleichmäßig hinfahren, so würde durch diesen leisen, konsequent fortgesetzten Antrieb bald eine nicht unbeträchtliche, dem Fächer folgende Welle entstehen. Ähnlich entsteht die Flut. Der Vorgang ist aber hier durch die unregelmäßigen Formen der Kontinente, durch die periodische Variation der Störung usw. sehr kompliziert.

11. Von den Fluttheorien, welche vor Newton aufgestellt worden sind, wollen wir nur die Galileische kurz besprechen. Galilei erklärt die Flut durch die Relativbewegung der festen und flüssigen Erdteile und betrachtet die Tatsache geradezu als einen Beweis der Erdbewegung, als ein Hauptargument für das Kopernikanische System. Wenn die Erde (Fig. 139a) von West nach Ost rotiert und zugleich eine Progressivbewegung hat, so nehmen die Teile der Erde bei a die Summe, bei b die Differenz beider Geschwindigkeiten an. Das Wasser in den Meeresbecken, welches diesem Geschwindigkeitswechsel nicht so rasch folgen kann, verhält sich wie in einer hin und her geschwungenen Schüssel oder in einer abwechselnd schneller und langsamer bewegten wasserführenden Gondel. Es staut sich bald auf der Vorder-, bald auf der Rückseite. Dies ist im wesentlichen die Ansicht, die Galilei in dem Dialog über die beiden Weltsysteme entwickelt. Die Keplersche Ansicht von einer Anziehung des Mondes erscheint ihm mystisch und kindisch; er glaubt, sie in die Kategorie der Erklärungen durch Sympathie und Antipathie verweisen und ebenso leicht abtun zu können als das Ansteigen der Flut durch Bestrahlung und dieser folgende Ausdehnung des Wassers. Daß nach seiner Theorie täglich nur *einmal* Flut

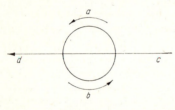

Fig. 139 a

und Ebbe eintreten sollte, übersieht Galilei natürlich nicht; er täuscht sich aber über die Schwierigkeiten weg, indem er meint, durch Rücksicht auf die Eigenschwingungen des Wassers und die Änderungen der Bewegung die tägliche, monatliche und jährliche Periode erklären zu können. Das Prinzip der relativen Bewegung ist ein *richtiges* Element in dieser Theorie, dasselbe ist aber so *unglücklich* angewandt, daß nur eine sehr trügerische Theorie sich ergeben konnte. Wir wollen uns zunächst überzeugen, daß die in Betracht gezogenen Umstände den ihnen zugeschriebenen Erfolg sicher *nicht* haben können. Wir denken uns eine gleichförmige Wasserkugel. Einen andern Erfolg der Rotation, als eine entsprechende Abplattung, werden wir nicht erwarten. Nun nehme die Kugel auch noch eine gleichmäßige Progressivbewegung an. Die Teile derselben werden gegeneinander nach wie vor in relativer Ruhe bleiben. Denn dieser Fall unterscheidet sich nach unserer Auffassung nicht wesentlich von dem vorigen, da man sich die Progressivbewegung der Kugel durch eine entgegengesetzte aller umgebenden Körper ersetzt denken kann. Aber auch für denjenigen, welcher die Bewegung als eine „absolute" ansieht, wird durch die gleiche Progressivbewegung an dem Verhältnis der Teile zueinander nichts geändert. Nun lassen wir die Kugel, deren Teile sich gegeneinander ohnehin nicht zu bewegen streben, teilweise erstarren, so daß Meeresbecken mit noch flüssigem Wasser entstehen. Die ungestörte gleichmäßige Rotation wird fortbestehen, und Galileis Theorie ist also unrichtig. Doch scheint der Galileische Gedanke auf den ersten Blick recht annehmbar. Wie klärt sich diese Paradoxie auf? Es liegt alles an der *negativen* Auffassung des Trägheitssatzes. Fragt man hingegen, *welche Beschleunigungen* erfährt das Wasser, so ist alles klar. Das *schwerlose* Wasser würde bei der ersten Umdrehung abgeschleudert. Das *schwere* Wasser hingegen beschreibt eine *Zentralbewegung* um den Erdmittelpunkt. Es müßte bei seiner geringen Umlaufsgeschwindigkeit sich dem Erdmittelpunkt noch mehr nähern, wenn nicht durch den Widerstand der unterhalb liegenden Masse gerade so viel von der Zentripetalbeschleunigung aufgehoben würde, daß der Rest derselben eben zur Zentralbewegung in der Kreisbahn mit der gegebenen Tangentialgeschwindigkeit ausreicht. Mit dieser Auffassung verschwindet jeder Zweifel und jede Unklarheit. Man kann aber wohl hinzufügen, daß es für Galilei beinahe unmöglich war, ohne übermenschliches Genie hierin bis auf den Grund zu sehen. Er hätte auch noch die großen Gedankenschritte von Huygens und Newton vorwegnehmen müssen.

Merkwürdig ist, daß Galilei in seiner Fluttheorie die *erste* dynamische Aufgabe für den Weltraum behandelt, ohne sich um das neue Koordinatensystem Sorgen zu machen. Er betrachtet wohl in der naivsten Weise den Fixsternhimmel als das neue Bezugssystem.

5. *Kritik des Gegenwirkungsprinzips und des Massenbegriffs*

1. Nachdem wir uns nun mit den Newtonschen Anschauungen vertraut gemacht haben, sind wir hinreichend vorbereitet, dieselben kritisch zu untersuchen. Wir beschränken uns hierbei zunächst auf den Massenbegriff und das Gegenwirkungsprinzip. Beide können bei der Untersuchung nicht getrennt werden, und in beiden liegt das Hauptgewicht der Newtonschen Leistung.[48]

2. Zunächst erkennen wir in der „Menge der Materie" keine Vorstellung, welche geeignet wäre, den Begriff Masse zu erklären und zu erläutern, da sie selbst keine genügende Klarheit hat. Dies gilt auch dann, wenn wir, wie es manche Autoren getan haben, bis auf die Zählung der hypothetischen Atome zurückgehen. Wir häufen hiermit nur die Vorstellungen, welche selbst einer Rechtfertigung bedürfen. Bei Zusammenlegung mehrerer gleicher chemisch gleichartiger Körper können wir mit der „Menge der Materie" allerdings noch eine klare Vorstellung verbinden und auch erkennen, daß der Bewegungswiderstand mit dieser Menge wächst. Lassen wir aber die chemische Gleichartigkeit fallen, so ist die Annahme, daß von *verschiedenen* Körpern noch etwas mit *demselben* Maße Meßbares übrig bleibt, welches wir Menge der Materie nennen könnten, zwar nach den mechanischen Erfahrungen naheliegend, aber doch erst zu rechtfertigen.[49] Wenn wir also mit Newton in bezug auf den Gewichtsdruck die Annahmen machen $p = mg$, $p' = m'g$ und hiernach setzen $\frac{p}{p'} = \frac{m}{m'}$, so liegt

hierin schon die erst zu rechtfertigende *Voraussetzung* der Meßbarkeit verschiedener Körper mit *demselben* Maß.

Wir könnten auch *willkürlich* festsetzen $\frac{m}{m'} = \frac{p}{p'}$, d. h. das Massenverhältnis definieren als das Verhältnis des Gewichtsdrucks bei gleichem g. Dann bliebe aber der Gebrauch *zu begründen*, welcher von diesem Massenbegriff im Gegenwirkungsprinzip und bei andern Gelegenheiten gemacht wird.

3. Wenn zwei in jeder Beziehung vollkommen gleiche Körper einander gegenüberstehen, so erwarten wir nach dem uns geläufigen Symmetrieprinzip, daß sie sich gleiche entgegengesetzte Beschleunigungen nach der Richtung ihrer Verbindungslinie erteilen. Sobald nun diese Körper irgendwelche geringste Ungleichheit der Form, der chemischen Beschaffenheit usw. haben, verläßt uns das Symmetrieprinzip, *wenn wir nicht von vornherein annehmen oder wissen*, daß es etwa auf Formgleichheit oder Gleichheit der chemischen Beschaffenheit nicht ankommt. Ist uns aber einmal durch mechanische Erfahrung die Existenz eines besondern beschleunigungsbestimmenden Merkmals der Körper nahegelegt, so steht nichts im Wege, willkürlich festzusetzen:

Körper von gleicher Masse nennen wir solche, welche aufeinander wirkend sich gleiche entgegengesetzte Beschleunigungen erteilen. Hiermit haben wir nur ein tatsächliches Verhältnis *benannt*. Analog werden wir in dem allgemeinern Fall verfahren. Die Körper A und B (Fig. 140a, b) erhalten bei ihrer Gegenwirkung beziehungsweise die Beschleunigungen $-\varphi$ und $+\varphi'$, wobei wir den Sinn derselben durch das Zeichen ersichtlich machen.

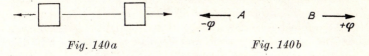

Fig. 140a   *Fig. 140b*

Dann sagen wir, B hat die $-\frac{\varphi}{\varphi'}$fache Masse von A. *Nehmen wir den Vergleichskörper A als Einheit an, so schreiben wir jenem Körper die Masse m zu, welcher A das m-fache der Beschleunigung erteilt, die er in Gegenwirkung von A erhält.* Das Massenverhältnis ist das negative umgekehrte Verhältnis der Gegenbeschleunigungen. Daß diese Beschleunigungen stets von entgegengesetztem Zeichen sind, daß es also nach unserer Definition bloß positive Massen gibt, lehrt die Erfahrung und kann nur die Erfahrung lehren. In unserm Massenbegriff liegt keine Theorie, die „Quantität der Materie" ist in demselben durchaus unnötig, er enthält bloß die scharfe Fixierung, Bezeichnung und Benennung einer Tatsache.

Die oft nachgesprochene und nachgeschriebene Einwendung von H. Streintz („Die physikalischen Grundlagen der Mechanik", Leipzig 1883, S. 117), daß eine meiner Definition entsprechende Massenvergleichung nur auf astronomische Weise stattfinden könnte, vermag ich nicht als zutreffend zu bezeichnen. Meine Ausführungen S. 218, 226–229 zeigen hinreichend das Gegenteil. Auch im Stoß, durch elektrische, magnetische Kräfte, an der Atwoodschen Maschine durch einen Faden erteilen sich die Massen gegenseitig Beschleunigungen. In meinem „Leitfaden der Physik" (2. Aufl. 1891, S. 27) habe ich gezeigt, wie in ganz elementarer und populärer Weise das Massenverhältnis durch einen Versuch auf der Zentrifugalmaschine ermittelt werden kann. Diese Einwendung kann also wohl als widerlegt angesehen werden.[50]

Meine Definition entspringt dem Streben, die *Abhängigkeit der Erscheinungen voneinander* zu ermitteln und alle metaphysische Unklarheit zu beseitigen, ohne darum weniger zu leisten als irgendeine andere bisher übliche Definition. Ganz denselben Weg habe ich eingeschlagen in bezug auf die Begriffe „Elektrizitätsmenge" („Über die Grundbegriffe der Elektrostatik", Vortag gehalten auf der internationalen elektrischen Ausstellung, Wien am 4. September 1883"), „Temperatur", „Wärmemenge" („Zeitschrift für den physikalischen und chemischen Unterricht", Berlin 1888, Heft 1) usw. Aus der hier dargelegten Auffassung des Massenbegriffs ergibt sich aber eine andere Schwierigkeit, welche man bei schärferer Kritik auch bei Analyse anderer physikalischer Begriffe, z. B. jener der Wärmelehre, nicht übersehen kann. Maxwell hat auf diesen Punkt bei der Untersuchung des Temperaturbegriffs hingewiesen, ungefähr um dieselbe Zeit, als ich dies in bezug auf den Massenbegriff getan habe. Ich möchte hier auf die betreffenden Ausführungen in meiner Schrift „Die Prinzipien der Wärmelehre, historisch-kritisch entwickelt" (Leipzig 1896), insbesondere S. 41 und 190,[51] verweisen.

4. Wir wollen nun diese Schwierigkeit betrachten, deren Hebung zur Herstellung eines vollkommen klaren Massenbegriffs durchaus notwendig ist. Wir betrachten eine Reihe von Körpern A, B, C, D ... und vergleichen alle mit A als Einheit.

$$A, B, C, D, E, F$$
$$1, m, m', m'', m''', m''''$$

Hierbei finden wir beziehungsweise die Massenwerte 1, m, m', m'' ... usw. Es entsteht nun die Frage: Wenn wir B als Vergleichskörper (als Einheit) wählen, werden wir für C den Massenwert $\frac{m'}{m}$, für D den Wert $\frac{m''}{m}$ erhalten, oder werden sich etwa ganz andere Werte ergeben? In einfacherer Form lautet dieselbe Frage: Werden zwei Körper B, C, welche sich in Gegenwirkung mit A als gleiche Massen verhalten haben, auch untereinander als gleiche Massen verhalten? Es besteht durchaus keine *logische* Notwendigkeit, daß zwei Massen, welche einer dritten gleich sind, auch untereinander gleich seien. Denn es handelt sich hier um keine mathematische, sondern um eine *physikalische* Frage.[52] Dies wird sehr klar, wenn wir ein analoges Verhältnis zur Erläuterung herbeiziehen. Wir legen die Körper A, B, C in solchen Gewichtsmengen a, b, c nebeneinander, in welchen sie in die chemischen Verbindungen AB und AC eingehen. Es besteht nun gar keine *logische* Notwendigkeit, anzunehmen, daß in die chemische Verbindung BC auch dieselben Gewichtsmengen b, c der Körper B, C eingehen. Dies lehrt aber die Erfahrung. Wenn wir eine Reihe von Körpern in den Gewichtsmengen nebeneinander legen, in welchen sie sich mit dem Körper A verbinden, so vereinigen sie sich in *denselben* Gewichtsmengen auch untereinander. Das kann aber niemand wissen, ohne es versucht zu haben. Ebenso verhält es sich mit den Massenwerten der Körper.

Würde man annehmen, daß die Ordnung der Kombination der Körper, durch welche man deren Massenwerte bestimmt, auf die Massenwerte Einfluß hat, so würden die Folgerungen hieraus zu Widersprüchen mit der Erfahrung führen. Nehmen wir beispielsweise drei elastische Körper A, B, C auf einem absolut glatten und festen Ring beweglich an (Fig. 141). Wir setzen voraus, daß A und B sich als gleiche Massen und

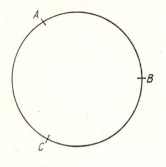

Fig. 141

ebenso B und C sich als gleiche Massen untereinander verhalten. Dann müssen wir, um Widersprüche mit der Erfahrung zu vermeiden, annehmen, daß auch C und A sich als gleiche Massen verhalten. Erteilen wir A eine Geschwindigkeit, so überträgt es dieselbe durch Stoß an B, dieses an C. Würde aber C sich etwa als größere Masse gegen A verhalten, so würde auch A beim Stoß eine größere Geschwindigkeit annehmen, während C noch einen Rest zurückbehielte. Bei jedem Umlauf im Sinne des Uhrzeigers würde die *lebendige Kraft im System zunehmen*. Wäre C gegen A die kleinere Masse, so würde die Umkehrung der Bewegung genügen, um dasselbe Resultat zu erreichen. Eine solche fortwährende Zunahme der lebendigen Kraft widerstreitet nun entschieden unsern *Erfahrungen*.

5. Der auf die angegebene Weise gewonnene Massenbegriff macht die besondere Aufstellung des Gegenwirkungsprinzips unnötig. Es ist nämlich im Massenbegriff und im Gegenwirkungsprinzip, wie wir dies in einem frühern Fall schon bemerkt haben, wieder *dieselbe Tatsache zweimal* formuliert, was überflüssig ist.[53] Wenn zwei Massen 1 und 2 aufeinander wirken, so liegt es schon in unserer Definition, daß sie sich entgegengesetzte Beschleunigungen erteilen, die sich beziehungsweise wie 2:1 verhalten.

6. Die *Meßbarkeit* der *Masse* durch das *Gewicht* (bei unveränderlicher Schwerebeschleunigung) kann aus unserer Definition der Masse ebenfalls abgeleitet werden. Wir empfinden die Vergrößerung oder Verkleinerung eines Druckes unmittelbar, allein diese Empfindung gibt nur ein sehr beiläufiges Maß einer Druckgröße. Ein exaktes brauchbares Druckmaß ergibt sich durch die Bemerkung, daß jeder Druck ersetzbar ist durch den Druck einer Summe gleichartiger Gewichtstücke. Jeder Druck kann durch den Druck solcher Gewichtstücke im Gleichgewicht gehalten werden. Zwei Körper m und m' (Fig. 142) mögen beziehungsweise von den durch äußere Umstände

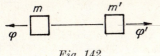

Fig. 142

bedingten Beschleunigungen φ und φ' in entgegengesetztem Sinne ergriffen werden.

Die Körper seien durch einen Faden verbunden. Besteht Gleichgewicht, so ist an m die Beschleunigung φ und an m' die Beschleunigung φ' durch die *Wechselwirkung* eben aufgehoben. Für diesen Fall ist also $m\varphi = m'\varphi'$. Ist also $\varphi = \varphi'$, wie dies der Fall ist, wenn die Körper der Schwerebeschleunigung überlassen werden, so ist im Gleichgewichtsfall auch $m = m'$. Es ist selbstverständlich unwesentlich, ob wir die Körper direkt durch einen Faden, oder durch einen über eine Rolle geführten Faden, oder dadurch aufeinander wirken lassen, daß wir sie auf die beiden Schalen einer Waage legen. Die Meßbarkeit der Masse durch das Gewicht ist nach unserer Definition ersichtlich, ohne daß wir an die „*Menge der Materie*" denken.[54]

7. Sobald wir also, durch die Erfahrung aufmerksam gemacht, die Existenz eines besondern *beschleunigungsbestimmenden Merkmals* der Körper *erschaut* haben, ist unsere Aufgabe mit der Anerkennung und unzweideutigen Bezeichnung dieser *Tatsache* erledigt. Über die Anerkennung dieser Tatsache kommen wir nicht hinaus, und jedes Hinausgehen über dieselbe führt nur Unklarheiten herbei. Jede Unbehaglichkeit verschwindet, sobald wir uns klar gemacht haben, daß in dem Massebegriff keinerlei Theorie, sondern eine Erfahrung liegt. Der Begriff hat sich bisher bewährt. Es ist sehr unwahrscheinlich, aber nicht unmöglich, daß er in Zukunft erschüttert wird, so wie die Vorstellung der unveränderlichen Wärmemenge, die ja auch auf Erfahrungen beruhte, durch neue Erfahrungen sich modifiziert hat. Diese Stelle stand schon in der ersten Auflage von 1883, also lange bevor die Diskussion über die elektromagnetische Masse begonnen hatte.

8. Ich möchte hier auf *A. Lampa*, „Eine Ableitung des Massenbegriffs", in der Prager Zeitschrift „Lotos", 1911, S. 303, hinweisen, besonders auf die trefflichen Ausführungen über die allgemeine Methode der Behandlung solcher Fragen S. 306 f.

6. Newtons Ansichten über Zeit, Raum und Bewegung

1. In einer Anmerkung, welche Newton seinen Definitionen unmittelbar folgen läßt, spricht er Ansichten über Zeit und Raum aus, die wir etwas näher in Augenschein nehmen müssen. Wir werden nur die wichtigsten, zur Charakteristik der Newtonschen Ansichten notwendigen Stellen wörtlich anführen.

„Bis jetzt habe ich zu erklären versucht, in welchem Sinne weniger bekannte Benennungen in der Folge zu verstehen sind. *Zeit, Raum, Ort* und *Bewegung* als allen bekannt erkläre ich nicht. Ich bemerke nur, daß man gewöhnlich diese Größen nicht anders als in bezug auf die Sinne auffaßt, und so gewisse Vorurteile entstehen, zu deren Aufhebung man sie passend in absolute und relative, wahre und scheinbare, mathematische und gewöhnliche unterscheidet.

I. Die absolute, wahre und *mathematische* Zeit verfließt an sich und vermöge ihrer Natur gleichförmig und ohne Beziehung auf irgendeinen äußern Gegenstand. Sie wird auch mit dem Namen *Dauer* belegt.

Die *relative, scheinbare* und *gewöhnliche* Zeit ist ein fühlbares und äußerliches, entweder genaues oder ungleiches Maß der Dauer, dessen man sich gewöhnlich statt der wahren Zeit bedient, wie Stunde, Tag, Monat, Jahr . . .

Die natürlichen Tage, die gewöhnlich als Zeitmaß für gleich gehalten werden, sind nämlich eigentlich ungleich. Diese Ungleichheit verbessern die Astronomen, indem sie die Bewegung der Himmelskörper nach der richtigen Zeit messen. Es ist möglich, daß keine gleichförmige Bewegung existiert, durch welche die Zeit genau gemessen werden kann, alle Bewegungen können beschleunigt oder verzögert werden; allein der Verlauf der *absoluten* Zeit kann nicht geändert werden. Dieselbe Dauer und dasselbe Verharren findet für die Existenz aller Dinge statt, mögen die Bewegungen geschwind, langsam oder Null sein."

2. Es scheint, als ob Newton bei den eben angeführten Bemerkungen noch unter dem Einfluß der mittelalterlichen Philosophie stünde, als ob er seiner Absicht, nur das *Tatsächliche* zu untersuchen, *untreu* würde. Wenn ein Ding A sich mit der Zeit ändert, so heißt dies nur, die Umstände eines Dinges A hängen von den Umständen eines andern Dinges B ab. Die Schwingungen eines Pendels gehen in der *Zeit* vor, wenn dessen Exkursion von der Lage der Erde *abhängt*. Da wir bei Beobachtung des Pendels nicht auf die Abhängigkeit von der Lage der Erde zu achten brauchen, sondern dasselbe mit irgendeinem andern Ding vergleichen können (dessen Zustände freilich wieder von der Lage der Erde abhängen), so entsteht leicht die Täuschung, daß alle diese Dinge unwesentlich seien. Ja, wir können, auf das Pendel achtend, von allen übrigen äußern Dingen absehen und finden, daß für jede Lage unsere Gedanken und Empfindungen andere sind. Es scheint demnach die Zeit etwas Besonderes zu sein, von dessen Verlauf die Pendellage abhängt, während die Dinge, welche wir zum Vergleich nach freier Wahl herbeiziehen, eine zufällige Rolle zu spielen scheinen. Wir dürfen aber nicht vergessen, daß alle Dinge miteinander zusammenhängen und daß wir selbst mit unsern Gedanken nur ein Stück Natur sind.[55] Wir sind ganz außerstande, die Veränderungen der Dinge an der *Zeit zu messen*. Die Zeit ist vielmehr eine Abstraktion, zu der wir durch die Veränderung der Dinge gelangen, weil wir auf kein *bestimmtes* Maß angewiesen sind, da eben alle untereinander zusammenhängen. Wir nennen eine Bewegung gleichförmig, in welcher gleiche Wegzuwüchse gleichen Wegzuwüchsen einer Vergleichsbewegung (der Drehung der Erde) entsprechen. Eine Bewegung kann gleichförmig sein in bezug auf eine andere. Die Frage, ob eine Bewegung *an sich* gleichförmig sei, hat *gar keinen Sinn*. Ebensowenig können wir von einer „absoluten Zeit" (unabhängig von jeder Veränderung) sprechen. Diese absolute Zeit kann an gar keiner Bewegung abgemessen werden, sie hat also auch gar keinen praktischen und auch keinen wissenschaftlichen Wert, niemand ist berechtigt zu sagen, daß er von derselben etwas wisse, sie ist ein müßiger „metaphysischer" Begriff.[56]

Daß wir Zeitvorstellungen durch die Abhängigkeit der Dinge voneinander gewinnen, wäre psychologisch, historisch und sprachwissenschaftlich (durch die Namen der Zeitabschnitte) nicht eben schwer nachzuweisen. In unsern Zeitvorstellungen drückt sich der tiefgehendste und allgemeinste Zusammenhang der Dinge aus. Wenn eine Bewegung in der Zeit stattfindet, so hängt sie von der Bewegung der Erde ab. Dies wird nicht dadurch widerlegt, daß wir mechanische Bewegungen wieder rückgängig machen können. Mehrere veränderliche Größen können so zusammenhängen, daß eine Gruppe derselben Veränderungen erfährt, ohne daß die übrigen davon berührt werden. Die Natur verhält sich ähnlich wie eine Maschine.[57] Die einzelnen Teile bestimmen einander gegenseitig. Während aber bei einer Maschine durch eines Teils die Lagen aller übrigen Teile bestimmt sind, bestehen in der Natur kompliziertere Beziehungen. Diese Beziehungen lassen sich am besten unter dem Bild einer Anzahl n von Größen darstellen, welche einer geringern Anzahl n' von Gleichungen genügen. Wäre $n-n'$, so wäre die Natur unveränderlich. Für $n'=n-1$ ist mit einer Größe über alle übrigen verfügt. Bestünde dies Verhältnis in der Natur, so könnte die Zeit rückgängig gemacht werden, sobald dies nur mit einer einzigen Bewegung gelänge. Der wahre Sachverhalt wird durch eine andere Differenz von n und n' dargestellt. Die Größen sind durch einander teilweise bestimmt, sie behalten aber eine größere Unbestimmtheit oder Freiheit als in dem letztern Fall. Wir selbst fühlen uns als ein solches teilweise bestimmtes, teilweise unbestimmtes Naturelement. Insofern nur ein Teil der Veränderungen in der Natur von uns abhängt und von uns wieder rückgängig gemacht werden kann, erscheint uns die Zeit als nicht umkehrbar, die verflossene Zeit als unwiederbringlich vorbei.

Zur Vorstellung der Zeit gelangen wir durch den Zusammenhang des Inhalts unseres Erinnerungsfeldes mit dem Inhalt unseres Wahrnehmungsfeldes, wie wir kurz und allgemein verständlich sagen wollen. Wenn wir sagen, daß die Zeit in einem bestimmten Sinne abläuft, so bedeutet dies, daß die physikalischen (und folglich auch die physiologischen) Vorgänge sich nur in einem bestimmten Sinne vollziehen.* Alle Temperaturdifferenzen, elektrischen Differenzen, Niveaudifferenzen überhaupt werden, sich selbst überlassen, nicht größer, sondern kleiner. Betrachten wir zwei sich selbst überlassene, sich berührende Körper von ungleicher Temperatur, so können nur größere Temperaturdifferenzen im Erinnerungsfeld mit kleinern im Wahrnehmungsfeld zusammentreffen,

---

* Über die physiologische Natur der Zeit- und Raumempfindung vgl. „Analyse der Empfindungen", 6. Aufl.; „Erkenntnis und Irrtum", 2. Aufl.[58]

nicht umgekehrt. In allem diesem spricht sich durchaus nur ein eigentümlicher, tiefgehender Zusammenhang der Dinge aus. Hier aber jetzt schon vollständige Aufklärung fordern, heißt nach Art der spekulativen Philosophie die Resultate aller künftigen Spezialforschung, also eine vollendete Naturwissenschaft, antizipieren wollen.

So wie wir eine der Wärme*empfindung* nahe parallel gehende, *willkürlich gewählte* (thermometrische) *Volumanzeige*, welche nicht den unkontrollierbaren Störungen des Empfindungsorgans unterliegt, beim Studium der Wärmevorgänge als Temperaturmaß vorziehen, so bevorzugen wir aus analogen Gründen eine der Zeitempfindung nahe parallel gehende, *willkürlich gewählte Bewegung* (Drehungswinkel der Erde, Weg eines sich selbst überlassenen Körpers) als Zeitmaß. Macht man sich klar, daß es sich nur um Ermittelung der *Abhängigkeit* der Erscheinungen *voneinander* handelt, wie ich dies schon 1865 („Über den Zeitsinn des Ohres", Sitzungsber. d. Wiener Akad.) und 1866 (Fichtes Zeitschr. f. Philosophie) hervorgehoben habe, so entfallen metaphysische Unklarheiten. (Vgl. Epstein, Die logischen Prinzipien der Zeitmessung, Berlin 1887.)

Anderwärts („Prinzipien der Wärmelehre", S. 15[59]) habe ich zu zeigen versucht, worauf die natürliche Neigung des Menschen beruht, seine für ihn wertvollen Begriffe, besonders diejenigen, zu welchen er instinktiv, ohne Kenntnis von deren Entwicklungsgeschichte, gelangt ist, zu hypostasieren. Die für den Temperaturbegriff daselbst gegebenen Ausführungen lassen sich unschwer auf den Zeitbegriff übertragen und machen die Entstehung von Newtons „absoluter Zeit" verständlich. Auch auf den Zusammenhang des Entropiebegriffs mit der Nichtumkehrbarkeit der Zeit wird daselbst (S. 338) hingewiesen und die Ansicht ausgesprochen, daß die Entropie des Weltalls, wenn sie überhaupt bestimmt werden könnte, wirklich eine Art absoluten Zeitmaßes darstellen würde. Endlich muß ich hier noch auf die Erörterungen von Petzoldt („Das Gesetz der Eindeutigkeit", Vierteljahrsschr. f. w. Philosophie, 1894, S. 146) und auf meine Schrift „Erkenntnis und Irrtum", 2. Aufl., 1906, S. 434–448,[60] hinweisen.

3. Ähnliche Ansichten wie über die Zeit entwickelt Newton über den Raum und die Bewegung. Wir lassen wieder einige charakteristische Stellen folgen:

„II. Der *absolute Raum* bleibt vermöge seiner Natur und ohne Beziehung auf einen äußern Gegenstand stets gleich und unbeweglich.

Der relative Raum ist ein Maß oder ein beweglicher Teil des erstern, welcher von unsern Sinnen durch seine Lage gegen andere Körper bezeichnet und gewöhnlich für den unbeweglichen Raum genommen wird. . . .

IV. Die absolute Bewegung ist die Übertragung des Körpers von einem absoluten Ort nach einem andern absoluten Ort, die relative Bewegung die Übertragung von einem relativen Ort nach einem andern relativen Ort. . . .

So bedienen wir uns, und nicht unpassend, in menschlichen Dingen statt der *absoluten* Orte und Bewegungen der *relativen*, in der Naturlehre hingegen muß man von den *Sinnen abstrahieren*. Es kann nämlich der Fall sein, daß kein wirklich ruhender Körper existiert, auf welchen man die Orte und Bewegungen beziehen könnte. . . .

Die *wirkenden Ursachen*, durch welche absolute und relative Bewegungen voneinander verschieden sind, sind die *Fliehkräfte* von der Achse der Bewegung. Bei einer nur relativen Kreisbewegung existieren diese Kräfte nicht, aber sie sind kleiner oder größer, je nach Verhältnis der Größe der (absoluten) Bewegung.

Man hänge z. B. ein Gefäß an einem sehr langen Faden auf, drehe denselben beständig im Kreise herum, bis der Faden durch die Drehung sehr steif wird; hierauf fülle man es mit Wasser und halte es zugleich mit letzterm in Ruhe. Wird es nun durch eine plötzlich wirkende Kraft in entgegengesetzte Kreisbewegung gesetzt und hält diese, während der Faden sich ablöst, längere Zeit an, so wird die Oberfläche des Wassers anfangs eben sein, wie vor der Bewegung des Gefäßes; hierauf, wenn die Kraft allmählich auf das Wasser einwirkt, bewirkt das Gefäß, daß dieses (das Wasser) merklich sich umzudrehen anfängt. Es entfernt sich nach und nach von der Mitte und steigt an den Wänden des Gefäßes in die Höhe, indem es eine hohle Form annimmt. (Diesen Versuch habe ich selbst gemacht.) . . . Im Anfang, als die *relative* Bewegung des Wassers im Gefäß am größten war, verursachte dieselbe kein Bestreben, sich von der Achse zu entfernen. Das Wasser suchte nicht, sich dem Umfang zu nähern, indem es an den Wänden emporstieg, sondern blieb eben, und die *wahre* kreisförmige Bewegung hatte daher noch nicht begonnen. Nachher aber, als die relative Bewegung des Wassers abnahm, deutete sein Aufsteigen an den Wänden des Gefäßes das Bestreben an, von der Achse zurückzuweichen, und dieses Bestreben zeigte die stets wachsende *wahre* Kreisbewegung des Wassers an, bis diese endlich am größten wurde, wenn das Wasser selbst *relativ* im Gefäß ruhte. . . .

Die *wahren* Bewegungen der einzelnen Körper zu erkennen und von den *scheinbaren* zu unterscheiden, ist übrigens sehr schwer, weil die Teile jenes unbeweglichen Raumes, in denen die Körper sich wahrhaft bewegen, nicht sinnlich erkannt werden können. Die Sache ist jedoch nicht gänzlich hoffnungslos. Es ergeben sich nämlich die erforderlichen Hilfsmittel teils aus den scheinbaren Bewegungen, welche die Unterschiede der wahren sind, teils aus den Kräften, welche den wahren Bewegungen als wirkende Ursachen zugrunde liegen.

Werden z. B. zwei Kugeln in gegebener gegenseitiger Entfernung mittels eines Fadens verbunden und so um den gewöhnlichen Schwerpunkt gedreht, so erkennt man aus der Spannung des Fadens das Streben der Kugeln, sich von der Achse der Bewegung zu entfernen, und kann daraus die Größe der kreisförmigen Bewegung berechnen. Brächte man hierauf beliebige gleiche Kräfte an beiden Seiten zugleich an, um die Kreisbewegung zu vergrößern oder zu verkleinern, so würde man aus der vergrößerten oder verminderten Spannung des Fadens die Vergrößerung oder Verkleinerung der Bewegung erkennen und hieraus endlich diejenigen Seiten der Kugeln ermitteln können, auf welche die Kräfte einwirken müßten, damit die Bewegung am stärksten vergrößert würde, d. h. die hintere Seite oder diejenige, welche bei der Kreisbewegung nachfolgt. Sobald man aber die nachfolgende und die ihr entgegengesetzte vorangehende Seite erkannt hätte, würde man auch die Richtung der Bewegung erkannt haben. Auf diese Weise könnte man sowohl die Größe aus auch die Richtung dieser kreisförmigen Bewegung in jedem unendlich großen leeren Raum finden, wenn auch nichts Äußerliches und Erkennbares sich dort befände, womit die Kugeln verglichen werden könnten."

Wenn in einem materiellen räumlichen System mit verschiedenen Geschwindigkeiten behaftete Massen sich befinden, welche zueinander in Wechselbeziehung treten können, so stellen diese Massen Kräfte vor. Wie groß diese Kräfte sind, kann erst entschieden werden, sobald die Geschwindigkeiten bekannt sind, auf welche jene Massen gebracht werden sollen. Auch die *ruhenden* Massen sind Kräfte, wenn nicht *alle* Massen ruhen. Man denke z. B. an das Newtonsche rotierende Wassergefäß, in welchem das noch nicht rotierende Wasser sich befindet. Ist die Masse m mit der Geschwindigkeit v_1 behaftet und soll diese auf die Geschwindigkeit v_2 gebracht werden, so ist die aufzuwendende Kraft $p = \dfrac{m(v_1 - v_2)}{t}$, oder die aufzuwendende Arbeit $ps = m(v_1^2 - v_2^2)$. *Alle* Massen, *alle* Geschwindigkeiten, demnach *alle* Kräfte sind relativ.[61] Es gibt keine Entscheidung über Relatives und Absolutes, welche wir treffen könnten, zu welcher wir gedrängt wären, aus welcher wir einen intellektuellen oder einen andern Vorteil ziehen könnten. — Wenn noch immer moderne Autoren durch die Newtonschen, vom Wassergefäß hergenommenen Argumente sich verleiten lassen, zwischen relativer und absoluter Bewegung zu unterscheiden, so bedenken sie nicht, daß das Weltsystem uns nur *einmal* gegeben, die ptolemäische oder kopernikanische Auffassung aber *unsere* Interpretationen, aber beide gleich wirklich sind. Man versuche, das Newtonsche Wassergefäß festzuhalten, den Fixsternhimmel dagegen zu rotieren und das Fehlen der Fliehkräfte nun nachzuweisen.

4. Daß Newton auch in den eben mitgeteilten Überlegungen gegen seine Absicht, nur das *Tatsächliche* zu untersuchen, handelt, ist kaum nötig zu bemerken. Über den absoluten Raum und die absolute Bewegung kann niemand etwas aussagen, sie sind bloße Gedankendinge, die in der Erfahrung nicht aufgezeigt werden können. Alle unsere Grundsätze der Mechanik sind, wie ausführlich gezeigt worden ist, Erfahrungen über *relative* Lagen und Bewegungen der Körper. Sie konnten und durften auf den Gebieten, auf welchen man sie heute als gültig betrachtet, nicht ohne Prüfung angenommen werden. Niemand ist berechtigt, diese Grundsätze über die Grenzen der Erfahrung hinaus auszudehnen. Ja diese Ausdehnung ist sogar sinnlos, da sie niemand anzuwenden wüßte.[62]

Wir müssen notwendig annehmen, daß die Wandlung, welche durch Kopernikus in der Auffassung des Weltsystems eingetreten war, in dem Denken von *Galilei* und *Newton* tiefgehende Spuren hinterlassen hat. Während aber *Galilei* in seiner Fluttheorie in ganz naiver Weise die ruhende Fixsternsphäre zum neuen Koordinatensystem wählt, bemerken wir bei *Newton* Zweifel, ob ein gegebener Fixstern nur scheinbar oder wirklich ruht (Newton, Principia, 1687, p. 11). Dies scheint ihm auch die Schwierigkeit zu bedingen, zwischen wahrer (absoluter) und scheinbarer (relativer) Bewegung zu unterscheiden. Dadurch war er auch gedrängt, den Begriff des *absoluten Raumes* zu statuieren. Indem er sich weiter in dieser Richtung bemüht, den Versuch der rotierenden, durch einen Faden verbundenen Kugeln und jenen des rotierenden Wassergefäßes diskutiert (p. 9, 11), glaubt er zwar keine absolute Translation, wohl aber eine absolute Rotation konstatieren zu können. Unter letzterer versteht er eine solche gegen die Fixsternsphäre, wobei auch immer Fliehkräfte nachweisbar sind. „Auf die wahren Bewegungen aus ihren Ursachen, Wirkungen und scheinbaren Unterschieden zu schließen und umgekehrt aus den wahren oder scheinbaren Bewegungen die Ursachen und Wirkungen abzuleiten, wird im folgenden ausführlicher gelehrt." Auch auf *Newton* scheint die ruhende Fixsternsphäre einen gewissen Eindruck gemacht zu haben. Das natürliche Bezugssystem ist für ihn jenes, welches irgendeine gleichförmige Translationsbewegung ohne Rotation (gegen die Fixsternsphäre) hat (p. 19, Coroll. V.)* – Machen aber die unter Anführungszeichen zitierten Worte nicht den Eindruck, als ob Newton froh wäre, nun zu weniger prekären, durch Erfahrung prüfbaren Fragen übergehen zu können?

Gehen wir nun auf die Einzelheiten ein. Wenn wir sagen, daß ein Körper K seine Richtung und Geschwindigkeit nur durch den Einfluß eines andern Körpers K' ändert, so können wir zu dieser Einsicht gar nicht kommen, wenn nicht andere Körper $A, B, C \ldots$ vorhanden sind, gegen welche wir die Bewegung des Körpers K beurteilen. Wir erkennen also eigentlich eine Beziehung des Körpers K zu $A, B, C \ldots$ Wenn

---

* Coroll. V.: „Corporum dato spatio inclusorum iidem sunt motus inter se, sive spatium ille quiescat, sive moveatur, idem uniformiter in dierectum absque motu circulari."[63]

wir nun plötzlich von $A, B, C \ldots$ absehen und von einem Verhalten des Körpers K im absoluten Raum sprechen wollten, so würden wir einen doppelten Fehler begehen. Einmal könnten wir nicht wissen, wie sich K bei Abwesenheit von $A, B, C \ldots$ benehmen würde, dann aber würde uns jedes Mittel fehlen, das Benehmen des Körpers K zu beurteilen und unsere Aussage zu prüfen, welche demnach keinen naturwissenschaftlichen Sinn hätte.

Zwei Körper K und K', welche gegeneinander gravitieren, erteilen sich ihren Massen m, m' verkehrt proportionale Beschleunigungen nach der Richtung der Verbindungslinie. In diesem Satze liegt nicht allein eine Beziehung der Körper K und K' zueinander, sondern auch zu den *übrigen* Körpern. Denn derselbe sagt nicht nur, daß K und K' gegeneinander die Beschleunigung $\varkappa \, \dfrac{m+m'}{r^2}$ erfahren, sondern auch daß K die Beschleunigung $\dfrac{-\varkappa m'}{r^2}$ und K' die Beschleunigung $\dfrac{+\varkappa m}{r^2}$ nach der Richtung der Verbindungslinie erfährt, was nur durch die Anwesenheit noch anderer, dynamisch nicht beteiligter Körper ermittelt werden konnte.

Die Bewegung eines Körpers K kann immer nur beurteilt werden in bezug auf andere Körper $A, B, C \ldots$ Da wir immer eine genügende Anzahl gegeneinander relativ festliegender oder ihre Lage nur langsam ändernder Körper zur Verfügung haben, so sind wir hierbei auf keinen *bestimmten* Körper angewiesen und können abwechselnd bald von diesem, bald von jenem absehen. Hierdurch entstand die Meinung, daß diese Körper überhaupt gleichgültig seien.

Es wäre wohl möglich, daß die isolierten Körper $A, B, C \ldots$ bei Bestimmung der Bewegung des Körpers K nur eine zufällige Rolle spielten, daß die Bewegung durch das *Medium* bestimmt wäre, in welchem sich K befindet. Dann müßte man aber an die Stelle des Newtonschen absoluten Raumes jenes Medium setzen. Diese Vorstellung hat Newton entschieden nicht gehabt. Zudem läßt sich leicht nachweisen, daß die Luft jenes bewegungsbestimmende Medium nicht ist. Man müßte also an ein anderes, etwa den Weltraum erfüllendes Medium denken, über dessen Beschaffenheit und über dessen Bewegungsverhältnis zu den darin befindlichen Körpern wir gegenwärtig eine ausreichende Kenntnis nicht haben. An sich würde ein solches Verhältnis nicht zu den Unmöglichkeiten gehören. Es ist durch die neuern hydrodynamischen Untersuchungen bekannt, daß ein starrer Körper in einer reibungslosen Flüssigkeit nur bei Geschwindigkeits*änderungen* einen Widerstand erfährt. Zwar ist dieses Resultat aus der Vorstellung der Trägheit theoretisch abgeleitet, es könnte aber umgekehrt auch als die erste Tatsache angesehen werden, von der man auszugehen hätte. Wenn auch mit dieser Vorstellung praktisch zunächst nichts anzufangen wäre, so könnte man doch hoffen, über dieses hypothetische Medium in Zukunft mehr zu erfahren, und sie wäre naturwissenschaftlich noch immer wertvoller als der zweifelhafte Gedanke an den absoluten Raum. Bedenken wir, daß wir die isolierten Körper $A, B, C \ldots$ nicht wegschaffen, also über ihre wesentliche oder zufällige Rolle durch den Versuch nicht entscheiden können, daß dieselben bisher das einzige und auch ausreichende Mittel zur Orientierung über Bewegungen und zur Beschreibung der mechanischen Tatsachen sind, so empfiehlt es sich, die Bewegungen vorläufig als durch diese Körper bestimmt anzusehen.

5. Betrachten wir nun denjenigen Punkt, auf welchen sich Newton bei Unterscheidung der relativen und absoluten Bewegung mit starkem Recht zu stützen scheint. Wenn die Erde eine *absolute* Rotation um ihre Achse hat, so treten an derselben Zentrifugalkräfte auf, sie wird abgeplattet, die Schwerebeschleunigung am Äquator vermindert, die Ebene des Foucaultschen Pendels wird gedreht usw. Alle diese Erscheinungen verschwinden, wenn die Erde ruht und die übrigen Himmelskörper sich absolut um dieselbe bewegen, so daß dieselbe *relative* Rotation zustande kommt. So ist es allerdings, wenn man von vornherein von der Vorstellung eines absoluten Raumes ausgeht. Bleibt man aber auf dem Boden der Tatsachen, so weiß man bloß von *relativen* Räumen und Bewegungen. Relativ sind die Bewegungen im Weltsystem, von dem unbekannten und unberücksichtigten Medium des Weltraums abgesehen, dieselben nach der ptolemäischen und nach der kopernikanischen Auffassung. Beide Auffassungen sind auch gleich *richtig*, nur ist die letztere einfacher und *praktischer*. Das Weltsystem ist uns nicht *zweimal* gegeben mit ruhender und mit rotierender Erde, sondern nur *einmal* mit seinen allein

bestimmbaren Relativbewegungen. Wir können also nicht sagen, wie es wäre, wenn die Erde nicht rotierte. Wir können den einen uns gegebenen Fall in verschiedener Weise interpretieren. Wenn wir aber so interpretieren, daß wir mit der Erfahrung in Widerspruch geraten, so interpretieren wir eben falsch. Die mechanischen Grundsätze können also wohl so gefaßt werden, daß auch für Relativdrehungen Zentrifugalkräfte sich ergeben.

Der Versuch Newtons mit dem rotierenden Wassergefäß lehrt nur, daß die Relativdrehung des Wassers gegen die *Gefäßwände* keine merklichen Zentrifugalkräfte weckt, daß dieselben aber durch die Relativdrehung gegen die Masse der Erde und die übrigen Himmelskörper geweckt werden. Niemand kann sagen, wie der Versuch qunatitativ und qualitativ verlaufen würde, wenn die Gefäßwände immer dicker und massiver, zuletzt mehrere Meilen dick würden. Es liegt nur der *eine* Versuch vor, und wir haben denselben mit den übrigen uns bekannten Tatsachen, nicht aber mit unsern willkürlichen Dichtungen in Einklang zu bringen.[64]

6. Als Newton die von Galilei gefundenen Prinzipien der Mechanik musterte, konnte ihm der hohe Wert des einfachen und präzisen Trägheitsgesetzes für deduktive Ableitungen unmöglich entgehen; er konnte nicht daran denken, auf dessen Hilfe zu verzichten. Aber auch in so naiver Weise auf die ruhend gedachte Erde bezogen, war für ihn das Trägheitsgesetz nicht haltbar. Denn für Newton stand die Rotation der Erde nicht mehr in Diskussion; sie rotierte bereits zweifellos wirklich. Galileis glücklicher Fund konnte hier nur für kleine Zeiten und Räume, während welcher die Drehung nicht in Betracht kam, nur annähernd gelten. Dafür schienen die Newtonschen Entwicklungen über die Planetenbewegung, auch auf den Fixsternhimmel bezogen, dem Trägheitsgesetz zu entsprechen. Um nun ein allgemein gültiges Bezugssystem zu haben, wagte Newton das Corollar V (S. 19 der ersten Auflage) der Prinzipien. Er denkt sich ein momentanes irdisches Koordinatensystem, für welches das Trägheitsgesetz gilt, im Raum, ohne Drehung gegen den Fixsternhimmel, festgehalten. Ja er kann diesem System auch noch eine beliebige Anfangslage und gleichförmige Translation gegen das erwähnte momentane irdische System erteilen, ohne seine Brauchbarkeit

zu verlieren. Die Kraftgesetze Newtons werden dadurch nicht alteriert; nur die Anfangslagen und Anfangsgeschwindigkeiten, die Integrationskonstanten können sich ändern. Durch diese Fassung hat Newton den Sinn seiner *hypothetischen* Erweiterung des Galileischen *Trägheitsgesetzes genau* angegeben. Man sieht auch, daß die Reduktion auf den absoluten Raum keineswegs nötig war, indem sich das Bezugssystem ebenso relativ bestimmt wie in jedem andern Fall. Trotz seinem metaphysischen Hang fürs Absolute war Newton durch den *Takt des Naturforschers* richtig geleitet, *was hier besonders hervorgehoben sei, da es in den frühern Auflagen dieses Buches nicht genügend geschehen ist.* Wie weit und wie genau sich die Konjektur auch in Zukunft bewähren wird, bleibt natürlich dahingestellt.[65]

Das Verhalten der irdischen Körper gegen die Erde läßt sich auf deren Verhalten gegen die fernen Himmelskörper zurückführen. Wollten wir behaupten, daß wir von den bewegten Körpern mehr kennen als jenes durch die Erfahrung nahegelegte hypothetische Verhalten gegen die Himmelskörper, so würden wir uns einer *Unehrlichkeit* schuldig machen. Wenn wir daher sagen, daß ein Körper seine Richtung und Geschwindigkeit im *Raum* beibehält, so liegt darin nur eine kurze Anweisung auf Beachtung der *ganzen Welt*. Der Erfinder des Prinzips darf sich diesen gekürzten Ausdruck erlauben, weil er weiß, daß der Ausführung der Anweisung in der Regel keine Schwierigkeiten im Wege stehen. Er kann aber nicht helfen, wenn sich solche Schwierigkeiten einstellen, wenn z. B. die nötigen gegeneinander festliegenden Körper fehlen.

7. Statt nun einen bewegten Körper K auf den Raum (auf ein Koordinatensystem) zu beziehen, wollen wir direkt sein Verhältnis zu den *Körpern* des Weltraumes betrachten, durch welche jenes Koordinatensystem allein *bestimmt* werden kann.[66] Voneinander sehr ferne Körper, welche in bezug auf andere ferne festliegende Körper sich mit konstanter Richtung und Geschwindigkeit bewegen, ändern ihre gegenseitige Entfernung der Zeit proportional. Man kann auch sagen, alle sehr fernen Körper ändern, von gegenseitigen oder andern Kräften abgesehen, ihre Entfernungen einander proportional. Zwei Körper, welche in kleiner Entfernung voneinander sich mit konstanter Richtung und Geschwindigkeit gegen andere fest-

liegende Körper bewegen, stehen in einer komplizierten Beziehung. Würde man die beiden Körper als voneinander abhängig betrachten, r ihre Entfernung, t die Zeit und a eine von den Richtungen und Geschwindigkeiten abhängige Konstante nennen, so würde sich ergeben: $\frac{d^2r}{dt^2} = \frac{1}{r}\left[a^2 - \left(\frac{dr}{dt}\right)^2\right]$. Es ist offenbar viel *einfacher* und *übersichtlicher*, die beiden Körper als voneinander unabhängig anzusehen und die Unveränderlichkeit ihrer Richtung und Geschwindigkeit gegen andere festliegende Körper zu beachten.

Statt zu sagen, die Richtung und Geschwindigkeit einer Masse μ im Raum bleibt konstant, kann man auch den Ausdruck gebrauchen, die mittlere Beschleunigung der Masse μ gegen die Massen m, m', m'' ... in den Entfernungen r, r', r'' ... ist $=0$ oder $\frac{d^2}{dt^2}\frac{\Sigma mr}{\Sigma m} = 0$. Letzterer Ausdruck ist dem erstern äquivalent, sobald man nur hinreichend viele, hinreichend weite und große Massen in Betracht zieht. Es fällt hierbei der gegenseitige Einfluß der nähern kleinen Massen, welche sich scheinbar umeinander nicht kümmern, von selbst aus. Daß die unveränderliche Richtung und Geschwindigkeit durch die angeführte Bedingung gegeben ist, sieht man, wenn man durch μ als Scheitel Kegel legt, welche verschiedene Teile des Weltraumes herausschneiden, und wenn man für die Massen dieser einzelnen Teile die Bedingung aufstellt. Man kann natürlich auch für den *ganzen* μ umschließenden Raum $\frac{d^2}{dt^2}\frac{\Sigma mr}{\Sigma m} = 0$ setzen. Diese Gleichung sagt aber nichts über die Bewegung von μ aus, da sie für jede Art der Bewegung gilt, wenn μ von unendlich vielen Massen gleichmäßig umgeben ist. Wenn zwei Massen μ_1, μ_2 eine von ihrer Entfernung r abhängige Kraft aufeinander ausüben, so ist $\frac{d^2r}{dt^2} = (\mu_1+\mu_2)\,f(r)$. Zugleich bleibt aber die Beschleunigung des Schwerpunkts der beiden Massen oder die mittlere Beschleunigung des Massensystems (nach dem Gegenwirkungsprinzip) gegen die Massen des Weltraumes $=0$, d. h.

$$\frac{d^2}{dt^2}\left[\mu_1\frac{\Sigma mr_1}{\Sigma m} + \mu_2\frac{\Sigma mr_2}{\Sigma m}\right] = 0\,.$$

Bedenkt man, daß die in die Beschleunigung eingehende Zeit selbst nichts ist als die Maßzahl von Entfernungen (oder von Drehungswinkeln) der Weltkörper, so sieht man, daß selbst in dem einfachsten Fall, in welchem man sich scheinbar nur mit der Wechselwirkung von *zwei* Massen befaßt, ein Absehen von der übrigen Welt *nicht möglich* ist. Die Natur beginnt eben nicht mit Elementen, so wie wir genötigt sind, mit Elementen zu beginnen. Für uns ist es allerdings ein Glück, wenn wir zeitweilig unsern Blick von dem überwältigenden Ganzen ablenken und auf das Einzelne richten können. Wir dürfen aber nicht versäumen, alsbald das vorläufig Unbeachtete neuerdings ergänzend und korrigierend zu untersuchen.[67]

8. Die eben angestellten Betrachtungen zeigen, daß wir nicht nötig haben, das Trägheitsgesetz auf einen besondern absoluten Raum zu beziehen. Vielmehr erkennen wir, daß sowohl jene Massen, welche nach der gewöhnlichen Ausdrucksweise Kräfte aufeinander ausüben, als auch jene, welche keine ausüben, zueinander in ganz gleichartigen Beschleunigungsbeziehungen stehen, und zwar kann man *alle* Massen als untereinander in Beziehung stehend betrachten. Daß bei den Beziehungen der Massen die *Beschleunigungen* eine hervorragende Rolle spielen, muß als eine Erfahrungstatsache hingenommen werden, was aber nicht ausschließt, daß man dieselbe durch Vergleichung mit andern Tatsachen, wobei sich neue Gesichtspunkte ergeben können, *aufzuklären* sucht. Bei allen Naturvorgängen spielen die *Differenzen* gewisser Größen u eine maßgebende Rolle. Differenzen der Temperatur, der Potentialfunktion usw. veranlassen die Vorgänge, welche in der Ausgleichung dieser Differenzen bestehen. Die bekannten Ausdrücke $\frac{d^2u}{dx^2}$, $\frac{d^2u}{dy^2}$, $\frac{d^2u}{dz^2}$, welche bestimmend für die Art des Ausgleichs sind, können als Maß der Abweichung des Zustandes eines Punkts von dem Mittel der Zustände der Umgebung angesehen werden, welchem Mittel der Punkt zustrebt. In analoger Weise können auch die Massenbeschleunigungen aufgefaßt werden. Die großen Entfernungen von Massen, welche in keiner besondern Kraftbeziehung zueinander stehen, ändern sich *einander proportional*. Wenn wir also eine gewisse Entfernung ϱ als Ab-

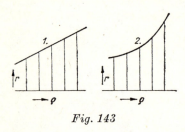

Fig. 143

szisse, eine andere r als Ordinate auftragen, so erhalten wir eine Gerade (Fig. 143). Jede einem gewissen ϱ-Wert zukommende r-Ordinate stellt dann das Mittel der Nachbarordinaten vor. Stehen die Körper in einer Kraftbeziehung, so ist hierdurch ein Wert $\dfrac{d^2r}{dt^2}$ bestimmt, den wir den oben angeführten Bemerkungen zufolge durch einen Ausdruck von der Form $\dfrac{d^2r}{d\varrho^2}$ ersetzen können. Durch die Kraftbeziehung ist also eine gewisse *Abweichung* der *r*-Ordinate vom *Mittel der Nachbarordinaten* bestimmt, welche Abweichungen ohne diese Kraftbeziehung nicht bestehen würde. Diese Andeutung möge hier genügen.

9. Wir haben in dem Obigen versucht, das Trägheitsgesetz auf einen von dem gewöhnlichen verschiedenen Ausdruck zu bringen. Derselbe leistet, solange eine genügende Anzahl von Körpern im Weltraum scheinbar festliegt, dasselbe wie der gewöhnliche. Er ist ebenso leicht anzuwenden und stößt auf dieselben Schwierigkeiten. In dem einen Fall können wir des absoluten Raumes nicht habhaft werden, in dem andern Fall ist nur eine beschränkte Zahl von Massen unserer Kenntnis zugänglich, und die angedeutete Summation ist also nicht zu vollenden. Ob der neue Ausdruck den Sachverhalt noch darstellen würde, wenn die Sterne durcheinanderfluten würden, kann nicht angegeben werden. Die *allgemeinere* Erfahrung kann aus der uns vorliegenden *speziellern* nicht herauskonstruiert werden. Wir müssen vielmehr eine solche Erfahrung *abwarten*. Dieselbe wird sich vielleicht bei Erweiterung unserer physisch-astronomischen Kenntnisse irgendwo im Himmelsraum, wo heftigere und kompliziertere Bewegungen vorgehen als in unserer Umgebung, darbieten. Das wichtigste Ergebnis unserer Betrachtungen ist aber, *daß gerade die scheinbar einfachsten mechanischen Sätze sehr komplizierter Natur sind, daß sie auf unabgeschlossenen, ja sogar auf nie vollständig abschließbaren Erfahrungen beruhen, daß sie zwar praktisch hinreichend gesichert sind, um mit Rücksicht auf die genügende Stabilität unserer Umgebung als Grundlage der mathematischen Deduk-*

tion, zu dienen, daß sie aber keineswegs selbst als mathematisch ausgemachte Wahrheiten angesehen werden dürfen, sondern vielmehr als Sätze, welche einer fortgesetzten Erfahrungskontrolle nicht nur fähig, sondern sogar bedürftig sind. Ich glaube nicht, daß die seit Dezennien erschienenen Schriften der Vertreter des absoluten Raumes etwas anderes behaupten können, als die gesperrte Stelle, die schon 1883 in der ersten Auflage, S. 221, 222, stand. Diese Einsicht ist wertvoll, weil sie den wissenschaftlichen Fortschritt begünstigt.

10. Oft ist in älterer und neuerer Zeit das Trägheitsgesetz erörtert worden und fast immer hat sich die prinzipiell bedenkliche, hohle Idee des absoluten Raumes trübend eingemischt. Wir wollen uns hier auf Erwähnung der neuern Diskussionen dieses Themas beschränken.

Hier müssen zunächst die Schriften von *C. Neumann* genannt werden: „Über die Prinzipien der Galilei-Newtonschen Theorie" (1870), „Über den Körper Alpha" (Ber. der königl. sächs. Gesellsch. d. Wissensch., 1910, III). Indem der Verfasser die Beziehung auf den Körper Alpha in der erstern Schrift S. 22 bezeichnet als eine Beziehung auf ein geradlinig gleichförmig ohne Rotation fortschreitendes Achsensystem, fällt seine Angabe ganz zusammen mit dem schon angeführten *Corollarium V* von Newton. Ich glaube jedoch nicht, daß die Fiktion des Körpers Alpha sowie die Beibehaltung der Unterscheidung von absoluter und relativer Bewegung und die daran sich knüpfenden Paradoxen S. 27, 28 zur Klärung der Sache besonders beigetragen haben. In der Publikation 1910, S. 70, Anm. 1, bezeichnet der Verfasser seine Aufstellung als rein hypothetisch, worin ein wesentlicher Fortschritt in der Erkenntnis des Newtonschen Corollar V liegt. In der letztern Arbeit wird auch Langes Standpunkt als mit dem seinigen wesentlich übereinstimmend dargelegt.

H. Streintz („Die physikalischen Grundlagen der Mechanik", 1883) akzeptiert die Newtonsche Unterscheidung von absoluter und relativer Bewegung, kommt übrigens auch auf die Fassung des Newtonschen Corollarium V hinaus. Was ich gegen Streintz' Kritik meiner Ansichten zu sagen hatte, ist in den frühern Auflagen enthalten und soll hier nicht wiederholt werden.

L. Lange: „Über die wissenschaftliche Fassung des Galileischen Beharrungsgesetzes" (in Wundts „Philos. Studien", 1885, Bd. II, S. 266–297, 539–545); „Ber. d. königl. sächs. Gesellsch. d. Wissensch., math.-physik. Klasse", 1885, S. 333 bis 351; „Die geschichtliche Entwicklung des Bewegungsbegriffs" (Leipzig 1886); „Das Intertialsystem vor dem Forum der Naturforschung" (Leipzig 1902).

L. Lange geht von der Voraussetzung aus, daß das allgemeine Newtonsche Trägheitsgesetz *besteht*, und sucht nun das Koordinatensystem, auf welches es zu beziehen ist (1885). Gegen einen beliebigen, auch krummlinig bewegten Punkt P_1 kann ein Koordinatensystem so bewegt werden, daß der Punkt P_1 in diesem eine Gerade G_1 beschreibt. Kommt ein zweiter beliebig bewegter Punkt P_2 hinzu, so kann jenes System noch immer so bewegt werden, daß eine zweite, gegen G_1 im allgemeinen windschiefe Gerade G_2 von P_2 beschrieben wird, wenn nur der kürzeste Abstand $G_1 G_2$ den kürzesten, welchen $P_1 P_2$ irgendeinmal erreichen kann, nicht übertrifft. Noch immer ist das System um $P_1 P_2$ drehbar. Wählt man noch eine dritte Gerade G_3 so, daß alle Dreiecke $P_1 P_2 P_3$, welche durch einen dritten hinzutretenden, beliebig bewegten Punkt P_3 entstehen können, durch Punkte auf $G_1 G_2 G_3$ darstellbar sind, so kann auch P_3 auf G_3 fortschreiten. Für höchstens drei Punkte ist also ein Koordinatensystem, in welchem diese geradlinig fortschreiten, bloße *Konvention*. Den wesentlichen Inhalt des *Trägheitssatzes* sieht nun Lange darin, daß sich mit Hilfe von drei sich selbst überlassenen materiellen Punkten ein Koordinatensystem ausfindig machen läßt, in bezug auf welches vier und beliebig viele sich selbst überlassene materielle Punkte geradlinig, unter Beschreibung einander proportionaler Wegstrecken sich bewegen. Der Vorgang in der Natur wäre also eine Vereinfachung und Beschränkung der kinematisch möglichen Mannigfaltigkeit.

Dieser ansprechende Grundgedanke sowie auch dessen Konsequenzen fanden viel Anerkennung bei Mathematikern, Physikern und Astronomen. (Vgl. H. Seeligers Referat über Langes Arbeiten in der „Vierteljahresschrift d. Astronom. Gesellsch.", 22. Jahrg., S. 252; ferner H. Seeliger, Über die sogenannte absolute Bewegung, Sitzungsber. d. Münchener Akad. d. W., 1906, S. 85). – Nun hat *J. Petzoldt* („Die Gebiete der absoluten und der relativen Bewegung", in Ostwalds

„Annalen der Naturphilosophie", 1908, Bd. VII, S. 29—62) gewisse Schwierigkeiten in den Gedanken Langes gefunden, welche auch andere beunruhigt haben und die nicht so rasch zu beseitigen sind. Wir wollen deshalb, bis sich die Nebel verziehen, das Referat über die Langeschen Koordinatensysteme, die Inertialsysteme, vorläufig abbrechen. Seeliger hat versucht, das Verhältnis des Inertialsystems zu dem im Gebrauch befindlichen astronomischen empirischen Koordinatensystem zu bestimmen, und glaubt sagen zu können, daß sich letzteres um ersteres nicht mehr als einige Bogensekunden im Jahrhundert drehen kann. (Vgl. auch A. Anding, Über Koordinaten und Zeit, in „Enzyklopädie der mathematischen Wissenschaften", Bd. VI, Abt. 2, Heft 1.)

11. Die Ansicht, daß die „absolute Bewegung" ein sinnloser, inhaltsleerer, wissenschaftlich nicht verwendbarer Begriff sei, die vor dreißig Jahren fast allgemein Befremden erregte, wird heute von vielen und namhaften Forschern vertreten. Ich möchte als entschiedene „Relativisten" nur anführen: Stallo, J. Thomson, Ludwig Lange, Love, Kleinpeter, J. G. MacGregor, Mansion, Petzoldt, Pearson.[68] Die Zahl der Relativisten ist in rascher Zunahme begriffen und die vorstehende Liste gewiß schon nicht mehr vollständig. Wahrscheinlich wird es bald keinen bedeutenden Vertreter der Gegenansicht mehr geben. Sind aber die ohnehin ungreifbaren Hypothesen des absoluten Raumes und der absoluten Zeit nicht mehr haltbar, so entsteht die Frage: Auf welche Weise können wir dem Trägheitsgesetz einen verständlichen Sinn geben? MacGregor zeigt in einer vortrefflichen, für Lange sehr anerkennenden, klar geschriebenen Abhandlung („Philos. Magazin", XXXVI, 1893, S. 233) zwei Wege auf: 1. Den historisch-kritischen Weg, welcher von neuem die Tatsachen ins Auge faßt, auf welchen der Trägheitssatz ruht, welcher ferner dessen Gültigkeitsgrenzen und eventuell eine neue Formulierung in Betracht zieht. 2. Die Annahme, daß der Trägheitssatz in seiner alten Form die Bewegungen genügend kennen lehrt, und die Ableitung des richtigen Koordinatensystems *aus* diesen Bewegungen.

Für die erste Methode gibt, wie mir scheint, Newton selbst mit seinem in dem mehrfach genannten Corollar V angedeuteten Bezugssystem das erste Beispiel. Diesem liegt es auch schon nahe, auf notwendig werdende Modifikationen des Ausdrucks durch Erweiterung der Erfahrung Rücksicht zu nehmen. Der zweite Weg liegt *psychologisch* gewiß am nächsten bei dem großen Vertrauen, welches die Mechanik als exakteste Naturwissenschaft genießt. In der Tat ist dieser Weg mit mehr oder weniger Erfolg oft eingeschlagen worden. W. Thomson und Tait („Treatise on Natural Philosophy", Tl. I, Bd. 1, 1879, § 249) bemerken, daß zwei aus demselben Ort zugleich geschleuderte und dann sich selbst überlassene materielle Punkte sich so bewegen, daß deren Verbindungslinie sich selbst parallel bleibt. Wenn also vier Punkte O, P, Q, R zugleich aus demselben Ort geschleudert werden und dann keiner Kraft mehr unterliegen, so geben die Verbindungslinien OP, OQ, OR stets *fixe* Richtungen an. J. Thomson versucht in zwei Artikeln (Proceed. R. S. E., 1884, S. 568 u. 730) das dem Trägheitssatz entsprechende Bezugssystem zu konstruieren, wobei er schon erkennt, daß die Annahmen über Gleichförmigkeit und Geradlinigkeit *teilweise Konvention* sind. Durch J. Thomson angeregt, beteiligt sich auch Tait (a. a. O., S. 743) an der Lösung derselben Aufgabe durch Quaternionen. Auch MacGregor in seiner „Presidential Address" (Transact. R. S. of Canada, Vol. X, 1892, Sect. III, insbesondere S. 5 u. 6) finden wir auf demselben Wege.

Dieselben psychologischen Motive waren wohl bei Ludwig Lange wirksam, der in dem Streben, das *Newtonsche* Trägheitsgesetz *richtig zu interpretieren*, am glücklichsten gewesen ist, und zwar schon 1885 (vgl. dessen beide Artikel in Wundts „Philos. Studien", 1885).

Kürzlich hat Lange (Wundts „Philos. Studien", XX, 1902) eine kritische Abhandlung publiziert, in welcher er auch ausführt, *wie* nach seinen Prinzipien ein *neues* Koordinatensystem zu gewinnen wäre, wenn die gewöhnliche rohe Beziehung auf den Fixsternhimmel infolge genauerer astronomischer Beobachtungen nicht mehr zureichen sollte. Über den *theoretischen* formalen Wort des Langeschen Ausdrucks, darüber, daß gegenwärtig der Fixsternhimmel das allein brauchbare *praktische* Bezugssystem ist, und über die Methode, durch allmähliche Korrekturen ein neues Bezugssystem zu gewinnen, besteht wohl keine Meinungsverschiedenheit zwischen Lange und mir. Die Differenz, die noch besteht und vielleicht bestehen bleiben wird, liegt darin, daß Lange als *Mathematiker* an die Frage herangetreten ist, während ich die *physikalische* Seite ins Auge gefaßt habe.

Lange setzt mit einer gewissen Zuversicht voraus, daß auch bei ausgiebigen Bewegungen am Himmel *sein* Ausdruck sich bewähren würde. Ich kann diese Zuversicht nicht teilen. Mir erscheint die Umgebung, in welcher wir leben, mit ihren fast unveränderlichen Winkeln der Richtungen nach den Gestirnen hin als ein äußerst spezieller Fall, und ich würde nicht wagen, von diesem auf einen stark verschiedenen zu schließen. Wenngleich auch ich erwarte, daß astronomische Beobachtungen zunächst nur sehr unscheinbare Korrektionen notwendig machen werden, so halte ich es doch für möglich, daß der Trägheitssatz in seiner einfachen Newtonschen Form für uns Menschen nur örtliche und zeitliche Bedeutung hat. Erlauben wir uns noch eine freiere Betrachtung. Wir messen unsere Zeit nach dem Drehungswinkel der Erde, könnten dieselbe aber ebensowohl nach dem Drehungswinkel irgendeines andern Planeten bemessen. Darum werden wir aber nicht glauben, daß der *zeitliche* Verlauf aller physikalischen Erscheinungen sofort gestört werden müßte, wenn die Erde oder jener ferne Planet eine zufällige plötzliche Änderung der Winkelgeschwindigkeit erfahren würde. Wir halten die Abhängigkeit für *keine unmittelbare*, also die zeitliche Orientierung für eine *äußerliche*. So wird auch niemand glauben, daß in einem System unbeeinflußter, sich selbst überlassener, geradlinig gleichförmig bewegter Körper die zufällige Störung des *einen*, bei Fixierung des Koordinatensystems mitbestimmenden, etwa durch einen Zusammenstoß, sofort auch eine Störung der übrigen zur Folge hätte. Die Orientierung ist auch hier äußerlich. So sehr man auch für diese dankbar sein muß, namentlich wenn sie von Sinnlosigkeiten gereinigt ist, so sehr wird der Naturforscher das Bedürfnis nach weiterer Einsicht, nach Erkenntnis der *unmittelbaren* Zusammenhänge, etwa der Massen des Weltalls, empfinden. Als Ideal wird ihm eine prinzipielle Einsicht vorschweben, aus der sich in *gleicher* Weise die beschleunigten und die Trägheitsbewegungen ergeben. Der Fortschritt von der Keplerschen Entdeckung zu dem Newtonschen Gravitationsgesetz und das Drängen von diesem zu einem physikalischen Verständnis nach Art der elektrischen Fernwirkung mag hier vorbildlich sein. Wir müssen sogar dem Gedanken Raum geben, daß die Massen, die wir sehen und nach welchen wir uns zufällig orientieren, vielleicht gar nicht die eigentlich entscheidenden sind. Deshalb darf man auch Experimentalideen, wie die der Herren Friedländer* und Föppl**, nicht unterschätzen, wenn man auch noch keinen unmittelbaren Erfolg absieht. Greift der Forscher auch freudig nach dem zunächst Erreichbaren, so schadet ihm gewiß nicht der zeitweilige Blick in die Tiefe des Unerforschten.

12. Eine kleine elementare Abhandlung von *J. R. Schütz* („Prinzip der absoluten Erhaltung der Energie", in „Göttinger Nachrichten", math.-physik. Klasse, 1897) zeigt an einfachen Beispielen, daß sich aus dem genannten Prinzip die Newtonschen Gesetze gewinnen lassen. Die Bezeichnung „absolut" soll nur ausdrücken, daß das Prinzip von einer Unbestimmtheit und Willkür befreit werden soll. Denkt man sich das Prinzip auf den zentralen Stoß punktförmiger elastischer Massen m_1, m_2 von den Anfangsgeschwindigkeiten u_1, u_2 und den Endgeschwindigkeiten v_1, v_2 angewendet, so hat man

$$m_1 u_1^2 + m_2 u_2^2 = m_1 v_1^2 + m_2 v_2^2 .$$

Man kann v_1 und v_2 aus u_1 und u_2 sofort berechnen, wenn man das Energieprinzip auch für eine beliebige, den u und v gleichgerichtete Translationsgeschwindigkeit c gelten läßt, also:

$$m_1 (u_1+c)^2 + m_2 (u_2+c)^2 = m_1 (v_1+c)^2 + m_2 (v_2+c)^2;$$

denn zieht man die erste Gleichung von der zweiten ab, so erhält man die Gleichung des Gegenwirkungsprinzips

$$m_1 u_1 + m_2 u_2 = m_1 v_1 + m_2 v_2 ,$$

in welcher c ausgefallen ist. Durch die erste und letzte Gleichung ergibt sich aber die Berechung von v_1 und v_2. Durch eine analoge Behandlung des „absoluten" Energieprinzips erhält man die *Newtonsche* Kraftgleichung für einen Massenpunkt und endlich auch das Gegenwirkungsgesetz mit seinen Fol-

---

* B. und J. Friedländer, Absolute und relative Bewegung (Berlin 1896).

** A. Föppl, Über einen Kreiselversuch zur Messung der Umdrehungsgeschwindigkeit der Erde, in Sitzungsber. d. Münchener Akad., 1904, S. 5 — Über absolute und relative Bewegung, ebenda 1904, S. 383.

gerungen der Erhaltung der Bewegungsquantität, der Erhaltung des Schwerpunkts. Die Lektüre der Abhandlung ist sehr zu empfehlen, da auch der Massenbegriff mit Hilfe des Energieprinzips ableitbar ist. (Vgl. den zweitfolgenden Abschnitt 8, Rückblick auf die Entwicklung der Dynamik.)

7. Übersichtliche Kritik der Newtonschen Aufstellungen

1. Wir können nun, nachdem wir die Einzelheiten genügend besprochen haben, die Form und die Anordnung der Newtonschen Aufstellungen noch einmal überschauen.[69] Newton schickt mehrere Definitionen voraus und läßt denselben die Gesetze der Bewegung folgen. Wir beschäftigen uns zunächst mit den erstern.

„Definition 1. Die Menge der Materie wird durch ihre Dichtigkeit und ihr Volumen vereint gemessen ... Diese Menge der Materie werde ich im folgenden unter dem Namen Körper oder Masse verstehen, und sie wird durch das Gewicht des jedesmaligen Körpers bekannt. Daß die Masse dem Gewicht proportional sei, habe ich durch sehr genau angestellte Pendelversuche gefunden, wie später gezeigt werden wird.

Definition 2. Die Größe der Bewegung wird durch die Geschwindigkeit und die Menge der Materie vereint gemessen ...

Definition 3. Die Materie besitze das Vermögen zu widerstehen; deshalb verharrt jeder Körper, soweit es an ihm ist, in seinem Zustand der Ruhe oder der gleichförmigen geradlinigen Bewegung ...

Definition 4. Eine angebrachte Kraft ist das gegen einen Körper ausgeübte Bestreben, seinen Zustand zu ändern, entweder den der Ruhe oder den der gleichförmigen geradlinigen Bewegung ...

Definition 5. Die Zentripetalkraft bewirkt, daß ein Körper gegen irgendeinen Punkt als Zentrum gezogen oder gestoßen wird, oder auf irgendeine Weise dahin zu gelangen strebt ...

Definition 6. Die absolute Größe der Zentripetalkraft ist das größere oder kleinere Maß derselben nach Verhältnis der wirkenden Ursache, welche vom Mittelpunkt nach den umgebenden Teilen sich fortpflanzt ...

Definition 7. Die Größe der beschleunigenden Zentripetalkraft ist proportional der Geschwindigkeit, welche sie in einer gegebenen Zeit erzeugt ...

Definition 8. Die Größe der bewegenden Zentripetalkraft ist der Bewegungsgröße proportional, welche sie in einer gegebenen Zeit erzeugt ...

Man kann der Kürze wegen diese auf dreifache Weise betrachtete Größe der Kraft absolute, beschleunigende und bewegende Kraft nennen und sie zu gegenseitiger Unterscheidung auf die nach dem Mittelpunkt strebenden Körper, den Ort der Körper und den Mittelpunkt der Kräfte beziehen. Die bewegende Kraft auf den Körper, als ein Streben und Hinneigen des Ganzen gegen das Zentrum, welches aus der Hinneigung der einzelnen Teile zusammengesetzt ist. Die beschleunigende Kraft auf den Ort des Körpers als eine wirkende Ursache, welche sich vom Zentrum aus nach den einzelnen es umgebenden Orten zur Bewegung des in denselben befindlichen Körpers fortpflanzt. Die absolute Kraft auf das Zentrum, welches mit einer Ursache begabt ist, ohne welche die bewegenden Kräfte sich nicht durch den Raum fortpflanzen würden. Diese Ursache mag nun irgendein Zentralkörper (wie der Magnet im Zentrum der magnetischen, die Erde im Zentrum der Schwerkraft) oder irgendwie unsichtbar sein. Dies ist wenigstens der mathematische Begriff derselben, denn die physikalischen Ursachen und Sitze der Kräfte ziehe ich hier nicht in Betracht.

Die beschleunigende Kraft verhält sich daher zur bewegenden wie die Geschwindigkeit zur Bewegungsgröße. Die Größe der Bewegung entsteht nämlich aus dem Produkt der Geschwindigkeit in die Masse und die bewegende Kraft aus dem Produkt der beschleunigenden Kraft in dieselbe Masse, indem die Summe der Wirkungen, welche die beschleunigende Kraft in den einzelnen Teilen des Körpers hervorbringt, die bewegende Kraft des ganzen Körpers ist. Daher verhält sich in der Nähe der Erdoberfläche, wo die beschleunigende Kraft, d. h. die Kraft der Schwere, in allen Körpern dieselbe ist, die bewegende Kraft der Schwere oder das Gewicht wie der Körper. Steigt man aber zu Gegenden auf, in denen die beschleunigende Kraft der Schwere geringer wird, so wird das Gewicht gleichmäßig vermindert und stets dem Produkt aus der beschleunigenden Kraft der Schwere und dem Körper proportional sein. So wird in

Gegenden, wo die beschleunigende Kraft halb so groß ist, das Gewicht eines Körpers um die Hälfte vermindert. Ferner nenne ich die Anziehung und den Stoß in demselben Sinne beschleunigend und bewegend. Die Benennung: Anziehung, Stoß oder Hinneigung gegen den Mittelpunkt nehme ich ohne Unterschied und untereinander vermischt an, indem ich diese Kräfte nicht im physischen, sondern nur im mathematischen Sinne betrachte. Der Leser möge daher aus Bemerkungen dieser Art nicht schließen, daß ich die Art und Weise der Wirkung oder die physische Ursache erkläre, oder auch daß ich den Mittelpunkten (welche geometrische Punkte sind) wirkliche und physische Kräfte beilege, indem ich sage: Die Mittelpunkte ziehen an, oder es finden Mittelpunktskräfte statt."

2. Die Definition 1 ist, wie schon ausführlich dargetan wurde, eine Scheindefinition. Der Massenbegriff wird dadurch nicht klarer, daß man die Masse als das Produkt des Volumens und der Dichte darstellt, da die Dichte selbst nur die Masse der Volumeneinheit vorstellt. Die wahre Definition der Masse kann nur aus den dynamischen Beziehungen der Körper zueinander abgeleitet werden.

Gegen die Definition 2, die einen bloßen Rechnungsausdruck erklärt, ist nichts einzuwenden. Hingegen wird die Definition 3 (Trägheit) durch die Kraftdefinitionen 4—8 überflüssig gemacht, da durch die beschleunigende Natur der Kräfte die Trägheit schon gegeben ist.

Definition 4 erklärt die Kraft als die Beschleunigungsursache oder das Beschleunigungsbestreben eines Körpers. Letzteres rechtfertigt sich dadurch, daß auch in dem Fall, als Beschleunigungen nicht auftreten können, andere denselben entsprechende Veränderungen, Druck, Dehnung der Körper usw., eintreten. Die Ursache einer Beschleunigung gegen ein bestimmtes Zentrum hin wird in Definition 5 als Zentripetalkraft erklärt und in 6, 7, 8 in die absolute, beschleunigende und bewegende geschieden. Es ist wohl Geschmacks- und Formsache, ob man die Erläuterung des Kraftbegriffs in eine oder mehrere Definitionen fassen will. Prinzipiell ist gegen die Newtonschen Definitionen nichts einzuwenden.

3. Es folgen nun die Axiome oder Gesetze der Bewegung, von welchen Newton drei aufstellt:

„1. Gesetz. Jeder Körper beharrt in seinem Zustand der Ruhe

oder der gleichförmigen geradlinigen Bewegung, wenn er nicht durch einwirkende Kräfte gezwungen wird, seinen Zustand zu ändern."

„2. Gesetz. Die Änderung der Bewegung ist der Einwirkung der bewegenden Kraft proportional und geschieht nach der Richtung derjenigen geraden Linie, nach welcher jene Kraft wirkt."

„3. Gesetz. Die Wirkung ist stets der Gegenwirkung gleich, oder die Wirkungen zweier Körper aufeinander sind stets gleich und von entgegengesetzter Richtung."

Diesen drei Gesetzen schließt Newton mehrere Zusätze an. Der 1. und 2. Zusatz bezieht sich auf das Prinzip des Kräfteparallelogramms, der 3. auf die bei der Gegenwirkung erzeugte Bewegungsquantität, der 4. auf die Unveränderlichkeit des Schwerpunkts durch die Gegenwirkung, der 5. und 6. auf die relative Bewegung.

4. Man erkennt leicht, daß das 1. und 2. Gesetz durch die vorausgehenden Kraftdefinitionen schon gegeben ist. Nach denselben besteht ohne Kraft keine Beschleunigung und demnach nur Ruhe oder geradlinige gleichförmige Bewegung. Es ist ferner nur eine ganz unnötige Tautologie, nachdem die Beschleunigung als Kraftmaß festgesetzt ist, noch einmal zu sagen, daß die Bewegungsänderung der Kraft proportional sei. Es wäre genügend gewesen zu sagen, daß die vorausgeschickten Definitionen keine willkürlichen mathematischen seien, sondern in der Erfahrung gegebenen Eigenschaften der Körper entsprechen. Das 3. Gesetz enthält scheinbar etwas Neues. Wir haben aber schon gesehen, daß es ohne den richtigen Massenbegriff unverständlich ist, hingegen durch den Massenbegriff, der selbst nur durch dynamische Erfahrungen gewonnen werden kann, unnötig wird.

Das Pleonastische, Tautologische, Abundante der Newtonschen Aufstellungen wird übrigens psychologisch verständlich, wenn man sich einen Forscher vorstellt, der, von den ihm geläufigen Vorstellungen der Statik ausgehend, im Begriff ist, die Grundsätze der Dynamik aufzustellen. Er hat bald die Kraft als Zug oder Druck, bald als beschleunigungsbestimmend im Blickpunkt der Aufmerksamkeit. Wenn er einerseits durch die Vorstellung eines Drucks, der *allen Kräften gemeinsam* ist, sofort erkennt, daß *alle Kräfte auch beschleunigungsbe-*

stimmend sind, so verleitet ihn diese *Doppelvorstellung* andererseits zu einer *zersplitterten*, wenig einheitlichen Darstellung der neuen Grundsätze. (Vgl. „Erkenntnis und Irrtum", 2. Aufl., S. 140, 315.)[70]

Zusatz 1 enthält wirklich etwas Neues. Derselbe betrachtet aber die durch verschiedene Körper M, N, P in einem Körper K bedingten Beschleunigungen als *selbstverständlich* voneinander unabhängig, während dies gerade ausdrücklich als eine *Erfahrungstatsache* anzuerkennen wäre. Zusatz 2 ist eine einfache Anwendung des in Zusatz 1 ausgesprochenen Gesetzes. Auch die übrigen Zusätze stellen sich als einfache deduktive (mathematische) Ergebnisse aus den vorausgegangenen Begriffen und Gesetzen dar.

5. Selbst wenn man *ganz* auf dem Newtonschen Standpunkt bleibt und von den erwähnten Komplikationen und Unbestimmtheiten ganz absieht, welche durch die abgekürzte Bezeichnung „Zeit" und „Raum" nicht beseitigt, sondern nur verdeckt werden, kann man die Newtonschen Aufstellungen durch viel *einfachere*, methodisch mehr geordnete und befriedigende ersetzen. Dieselben wären unseres Erachtens etwa *folgende:*

a) Erfahrungssatz. Gegenüberstehende Körper bestimmen unter gewissen, von der Experimentalphysik anzugebenden Umständen aneinander entgegengesetzte *Beschleunigungen* nach der Richtung ihrer Verbindungslinie. (Der Satz der Trägheit ist hier schon eingeschlossen.)

b) Definition. Das Massenverhältnis zweier Körper ist das negative umgekehrte Verhältnis der gegenseitigen Beschleunigungen.

c) Erfahrungssatz. Die Massenverhältnisse sind unabhängig von der Art der physikalischen Zustände der Körper (ob dieselben elektrische, magnetische usw. sind), welche die wechselseitige Beschleunigung bedingen, sie bleiben auch dieselben, ob sie mittelbar oder unmittelbar gewonnen werden.

d) Erfahrungssatz. Die Beschleunigungen, welche mehrere Körper $A, B, C \ldots$ an einem Körper K bestimmen, sind voneinander unabhängig. (Der Satz des Kräfteparallelogramms folgt hieraus unmittelbar.)

e) Definition. Bewegende Kraft ist das Produkt aus dem Massenwert eines Körpers in die an demselben bestimmte Beschleunigung.

Die Sätze a—e stehen schon in meiner Note „über die Definition der Masse" in Carls „Repertorium der Experimentalphysik", Bd. IV, 1868, abgedruckt in „Erhaltung der Arbeit", 1872; 2. Aufl., Leipzig 1909. (Vgl. noch Poincaré, La Science et l'Hypothèse Paris, p. 110 f.)

Nun könnten noch die übrigen willkürlichen Definitionen der Rechnungsausdrücke „Bewegungsgröße", „lebendige Kraft" usw. folgen, welche aber durchaus nicht unentbehrlich sind. Die angeführten Sätze erfüllen die Forderung der Einfachheit und Sparsamkeit, welche man an dieselben aus ökonomisch-wissenschaftlichen Gründen stellen muß. Sie sind auch durchsichtig und klar, denn es kann bei keinem derselben ein Zweifel bestehen, was er bedeutet, aus welcher Quelle er stammt, ob er eine Erfahrung oder eine willkürliche Festsetzung ausspricht.

6. Im ganzen kann man sagen, daß Newton in vorzüglicher Weise die Begriffe und Sätze herausgefunden hat, welche *genügend gesichert* waren, um auf denselben weiterzubauen. Er dürfte zum Teil durch die Schwierigkeit und Neuheit des Gegenstandes seinen Zeitgenossen gegenüber zu einer großen Breite und dadurch zu einer gewissen Zerrissenheit der Darstellung genötigt gewesen sein, infolge welcher z. B. ein und dieselbe Eigenschaft der mechanischen Vorgänge mehrmals formuliert erscheint. Teilweise war er aber nachweislich über die Bedeutung und namentlich über die Erkenntnisquelle seiner Sätze selbst nicht vollkommen klar. Und auch dies vermag nicht den leisesten Schatten auf seine geistige Größe zu werfen. Derjenige, welcher einen neuen Standpunkt zu erwerben hat, kann denselben natürlich nicht von vornherein so sicher innehaben wie jene, welche diesen Standpunkt mühelos von ihm übernehmen. Er hat genug getan, wenn er Wahrheiten gefunden hat, auf die man weiterbauen kann. Denn jede neue Folgerung bietet zugleich eine neue Einsicht, eine neue Kontrolle, eine Erweiterung der Übersicht, eine Klärung des Standpunkts. Der Feldherr so wenig als der große Entdecker kann bei jedem gewonnenen Posten kleinliche Untersuchungen darüber anstellen, mit welchem Recht er denselben besitzt. Die Größe der zu lösenden Aufgabe läßt hierzu keine Zeit. Später wird dies anders. Von den beiden folgenden Jahrhunderten durfte Newton wohl erwarten, daß sie die Grundlagen des von ihm Geschaffenen weiter untersuchen und befestigen

würden. In der Tat können in Zeiten größerer wissenschaftlicher Ruhe die Prinzipien ein höheres philosophisches Interesse gewinnen als alles, was sich auf dieselben bauen läßt. Dann treten Fragen auf, wie die hier behandelten, zu deren Beantwortung hier vielleicht ein kleiner Beitrag geliefert worden ist. Wir stimmen dem mit Recht hochberühmten Physiker W. Thomson (Lord Kelvin) in der Verehrung und Bewunderung Newtons bei. Sir W. Thomsons Ansicht aber, daß die Newtonschen Aufstellungen auch heute noch das Beste und Philosophischste seien, was man geben könne, ist uns schwer verständlich.

8. *Rückblick auf die Entwicklung der Dynamik*

1. Die Dynamik hat sich auf analoge Art entwickelt wie die Statik. Verschiedene besondere Fälle von Bewegungen der Körper wurden beobachtet, und man hat versucht, diese Beobachtungen in Regeln zu fassen. So wenig sich aber aus der Beobachtung eines Gleichgewichtsfalles der schiefen Ebene oder des Hebels wegen der Ungenauigkeit der Messung eine mathematisch genaue und allgemein gültige Regel für das Gleichgewicht ableiten läßt, so wenig tritt dies auch für die Bewegungsfälle zu. Die Beobachtung leitet zunächst nur zur *Vermutung* von Bewegungsgesetzen, die man in besonderer Einfachheit und Genauigkeit als *Hypothesen* annimmt, um zu versuchen, ob sich das Verhalten der Körper aus diesen Hypothesen logisch ableiten läßt. Erst wenn sich diese Hypothesen in vielen einfachen und komplizierten Fällen bewährt haben, *kommt man überein*, sie festzuhalten. *Poincaré* (in „La Science et l'Hypothèse") hat also recht, wenn er die Grundsätze der Mechanik *Konventionen* nennt, die wohl auch anders hätten ausfallen können.[71]

Wenn wir die Entwicklungsperiode der Dynamik überblicken, welche durch Galilei eingeleitet, durch Huygens weitergeführt, durch Newton abgeschlossen wurde, so stellt sich als Hauptergebnis die Erkenntnis dar, daß die Körper gegenseitig aneinander von räumlichen und materiellen Umständen abhängige *Beschleunigungen* bestimmen und daß es *Massen* gibt. Daß die Erkenntnis dieser Tatsachen sich in so vielen

Sätzen darstellt, hat lediglich einen historischen Grund; sie wurde nicht auf einmal, sondern schrittweise gewonnen. Es ist eigentlich nur *eine* große Tatsache, die festgestellt worden ist. Verschiedene Körperpaare bestimmen unabhängig voneinander an sich selbst Beschleunigungspaare, deren Glieder das für jedes Körperpaar charakteristische unveränderliche Verhältnis darbieten. Selbst so bedeutende Menschen wie Galilei, Huygens und Newton konnten diese Tatsache nicht auf einmal *erschauen*, sondern nur stückweise erkennen, wie sich dies in dem Fallgesetz, dem besondern Trägheitsgesetz, dem Prinzip des Kräfteparallelogramms, dem Massenbegriff usw. ausspricht. Heute hat es keine Schwierigkeit mehr, die *Einheit* der ganzen Tatsache zu durchblicken. Nur das praktische Bedürfnis der Mitteilung kann die stückweise Darstellung durch mehrere Sätze (deren Zahl eigentlich nur durch den wissenschaftlichen Geschmack bestimmt wird) rechtfertigen. Die Erinnerung an die über die Begriffe Zeit, Trägheit usw. gegebenen Ausführungen befestigt übrigens gewiß die Überzeugung, daß genau genommen selbst heute die *ganze* fragliche Tatsache noch nicht nach allen Seiten vollständig erkannt ist.

Mit den „unbekannten Ursachen" der Naturvorgänge hat der gewonnene Standpunkt (wie Newton ausdrücklich hervorhebt) nichts zu schaffen. Was wir heute in der Mechanik *Kraft* nennen, ist nicht etwas in den Vorgängen Verborgenes, sondern ein meßbarer tatsächlicher Bewegungsumstand, das Produkt aus der Masse in die Beschleunigung. Auch wenn man von Anziehungen oder Abstoßungen der Körper spricht, hat man nicht nötig, an irgendwelche verborgene Ursachen der Bewegung zu denken. Man bezeichnet durch den Ausdruck Anziehung nur die *tatsächliche Ähnlichkeit* des durch die Bewegungsumstände bestimmten Vorgangs mit dem Effekt eines Willensimpulses. In beiden Fällen erfolgt entweder wirkliche Bewegung oder, wenn diese durch einen andern Bewegungsumstand wieder aufgehoben ist, Zerrung, Pressung der Körper usw.

2. Das eigentliche Werk des Genies bestand darin, den Zusammenhang gewisser Bestimmungsstücke der mechanischen Vorgänge zu bemerken. Die genauere Feststellung der Form dieses Zusammenhanges fiel mehr der bedächtigen Arbeit an-

heim, welche die verschiedenen Begriffe und Sätze der Mechanik schuf. Den wahren Wert und die Bedeutung dieser Sätze und Begriffe kann man nur durch Untersuchung ihres historischen Ursprungs ermitteln. Hierbei zeigt sich nun zuweilen unverkennbar, daß zufällige Umstände dem Entwicklungsgang eine eigentümliche Richtung gegeben haben, welche unter andern Umständen sehr verschieden hätten ausfallen können, wie dies hier durch ein Beispiel erläutert werden soll.

Bevor Galilei die bekannte Abhängigkeit zwischen der Endgeschwindigkeit und Fallzeit annahm und dieselbe durch das Experiment prüfte, versuchte er, wie bereits erwähnt, eine andere Annahme und setzte die Endgeschwindigkeit proportional dem zurückgelegten Fallraum. Er glaubte hieraus die Proportionalität der Fallräume mit den Quadraten der Fallzeiten folgern zu können (Ediz. Nazionale, VIII, p. 373, 374). Er meinte später, durch andere Fehlschlüsse, diese Annahme im Widerspruch mit sich selbst zu finden (Dialogo 3). Er meinte, daß der doppelte Fallraum vermöge der doppelten Endgeschwindigkeit in derselben Zeit zurückgelegt werden müßte wie der einfache Fallraum. Da aber die erste Hälfte jedenfalls früher zurückgelegt wird, so müßte der Rest augenblicklich (ohne meßbare Zeit) zurückgelegt werden. Leicht folgt dann, daß die Fallbewegung überhaupt eine momentane wäre.

Die Fehlschlüsse liegen hier klar zutage. Integrationen im Kopfe waren natürlich Galilei nicht geläufig, und er mußte bei dem Fehlen aller Methode notwendig irren, sobald die Verhältnisse etwas komplizierter waren. Nennen wir s den Weg, t die Zeit, so lautet die Galileische Annahme in unserer heutigen Sprache $\frac{ds}{dt}=as$, woraus folgt $s=Ae^{at}$, wobei a eine Erfahrungs- und A eine Integrationskonstante wäre. Dies ist eine ganz andere Folgerung als diejenige, welche Galilei gezogen hat. Sie paßt allerdings zur Erfahrung nicht, und Galilei hätte wahrscheinlich Anstoß daran genommen, daß für $t=0$ doch s von 0 verschieden sein muß, wenn überhaupt Bewegung eintreten soll. Allein sich selbst widerspricht die Annahme keineswegs.

Nehmen wir an, Kepler hätte sich dieselbe Frage gestellt. Während Galilei stets nur nach dem Einfachsten griff und eine Annahme sofort fallen ließ, wenn sie nicht paßte, zeigt Kepler eine ganz andere Natur. Er scheut sich vor den kompliziertesten Annahmen nicht und gelangt, dieselben fort und fort allmählich abändernd, zum Ziel, wie dies die Geschichte der Auffindung seiner Gesetze der Planetenbewegung hinreichend dartut. Kepler hätte als wahrscheinlich, wenn die Annahme $\frac{ds}{dt} = as$ nicht gepaßt hätte, eine Unzahl anderer, darunter wahrscheinlich auch die richtige $\frac{ds}{dt} = \sqrt{as}$ oder $\sqrt{2gs}$ versucht. Damit würde aber die Dynamik einen wesentlichen andern Entwicklungsgang genommen haben.

Bei der zweiten infinitesimalen Annahme Galileis, Proportionalität der Geschwindigkeit zur Fallzeit, stellen die Dreiecksflächen der Galileischen Konstruktion (Fig. 87) schön und anschaulich die zurückgelegten Wege dar, während bei der ersten Annahme die analogen Dreiecke gar keine phoronomische Bedeutung haben, weshalb wohl die Integration nicht gelang.

Unserer Meinung nach hat nun diesem geringfügigen historischen Umstand der Begriff „Arbeit" die Mühe zu danken, mit welcher er sich nur sehr allmählich zu seiner gegenwärtigen Bedeutung emporarbeiten konnte. In der Tat mußte, weil zufällig die Abhängigkeit zwischen Geschwindigkeit und Zeit früher ermittelt worden war, die Beziehung $v = gt$ als die ursprüngliche, die Gleichung $s = \frac{gt^2}{2}$ als die nächste und $gs = \frac{v^2}{2}$ als eine entferntere Folgerung erscheinen. Führt man den Begriff Masse (m) und Kraft (p) ein, wobei $p = mg$, so erhält man (durch Multiplikation der drei Gleichungen mit m) die Sätze $mv = pt$, $ms = \frac{pt^2}{2}$, $ps = \frac{mv^2}{2}$, die Grundgleichungen der Mechanik. Notwendig mußten also die Begriffe *Kraft* und *Bewegungsquantität* (mv) ursprünglicher erscheinen als die Begriffe *Arbeit* (ps) und *lebendige Kraft* (mv^2). Kein Wunder also, daß überall, wo der Arbeitsbegriff auftrat, man immer versuchte, denselben durch die historisch ältern Begriffe zu ersetzen. Der ganze Streit der *Leibnizianer* und *Cartesianer*, welcher erst durch d'Alembert einigermaßen geschlichtet wurde, findet darin seine volle Erklärung.

Unbefangen betrachtet, hat man genau dasselbe Recht, nach der Abhängigkeit von Endgeschwindigkeit und Zeit, wie nach der Abhängigkeit von Endgeschwindigkeit und Weg zu fragen und die Frage durch das Experiment zu beantworten. Die eine Frage führt zu dem Erfahrungssatz: Gegebene gegenüberstehende Körper erteilen sich in gegebenen Zeiten gewisse Geschwindigkeitszuwüchse. Die andere lehrt: Gegebene gegenüberstehende Körper erteilen sich für bestimmte gegenseitige Verschiebungen gewisse Geschwindigkeitszuwüchse Beide Sätze sind gleichberechtigt und können als gleich ursprünglich angesehen werden.

Daß dies richtig ist, beweist in unserer Zeit J. R. Mayer, eine von den Einflüssen der Schule freie moderne Galileische Natur, welcher in der Tat den letzern Weg selbständig eingeschlagen und dadurch eine Erweiterung der Wissenschaft hervorgerufen hat, wie sie auf dem Wege der Schule erst später, umständlicher und nicht in gleicher Vollständigkeit eingetreten ist. Für Mayer ist „Arbeit" der ursprüngliche Begriff. Er nennt das Kraft, was in der Mechanik der Schule Arbeit genannt wird. Mayer fehlt nur darin, daß er seinen Weg für den einzig richtigen hält.

3. Man kann also nach Belieben die *Fallzeit* oder den *Fallraum* als *geschwindigkeitsbestimmend* ansehen. Richtet man die Aufmerksamkeit auf den ersten Umstand, so stellt sich der Kraftbegriff als der ursprüngliche, der Arbeitsbegriff als der abgeleitete dar. Untersucht man den Einfluß des zweiten Umstandes zuerst, so ist gerade der Arbeitsbegriff der ursprüngliche. Bei Übertragung der durch Betrachtung der Fallbewegung gewonnenen Begriffe auf kompliziertere Verhältnisse erkennt man die Kraft als abhängig von der Entfernung der Körper, als eine Funktion der Entfernung $f(r)$. Die Arbeit auf der Wegstrecke dr ist dann $f(r)dr$. Auf dem zweiten Untersuchungswege ergibt sich die Arbeit auch als eine Funktion der Entfernung $F(r)$, die Kraft kennen wir aber dann nur in der Form $\dfrac{d \cdot F(r)}{dr}$ als Grenzwert des Verhältnisses: $\dfrac{\text{Arbeitszuwachs}}{\text{Wegzuwachs}}$.

Galilei hat vorzugsweise den ersten der beiden Wege kultiviert, und Newton hat ihn ebenfalls vorgezogen. Huygens, wenn er sich auch nicht ganz darauf beschränkt, bewegt sich mehr auf dem zweiten Wege. Descartes hat wieder in seiner

Weise die Galileischen Ideen verarbeitet. Seine Leistungen sind aber den Newtonschen und Huygensschen gegenüber nicht von Belang, und der Einfluß derselben erlischt bald ganz. Nach Huygens und Newton geht aus der Vermengung beider Denkweisen, deren Unabhängigkeit und Gleichwertigkeit nicht immer beachtet wird, die mannigfaltigste Verwirrung hervor, wie z. B. der erwähnte Streit der *Cartesianer* und *Leibnizianer* über das Kraftmaß. Bis in die neueste Zeit aber wenden sich die Forscher mit Vorliebe bald der einen, bald der andern Denkweise zu. So werden die Galilei-Newtonschen Gedanken vorzugsweise von der Poinsotschen, die Galilei-Huygensschen von der Ponceletschen Schule kultiviert.

4. Newton operiert fast ausschließlich mit den Begriffen Kraft, Masse, Bewegungsgröße. Sein Gefühl für den Wert des Massenbegriffs stellt ihn über seine Vorgänger und Zeitgenossen. Galilei dachte nicht daran, daß Masse und Gewicht verschiedene Dinge seien. Auch Huygens setzt in allen Betrachtungen die Gewichte statt der Massen, so z. B. bei den Untersuchungen über den Schwingungsmittelpunkt. Auch in der Schrift „De percussione" (über den Stoß) sagt Huygens immer „corpus majus" (der größere Körper) und „corpus minus" (der kleinere Körper), wenn er die größere oder kleinere Masse meint. Zur Bildung des Massenbegriffs war man erst gedrängt, als man bemerkte, daß *derselbe* Körper verschiedene Beschleunigungen durch die Schwere erfahren kann. Den Anlaß hierzu boten zunächst die Pendelbeobachtungen von Richer (1671—73), aus welchen Huygens sofort die richtigen Schlüsse zog, und die Übertragung der dynamischen Gesetze auf die Himmelskörper. Die Wichtigkeit des ersten Punkts sehen wir daraus, daß Newton durch eigene Beobachtungen an Pendeln aus verschiedenem Material die Proportionalität zwischen Masse und Gewicht an demselben Ort der Erde nachgewiesen hat („Principia", Sect. VI de motu et resistentia corporum funependulorum). Auch bei Joh. Bernoulli wird die erste Unterscheidung von Masse und Gewicht in der „meditatio de natura centri oscillationis" („Opera omnia", Lausanne et Genevae, T. II, p. 168) durch die Bemerkung herbeigeführt, daß derselbe Körper verschiedene Schwerebeschleunigungen annehmen kann. Die dynamischen Fragen nun, welche mehrere zueinander in Beziehung stehende

Körper betreffen, erledigt Newton mit Hilfe der Begriffe Kraft, Maß, Bewegungsgröße.

5. Huygens hat einen andern Weg zur Lösung derselben Probleme eingeschlagen. Galilei hatte schon erkannt, daß ein Körper vermöge der erlangten Fallgeschwindigkeit ebenso hoch steigt, als er herabgefallen ist. Indem Huygens (im „Horologium oscillatorium") den Satz dahin verallgemeinert, daß der Schwerpunkt eines Körpersystems vermöge der erlangten Fallgeschwindigkeiten ebenso hoch steigt, als er herabgefallen ist, gelangt er zu dem Satze der Äquivalenz von Arbeit und lebendiger Kraft. Die Namen für seine Rechnungsausdrücke sind freilich erst viel später hinzugekommen.

Dieses Huygenssche Arbeitsprinzip ist nun von den Zeitgenossen ziemlich allgemein mit Mißtrauen aufgenommen worden. Man hat sich damit begnügt, die glänzenden Resultate zu benutzen; die Ableitungen derselben durch andere zu ersetzen ist man stets bemüht gewesen. An dem Prinzip ist auch, nachdem Johann und Daniel Bernoulli dasselbe erweitert hatten, immer mehr die Fruchtbarkeit als die Evidenz geschätzt worden.

Wir sehen, daß immer die Galilei-Newtonschen Sätze ihrer größern Einfachheit und scheinbar größern Evidenz wegen den Galilei-Huygensschen vorgezogen wurden. Zur Anwendung der letztern zwingt überhaupt nur die Not in jenen Fällen, in welchen die Anwendung der erstern wegen der zu mühsamen Detailbetrachtung unmöglich wird, wie z. B. in der Theorie der Flüssigkeitsbewegung bei Johann und Daniel Bernoulli.

Betrachten wir aber die Sache genau, so kommt dem Huygensschen Prinzip dieselbe Einfachheit und Evidenz zu wie den zuvor erwähnten Newtonschen Sätzen. Daß (bei einem Körper) die Geschwindigkeit durch die *Fallzeit* oder daß sie durch den *Fallraum* bestimmt sei, ist eine gleich natürliche und einfache Annahme. Die *Form* des Gesetzes muß in beiden Fällen durch die *Erfahrung* gegeben werden. Daß also $pt = mv$ oder $ps = \dfrac{mv^2}{2}$, ist als Ausgangspunkt gleich gut.

6. Geht man über zur Untersuchung der Bewegung mehrerer Körper, so bedarf man in beiden Fällen wieder eines Schrittes von gleichem Grad der Sicherheit. Der Newtonsche Massenbegriff rechtfertigt sich dadurch, daß mit dem Aufgeben

desselben alle Regel der Vorgänge aufhören würde, daß wir sofort Widersprüche gegen unsere gewöhnlichsten und gröbsten Erfahrungen erwarten müßten, daß die Physiognomie unserer mechanischen Umgebung uns unverständlich würde. Das Gleiche haben wir in bezug auf das Huygenssche Arbeitsprinzip zu bemerken. Geben wir den Satz $\Sigma ps = \Sigma \frac{mv^2}{2}$ auf, so können schwere Körper durch ihr eigenes Gewicht höher steigen, es hören alle bekannten Regeln der mechanischen Vorgänge auf. Auf das *instinktive* Moment, welches bei Auffindung *beider* Gesichtspunkte wirksam war, ist schon ausführlich eingegangen worden.

Natürlich hätten sich beide erwähnte Gedankenkreise viel unabhängiger voneinander entwickeln können. Da sie beide fortwährend miteinander in Berührung waren, so ist es kein Wunder, daß sie teilweise ineinandergeflossen sind und daß der Huygenssche weniger abgeschlossen erscheint. Newton reicht mit den Kräften, Massen, Bewegungsgrößen vollständig aus. Huygens würde mit der Arbeit, der Masse und der lebendigen Kraft ebenfalls ausreichen. Da er aber den Massenbegriff noch nicht vollkommen hat, so muß derselbe bei den spätern Anwendungen dem andern Kreis entlehnt werden. Doch hätte dies auch vermieden werden können. Kann bei Newton das Massenverhältnis zweier Körper definiert werden durch das umgekehrte Verhältnis der durch dieselbe Kraft erzeugten Geschwindigkeiten, so würde es bei Huygens konsequent durch das umgekehrte Verhältnis der durch dieselbe Arbeit erzeugten Geschwindigkeitsquadrate definiert.

Beide Gedankenkreise betrachten die Abhängigkeit ganz verschiedener Momente *derselben* Erscheinung. Die Newtonsche Betrachtung ist insofern vollständiger, als sie über die Bewegung jeder Masse Aufschluß gibt; dafür muß sie aber auch sehr ins einzelne eingehen. Die Huygenssche gibt eine Regel für das ganze System. Sie ist nur bequem, aber dann sehr bequem, wenn die *Geschwindigkeitsverhältnisse* der Massen ohnehin schon bekannt sind.

7. Wir können also beobachten, daß bei Entwicklung der Dynamik ganz ebenso wie bei der Entwicklung der Statik zu verschiedenen Zeiten der Zusammenhang sehr verschiedener Merkmale der mechanischen Vorgänge die Aufmerksamkeit der

Forscher gefesselt hat. Man kann die Bewegungsquantität eines Systems durch die Kräfte als bestimmt ansehen, man kann aber auch die lebendige Kraft als durch die Arbeit bestimmt betrachten. Bei der Wahl der betreffenden Merkmale hat die Individualität der Forscher einen großen Spielraum. Man wird es nach den gegebenen Ausführungen für möglich halten, daß das System der mechanischen Begriffe vielleicht ein anderes wäre, wenn Kepler die ersten Untersuchungen über die Fallbewegung angestellt oder wenn Galilei bei seinen Überlegungen keinen Fehler begangen hätte. Man wird zugleich erkennen, daß für das historische Verständnis einer Wissenschaft nicht nur die Kenntnis der Gedanken wichtig ist, welche von den Nachfolgern angenommen und gepflegt worden sind, sondern daß mitunter auch flüchtige Erwägungen der Forscher, ja sogar das scheinbar ganz Verfehlte sehr wichtig und sehr belehrend sein kann. Die historische Untersuchung des Entwicklungsganges einer Wissenschaft ist sehr notwendig, wenn die aufgespeicherten Sätze nicht allmählich zu einem System von halb verstandenen Rezepten oder gar zu einem System von *Vorurteilen* werden sollen. Die historische Untersuchung fördert nicht nur das Verständnis des Vorhandenen, sondern legt auch die Möglichkeit des Neuen nahe, indem sich das Vorhandene eben teilweise als *konventionell* und *zufällig* erweist. Von einem höhern Standpunkt aus, zu dem man auf verschiedenen Wegen gelangt ist, kann man mit freierm Blick ausschauen und noch neue Wege erkennen.[72]

Es wurde dargelegt, daß die gegenwärtige Form unserer Mechanik auf einer historischen Zufälligkeit beruht. Dies wird in lehrreicher Weise beleuchtet durch die Ausführungen des Herrn Lt.-Colonel Hartmann: „Définition physique de la force. Congrés international de philosophie" (Genève 1905), S. 728. – Auch in „L'enseignement mathématique" (Paris et Genève 1904), S. 425. Der Autor zeigt die Verwendbarkeit von den gebräuchlichen Auffassungen *verschiedener* Begriffe.

In allen dynamischen Sätzen, welche wir erörtert haben, spielt die *Geschwindigkeit* eine hervorragende Rolle. Dies liegt nach unsern Ausführungen daran, daß genau genommen jeder Körper zu allen andern in Beziehung steht, daß ein Körper und auch mehrere Körper nicht ganz isoliert betrachtet werden können. Nur unsere Unfähigkeit, alles *auf einmal* zu übersehen, nötigt uns, wenige Körper zu betrachten und von den übrigen vorläufig in mancher Beziehung *abzusehen*, was eben durch Einführung der Geschwindigkeit, welche die Zeit enthält, geschieht. Man kann es nicht für unmöglich halten, daß an Stelle der *Elementargesetze*, welche die gegenwärtige Mechanik ausmachen, einmal *Integralgesetze* treten (um einen Ausdruck C. Neumanns zu gebrauchen), daß wir direkt die Abhängigkeit der *Lagen* der Körper voneinander erkennen. In diesem Falle wäre dann der *Kraftbegriff* überflüssig geworden.

9. Die Hertzsche Mechanik

1. Der vorige Abschnitt 8 ist 1883 niedergeschrieben. Er enthält namentlich im Absatz 7 ein allerdings sehr allgemeines Programm einer künftigen Mechanik, und man erkennt, daß die 1894 erschienene Mechanik von Hertz* einen ganz wesentlichen Fortschritt in dem bezeichneten Sinne bedeutet.[73] Es ist nicht möglich, von der Reichhaltigkeit des genannten Buches in den wenigen Zeilen, auf die wir uns hier beschränken müssen, eine zutreffende Vorstellung zu geben. Wir haben ja hier kein neues System der Mechanik, sondern die Entwicklung der Ansichten in bezug auf Mechanik darzustellen. Das Hertzsche Buch muß eben von jedem, der sich für die Mechanik interessiert, gelesen werden.

2. Die Kritik der bisherigen Behandlung der Mechanik, welche Hertz seinen Aufstellungen vorausschickt, enthält sehr beachtenswerte erkenntniskritische Bemerkungen, die wir unserm Standpunkt gemäß, der weder mit der Kantschen, noch mit der atomistisch-mechanischen Ansicht der Mehrzahl der Physiker zusammenfällt, allerdings modifizieren müßten. Die „Bilder" (oder vielleicht besser die Begriffe), die wir selbst uns von den Gegenständen machen, sind so zu wählen, daß deren „denknotwendige Folgen" den „naturnotwendigen Folgen" der Gegenstände entsprechen. Von diesen Bildern wird gefordert, daß sie logisch zulässig, d. h. in sich widerspruchsfrei, ferner richtig, d. h. den Beziehungen der Gegenstände

---

* *H. Hertz*, Die Prinzipien der Mechanik in neuem Zusammenhang dargestellt (Leipzig 1894).

entsprechend, und endlich zweckmäßig seien, möglichst wenig Überflüssiges enthalten. Unsere Begriffe sind in der Tat *selbstgemachte*, jedoch darum noch nicht ganz *willkürlich* gemachte, sondern aus einem *Anpassungsstreben* an die sinnliche Umgebung hervorgegangen. Die Übereinstimmung der Begriffe untereinander ist eine logisch notwendige Forderung, und diese logische Notwendigkeit ist auch die *einzige*, welche *wir* kennen. Der Glaube an eine Naturnotwendigkeit entsteht nur, wo unsere Begriffe der Natur hinreichend angepaßt sind, um Folgerung und Tatsache in Übereinstimmung zu halten. Die Annahme einer genügenden Anpassung unserer Begriffe kann aber jeden Augenblick durch die Erfahrung widerlegt werden. Die Hertzsche Forderung der Zweckmäßigkeit fällt mit unserer Forderung der Ökonomie zusammen.

Der Vorwurf des Mangels an Klarheit, den Hertz gegen die Galilei-Newtonsche Mechanik, namentlich gegen den Kraftbegriff vorbringt (S. 7, 14, 15), scheint uns nur gerechtfertigt gegenüber logisch mangelhaften Darstellungen dieses Systems, wie sie Hertz aus seiner Jugend- und Studienzeit wohl zufällig in Erinnerung haben mochte, und Hertz selbst nimmt ja diesen Vorwurf teilweise (S. 9, 47) wieder zurück oder mildert denselben wenigstens. Man kann jedoch logische Mängel einer *individuellen* Darstellung nicht dem System als solchem zuschreiben. Gewiß ist es heute nicht erlaubt (S. 7), von einer „einseitig" wirkenden Kraft zu reden oder bei der Zentrifugalkraft „die Wirkung der Trägheit doppelt in Rechnung zu stellen, nämlich einmal als Masse, zweitens als Kraft". Es ist dies aber auch gar nicht nötig, da schon Huygens und Newton hierin ganz klar waren. Die Kräfte als oft „leergehende Räder", als sinnlich oft nicht nachweisbar zu bezeichnen, wird kaum zulässig sein. Jedenfalls sind die „Kräfte" in diesem Punkt den „verborgenen Massen" und „verborgenen Bewegungen" gegenüber im Vorteil. Wenn ein Stück Eisen ruhig auf dem Tische liegt, so sind beide im Gleichgewicht befindliche Kräfte, Gewicht des Eisens und Elastizität des Tisches, ganz wohl *nachweisbar*.

Auch mit der energetischen Mechanik dürfte es nicht so schlimm stehen, als es Hertz darstellt. Und was gegen die Anwendung der Minimumprinzipien eingewendet wird, daß sie die Annahme eines *Zwecks* einschließen und ein auf die

Zukunft gerichtetes Streben voraussetzen, so zeigt ja eben das vorliegende Buch an späterer Stelle wohl deutlich, daß die einfache Bedeutung der Minimumprinzipien in einem ganz andern Umstande liegt als in dem Zweck. Eine Beziehung auf die *Zukunft* enthält aber *jede* Mechanik, da jede die Begriffe *Zeit, Geschwindigkeit* usw. verwenden muß.

3. Möchte also die Kritik der vorhandenen Systeme der Mechanik in ihrer Härte sich kaum als annehmbar erweisen, so muß man doch Hertz' eigene neue Aufstellungen als einen großen Fortschritt begrüßen. Hertz geht nun (unter Elimination des Kraftbegriffs) in seiner Darstellung lediglich von den Begriffen Zeit, Raum und Masse aus, in der Absicht, nur das zum Ausdruck zu bringen, was wirklich *beobachtet* werden kann. Der einzige Grundsatz, welchen er anwendet, läßt sich auffassen als eine Verbindung des Trägheitsgesetzes mit dem Gaußschen Prinzip des kleinsten Zwanges. Freie Massen bewegen sich geradlinig, gleichförmig. Sind dieselben in irgendwelcher Verbindung, so weichen sie dem Gaußschen Prinzip entsprechend möglichst wenig von dieser Bewegung ab; ihre *wirkliche* Bewegung liegt der *freien* Bewegung näher als jede andere *denkbare*. Hertz sagt, die Massen bewegen sich infolge ihrer Verbindung in einer *geradesten* Bahn. Jede Abweichung der Bewegung einer Masse von der Geradlinigkeit und Gleichförmigkeit schreibt Hertz nicht einer *Kraft*, sondern der (starren) *Verbindung* mit andern Massen zu. Auch wo solche Massen nicht sichtbar sind, denkt er sich *verborgene* Massen mit *verborgenen* Bewegungen. Alle physikalischen Kräfte werden als Wirkung solcher Verbindungen gedacht. Die Kraft, die Kraftfunktion, die Energie sind in seiner Darstellung nur sekundäre Hilfsbegriffe.

Betrachten wir nun die wichtigsten Punkte einzeln und fragen wir, inwiefern dieselben vorbereitet waren? Auf den Gedanken, den Kraftbegriff zu eliminieren, kann man auf folgende Wege kommen. Es liegt im Sinne der Galilei-Newtonschen Mechanik, alle Verbindungen durch Kräfte ersetzt zu denken, welche die von den Verbindungen geforderten Bewegungen bestimmen. Man kann sich also auch umgekehrt vorstellen, daß alles, was uns als Kraft erscheint, von einer Verbindung herrührt. Wenn in ältern Darstellungen der erstere Gedanke als der historisch einfachere und näherliegende häufig hervortritt, so erhält der letztere bei Hertz das Übergewicht. Bedenkt man nun, daß in beiden Fällen, ob Kräfte oder Verbindungen vorausgesetzt werden, die *tatsächliche Abhängigkeit* der Massenbewegungen voneinander für jede augenblickliche Konformation des Systems durch lineare Differentialgleichungen zwischen den Koordinaten der Massen gegeben ist, so kann man das Bestehen letzterer Gleichungen als das *Wesentliche*, durch die Erfahrung Festgestellte betrachten. Die Physik gewöhnt sich allmählich ohnehin, die Beschreibung der Tatsachen durch Differentialgleichungen als ihr eigentliches Ziel anzusehen, welcher Standpunkt auch in vorliegender Schrift (1883) im Kapitel V vertreten wurde. Hiermit ist aber die *allgemeine Anwendbarkeit* der Hertzschen *mathematischen* Aufstellungen anerkannt, ohne daß man sich auf die weitere Interpretation der Kräfte oder Verbindungen einlassen müßte.

Das Hertzsche Grundgesetz kann als ein durch die Verbindungen der Massen modifiziertes, verallgemeinertes Trägheitsgesetz bezeichnet werden. Für einfachere Fälle lag diese Auffassung nahe und mag sich oft aufgedrängt haben. In der Tat wurde auch im vorliegenden Buche (Kapitel III) das Prinzip der Erhaltung des Schwerpunkts und der Erhaltung der Flächen als ein verallgemeinertes Trägheitsgesetz bezeichnet. Wenn man nun bedenkt, daß nach dem Gaußschen Prinzip die *Verbindung* der Massen ein Minimum der Abweichung bestimmt von jenen Bewegungen, welche jede für sich ausführen würde, so gelangt man zum Hertzschen Grundgesetz, sobald man *alle Kräfte* als von Verbindungen herrührend ansieht. Denn bei Auflösung aller Verbindungen bleiben als *letzte* Elemente nur isolierte Massen übrig, die sich nach dem Trägheitsgesetz bewegen. Die Verbindung liefert also die kleinstmögliche Abweichung von der geradlinigen gleichförmigen Bewegung.

Gauß hat es schon klar ausgesprochen, daß ein wesentlich (materiell) neues Prinzip der Mechanik nicht mehr gefunden werden kann. Auch das Hertzsche Prinzip ist nur der *Form* nach neu, denn es ist mit den Lagrangeschen Gleichungen identisch. Die Minimumbedingung, welche das Prinzip einschließt, bezieht sich nicht auf einen rätselhaften Zweck, sondern ihr Sinn ist derselbe wie jener aller Minimumgesetze. Es geschieht nur, was dynamisch bestimmt ist (Kap. III). Die

Abweichung von der wirklichen Bewegung ist dynamisch *nicht* bestimmt; diese Abweichung ist nicht vorhanden, die *wirkliche* Bewegung ist daher *eindeutig* oder, nach der treffenden Bezeichnung von Petzoldt, *einzigartig** bestimmt.

Es ist wohl kaum nötig, ausdrücklich hervorzuheben, daß mit dem Ausbau dieses formal-mathematischen Systems der Mechanik die physikalisch-mechanischen Fragen nicht nur nicht mit erledigt, sondern *nicht einmal berührt sind*. Freie Massen bewegen sich geradlinig und gleichförmig. Massen von ungleicher Geschwindigkeit und Richtung verbunden, beeinflussen gegenseitig ihre Geschwindigkeit, d. h. sie bestimmen *Beschleunigungen* aneinander. Diese physikalischen Erfahrungen gehen *neben* rein geometrischen und arithmetrischen Sätzen in die Formulierung ein, zu welcher die beiden letztern allein keineswegs zureichen würden, denn das bloß mathematisch-geometrisch eindeutig Bestimmte ist darum noch nicht auch schon mechanisch eindeutig bestimmt. Daß aber die erwähnten physikalischen Sätze durchaus nicht selbstverständlich und daß sogar deren präziser Sinn gar nicht leicht festzustellen ist, wurde hier (Kap. II) ausführlich erörtert.

4. In dem schönen Idealbild der Mechanik, welches Hertz entwickelt hat, ist der physikalische Gehalt bis auf einen *scheinbar* kaum merklichen Rest zusammengeschrumpft. Es ist kaum zu zweifeln, daß Descartes, wenn er heute leben würde, in der Hertzschen Mechanik noch mehr als in der Lagrangeschen, „der analytischen Geometrie von vier Dimensionen", sein eigenes Ideal wiedererkennen würde. Wollte doch Descartes, der, in Opposition gegen die verborgenen Qualitäten der Scholastik, der Materie keine andern Eigenschaften zuerkannte als *Ausdehnung* und *Bewegung*, die ganze Mechanik und Physik auf eine Geometrie der Bewegungen zurückführen, unter Voraussetzung einer einmal von Anfang gegebenen *unzerstörbaren* Bewegung.

5. Man kann sich psychologisch sehr wohl davon Rechenschaft geben, durch welche Umstände Hertz auf sein System

---

* *Petzoldt*, Das Gesetz der Eindeutigkeit (Vierteljahrsschrift f. wissensch. Philosophie, XIX, S. 146), besonders S. 186. Dort wird auch *R. Henke* erwähnt, der sich in seiner Schrift „Über die Methode der kleinsten Quadrate" (Leipzig 1894) der Hertzschen Auffassung nähert.

gekommen ist. Nachdem es gelungen war, die elektrischen und magnetischen *Fernkräfte* als Folgen von Bewegungen in einem Medium darzustellen, mußte der Wunsch wieder aufleben, dies auch für die Gravitationskräfte, womöglich für alle Kräfte zu leisten, und der Gedanke lag nahe zu versuchen, ob nicht der Kraftbegriff überhaupt eliminiert werden könnte. Es läßt sich ja auch gar nicht in Abrede stellen, daß unsere Vorstellung auf einem ganz *andern Niveau* steht, wenn wir alle Vorgänge in einem Medium, mit den darin enthaltenen größern Massen, in einem *vollständigen*, einheitlichen Bild übersehen, als wenn uns nur eine Beschleunigungsbeziehung jener isolierten Massen bekannt ist. Dies gibt man gern zu, auch wenn man *nicht* glaubt, daß die Wechselwirkung sich berührender Teile *begreiflicher* ist als die Fernwirkung. Die ganze augenblickliche Entwicklungsphase der Physik treibt nach dieser Seite hin.

Wenn man die Voraussetzung verborgener Massen und Bewegungen nicht bloß im allgemeinen gelten lassen wollte, sondern versuchen würde, mit derselben im *Einzelnen* Ernst zu machen, so müßte man, wenigstens bei dem gegenwärtigen Stande unserer physikalischen Kenntnisse, schon in den einfachsten Fällen zu sonderbaren, oft nicht unbedenklichen Fiktionen greifen, welchen man doch die *gegebenen* Beschleunigungen weit vorziehen würde. Wird z. B. eine Masse m mit der Geschwindigkeit v gleichförmig im Kreise vom Radius r bewegt, was man auf eine vom Kreismittelpunkt ausgehende Zentralkraft $\dfrac{mv^2}{r}$ zurückzuführen pflegt, so kann man sich statt dessen die Masse mit einer gleichgroßen von entgegengesetzter Geschwindigkeit in der Entfernung $2r$ starr verbunden denken. Der Huygenssche zentripetale Auftrieb wäre ein anderes Beispiel des Ersatzes einer Kraft durch eine Verbindung. Als *ideales Programm* ist die Hertzsche Mechanik schöner und einheitlicher, für die *Anwendung* empfiehlt sich aber unsere gewöhnliche Mechanik, wie dies Hertz selbst (S. 47) mit der ihm eigenen Aufrichtigkeit hervorhebt.*

---

* Vgl. auch: *J. Classen*, Die Prinzipien der Mechanik bei Hertz und Boltzmann (Jahrb. d. Hamburgischen wissenschaftlichen Anstalten, XV, S. 1, Hamburg 1898).

10. Verschiedene Auffassungen der hier dargelegten Gedanken

1. Die Ansichten, welche in den beiden ersten Kapiteln dieses Buches ausgesprochen wurden, habe ich vor langer Zeit gefaßt. Dieselben begegneten zunächst fast ausnahmslos einer sehr kühlen Ablehnung und erwarben sich erst allmählich Freunde. Alle wesentlichen Aufstellungen meiner Mechanik habe ich zuerst in meiner kleinen Mitteilung (5 Oktavseiten) „Über die Definition der Masse" ausgesprochen. Es sind die S. 271–272 des vorliegenden Buches angeführten Sätze. Die Aufnahme dieser Mitteilung in die „Annalen" wurde von Poggendorff abgelehnt, so daß dieselbe erst ein Jahr später (1868) in Carls „Repertorium" erschien. In einem 1871 gehaltenen Vortrag habe ich meinen erkenntnistheoretischen Standpunkt in der Naturwissenschaft überhaupt, und insbesondere in der Physik genau bezeichnet. Der Begriff „Ursache" wird daselbst durch den Funktionsbegriff ersetzt, die Ermittelung der *Abhängigkeit* der Phänomene voneinander, die *ökonomische* Darstellung des *Tatsächlichen,* wird als das *Ziel*, die physikalischen Begriffe lediglich als *Mittel* zum Zwecke erkannt. Die Verantwortung für den Inhalt dieses Vortrags wollte ich keinem Journalredakteur mehr zumuten; derselbe wurde 1872 als besondere Schrift gedruckt.* Als nun Kirchhoff 1874 in seiner Mechanik mit seiner „Beschreibung", mit Aufstellungen hervortrat, welche nur einem *Teil* der meinigen entsprachen, und gleichwohl dem „allgemeinen Staunen" der Fachgenossen begegnete, da lernte ich mich bescheiden. Allmählich übte aber doch die große Autorität Kirchhoffs ihre Macht, was zweifellos auch zur Folge hatte, daß meine Mechanik bei ihrem Erscheinen 1883 nicht mehr so befremdlich wirkte. Bei dieser ausgiebigen Hilfe durch Kirchhoff konnte es mir ganz Nebensache sein, daß man meine prinzipiell-physikalischen Darlegungen für weitere Ausführungen und Anknüpfungen an die Kirchhoffschen hielt und teilweise noch hält, während erstere der Publikation nach in Wirklichkeit nicht nur die ältern, sondern auch die radikalern sind.**

---

* „Erhaltung der Arbeit" (Prag 1872; 2. Aufl., Leipzig 1909).
** Vgl. das Vorwort zur ersten Auflage.

Die Zustimmung scheint sich im allgemeinen zu vermehren und allmählich auf größere Teile meiner Darstellung zu erstrekken. Meiner Abneigung gegen polemische Auseinandersetzungen würde es nun viel besser entsprechen, ruhig zu warten und zuzusehen, wieviel etwa von den ausgesprochenen Gedanken noch annehmbar gefunden wird. Allein ich kann den Leser über den bestehenden Widerspruch nicht im Unklaren lassen und muß ihm doch die Wege weisen, sich auch über dieses Buch hinaus zu orientieren, abgesehen davon, daß auch die Achtung der Gegner eine Berücksichtigung der Einwürfe fordert. Diese Gegner sind zahlreich und der mannigfachsten Art: Historiker, Philosophen, Metaphysiker, Logiker, Didaktiker, Mathematiker und Physiker. Auf keine dieser Qualitäten kann ich in erheblichem Maße Anspruch machen. Ich kann hier die wichtigsten Einwürfe nur hervorheben und beantworten in der Eigenschaft eines Mannes, der das lebhafteste und naivste Interesse hat, das Wachstum der physikalischen Gedanken zu begreifen. Hoffentlich wird dies auch andern erleichtern, sich zurechtzufinden und sich ein eigenes Urteil zu bilden.

P. Volkmann, in seinen erkenntniskritisch-physikalischen Schriften*, zeigt sich als mein Gegner, nicht sowohl durch viele einzelne Einwürfe, als vielmehr durch sein Festhalten am Alten und durch seine Vorliebe für dasselbe. In der Tat ist es die letztere, die mich von ihm trennt. Denn sonst hat seine Art der Betrachtung viel Verwandtes mit der meinigen. Er akzeptiert die „Anpassung der Gedanken", des Prinzip der „Ökonomie" und der „Vergleichung", wenn auch seine Darstellung sich durch undividuelle Züge von der meinigen unterscheidet und die Ausdrücke verschieden sind. Ich finde andererseits das wichtigste Prinzip der „Isolation" und „Superposition" passend hervorgehoben und treffend bezeichnet, so daß ich es gern annehme. Auch das will ich gern zugeben, daß die anfangs wenig bestimmten Begriffe durch einen „Kreislauf der Erkenntnis", durch „Oszillation" der Aufmerksamkeit eine „rückwirkende Verfestigung" erfahren müssen. Daß, unter die-

---

* „Erkenntnistheoretische Grundzüge der Naturwissenschaft" (Leipzig 1886). — „Über Newtons Philosophia naturalis" (Königsberg 1898). — „Einführung in das Studium der theoretischen Physik" (Leipzig 1900). Wir zitieren nach der letzteren Schrift.

sem letztern Gesichtspunkte betrachtet, Newton zu seiner Zeit ungefähr das Bestmögliche geleistet, habe ich selbst übereinstimmend mit Volkmann anerkannt. Ich kann aber nicht zustimmen, wenn Volkmann mit W. Thomson und Tait, auch gegenüber den wesentlich veränderten erkenntniskritischen Bedürfnissen der Gegenwart, die Newtonsche Leistung mustergültig findet. Mir scheint vielmehr die Durchführung des Prozesses der Verfestigung müßte immer zu Aufstellungen leiten, welche sich nur unwesentlich von den meinigen unterscheiden könnten. Den klaren und sachlichen Ausführungen von G. Heymans* folge ich mit wahrem Vergnügen, doch scheidet mich von ihm mein antimetaphysischer Standpunkt, mag derselbe nun als berechtigt anerkannt werden oder nicht. *Vorwiegend* Differenzen im *einzelnen* sind es, die ich mit Höfler** und Poske*** auszutragen habe. Mit Petzoldt**** teile ich den prinzipiellen Standpunkt vollständig, und es sind nur Fragen von geringerer Bedeutung, in welchen wir auseinandergehen. Die zahlreichen Bedenken anderer, die sich auf die Argumente der vorgenannten berufen oder auf analoge Gründe stützen, können aus Rücksicht für den Leser nicht besonders behandelt werden. Es dürfte vielmehr genügen, die *Art der Differenzen* durch Herausgreifen einzelner wichtiger Punkte zu beleuchten.

2. Recht schwer erscheint man sich noch immer mit meiner Definition der Masse zu befreunden. Streintz (vgl. S. 212) hat gegen dieselbe eingewendet, daß sie sich nur auf die Gravitation gründe, obgleich dies schon in der ersten Formulierung (1868) ausdrücklich ausgeschlossen war. Nichtsdestoweniger wird dies immer wieder vorgebracht, so auch neuerdings von Volkmann (a. a. O., S. 18). Die Definition berücksichtigt lediglich die Tatsache, daß in Wechselbeziehung stehende Körper, ob sogenannte Fernwirkungen, starre oder elastische Verbindungen in Betracht kommen, aneinander Geschwindigkeits-

---

* „Die Gesetze und Elemente des wissenschaftlichen Denkens", II (Leipzig 1894).

** „Studien zur gegenwärtigen Philosophie der mathematischen Mechanik" (Leipzig 1900).

*** „Vierteljahrsschr. f. wissenschaftl. Philosophie" (Leipzig 1884, S. 385).

**** „Das Gesetz der Eindeutigkeit" (Vierteljahrsschr. f. wissenschaftliche Philosophie, XIX, S. 146).

änderungen (Beschleunigungen) bestimmen. Mehr als dies braucht man nicht zu wissen, um mit voller Sicherheit und ohne Furcht, auf Sand zu bauen, definieren zu können. Es ist nicht richtig, wie Höfler (a. a. O., S. 77) behauptet, daß diese Definition *eine und dieselbe* auf beide Massen wirkende *Kraft* stillschweigend voraussetzt. Sie setzt nicht einmal den Kraftbegriff voraus, denn dieser wird erst auf dem Massenbegriff aufgebaut und ergibt dann von selbst, alle Newtonschen Zirkel vermeidend, das Gegenwirkungsprinzip. Bei dieser Anordnung steht nicht eine Begriffsstufe auf einer andern, welche unter dieser zu weichen droht. Das ist eben, meine ich, das einzige erstrebenswerte Ziel der Volkmannschen Zirkulation und Oszillation. Hat man die Masse durch die Beschleunigungen definiert, so ist es nicht schwierig, hieraus *scheinbar neue* Begriffsvariationen, wie „Beschleunigungskapazität", „Kapazität der Bewegungsenergie" zu gewinnen (Höfler a. a. O., S. 70). Soll man mit einem Massenbegriff dynamisch etwas anfangen können, das muß ich nachdrücklich aufrechthalten, so muß dieser Begriff ein *dynamischer* sein. Auf die Quantität der Materie an sich kann man die Dynamik nicht aufbauen, sondern man kann dieselbe höchstens durch Willkürlichkeiten ankleben (a. a. O., S. 71, 72). Die Quantität der Materie an sich ist niemals eine *Masse*, aber auch keine Wärmekapazität, keine Verbrennungswärme, kein Nährwert usw. Die „*Masse*" spielt auch keine thermische, sondern nur eine *dynamische* Rolle (vgl. Höfler a. a. O., S. 71, 72). Dagegen gehen die verschiedenen physikalischen Quantitäten einander proportional. Und 2, 3 Körper von der einfachen Masse bilden vermöge der dynamischen Definition ebenso einen Körper von der 2-, 3fachen Masse, wie dies in analoger Weise von der Wärmekapazität vermöge der thermischen Definition gilt. Das instinktive Bedürfnis nach der Mengenvorstellung, dem Höfler (a. a. O., S. 72) wohl Ausdruck geben will und welche für den Hand- und Hausgebrauch auch ausreicht, wird niemand in Abrede stellen wollen. Ein wissenschaftlicher Begriff „Quantität der Materie" wird sich aber erst aus der Proportionalität jener einzelnen physikalischen Quantitäten ableiten lassen, anstatt daß man den Begriff „Masse" auf die „Quantität der Materie" bauen könnte. Die Messung der Masse durch das Gewicht ergibt sich nach meiner Definition ganz von selbst, während bei der gewöhnlichen Auffassung die Meßbarkeit der Quantität der Materie mit *einerlei dynamischem* Maß entweder einfach vorausgesetzt wird (S. 230, 235), oder durch besondere Versuche erst nachgewiesen werden muß, daß gleiche *Gewichte* sich wirklich unter *allen* Umständen als gleiche Massen verhalten. Wie mir scheint, ist *hier* der Massenbegriff seit Newton überhaupt zum *erstenmal* eingehend analysiert worden. Denn Historiker und Mathematiker und Physiker scheinen die Frage als eine leichte, fast selbstverständliche behandelt zu haben. Sie ist aber von fundamentaler Bedeutung und dürfte auch die Aufmerksamkeit meiner Gegner verdienen.

3. Gegen meine Darstellung des Trägheitsgesetzes sind mannigfaltige Einwendungen vorgebracht worden. Ich glaube (1868) übereinstimmend mit Poske (1884) nachgewiesen zu haben, daß eine Ableitung dieses Gesetzes aus einem allgemeinen Prinzip, wie das Kausalgesetz, unzulässig ist, und diese Ansicht gewinnt nun auch Zustimmung (vgl. Heymans a. a. O., S. 432). Für von vornherein einleuchtend kann man gewiß einen Satz nicht halten, welcher erst seit so kurzer Zeit allgemein anerkannt ist. Heymans (a. a. O., S. 427) betont auch mit Recht, daß vor wenigen Jahrhunderten der gerade entgegengesetzten Behauptung axiomatische Gewißheit zugeschrieben worden ist. Nur darin, daß man das Trägheitsgesetz auf den *absoluten* Raum bezieht, und darin, daß in dem Trägheitsgesetze, sowie in dessen antikem Gegensatze, ein *Konstantes* in dem Zustande des sich selbst überlassenen Körpers angenommen wird, sieht Heymans (a. a. O., S. 433) etwas Überempirisches. Das erstere wird noch zur Sprache kommen, und das letztere ist auch psychologisch, ohne Hilfe der Metaphysik, verständlich, da nur *Beständigkeiten* uns intellektuell und praktisch fördern können, weshalb wir gerade nach diesen suchen. Nun hat es freilich mit diesen *axiomatischen Gewißheiten*, wenn wir uns dieselben unbefangen ansehen, ein eigentümliches Bewandtnis. Dem einfachen Manne wird man vergebens mit Aristoteles weismachen, daß der geschleuderte Stein nach dem Loslassen eigentlich sofort in Ruhe bleiben mußte und daß er nur wegen der nachdrängenden Luft weitergehe. Ebensowenig wird aber Galilei mit seiner unendlichen gleichförmigen Bewegung Glauben finden. Hingegen wird Benedettis Ansicht von der allmählich abnehmenden „vis impressa", welche der Zeit des unbefan-

genen Denkens und der Befreiung von antiken Vorurteilen angehört, auch vom gemeinen Manne ohne Widerspruch angenommen werden. Diese Ansicht ist eben ein unmittelbares Abbilden der Erfahrung, während die beiden vorher erwähnten, die Erfahrung im entgegengesetzten Sinne idealisierenden Ansichten ein Produkt des berufsmäßigen gelehrten Denkens sind. Die Illusion der axiomatischen Gewißheit üben dieselben auch *nur* auf den *Gelehrten*, dessen ganzes gewohntes Gedankensystem durch eine Störung dieser *Elemente* seines Denkens in Unordnung gerät. Es scheint mir hierdurch das Verhalten der Forscher gegenüber dem Trägheitsgesetz psychologisch genügend aufgeklärt, und ich möchte die Frage, ob man den Satz ein Axion, ein Postulat oder eine Maxime nennen soll, vorläufig ruhen lassen. Heymans, Poske und Petzoldt sind darin in Übereinstimmung, daß sie an dem Trägheitssatze eine empirische und eine überempirische Seite finden. Nach Heymans (a. a. O., S. 438) hätte die Erfahrung nur den *Anlaß* gegeben, einen a priori gültigen Satz anzuwenden. Poske findet, daß der empirische Ursprung die apriorische Gültigkeit nicht ausschließt (a. a. O., S. 401, 402). Auch Petzoldt (a. a. O., S. 188) leitet das Trägheitsgesetz nur zum Teil aus der Erfahrung ab und hält es zum andern Teil für gegeben durch das Gesetz der eindeutigen Bestimmtheit. Ich glaube mich mit Petzoldt nicht in Widerspruch zu befinden, wenn ich folgende Fassung wähle: die Erfahrung muß zunächst lehren, *welche* Abhängigkeit der Erscheinungen voneinander besteht, *was* das Bestimmende ist, und *nur* die Erfahrung kann dies lehren. Glauben wir aber hierüber ausreichend unterrichtet zu sein, so halten wir es bei zureichenden Daten für unnötig, weitere Erfahrungen abzuwarten; die Erscheinung ist für uns bestimmt, und zwar (weil nur dies eine Bestimmung überhaupt ist) *eindeutig* bestimmt. Wenn ich also erfahren habe, daß die Körper Beschleunigungen aneinander bestimmen, so werde ich in allen Fällen, wo ich solche bestimmende Körper vermisse, mit eindeutiger Bestimmtheit eine gleichförmige, geradlinige Bewegung erwarten. So ergibt sich das Trägheitsgesetz gleich in voller Allgemeinheit, ohne daß man mit Petzoldt spezialisieren müßte; denn jede Abweichung von der Gleichförmigkeit *und* Geradlinigkeit setzt Beschleunigung voraus. Ich glaube Recht zu haben, indem ich sage, daß mit dem Satze, daß die Kräfte beschleunigungsbestimmend sind, und mit dem Satze der Trägheit, *dieselbe Tatsache zweimal formuliert ist* (S. 143). Gibt man dies zu, so entfällt auch der Streit darüber, ob in der Anwendung des Trägheitssatzes ein Zirkel vorliegt oder nicht (Poske, Höfler).

Aus einer Stelle* des dritten Galileischen Dialogs, welche

---

* Die Stelle lautet: Constat jam, quod mobile ex quiete in A descendens per AB, gradus acquirit velocitatis juxta temporis ipsius incrementum; gradum vero in B esse maximum acquisitorum, et suapte natura imutabiliter

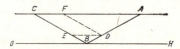

impressum, sublatis scilicet causis accelerationis novae, aut retardationis; accelerationis inquam, si adhuc super extenso plano ulterius progrederetur; retardationis vero, dum super planum acclive BC fit reflexio; in horizontali autem GH aequabilis motus juxta gradum velocitatis ex A in B acquisitae in infinitum extenderetur.
Dialogo sopra i due massimi sistemi del mondo. Dialogo secondo.
„Sagr. Ma quando l'artiglieria si piantasse non a perpendicolo, ma inclinata verso qualche parte, qual dovrebbe esser'il moto della palla? andrebbe ella forse, come nel l'altro tiro, per la linea perpendicolare, e ritornando anco poi per l'istessa?"
„Simpl. Questo non farebbe ella, ma uscita del pezzo seguiterebbe il suo moto per la linea retta, che continua la dirittura della canna, se non in quanto il proprio peso la farebbe declinar da tal dirittura verso terra."
„Sagr. Talche la dirittura della canna è la regolatrice del moto della palla: nè fuori di tal linea si muove, o muoverebbe se'l peso proprio non la facesse declinare in giù. . . ."
Discorsi e dimostrazioni matematiche. Dialogo terzo.
Attendere insuper licet, quod velocitatis gradus, quicunque in mobili reperiatur, est in illo suapte natura indelebiliter impressus, dum externae causae accelerationis, aut retardationis tollantur, quod in solo horizontali plano contingit: nam in planis declivibus adest jam ausa accelerationis majoris, in acclivibus vero retardationis. Ex quo partiter sequitur, motum in horizontali esse quoque aeternum: si enim est aequabilis, non debiliatur aut remittitur, et multo minus tollitur."[74]

Wenn auch Galilei nur allmählich zur Kenntnis des Trägheits-

nach der Paduaner Ausgabe von 1744, T. III, S. 124, in meiner Schrift „Über die Erhaltung der Arbeit" wörtlich zitiert ist, habe ich entnommen, auf welche Weise Galilei in bezug auf die Trägheit wahrscheinlich zur Klarheit gelangt ist. Indem er sich den auf schiefer Ebene fallenden Körper auf verschieden ansteigenden Ebenen übergeleitet dachte, mußte ihm die geringere Verzögerung auf weniger ansteigenden absolut glatt gedachten Ebenen und die Verzögerung Null, also die endlose gleichförmige Bewegung, auf der Horizontalebene auffallen. Dagegen hat nun zuerst Wohlwill (vgl. S. 132) Widerspruch erhoben, und andere haben sich ihm angeschlossen. Wohlwill betont, daß bei Galilei die gleichförmige Kreisbewegung und die Horizontalbewegung noch eine Sonderstellung einnehmen, daß Galilei an antike Vorstellungen anknüpfend sich von diesen nur sehr allmählich befreit. Gewiß werden den Historiker die verschiedenen *Phasen* der Entwicklung seines Helden interessieren, und *eine* Phase kann da in ihrer Wichtigkeit vor den *übrigen* in den Hintergrund treten. Man müßte ja ein schlechter Psychologe und Selbstkenner sein, um nicht zu wissen, wie schwer man sich von überkommenen Ansichten losmacht und wie auch dann noch die Trümmer der alten Ansicht im Bewußtsein schwimmen und Rückfälle im einzelnen veranlassen, wenn dieselbe schon im allgemeinen überwunden ist. Galilei wird es nicht anders ergangen sein. Für den Physiker, für den Erkenntniskritiker aber wird gerade der Moment des *Aufleuchtens* einer *neuen Einsicht* das größte Interesse haben, und er wird demselben nachspüren. Ich habe ihn gesucht, glaube ihn gefunden zu haben und bin der Meinung, daß derselbe in der betreffenden angezogenen Stelle seine *Spuren* zurückgelassen hat. Poske (a. a. O., S. 393) und Höfler (a. a. O., S. 111, 112) glauben meiner Auffassung dieser Stelle nicht zustimmen zu können, weil Galilei den Grenzübergang von der

---

gesetzes gelangte, wenn sich ihm dasselbe auch nur als ein gelegentlicher Fund darbot, die angeführten, der Paduaner Ausgabe von 1744 entnommenen Stellen lassen die Beschränkung dieses Gesetzes auf die horizontale Bewegung als eine in den behandelten Stoff begründete erscheinen, und die Annahme, daß Galilei gegen das Ende seiner wissenschaftlichen Laufbahn die volle Kenntnis des Gesetzes gefehlt habe, wird sich kaum aufrechterhalten lassen.

geneigten zur Horizontalebene nicht ausdrücklich vornimmt, obwohl Poske anerkennt, daß solche Grenzübergänge von Galilei oft angewendet werden, und obwohl Höfler (a. a. O., S. 113) die didaktische Wirksamkeit dieser Wendung sogar an Schülern erprobt haben will. Man müßte sich wirklich wundern, wenn Galilei, der geradezu als Erfinder des Prinzips der Kontinuität gelten kann, in seinem langen Denkerleben das Prinzip nicht auf diesen für ihn wichtigen Fall angewendet hätte. Es ist auch zu bedenken, daß die Stelle nicht dem breit entwickelnden italienischen Dialog angehört, sondern in dogmatischer lateinischer Fassung kurz *Resultate* darstellt. So mag auch der „unzerstörbar eingeprägte Grad der Geschwindigkeit" hineingeraten sein.

Der physikalische Unterricht, den ich genossen habe, war im ganzen wahrscheinlich ein ebenso schlechter, dogmatischer als jener, dessen sich die ältern meiner Herren Gegner und Kollegen zu erfreuen hatten. Die Trägheit wurde als in das System passendes *Dogma* gegeben. Zwar konnte ich mir zurechtlegen, daß Absehen von den Bewegungshindernissen zu dem Satz führen, daß man denselben, wie Apelt sagt, durch *Abstraktion* entdecken könne; allein abseits liegend, nur für ein übermenschliches Genie sichtbar, blieb er doch immer. Und wo blieb die Garantie, daß mit dem Wegfall aller Hindernisse auch die Abnahme der Geschwindigkeit wegfiel? Poske (a. a. O., S. 395) meint, einen von mir wiederholt gebrauchten Ausdruck verwendend, Galilei habe den Satz unmittelbar „*erschaut*". Was ist dieses Erschauen? Man sieht hierin und dorthin und erblickt plötzlich etwas Gesuchtes oder auch Unerwartetes, das unser Interesse fesselt. Nun, ich habe eben gezeigt, wie dieses Erschauen sich ergab und worin es bestand! Galilei mustert verschiedene gleichförmig *verzögerte* Bewegungen und sieht unter diesen plötzlich *eine gleichförmige, endlose*, so absonderlich, daß sie für sich allein auftretend, sicher für ganz andersartig angesehen würde. Aber eine winzige Variation der Neigung verwandelt dieselbe in eine endliche verzögerte, wie wir sie oft gesehen haben. Und nun hat es keine Schwierigkeit mehr, die Gleichartigkeit aller Bewegungshindernisse mit der Verzögerung durch die Schwere zu erkennen, womit das *Idealbild* der unbeeinflußten, endlosen, gleichförmigen Bewegung gewonnen ist. Als ich, noch ein junger Mensch, diese

Stelle Galileis gelesen hatte, da war mir ein ganzes anderes Licht über die Notwendigkeit dieses Idealgliedes in unserer Mechanik aufgegangen, als durch den dogmatischen Unterricht. Ich denke, jeder wird dieses Licht wahrnehmen, der die Stelle naiv aufnimmt. Ich kann nicht zweifeln, daß vor allen Galilei dasselbe wahrgenommen hat. Mögen die Gegner zusehen, wie sich die Zustimmung vermeiden läßt!

4. Nun habe ich noch einen wichtigen Punkt zu besprechen. Ich habe im Gegensatz zu C. Neumann*, dessen bekannte Publikation über diesen Gegenstand der meinigen** etwas vorausgeht, behauptet, daß die in dem Trägheitsgesetz in Betracht kommende Richtung und Geschwindigkeit keinen faßbaren Sinn hat, wenn das Gesetz auf den „absoluten Raum" bezogen wird. In der Tat können wir Richtung und Geschwindigkeit durch Messung nur *bestimmen* in einem Raum, dessen Punkte unmittelbar oder doch mittelbar durch gegebene Körper gekennzeichnet sind. Neumanns Schrift und die meinige haben zwar den Erfolg gehabt, die Aufmerksamkeit wieder auf einen Punkt zu lenken, der schon Newton und Euler viel intellektuellen Schmerz bereitet hat, aber viel mehr als halbe Lösungsversuche sind nicht zum Vorschein gekommen. Ich bin bis jetzt der *einzige* geblieben, welcher das Trägheitsgesetz in naiver Weise auf die *Erde* und für Bewegungen von großer räumlicher und zeitlicher Ausdehnung auf den *Fixsternhimmel* bezogen wissen will. Eine Aussicht auf Verständigung mit der sehr großen Zahl meiner Gegner ist bei der tiefgehenden Verschiedenheit der Standpunkte sehr gering. Soweit ich aber die Einwürfe überhaupt zu *verstehen* vermochte, will ich dieselben beantworten.

Höfler (a. a. O., S. 120—164) ist der Meinung, daß man die *absolute* Bewegung deshalb leugnet, weil man dieselbe für „*unvorstellbar*" hält. Es sei aber Tatsache der „*feineren Selbstbeobachtung*", daß es Vorstellungen der absoluten Bewegung gebe. *Denkbarkeit* und *Erkennbarkeit* der absoluten Bewegung seien nicht zu verwechseln, nur die *letztere* fehle ... Nun gerade auf die Erkennbarkeit kommt es dem Naturforscher an. Nicht Er-

---

* „Die Prinzipien der Galilei-Newtonschen Theorie" (Leipzig 1870).

** „Erhaltung der Arbeit" (Prag 1872).

kennbares, nicht sinnlich Aufzeigbares hat in der Naturwissenschaft *keine Bedeutung*. Es fällt mir übrigens nicht ein, der *Vorstellung* eines Menschen Schranken zu setzen. Ich habe zwar den leisen Verdacht, daß jemand, der sich eine „absolute Bewegung" vorstellt, *gewöhnlich* an das Erinnerungsbild einer erlebten relativen Bewegung denkt; aber es sei darum, denn es kommt darauf so gar nicht an. Ich behaupte noch viel mehr als Höfler. Es gibt sogar *sinnliche Illusionen* einer absoluten Bewegung, welche daher auch immer in der Vorstellung reproduziert werden können. Jeder, der meine Versuche über Bewegungsempfindungen wiederholt hat, hat die ganze sinnliche Gewalt solcher Illusionen erlebt. Man meint da mit seiner ganzen Umgebung, welche gegen den eigenen Leib in relativer Ruhe verbleibt, fortzufliegen oder sich zu drehen, in einem Raume, welcher durch nichts Faßbares gekennzeichnet ist. Man kann aber an den Raum der *Illusion* keinen Maßstab anlegen, kann denselben einem andern nicht demonstrieren, und derselbe ist für die metrisch-begriffliche Beschreibung der Tatsachen der Mechanik nicht verwendbar; derselbe hat mit dem Raum der Geometrie überhaupt nichts zu schaffen.* Wenn endlich Höfler (a. a. O., S. 133) das Argument vorbringt: „bei jeder relativen Bewegung muß mindestens der *eine* der in bezug aufeinander sich bewegenden Körper auch absolute Bewegung haben", so kann ich nur sagen, daß demjenigen gegenüber, der die absolute Bewegung physikalisch überhaupt für sinnlos hält, dieses Argument gar keine Kraft hat. Mit philosophischen Fragen habe ich aber hier weiter nichts zu tun. Detailfragen zu erörtern, wie die von Höfler (a. a. O., S. 124 bis 126) berührten, hätte vor Verständigung in der Hauptfrage keinen Zweck.

Heymans (a. a. O., S. 412–448) findet, daß eine induktivempirische Mechanik *hätte entstehen können*, daß aber *tat-*

---

* Man wird mir zutrauen, daß ich mir eine ernste Diskussion nicht dadurch erleichtern will, daß ich dieselbe ins Lächerliche ziehe. Bei Besprechung dieser Themen mußte ich aber unwillkürlich immer an die Frage denken, die ein sehr liebenswürdiger exzentrischer Mann einmal zu meiner wirklichen Belehrung in vollem Ernst diskutierte: „Ob eine Elle Tuch, von der man träumt, so lang sei wie eine wirkliche Elle Tuch"— Sollte man wirklich die Traum-Elle als *Normalmaß* in die Mechanik einführen wollen?

sächlich eine andere eben auf den *nichtempirischen* Begriff der absoluten Bewegung gebaute Mechanik *entstanden* ist. Er hält die Tatsache für eine der empiristischen Theorie kaum lösbare Schwierigkeit, daß man von jeher (?) das Trägheitsprinzip, statt für die Bewegung in bezug auf irgendein nachweisbares Koordinatensystem, für die nirgends nachweisbare „absolute Bewegung" hat gelten lassen. Dies betrachtet Heymans als ein *Problem*, das nur *metaphysisch* zu lösen ist. Darin kann ich Heymans nicht beistimmen. Heymans gibt zu, daß in der Erfahrung nur relative Bewegungen gegeben seien. Mit diesem Zugeständnis, sowie jenem der Möglichkeit einer empirischen Mechanik, bin ich vollkommen zufrieden. Den Rest glaube ich einfach und ohne Hilfe der Metaphysik erklären zu können. Die ersten dynamischen Sätze wurden ohne Zweifel auf empirischer Grundlage aufgestellt. Die Erde war der Bezugskörper. Der Übergang zu andern Koordinatensystemen fand ganz allmählich statt. Huygens sah, daß er die Bewegung der stoßenden Körper ganz ebenso leicht auf den Nachen, in welchem sie sich befanden, wie auf die Erde beziehen konnte. Die Entwicklung der Astronomie war jener der Mechanik um ein gutes Stück voraus. Als man nun Bewegungen bemerkte, welche, auf die Erde bezogen, mit den schon bekannten mechanischen Gesetzen nicht in Einklang waren, hatte man nicht nötig, diese Gesetze gleich wieder aufzugeben. Der Fixsternhimmel war schon bereit, diesen Einklang als *neues* Bezugssystem mit dem geringsten Aufwand von Änderungen an den liebgewordenen Vorstellungen wieder herzustellen. Man denke nur daran, welche Sonderbarkeiten und Schwierigkeiten sich ergeben hätten, wenn zur Zeit einer hohen Entwicklung der Mechanik und der beobachtenden Physik das Ptolemäische System noch in Geltung gewesen wäre, was ganz wohl denkbar ist.

Aber Newton hat doch die ganze Mechanik auf den absoluten Raum bezogen! In der Tat eine gewaltige Persönlichkeit! Es gehört kein großer Autoritätsglaube dazu, derselben zu unterliegen. Doch müssen wir auch ihm gegenüber Kritik üben. Es sieht sich sehr ähnlich, ob man die Bewegungsgesetze auf den *absoluten* Raum bezieht oder dieselben *abstrakt*, d. h. ohne ausdrückliche Bezeichnung des Bezugssystems, ausdrückt. Das letztere ist unverfänglich und sogar praktisch; denn bei Behandlung eines besondern Falles sieht sich jeder Mechaniker vor allem nach einem brauchbaren Bezugssystem um. Dadurch aber, daß das erstere, wo es *ernst* wurde, fast immer im letztern Sinne genommen wurde, ist der Newtonsche Gedanke in bezug auf den absoluten Raum weniger schädlich geworden und hat sich eben darum so lange gehalten. Daß in einer Zeit geringer erkenntnistheoretischer Kritik empirische Gesetze gelegentlich ins *Sinnlose* ausgedehnt worden sind, ist psychologisch und historisch verständlich. Es möchte sich darum kaum empfehlen, aus den Irrtümern und Nachlässigkeiten unserer wissenschaftlichen Vorfahren, statt dieselben zu korrigieren, seien es nun kleine oder auch große Leute, metaphysische Probleme zu machen. Ich will damit nicht sagen, daß dies nie geschehen ist. Es sei hier nochmals hervorgehoben, daß Newton in dem mehrfach genannten Corollar V, welches allein naturwissenschaftlichen Wert hat, sich *nicht* auf den absoluten Raum bezieht.

Die bestechendsten Gründe für die Annahme einer absoluten Bewegung hat vor vierzig Jahren schon C. Neumann (a. a. O., S. 27) vorgebracht. Stellt man sich einen rotierenden, also Zentrifugalkräften unterliegenden und abgeplatteten Himmelskörper vor, so kann durch das Verschwinden aller übrigen Himmelskörper an dessen Zustand nichts geändert werden. Derselbe rotiert fort und bleibt abgeplattet. Ist aber die Bewegung bloß relativ, so ist der Fall der Rotation von dem der Ruhe gar nicht zu unterscheiden. Alle Teile des Weltkörpers sind gegeneinander in Ruhe, und die Abplattung müßte also mit dem Verschwinden der übrigen Welt zugleich verschwinden. Dagegen habe ich zweierlei einzuwenden. Es scheint mir kein Gewinn, wenn zur Vermeidung eines Widerspruchs eine an sich sinnlose Annahme gemacht wird. Ferner scheint mir der berühmte Mathematiker von der gewiß sehr fruchtbaren Methode des Gedankenexperimentes hier einen gar zu freien Gebrauch zu machen. Man darf im Gedankenexperiment unwesentliche Umstände modifizieren, um an einem Fall neue Seiten hervortreten zu lassen. Daß aber die Welt einflußlos ist, darf nicht von vornherein angenommen werden. In der Tat verschwinden die reizenden Paradoxien Neumanns erst mit dem Aufgeben des absoluten Raumes, ohne über das Coroll. V hinauszuführen.

Volkmann (a. a. O., S. 53) will eine „absolute" Orientierung durch den Weltäther vornehmen. Ich habe mich darüber schon ausgesprochen (in den ältern Auflagen), bin aber recht gespannt darauf, wie ein Ätherteilchen von dem andern zu unterscheiden sein wird. Bis zur Auffindung dieser Unterscheidungsmittel wird man vorziehen, sich an den Fixsternhimmel zu halten und, wo dieser versagt, eingestehen müssen, daß ein Orientierungsmittel erst zu *suchen* ist.

5. Alles zusammengefaßt, kann ich nur sagen, daß ich nicht wüßte, was ich an meiner Darstellung ändern sollte. Die einzelnen Punkte stehen in einem notwendigen Zusammenhang. Nach der Erkenntnis des beschleunigungsbestimmenden Verhaltens der Körper, welche durch Galilei und Newton zweimal formuliert wurde, einmal in *allgemeiner* und einmal in *spezieller* Form als Trägheitsgesetz, kann nur *eine* rationelle Definition der Masse gegeben werden, und zwar nur eine dynamische. Es scheint mir dies durchaus nicht Geschmackssache.*
Der Kraftbegriff und das Gegenwirkungsprinzip folgen von selbst. Und die Ausschaltung der absoluten Bewegung ist gleichbedeutend mit Beseitigung des physikalisch Sinnlosen.

Es wäre nicht nur eine sehr subjektive, kurzsichtige Auffassung der Wissenschaft, sondern geradezu verwegen, wenn ich erwarten würde, daß gerade *meine* Vorstellungen sich den Gedankenkreisen der Zeitgenossen ohne Widerstand einfügen. Die Geschichte der Wissenschaft lehrt ja, daß die subjektiven wissenschaftlichen Weltbilder der Einzelnen stets von andern korrigiert und überdeckt werden. Und in dem Weltbild, welches sich die Menschheit aneignet, sind nach längerer Zeit von den Bildern selbst der bedeutendsten Menschen nur noch die stärksten Züge kenntlich. Der Einzelne kann nichts tun, als die Züge seines Bildes deutlich zeichnen.

---

* Auch der Hertzschen Mechanik fügt sich meine Massendefinition ganz organisch ein, viel natürlicher als seine eigene. Denn erstere enthält schon den Keim des „Grundgesetzes".

Drittes Kapitel

Die weitere Verwendung der Prinzipien und die deduktive Entwicklung der Mechanik

1. Die Tragweite der Newtonschen Prinzipien

1. Die Newtonschen Prinzipien sind genügend, um ohne Hinzuziehung eines neuen Prinzips jeden praktisch vorkommenden mechanischen Fall, ob derselbe nun der Statik oder der Dynamik angehört, zu durchschauen.[75] Wenn sich hierbei Schwierigkeiten ergeben, so sind dieselben immer nur mathematischer (formeller) und keineswegs mehr prinzipieller Natur. Es sei eine Anzahl Massen m_1, m_2, m_3, ... (Fig. 144) im Raum mit bestimmten Anfangsgeschwindigkeiten v_1, v_2, v_3 ... gegeben. Wir denken uns zwischen je zweien die Verbindungslinien gezogen. Nach der Richtung dieser Verbindungslinien treten die Beschleunigungen und Gegenbeschleunigungen auf, deren Abhängigkeit von der Entfernung die Physik zu bestimmen hat. In einem kleinen Zeitelement τ wird beispielsweise die Masse m_5 nach der Richtung der Anfangsgeschwindigkeit die Wegstrecke $v_5\tau$ und nach den Richtungen der Verbindungslinien mit den Massen m_1, m_2, m_3 ... mit den Beschleunigungen $\varphi_1^5, \varphi_2^5, \varphi_3^5$ ... die Wege $\dfrac{\varphi_1^5}{2}\tau^2, \dfrac{\varphi_2^5}{2}\tau^2, \dfrac{\varphi_3^5}{2}\tau^2$ ... zurücklegen. Denken wir uns alle diese Bewegungen unabhängig

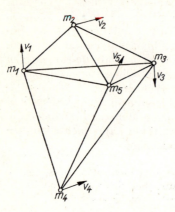

Fig. 144

Die weitere Verwendung der Prinzipien usw. 303

voneinander ausgeführt, so erhalten wir den neuen Ort der Masse m_5 nach der Zeit τ. Die Zusammensetzung der Geschwindigkeiten v_5 und $\varphi_1^5\tau, \varphi_2^5\tau, \varphi_3^5\tau \ldots$ ergibt die neue Anfangsgeschwindigkeit am Ende der Zeit τ. Wir lassen nun ein zweites Zeitteilchen τ verfließen und untersuchen die Bewegung in derselben Weise weiter, indem wir auf die geänderten räumlichen Beziehungen der Massen Rücksicht nehmen. Mit jeder andern Masse können wir auf die gleiche Weise verfahren und sehen also, daß von einer *prinzipiellen* Verlegenheit nicht die Fede sein kann, sondern nur von *mathematischen* Schwierigkeiten, wenn es sich um eine genaue Lösung der Aufgabe in geschlossenen Ausdrükken und nicht um eine Verfolgung des Vorganges von Moment zu Moment handelt. Heben sich alle Beschleunigungen der Masse m_5 oder mehrerer Massen, so sind m_5 oder jene Massen im Gleichgewicht und bewegen sich nur gleichförmig mit ihren Anfangsgeschwindigkeiten. Sind die betreffenden Anfangsgeschwindigkeiten $= 0$, so besteht für diese Massen *Gleichgewicht* und *Ruhe*.

Wenn mehrere der Massen $m_1, m_2 \ldots$ von größerer Ausdehnung sind, so daß man nicht von *einer* Verbindungslinie zwischen je zwei Massen sprechen kann, so wird die prinzipielle Schwierigkeit nicht größer. Man teilt die Massen in genügend kleine Teile und zieht die Verbindungslinien zwischen je zwei solchen Teilen. Man nimmt ferner Rücksicht auf die Wechselbeziehung der Teile derselben größern Masse, welche z. B. bei starren Massen darin besteht, daß diese Teile jeder Änderung ihrer Entfernung widerstreben. Bei der Änderung der Entfernung zweier Teile beobachtet man eine der Entfernungsänderung proportionale Beschleunigung. Vergrößerte Entfernungen verkleinern, verkleinerte Entfernungen vergrößern sich wieder infolge dieser Beschleunigung. Durch die Verschiebung der Teile gegeneinander werden die bekannten Kräfte der Elastizität geweckt. Wenn Massen durch den Stoß zusammentreffen, so treten ihre Elastizitätskräfte erst mit der Berührung und der beginnenden Formänderung ins Spiel.

2. Wenn wir uns eine schwere vertikale Säule vorstellen, welche auf der Erde ruht, so ist ein Teilchen m im Innern der Säule, das wir in Gedanken herausfassen, im Gleichgewicht und in Ruhe. An demselben ist durch die Erde eine vertikale Fallbeschleunigung g bestimmt, welcher es auch Folge leistet. Hier-

bei nähert es sich aber den unterhalb liegenden Teilen, und die geweckten Elastizitätskräfte bedingen an *m* eine Vertikalbeschleunigung aufwärts, welche schließlich bei genügender Annäherung *g* gleich wird. Die oberhalb *m* liegenden Teile nähern sich durch *g* dem *m* ebenfalls. Es entsteht hierdurch wieder Beschleunigung und Gegenbeschleunigung, wodurch die oberhalb befindlichen Teile zur Ruhe kommen, *m* sich aber noch weiter den unterhalb befindlichen annähert, bis die Beschleunigung, welche *m* durch die obern Teile abwärts erfährt, vermehrt um *g* der Beschleunigung von *m* durch die untern Teile gleich ist. Über jeden Teil der Säule und der unterhalb liegenden Erde kann man dieselbe Betrachtung anstellen, und man erkennt leicht, daß die tiefern Teile einander mehr angenähert, stärker zusammengedrückt sind als die höhern. Jeder Teil liegt zwischen einem höhern weniger und einem tiefern mehr zusammengedrückten Teil; seine Fallbeschleunigung *g* wird durch einen Beschleunigungsüberschuß aufwärts, den er durch die untern Teile erfährt, aufgehoben. Man versteht das Gleichgewicht und die Ruhe der Säulenteile, indem man sich *alle* beschleunigten Bewegungen, welche durch die Wechselbeziehung der Erde und der Säulenteile bestimmt sind, wirklich gleichzeitig ausgeführt denkt. Die scheinbare mathematische Dürre dieser Vorstellung verschwindet und dieselbe wird sofort sehr lebendig, wenn man bedenkt, daß tatsächlich kein Körper in vollkommener Ruhe sich befindet, sondern daß immer kleine Erzitterungen und Störungen in demselben vorhanden sind, welche bald den Fallbeschleunigungen, bald den Elastizitätsbeschleunigungen ein kleines Übergewicht verschaffen. Der Fall der Ruhe ist dann nur ein sehr seltener, nie vollkommen eintretender spezieller Fall der Bewegung. Die erwähnten Erzitterungen sind uns keineswegs unbekannt. Wenn wir aber mit Gleichgewichtsfällen uns beschäftigen, so handelt es sich um eine *schematische* Nachbildung der mechanischen Tatsachen in Gedanken. Wir sehen dann von diesen Störungen, Verschiebungen, Verbiegungen und Erzitterungen, welche uns nicht weiter interessieren, *absichtlich* ab. Die sogenannte *Theorie der Elastizität* beschäftigt sich aber mit jenen Fällen dieser Verschiebungen und Erzitterungen, welche ein praktisches oder wissenschaftliches Interesse darbieten. Das Resultat der Newtonschen Leistungen besteht darin, daß wir mit einem und demselben Gedanken überall auskommen und alle Gleichgewichts- und Bewegungsfälle mit Hilfe desselben nachbilden und vorbilden können. Alle mechanischen Fälle erscheinen uns nun durchaus gleichförmig, als dieselben Elemente enthaltend.

3. Betrachten wir ein anderes Beispiel. Zwei Massen m, m befinden sich in der Entfernung a voneinander. Es mögen bei Verschiebungen derselben gegeneinander der Entfernungsänderung proportionale Elastizitätskräfte geweckt werden. Die Massen seien nach der zu a parallelen X-Richtung beweglich, und ihre Koordinaten seien x_1, x_2 (Fig. 145). Wenn nun im Punkt x_2 eine Kraft f angreift, so gelten die Gleichungen

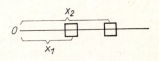

Fig. 145

$$m \frac{d^2 x_1}{dt^2} = p\,[(x_2 - x_1) - a] \qquad (1)$$

$$m \frac{d^2 x_2}{dt^2} = -p\,[(x_2 - x_1) - a] + f \qquad (2)$$

wobei p die Kraft bedeutet, welche eine Masse auf die andere ausübt, wenn die gegenseitige Entfernung derselben sich um den Wert 1 ändert. Alle quantitativen Eigenschaften des mechanischen Vorganges sind durch diese Gleichungen bestimmt. Wir finden dieselben in übersichtlicher Form durch die Integration der Gleichungen. Gewöhnlich verschafft man sich durch mehrmaliges Differenzieren der vorliegenden Gleichungen neue Gleichungen in genügender Zahl, um durch Elimination Gleichungen in x_1 allein oder x_2 allein zu erhalten, welche nachher integriert werden. Wir wollen hier einen andern Weg einschlagen. Durch Substraktion der ersten Gleichung von der zweiten finden wir

$$m \frac{d^2 (x_2 - x_1)}{dt^2} = -2p\,[(x_2 - x_1) - a] + f, \quad \text{oder}$$

$x_2 - x_1 = u$ setzend

$$m \frac{d^2 u}{dt^2} = -2p\,[u - a] + f \qquad (3)$$

und durch Addition der zweiten und ersten Gleichung

$$m\frac{d^2(x_2+x_1)}{dt^2}=f \quad \text{oder} \quad x_2+x_1=v \quad \text{setzend}$$

$$m\frac{d^2v}{dt^2}=f \tag{4}$$

Die Integrale von 3 und 4 sind beziehungsweise

$$u = A\sin\sqrt{\frac{2p}{m}}\cdot t + B\cos\sqrt{\frac{2p}{m}}\cdot t + a + \frac{f}{2p} \quad \text{und}$$

$$v = \frac{f}{m}\cdot\frac{t^2}{2} + Ct + D, \quad \text{demnach}$$

$$x_1 = -\frac{A}{2}\sin\sqrt{\frac{2p}{m}}\cdot t - \frac{B}{2}\cos\sqrt{\frac{2p}{m}}\cdot t + \frac{f}{2m}\cdot\frac{t^2}{2}$$
$$+\frac{Ct}{2}-\frac{a}{2}-\frac{f}{4p}+\frac{D}{2},$$

$$x_2 = \frac{A}{2}\sin\sqrt{\frac{2p}{m}}\cdot t + \frac{B}{2}\cos\sqrt{\frac{2p}{m}}\cdot t + \frac{f}{2m}\cdot\frac{t^2}{2}$$
$$+\frac{Ct}{2}+\frac{a}{2}+\frac{f}{4p}+\frac{D}{2}.$$

Um einen speziellen Fall vor Augen zu haben, wollen wir annehmen, daß die Wirkung der Kraft für $t=0$ beginne und daß zu dieser Zeit

$$x_1 = 0, \quad \frac{dx_1}{dt} = 0,$$

$$x_2 = a, \quad \frac{dx_2}{dt} = 0,$$

also die Anfangslagen gegeben und die Anfangsgeschwindigkeiten $=0$ seien. Hierdurch bestimmen sich die Konstanten A, B, C, D so, daß

$$x_1 = \frac{f}{4p}\cos\sqrt{\frac{2p}{m}}\cdot t + \frac{f}{2m}\cdot\frac{t^2}{2} - \frac{f}{4p}, \tag{5}$$

$$x_2 = -\frac{f}{4p}\cos\sqrt{\frac{2p}{m}}\cdot t + \frac{f}{2m}\cdot\frac{t^2}{2} + a + \frac{f}{4p} \quad \text{und} \tag{6}$$

$$x_2 - x_1 = -\frac{f}{2p}\cos\sqrt{\frac{2p}{m}}\cdot t + a + \frac{f}{2p} \quad \text{wird}. \tag{7}$$

Aus 5 und 6 sehen wir, daß die beiden Massen außer einer gleichförmig beschleunigten Bewegung mit der Hälfte der Beschleunigung, welche die Kraft f einer dieser Massen allein erteilen würde, noch eine in bezug auf ihren Schwerpunkt symmetrische schwingende Bewegung ausführen. Die Dauer dieser schwingenden Bewegung $T = 2\pi \sqrt{\dfrac{m}{2p}}$ ist desto kleiner, je größer die Kraft ist, welche bei derselben Massenverschiebung geweckt wird (wenn wir an zwei Teile desselben Körpers denken, je härter der Körper ist). Die Schwingungsweite der schwingenden Bewegung $\dfrac{f}{2p}$ wird ebenfalls kleiner mit der Größe p der geweckten Verschiebungskraft. Gleichung 7 veranschaulicht die periodische Entfernungsänderung der beiden Massen während der fortschreitenden Bewegung. Die Bewegung eines elastischen Körpers könnte in diesem Falle als wurmförmig bezeichnet werden. Bei harten Körpern wird aber die Zahl der Schwingungen so groß und deren Exkursion so klein, daß sie unbemerkt bleiben und von denselben abgesehen werden kann. Die schwingende Bewegung verschwindet auch, entweder allmählich durch den Einfluß eines Widerstandes oder wenn die beiden Massen in dem Augenblick, als die Kraft f zu wirken beginnt, die Entfernung $a + \dfrac{f}{2p}$ und *gleiche* Anfangsgeschwindigkeiten haben. Die Entfernung $a + \dfrac{f}{2p}$, welche die Massen nach dem Verschwinden der Schwingung haben, ist um $\dfrac{f}{2p}$ größer als die Gleichgewichtsentfernung a. Es tritt nämlich durch die Wirkung von f eine Dehnung y ein, durch welche die Beschleunigung der vorausgehenden Masse auf die Hälfte reduziert wird, während jene der nachfolgenden auf denselben Wert ansteigt. Hierbei ist nun nach unserer Voraussetzung $\dfrac{py}{m} = \dfrac{f}{2m}$ oder $y = \dfrac{f}{2p}$. Wie man sieht, kann man die feinsten Einzelheiten eines derartigen Vorganges nach den Newtonschen Prinzipien ermitteln. Die Untersuchung wird mathematisch (aber nicht prinzipiell) komplizierter, wenn man sich einen Körper in viele kleine Teile geteilt denkt, welche durch Elastizität zusammenhängen. Auch hier kann man bei genügender Härte die Schwingungen ignorieren. Solche Körper, bei welchen wir die gegenseitige Veschiebung der Teile absichtlich als verschwindend ansehen, nennen wir *starre* Körper.

4. Wir betrachten nun einen Fall, welcher das *Schema eines Hebels* vorstellt. Wir denken uns die Massen M, m_1, m_2 in einem Dreieck angeordnet und miteinander in elastischer Verbindung. Jede Veränderung der Seiten und folglich auch jede Veränderung der Winkel bedingt Beschleunigungen, durch welche das Dreieck der frühern Form und Größe wieder zustrebt. Wir können an einem solchen Schema mit Hilfe der Newtonschen Prinzipien die Hebelgesetze ableiten und fühlen zugleich, daß die *Form* dieser Ableitung, wenn sie auch komplizierter wird, noch zulässig bleibt, wenn wir von einem *schematischen* Hebel aus drei Massen zu einem *wirklichen* Hebel übergehen. Die Masse M setzen wir entweder selbst als sehr groß voraus oder denken uns dieselbe mit sehr großen Massen (z. B. der Erde) derart in Verbindung, daß sie an dieselben durch große Elastizitätskräfte gebunden ist. Dann stellt M einen *Drehpunkt* vor, der sich nicht bewegt.

Es erhalte nun m_1 (Fig. 146) durch eine äußere Kraft eine Beschleunigung f senkrecht zur Verbindungslinie $M m_2 = c + d$.

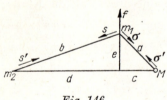

Fig. 146

Sofort tritt eine Dehnung der Linien $m_1 m_2 = b$ und $m_1 M = a$ ein, und es ergeben sich nach den betreffenden Richtungen beziehungsweise die noch unbestimmten Beschleunigungen s und σ, von welchen die Komponenten $s\,\dfrac{e}{b}$ und $\sigma\,\dfrac{e}{a}$ der Beschleunigung f entgegengerichtet sind. Hierbei ist e die Höhe des Dreiecks $m_1 m_2 M$. Die Masse m_2 erhält die Beschleunigung s', welche in die beiden Komponenten $s'\,\dfrac{d}{b}$ gegen M und $s'\,\dfrac{e}{b}$ parallel f zerfällt. Erstere bedingt eine kleine Annäherung von m_2 an M. Die Beschleunigungen, welche in M durch die Gegenwirkung von m_1 und m_2 bedingt sind, werden der großen Masse wegen unmerklich. Von der Bewegung von M sehen wir demnach absichtlich ab.

Die Masse m_1 erhält also die Beschleunigung $f - s\dfrac{e}{b} - \sigma\dfrac{e}{a}$, die Masse m_2 aber die parallele Beschleunigung $s'\dfrac{e}{b}$. Zwischen s und σ besteht eine einfache Beziehung. Nehmen wir eine *sehr starre* Verbindung an, so wird das Dreieck nur unmerklich verzerrt. Die zu f *senkrechten* Komponenten von s und σ heben sich. Denn wäre dies für einen Augenblick nicht der Fall, so würde die größere Komponente eine weitere Verzerrung bedingen, welche sofort ihre Aufhebung zur Folge hätte. Die Resultierende von s und σ ist also f direkt entgegengesetzt und demnach, wie leicht ersichtlich, $\sigma\dfrac{c}{a} = s\dfrac{d}{b}$. Zwischen s und s' besteht ferner die bekannte Beziehung $m_1 s = m_2 s'$ oder $s = s'\dfrac{m_2}{m_1}$. Im ganzen erhalten m_2 und m_1 beziehungsweise die Beschleunigungen $s'\dfrac{e}{b}$ und $f - s'\dfrac{e}{b}\dfrac{m_1}{m_2} \cdot \dfrac{c+d}{c}$ oder, wenn wir für den variablen Wert $s'\dfrac{e}{b}$ den Namen φ einführen, die Beschleunigungen φ und $f - \varphi\dfrac{m_2}{m_1} \cdot \dfrac{c+d}{c}$.

Mit Beginn der Verzerrung nimmt die Beschleunigung von m_1 durch das Wachsen von φ ab, während jene von m_2 zunimmt. Setzen wir nun die Höhe des Dreiecks e sehr klein, so bleiben unsere Betrachtungen noch anwendbar; es wird aber hierbei $a = c = r_1$ und $a + b = c + d = r_2$. Wir sehen auch, daß die Verzerrung so lange fortwachsen, hiermit φ steigen und die Beschleunigung von m_1 abnehmen muß, bis die Beschleunigungen von m_1 und m_2 sich verhalten wie r_1 zu r_2. Dies entspricht einer *Drehung* des ganzen Dreiecks (ohne weitere Verzerrung) um M, welche Masse wegen der verschwindenden Beschleunigungen ruht. Ist die Drehung eingetreten, so entfällt der Grund für weitere Veränderungen von φ. Dann ist also

$$\varphi = \frac{r_2}{r_1}\left(f - \varphi\,\frac{m_2}{m_1}\,\frac{r_2}{r_1}\right) \quad \text{oder} \quad \varphi = r_2\,\frac{r_1 m_1 f}{m_1 r_1^2 + m_2 r_2^2}$$

Die Winkelbeschleunigung des Hebels ψ erhalten wir

$$\psi = \frac{\varphi}{r_2} = \frac{r_1 m_1 f}{m_1 r_1^2 + m_2 r_2^2}\,.$$

Es steht nichts im Wege, auf den Fall noch näher einzugehen, die Verzerrungen und die Schwingungen der Teile gegeneinander zu bestimmen. Bei hinreichend harten Verbindungen kann man aber hiervon absehen. Wir bemerken, daß wir durch Anwendung der Newtonschen Prinzipien zu demselben Resultat gelangt sind, zu welchem uns auch die Huygenssche Betrachtung geführt hätte. Das erscheint uns nicht wunderbar, wenn wir uns gegenwärtig halten, daß beide Betrachtungen vollkommen *äquivalent* sind und nur von verschiedenen Seiten derselben Sache ausgehen. Nach der Huygensschen Methode wären wir schneller, aber mit weniger Einsicht in die Einzelheiten des Vorganges zum Ziel gekommen. Wir hätten die bei einer Verschiebung von m_1 geleistete Arbeit zur Bestimmung der lebendigen Kräfte von m_1 und m_2 benutzt, wobei wir vorausgesetzt hätten, daß die betreffenden Geschwindigkeiten v_1, v_2 das Verhältnis $\dfrac{v_1}{v_2} = \dfrac{r_1}{r_2}$ einhalten. Das behandelte Beispiel ist sehr geeignet, zu erläutern, was eine solche Bedingungsgleichung bedeutet. Sie sagt nur, daß schon bei geringen Abweichungen des $\dfrac{v_1}{v_2}$ von $\dfrac{r_1}{r_2}$ große Kräfte auftreten, welche *tatsächlich* eine weitere Abweichung verhindern. Die Körper folgen natürlich nicht den *Gleichungen*, sondern den *Kräften*.

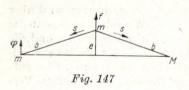

Fig. 147

5. Nehmen wir in dem zuvor behandelten Beispiel $m_1 = m_2 = m$ und $a = b$ (Fig. 147), so erhalten wir einen sehr anschaulichen Fall. Der dynamische Zustand ändert sich nicht mehr, wenn $\varphi = 2(f - 2\varphi)$ d. h. wenn die Beschleunigungen der Massen an der Grundlinie und am Scheitel durch $\dfrac{2f}{5}$ und $\dfrac{f}{5}$ gegeben sind. Bei Beginn der Zerrung wächst φ so lange, während gleichzeitig die Beschleunigung der Scheitelmasse um den gleichzeitig *doppelten* Betrag vermindert wird, bis zwischen beiden das Verhältnis 2:1 besteht.

Wir betrachten nun noch das *Gleichgewicht* an einem schematischen Hebel, der aus drei Massen m_1, m_2 und M besteht, von welchen die letztere wieder sehr groß oder mit sehr großen

Massen elastisch verbunden sein soll. Wir denken uns an m_1 und m_2 nach der Richtung $m_1 m_2$ zwei gleiche entgegengesetzte Kräfte s, $-s$ angreifend (Fig. 148) oder den Massen m_1, m_2 verkehrt proportionale Beschleunigungen gesetzt.

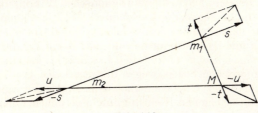

Fig. 148

Die Dehnung der Verbindung $m_1 m_2$ erzeugt wieder den Massen m_1, m_2 verkehrt proportionale Beschleunigungen, welche die erstern heben und Gleichgewicht bedingen. Ebenso denken wir uns an $m_1 M$ die gleichen entgegengesetzten Kräfte t, $-t$, an $m_2 M$ aber u, $-u$. Es besteht in diesem Fall Gleichgewicht. Wenn M mit genügend großen Massen elastisch verbunden ist, so brauchen wir $-u$, $-t$ nicht anzubringen, da sich diese Kräfte bei den eintretenden Zerrungen von selbst herstellen und das Gleichgewicht erhalten. Das Gleichgewicht besteht also auch für die zwei gleichen entgegengesetzten Kräfte s, $-s$ und die ganz beliebigen Kräfte t, u. In der Tat heben sich s, $-s$, und t, u gehen durch die befestigte Masse M hindurch, werden also bei der eintretenden Zerrung zerstört.

Die Gleichgewichtsbedingung reduziert sich leicht auf die gewöhnliche Form, wenn man bedenkt, daß die Momente von r und u, welche Kräfte durch M hindurchgehen, in bezug auf M der Null gleich, die Momente von s, $-s$ aber gleich und entgegengesetzt sind. Setzen wir t, s zu p und u, $-s$ zu q zusammen, so ist nach dem Varignonschen *geometrischen* Parallelogrammsatz das Moment von p gleich der Momentensumme von s, t und das Moment von q gleich der Momentensumme von u, $-s$. Die Momente sind also für p und q gleich und entgegengesetzt. Zwei *beliebige* Kräfte p und q werden sich also das *Gleichgewicht* halten, wenn sie nach $m_1 m_2$ gleiche entgegengesetzte Komponenten geben, womit auch die Momentengleichheit in bezug auf M gesetzt ist. Daß dann die Resultierende von p und q auch durch M hindurchgeht, ist ebenfalls ersichtlich, da s, $-s$ sich heben und t, u durch M hindurchgehen.

Der Newtonsche Standpunkt schließt, wie das eben durchgeführte Beispiel lehrt, den Varignonschen Standpunkt ein. Wir hatten also recht, die Varignonsche Statik als eine *dynamische* Statik zu bezeichnen, welche, von den Grundgedanken der modernen Dynamik ausgehend, sich freiwillig auf Untersuchung von Gleichgewichtsfällen beschränkt. Es tritt nur in der Varignonschen Statik wegen der *abstrakten* Form die Bedeutung mancher Operationen, wie z. B. der Verlegung der Kräfte in ihrer eigenen Richtung, nicht so deutlich hervor als in dem eben behandelten Beispiel.[76]

Wir schöpfen aus den durchgeführten Betrachtungen die Überzeugung, daß wir jeden mechanischen Fall, wenn wir uns nur die Mühe nehmen, hinreichend in die Einzelheiten einzugehen, nach den Newtonschen Prinzipien erledigen können. Wir *durchschauen* alle hierher gehörigen Gleichgewichts- und Bewegungsfälle, indem wir die Beschleunigungen, welche die Massen aneinander bestimmen, wirklich an denselben *sehen*. Es ist dieselbe große Tatsache, welche wir in den mannigfaltigsten Vorgängen wiedererkennen oder doch zu erkennen vermögen, wenn wir wollen. Hierdurch ist eine Einheit, Homogenität und Ökonomie einerseits, eine Reichhaltigkeit der physikalischen Anschauungen andererseits ermöglicht, welche vor Newton nicht zu erreichen war.

Die Mechanik ist aber nicht allein *Selbstzweck*, sondern sie hat auch für die praktischen Bedürfnisse und zur Unterstützung anderer Wissenschaften *Aufgaben zu lösen*. Diese Aufgaben werden mit Vorteil durch von den Newtonschen verschiedene Methoden gelöst, deren Gleichwertigkeit mit jenen aber schon dargetan wurde. Es wäre also wohl nur unpraktische Pedanterie, wenn man, alle übrigen Vorteile mißachtend, immer und überall auf die einfachen Newtonschen Anschauungen zurückkommen wollte. Es genügt, sich einmal überzeugt zu haben, daß man dies jederzeit kann. Andererseits sind die Newtonschen Vorstellungen wirklich die am meisten *befriedigenden* und *durchsichtigen*. Es zeigt sich darin ein edler Sinn für wissenschaftliche Klarheit und Einfachheit, wenn Poinsot diese Vorstellungen *allein* als Grundlage gelten lassen will.

2. Die Rechnungsausdrücke und Maße der Mechanik.

1. Alle wichtigen Rechnungsausdrücke der heutigen Mechanik wurden schon in der Galilei-Newtonschen Zeit gefunden und benutzt. Die besonderen Namen, welche für dieselben ihres häufigern Gebrauchs wegen sich als zweckmäßig erwiesen haben, sind zum Teil erst viel später festgesetzt worden. Die einheitlichen Maße der Mechanik kamen noch später in Aufnahme. Eigentlich ist die letztere Umgestaltung noch immer nicht als vollendet zu betrachten.

2. Bezeichnen wir mit s den Weg, mit t die Zeit, mit v die augenblickliche Geschwindigkeit und mit φ die Beschleunigung einer gleichförmig beschleunigten Bewegung, so kennen wir aus den Untersuchungen von Galilei und Huygens die Gleichungen

$$v = \varphi t$$
$$s = \frac{\varphi}{2} t^2 \qquad (1)$$
$$\varphi s = \frac{v^2}{2}$$

Dieselben geben durch Multiplikation mit der Masse m

$$mv = m\varphi t$$
$$ms = \frac{m\varphi}{2} t^2$$
$$m\varphi s = \frac{mv^2}{2}$$

und wenn wir die bewegende Kraft $m\varphi$ durch den Buchstaben p bezeichnen:

$$mv = pt$$
$$ms = \frac{pt^2}{2} \qquad (2)$$
$$ps = \frac{mv^2}{2}$$

Die Gleichungen 1 enthalten alle die Größe φ und jede derselben noch zwei der Größen s, t, v, wie dies durch das

Schema

$$\varphi \begin{cases} v,\ t \\ s,\ t \\ s,\ v \end{cases}$$

veranschaulicht wird.

Die Gleichungen 2 enthalten die Größen m, p, s, t, v, und zwar jede derselben m, p und noch zwei der drei Größen s, t, v, nach dem Schema:

$$m,\ p \begin{cases} v,\ t \\ s,\ t \\ s,\ v \end{cases}$$

Die Gleichungen 2 können zur Beantwortung der verschiedensten Fragen über Bewegungen unter dem Einfluß konstanter Kräfte benutzt werden. Will man z. B. die Geschwindigkeit v kennen, welche eine Masse m durch die Wirkung einer Kraft p in der Zeit t erlangt, so liefert die erste Gleichung $v = \dfrac{pt}{m}$. Würde umgekehrt die *Zeit* gesucht, durch welche eine Masse m, mit der Geschwindigkeit v behaftet, sich einer Kraft p entgegen zu bewegen vermag, so folgt aus derselben die Gleichung $t = \dfrac{mv}{p}$. Fragt man hingegen nach der *Wegstrecke*, auf welche sich m mit v der Kraft p entgegen bewegt, so gibt die dritte Gleichung $s = \dfrac{mv^2}{2p}$. Die letztern beiden Fragen erläutern zugleich das Müßige des Descartes-Leibnizschen Streites über das Kraftmaß eines bewegten Körpers.[77] Die Beschäftigung mit diesen Gleichungen befördert sehr die Sicherheit in der Handhabung der mechanischen Begriffe. Stellt man sich z. B. die Frage, welche Kraft p einer gegebenen Masse m die Geschwindigkeit v erteilt, so sieht man bald, daß zwischen m, p, v *allein* keine Gleichung existiert, daß also s oder t hinzugenommen werden muß, daß also diese Frage eine *unbestimmte* ist. Derartige Unbestimmtheiten lernt man bald erkennen und vermeiden. Den Weg, welchen eine Masse m unter dem Einflusse der Kraft p in der Zeit t zurücklegt, wenn sie mit der Anfangsgeschwindigkeit 0 sich bewegt, finden wir durch die zweite Gleichung $s = \dfrac{pt^2}{2m}$.

3. Mehrere der in den besprochenen Gleichungen enthalte-

nen Rechnungsausdrücke haben besondere Namen erhalten. Schon Galilei spricht von der Kraft eines bewegten Körpers und nennt sie bald „Moment", bald „Impuls", bald „Energie". Er betrachtet dieses Moment als proportional dem Produkt der Masse (oder des Gewichts, da ein klarer Massenbegriff bei Galilei, eigentlich auch bei Descartes und Leibniz, sich nicht vorfindet) und der Geschwindigkeit des Körpers. Diese Ansicht akzeptiert Descartes, er setzt die Kraft eines bewegten Körpers $= mv$, nennt dieselbe *Quantität der Bewegung* und behauptet, daß die Summe der Bewegungsquantität in der Welt konstant bleibt, so zwar, daß wenn ein Körper an Bewegungsquantität verliert, dieselbe dafür an andere Körper übergeht. Auch Newton benutzt für den Ausdruck mv den Namen Bewegungsquantität, welcher sich bis auf den heutigen Tag erhalten hat. Für den zweiten Ausdruck pt der ersten Gleichung hat Belanger (erst 1847) den Namen *Antrieb* der Kraft in Vorschlag gebracht. Die Ausdrücke der zweiten Gleichung sind nicht besonders benannt worden. Den Ausdruck mv^2 der dritten Gleichung hat Leibniz (1695) *lebendige Kraft* genannt und er betrachtet denselben Descartes gegenüber als das wahre Kraftmaß eines bewegten Körpers, während er den Druck eines ruhenden Körpers als tote Kraft bezeichnet. Coriolis hat es passender gefunden, dem Ausdruck $\frac{1}{2} mv^2$ den Namen lebendige Kraft zu geben. Belanger schlägt vor, mv^2 als lebendige Kraft, und $\frac{1}{2} mv^2$ als lebendige Potenz zu bezeichnen, wodurch Verwirrungen vermieden würden. Coriolis hat auch für ps den Namen *Arbeit* verwendet. Poncelet hat diesen Gebrauch befestigt und das *Kilogrammeter*, das ist die Druckwirkung eines Kilogrammgewichts auf die Strecke eines Meters, als *Arbeitseinheit* angenommen.

4. Was die historischen Einzelheiten in bezug auf die Begriffe „Bewegungsquantität" und „lebendige Kraft" betrifft, so wollen wir auf die Gedanken, durch welche Descartes und Leibniz zu ihrer Meinung geführt worden sind, noch einen Blick werfen. In seinen (1644 erschienenen) „Prinzipien der Philosophie" II, 36, spricht sich Descartes in folgender Weise aus:

„Nachdem so die Natur der Bewegung erkannt worden, ist

deren Ursache zu betrachten, die eine zweifache ist. Zuerst die allgemeine und ursprüngliche, welche die gemeinsame Ursache aller Bewegung in der Welt ist; dann die besondere, von der einzelne Teile der Materie eine Bewegung erhalten, die sie früher nicht hatten. Die allgemeine Ursache kann offenbar keine andere als Gott sein, welcher die Materie zugleich mit der Bewegung und Ruhe im Anfang erschaffen hat und der durch seinen gewöhnlichen Beistand so viel Bewegung und Ruhe im ganzen erhält, als er damals geschaffen hat. Denn wenn auch diese Bewegung nur ein Zustand an der bewegten Materie ist, so bildet sie doch eine feste und bestimmte Menge, die sehr wohl in der ganzen Welt zusammen die gleiche bleiben kann, wenn sie sich auch bei den einzelnen Teilen verändert, nämlich in der Art, daß bei der doppelt so schnellen Bewegung eines Teiles gegen den andern und bei der doppelten Größe dieses gegen den ersten man annimmt, daß in dem kleinen so viel Bewegung wie in dem großen ist, und daß, um so viel als die die Bewegung eines Teils langsamer wird, um so viel müsse die Bewegung eines andern eben so großen Teils schneller werden. Wir erkennen es auch als eine Vollkommenheit in Gott, daß er nicht bloß an sich selbst unveränderlich ist, sondern daß er auch auf die möglichst feste und unveränderliche Weise wirkt, so daß mit Ausnahme der Veränderungen, welche die klare Erfahrung oder die göttliche Offenbarung ergibt und welche nach unserer Einsicht oder unserm Glauben ohne eine Veränderung in dem Schöpfer geschehen, wir keine weitern in seinen Werken annehmen dürfen, damit nicht daraus auf eine Unbeständigkeit in ihm selbst geschlossen werde. Deshalb ist es durchaus vernunftgemäß, anzunehmen, daß Gott, so wie er bei der Erschaffung der Materie ihren Teilen verschiedene Bewegungen zugeteilt hat und wie er diese ganze Materie in derselben Art und in demselben Verhältnis, in dem er sie erschaffen, erhält, er auch immer *dieselbe Menge von Bewegung in ihr erhält.*"

Wenngleich Descartes auch namhafte wissenschaftliche Einzelleistungen aufzuweisen hat, wie seine Studien über den Regenbogen und die Bekanntmachung des Brechungsgesetzes, so liegt doch seine Bedeutung vielmehr in den allgemeinen großen revolutionierenden Ideen in der Philosophie, Mathematik und in den Naturwissenschaften. Der Vorsatz, alles für zweifelhaft zu halten, was bisher als ausgemachte Wahrheit gegolten, kann gar nicht hoch genug geschätzt werden. Allerdings ist dieser Vorsatz viel mehr von seinen Nachfolgern als von ihm selbst geübt und dadurch folgenschwer geworden. Dem Gedanken, alle Einzelbetrachtungen der Figuren durch Anwendung der Algebra unnötig zu machen, alles auf Betrachtung der Distanzen zurückzuführen, verdanken wir die analytische Geometrie mit ihren modernen Methoden. So wollte er auch in der Physik keine verborgenen Qualitäten gelten lassen und die ganze Physik auf Mechanik, welche er sich als eine bloße Geometrie der Bewegungen dachte, gründen. Durch seine Versuche hat er bewiesen, daß er kein Problem der Physik auf diesem Wege für unlösbar gehalten hat. Daß eine Mechanik nur möglich ist, wenn die Lagen der Körper in ihrer *Abhängigkeit* voneinander durch eine Kraftbeziehung, einer Funktion der Zeit bestimmt sind, hat Descartes zu wenig berücksichtigt, und Leibniz hat diesen Mangel hervorgehoben. Die mechanischen Bilder, die Descartes auf dürftigen und wenig bestimmten Grundlagen entwickelte, konnten nicht als Abbilder der Natur gelten und wurden schon von Pascal, Huygens und Leibniz als Phantasien bezeichnet. Wie sehr trotz alledem Descartes' Ideen bis auf die Gegenwart fortgewirkt haben, wurde schon an frühern Stellen hervorgehoben. Auch auf die Physiologie hat er mächtigen Einfluß gewonnen durch seine Lehre vom Sehen, sowie durch die Ansicht, daß die Tiere Maschinen seien (die er freilich auf die Menschen nicht auszudehnen wagte), womit er die Idee der Reflexbewegung vorwegnahm. (Vgl. Duhem, L'évolution des théories physiques, Louvain 1896.)

Das Verdienst, nach einem *allgemeinern* und ausgiebigern Gesichtspunkt in der Mechanik *zuerst gesucht zu haben*, kann Descartes nicht abgesprochen werden. Es ist dies die eigentümliche Leistung des *Philosophen*, welche stets fruchtbar und anregend auf die Naturwissenschaft wirkt. Descartes leidet aber auch an allen gewöhnlichen Fehlern des Philosophen. Er vertraut ohne Umstände seinem eigenen Einfall. Er kümmert sich nicht um eine Prüfung desselben durch die Erfahrung. Es genügt ihm im Gegenteil ein Minimum von Erfahrung für ein Maximum von Folgerungen. Hierzu kommt noch das Verschwommene seiner Begriffe. Einen klaren Massenbegriff

senbegriff hat Descartes nicht. Es liegt eine gewisse Freiheit
darin, wenn man sagt, Descartes habe *mv* als Bewegungsgröße
definiert, wenngleich die naturwissenschaftlichen Nachfolger
Descartes', welche das Bedürfnis nach bestimmten Begriffen
fühlten, diese Auffassung annahmen. Der größte Fehler des
Descartes aber, der seine Naturforschung verdirbt, ist der,
daß ihm Sätze von vornherein als selbstverständlich und einleuchtend erscheinen, über welche nur die Erfahrung entscheiden kann.[78] So wird z. B. in den beiden folgenden Para-
graphen (37, 39) auch als selbstverständlich hingestellt, daß
ein Körper seine Geschwindigkeit und Richtung beibehält.
Die in § 38 angeführten Erfahrungen hätten nicht als Bestätigungen des a priori einleuchtenden Trägheitsgesetzes, sondern
vielmehr als Grundlagen desselben dienen sollen. (Vgl. S. 148.)

Die Descartesche Auffassung wurde (1686) von Leibniz in
den „Acta eruditorum" bekämpft, in einer kleinen Schrift,
welche den Titel führt: „Kurzer Beweis eines merkwürdigen
Fehlers des Descartes und anderer, in Beziehung auf das
Naturgesetz, nach welchem, wie jene glauben, der Schöpfer
immer dieselbe Quantität der Bewegung in der Natur zu erhalten sucht, durch welches aber die Wissenschaft der Mechanik ganz verdorben wird."

Bei im Gleichgewicht befindlichen Maschinen, bemerkt Leibniz, seien die *Lasten* den Verschiebungsgeschwindigkeiten umgekehrt proportioniert und dadurch sei man auf den Gedanken
gekommen, das Produkt aus dem *Körper* („corpus", „moles")
und der *Geschwindigkeit* als Kraftmaß zu betrachten. Descartes betrachte dieses Produkt als eine unveränderliche Größe.
Leibniz meint aber, daß das erwähnte Kraftmaß an den
Maschinen nur zufällig zutreffe. Das wahre Kraftmaß sei
vielmehr ein anderes und auf dem *Wege* zu bestimmen, den
Galilei und Huygens eingeschlagen haben. Jeder Körper steigt
vermöge seiner erlangten Fallgeschwindigkeit so hoch, als er
herabgefallen ist. Nimmt man nun an, daß dieselbe *„Kraft"*
erforderlich sei, um einen Körper m auf die Höhe $4h$ und
einen Körper $4m$ auf die Höhe h zu erheben, so muß, weil im
erstern Fall die erlangte Fallgeschwindigkeit nur doppelt so
groß ist als in letzterm, das Produkt aus dem „Körper" und dem
Quadrate der Geschwindigkeit als *Kraftmaß* angesehen werden.

In einer spätern Abhandlung (1695) kommt Leibniz auf

denselben Gegenstand zurück, er unterscheidet zwischen dem bloßen Druck (der toten Kraft) und der Kraft des bewegten Körpers (der lebendigen Kraft), welche letztere aus der Summe der Druckimpulse hervorgeht. Diese Impulse bringen zwar einen „Impetus" (mv) hervor, derselbe ist aber keineswegs das wahre Kraftmaß, welches vielmehr, weil die *Ursache* der *Wirkung* entsprechen muß (nach den obigen Betrachtungen) durch mv^2 bestimmt ist. Leibniz bemerkt ferner, daß nur mit der Annahme seines Kraftmaßes die Möglichkeit eines *perpetuum mobile* ausgeschlossen sei.

Einen eigentlichen Massenbegriff hat Leibniz so wenig als Descartes; er spricht vom Körper (corpus), von der Last (moles), von ungleich großen Körpern desselben spezifischen Gewichts usw. Nur in der zweiten Abhandlung kommt einmal der Ausdruck „massa" vor, welcher wahrscheinlich Newton entlehnt ist. Will man jedoch mit den Leibnizschen Ausdrükken einen klaren Begriff verbinden, so muß man allerdings an die Masse denken, wie es die Nachfolger auch getan haben. Im übrigen geht Leibniz viel mehr nach naturwissenschaftlicher Methode vor als Descartes. Doch werden zwei Dinge vermengt, die Frage nach dem *Kraftmaß* und die Frage nach der *Unveränderlichkeit* der Summen Σmv und Σmv^2. Beide haben eigentlich nichts miteinander zu schaffen. Was die erste Frage betrifft, so wissen wir schon, daß sowohl das Decartessche als das Leibnizsche Kraftmaß oder vielmehr Maß der Wirkungsfähigkeit eines bewegten Körpers, jedes in einem andern Sinne seine Berechtigung hat. Beide Maße sind aber, wie Leibniz auch ganz wohl bemerkte, mit dem gewöhnlichen (Newtonschen) Kraftmaß nicht zu verwechseln.[79]

In bezug auf die zweite Frage haben die spätern Untersuchungen von Newton gelehrt, daß die Descartessche Summe mv für *freie* Massensysteme, die von außen keine Einwirkung erfahren, in der Tat unveränderlich ist, und die Untersuchungen von Huygens haben gezeigt, daß auch die Summe Σmv^2 unveränderlich bleibt, wenn nicht von Kräften verrichtete *Arbeiten* dieselbe ändern. Der durch Leibniz angeregte Streit beruhte also mehrfach auf *Mißverständnissen* und währte 57 Jahre lang bis zum Erscheinen von D'Alemberts „Traité de dynamique" (1743). Auf die theologischen Ideen von Descartes und Leibniz kommen wir noch zurück.

5. Die besprochenen drei Gleichungen, wenngleich sie sich nur auf *geradlinige* Bewegungen unter dem Einfluß *konstanter* Kräfte beziehen, können doch als die *Grundgleichungen* der Mechanik angesehen werden. Bleibt die Bewegung geradlinig, werden jedoch die Kräfte veränderlich, so gehen diese Gleichungen durch eine geringe fast selbstverständliche Modifikation in andere über, die wir hier nur kurz anführen wollen, da mathematische Entwicklungen für diese Schrift nur Nebensache sind.

Aus der ersten Gleichung wird bei veränderlichen Kräften $mv = \int pdt + C$, worin p die veränderliche Kraft, dt das Zeitelement der Wirkung, $\int pdt$ die Summe aller Produkte $p \cdot dt$ durch die *Wirkungsdauer* und C eine konstante Größe ist, welche den Wert von mv vor Beginn der Kraftwirkung darstellt.

Die zweite Gleichung geht in analoger Weise in

$$s = \int dt \int \frac{p}{m} + Ct + D$$

mit zwei sogenannten Integrationskonstanten über.

Die dritte Gleichung ist zu ersetzen durch

$$\frac{mv^2}{2} = \int pds + C.$$

Krummlinige Bewegungen kann man sich stets durch gleichzeitige Kombination dreier geradliniger Bewegungen, am besten nach drei zueinander senkrechten Richtungen, hervorgebracht denken. Auch in diesem allgemeinsten Fall behalten die angeführten Gleichungen ihre Bedeutung für die Komponenten der Bewegung.

6. Die Addition, Subtraktion oder Gleichsetzung hat nur auf Größen derselben Art angewandt einen verständlichen Sinn. Man kann nicht Massen und Zeiten, oder Massen und Geschwindigkeiten addieren oder gleichsetzen, sondern nur Massen und Massen usw. Wenn also eine Gleichung der Mechanik vorliegt, so entsteht die Frage, ob deren Glieder wirklich *gleichartige* Größen sind, d. h. ob sie durch *dieselbe* Einheit gemessen werden können oder ob, wie man zu sagen pflegt, die Gleichung *homogen* ist. Wir haben also eine Untersuchung anzustellen über die Einheiten der Größen der Mechanik.

Die Wahl der Einheiten, welche selbstverständlich Größen derselben Art sind wie die zu messenden Größen, ist in vielen Fällen willkürlich. So wird eine willkürliche Masse als Masseneinheit, eine willkürliche Länge als Längeneinheit, eine willkürliche Zeit als Zeiteinheit benutzt. Die als Einheit benutzte Masse und Länge kann aufbewahrt, die Zeit durch Pendelversuche und astronomische Beobachtungen jederzeit reproduziert werden. Eine Geschwindigkeitseinheit, eine Beschleunigungseinheit usw. ist aber nicht aufzubewahren und jedenfalls viel schwerer zu reproduzieren. Dafür hängen diese Größen, mit den willkürlichen Grundeinheiten Masse, Länge, Zeit so zusammen, daß sie leicht aus denselben abgeleitet werden können. Man nennt solche Einheiten *abgeleitete* oder *absolute*. Letzterer Name rührt von Gauß her, welcher zuerst die magnetischen Maße aus mechanischen ableitete und dadurch eine *allgemeine Vergleichbarkeit* der magnetischen Messungen herbeiführte. Der Name hat also einen historischen Grund.

Als Einheit der Geschwindigkeit könnten wir diejenige Geschwindigkeit wählen, durch welche z. B. q Längeneinheiten in der Zeiteinheit zurückgelegt werden. Dann könnten wir aber die Beziehung zwischen der Zeit t, dem Wege s und der Geschwindigkeit v nicht in der gebräuchlichen einfachen Form $s = vt$ schreiben, sondern müßten sie durch $s = q \cdot vt$ ersetzen. Definieren wir aber die Geschwindigkeitseinheit als diejenige Geschwindigkeit, durch welche die Längeneinheit in der Zeiteinheit zurückgelegt wird, so können wir die Form $s = vt$ beibehalten. Man wählt die abgeleiteten Einheiten so, daß die einfachsten Beziehungen derselben untereinander hervorgehen. So wurde z. B. als Flächen- und Volumeneinheit immer das Quadrat und der Würfel über der Längeneinheit als Seite gebraucht.

Halten wir das angedeutete Prinzip fest, so nehmen wir also an, daß durch die Geschwindigkeitseinheit die Längeneinheit in der Zeiteinheit zurückgelegt wird, daß durch die Einheit der Beschleunigung die Geschwindigkeitseinheit in der Zeiteinheit zuwächst, daß durch die Krafteinheit der Masseneinheit die Einheit der Beschleunigung erteilt wird usw.

Die abgeleiteten Einheiten hängen von den willkürlichen Grundeinheiten ab, sie sind Funktionen derselben. Wir wollen die einer abgeleiteten Einheit entsprechende Funktion die

Dimension derselben nennen. Die Lehre von den Dimensionen ist von Fourier (1822) in seiner Wärmetheorie begründet worden. Bezeichnen wir eine Länge mit l, eine Zeit mit t, eine Masse mit m, so ist z. B. die Dimension einer Geschwindigkeit $\frac{l}{t}$ oder lt^{-1}. Die folgende Tabelle ist hiernach ohne Schwierigkeit verständlich[80]:

		Dimension
Geschwindigkeit	v	lt^{-1}
Beschleunigung	φ	lt^{-2}
Kraft	p	mlt^{-2}
Bewegungsgröße	mv	mlt^{-1}
Antrieb	pt	mlt^{-1}
Arbeit	ps	ml^2t^{-2}
Lebendige Kraft	$\dfrac{mv^2}{2}$	ml^2t^{-2}
Trägheitsmoment	θ	ml^2
Statisches Moment	D	ml^{2-2}

Diese Tabelle zeigt sofort, daß die oben besprochenen Gleichungen in der Tat *homogen* sind, d. h. nur *gleichartige* Glieder enthalten. Jeder neue Ausdruck der Mechanik könnte in analoger Weise untersucht werden.

7. Die Kenntnis der Dimension einer Größe ist nicht nur aus dem bereits angeführten Grunde wichtig, sondern noch aus einem andern. Wenn der Wert einer Größe für gewisse Grundeinheiten bekannt ist und man geht zu andern Grundeinheiten über, so kann der neue Wert der Größe mit Hilfe der Dimensionen derselben leicht angegeben werden. Die Dimension einer Beschleunigung, welche z. B. den Zahlenwert φ hätte, ist lt^{-2}. Gehen wir über zu einer λ mal größern Längeneinheit und zu einer τ mal größern Zeiteinheit, so hat man lt^{-2} für l eine λ mal kleinere und für t eine τ mal kleinere Zahl einzutreten. Der Zahlenwert derselben Beschleunigung in bezug auf die neuen Einheiten wird also sein $\dfrac{\tau^2}{\lambda} \cdot \varphi$. Nehmen wir den Meter als Längeneinheit, die Sekunde als Zeiteinheit, so beträgt z. B. die Fallbeschleunigung 9,81 oder, wie man die Dimension und die Grundmasse zugleich bezeichnend zu schreiben pflegt: 9,81 $\dfrac{\text{Meter}}{\text{Sekunde}^2}$. Gehen wir nun zum Kilometer als Längen-

einheit über ($\lambda = 1000$), zur Minute als Zeiteinheit ($\tau = 60$), so ist der Wert derselben Fallbeschleunigung $\frac{60 \times 60}{1000} \times 9{,}81$, oder $35{,}316 \ \frac{\text{Kilometer}}{\text{Minute}^2}$.

8. Als Längeneinheit wird bereits sehr allgemein der Meter (die Länge des in Paris aufbewahrten Platinmaßstabes bei 0 °C, nahezu $\frac{1}{10^7}$ des Erdmeridianquadranten), als Zeiteinheit die Sekunde (mittlerer Sonnenzeit, zuweilen auch Sternzeit) verwendet. Mit Beachtung der obigen Bemerkungen wählt man als Geschwindigkeitseinheit diejenige Geschwindigkeit, durch welche 1 m in der Sekunde zurückgelegt wird, und als Beschleunigungseinheit jene, welche einem Geschwindigkeitszuwachs 1 in der Sekunde entspricht.

Verwicklungen entstehen durch die Wahl der *Massen*einheit und der Krafteinheit. Nimmt man als Masseneinheit die *Masse* des Pariser Platinkilogrammgewichtstückes (nahezu die Masse eines Kubikdezimeters Wasser von 4 °C) an, so ist die Kraft, mit welcher dieses Stück von der Erde angezogen wird, nicht 1, sondern hat wegen $p = m \cdot g$ den Wert g, in Paris also 9,808, an andern Orten der Erde einen davon etwas verschiedenen Wert. Die Krafteinheit ist dann diejenige Kraft, welche in einer Sekunde der Masse des Kilogrammstücks einen Geschwindigkeitszuwachs von 1 m per Sekunde erteilt. Die Arbeitseinheit ist die Wirkung dieser Krafteinheit auf 1 m Wegstrecke usw. Dieses konsequente metrische Maßsystem, in welchem also die *Masse* des Kilogrammstücks $= 1$ gesetzt wird, nennt man gewöhnlich das *absolute*.

Das sogenannte *terrestrische* Maßsystem entsteht dadurch, daß man die *Kraft*, mit welcher das *Pariser* Kilogrammstück in *Paris* von der Erde angezogen wird $= 1$ setzt. Will man dann die einfache Beziehung $p = mg$ beibehalten, so ist die Masse dieses Kilogrammstückes nicht $= 1$, sondern $\frac{1}{g}$. Es haben demnach erst g solche Kilogrammstücke oder 9,808 solche Kilogrammstücke zusammen die Masse 1. Dasselbe Kilogrammstück wird an einem andern Ort der Erde A, mit der Fallbeschleunigung g', nicht mit der Kraft 1, sondern mit $\frac{g'}{g}$ zur

Erde gezogen. Demnach entsprechen $\frac{g}{g'}$ Pariser Kilogrammstücke an diesem Orte der Kraft von 1 kg. Nehmen wir also g' Stücke, welche an dem Orte A mit 1 kg drücken, so haben wir wieder g mal die Masse des Pariser Kilogrammstückes oder die Masse 1. Hätten wir aber in A einen Körper, von welchem wir wüßten, daß er in *Paris* mit 1 kg angezogen wird, so müßten wir natürlich nicht g', sondern g solche Körper auf eine Masseneinheit rechnen.

Ein Körper, welcher in Paris (im luftleeren Raum) p Kilogramm wiegt, hat die Masse $\frac{p}{g}$. Ein Körper, welcher in A den Druck p Kilogramm ausübt, enthält die Masse $\frac{p}{g'}$. Der Unterschied zwischen g und g' kann in vielen Fällen unbeachtet bleiben, muß jedoch berücksichtigt werden, wenn es auf Genauigkeit ankommt.

Die übrigen Einheiten in dem terrestrischen System werden natürlich durch die Wahl der Krafteinheit bestimmt. So ist die Arbeit 1 diejenige, bei welcher die Kraft auf die Wegstrecke 1 wirkt, also das Kilogrammeter. Die lebendige Kraft 1 ist diejenige, welche durch die Arbeit 1 hervorgebracht wird usw.

Lassen wir einen Körper, der in *Paris* (im luftleeren Raum) p Kilogramm wiegt, unter 45° Br. an der Meeresfläche (mit der Beschleunigung 9,806) fallen, so haben wir nach absolutem Maß die Masse p, auf welche 9,808 p Krafteinheiten wirken, nach terrestrischem Maß aber die Masse $\frac{p}{9,808}$, auf welche $p\frac{9,806}{9,808}$ Krafteinheiten wirken. Wird 1 m Fallraum zurückgelegt, so ist die geleistete Arbeit und die erlangte lebendige Kraft nach absolutem Maß 9,806 p, nach terrestrischem Maß aber $\frac{9,806}{9,808} \cdot p$. Die Krafteinheit des terrestrischen Systems ist rund etwa 10mal größer als jene des absoluten Systems, für die Masseneinheit gilt dasselbe Verhältnis. Eine gegebene Arbeit oder lebendige Kraft hat im terrestrischen System eine etwa 10mal kleinere Maßzahl als im absoluten.

Bemerkt muß noch werden, daß statt des Kilogramms als Maßeinheit, des Meters als Längeneinheit, in England häufig Gramm und Zentimeter, in Deutschland Milligramm und Millimeter gewählt werden. Die Umrechnung bietet nach den gegebenen Ausführungen keine Schwierigkeit. Der Umstand, daß man in der Mechanik und auch in andern Teilen der Physik, welche zur Mechanik in naher Beziehung stehen, nur mit drei Grundgrößen, mit Raumgrößen, Zeitgrößen und Massengrößen zu rechnen hat, führt eine nicht zu unterschätzende Vereinfachung und Erleichterung der Übersicht mit sich.

3. *Die Gesetze der Erhaltung der Quantität der Bewegung, der Erhaltung des Schwerpunktes und der Erhaltung der Flächen*

1. Wenngleich die Newtonschen Prinzipien zur Behandlung jeder Aufgabe der Mechanik ausreichen, so ist es doch zweckmäßig, sich besondere Regeln für häufiger vorkommende Fälle zurechtzulegen, die uns gestatten, solche Aufgaben nach der Schablone zu behandeln, ohne in die Einzelheiten derselben uns weiter zu vertiefen. Newton selbst und seine Nachfolger haben mehrere solche Sätze entwickelt. Wir wollen zunächst die Newtonschen Lehren über *frei bewegliche* Massensysteme betrachten.

2. Wenn zwei freie Massen m, m' nach der Richtung ihrer Verbindungslinie durch von *andern* Massen herrührende Kräfte ergriffen werden, so werden in der Zeit t die Geschwindigkeiten v, v' erzeugt, und es besteht die Gleichung $(p+p')\,t = mv + m'v'$. Dieselbe folgt aus den Gleichungen $pt = mv$ und $p't = m'v'$. Die Summe $mv + m'v'$ nennen wir die *Bewegungsquantität* des Systems und betrachten *entgegengesetzt* gerichtete Kräfte und Geschwindigkeiten als *entgegengesetzt* bezeichnet. Wenn nun die Massen m, m' neben den *äußern* Kräften p, p' noch von *innern* Kräften ergriffen werden, d. h. von solchen, welche die Massen gegenseitig *aufeinander* ausüben, so sind diese Kräfte gleich und entgegengesetzt q, $-q$. Die Summe der Antriebe ist $(p + p' + q - q)\,t = (p + p')\,t$, also dieselbe wie zuvor und daher auch die gesamte Bewegungsquantität des Systems dieselbe. Die Bewegungsquantität des Systems wird demnach nur durch die *äußern* Kräfte bestimmt, d. h. durch solche, welche außerhalb des Systems liegende Massen auf die Systemteile ausüben.

Wir denken uns mehrere freie Massen $m, m', m'' \ldots$ beliebig im Raume verteilt und von beliebig gerichteten äußern Kräften $p, p', p'' \ldots$ ergriffen, welche in der Zeit t an den Massen beziehungsweise die Geschwindigkeiten $v, v', v'' \ldots$ hervorbringen. Wir zerlegen alle Kräfte nach drei zueinander senkrechten Richtungen x, y, z und ebenso die Geschwindigkeiten. Die Summe der Antriebe nach der x-Richtung ist gleich der erzeugten Bewegungsquantität nach der x-Richtung usw. Denken wir uns zwischen den Masen $m, m', m'' \ldots$ noch paarweise gleiche und entgegengesetzte innere Kräfte $q, -q, r, -r, s, -s$ usw., so geben diese nach jeder Richtung auch paarweise gleiche und entgegengesetzte Komponenten und haben demnach auf die Summe der Antriebe keinen Einfluß. Die Bewegungsquantität wird also wieder nur durch die äußern Kräfte bestimmt. Dieses Gesetz heißt das *Gesetz der Erhaltung der Quantität der Bewegung*.

3. Eine andere Form desselben Satzes, die ebenfalls Newton gefunden hat, wird Gesetz der *Erhaltung des Schwerpunktes* genannt. Wir denken uns in A und B (Fig. 149) zwei Massen $2m$ und m, welche in Wechselwirkung, z. B. elektrischer Abstoßung, stehen; der Schwerpunkt derselben liegt in S, wobei $BS = 2AS$. Die Beschleunigungen, welche sie sich gegenseitig erteilen, sind entgegengesetzt und verhalten sich verkehrt wie die Massen. Wenn also vermöge dieser Wirkung $2m$ den Weg AD zurücklegt, so legt m den Weg $BC = 2AD$ zurück. Der Punkt S bleibt noch immer der Schwerpunkt, da $CS = 2DS$. Zwei Massen sind demnach nicht imstande durch *Wechselwirkung* ihren gemeinsamen Schwerpunkt zu *verschieben*. Betrachtet man mehrere irgendwie im Raume verteilte Massen, so erkennt man, weil zwei und zwei solcher Massen ihren Schwerpunkt nicht zu verschieben vermögen, daß auch der Schwerpunkt des ganzen Systems durch die Wechselwirkung der Massen nicht verschoben werden kann.

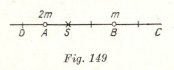

Fig. 149

Wir denken uns ein System von Massen $m, m', m'' \ldots$ frei im Raum, welche von irgendwelchen *äußern* Kräften ergriffen sind. Wir beziehen dieselben auf ein rechtwinkliges Koordinatensystem und nennen die Koordinaten x, y, z, x', y', z' usw.

Die Koordinaten des Schwerpunkts sind dann

$$\xi = \frac{\Sigma mx}{\Sigma m}, \quad \eta = \frac{\Sigma my}{\Sigma m}, \quad \zeta = \frac{\Sigma mz}{\Sigma m},$$

in welchen Ausdrücken sich x, y, z gleichförmig oder gleichförmig beschleunigt oder nach irgendeinem andern Gesetz ändern können, je nachdem die zugehörige Masse von keiner äußern Kraft, von einer konstanten oder veränderlichen äußern Kraft ergriffen wird. Der Schwerpunkt wird sich in diesen Fällen verschieden bewegen und kann im ersten Fall auch in Ruhe sein. Kommen nun *innere* Kräfte hinzu, welche zwischen je zwei Massen, z. B. m' und m'', wirken, so gehen daraus entgegengesetzte Verschiebungen w', w'' nach der Richtung der Verbindungslinien hervor, so daß mit Rücksicht auf die Zeichen $m'w' + m''w'' = 0$. Auch in bezug auf die Komponenten dieser Verschiebungen x_1 und x_2 wird die Gleichung gelten $m'x_1 + m''x_2 = 0$. Die innern Kräfte bringen also an den Ausdrücken für ξ, η, ζ nur solche Zusätze hervor, welche sich in denselben gegenseitig aufheben. Die *Bewegung des Schwerpunkts* eines Systems wird also nur durch die *äußern* Kräfte bestimmt.

Wollen wir die Beschleunigung des Systemschwerpunkts kennen, so haben wir auch wieder auf die Beschleunigungen der Systemteile zu achten. Es ist dann, wenn $\varphi, \varphi', \varphi'' \ldots$ die Beschleunigungen von $m, m', m'' \ldots$ nach irgendeiner Richtung bedeuten und Φ die Schwerpunktbeschleunigung nach derselben Richtung heißt, $\Phi = \frac{\Sigma m\varphi}{\Sigma m}$, und wenn die Gesamtmasse $\Sigma m = M$, $\Phi = \frac{\Sigma m\varphi}{M}$. Wir erhalten also die Beschleunigung des Schwerpunkts nach einer Richtung, wenn wir sämtliche Kräfte nach derselben Richtung summieren und durch die Gesamtmasse dividieren. Der Schwerpunkt des Systems bewegt sich so, als ob alle Massen und alle Kräfte in demselben vereinigt wären. So wie eine Masse ohne eine äußere Kraft keine Beschleunigung annimmt, so hat der Schwerpunkt eines Systems ohne äußere Kräfte keine Beschleunigung.

4. Einige Beispiele werden den Satz der Erhaltung des Schwerpunkts veranschaulichen. Wir denken uns ein Tier *frei im Weltraum*. Wenn das Tier einen Teil m seiner Masse nach einer Richtung bewegt, so rückt der Rest M in entgegengesetzter Richtung vor, so zwar, daß der Gesamtschwerpunkt an Ort

und Stelle bleibt. Zieht das Tier die Masse m wieder zurück, so wird auch die Bewegung von M rückgängig. Das Tier ist nicht imstande, ohne äußere Stützen oder Kräfte sich von der Stelle zu bewegen oder die ihm von außen aufgenötigte Bewegung zu ändern.

Ein leicht (etwa auf Schienen) beweglicher Wagen A sei mit Steinen beladen. Ein auf demselben befindlicher Mann werfe einen Stein nach dem andern nach derselben Richtung hinaus. Dann kommt bei hinreichend kleiner Reibung der ganze Wagen in entgegengesetzter Richtung in Bewegung. Der Gesamtschwerpunkt (Wagen + Steine) bliebe, soweit die Bewegung nicht durch äußere Hindernisse vernichtet würde, an Ort und Stelle. Würde derselbe Mann von außen Steine aufnehmen, so käme der Wagen auch in Bewegung, jedoch nicht in demselben Maße wie im vorigen Fall, wie durch das folgende Beispiel erläutert wird.

Ein Geschütz von der Masse M schleudert ein Geschoß von der Masse m mit der Geschwindigkeit v fort. Dann erhält M auch eine Geschwindigkeit V, so zwar, daß mit Rücksicht auf das Zeichen $MV + mv = 0$. Dies erklärt den sogenannten Rückstoß. Hierbei ist $V = -\dfrac{m}{M}v$, also der Rückstoß bei *gleichen* Geschoßgeschwindigkeiten desto unmerklicher, je größer die Masse des Geschützes gegen jene des Geschosses. Setzen wir die Arbeit des Pulvers in allen Fällen $= A$, so bestimmen sich hierdurch die lebendigen Kräfte $\dfrac{MV^2}{2} + \dfrac{mv^2}{2} = A$, und da nach der obigen Gleichung die Summe der Bewegungsgrößen $= 0$, so findet sich leicht $V = \sqrt{\dfrac{2Am}{M(M+m)}}$. Der Rückstoß verschwindet also, wenn die Geschoßmasse verschwindet, wobei aber von der Masse der Pulvergase abgesehen ist. Würde nun von dem Geschütz die Masse m nicht ausgestoßen, sondern eingesaugt, so würde der Rückstoß die entgegengesetzte Richtung haben. Derselbe hätte aber keine Zeit, sichtbar zu werden, denn bevor noch ein merklicher Weg zurückgelegt wäre, hätte m schon den Grund des Geschützrohrs erreicht. Sobald aber M und m miteinander in starre Verbindung treten, gegeneinander *relativ* ruhen, muß auch *absolute* Ruhe eintreten, weil der Gesamtschwerpunkt ebenfalls ruht. Aus demselben Grunde könnte beim Aufnehmen von Steinen in dem obigen Beispiel keine ausgiebige Bewegung eintreten, weil beim Eintreten der starren Verbindung zwischen dem Wagen und den Steinen die erzeugten entgegengesetzten Bewegungsgrößen wieder aufgehoben würden. Ein Geschütz könnte beim Einsaugen eines Geschosses nur dann einen merklichen Rückstoß erhalten, wenn das eingesaugte Geschoß hindurchfliegen könnte.

Der Körper einer *frei aufgehängten* oder mit nicht genügender Reibung auf den Schienen ruhenden Lokomotive kommt, sobald die beträchtlichen Eisenmassen mit dem Kolben des Dampfzylinders in oszillierende Bewegung geraten, nach dem Schwerpunktsgesetz in entgegengesetzte Oszillation, welche für den gleichmäßigen Gang sehr störend werden kann. Um diese Oszillation auszuschließen, muß man dafür sorgen, daß die Bewegung der durch den Kolben getriebenen Eisenmassen durch die entgegengesetzte Bewegung anderer Massen derart kompensiert wird, daß der Gesamtschwerpunkt ohne Bewegung des Lokomotivkörpers an Ort und Stelle bleiben kann. Dies geschieht durch Anbringen von Eisenmassen an den Triebrädern der Lokomotive.

Die hierher gehörigen Verhältnisse lassen sich sehr hübsch an dem Erektromotor von Page (Fig. 150) erläutern.

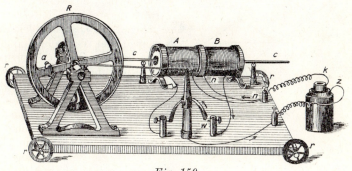

Fig. 150

Wenn der Eisenkern in der Spule AB durch die innern Kräfte zwischen Spule und Kern nach rechts rückt, bewegt sich der Motorkörper nach links, sobald derselbe leicht beweglich auf Rädchen rr ruht. Bringt man aber an einer Speiche des

Schwungrades R ein passendes Laufgewicht a an, welches sich dem Eisenkern stets entgegen bewegt, so kann das Rücken des Motorkörpers ganz zum Verschwinden gebracht werden.

Über die Bewegung der Teile einer platzenden Bombe ist uns nichts bekannt. Allein nach dem Schwerpunktgesetz ist es klar, daß, von dem Luftwiderstand und den Hindernissen, auf welche etwa die einzelnen Teile treffen, abgesehen, der Gesamtschwerpunkt nach dem Platzen fortfährt, seine parabolische Wurfbahn zu beschreiben.

5. Ein dem Schwerpunktgesetz verwandter Satz, welcher für ein *freies* System gilt, ist *der Satz der Erhaltung der Flächen*. Obwohl Newton den Satz sozusagen in der Hand hatte, so ist derselbe doch erst viel später von Euler, D'Arcy und Daniel Bernoulli ausgesprochen worden. Euler und Daniel Bernoulli fanden den Satz fast gleichzeitig (1746) bei Behandlung einer von Euler vorgelegten Aufgabe, betreffend die Bewegung von Kugeln in drehbaren Röhren, indem sie auf die Wirkung und Gegenwirkung der Kugeln und Röhren achteten. D'Arcy (1747) knüpfte an Newtons Untersuchungen an und verallgemeinerte das von demselben zur Erklärung der Keplerschen Gesetze benutzte Sektorengesetz.

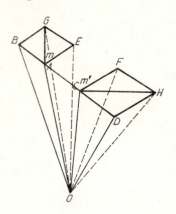

Fig. 151

Wir betrachten zwei in Wechselwirkung stehende Massen m, m' (Fig. 151). Dieselben legen vermöge ihrer Wechselwirkung *allein* die Wege AB, CD nach der Richtung der Verbindungslinie zurück. Nimmt man auf das Zeichen der Bewegungen Rücksicht, so ist $m \cdot AB + m' \cdot CD = 0$. Zieht man von irgend einem Punkte O aus zu den bewegten Massen Radienvektoren und betrachtet die in entgegengesetztem Sinne von denselben durchstrichenen Flächenräume als von entgegengesetztem Zeichen, so ist auch $m \cdot OAB + m' \cdot OCD = 0$. Wenn zwei Massen in Wechselwirkung stehen und man zieht von irgendeinem Punkte aus zu denselben

Radienvektoren, so ist infolge der Wechselwirkung die Summe der von diesen durchstrichenen Flächenräume multipliziert mit den zugehörigen Massen $= 0$. Wären die Massen auch von den äußern Kräften ergriffen und würden vermöge dieser die Flächenräume OAE und OCF beschrieben, so gäbe die Zusammenwirkung der innern und äußern Kräfte (während einer sehr kleinen Zeit) die Flächenräume OAG und OCH. Nun folgt aber aus dem Varignonschen Parallelogrammsatz, daß

$$mOAG + m'OCH = mOAE + m'OCF + mOAB + m'OCD$$
$$= mOAE + m'OCF,$$

d. h. *die Summe der mit den zugehörigen Massen multiplizierten durchstrichenen Flächenräume wird durch die innern Kräfte nicht geändert.*

Sind mehrere Massen vorhanden, so kann man von der Projektion des ganzen Bewegungsvorganges auf eine gegebene Ebene für je zwei Massen dasselbe behaupten. Zieht man von einem Punkte aus nach den Massen eines Systems Radienvektoren und projiziert die durchstrichenen Flächenräume auf eine gegebene Ebene, so ist die Summe dieser mit den zugehörigen Massen multiplizierten Flächenräume von den innern Kräften unabhängig. Dies ist das *Gesetz der Erhaltung der Flächen.*

Wenn eine einzelne Masse ohne Kraftwirkung sich gleichförmig geradlinig bewegt und man zieht von irgendeinem Punkte O aus einen Radiusvektor nach derselben, so wächst der von dem Radiusvektor durchstrichene Flächenraum proportional der Zeit. Dasselbe Gesetz gilt für Σmf, wenn mehrere Massen sich ohne Kraftwirkung bewegen, wobei wir unter dem Summenausdruck die algebraische Summe aller Produkte aus den Flächenräumen und den zugehörigen Massen verstehen, den wir kurz Flächensumme nennen wollen. Treten *innere* Kräfte zwischen den Massen des Systems ins Spiel, so wird dieses Verhältnis nicht geändert. Es bleibt auch dann noch bestehen, wenn *äußere* Kräfte hinzutreten, die sämtlich gegen den *festen Punkt O* gerichtet sind, wie wir aus Newtons Untersuchungen wissen.

Wirkt auf eine Masse eine äußere Kraft, so wächst der vom Radiusvektor durchstrichene Flächenraum f nach dem Gesetz

$f = \dfrac{at^2}{2} + bt + c$ mit der Zeit, wobei a von der beschleunigenden Kraft, b von der Anfangsgeschwindigkeit und c von der Anfangslage abhängt. Nach demselben Gesetz wächst die Summe Σmf, wenn mehrere Massen durch äußere beschleunigende Kräfte ergriffen werden, solange diese als konstant betrachtet werden können, was für hinreichend kurze Zeiten immer der Fall ist. Das Flächengesetz besteht in diesem Falle darin, daß auf das Wachstum dieser Flächensumme die *innern* Kräfte des Systems *keinen Einfluß* üben.

Einen freien starren Körper können wir als ein System betrachten, dessen Teile durch innere Kräfte in ihrer relativen Lage erhalten werden. Das Flächenprinzip findet also auch in diesem Falle Anwendung. Ein einfaches Beispiel bietet die gleichförmige Rotation eines starren Körpers um eine seinen Schwerpunkt enthaltende Achse. Nennen wir m einen Massenteil, r den Abstand desselben von der Achse und α die Winkelgeschwindigkeit, so ist für diesen Fall die in der Zeiteinheit durchstrichene Flächenraumsumme $\Sigma m \dfrac{r}{2} \cdot \alpha = \dfrac{\alpha}{2} \Sigma mr^2$, also das Produkt aus dem Trägheitsmoment und der halben Winkelgeschwindigkeit. Dasselbe kann sich nur durch äußere Kräfte ändern.

6. Betrachten wir nun einige Beispiele zur Erläuterung des Flächengesetzes. Wenn zwei starre Körper K und K' miteinander in Verbindung sind und K gerät relativ gegen K' durch innere Kräfte zwischen K und K' in Drehung, so kommt sofort auch K' in die entgegengesetzte Drehung. Durch die Drehung von K wächst nämlich eine Flächenraumsumme zu, welche nach dem Flächengesetz durch die entgegengesetzte Flächenraumsumme von K' kompensiert werden muß. Dies zeigt sich recht hübsch an einem beliebigen Elektromotor, wenn man denselben mit horizontal gestelltem Schwungrad an einer vertikalen Achse frei drehbar befestigt (Fig. 152). Die den Strom zuleitenden Drähte tauchen in zwei konaxiale, an der Drehungsachse angebrachte Quecksilberrinnen, so daß sie die Rotation nicht hindern. Man bindet den Motorkörper (K') durch einen Faden an dem Stativ der Achse fest und läßt den Strom wirken. Sobald das Schwungrad (K), von oben betrachtet, im Sinne des Uhrzeigers zu rotieren beginnt, *spannt* sich der Fa-

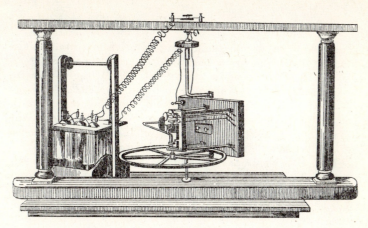

Fig. 152

den, und der Motorkörper zeigt das Streben, die *Gegendrehung* auszuführen, welche sofort auch lebhaft eintritt, wenn man den Faden abbrennt.

Der Motor ist in bezug auf die Achsendrehung ein freies System. Die Flächenraumsumme ist für den Fall der Ruhe $= 0$. Kommt aber das Rad durch die innern elektromagnetischen Kräfte zwischen Anker und Eisenkern in *Drehung*, so wird die hierdurch entstehende Flächenraumsumme, weil die Gesamtsumme $= 0$ bleiben muß, durch die *Gegendrehung des Motorkörpers* kompensiert. Bringt man an dem Motorkörper einen Zeiger an, der durch eine elastische Feder in einer bestimmten Lage erhalten wird, so kann die Drehung des Motorkörpers nicht eintreten. Jede Beschleunigung des Rades im Sinne des Uhrzeigers (bei tieferm Eintauchen der Batterie) bringt aber einen Zeigerausschlag in entgegengesetztem Sinne mit sich und jede Verzögerung den umgekehrten Ausschlag.

Eine schöne und eigentümliche Erscheinung tritt auf, wenn man am frei drehbaren Motor den Strom unterbricht. Rad und Motor setzen zunächst ihre Gegenbewegung fort. Bald wird aber die Wirkung der Reibung merklich, es tritt nach und nach relative Ruhe der Motorteile gegeneinander ein. Hierbei sieht man nun die Bewegung des Motorkörpers langsamer werden, einen Augenblick innehalten und schließlich, wenn die relative

Ruhe eingetreten ist, den Sinn der ursprünglichen Radbewegung annehmen, also gänzlich umkehren. Der *ganze* Motor rotiert dann so, wie anfänglich das Rad sich bewegte. Die Erklärung der Erscheinung liegt nahe. Der Motor ist kein *vollkommen* freies System, er wird durch die Achsenreibung gehindert. An einem vollkommen freien System müßte die Flächenraumsumme, sobald die Teile wieder in relative Ruhe treten, sofort wieder $=0$ sein. Hier wirkt aber noch die Achsenreibung als äußere Kraft. Die Reibung an der Radachse vermindert die Flächenraumsumme des Rades und Körpers in gleicher Weise. Die Reibung an der Körperachse vermindert aber nur die Flächenraumsumme des Körpers. Das Rad behält also eine überschüssige Flächenraumsumme, welche bei relativer Ruhe der Teile an dem ganzen Motor sichtbar wird. Der ganze Vorgang bei Unterbrechung des Stromes bietet ein Bild des Vorganges, der nach Voraussetzung der Astronomen am Mond eingetreten ist. Die von der Erde erregte Flutwelle hat durch Reibung die Rotationsgeschwindigkeit des Mondes derart verkleinert, daß der Mondtag zur Dauer eines Monats angewachsen ist. Das Schwungrad stellt die durch die Flut bewegte Flüssigkeitsmasse vor.

Ein anderes Beispiel für das Flächengesetz bieten die *Reaktionsräder* dar. Wenn durch das Rädchen Fig. 153a Luft- oder Leuchtgas im Sinne der kurzen Pfeile ausströmt, so gerät das ganze Rädchen im Sinne des langen Pfeiles in Rotation. Fig. 153b ist ein anderes einfaches Reaktionsrädchen dargestellt, welches man erhält, indem man ein beiderseits verkorktes und entsprechend durchbohrtes Messingrohr rr auf ein mit einer Nadelspitze versehenes zweites Messingrohr R setzt, durch welches man Luft einblasen kann, die bei den Öffnungen O, O' entweicht.

Man könnte leicht glauben, daß beim *Saugen* an den Reaktionsrädern die *umgekehrte* Bewegung eintreten müßte wie beim Blasen. Das geschieht jedoch im allgemeinen nicht und läßt sich auch leicht erklären. Die Luft, welche in die Speichen des Rades eingesaugt wird, muß sofort die Bewegung des Rades mitmachen, zu dem Rade in relative Ruhe treten und die Flächenraumsumme des ganzen Systems kann nur $=0$ bleiben, indem das System in Ruhe bleibt. Beim Einsaugen findet in der Regel keine merkliche Rotation statt. Es besteht eben ein

Die weitere Verwendung der Prinzipien usw. 335

Fig. 153a

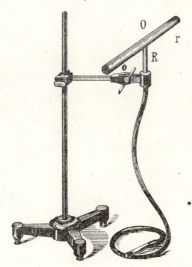

Fig. 153b

ähnliches Verhältnis wie für den Rückstoß beim Einsaugen eines Geschosses durch ein Geschütz. Bringt man daher einen elastischen Ballon mit einem *einzigen* Ausführungsrohr an das Reaktionsrädchen, wie dies in Fig. 153a dargestellt ist, und drückt denselben periodisch, so daß *dasselbe* Luftquantum abwechselnd herausgeblasen und eingesaugt wird, so läuft das Rädchen lebhaft in demselben Sinne wie beim Blasen. Dies beruht einerseits darauf, daß die eingesaugte Luft in den Speichen die Bewegung der letztern mitmachen muß und demnach keine Reaktionsdrehung erzeugen kann, dann aber auch auf der Verschiedenheit der äußern Luftbewegung beim Blasen und Saugen. Beim Blasen strömt die Luft in Strahlen (mit einer Rotation) ab. Beim Saugen kommt die Luft ohne Rotation von allen Seiten herzu.

Die Richtigkeit dieser Erklärung läßt sich leicht dartun. Wenn man die untere Basis eines Hohlzylinders, z. B. einer geschlossenen Pappschachtel, durchbohrt und den Zylinder auf die Nadelspitze der Röhre R setzt, nachdem man den Mantel in der durch Fig. 154 angedeuteten Weise aufgeschlitzt und verbogen hat, so dreht sich derselbe beim Blasen im Sinne des langen, beim Saugen im Sinne des kurzen Pfeiles.

Die Luft kann nämlich, in den Zylinder eintretend, hier ihre Rotation *frei* fortsetzen, weshalb dieselbe auch durch eine Gegenrotation kompensiert wird.

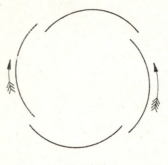

Fig. 154

7. Auch der folgende Fall bietet ähnliche Verhältnisse dar. Wir denken uns ein Rohr Fig. 155a, das geradlinig nach ab verläuft, dann unter einem rechten Winkel nach bc abbiegt, den Kreis $cdef$ beschreibt, dessen Ebene zu ab senkrecht steht und dessen Mittelpunkt in b liegt, dann nach fg und schließlich, die Gerade ab fortsetzend, nach gh verläuft. Das ganze Rohr ist um ah als Achse drehbar. Gießt man in dieses Rohr (wie dies Fig. 155b andeutet) Flüssigkeit ein,

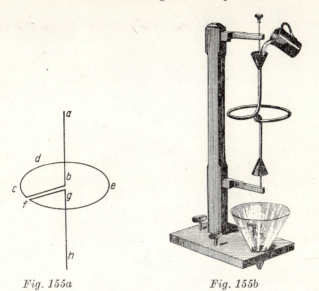

Fig. 155a Fig. 155b

welche nach *cdef* strömt, so dreht sich das Rohr sofort in dem Sinne *fedc*.

Dieser Antrieb entfällt aber, sobald die Flüssigkeit den Punkt *f* erreicht hat und, den Radius *fg* durchströmend, die Bewegung desselben wieder mitmachen muß. Die Rotation des Rohres erlischt daher bald, wenn man einen konstanten Flüssigkeitsstrom anwendet. Sowie aber der Flüssigkeitsstrom unterbrochen wird, erteilt die durch den Radius *fg* abströmende Flüssigkeit dem Rohr einen Bewegungsimpuls im Sinne der eigenen Bewegung, nach *cdef*. Alle diese Erscheinungen sind nach dem Flächengesetz leicht zu verstehen.

Professor A. Schuster in Manchester hat in „Philos. Transact.", Vol. 166, p. 715 (London 1876), in sehr schöner Weise nachgewiesen, daß die Kräfte, welche das Radiometer, die Crookes-Geißlersche Lichtmühle, in Bewegung setzen, *innere* Kräfte sind. Versetzt man die Radiometerflügel durch Licht in Rotation, nachdem man die Glashülle bifilar aufgehängt hat, so zeigt diese Hülle sofort eine Tendenz an, sich den Flügeln entgegen zu drehen. Schuster konnte die Größe der hier auftretenden Kräfte messen.

Prof. Dr. V. Dvořák in Agram, der Erfinder des akustischen Reaktionsrades, hat auf meine Bitte mit letzterm Apparat analoge Versuche ausgeführt. Setzt man das Resonatorenrad in akustische Rotation, so gerät eine leichte zylindrische, auf Wasser schwimmende Glashülle desselben sofort in Gegendrehung, welche letztere, wenn das Rad nur mehr durch Trägheit weiter rotiert, auch alsbald ihren Sinn umkehrt. – Mein Sohn, Dr. med. Ludwig Mach, hat auf meinen Wunsch den Versuch mit dem Dvořákschen Reaktionsrad improvisiert, indem er die Glashülle durch eine leichte, auf Wasser schwimmende paraffinierte Papierhülle ersetzte. – Bei bifilarer Aufhängung in einer solchen Papierhülle zeigte jede Beschleunigung des Rades eine vermehrte, jede Verzögerung eine verminderte Tendenz zur Gegendrehung, beziehungsweise eine Umkehrung derselben, und zwar in sehr auffallender Weise. Die Dvořákschen Versuche werden durch jene mit dem Motor Fig. 152 und insbesondere durch den Versuch Fig. 153a erläutert. (Vgl. A. Haberditzl, „Über kontinuierliche akustische Rotation und deren Beziehung zum Flächenprinzip", Sitzungsber. d. Wiener Akademie, math.-naturwiss. Klasse, vom 9. Mai 1878.)

Die Passatwinde, die Abweichung der Meeresströmungen, der Flüsse, der Foucaultsche Pendelversuch usw. können ebenfalls als Beispiele für das Flächengesetz betrachtet werden. Hübsch zeigt sich noch das Flächengesetz an Körpern von veränderlichem Trägheitsmoment. Rotiert ein Körper vom Trägheitsmoment θ mit der Winkelgeschwindigkeit α, und es wird durch innere Kräfte, z. B. Federn, das Trägheitsmoment in θ' verwandelt, so geht auch α in α' über, wobei $\alpha\theta = \alpha'\theta'$, also $\alpha' = \alpha \dfrac{\theta}{\theta'}$. Bei beträchtlicher Verkleinerung des Trägheitsmoments kann man eine bedeutende Vergrößerung der Winkelgeschwindigkeit erhalten. Das Prinzip ließe sich vielleicht statt des Foucaultschen Verfahrens zur Demonstration der *Erdrotation* anwenden.

Ein dem eben angegebenen Schema entsprechender Vorgang ist folgender. Man gießt nach Prof. Tumlirz einen Glastrichter mit vertikal gestellter Achse rasch mit Flüssigkeit voll, jedoch so, daß der Strahl nicht nach der Achse eintritt, sondern die Seitenwand trifft. Dadurch entsteht eine langsame Rotation in der Flüssigkeit, die man jedoch nicht merkt,

Die weitere Verwendung der Prinzipien usw. 339

solange der Trichter voll ist. Zieht sich jedoch die Flüssigkeit in den Hals des Trichters zurück, so wird hierbei ihr Trägheitsmoment so vermindert und ihre Winkelgeschwindigkeit so vermehrt, daß ein heftiger Wirbel mit einer axialen Vertiefung entsteht. Oft ist der ganze ausfließende Flüssigkeitsstrahl von einem axialen Luftfaden durchzogen.

8. Betrachtet man den besprochenen Schwerpunkts- und Flächensatz aufmerksam, so erkennt man in beiden nur für die Anwendung bequeme Ausdrucksweisen einer *bekannten* Eigenschaft mechanischer Vorgänge. Der Beschleunigung φ einer Masse m entspricht immer die Gegenbeschleunigung φ' einer andern Masse m', wobei mit Rücksicht auf das Zeichen $m\varphi + m'\varphi' = 0$. Der Kraft $m\varphi$ entspricht die gleiche Gegenkraft $m'\varphi'$. Wenn die Massen m und $2m$ mit den Gegenbeschleunigungen 2φ und φ die Wege $2w$ und w zurücklegen (Fig. 156), so bleibt hierbei ihr Schwerpunkt S unverrückt und die Flächensumme in bezug auf einen beliebigen Punkt O ist mit Rücksicht auf das Zeichen $2m \cdot f + m \cdot 2f = 0$. Man erkennt durch diese einfache Darstellung, daß der Schwerpunktssatz *dasselbe* in bezug auf *Parallelkoordinaten* ausdrückt, was der Flächensatz in bezug auf *Polarkoordinaten* sagt. Beide enthalten nur die Tatsache der Reaktion.

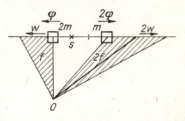

Fig. 156

Man kann dem Schwerpunkts- und dem Flächensatz noch einen andern einfachen Sinn unterlegen. So wie ein Körper ohne äußere Kräfte, also ohne die Hilfe eines andern Körpers, seine gleichförmige Progressivbewegung oder Drehung nicht ändern kann, so kann auch ein Körpersystem, wie wir kurz (und nach den gegebenen Auseinandersetzungen allgemein verständlich) sagen wollen, seine *mittlere* Progressiv- oder Rotationsgeschwindigkeit nicht ändern ohne die Hilfe eines andern Systems, auf welches sich das erstere sozusagen stützt und stemmt. Beide Sätze enthalten also einen *verallgemeinerten Ausdruck des Trägheitsgesetzes*, dessen Richtigkeit in dieser Form man nicht nur *einsieht*, sondern auch *fühlt*.

Dieses Gefühl ist durchaus nicht unwissenschaftlich oder gar schädlich. Wo es die begriffliche Einsicht nicht *ersetzt*, sondern *neben* derselben besteht, begründet es eigentlich erst den *vollen* Besitz der mechanischen Tatsachen. Wir sind, wie anderwärts gezeigt worden ist, mit unserm ganzen Organismus selbst ein Stück Mechanik, welches tief in unser psychisches Leben eingreift.* Niemand wird uns überreden, daß die Beachtung der mechanisch-physiologischen Vorgänge, der betreffenden Gefühle und Instinkte mit der wissenschaftlichen Mechanik nichts zu schaffen habe. Kennt man Sätze, wie den Schwerpunkts- und Flächensatz, nur in ihrer abstrakten mathematischen Form, ohne sich mit den greifbaren einfachen Tatsachen beschäftigt zu haben, welche einerseits Anwendungen derselben darstellen und andererseits zur Aufstellung eben dieser Sätze *geführt* haben, so kann man dieselben nur halb verstehen und erkennt kaum die wirklichen Vorgänge als Beispiele der Theorie. Man befindet sich wie jemand, der plötzlich auf einen Turm gesetzt wurde, ohne die Gegend ringsumher bereist zu haben, und der daher die Bedeutung der gesehenen Objekte kaum zu würdigen weiß.[81]

4. Die Gesetze des Stoßes

1. Die Gesetze des Stoßes haben einerseits Anlaß gegeben zur Aufstellung der wichtigsten Prinzipien der Mechanik und andererseits die ersten Beispiele für die Anwendung derartiger Prinzipien geliefert. Schon ein Zeitgenosse Galileis, der Prager Professor Marcus Marci (geb. 1595), hat in seiner Schrift „De proportione motus" (Prag 1639) einige Resultate seiner Untersuchungen über den Stoß veröffentlicht. Er wußte, daß ein Körper, im elastischen Stoß auf einen gleichen ruhenden treffend, seine Bewegung verliert und dieselbe dem andern überträgt. Auch andere noch heute gültige Sätze stellte er auf, wenngleich nicht immer in genügender Schärfe und mit Falschem vermengt. Marcus Marci war ein merkwürdiger Mann. Er hat für seine Zeit sehr anerkennenswerte Vorstellungen über die

---

* *E. Mach*, Grundlinien der Lehre von den Bewegungsempfindungen (Leipzig 1875).

Die weitere Verwendung der Prinzipien usw.

IOANNES MARCVS MARCI PHIL: & MEDIC: DOCTOR et Professor natus Landscronæ Hermundurorum in Boemia anno 1595. 13 Iunij.

Abbildung aus Marci, De proportione motus.

Zusammensetzung der Bewegungen und „Impulse". Bei Bildung dieser Vorstellungen schlägt er einen ähnlichen Weg ein wie später Roberval. Er spricht von *teilweise* gleichen und entgegengesetzten, von *voll* entgegengesetzten Bewegungen, gibt Parallelogrammkonstruktionen usw., kann aber, obgleich er von einer beschleunigten Fallbewegung spricht, über den Kraftbegriff und demnach auch die Kraftzusammensetzung nicht zur vollen Klarheit gelangen. Marci war auch der Newtonschen Entdeckung der Zusammensetzung des Lichts nahe, konnte aber wegen unvollständiger Kenntnis des Brechungsgesetzes auch hier nicht zum Ziel gelangen. Nach Wohlwills Untersuchungen (Zeitschrift für Völkerpsychologie, 1884, XV, S. 387) kann Marci in keiner Weise als Förderer der Dynamik in Galileis Richtung angesehen werden.

2. Galilei selbst hat mehrere Versuche gemacht, die Gesetze des Stoßes zu ermitteln, ohne daß ihm dies ganz gelungen wäre. Er beschäftigt sich namentlich mit der Kraft eines bewegten Körpers oder mit der „Kraft des Stoßes", wie er sich ausdrückt, und sucht dieselbe mit dem Druck eines ruhenden Gewichts zu vergleichen, durch denselben zu messen. Zu diesem Zweck unternimmt er auch einen äußerst sinnreichen Versuch, der in folgendem besteht.

An ein Wassergefäß I (Fig. 157) mit verkorkter Bodenöff-

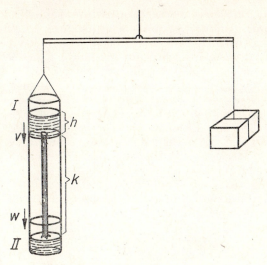

Fig. 157

nung ist mit Hilfe von Schnüren unterhalb ein zweites Gefäß II angehängt und das Ganze ist an einer äquilibrierten Waage befestigt. Wird der Kork aus der Bodenöffnung entfernt, so fällt die Flüssigkeit im Strahl aus dem Gefäß I in das Gefäß II herab. Ein Teil des ruhenden Gewichts fällt aus und wird durch eine Stoßwirkung auf das Gefäß II ersetzt. Galilei erwartete einen Ausschlag der Waage, durch welchen er die Stoßwirkung mit Hilfe eines Ausgleichgewichts zu bestimmen hoffte. Er war einigermaßen überrascht, *keinen* Ausschlag zu erhalten, ohne sich dieses Verhältnis, wie es scheint, vollkommen aufklären zu können.

3. Heute ist natürlich diese Aufklärung nicht schwierig. Durch die Entfernung des Korkes entsteht einerseits eine Druckverminderung. Es fällt 1) das Gewicht des in der Luft hängenden Strahles aus, und ist 2) der Reaktionsdruck des ausfließenden Strahles auf das Gefäß I nach oben (welches sich wie ein Segnersches Rad verhält) zu berücksichtigen. Andererseits tritt aber 3) eine Druckvermehrung ein durch die Wirkung des Strahles auf den Boden des Gefäßes II. Bevor der erste Tropfen den Boden von II erreicht hat, haben wir nur

mit einer Druckverminderung zu tun, die aber sofort kompensiert wird, wenn der Apparat im vollen Gang ist. Dieser *anfängliche* Ausschlag war auch alles, was Galilei bemerken konnte. Wir denken uns den Apparat im Gang, bezeichnen die Flüssigkeitshöhe im Gefäß I mit h, die entsprechende Anfangsgeschwindigkeit mit v, den Abstand des Bodens von I von dem Flüssigkeitsspiegel in II mit k, die Geschwindigkeit des Strahles in diesem Spiegel mit w, die Fläche der Bodenöffnung mit a, die Schwerebeschleunigung mit g, das spezifische Gewicht der Flüssigkeit mit s. Um die Post 1 zu bestimmen, bemerken wir, daß v der erlangten Fallgeschwindigkeit durch die Höhe h entspricht. Wir können uns einfach vorstellen, daß diese Fallbewegung auch noch durch k fortgesetzt wird. Die Fallzeit des Strahles von I nach II ist also die Fallzeit durch $h+k$ weniger der Fallzeit durch h. Durch diese Zeit strömt ein Zylinder von der Basis a mit der Geschwindigkeit v aus. Die Post 1 oder das Gewicht des in der Luft hängenden Strahles beträgt demnach

$$\sqrt{2gh}\left[\sqrt{\frac{2(h+k)}{g}} - \sqrt{\frac{2h}{g}}\right] as.$$

Zur Bestimmung der Post 2 verwenden wir die bekannte Gleichung $mv = pt$. Setzen wir $t = 1$, so ist $mv = p$, d. h. der Reaktionsdruck auf I nach oben ist gleich der in der Zeiteinheit dem Flüssigkeitsstrahl erteilten Bewegungsgröße. Wir wollen hier die Gewichtseinheit als Krafteinheit wählen, also das terrestrische Maßsystem benutzen. Wir erhalten für die Post 2 den Ausdruck $\left(av\dfrac{s}{g}\right)v = p$, wobei der geklammerte Ausdruck die in der Zeiteinheit austretende Masse bedeutet, oder

$$a\sqrt{2gh}\cdot\frac{s}{g}\cdot\sqrt{2gh} = 2ahs.$$

In analoger Weise finden wir den Druck q auf II

$$\left(av\cdot\frac{s}{g}\right)w = q, \quad \text{oder} \quad \text{Post 3:}$$

$$a\frac{s}{g}\sqrt{2gh}\sqrt{2g(h+k)}.$$

Die gesamte Druckveränderung ist nun:

$$-\sqrt{2gh}\left[\sqrt{\frac{2(h+k)}{g}} - \sqrt{\frac{2h}{g}}\right] as - 2ahs$$

$$+\frac{as}{g}\sqrt{2gh}\sqrt{2g(h+k)}$$

oder gekürzt:

$$-2as[\sqrt{h(h+k)} - h] - 2ahs$$

$$+2as\sqrt{h(h+k)}$$

welche drei Posten sich *vollständig* heben, weshalb Galilei auch notwendig ein *negatives* Resultat erhalten mußte.

In bezug auf die Post 2 müssen wir noch eine kurze Bemerkung hinzufügen. Man könnte meinen, der Druck auf die Bodenöffnung, welcher ausfällt, sei ahs und nicht $2ahs$. Allein diese *statische* Auffassung wäre in diesem *dynamischen* Fall ganz unstatthaft. Die Geschwindigkeit v wird nicht augenblicklich durch die Schwere an den ausfließenden Teilen erzeugt, sondern sie entspricht dem wechselseitigen Druck der ausfließenden und zurückbleibenden Teile, und der Druck kann nur aus der entwickelten Bewegungsgröße bestimmt werden. Die fehlerhafte Einführung des Wertes ahs würde sich auch sofort durch Widersprüche verraten.

Hätte Galilei weniger elegant experimentiert, so würde er unschwer den Druck eines kontinuierlichen Flüssigkeitsstrahles bestimmt haben. Allein die Wirkung eines momentanen *Stoßes* hätte er, wie ihm alsbald klar wurde, niemals durch einen *Druck* aufheben können. Denken wir uns mit Galilei einen schweren Körper frei fallend, so nimmt seine Endgeschwindigkeit proportional der Fallzeit zu. Selbst die *kleinste* Geschwindigkeit bedarf einer gewissen *Zeit* zum Entstehen (ein Satz, der noch von Mariotte bestritten wurde). Stellen wir uns einen Körper mit einer vertikal aufwärts gerichteten Geschwindigkeit behaftet vor, so steigt er nach Maßgabe dieser Geschwindigkeit eine gewisse Zeit und folglich auch eine gewisse Wegstrecke aufwärts. Der schwerste Körper, mit der kleinsten Geschwindigkeit vertikal aufwärts behaftet, steigt, wenn auch noch so wenig, der Schwere entgegen. Wenn also ein noch so schwerer Körper durch einen noch so kleinen bewegten Körper von beliebig geringer Geschwindigkeit einen momentanen Stoß aufwärts erhält, der ihm die kleinste Geschwindigkeit erteilt, so wird er gleichwohl nachgeben und sich etwas aufwärts bewegen. Der *kleinste* Stoß vermag also den *größten* Druck zu überwinden, oder wie Galilei sagt, die Kraft des Stoßes ist gegen die Kraft des Druckes *unendlich groß*. Dieses Resultat, welches zuweilen auf eine Unklarheit Galileis bezogen wird, ist vielmehr ein glänzender Beweis seiner Verstandesschärfe. Wir würden heute sagen, die Kraft des Stoßes, das Moment, der Impuls, die Bewegungsgröße mv ist eine Größe von anderer *Dimension* als der Druck p. Die Dimension der erstern ist mlt^{-1}, jene der letztern mlt^{-2}. In der Tat verhält sich also der Druck zu dem Moment des Stoßes wie eine Linie zur Fläche. Der Druck ist p, das Stoßmoment aber pt. Man kann ohne mathematische Terminologie kaum besser sprechen, als es Galilei getan hat. Zugleich sehen wir jetzt, warum man den Stoß eines kontinuierlichen Flüssigkeitsstrahles wirklich durch einen *Druck* messen kann. Wir vergleichen eine per Sekunde vernichtete Bewegungsgröße mit einem per Sekunde wirkenden Druck, also *gleichartige* Größen von der Form pt.

4. Die erste ausführlichere Behandlung der Stoßgesetze wurde im Jahre 1668 durch die Königliche Gesellschaft zu London angeregt. Drei hervorragende Physiker, Wallis (26. November 1668), Wren (17. Dezember 1668) und Huygens (4. Januar 1669), entsprachen dem Wunsche der Gesellschaft durch Vorlage von Arbeiten, in welchen sie in voneinander unabhängiger Weise (jedoch ohne Ableitungen) die Stoßgesetze darlegten. Wallis behandelte nur den Stoß unelastischer, Wren und Huygens nur den Stoß elastischer Körper. Wren hat seine Sätze, welche im Wesen mit den Huygensschen übereinstimmen, vor der Veröffentlichung durch Versuche geprüft. Diese Versuche sind es, auf welche sich Newton bei Aufstellung seiner Prinzipien bezieht. Dieselben Versuche wurden auch bald darauf in erweiterter Form von Mariotte in einer besondern Schrift („Sur le choc des corps") beschrieben. Mariotte hat auch den Apparat angegeben, welcher noch gegenwärtig in den physikalischen Sammlungen unter dem Namen *Stoßmaschine* geführt wird.

Wallis geht von dem Grundsatze aus, daß das *Moment*, das Produkt aus der Masse (Pondus) und der Geschwindigkeit (Celeritas), bei dem Stoße maßgebend sei. Durch dieses Moment wird die Kraft des Stoßes bestimmt. Stoßen zwei (unelastische) Körper mit *gleichen* Momenten aufeinander, so besteht nach dem Stoß Ruhe. Bei ungleichen Momenten ergibt die Differenz der Momente das Moment nach dem Stoße. Dividiert man dieses Moment durch die Summe der Massen, so erhält man die Geschwindigkeit der Bewegung nach dem Stoße. Wallis hat später seine Lehre vom Stoße in einer andern Schrift („Mechanica sive de motu", London 1671) vorgetragen. Sämtliche Sätze lassen sich in die jetzt gebräuchliche Formel $u = \dfrac{mv + m'v'}{m + m'}$ zusammenfassen, in welcher m, m' die Massen, v, v' deren Geschwindigkeiten vor dem Stoße und u die Geschwindigkeit nach dem Stoße bedeutet.

5. Die Gedanken, welche Huygens geleitet haben, ergeben sich aus dessen postumer Schrift „De motu corporum ex percussione" (1703). Wir wollen dieselben etwas näher in Augenschein nehmen. Die Voraussetzungen, von welchen Huygens ausgeht, sind 1) das Gesetz der Trägheit; 2) daß elastische Körper gleicher Masse, welche mit gleichen entgegengesetzten Geschwindigkeiten aufeinandertreffen, mit eben denselben Geschwindigkeiten sich trennen; 3) daß alle Geschwindigkeiten

Abbildungen aus Huygens, De percussione.

nur relativ geschützt werden; 4) daß ein größerer Körper, der an einen kleinern ruhenden stößt, diesem etwas an Geschwindigkeit mitteilt und selbst etwas von der seinigen verliert, und endlich 5) daß, wenn der *eine* von den stoßenden Körpern seine Geschwindigkeit beibehält, dies auch bei dem *andern* stattfindet.

Wir denken uns zunächst mit Huygens zwei gleiche elastische Massen, welche mit gleichen entgegengesetzten Geschwindigkeiten v aufeinandertreffen (Fig. 158).

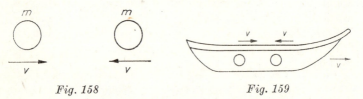

Fig. 158   *Fig. 159*

Nach dem Stoße prallen sie mit eben denselben Geschwindigkeiten voneinander ab. Huygens hat recht, diesen Fall nicht *abzuleiten*, sondern *vorauszusetzen*. Daß es elastische Körper gibt, welche nach dem Stoße ihre Form wiederherstellen, daß hierbei keine merkliche lebendige Kraft verlorengeht, kann nur die Erfahrung lehren. Huygens denkt sich nun den eben beschriebenen Vorgang auf einem Kahn (Fig. 159) stattfindend, welcher sich selbst mit der Geschwindigkeit v bewegt.

Für den Beobachter im Kahn besteht dann der vorige Fall fort, während für den Beobachter am Ufer die Geschwindigkeiten der Kugeln beziehungsweise $2v$ und 0 vor dem Stoße, 0 und $2v$ nach dem Stoße werden. Ein elastischer Körper überträgt also, an einen andern ruhenden von gleicher Masse stoßend, seine ganze Geschwindigkeit und bleibt selbst nach dem Stoße in Ruhe. Gibt man dem Kahn die beliebige Geschwindigkeit u, so sind für den Beobachter am Ufer die Geschwindigkeiten vor dem Stoße beziehungsweise $u+v$ und $u-v$, nach dem Stoße $u-v$ und $u+v$. Da $u+v$ und $u-v$ ganz *beliebige* Werte haben können, so läßt sich behaupten, daß gleiche elastische Massen im Stoße ihre Geschwindigkeiten *tauschen*.

Der größte ruhende Körper wird durch den kleinsten stoßenden Körper in Bewegung gesetzt, wie schon Galilei angeführt hat. Huygens zeigt nun, daß die *Annäherung* vor dem Stoße und die *Entfernung* nach dem Stoße mit *derselben rela-*

tiven Geschwindigkeit stattfindet. Ein Körper m stößt an einen ruhenden von der Masse M (Fig. 160), welchem er im Stoß die noch unbestimmte Geschwindigkeit w erteilt. Huygens nimmt zum Nachweis des Satzes an, daß der Vorgang auf einem Kahne

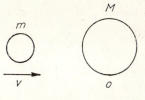

Fig. 160

stattfindet, welcher sich mit der Geschwindigkeit $\frac{w}{2}$ von M gegen m bewegt. Die Anfangsgeschwindigkeiten sind dann $v-\frac{w}{2}$ und $-\frac{w}{2}$, die Endgeschwindigkeiten x und $+\frac{w}{2}$. Da nun M den Wert seiner Geschwindigkeit nicht geändert hat, sondern nur das Zeichen, so muß, wenn beim elastischen Stoß keine lebendige Kraft verloren geht, auch m nur das Zeichen der Geschwindigkeit ändern. Demnach sind die Endgeschwindigkeiten $-\left(v-\frac{w}{2}\right)$ und $+\frac{w}{2}$. In der Tat ist also die relative Annäherungsgeschwindigkeit vor dem Stoß gleich der relativen Trennungsgeschwindigkeit nach dem Stoß. Was immer für eine Geschwindigkeitsänderung des einen Körpers stattfindet, stets wird man durch Fiktion einer Schiffsbewegung den Geschwindigkeitswert vor und nach dem Stoß, vom Zeichen abgesehen, gleich halten können. Der Satz gilt also allgemein.

Wenn zwei Massen M und m mit Geschwindigkeiten V und v zusammenstoßen, welche den Massen *verkehrt proportioniert* sind, so prallt M mit der Geschwindigkeit V und m mit v ab. Gesetzt es seien die Geschwindigkeiten nach dem Stoße V_1 und v_1, so bleibt doch nach dem vorigen Satze $V+v=V_1+v_1$ und nach dem Satz der lebendigen Kräfte

$$\frac{MV^2}{2}+\frac{mv^2}{2}=\frac{MV_1^2}{2}+\frac{mv_1^2}{2}.$$

Nehmen wir nun $v_1=v+w$, so ist notwendig $V_1=V-w$, dann wird aber die Summe

$$\frac{MV_1^2}{2}+\frac{mv_1^2}{2}=\frac{MV^2}{2}+\frac{mv^2}{2}+(M+m)\frac{w^2}{2}.$$

Die Gleichheit kann nur hergestellt werden, wenn $w = 0$ gesetzt wird, womit der erwähnte Satz begründet ist. Huygens weist dies nach durch konstruktive Vergleichung der möglichen Steighöhen der Körper vor und nach dem Stoße. Sind die Stoßgeschwindigkeiten nicht den Massen verkehrt proportional, so kann dieses Verhältnis durch Fiktion einer passenden Kahnbewegung hergestellt werden, und der Satz schließt demnach jeden beliebigen Fall ein.

Die Erhaltung der lebendigen Kraft beim Stoß spricht Huygens in einem der letzten Sätze (11) aus, welchen er auch nachträglich der Londoner Gesellschaft eingesandt hat, obwohl der Satz unverkennbar schon den frühern Sätzen zugrunde liegt.

6. Wenn man an das Studium eines Vorganges A kommt, so kann man entweder die Elemente desselben schon von einem andern Vorgang B her kennen; dann erscheint das Studium von A als eine Anwendung schon bekannter Prinzipien. Man kann aber auch mit A die Untersuchung beginnen, und dieselben Prinzipien, da ja die Natur durchaus gleichförmig ist, an dem Vorgang A erst gewinnen. Da die Stoßvorgänge gleichzeitig mit andern mechanischen Vorgängen untersucht worden sind, so haben in der Tat beide Erkenntniswege sich dargeboten.

Zunächst können wir uns überzeugen, daß man die Stoßvorgänge mit Hilfe der Newtonschen Prinzipien, zu deren Auffindung zwar das Studium des Stoßes beigetragen hat, die aber nicht auf dieser Gundlage allein stehen, und mit Hilfe eines Minimums von *neuen* Erfahrungen erledigen kann. Die neuen Erfahrungen, welche außerhalb der Newtonschen Prinzipien stehen, lehren nur, daß es *unelastische* und *elastische* Körper gibt. Die unelastischen Körper ändern durch Druck ihre Form, ohne dieselbe wiederherzustellen; bei den elastischen Körpern entspricht *einer Körperform* immer ein *bestimmtes* Drucksystem, so zwar, daß jede Formveränderung mit einer Druckänderung verbunden ist und umgekehrt. Die elastischen Körper stellen ihre Form wieder her. Die formändernden Kräfte der Körper werden erst bei Berührung derselben wirksam.

Betrachten wir zwei unelastische Massen M und m, die sich beziehungsweise mit den Geschwindigkeiten V und v bewegen.

Berühren sie sich mit diesen ungleichen Geschwindigkeiten, so treten in dem System M, m die innern *formändernden* Kräfte auf. Diese Kräfte ändern die Bewegungsquantität nicht, sie verschieben auch den Schwerpunkt des Systems nicht. Mit der Herstellung gleicher Geschwindigkeiten hören die Formänderungen auf, und es erlöschen bei unelastischen Körpern die formändernden Kräfte. Hieraus folgt für die gemeinsame Bewegungsgeschwindigkeit u nach dem Stoße $Mu + mu = MV + mv$ oder $u = \dfrac{MV + mv}{M + m}$, die Regel von Wallis.

Nun nehmen wir an, wir beobachten die Stoßvorgänge, ohne noch die Newtonschen Prinzipien zu kennen. Wir bemerken sehr bald, daß beim Stoß nicht nur die *Geschwindigkeit*, sondern noch ein *anderes* Körpermerkmal (das Gewicht, die Last, die Masse, pondus, moles, massa) maßgebend ist. Sobald wir das merken, wird es leicht, den einfachsten Fall zu erledigen. Wenn zwei Körper gleichen Gewichts oder gleicher Masse mit gleichen entgegengesetzten Geschwindigkeiten zusammentreffen (Fig. 161), wenn dieselben ferner nach dem Stoß sich nicht mehr trennen, sondern eine gemeinsame Geschwindigkeit erhalten, so ist die einzige *eindeutig* bestimmte Geschwindigkeit nach dem Stoß die Geschwindigkeit 0. Bemerken wir, daß nur die Geschwindigkeits*differenz*, also nur die Relativgeschwindigkeit den Stoßvorgang bedingt, so erkennen wir durch eine fingierte Bewegung der Umgebung, welche nach unserer Erfahrung auf die Sache keinen Einfluß hat, sehr leicht noch andere Fälle. Für gleiche unelastische Massen mit der Geschwindigkeit v und 0 oder v und v' wird die Geschwindigkeit nach dem Stoß $\dfrac{v}{2}$ oder $\dfrac{v+v'}{2}$. Natürlich können wir aber diese Überlegung nur anstellen, wenn uns die Erfahrung gelehrt hat, *worauf* es ankommt.

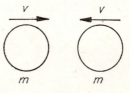

Fig. 161

Wollen wir zu ungleichen Massen übergehen, so müssen wir aus der Erfahrung nicht nur wissen, daß die Masse *überhaupt* von Belang ist, sondern auch in *welcher* Weise sie Einfluß hat.

Stoßen z. B. zwei Körper von den Massen 1 und 3 mit den Geschwindigkeiten v und V zusammen (Fig. 162), so könnte man etwa folgende Überlegung anstellen. Wir schneiden aus der Masse 3 die Masse 1 heraus und lassen zuerst die Massen 1 und 1 zusammenstoßen; die resultierende Geschwindigkeit ist $\frac{v+V}{2}$. Nun haben noch die Massen $1+1=2$ und 2 die Geschwindigkeiten $\frac{v+V}{2}$ und V auszugleichen, was nach demselben Prinzip ergibt

$$\frac{\frac{v+V}{2}+V}{2} = \frac{v+3V}{4} = \frac{v+3V}{1+3}.$$

Betrachten wir allgemeiner die Massen m und m', die wir (Fig. 163) als horizontale denselben proportionale Linien darstellen, mit den Geschwindigkeiten v und v', die wir als Ordinaten zu den zugehörigen Massenteilen auftragen.

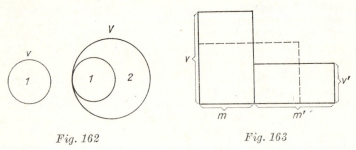

Fig. 162 *Fig. 163*

Wenn $m < m'$, so schneiden wir von m' zunächst ein Stück m ab. Der Ausgleich zwischen m und m' gibt die Masse $2m$ mit der Geschwindigkeit $\frac{v+v'}{2}$. Die punktierte Linie deutet dieses Verhältnis an. Mit dem Rest $m'-m$ verfahren wir ähnlich; wir schneiden von $2m$ wieder ein Stück $m'-m$ ab, nun erhalten wir die Masse $2m-(m-m')$ mit der Geschwindigkeit $\frac{v'+v}{2}$ und $2(m-m')$ mit der Geschwindigkeit $\frac{\frac{v+v'}{2}+v'}{2}$. In dieser Art können wir fortfahren, bis wir die für die ganze Masse $m+m'$

Die weitere Verwendung der Prinzipien usw.

dieselbe Geschwindigkeit u erhalten haben. Das konstruktive, in der Figur dargestellte Verfahren zeigt sehr deutlich, daß hierbei die Flächengleichung besteht $(m+m') \cdot u = mv + m'v'$. Unschwer erkennen wir aber, daß wir die ganze Überlegung nur anstellen können, wenn uns schon durch irgendwelche Erfahrungen die Summe $mv + m'v'$, also die *Form* des Einflusses von m und v, als *maßgebend* nahegelegt worden ist. Sieht man von den Newtonschen Prinzipien ab, so sind *eben* andere spezifische Erfahrungen über die Bedeutung von mv, welche jene Prinzipien als gleichwertig ersetzen, *nicht zu entbehren*.

7. Auch der Stoß *elastischer* Massen kann nach den Newtonschen Prinzipien erledigt werden. Man braucht nur zu bemerken, daß der *Formänderung* der elastischen Körper *formherstellende* Kräfte entspringen, welche an die Formänderung genau gebunden sind. Auch bei der Berührung von Körpern ungleicher Geschwindigkeit entstehen geschwindigkeitsausgleichende Kräfte, worauf die sogenannte Undurchdringlichkeit beruht. Treffen sich zwei elastische Massen M, m mit den Geschwindigkeiten C, c, so tritt eine Formänderung ein, die erst beendigt ist, wenn die Geschwindigkeiten gleich geworden sind. In diesem Augenblick ist die gemeinsame Geschwindigkeit, weil wir mit innern Kräften zu tun haben, also die Bewegungsquantität erhalten bleibt und die Schwerpunktsbewegung nicht geändert wird,

$$u = \frac{MC + mc}{M + m}.$$

Elastische Körper stellen ihre Form wieder her, und bei *vollkommen* elastischen Körpern treten dieselben Kräfte (durch dieselben Zeit- und Wegelemente) nur in umgekehrter Folge nochmals in Wirksamkeit. Deshalb erleidet (wenn etwa m von M eingeholt wurde) M nochmals den Geschwindigkeitsverlust $C - u$ und m nochmals den Geschwindigkeitsgewinn $u - c$. Danach erhalten wir für die Geschwindigkeiten V, v, nach dem Stoß die Ausdrücke $V = 2u - C$ und $v = 2u - c$, oder

$$V = \frac{MC + m(2c - C)}{M + m}, \quad v = \frac{mc + M(2C - c)}{M + m}.$$

Setzen wir in diesen Formeln $M = m$, so folgt $V = c$ und $v = C$, also bei gleichen Massen Austausch der Geschwindigkeiten. Da für den Spezialfall $\dfrac{M}{m} = -\dfrac{c}{C}$ oder $MC + mc = 0$ auch $u = 0$ ist, so folgt $V = 2u - C = -C$ und $v = 2u - c = -c$, d. h. in diesem Fall prallen die Massen mit denselben (nur entgegengesetzt gerichteten) Geschwindigkeiten ab, mit welchen sie einander entgegenkommen. Die Annäherung zweier Massen M, m mit den Geschwindigkeiten C, c, welche in *derselben* Richtung *positiv* gezählt werden, findet mit der Geschwindigkeit $C - c$ statt, die Entfernung mit $V - v$. Es ergibt sich nun aus $V = 2u - C$, $v = 2u - c$ sofort $V - v = -(C - c)$, also die Relativgeschwindigkeit für die Annäherung und Entfernung gleich. Durch Verwendung der Ausdrücke $V = 2u - C$ und $v = 2u - c$ findet man auch sehr leicht die beiden Sätze

$$MV + mv = MC + mc \quad \text{und}$$
$$MV^2 + mv^2 = MC^2 + mc^2,$$

also die *Bewegungsquantität* vor und nach dem Stoß (in derselben Richtung geschätzt) bleibt *gleich*, und die Summe der *lebendigen* Kräfte vor und nach dem Stoß bleibt ebenfalls *gleich*. Somit sind sämtliche Huygenssche Sätze vom Newtonschen Standpunkte aus gewonnen.

8. Betrachten wir die Stoßgesetze vom Huygensschen Standpunkte aus, so haben wir zunächst folgendes zu überlegen. Die Steighöhe des Schwerpunktes, welche ein System von Massen erreichen kann, ist durch die lebendige Kraft $\dfrac{1}{2} \Sigma mv^2$ gegeben. Immer, wenn eine Arbeit *geleistet* wird, indem die Massen den Kräften folgen, wird diese Summe um einen der geleisteten Arbeit gleichen Betrag vermehrt. Dagegen findet immer, wenn das System sich den Kräften entgegen bewegt, wenn dasselbe, wie wir kurz sagen wollen, eine Arbeit *erleidet*, eine Verminderung dieser Summe um den Betrag der erlittenen Arbeit statt. Solange sich also die algebraische Summe der erlittenen und geleisteten Arbeiten nicht ändert, es mögen sonst beliebige Veränderungen vorgehen, bleibt die Summe $\dfrac{1}{2} \Sigma mv^2$ ebenfalls unverändert. Indem nun Huygens diese bei seiner *Penduluntersuchung* gefundene Eigenschaft der Körpersysteme auch beim *Stoß* als bestehend ansah, mußte er sofort bemerken, daß die Summe der lebendigen Kräfte vor Beginn und nach

Beendigung des Stoßes *dieselbe* sei. Denn bei der gegenseitigen Formänderung der Körper *erleidet* das Körpersystem dieselbe Arbeit, dies es, wenn die Formänderung rückgängig wird, *leistet*, wenn nur die Körper Kräfte entwickeln, welche durch deren Form vollkommen bestimmt sind, wenn sie mit denselben Kräften ihre Form herstellen, welche bei der Formänderung aufgewandt wurden. Daß letzteres stattfindet, kann nur eine *Spezialerfahrung* lehren. Es besteht dies Gesetz auch nur für die sogenannten *vollkommen* elastischen Körper.

Von diesem Gesichtspunkte aus ergeben sich die meisten Huygensschen Stoßgesetze sofort. Gleiche Massen, welche mit gleichen entgegengesetzten Geschwindigkeiten aufeinander treffen, prallen mit denselben Geschwindigkeiten ab. Die Geschwindigkeiten sind nur dann eindeutig bestimmt, wenn sie *gleich* sind, und sie entsprechen dem Satz der lebendigen Kräfte nur, wenn sie vor und nach dem Stoß *dieselben* sind. Ferner ist klar, daß wenn die eine der beiden ungleichen Massen beim Stoß nur das Zeichen und nicht die Größe der Geschwindigkeit ändert, dies auch bei der andern Masse zutrifft. Dann ist aber die relative Entfernungsgeschwindigkeit nach dem Stoß gleich der Annäherungsgeschwindigkeit vor dem Stoß. Jeder beliebige Fall kann auf diesen zurückgeführt werden. Es seien c und c' die der Größe und dem Zeichen nach beliebigen Geschwindigkeiten der Masse m vor und nach dem Stoß. Wir nehmen an, das *ganze* System erhalte eine Geschwindigkeit u von der Größe, daß $u+c = -(u+c')$ oder $u = \dfrac{c-c'}{2}$. Man kann also eine solche Transportgeschwindigkeit des Systems immer finden, durch welche die Geschwindigkeit der *einen* Masse *nur* ihr Zeichen wechselt, und somit gilt der Satz bezüglich der Annäherungs- und Entfernungsgeschwindigkeiten allgemein.

Da Huygens' eigentümlicher Gedankenkreis nicht ganz abgeschlossen ist, so wird er dazu gedrängt, wo die Geschwindigkeits*verhältnisse* der stoßenden Massen nicht von vornherein bekannt sind, gewisse Anschauungen dem Galilei-Newtonschen Gedankenkreise zu entlehnen, wie dies schon früher angedeutet wurde. Eine solche Entlehnung der Begriffe Masse und Bewegungsquantität liegt, wenn auch nicht offen ausgesprochen in dem Satze, nach welchem die Geschwindigkeit jeder sto-

ßenden Masse nur das Zeichen wechselt, wenn vor dem Stoß
$\dfrac{M}{m} = -\dfrac{c}{C}$.

Sich auf seinen eigentümlichen Standpunkt beschränkend, würde Huygens kaum den einfachen Satz *gefunden* haben, wenngleich er den gefundenen in seiner Weise *abzuleiten* vermochte. In diesem Fall ist zunächst, wegen der gleichen und entgegengesetzten Bewegungsquantitäten, die Ausgleichsgeschwindigkeit nach vollendeter Formänderung $u=0$. Wird die Formänderung rückgängig und dieselbe Arbeit geleistet, welche das System zuvor erlitten hat, so werden *dieselben* Geschwindigkeiten mit *verkehrtem* Zeichen *wiederhergestellt*.

Dieser *Spezialfall* stellt zugleich den *allgemeinen* dar, wenn man sich das ganze System noch mit einer *Transport*geschwindigkeit behaftet denkt. Die stoßenden Massen seien in der Figur 164 durch $M = BC$ und $m = AC$, die zugehörigen Geschwindigkeiten durch $C = AD$ und $c = BE$ dargestellt. Wir ziehen das Perpendikel CF auf AB und durch F zu AB die Parallele IK. Dann ist

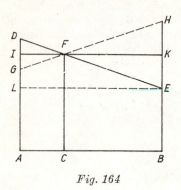

Fig. 164

$$ID = \frac{m(C-c)}{M+m}, \qquad KE = \frac{M(C-c)}{M+m}.$$

Läßt man also die Massen M und m mit den Geschwindigkeiten ID und KE gegeneinanderstoßen, während man dem ganzen System zugleich die Geschwindigkeit

$$u = AI = KB = C - \frac{M(C-c)}{M+m} = c + \frac{M(C-c)}{M+m} = \frac{MC+mc}{M+m}$$

erteilt, so sieht der mit der Geschwindigkeit u *fortschreitende* Beobachter *den Spezialfall*, der *ruhende* Beobachter den *allgemeinen* Fall mit beliebigen Geschwindigkeiten vorgehen. Die oben abgeleiteten allgemeinen Stoßformeln ergeben sich aus

dieser Anschauung sofort. Wir finden
$$V = AG = C - 2\,\frac{m\,(C-c)}{M+m} = \frac{MC + m\,(2c-C)}{M+C}$$
$$v = BH = c + 2\,\frac{M\,(C-c)}{M+m} = \frac{mc + M\,(2C-c)}{M+m}.$$

Der erfolgreichen Huygensschen Methode der fingierten Bewegungen liegt die einfache Bemerkung zugrunde, daß Körper ohne Geschwindigkeits*differenz* durch Stoß nicht aufeinander wirken. Alle Stoßkräfte sind durch Geschwindigkeitsdifferenzen bedingt (so wie alle Wärmewirkungen durch Temperaturdifferenzen). Da nun alle Kräfte nicht Geschwindigkeiten, sondern nur Geschwindigkeitsänderungen, also wieder nur Geschwindigkeitsdifferenzen bestimmen, so kommt es also beim Stoß immer nur auf Geschwindigkeits*differenzen* an. Gegen welche Körper man die Geschwindigkeiten schätzt, ist gleichgültig. Tatsächlich stellen sich viele Stoßfälle, welche uns bei Mangel an Übung als verschiedene Fälle erscheinen, bei genauer Untersuchung als *ein* Fall dar.

Auch die Wirkungsfähigkeit eines bewegten Körpers, ob man dieselbe nun (mit Rücksicht auf die Wirkungszeit) durch die Bewegungsgröße oder (mit Rücksicht auf den Wirkungsweg) durch die lebendige Kraft mißt, hat gar keinen Sinn in bezug auf *einen* Körper *allein*. Sie erhält diesen Sinn erst, sobald ein zweiter Körper hinzukommt, und dann wird in dem einen Fall die Geschwindigkeitsdifferenz, im andern das Quadrat der Geschwindigkeitsdifferenz maßgebend. Die *Geschwindigkeit* stellt einen physikalischen *Niveauwert* vor, wie die Temperatur, die Potentialfunktion usw.

Es kann nicht unbemerkt bleiben, daß Huygens auch an den Stoßvorgängen zuerst dieselben Erfahrungen hätte machen können, zu welchen ihm seine Penduluntersuchungen Gelegenheit geboten haben. Es handelt sich immer nur darum, *in allen Tatsachen dieselben Elemente zu erkennen* oder, wenn man will, in einer Tatsache die Elemente einer andern, schon bekannten wiederzufinden. Von welchen Tatsachen man aber ausgeht, hängt von historischen Zufälligkeiten ab.

9. Beschließen wir diese Betrachtung noch mit einigen allgemeinern Bemerkungen. Die Summe der *Bewegungsquantitäten* erhält sich im Stoß, und zwar sowohl beim Stoß unelasti-

scher als auch bei jenem elastischer Körper. Diese Erhaltung findet aber *nicht ganz im Sinne Descartes'* statt; die Bewegungsquantität eines Körpers wird nicht in dem Maße vermindert, als jene eines andern vermehrt wird, wie Huygens zuerst bemerkt hat. Stoßen z. B. zwei gleiche unelastische Massen mit gleichen entgegengesetzten Geschwindigkeiten zusammen, so verlieren beide ihre gesamte Bewegungsquantität im Descartesschen Sinne. Dagegen bleibt die Summe der Bewegungsquantitäten erhalten, wenn man alle Geschwindigkeiten *nach einer Richtung* positiv, alle nach der entgegengesetzten negativ rechnet. Die Bewegungsquantität, in diesem Sinne verstanden, bleibt in allen Fällen erhalten.

Die Summe der *lebendigen Kräfte* verändert sich im Stoß unelastischer Massen, sie bleibt jedoch erhalten beim Stoß vollkommen elastischer Massen. Die Verminderung der lebendigen Kräfte, welche beim Stoß unelastischer Massen oder überhaupt dann eintritt, wenn sich die stoßenden Körper nach dem Stoß mit gemeinschaftlicher Geschwindigkeit bewegen, läßt sich leicht bestimmen. Es seien M, m die Massen, C, c die zugehörigen Geschwindigkeiten vor dem Stoß, u die gemeinschaftliche Geschwindigkeit nach dem Stoß, so ist der Verlust an lebendiger Kraft

$$\frac{1}{2} MC^2 + \frac{1}{2} mc^2 - \frac{1}{2}(M+m) u^2, \qquad (1)$$

welcher sich mit Rücksicht darauf, daß $u = \dfrac{MC+mc}{m+m}$ ist, auf die Form $\dfrac{Mm}{M+m}(C-c)^2$ bringen läßt. Carnot hat diesen Verlust in der Form

$$\frac{1}{2} M (C-u)^2 + \frac{1}{2} m (u-c)^2 \qquad (2)$$

dargestellt. Wählt man diese letztere Form, so erkennt man in $\frac{1}{2} M (C-u)^2$ und $\frac{1}{2} m (u-c)^2$ die durch die *Arbeit der innern Kräfte* erzeugten lebendigen Kräfte. Der Verlust an lebendiger Kraft beim Stoß entspricht also der Arbeit der innern (sogenannten Molekular-)Kräfte. Wenn man die beiden Verlustausdrücke 1 und 2 einander gleichsetzt und berücksichtigt, daß $(M+m) u = MC + mc$, so erhält man eine identische Gleichung.

Der Carnotsche Ausdruck ist wichtig zur Beurteilung der Verluste beim Stoß von Maschinenteilen.

In allen unsern Beobachtungen haben wir die stoßenden Massen als Punkte behandelt, die sich nur nach der Richtung ihrer Verbindungslinie bewegten. Diese Vereinfachung ist zulässig, wenn die Schwerpunkte und der Berührungspunkt der stoßenden Massen in einer Geraden liegen, beim sogenannten zentralen Stoß. Die Untersuchung des sogenannten *exzentrischen* Stoßes ist etwas komplizierter, bietet aber kein besonderes prinzipielles Interesse. Schon von Wallis wurde noch eine Frage anderer Art behandelt. Wenn ein Körper um eine Achse rotiert und dessen Bewegung durch Anhalten eines Punktes plötzlich gehemmt wird, so ist die Stärke des Stoßes je nach der Lage (dem Achsenabstand) dieses Punkts verschieden. Derjenige Punkt, in welchem die Stärke des Stoßes ein Maximum ist, wird von Wallis *Mittelpunkt des Stoßes* genannt. Hemmt man diesen Punkt, so erfährt hierbei die Achse keinen Druck. Auf diese von Wallis' Zeitgenossen und Nachfolgern vielfach weitergeführten Untersuchungen hier näher einzugehen, haben wir keinen Anlaß.

10. Wir wollen nun noch eine interessante Anwendung der Stoßgesetze kurz betrachten, die Bestimmung der Projektilgeschwindigkeiten durch das ballistische Pendel. Eine Masse M (Fig. 165) sei an einem gewichts- und masselosen Faden als Pendel aufgehängt. In ihrer Gleichgewichtslage erhalte sie plötzlich die Horizontalgeschwindigkeit V. Sie steigt mit derselben zur Höhe $h = l(1-\cos\alpha) = \dfrac{V^2}{2g}$ auf, wobei l die Pendellänge, α den Ausschlagswinkel, g die Schwerebeschleunigung bedeutet. Da zwischen der Schwingungsdauer T und den Größen l, g die Beziehung besteht $T = \pi\sqrt{\dfrac{l}{g}}$, so erhalten wir leicht

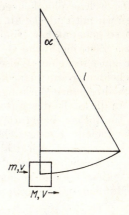

Fig. 165

$V = \dfrac{gT}{\pi}\sqrt{2\,(1-\cos\alpha)}$ und mit Benutzung einer bekannten geometrischen Formel

$$V = \frac{2}{\pi}\, gT \sin\frac{\alpha}{2}\,.$$

Wenn nun die Geschwindigkeit V durch ein Projektil von der Masse m entsteht, welches mit der Geschwindigkeit v angeflogen kommt und in M steckenbleibt, so daß, ob nun der Stoß ein elastischer oder unelastischer ist, die Geschwindigkeit jedenfalls *nach* dem Stoß eine *gemeinsame* V wird, so folgt $mv = (M+m)\,V$ oder, wenn m gegen M klein genug ist, $v = \dfrac{M}{m}\,V$, also schließlich

$$v = \frac{2}{\pi}\cdot\frac{M}{m}\, gT \sin\frac{\alpha}{2}\,.$$

Wenn wir das ballistische Pendel nicht als ein einfaches Pendel ansehen dürfen, so gestaltet sich die Überlegung nach den bereits mehrfach angewandten Prinzipien in folgender Weise. Das Projektil m mit der Geschwindigkeit v hat die Bewegungsgröße mv, welche durch den Druck p beim Stoß in einer sehr kurzen Zeit τ auf mV vermindert wird. Hierbei ist also $m(v-V) = p\cdot\tau$ oder, wenn V gegen v sehr klein ist, geradezu $mv = p\cdot\tau$. Von der Annahme besonderer *Momentankräfte*, welche plötzlich gewisse Geschwindigkeiten erzeugen, sehen wir mit Poncelet ab. Es gibt keine Momentankräfte. Was man so genannt hat, sind sehr große Kräfte, welche in sehr kurzer Zeit merkliche Geschwindigkeiten erzeugen, die sich aber sonst in keiner Weise von stetig wirkenden Kräften unterscheiden. Kann man die beim Stoß wirksame Kraft nicht durch ihre ganze Wirkungsdauer als konstant ansehen, so hat nur an die Stelle des Ausdrucks $p\tau$ der Ausdruck $\int p\,dt$ zu treten. Im übrigen bleibt die Überlegung dieselbe.

Die gleiche Kraft, welche die Bewegungsgröße des Projektils vernichtet, wirkt als Gegenkraft auf das Pendel. Nehmen wir die Schußlinie (also auch die Kraft) senkrecht gegen die Pendelachse und in dem Abstand b von derselben an, so ist das Moment dieser Kraft bp, die erzeugte Winkelbeschleunigung $\dfrac{b\cdot p}{\Sigma mr^2}$ und die in der Zeit τ hervorgebrachte Winkel-

geschwindigkeit
$$\varphi = \frac{b \cdot p\tau}{\Sigma mr^2} = \frac{bmv}{mr^2} .$$

Die lebendige Kraft, welche das Pendel nach Ablauf der Zeit erlangt hat, ist demnach

$$\frac{1}{2} \varphi^2 \Sigma mr^2 = \frac{1}{2} \frac{b^2 m^2 v^2}{\Sigma mr^2} .$$

Vermöge dieser lebendigen Kraft führt das Pendel den Ausschlag α aus, wobei dessen Gewicht Mg, weil der Schwerpunkt den Abstand α von der Achse hat, um $a\,(1-\cos\alpha)$ erhoben und dabei die Arbeit $Mga\,(1-\cos\alpha)$ geleistet wird, welche Arbeit der erwähnten lebendigen Kraft gleich ist. Durch Gleichsetzung beider Ausdrücke folgt leicht

$$v = \sqrt{\frac{2\,Mga\Sigma mr^2\,(1-\cos\alpha)}{mb}} ,$$

und mit Rücksicht auf die Schwingungsdauer

$$T = \pi\,\sqrt{\frac{mr^2}{Mga}}$$

und die bereits angewandte goniometrische Reduktion

$$v = \frac{2}{\pi}\,\frac{M}{m}\,\frac{a}{b}\,gT \cdot \sin\frac{\alpha}{2} .$$

Die Formel ist derjenigen für den einfachern Fall vollkommen analog. Die Beobachtungen, welche man zur Bestimmung von v auszuführen hat, beziehen sich auf die Masse des Pendels und des Projektils, die Abstände des Schwerpunkts und Treffpunkts von der Achse, die Schwingungsdauer und den Ausschlag des Pendels. Die Formel läßt auch sofort die Dimension der Geschwindigkeit erkennen. Die Ausdrücke $\frac{2}{\pi}$ und $\sin\frac{\alpha}{2}$ sind bloße Zahlen, ebenso sind $\frac{M}{m}$, $\frac{a}{b}$, worin Zähler und Nenner in Einheiten derselben Art gemessen werden, Zahlen. Der Faktor gT aber hat die Dimension lt^{-1}, ist also eine Geschwindigkeit. Das ballistische Pendel ist von Robins erfunden und in seiner Schrift „New Principles of Gunnery" (1742) beschrieben worden.

5. Der D'Alembertsche Satz

1. Einer der wichtigsten Sätze zur raschen und bequemen Lösung der häufiger vorkommenden Aufgaben der Mechanik ist der Satz von D'Alembert. Die Untersuchungen über den Schwingungsmittelpunkt, mit welchen sich fast alle bedeutenden Zeitgenossen und Nachfolger von Huygens beschäftigt haben, führten zu den einfachen Bemerkungen, die schließlich D'Alembert verallgemeinernd in seinen Satz zusammenfaßte. Wir wollen zunächst auf diese Vorarbeiten einen Blick werfen. Sie wurden fast sämtlich durch den Wunsch hervorgerufen, die Huygenssche Ableitung, welche nicht *einleuchtend* genug schien, durch eine *überzeugendere* zu ersetzen. Obgleich nun dieser Wunsch, wie wir gesehen haben, auf einem durch die historischen Umstände bedingten *Mißverständnis* beruhte, so haben wir doch das Ergebnis desselben, die *neuen* gewonnenen Gesichtspunkte, natürlich nicht zu bedauern.

2. Der bedeutendste nach Huygens unter den Begründern der Theorie des Schwingungsmittelpunkts ist Jakob Bernoulli, welcher schon 1686 das zusammengesetzte Pendel durch den Hebel zu erläutern suchte. Er kam jedoch zu Unklarheiten und Widersprüchen mit den Huygensschen Anschauungen, auf welche („Journal de Rotterdam", 1690) L'Hospital aufmerksam machte. Die Schwierigkeiten klärten sich auf, als man anfing, statt der in *endlichen* Zeiten die in *unendlich kleinen* Zeitteilchen erlangten Geschwindigkeiten zu betrachten. Jakob Bernoulli verbesserte 1691 in den „Acta eruditorum" und 1703 in den Abhandlungen der Pariser Akademie seinen Fehler. Wir wollen das Wesentliche seiner spätern Ableitung hier wiedergeben.

Wir betrachten mit Bernoulli eine horizontale, um A drehbare masselose Stange AB (Fig. 166), welche mit den Massen m, m' in den Abständen r, r' von A verbunden ist. Die Massen bewegen sich in ihrer *Verbindung mit andern* Beschleunigungen als jener des freien Falles, welche sie sofort annehmen würden, wenn man die Verbindungen *lösen* würde.

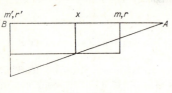

Fig. 166

Nur jener Punkt in dem noch unbekannten Abstand x von A, welchen wir den Schwingungsmittelpunkt nennen, bewegt sich in der Verbindung mit derselben Beschleunigung, die er auch für sich allein hätte, mit der Beschleunigung g.

Würde sich m mit der Beschleunigung $\varphi = \frac{gr}{x}$ und m mit der Beschleunigung $\varphi' = \frac{gr'}{x}$ bewegen, d. h. wären die natürlichen Beschleunigungen den Abständen von A proportional, so würden die Massen durch ihre Verbindungen einander *nicht hindern*. Tatsächlich erleidet aber durch die Verbindung

m den Beschleunigungsverlust $g - \varphi$,

m' den Beschleunigungsgewinn $\varphi' - g$,

also ersteres den Kraftverlust $m(g-\varphi) = g\,\frac{(x-r)}{x}\,m$

und letzteres den Kraftgewinn $m(\varphi'-g) = g\,\frac{(r'-x)}{x}\,m'$.

Da nun die Massen ihre *Wechselwirkung* nur durch die *Hebelwirkung* ausüben, so müssen jener Kraftverlust und dieser Kraftgewinn das Hebelgesetz erfüllen. Wird m durch die Hebelverbindung mit der Kraft f von der Bewegung zurückgehalten, die bei vollkommener Freiheit eintreten würde, so übt m denselben Zug f an dem Hebelarm r als Gegenzug aus. Dieser Gegenzug allein ist es, welcher sich auf m' übertragen kann, daselbst durch einen Druck $f' = \frac{r}{r'}\,f$ im Gleichgewicht gehalten werden kann und diesem daher gleichwertig ist. Es besteht also nach dem Obigen die Beziehung

$$g\,\frac{(r'-x)}{x}\,m' = \frac{r}{r'} \cdot g\,\frac{(x-r)}{x}\,m$$

oder $(x-r)\,mr = (r'-x)\,m'r'$, woraus wir erhalten

$$x = \frac{mr^2 + m'r'^2}{mr + m'r'} ,$$

ganz wie es Huygens gefunden hat. Die Verallgemeinerung der Betrachtung für eine beliebige Anzahl von Massen, welche auch nicht in einer Geraden zu liegen brauchen, liegt auf der Hand.

3. Johann Bernoulli hat sich 1712 in anderer Weise mit dem Problem des Schwingungsmittelpunkts beschäftigt. Seine Arbeiten sind am bequemsten in seinen gesammelten Werken (Opera, Lausanne et Genevae 1762, Bd. II und IV) nachzuschlagen. Wir wollen auf die eigentümlichsten Gedanken des genannten Physikers hier eingehen. Bernoulli kommt zum Ziel, indem er die *Massen* und *Kräfte* in Gedanken voneinander trennt.

Betrachten wir *erstens* zwei einfache Pendel von den verschiedenen Längen l, l', deren Pendelkörper aber den Pendellängen proportionale Schwerebeschleunigungen g, g' erfahren, d. h. setzen wir $\frac{l}{l'} = \frac{g}{g'}$, so folgt, weil die Schwingungsdauer $T = \pi \sqrt{\frac{l}{g}}$, für beide Pendel dieselbe Schwingungsdauer. Verdoppelung der Pendellänge mit gleichzeitiger Verdoppelung der Schwerebeschleunigung ändert also die Schwingungsdauer nicht.

Die Schwerebeschleunigung können wir an demselben Orte der Erde nicht direkt variieren, doch können wir *zweitens* Anordnungen ersinnen, welche einer Variation der Schwerebeschleunigung entsprechen. Denken wir uns z. B. eine gerade masselose Stange von der Länge $2a$ (Fig. 167) um den Mittelpunkt drehbar und bringen wir an dem einen Ende die Masse m, an dem andern die Masse m' an, so ist $m + m'$ die Gesamtmasse in dem Abstand a vom Drehpunkt, $(m - m') g$ aber die Kraft, demnach $\frac{m - m'}{m + m'} g$ die Beschleunigung an diesem Pendel. Um nun die Länge des Pendels (mit der gewöhnlichen Schwerebeschleunigung g) zu finden, welches mit dem vorgelegten Pendel von der Länge a isochron ist, setzen wir, den vorigen Satz verwendend,

Fig. 167

$$\frac{l}{a} = \frac{g}{\frac{m-m'}{m+m'}g} \quad \text{oder} \quad l = a\,\frac{m+m'}{m-m'}.$$

Wir denken uns *drittens* ein einfaches Pendel von der Länge 1 mit der Masse m am Ende. Das Gewicht von m entspricht an dem Pendel von der doppelten Länge der halben Kraft. Die Hälfte der Masse m in die Entfernung 2 versetzt, würde also durch die in 1 wirksame Kraft dieselbe Beschleunigung und ein Viertel von m die doppelte Beschleunigung erfahren, so daß also das einfache Pendel mit der Länge 2, mit der ursprünglichen Kraft in 1 und $\frac{m}{4}$ am Ende, isochron wäre mit dem ursprünglichen. Verallgemeinert man diese Überlegung, so erkennt man, daß man jede in der beliebigen Entfernung r an einem zusammengesetzten Pendel angreifende Kraft f mit dem Werte rf in die Entfernung 1 und jede beliebige in der Entfernung r befindliche Masse m mit dem Werte $r^2 m$ ebenfalls in die Entfernung 1 versetzen kann, ohne die Schwingungsdauer des Pendels zu ändern. Wirkt eine Kraft f an dem Hebelarm a (Fig. 168), während die Masse m sich in der Entfernung r vom Drehpunkt befindet, so ist f äquivalent einer an m wirksamen Kraft $\frac{af}{r}$, welche also der Masse m die Beschleunigung $\frac{af}{mr}$ und die Winkelbeschleunigung $\frac{af}{mr^2}$ erteilt.

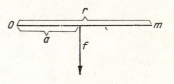

Fig. 168

Man hat demnach, um die Winkelbeschleunigung eines zusammengesetzten Pendels zu erhalten, die Summe der *statischen Momente* durch die Summe der *Trägheitsmomente* zu dividieren. Denselben Gedanken hat Brook Taylor in seiner Weise und gewiß unabhängig von Johann Bernoulli gefunden, jedoch etwas später (1714) in seinem „Methodus incrementorum" veröffentlicht. Hiermit sind die bedeutendsten Versuche, die Frage nach dem Schwingungsmittelpunkt zu beantworten, erschöpft, und wir werden sofort sehen, daß sie schon *dieselben Gedanken* enthalten, welche D'Alembert in *allgemeinerer* Weise ausgesprochen hat.

4. An einem System irgendwie miteinander verbundener

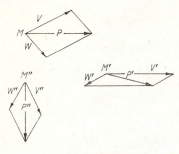

Fig. 169

Punkte M, M', M'' ... (Fig. 169) mögen die Kräfte P, P', P'' ... angreifen, welche den *freien* Punkten gewisse Bewegungen erteilen würden. An den *verbundenen* Punkten treten im allgemeinen *andere* Bewegungen ein, welche durch die Kräfte W, W', W'' ... hervorgebracht sein könnten. Diese Bewegungen wollen wir kennenlernen. Zu diesem Zweck denken wir uns die Kraft P in W und V, P' in W' und V', P'' in W'' und V'' usw. zerlegt. Da infolge der Verbindungen *tatsächlich* nur die Komponenten W, W', W'' ... wirksam werden, so halten sich die Kräfte V, V', V'' ... eben vermöge der Verbindungen das *Gleichgewicht*. Die Kräfte P, P', P'' ... wollen wir das System der *angreifenden* Kräfte, W, W', W'' das System der die wirklichen Bewegungen hervorrufenden oder, kürzer, das System der *wirklichen* Kräfte und V, V', V'' ... das System der gewonnenen und verlorenen Kräfte oder das System der *Verbindungskräfte* nennen. Wir sehen also, daß wenn man die angreifenden Kräfte in die wirklichen und die Verbindungskräfte zerlegt, letztere sich durch die Verbindungen das Gleichgewicht halten. Hierin besteht der D'Alembertsche Satz, und wir haben uns nur die unwesentliche Änderung erlaubt, von den Kräften statt von den durch die Kräfte erzeugten Bewegungsgrößen zu sprechen, wie dies D'Alembert (in seinem „Traité de dynamique", 1743) getan hat.

Da sich das System V, V', V'' ... das *Gleichgewicht* hält, so läßt sich auf dasselbe das Prinzip der *virtuellen Verschiebungen* anwenden. Dies gibt ebenfalls eine Form des D'Alembertschen Satzes. Eine andere Form erhalten wir auf folgende Art. Die Kräfte P, P' ... sind die Resultierenden der Komponenten W, W' und V, V' ... Nehmen wir also die Kräfte $-P, -P'$ ... mit W, W' ... und V, V' ... zusammen, so besteht Gleichgewicht. Das Kraftsystem $-P$, W, V ist im Gleichgewicht. Nun ist aber das System der V für sich im Gleichgewicht. Demnach ist auch das System $-P$, W (Fig. 170) im Gleichgewicht oder auch $P, -W$ im Gleichgewicht.

Fügt man also den angreifenden Kräften die wirklichen Kräfte mit entgegengesetzten Zeichen hinzu, so besteht vermöge der Verbindungen Gleichgewicht. Auch auf das System $P, -W$ läßt sich, wie dies Lagrange in seiner analytischen Mechanik getan hat, das Prinzip der virtuellen Verschiebungen anwenden.

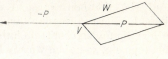

Fig. 170

Daß zwischen dem System P und dem System $-W$ Gleichgewicht besteht, läßt sich noch in einer andern Form aussprechen. Man kann sagen, das System W ist dem System P *äquivalent*. In dieser Form haben Hermann („Phoronomia", 1716) und Euler („Kommentarien der Petersburger Akademie, ältere Reihe", Bd. VII. 1740) den Satz, welcher von dem D'Alembertschen nicht wesentlich verschieden ist, verwendet.

5. Erläutern wir uns den D'Alembertschen Satz durch Beispiele. An einem masselosen Wellrad mit den Radien R, r (Fig. 171) sind die Lasten P und Q angehängt, welche nicht im Gleichgewicht sind. Wir zerlegen die Kraft P in W, welche die wirkliche Bewegung an der freien Masse hervorbringen könnte, und V, setzen also $P = W + V$ und ebenso $Q = W' + V'$, da wir hier von jeder Bewegung außer der Vertikalen absehen können. Es ist also $V = P - W$ und $V' = Q - W'$, und da die Verbindungskräfte V, V' miteinander im Gleichgewicht sind $V \cdot R = V' \cdot r$. Setzen wir für V, V' die Werte, so erhalten wir die Gleichung

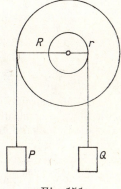

Fig. 171

$$(P - W) R = (Q - W') r, \qquad (1)$$

welche sich auch direkt ergibt, wenn man die *zweite* Form des D'Alembertschen Satzes verwendet. Aus den Umständen der

Aufgabe erkennen wir leicht, daß es sich um eine gleichförmig beschleunigte Bewegung handelt und daß wir also nur die Beschleunigung zu ermitteln haben. Bleiben wir im terrestrischen Maßsystem, so haben wir die Kräfte W und W', welche an den Massen $\dfrac{P}{g}$ und $\dfrac{Q}{g}$ die Beschleunigungen γ und γ' hervorbringen, weshalb also $W = \dfrac{P}{g} \gamma$, $W' = \dfrac{Q}{g} \gamma'$. Außerdem wissen wir, daß $\gamma' = -\gamma \dfrac{r}{R}$. Die Gleichung 1 geht dadurch in die Form

$$\left(P - \frac{P}{g}\gamma\right) R = \left(Q + \frac{Q}{g}\frac{r}{R}\gamma\right) r \qquad (2)$$

über, aus welcher sich ergibt

$$\gamma = \frac{PR - Qr}{PR^2 + Qr^2} Rg \text{ und ferner auch } \gamma' = -\frac{PR - Qr}{PR^2 + Qr^2} rg,$$

wodurch die Bewegung bestimmt ist.

Man sieht ohne weiteres, daß man zu demselben Resultat gelangt, wenn man die Begriffe statisches Moment und Trägheitsmoment verwendet. Es ergibt sich dann die Winkelbeschleunigung

$$\varphi = \frac{RP - Qr}{\dfrac{P}{g} R^2 + \dfrac{Q}{g} r^2} = \frac{PR - Qr}{PR^2 + Qr^2} \cdot g,$$

und weil $\gamma = R\varphi$, $\gamma' = -r\varphi$, erhält man wieder die frühern Ausdrücke.

Wenn die Massen und die Kräfte gegeben sind, ist die Aufgabe, die Bewegung zu suchen, eine *bestimmte*. Nehmen wir nun an, es sei die Beschleunigung γ gegeben, mit welcher sich P bewegt, und es seien jene Lasten P und Q zu suchen, welche diese Beschleunigung bedingen. Dann erhält man aus der Gleichung 2 leicht $P = \dfrac{Q(Rg + r\gamma)\, r}{(g - \gamma) R^2}$, also eine Beziehung zwischen P und Q. Die eine der beiden Lasten bleibt dann willkürlich, und die Aufgabe ist in dieser Form eine *unbestimmte*, welche auf unendlich viele verschiedene Weisen gelöst werden kann.

Der folgende Fall diene als zweites Beispiel. Ein Gewicht P ist auf einer vertikalen Geraden AB beweglich und durch einen Faden, der über eine Rolle C führt, mit einem Gewicht Q verbunden (Fig. 172). Der Faden bildet mit AB den variablen Winkel α. Die Bewegung kann hier keine gleichförmig beschleunigte sein. Wenn wir aber nur vertikale Bewegungen betrachten, so können wir für jeden Wert von α die augenblickliche Beschleunigung γ und γ' von P und Q sehr leicht angeben. Indem wir ganz wie im vorigen Fall verfahren, finden wir

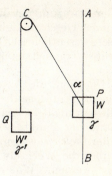

Fig. 172

$$P = W + V,$$

$$Q = W' + V', \text{ ferner}$$

$V' \cos \alpha = V$ oder, weil $\gamma' = -\gamma \cos \alpha$,

$$\left(Q + \frac{Q}{g} \cos \alpha \cdot \gamma\right) \cos \alpha = P - \frac{P}{g} \gamma \text{ und hieraus}$$

$$\gamma = \frac{P - Q \cos \alpha}{Q \cos \alpha^2 + P} \cdot g$$

$$\gamma' = -\frac{P - Q \cos \alpha}{Q \cos \alpha^2 + P} \cos \alpha \cdot g.$$

Man kann dasselbe Resultat wieder sehr leicht gewinnen, wenn man die Begriffe statisches Moment und Trägheitsmoment in etwas verallgemeinerter Form verwendet, was durch das Folgende sofort verständlich wird. Die Kraft, oder das statische Moment, welches auf P wirkt, ist $P - Q \cos \alpha$. Das Gewicht Q bewegt sich aber $\cos \alpha$ mal so schnell als P, demnach ist seine Masse $\cos \alpha^2$ mal zu rechnen. Die Beschleunigung, welche P erhält, ist also

$$\gamma = \frac{P - Q \cos \alpha}{\frac{Q}{g} \cos \alpha^2 + \frac{P}{g}} = \frac{P - Q \cos \alpha}{Q \cos \alpha^2 + P} \cdot g.$$

Ebenso ergibt sich der entsprechende Ausdruck für γ'. Es liegt diesem Verfahren die einfache Bemerkung zugrunde, daß bei der Bewegung der Massen die Kreisbahn *unwesentlich*, dagegen das Geschwindigkeits- oder Verschiebungs*verhältnis* der Massen wesentlich ist. Die hier angedeutete Erweiterung des Begriffes Trägheitsmoment kann oft mit Vorteil verwendet werden.

6. Nachdem die Anwendung des D'Alembertschen Satzes genügend veranschaulicht ist, wird es uns nicht schwer, über die Bedeutung desselben klar zu werden. Die *Bewegungs*fragen verbundener Punkte werden erledigt, indem die bei Gelegenheit der *Gleichgewichts*untersuchungen gewonnenen Erfahrungen über die Wechselwirkung verbundener Körper herangezogen werden. Wo diese Erfahrungen nicht ausreichen würden, vermöchte auch der D'Alembertsche Satz nichts zu verrichten, wie dies durch die angeführten Beispiele genügend nahegelegt wird. Man muß sich also hüten zu glauben, daß der D'Alembertsche Satz ein *allgemeiner* Satz sei, welcher Spezialerfahrungen *überflüssig* macht. Seine Kürze und scheinbare Einfachheit beruht eben nur auf der Anweisung auf *schon vorhandene* Erfahrungen. Die genaueste, auf eingehender Erfahrung beruhende Sachkenntnis kann uns durchaus nicht *erspart* werden. Wir müssen sie entweder an dem vorgelegten Fall selbst, diesen direkt untersuchend, gewinnen oder schon an einem andern Fall gewonnen haben und zu dem vorliegenden Fall mitbringen. In der Tat lernen wir durch den D'Alembertschen Satz, wie unsere Beispiele zeigen, nichts, was wir nicht auf anderm Wege auch lernen könnten. Der Satz hat den Wert einer Schablone zur Lösung von Aufgaben, die uns einigermaßen der Mühe des Nachdenkens über jeden neuen Fall überhebt, indem sie die Anweisung enthält, allgemein bekannte und geläufige Erfahrungen zu verwenden. Der Satz fördert nicht so sehr das *Durchblicken* der Vorgänge, als die *praktische Bewältigung* derselben. Der Wert des Satzes ist ein *ökonomischer*.[82]

Haben wir eine Aufgabe nach dem D'Alembertschen Satz gelöst, so können wir uns bei den Gleichgewichtserfahrungen beruhigen, deren Anwendung der Satz einschließt. Wollen wir aber den Vorgang recht klar durchblicken, d. h. die einfachsten bekannten mechanischen Elemente in demselben wiedererkennen, so müssen wir weiter vordringen, und jene Gleichgewichtserfahrungen entweder durch die Newtonschen (wie dies S. 271 geschehen ist) oder durch die Huygensschen ersetzen. Im erstern Fall sieht man die *beschleunigten* Bewegungen, welche durch die Wechselwirkung der Körper bedingt sind, im Geiste vorgehen. Im zweiten Fall betrachtet man direkt die *Arbeiten*, von welchen nach der Huygensschen Auffassung die lebendigen Kräfte abhängen. Diese Betrachtung ist besonders bequem, wenn man das Prinzip der virtuellen Verschiebungen verwendet, um die Gleichgewichtsbedingung des Systems V oder $P-W$ auszudrücken. Der D'Alembertsche Satz sagt dann, daß die Summe der virtuellen Momente des Systems V oder des Systems $P-W$ der Null gleich ist. Die Elementararbeit der Verbindungskräfte ist, wenn man von der Dehnung der Verbindungen *absieht*, der Null gleich. Alle Arbeiten werden dann *nur* von dem System P verrichtet, und die durch das System W zum Vorschein kommenden Arbeiten müssen dann gleich sein jenen des Systems P. Alle *möglichen* Arbeiten rühren, von den Dehnungen der Verbindungen abgesehen, von den *angreifenden* Kräften her. Wie man sieht, ist der D'Alembertsche Satz in dieser Form nicht wesentlich verschieden von dem Satz der lebendigen Kräfte.

7. Für die Anwendung des D'Alembertschen Satzes ist es bequem, jede eine Masse m angreifende Kraft P in drei zueinander senkrechte Komponenten X, Y, Z parallel den Achsen eines rechtwinkligen Koordinatensystems, jede wirkliche Kraft W in die entsprechenden Komponenten $m\xi$, $m\eta$, $m\zeta$, wobei ξ, η, ζ die Beschleunigungen nach den Koordinatenrichtungen bedeuten, und jede Verschiebung ebenso in drei Verschiebungen $\delta x, \delta y, \delta z$ zu zerlegen. Da die Arbeit jeder Kraftkomponente nur bei der parallelen Verschiebung ins Spiel kommt, so ist das Gleichgewicht des Systems $(P, -W)$ gegeben durch

$$\Sigma\left\{(X-m\xi)\,\delta x+(Y-m\eta)\,\delta y+(Z-m\zeta)\,\delta z\right\}=0 \qquad (1)$$

oder

$$\Sigma\,(X\delta x+Y\delta y+Z\delta z)=\Sigma m\,(\xi\delta x+\eta\delta y+\zeta\delta z) \qquad (2)$$

Die beiden Gleichungen sind ein unmittelbarer Ausdruck des eben ausgesprochenen Satzes über die *mögliche* Arbeit der angreifenden Kräfte. Ist diese Arbeit $=0$, so ergibt sich der spezielle Fall des Gleichgewichts. Das Prinzip der virtuellen Verschiebungen fließt als ein *spezieller* Fall aus dem gegebenen

Ausdruck des D'Alembertschen Satzes, was ganz natürlich ist, da sowohl im allgemeinen als im besondern Fall die Erfahrungserkenntnis der *Bedeutung der Arbeit* das Wesentliche ist.

Die Gleichung 1 liefert die nötigen Bewegungsgleichungen, indem man so viele der Verschiebungen δx, δy, δz als möglich vermöge ihrer Relationen zu den übrigen durch die letztern ausdrückt und die Koeffizienten der übrigbleibenden willkürlichen Verschiebungen $= 0$ setzt, wie dies bei den Anwendungen des Prinzips der virtuellen Verschiebungen erläutert wurde.

Hat man einige Aufgaben nach dem D'Alembertschen Satz gelöst, so lernt man einerseits die Bequemlichkeit desselben schätzen und gewinnt andererseits die Überzeugung, daß man in jedem Fall, sobald man das Bedürfnis hierfür hat, durch Betrachtung der elementaren mechanischen Vorgänge dieselbe Aufgabe auch direkt mit voller Einsicht lösen kann und zu denselben Resultaten gelangt. Die Überzeugung von der *Ausführbarkeit* dieses Verfahrens macht, wo es sich um mehr praktische Zwecke handelt, die jedesmalige *Ausführung* unnötig.

6. *Der Satz der lebendigen Kräfte*

1. Der Satz der lebendigen Kräfte ist wie bekannt zuerst von Huygens benutzt worden. Johann und Daniel Bernoulli hatten nur für eine größere Allgemeinheit des Ausdrucks zu sorgen, nur wenig hinzuzufügen. Wenn p, p', p'' ... Gewichte, m, m', m'' ... die zugehörigen Massen, h, h', h'' ... die Falltiefen der freien oder verbundenen Massen, v, v', v'' ... die erlangten Geschwindigkeiten sind, so besteht die Beziehung

$$\Sigma p h = \frac{1}{2} \Sigma m v^2.$$

Wären die Anfangsgeschwindigkeiten nicht $= 0$, sondern v_0, v'_0, v''_0 ..., so würde sich der Satz auf den Zuwachs der lebendigen Kraft durch die geleistete Arbeit beziehen und lauten

$$\Sigma p h = \frac{1}{2} \Sigma m (v^2 - v_0^2).$$

Der Satz bleibt noch anwendbar, wenn p nicht Gewichte, sondern irgendwelche konstante Kräfte und h nicht vertikale Fallhöhen, sondern irgendwelche im Sinne der Kräfte beschriebene Wege sind. Treten veränderliche Kräfte auf, so haben an die Stelle der Ausdrücke ph, $p'h'$ ... die Ausdrücke $\int p\,ds$, $\int p'\,ds'$ ... zu treten, in welchen p die veränderlichen Kräfte und ds die im Sinne derselben beschriebenen Wegelemente bedeuten. Dann ist

$$\int p\,ds + \int p'\,ds' + \ldots = \frac{1}{2}\Sigma m\,(v^2 - v_e^2) \quad \text{oder}$$

$$\Sigma \int p\,ds = \frac{1}{2}\Sigma m\,(v^2 - v_0^2)\,. \tag{1}$$

2. Zur Erläuterung des Satzes der lebendigen Kräfte betrachten wir zunächst dieselbe einfache Aufgabe, welche wir nach dem D'Alembertschen Satz behandelt haben. An einem Wellrad mit den Radien R, r hängen die Gewichte P, Q (Fig. 173). Sobald eine Bewegung eintritt, wird Arbeit geleistet, durch welche die erlangte lebendige Kraft bestimmt ist. Dreht sich der Apparat um den Winkel α, so ist die geleistete *Arbeit*

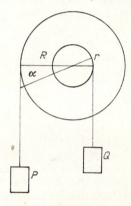

Fig. 173

$$P \cdot R\alpha - Q \cdot r\alpha = \alpha\,(PR - Qr)\,.$$

Die erzeugte *lebendige Kraft* ist, wenn dem Drehungswinkel α die erlangte Winkelgeschwindigkeit φ entspricht

$$\frac{P}{g}\frac{(R\varphi)^2}{2} + \frac{Q}{g}\frac{(r\varphi)^2}{2} = \frac{\varphi^2}{2g}\,(PR^2 + Qr^2)\,.$$

Es besteht demnach die Gleichung

$$\alpha\,(PR - Qr) = \frac{\varphi^2}{2g}\,(PR^2 + Qr^2)\,. \tag{1}$$

Da wir nun hier mit einer gleichförmig beschleunigten Bewegung zu tun haben, so besteht zwischen dem Winkel α, der erlangten Winkelgeschwindigkeit φ und der Winkelbeschleunigung ψ *dieselbe* Beziehung, welche beim freien Fall zwischen s, v, g besteht. Ist für den freien Fall $s = \dfrac{v^2}{2g}$, so ist hier $\alpha = \dfrac{\varphi^2}{2\psi}$. Führt man diesen Wert von α in die Gleichung 1 ein, so findet sich die Winkelbeschleunigung $\psi = \dfrac{PR-Qr}{PR^2+Qr^2} g$, und die absolute Beschleunigung der Last P ist dann $\gamma = \dfrac{PR-Qr}{PR^2+Qr^2} Rg$, wie dies früher gefunden wurde.

3. Als zweites Beispiel betrachten wir einen masselosen Zylinder vom Radius r, in dessen Mantel diametral einander gegenüber sich zwei Massen m befinden, und der ohne zu gleiten durch das Gewicht dieser Masse an der schiefen Ebene von der Elevation α abrollt (Fig. 174). Zunächst überzeugen wir uns, daß wir die lebendige Kraft der Rotation und der fortschreitenden Bewegung einfach summieren können, um die gesamte lebendige Kraft darzustellen.

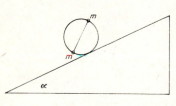

Fig. 174

Die Achse des Zylinders hätte die Geschwindigkeit u längs der Länge der schiefen Ebene erlangt und v sei die absolute Rotationsgeschwindigkeit des Zylindermantels. Die Rotationsgeschwindigkeiten v der beiden Massen m bilden mit der Progressivgeschwindigkeit u die Winkel ϑ und ϑ' (Fig. 175), wobei $\vartheta + \vartheta' = 180°$. Die Gesamtgeschwindigkeiten w und z genügen also den Gleichungen

$$w^2 = u^2 + v^2 - 2uv \cos \vartheta$$
$$z^2 = u^2 + v^2 - 2uv \cos \vartheta'.$$

Weil nun $\cos \vartheta = -\cos \vartheta'$, so folgt

$$u^2 + z^2 = 2u^2 + 2v^2 \quad \text{oder}$$

$$\tfrac{1}{2} m w^2 + \tfrac{1}{2} m z^2 = \tfrac{1}{2} m 2 u^2 + \tfrac{1}{2} m 2 v^2 = m u^2 + m v^2.$$

Dreht sich der Zylinder um den Winkel φ, so legt m durch die Rotation den Weg $r\varphi$ zurück, und die Achse des Zylinders verschiebt sich ebenfalls um $r\varphi$. Wie diese Wege verhalten sich auch die Geschwindigkeiten v und u, welche demnach gleich sind. Die gesamte lebendige Kraft läßt sich demnach durch $2mu^2$ ausdrücken.

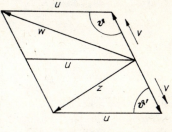

Fig. 175

Legt der Zylinder auf der Länge der schiefen Ebene den Weg l zurück, so ist die geleistete Arbeit $2mg \cdot l \sin \alpha = 2mu^2$ und demnach $u = \sqrt{gl \cdot \sin \alpha}$. Vergleicht man hiermit die beim Gleiten auf der schiefen Ebene erlangte Geschwindigkeit $\sqrt{2gl \sin \alpha}$, so sieht man, daß die betrachtete Vorrichtung sich nur mit der halben Fallbeschleunigung bewegt, welche ein gleitender Körper unter denselben Umständen (ohne Rücksicht auf die Reibung) annimmt. Die ganze Überlegung wird nicht geändert, wenn die Masse gleichmäßig über den Zylindermantel verteilt ist. Eine ähnliche Betrachtung läßt sich für eine auf der schiefen Ebene abrollende Kugel ausführen, woraus man sieht, daß Galileis Fallexperiment in bezug auf das Quantitative einer Korrektur bedarf.

Legen wir nun die Masse m gleichmäßig auf den Mantel eines Zylinders vom Radius R, der mit dem masselosen Zylinder vom Radius r, welcher auf der schiefen Ebene abrollt, konaxial und fest verbunden ist. Da in diesem Fall $\dfrac{v}{u} = \dfrac{R}{r}$, so liefert der Satz der lebendigen Kräfte $mgl \sin \alpha = \dfrac{1}{2} mu^2 \left(1 + \dfrac{R^2}{r^2}\right)$ und

$$u = \sqrt{\frac{2gl \sin \alpha}{1 + \dfrac{R^2}{r^2}}}.$$

Für $\dfrac{R}{r} = 1$ erhält die Fallbeschleunigung den frühern Wert $\dfrac{g}{2}$. Für sehr große Werte von $\dfrac{R}{r}$ wird die Fallbeschleunigung sehr klein. Für $\dfrac{R}{r} = \infty$ kann also kein *Abrollen* eintreten.

Fig. 176

Als drittes Beispiel betrachten wir eine Kette von der Gesamtlänge l, welche zum Teil auf einer Horizontalebene, zum Teil auf einer schiefen Ebene von dem Elevationswinkel liegt (Fig. 176). Denken wir uns die Unterlage sehr glatt, so zieht der kleinste überhängende Teil der Kette den andern nach sich. Ist μ die Masse der Längeneinheit und hängt bereits das Stück x über, so liefert der Satz der lebendigen Kräfte für die gewonnene Geschwindigkeit v die Gleichung

$$\frac{\mu l v^2}{2} = \mu x g \frac{x}{2} \sin \alpha = \mu g \frac{x^2}{2} \sin \alpha$$

oder $v = x \sqrt{\dfrac{g \sin \alpha}{l}}$. In diesem Fall ist also die erlangte Geschwindigkeit dem zurückgelegten Weg proportional. Es findet dasselbe Gesetz statt, welches Galilei zuerst als Fallgesetz vermutete. Die Betrachtung läßt sich also wie oben (S. 275) weiterführen.

4. Die Gleichung 1 der lebendigen Kräfte kann immer angewendet werden, wenn für die bewegten Körper der *ganze Weg* und die Kraft, welche in jedem Wegelement ins Spiel kommt, bekannt ist. Es hat sich aber durch die Arbeiten von Euler, Daniel Bernoulli und Lagrange herausgestellt, daß es Fälle gibt, in welchen man den Satz der lebendigen Kräfte anwenden kann, ohne den *Verlauf* der Bewegung zu kennen. Wir werden später sehen, daß sich auch Clairaut in dieser Richtung ein Verdienst erworben hat.

Schon Galilei wußte, daß die Geschwindigkeit eines schweren fallenden Körpers nur von der *durchsetzten Vertikalhöhe* abhängt, nicht von dem Wege oder der *Form* der Bahn, welche er durchlaufen hat. Huygens findet die lebendige Kraft eines schweren Massensystems von den *Vertikalhöhen* der Massen abhängig. Euler konnte einen Schritt weiter gehen. Wird ein Körper K gegen ein festes Zentrum C nach irgendeinem Gesetz angezogen, so läßt sich der Zuwachs der lebendigen Kraft bei geradliniger Annäherung aus der Anfangs- und Endentfernung (r_0, r_1) berechnen (Fig. 177a). Derselbe Zuwachs ergibt

Die weitere Verwendung der Prinzipien usw.

sich aber, wenn K überhaupt aus der Entfernung r_0 in die Entfernung r_1 übergeht, unabhängig von der *Form des Weges* KB. Denn nur auf die radialen Verschiebungselemente entfallen Arbeitselemente, und zwar dieselben wie zuvor.

Wird K gegen mehrere feste Zentren $C, C', C'' \ldots$ gezogen, so hängt der Zuwachs der lebendigen Kraft von den Anfangsentfernungen $r_0, r_0', r_0'' \ldots$ und von den Endentfernungen $r_1, r_1', r_1'', \ldots$, also von der Anfangs*lage* und End*lage* von K

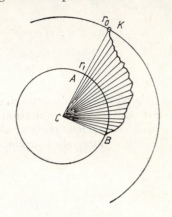

Fig. 177a

ab. Daniel Bernoulli hat diese Überlegung noch weiter geführt und gezeigt, daß auch bei *gegenseitigen* Anziehungen beweglicher Körper die Änderung der lebendigen Kraft nur durch die Anfangs*lagen* und End*lagen* dieser Körper bestimmt ist. Für die *analytische* Behandlung der hierher gehörigen Aufgaben hat Lagrange am meisten getan. Verbindet man einen Punkt mit den Koordinaten a, b, c, mit einem Punkt mit den Koordinaten x, y, z, bezeichnet mit r die Länge der Verbindungslinie und mit α, β, γ deren Winkel mit den Achsen der x, y, z, so ist nach der Bemerkung von Lagrange

$$\cos \alpha = \frac{x-a}{r} = \frac{dr}{dx}, \quad \cos \beta = \frac{y-b}{r} = \frac{dr}{dy},$$

$$\cos \gamma = \frac{z-c}{r} = \frac{dr}{dz},$$

weil

$$r^2 = (x-a)^2 + (y-b)^2 + (z-c)^2.$$

Ist also $f(r) = d \cdot \dfrac{F(r)}{dr}$ die Kraft zwischen beiden Punkten, so sind die Komponenten

$$X = f(r) \cos \alpha = \frac{dF(r)\,dr}{dr\,dx} = \frac{dF(r)}{dx},$$

$$Y = f(r) \cos \beta = \frac{dF(r)}{dr} \frac{dr}{dy} = \frac{dF(r)}{dy},$$

$$Z = f(r) \cos \gamma = \frac{dF(r)}{dr} \frac{dr}{dz} = \frac{dF(r)}{dz}.$$

Die Kraftkomponenten sind also die partiellen Ableitungen *einer und derselben* Funktion von r oder der Koordinaten der sich anziehenden Punkte. Auch wenn mehrere Punkte in Wechselwirkung sind, ergibt sich

$$X = \frac{dU}{dx}$$

$$Y = \frac{dU}{dy}$$

$$Z = \frac{dU}{dz},$$

wobei U eine Funktion der Koordinaten der Punkte ist, welche später von Hamilton *Kraftfunktion* genannt worden ist.

Formen wir mit Hilfe der gewonnenen Anschauungen und unter den gegebenen Voraussetzungen die Gleichung 1 für rechtwinklige Koordinaten um, so erhalten wir

$$\Sigma \int (X dx + Y dy + Z dz) = \Sigma \frac{1}{2} m (v^2 - v_0^2)$$

oder weil der Ausdruck links ein vollständiges Differential ist,

$$\Sigma \left(\int \frac{dU}{dx} dx + \frac{dU}{dy} dy + \frac{dU}{dz} dz \right)$$
$$= \Sigma \int dU = \Sigma(U_1 - U_0) = \Sigma \frac{1}{2} m (v^2 - v_0^2),$$

wobei U_1 eine Funktion der Endwerte, U_0 *dieselbe* Funktion der Anfangswerte der Koordinaten ist. Die Gleichung hat sehr viele Anwendungen erfahren und drückt nur die Erkenntnis aus, daß unter den bezeichneten Umständen die *Arbeiten* und demnach auch die *lebendigen Kräfte* nur von den *Lagen* oder Koordinaten der Körper *abhängen*.

Denkt man sich alle Massen fixiert und nur eine einzige bewegt, so ändert sich die geleistete Arbeit nur nach Maßgabe von U. Die Gleichung $U=$ Konst. stellt eine sogenannte Niveaufläche (oder Fläche gleicher Arbeit) vor. Eine Bewegung *in derselben* führt keine Arbeitsleistung herbei.

7. *Der Satz des kleinsten Zwanges*

1. Gauß hat (Crelles „Journal für Mathematik", IV, 1829, S. 233) ein neues Gesetz der Mechanik, den Satz des *kleinsten Zwanges* ausgesprochen. Er bemerkt, daß bei der Form, welche die Mechanik historisch angenommen hat, die Dynamik sich auf die Statik gründet (wie z. B. der D'Alembertsche Satz auf das Prinzip der virtuellen Verschiebungen), während man eigentlich erwarten sollte, daß auf der höchsten Stufe der Wissenschaft die Statik sich als ein spezieller Fall der Dynamik darstellen würde. Der zu besprechende Gaußsche Satz ist nun von der Art, daß er sowohl *dynamische* als *statische* Fälle umfaßt; er entspricht also in dieser Richtung der Forderung der wissenschaftlichen und logischen Ästhetik. Es wurde schon bemerkt, daß dies eigentlich auch beim D'Alembertschen Satz in der Lagrangeschen Form und bei der angeführten Ausdrucksweise zutrifft. Ein *wesentlich neues* Prinzip der Mechanik, bemerkt Gauß, könne nicht mehr aufgestellt werden, was aber die Auffindung neuer Gesichtspunkte, von welchen aus die mechanischen Vorgänge betrachtet werden können, nicht ausschließt. Ein solcher *neuer Gesichtspunkt* wird nun durch den Gaußschen Satz angegeben.

2. Es seien m, m' ... Massen, die sich in irgendwelchen Verbindungen befinden (Fig. 177b). Wären die Massen *frei*, so würden sie durch die angreifenden Kräft ein einem sehr kleinen Zeitelement die Wege ab, $a'b'$ ... zurücklegen, während sie infolge der *Verbindungen* in demselben Zeitelement die Wege ac, $a'c'$ ... beschreiben. Die Bewegung der verbundenen Punkte findet nun nach dem Gaußschen Satz so

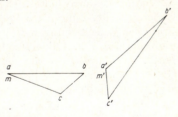

Fig. 177b

statt, daß bei der *wirklichen* Bewegung die Summe
$$m(bc)^2 + m'(b'c')^2 + \ldots = \Sigma m(bc)^2$$
ein *Minimum* wird, d. h. kleiner ausfällt als bei jeder andern bei *denselben* Verbindungen denkbaren Bewegung. Wenn *jede* Bewegung eine größere Summe $\Sigma m(bc)^2$ darbietet als die Ruhe, so besteht *Gleichgewicht*. Der Satz schließt also statische und dynamische Fälle in gleicher Weise ein.

Wir können die Summe $\Sigma m(bc)^2$ kurz die *Abweichungssumme* oder die Abweichung von der ungehinderten Bewegung nennen. Daß bei Bildung der Abweichungssumme die im System vorhandenen Geschwindigkeiten aus der Betrachtung fallen, weil durch dieselben die relativen Lagen von a, b, c nicht geändert werden, liegt auf der Hand.

3. Der neue Satz vermag den D'Alembertschen zu ersetzen und läßt sich, wie Gauß zeigt, aus dem letztern ableiten, wodurch die Gleichwertigkeit beider Sätze nachgewiesen ist. Die *angreifenden* Kräfte führen die freie Masse m in einem Zeitelement durch ab, die *wirklichen* Kräfte dieselbe Masse vermöge der Verbindungen in derselben Zeit durch ac. Wir zerlegen ab in ac und cb (Fig. 178).

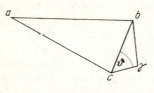

Fig. 178

Dies führen wir für alle Massen aus. Die Kräfte, welche den Wegen cb, $c'b'$ ... entsprechen und welche denselben proportional sind, werden also vermöge der Verbindungen nicht wirksam, sondern halten sich an den Verbindungen das Gleichgewicht. Führen wir von den Endlagen c, c', c'' ... die virtuellen Verschiebungen $c\gamma, c'\gamma', \ldots$ aus, welche mit $cb, c'b'$ ... die Winkel ϑ, ϑ' ... bilden, so läßt sich, da den $cb, c'b'$ ... proportionale Kräfte (nach dem D'Alembertschen Satz) im Gleichgewicht sind, das Prinzip der virtuellen Verschiebungen anwenden. Es ist also

$$\Sigma mcb \cdot c\gamma \cos \vartheta \gtreqless 0. \tag{1}$$

Nun haben wir
$$(b\gamma)^2 = (bc)^2 + (c\gamma)^2 - 2bc \cdot c\gamma \cos \vartheta$$
$$(b\gamma)^2 - (bc)^2 = (c\gamma)^2 - 2bc \cdot c\gamma \cos \vartheta$$
$$\Sigma m(b\gamma)^2 - \Sigma m(bc)^2 = \Sigma m(c\gamma)^2 - 2\Sigma mbc \cdot c\gamma \cos \vartheta \tag{2}$$

Da nun nach 1 das zweite Glied der rechten Seite der Gleichung 2 nur $=0$ oder *negativ* sein kann, die $\Sigma m(c\gamma)^2$ also durch die Subtraktion nie vermindert, sondern nur *vermehrt* werden kann, so ist auch die linke Seite von 2 stets positiv, also $\Sigma m(b\gamma)^2$ immer größer als $\Sigma m(bc)^2$, d. h. jede denkbare Abweichung von der ungehinderten Bewegung ist immer größer als diejenige, welche wirklich stattfindet.

4. Wir wollen den Abweichungsweg bc für das sehr kleine Zeitelement τ kürzer mit s bezeichnen und mit Scheffler (Schlömilchs „Zeitschrift für Mathematik", III, 197) bemerken, daß $s = \dfrac{\gamma \tau^2}{2}$, wobei γ die Beschleunigung bedeutet, und daß folglich die Abweichungssumme $\Sigma m s^2$ auch in den Formen

$$\Sigma m \cdot s \cdot s = \frac{\tau^2}{2} \Sigma m \gamma \cdot s = \frac{\tau^2}{2} \Sigma p \cdot s = \frac{\tau^4}{4} \Sigma m \gamma^2$$

dargestellt werden kann. Hierin bedeutet p die von der *freien* Bewegung *ablenkende* Kraft. Da der konstante Faktor auf die Minimumbestimmung keinen Einfluß hat, so können wir sagen, die Bewegung findet so statt, daß

$$\Sigma m s^2 \qquad (1)$$

oder

$$\Sigma p s \qquad (2)$$

oder

$$\Sigma m \gamma^2 \qquad (3)$$

ein Minimum wird.

5. Wir wollen zunächst die dritte Form zur Behandlung einiger Beispiele verwenden. Als erstes Beispiel wählen wir wieder die Bewegung des Wellrades durch Überwucht mit den schon mehrmals verwendeten Bezeichnungen (Fig. 179). Wir haben die wirkliche Beschleunigung γ von P und γ' von Q so zu bestimmen, daß

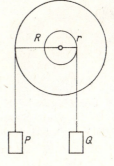

Fig. 179

$\dfrac{P}{g}(g-\gamma)^2 + \dfrac{Q}{g}(g-\gamma')^2$ ein Minimum wird, oder da $\gamma' = -\gamma\dfrac{r}{R}$, daß $P(g-\gamma)^2 + Q\left(g+\gamma\dfrac{r}{R}\right)^2 = N$ den kleinsten Wert annimmt. Setzen wir zu diesem Zweck

$$\frac{dN}{d} = P(g-\gamma) + Q\left(g+\gamma\frac{r}{R}\right)\frac{r}{R} = 0,$$

so findet sich $\gamma = \dfrac{PR-Qr}{PR^2+Qr^2}Rg$, wie bei den frühern Behandlungsweisen derselben Aufgabe.

Die Fallbewegung auf der schiefen Ebene diene als zweites Beispiel. Hierbei verwenden wir die erste Form Σms^2. Da wir nur mit *einer* Masse zu tun haben, so suchen wir jene Fallbeschleunigung γ für die schiefe Ebene, durch welche das Quadrat des Abweichungsweges (s^2) ein Minimum wird. Es ist (Fig. 180)

$$s^2 = \left(g\frac{\tau^2}{2}\right)^2 + \left(\gamma\frac{\tau^2}{2}\right)^2 - 2\left(g\frac{\tau^2}{2}\cdot\gamma\frac{\tau^2}{2}\right)\sin\alpha,$$

und indem wir $\dfrac{d(s^2)}{d\gamma} = 0$ setzen, finden wir mit Hinweglassung der konstanten Faktoren

$$2\gamma - 2g\sin\alpha = 0 \quad \text{oder} \quad \gamma = g\cdot\sin\alpha,$$

wie es aus den Galileischen Untersuchungen bekannt ist.

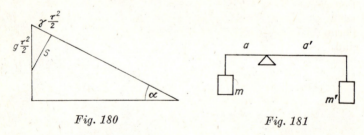

Fig. 180   *Fig. 181*

Daß der Gaußsche Satz auch *Gleichgewichtsfälle* begreift, möge das folgende Beispiel zeigen. An den Hebelarmen a, a' (Fig. 181) befinden sich die *schweren* Massen m, m'. Der Satz fordert, daß $m(g-\gamma)^2 + m'(g-\gamma')^2$ ein Minimum werde. Nun ist $\gamma' = -\gamma\dfrac{a'}{a}$. Wenn aber die Massen den Hebelarmen ver-

Die weitere Verwendung der Prinzipien usw.

kehrt proportioniert sind, so ist $\frac{m}{m'} = \frac{a'}{a}$ und $\gamma' = -\gamma\,\frac{m}{m'}$. Demnach soll $m\,(g-\gamma)^2 + m'\left(g+\gamma\,\frac{m}{m'}\right)^2 = N$ ein Minimum werden. Aus der Gleichung $\frac{dN}{d\gamma} = 0$ ergibt sich $m\left(1+\frac{m}{m'}\right)\gamma = 0$ oder $\gamma = 0$. Das *Gleichgewicht* bietet also in diesem Falle die *kleinste Abweichung von* der *freien Bewegung*.

Jeder *neu aufgelegte* Zwang vermehrt die Abweichungssumme, aber immer so wenig als möglich. Werden zwei oder mehrere Systeme miteinander verbunden, so findet die Bewegung mit der *kleinsten* Abweichung von den Bewegungen der *unverbundenen* Systeme statt.

Vereinigen wir z. B. mehrere einfache Pendel zu einem linearen zusammengesetzten Pendel, so schwingt dieses mit der *kleinsten* Abweichung von der Bewegung der *einzelnen* Pendel. Für die Exkursion α hat das einfache Pendel die Beschleunigung $g \cdot \sin \alpha$ in seiner Bahn (Fig. 182). Bezeichnet $\gamma \cdot \sin \alpha$ die Beschleunigung, welche derselben Exkursion in der Entfernung 1 von der Achse am zusammengesetzten Pendel entspricht, so wird $\Sigma m\,(g \sin \alpha - r\gamma \sin \alpha)^2$ oder $\Sigma m\,(g-r\gamma)^2$ ein Minimum. Demnach ist $\Sigma m\,(g-r\gamma)r = 0$ und $\gamma = g\,\frac{\Sigma mr}{\Sigma mr^2}$. Die Aufgabe erledigt sich daher in der einfachsten Weise, aber freilich nur weil in dem Gaußschen Satze schon alle die *Erfahrungen* stecken, welche von Huygens, den Bernoullis und andern im Laufe der Zeit gesammelt worden sind.

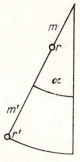
Fig. 182

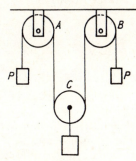
Fig. 183

6. Die *Vergrößerung* der Abweichung von der freien Bewegung durch jeden *neu aufgelegten* Zwang läßt sich durch folgende Beispiele erläutern. Über zwei fixe Rollen, A, B und eine bewegliche Rolle C ist ein Faden geschlungen, der beiderseits mit P belastet ist, während an der beweglichen Rolle das Gewicht $2P+p$ hängt (Fig. 183). Die bewegliche Rolle sinkt dann mit der Beschleunigung $\frac{p}{4P+p} \cdot g$. Stellen wir die Rolle A fest, so legen wir dem System einen neuen Zwang auf, und die Abweichung von der freien Bewegung wird vergrößert. Die an B hängende Last ist dann als vierfache Masse in Rechnung zu bringen, weil sie sich mit der doppelten Geschwindigkeit bewegt. Die bewegliche Rolle sinkt mit der Beschleunigung $\frac{p}{6P+p} \cdot g$. Eine leichte Rechnung zeigt, daß im zweiten Fall die Abweichungssumme größer ist als im ersten.

Eine Anzahl n gleicher Gewichte p sind auf einer glatten Horizontalebene an n beweglichen Rollen befestigt, über welche in der aus der Figur 184 ersichtlichen Weise eine Schnur gezogen und am freien Ende mit p belastet ist. Je nachdem *alle* Rollen *beweglich*, oder *alle bis auf eine fixiert* sind, erhalten wir mit Rücksicht auf das Geschwindigkeitsverhältnis der Massen in bezug auf das bewegende $\frac{4n}{1+4n} g$ beziehungsweise $\frac{4}{5} g$. Wenn alle $n+1$ Massen beweglich sind, erhält die Abweichungssumme den Wert $\frac{pg}{4n+1}$, welcher größer wird, wenn man n, die Zahl der beweglichen Massen, verkleinert.

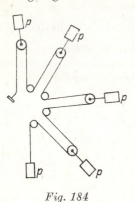

Fig. 184

7. Wir denken uns einen Körper vom Gewicht Q auf einer Horizontalebene auf Rollen beweglich und durch eine schiefe Ebene begrenzt. Auf der schiefen Ebene liegt ein Körper vom Gewicht P. Man erkennt schon *instinktiv*, daß P mit

Die weitere Verwendung der Prinzipien usw.

größerer Beschleunigung sinkt, wenn Q *beweglich* ist und ausweichen kann, als wenn Q fixiert wird, also die Fallbewegung von P mehr hindert. Der Falltiefe h von P soll eine Horizontalgeschwindigkeit v und eine Vertikalgeschwindigkeit u von P, hingegen eine Horizontalgeschwindigkeit w von Q entsprechen. Wegen der Erhaltung der Quantität der Horizontalbewegung (bei welcher nur innere Kräfte wirken) ist

$$P \cdot v = Q \cdot w$$

und aus einleuchtenden geometrischen Gründen (Fig. 185) ist ferner

$$u = (v + w)\, \text{tang}\ \alpha\, .$$

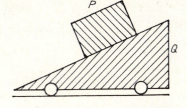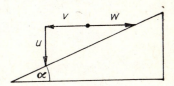

Fig. 185

Die Geschwindigkeiten sind demnach

$$u = u$$
$$v = \frac{Q}{P+Q}\, \cot \alpha \cdot u,$$
$$w = \frac{P}{P+Q}\, \cot \alpha \cdot u.$$

Mit Rücksicht auf die geleistete Arbeit Ph liefert der Satz der lebendigen Kräfte die Gleichung

$$Ph = \frac{P}{g}\frac{u^2}{2} + \frac{P}{g}\left(\frac{Q}{P+Q}\, \cot \alpha\right)^2 \frac{u^2}{2} + \frac{Q}{g}\left(\frac{P}{P+Q}\, \cot \alpha\right)^2 \frac{u^2}{2}.$$

Hebt man $\dfrac{PQ}{P+Q}\cot \alpha^2$ als Faktor heraus und führt die sich ergebenden Kürzungen aus, so erhält man

$$gh = \left(1 + \frac{Q}{P+Q}\frac{\cos \alpha^2}{\sin \alpha^2}\right)\frac{u^2}{2}.$$

Um die *Vertikal*beschleunigung γ zu finden, mit welcher die Falltiefe h zurückgelegt wurde, bemerken wir, daß $h = \dfrac{u^2}{2\gamma}$. Führt man diesen Wert für h in die letzte Gleichung ein, so findet sich

$$\gamma = \frac{(P+Q)\sin\alpha^2}{P\sin\alpha^2 + Q} \cdot g.$$

Für $Q = \infty$ wird $\gamma = g \sin\alpha^2$ wie auf einer *festen* schiefen Ebene. Für $Q = 0$ wird $\gamma = g$ wie im freien Fall. Für $\sin\alpha = 1$ ist $\gamma = g$ wie im freien Fall. Für endliche Werte von $Q = mP$ erhalten wir für

$$\gamma = \frac{(1+m)\sin\alpha^2}{m + \sin\alpha^2} \cdot g > g\sin\alpha^2,$$

weil

$$\frac{1+m}{\sin\alpha^2 + m} > 1.$$

Die Fixierung von Q als neu aufgelegter Zwang *vergrößert* also die Abweichung von der freien Bewegung.

Wir haben zur Ableitung von γ in dem eben betrachteten Fall den Satz der Erhaltung der Quantität der Bewegung und den Satz der lebendigen Kräfte verwendet. Den Gaußschen Satz anwendend, würden wir denselben Fall in folgender Weise behandeln. Den mit u, v, w bezeichneten Geschwindigkeiten entsprechen die Beschleunigungen γ, δ, ε. Mit Rücksicht darauf, daß nur der Körper P im freien Zustand die *Vertikal*beschleunigung g haben würde, die übrigen Beschleunigungen aber den Wert $= 0$ annehmen würden, haben wir

$$\frac{P}{g}(g-\gamma)^2 + \frac{P}{g}\delta^2 + \frac{Q}{g}\varepsilon^2 = N$$

zu einem Minimum zu machen. Da die ganze Aufgabe nur einen Sinn hat, solange die Körper P und Q sich berühren, solange also $\gamma = (\delta + \varepsilon)\tan\alpha$, so erhalten wir

$$N = \frac{P}{g}[g - (\delta + \varepsilon)\operatorname{tang}\alpha]^2 + \frac{P}{g}\delta^2 + \frac{Q}{g}\varepsilon^2.$$

Bilden wir die Differentialquotienten nach den beiden noch vorhandenen unabhängigen Veränderlichen δ und ε, so findet

sich
$$\frac{dN}{d\delta}=0 \quad \text{und} \quad \frac{dN}{d\varepsilon}=0,$$
oder
$$-[g-(\delta+\varepsilon)\,tg\,\alpha]\,P\,tg\,\alpha+P\delta=0$$
und
$$-[g-(\delta+\varepsilon)\,tg\,\alpha]\,P\,\text{tg}\,\alpha+Q\varepsilon=0\,.$$

Aus diesen beiden Gleichungen folgt unmittelbar $P\delta-Q\varepsilon=0$ und schließlich für γ derselbe Wert, den wir oben erhalten haben.

Dieselbe Aufgabe wollen wir noch aus einem andern Gesichtspunkt betrachten. Der Körper P legt unter dem Winkel β gegen den Horizont den Weg s zurück, dessen Horizontal- und Vertikalkomponenten v und u seien, während Q den Horizontalweg w beschreibt. Die Kraftkomponente, welche nach der Richtung von s wirkt, ist $P\cdot\sin\beta$, demnach die Beschleunigung nach dieser Richtung mit Rücksicht auf die relativen Bewegungsgeschwindigkeiten der Körper P und Q

$$\frac{P\cdot\sin\beta}{\dfrac{P}{g}+\dfrac{Q}{g}\left(\dfrac{w}{s}\right)^2}\,.$$

Mit Rücksicht auf die sich unmittelbar ergebenden Gleichungen
$$Qw=Pv$$
$$v=s\cos\beta$$
$$u=v\,\text{tg}\,\beta$$

findet man die Beschleunigung nach s
$$\frac{Q\sin\beta}{Q+P\cos\beta^2}g$$

und die zugehörige Vertikalbeschleunigung
$$\gamma=\frac{Q\sin\beta^2}{Q+P\cos\beta^2}\cdot g,$$

welcher Ausdruck, sobald wir durch Verwendung der bereits angeführten Gleichung $u=(v+w)\,\text{tg}\,\alpha$ für die Winkelfunktionen von β jene von α einsetzen, wieder die schon angegebene

Form annimmt. Mit Hilfe des erweiterten Begriffs der Trägheitsmomente gelangen wir also zu demselben Ergebnis.

Endlich wollen wir dieselbe Aufgabe in der direktesten Weise behandeln. Der Körper P fällt auf der beweglichen schiefen Ebene nicht mit der Vertikalbeschleunigung g wie im freien Fall, sondern mit der Vertikalbeschleunigung γ. Er erleidet also eine vertikale Gegenkraft $\dfrac{P}{g}(g-\gamma)$. Da P und Q, von der Reibung abgesehen, nur durch einen gegen die schiefe Ebene *normalen* Druck S aufeinander wirken können, so ist

$$\frac{P}{g}(g-\gamma) = S \cos \alpha$$

und

$$S \sin \alpha = \frac{Q}{g}\varepsilon = \frac{P}{g}\delta.$$

Hieraus folgt

$$\frac{P}{g}(g-\gamma) = \frac{Q}{g}\varepsilon \cot \alpha$$

und mit Hilfe von

$$= (\delta + \varepsilon)\, \text{tang}\, \alpha$$

schließlich wie oben

$$\gamma = \frac{(P+Q)\sin \alpha^2}{P \sin \alpha^2 + Q}\, g \qquad (1)$$

$$\delta = \frac{Q \sin \alpha \cos \alpha}{P \sin \alpha^2 + Q}\, g \qquad (2)$$

$$\varepsilon = \frac{P \sin \alpha \cos \alpha}{P \sin \alpha^2 + Q}\, g \qquad (3)$$

Setzen wir $P = Q$ und $\alpha = 45°$, so finden wir für diesen Spezialfall $\gamma = \dfrac{2}{3}g$, $\delta = \dfrac{1}{3}g$, $\varepsilon = \dfrac{1}{3}g$. Für $\dfrac{P}{g} = \dfrac{Q}{g} = 1$ findet sich die Abweichungssumme $= \dfrac{g^2}{3}$. Fixiert man die schiefe Ebene, so findet sich die entsprechende Summe $= \dfrac{g^2}{2}$. Würde sich der Körper P auf einer fixen schiefen Ebene von der Elevation β, wobei $\text{tg}\, \beta = \dfrac{\gamma}{\delta}$, also in derselben Bahn bewegen, in welcher er sich auf der beweglichen Ebene bewegt, so wäre die Abweichungssumme nur $\frac{g^2}{5}$. Er wäre dann aber auch wirklich weniger behindert, als wenn er durch *Verschieben* von Q dieselbe Beschleunigung erlangte.

8. Die behandelten Beispiele haben wohl bereits fühlbar gemacht, daß eine *wesentlich neue* Einsicht durch den Gaußschen Satz *nicht* geboten wird. Verwenden wir die Form 3 des Satzes, indem wir alle Kräfte und Beschleunigungen nach den drei zueinander senkrechten Koordinatenrichtungen zerlegen und den Buchstaben dieselbe Bedeutung geben wie in Gleichung 1 (S. 371), so tritt an die Stelle der Abweichungssumme $\Sigma m \gamma^2$ der Ausdruck

$$N = \Sigma m \left[\left(\frac{X}{m} - \xi\right)^2 + \left(\frac{Y}{m} - \eta\right)^2 + \left(\frac{Z}{m} - \zeta\right)^2 \right] \qquad (4)$$

und wegen der Minimumbedingung

$$dN = 2\Sigma m \left[\left(\frac{X}{m} - \xi\right) d\xi + \left(\frac{Y}{m} - \eta\right) d\eta + \left(\frac{Z}{m} - \zeta\right) d\xi \right] = 0$$

oder

$$\Sigma [(X - m\xi) d\xi + (Y - m\eta) d\eta + (Z - m\zeta) d\zeta] = 0 \ .$$

Bestehen keine Verbindungen, so liefern die Koeffizienten der alsdann willkürlichen $d\xi$, $d\eta$, $d\zeta$, einzeln $= 0$ gesetzt, die Bewegungsgleichungen. Bestehen aber Verbindungen, so haben wir zwischen $d\xi$, $d\eta$, $d\xi$ dieselben Relationen wie oben in Gleichung 1 (S. 371) zwischen dx, δy, δz. Die Bewegungsgleichungen werden dieselben, wie dies die Behandlung *desselben* Beispiels nach dem D'Alembertschen und Gaußschen Satz sofort lehrt. Der erstere Satz liefert nur die Bewegungsgleichungen unmittelbar, der zweite erst durch Differentiieren. Sucht man nach einem Ausdruck, welcher durch Differentiieren die D'Alembertschen Gleichungen liefert, so kommt man von selbst auf den Gaußschen Satz. Der Satz ist also nur in der *Form* und nicht in der *Sache* neu. Auch den Vorzug, statische *und* dynamische Aufgaben zu umfassen, hat er vor der Lagrangeschen Form des D'Alembertschen Satzes nicht voraus, wie dies schon bemerkt wurde.

Einen mystischen oder *metaphysischen* Grund des Gaußschen Satzes brauchen wir nicht zu suchen.[83] Wenn auch der Ausdruck „*kleinster Zwang*" sehr ansprechend ist, so fühlen wir doch sofort, daß mit dem Namen noch nichts Faßbares gegeben ist. Die Antwort auf die Frage, *worin* dieser Zwang besteht, können wir nicht bei der Metaphysik, sondern nur bei den Tatsachen holen. Der Ausdruck 2 (S. 371) oder 4 (S. 389), welcher ein Minimum wird, stellt die *Arbeit* dar, welche in einem Zeitelement die Abweichung der gezwungenen Bewegung von der freien hervorbringt. Diese *Abweichungsarbeit* ist bei der wirklichen Bewegung kleiner als bei jeder andern denkbaren.

9. Haben wir die *Arbeit* als das Bewegungsbestimmende erkannt, haben wir den Sinn des Prinzips der virtuellen Verschiebungen so verstanden, daß nur da keine Bewegung eintritt, wo keine Arbeit geleistet werden kann, so macht es uns auch keine Schwierigkeit zu erkennen, daß umgekehrt jede Arbeit, die in einem Zeitelement geleistet werden *kann*, auch *wirklich* geleistet wird. Die Arbeitsverminderung durch die Verbindungen in einem Zeitelement beschränkt sich also auf den durch die *Gegenarbeiten* aufgehobenen Teil. Es ist also wieder nur eine neue Seite einer bereits bekannten Tatsache, die uns hier begegnet.

Das erwähnte Verhältnis tritt schon in den einfachsten Fällen hervor. Zwei Massen m und m seien in A, die eine von der Kraft p, die andere von der Kraft q affiziert (Fig. 186). Verbinden wir sie miteinander, so folgt die Masse $2m$ der resultierenden Kraft r. Werden die Wege in einem Zeitelement für die freien Massen AC, AB dargestellt, so ist der Weg der verbundenen (doppelten) Masse $AO = \frac{1}{2} AD$. Die Abweichungssumme wird $m\,(\overline{OB}^2 + \overline{OC}^2)$. Sie ist kleiner, als wenn die Masse am Ende des Zeitelements in M oder gar in einem Punkt außerhalb BC, etwa in N, anlangen würde, wie sich dies in der einfachsten geometrischen Weise ergibt. Die Summe ist propor-

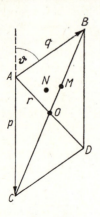

Fig. 186

tional dem Ausdruck $\dfrac{p^2+q^2+2pq\cos\vartheta}{2}$, der sich für gleiche entgegengesetzte Kräfte auf $2p^2$, für gleiche gleichgerichtete auf Null reduziert.

Zwei Kräfte p und q mögen dieselbe Masse ergreifen. Die Kraft q werde parallel und senkrecht zur Richtung von p in r und s zerlegt. Die Arbeiten in einem Zeitelement sind den Quadraten der Kräfte proportional und ohne Verbindung durch $p^2+q^2=p^2+r^2+s^2$ ausdrückbar. Wenn nun etwa r der Kraft p direkt entgegenwirkt, tritt eine Arbeitsverminderung ein, und die Summe wird $(p-r)^2+s^2$. Schon in dem Prinzip der Zusammensetzung der Kräfte oder der Unabhängigkeit der Kräfte voneinander liegen die Eigenschaften, welche der Gaußsche Satz verwertet. Man erkennt dies, wenn man sich alle Beschleunigungen gleichzeitig ausgeführt denkt. Lassen wir den verschwommenen Ausdruck in Worten fallen, so verschwindet auch der metaphysische Eindruck des Satzes. Wir sehen die einfache Tatsache und sind *enttäuscht,* aber auch *aufgeklärt.*

10. Die hier gegebenen Aufklärungen über das Gaußsche Gesetz sind großenteils schon in der oben zitierten Abhandlung von Scheffler enthalten. Jene Ansichten Schefflers, mit welchen wir nicht ganz einverstanden sein konnten, haben wir hier stillschweigend modifiziert. So können wir z. B. das von ihm selbst aufgestellte Prinzip nicht als ein *neues* gelten lassen, denn es ist sowohl der Form als auch dem Sinne nach mit dem D'Alembert-Lagrangeschen *identisch.*

Tiefgehende Untersuchungen über das Gaußsche Prinzip enthält die Abhandlung von Lipschitz, „Bemerkungen zu dem Prinzip des kleinsten Zwanges" (Borchardt, Journal f. reine u. angew. Mathematik, LXXXII, 1877, S. 316). Viele elementare Beispiele finden sich hingegen bei K. Hollefreund, „Anwendungen des Gaußschen Prinzips vom kleinsten Zwange" (Berlin 1897). Über das hier besprochene Prinzip und verwandte Prinzipien sehe man nach *Ostwalds* Klassiker, Nr. 167: „Abhandlungen über die Prinzipien der Mechanik von Lagrange, Rodriguez, Jacobi und Gauß, herausgegeben von Philipp E. B. *Jourdain"* (Leipzig 1908). Die Anmerkungen Jourdains S. 31—68 gehen wohl über das Bedürfnis der ersten Orientierung hinaus, welche sich das hier vorliegende Elementarbuch zum Ziel setzte.

11. Das oben unter 9. Gesagte bedarf einer Ergänzung. Haben die Massen des Systems keine Geschwindigkeit, so treten die wirklichen Bewegungen nur im Sinne der mit den Systembedingungen verträglichen möglichen Arbeit ein (C. Neumann, Ber. d. Kgl. Sächs. Gesellsch. d. Wissensch., XLIV, 1892, S. 184). Sind aber die Massen mit Geschwindigkeiten behaftet, welche den angreifenden Kräften auch entgegengerichtet sein können, so superponieren sich die durch die Geschwindigkeiten und Kräfte bestimmten Bewegungen (Boltzmann in Wiedemanns Ann., LVII, 1896, S. 45), und das Ostwaldsche Maximumprinzip („Lehrbuch d. allgem. Chemie", II, 1, 1892, S. 37) ist nach Zempléns trefflicher, allgemein verständlicher Bemerkung (Ann. d. Physik, X, 1903, S. 428) zur Beschreibung *mechanischer* Vorgänge ungeeignet, weil es die *Trägheit* der Massen nicht beachtet. Dennoch bleibt es richtig, daß die mit den Umständen verträglichen Arbeiten sich verwirklichen. Mein vor 1882 abgefaßter Text konnte natürlich die zehn Jahre später auftretenden Ansätze einer energetischen Mechanik nicht berücksichtigen. Übrigens kann ich diesen Versuchen nicht mit der Geringschätzung gegenüberstehen, welche sie gelegentlich erfahren haben. Auch die alte „klassische" Mechanik hat ihre heutige Form nicht ohne analoge gelegentliche Irrwege erreicht. Namentlich gegen Helms Fassung („Die Energetik", 1898, S. 205—252) wird kaum Erhebliches einzuwenden sein. Vgl. meine Darlegung der Gleichberechtigung des Arbeit- und Kraftbegriffs (Ber. d. Wiener Akad., Dezember 1873), sowie viele Stellen der „Mechanik", insbesondere S. 275 f.

8. *Der Satz der kleinsten Wirkung*

1. Maupertuis hat (1747) einen Satz ausgesprochen, welchen er „principe de la moindre quantité d' action", Prinzip der *kleinsten Wirkung*, nennt.[84] Dieses Prinzip bezeichnet er als der Weisheit des Schöpfers besonders angemessen. Als Maß der Wirkung betrachtet er das Produkt aus Masse, Geschwindigkeit und Weg eines Körpers, mvs, man sieht allerdings nicht *warum*. Unter Masse und Geschwindigkeit kann man bestimmte Größen verstehen, nicht so aber unter dem Weg, wenn nicht

angegeben wird, in welcher Zeit derselbe zurückgelegt wird. Meint man aber die Zeiteinheit, so ist die Unterscheidung von Weg und Geschwindigkeit in den von Maupertuis behandelten Fällen sonderbar. Es scheint, daß Maupertuis durch eine unklare Vermischung seiner Gedanken über die lebendigen Kräfte und das Prinzip der virtuellen Verschiebungen zu dem verschwommenen Ausdruck gekommen ist, dessen Undeutlichkeit durch die Einzelheiten noch mehr hervortreten wird.

2. Wir wollen sehen, wie Maupertuis sein Prinzip anwendet. Sind M, m zwei unelastische Massen, C und c deren Geschwindigkeiten vor dem Stoße, u deren gemeinschaftliche Geschwindigkeiten nach dem Stoße, so fordert Maupertuis, indem er hier die Geschwindigkeiten statt der Wege eintreten läßt, daß die „Wirkung" bei Änderung der Geschwindigkeiten im Stoß ein Minimum sei. Es ist also

$M (C-u)^2 + m (c-u)^2$ ein Minimum und

$M (C-u) + m (c-u) = 0$, woraus

$$u = \frac{MC + mc}{M + m} \text{ folgt.}$$

Für den Stoß elastischer Massen haben wir bei gleicher Bezeichnung, wenn wir noch V und v für die beiden Geschwindigkeiten nach dem Stoße wählen,

$M (C-V)^2 + m (c-v)^2$ ein Minimum und

$$M (C-V) dV + m (c-v) dv = 0 \qquad (1)$$

Mit Rücksicht darauf, daß die Annäherungsgeschwindigkeit vor dem Stoße gleich ist der Entfernungsgeschwindigkeit der beiden Massen nach dem Stoße, haben wir

$C - c = -(V - v) \quad \text{oder}$

$$C + V - (c + v) = 0 \qquad (2)$$

$$\text{und} \quad dV - dv = 0 \qquad (3)$$

Die Verbindung der Gleichungen 1, 2 und 3 liefert sehr leicht die bekannten Ausdrücke für V und v. Wie man sieht, lassen sich diese beiden Fälle als Vorgänge auffassen, in welchen eine kleinste Änderung der lebendigen Kraft durch Gegenwirkung, also eine *kleinste Gegenarbeit* stattfindet. Sie fallen unter das Gaußsche Prinzip.

3. In eigentümlicher Weise leitet Maupertuis das *Hebelgesetz* ab. Zwei Massen M und m befinden sich an einer Stange a, welche durch den Drehpunkt in die Stücke x und $a-x$ geteilt ist (Fig. 187). *Erhält die Stange eine Drehung*, so sind die Geschwindigkeiten und Wege den Hebelarmen proportional, und es soll

Fig. 187

$$Mx^2 + m(a-x)^2 \text{ ein Minimum oder}$$

$$Mx - m(a-x) = 0 \text{ werden, woraus folgt}$$

$$x = \frac{ma}{M+m},$$

was im *Gleichgewichtsfall* wirklich erfüllt ist. Dagegen haben wir nun zu bemerken, daß erstens Massen ohne Schwere und ohne Kräfte, wie sie Maupertuis stillschweigend voraussetzt, immer im Geichgewicht sind, und daß zweitens aus der Deduktion folgen würde, daß das Prinzip der kleinsten Wirkung *nur im Gleichgewichtsfall* erfüllt ist, was zu beweisen doch nicht des Autors Absicht ist.

Wollte man die Behandlung dieses Falles mit dem vorigen in möglichste Übereinstimmung bringen, so müßte man annehmen, daß die *schweren* Massen M und m sich fortwährend die kleinstmögliche Änderung der lebendigen Kraft beibringen. Dann wäre, wenn wir die Hebelarme kurz mit a, b, die in der Zeiteinheit erlangten Geschwindigkeiten mit u und v, die Beschleunigung der Schwere mit g bezeichnen,

$$M(g-u)^2 + m(g-v)^2 \text{ ein Minimum oder}$$

$$M(g-u)du + m(g-v)dv = 0,$$

und wegen der Hebelverbindung

$$\frac{u}{a} = -\frac{v}{b}$$

$$du = -\frac{a}{b} dv,$$

aus welchen Gleichungen sofort richtig folgt

$$u = a \frac{Ma - mb}{Ma^2 + mb^2} g, \quad v = -b \frac{Ma - mb}{Ma^2 + mb^2} g,$$

und für den Gleichgewichtsfall $u = v = 0$

$$Ma - mb = 0.$$

Auch diese Ableitung also, wenn man dieselbe zu berichtigen sucht, führt zum Gaußschen Prinzip.

4. Auch die *Lichtbewegung* behandelt Maupertuis nach dem Vorgange von Fermat und Leibniz in seiner Weise, nimmt aber hier die kleinste Wirkung wieder in einem *ganz andern* Sinn. Für die Brechung soll der Ausdruck $m \cdot AR + n \cdot RB$ ein Minimum sein, wobei AR und RB die Lichtwege im ersten und zweiten Medium, m und n die zugehörigen Geschwindigkeiten bedeuten (Fig. 188). Allerdings erhält man, wenn R der Minimumbedingung entsprechend bestimmt wird, $\frac{\sin \alpha}{\sin \beta} = \frac{n}{m} = \text{konst.}$ Allein vorher bestand die „Wirkung" in der *Änderung* der Ausdrücke Masse × Geschwindigkeit × × Weg, hier besteht sie in der *Summe* derselben. Vorher kamen die in der *Zeiteinheit* zurückgelegten Wege, jetzt kommen die *überhaupt* durchlaufenen Wege in Betracht. Haben wir nicht $mAR - nRB$ oder $(m - n) \cdot (AR - RB)$ als ein Minimum zu betrachten, und warum nicht? Nimmt man aber auch die Maupertuissche Auffassung an, so kommen doch die reziproken Werte der Lichtgeschwindigkeiten statt der wirklichen zum Vorschein.

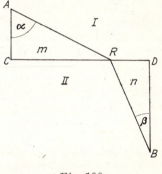

Fig. 188

Wie man sieht, kann von einem Maupertuisschen *Prinzip* eigentlich nicht die Rede sein, sondern nur von einer verschwommenen *symbolischen Formel*, welche mit Hilfe großer Ungenauigkeit und einiger Gewalt verschiedene bekannte Fälle unter einen Hut bringt. Es war notwendig hierauf einzugehen, weil Maupertuis' Leistung noch immer mit einem gewissen historischen Nimbus umgeben ist. Fast scheint es, als ob etwas von dem frommen Glauben der Kirche in die Mechanik übergegangen wäre. Doch ist Maupertuis' *Streben*, einen weitern Blick zu tun, wenn auch seine Kräfte nicht zureichen, nicht ganz erfolglos gewesen. Euler, vielleicht auch Gauß, ist durch diese Versuche *angeregt worden*.

5. Euler meint, man könne die Naturerscheinungen sowohl aus den *wirkenden* Ursachen wie aus dem *Endzweck* begreifen. Nimmt man den letztern Standpunkt ein, so wird man von vornherein vermuten, daß jede Naturerscheinung ein *Maximum* oder *Minimum* darbietet. Welcher Art dieses Maximum oder Minimum sei, kann allerdings durch metaphysische Betrachtungen schwer ermittelt werden. Löst man aber z. B. mechanische Aufgaben in der gewöhnlichen Weise, so kann man bei genügender Aufmerksamkeit den Ausdruck finden, welcher in allen Fällen zu einem Maximum oder Minimum wird. Euler wird also durch seinen metaphysischen Hang nicht irregeführt und geht viel *wissenschaftlicher* vor als Maupertuis. Er sucht einen Ausdruck, dessen Variation, $= 0$ gesetzt, die gewöhnlichen Gleichungen der Mechanik liefert.

Für *einen* Körper, der sich unter dem Einfluß von Kräften bewegt, findet Euler den gesuchten Ausdruck in der Form $\int v\,ds$, wobei ds das Wegelement und v die zu demselben gehörige Geschwindigkeit bedeutet. Dieser Ausdruck wird nämlich für die Bahn, welche der Körper *wirklich* einschlägt, kleiner als für jede andere unendlich nahe Nachbarbahn mit demselben Anfangs- und Endpunkte, welche man dem Körper *aufzwingen* möchte. Man kann also auch umgekehrt dadurch, daß man die Bahn sucht, welche $\int v\,ds$ zu einem Minimum macht, diese Bahn selbst bestimmen. Die Aufgabe $\int v\,ds$ zu einem Minimum zu machen, hat natürlich, wie dies Euler als selbstverständlich voraussetzt, nur einen Sinn, wenn v von dem Orte der Elemente ds abhängt, wenn also für die wirkenden Kräfte der Satz der lebendigen Kräfte gilt oder eine Kraftfunktion besteht, d. h. wenn v eine bloße Funktion der Koordinaten ist. Für die Bewegung in einer Ebene würde der Ausdruck dann die Form

$$\int \varphi(x, y) \sqrt{1 + \left(\frac{dy}{dx}\right)^2} \cdot dx$$

annehmen. In den einfachsten Fällen ist der Eulersche Satz leicht zu prüfen. Wirken keine Kräfte, so bleibt v konstant und die Bewegungskurve wird eine Gerade, für welche $\int v\,ds = v\int ds$ zweifellos *kürzer* wird als für jede andere Kurve zwischen *denselben* Endpunkten Auch ein Körper, der sich ohne Kräfte auf einer krummen Fläche ohne Reibung bewegt, behält auf derselben seine Geschwindigkeit bei und beschreibt auf der Fläche eine *kürzeste* Linie.

Betrachten wir die Bewegung eines geworfenen Körpers in einer Parabel ABC (Fig. 189), so ist auch für diese $\int v\,ds$ kleiner als für eine andere Nachbarkurve, ja selbst als für die Gerade ADC zwischen denselben Endpunkten. Die Geschwindigkeit hängt hier nur von der vertikalen Höhe ab, welche der Körper durchlaufen hat, sie ist also für alle Kurven in derselben Höhe über OC dieselbe. Teilen wir durch ein System von horizontalen Geraden die Kurven in entsprechende Elemente, so fallen zwar für die obern Teile der Geraden AD die mit denselben v zu multiplizierenden

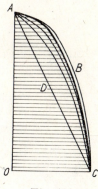

Fig. 189

Elemente kleiner aus als für AB, für die untern Teile DB, BC kehrt sich aber dieses Verhältnis um, und da gerade hier die größern v ins Spiel kommen, so fällt dennoch für ABC die Summe kleiner aus.

Legen wir den Anfangspunkt der Koordinaten nach A, rechnen wir die Abszisse x vertikal abwärts positiv, und nennen y die zu derselben senkrechte Ordinate, so ist

$$\int_0^x \sqrt{2g(a+x)}\sqrt{1+\left(\frac{dy}{dx}\right)^2}\cdot dx$$

zu einem Minimum zu machen, wobei g die Beschleunigung der Schwere und a die Falltiefe bedeutet, welche der Anfangsgeschwindigkeit entspricht. Die Variationsrechnung ergibt als Bedingung des Minimums

$$\frac{\sqrt{2g(a+x)}\,\dfrac{dy}{dx}}{\sqrt{1+\left(\dfrac{dy}{dx}\right)^2}}=C \quad\text{oder}$$

$$\frac{dy}{dx} = \frac{C}{\sqrt{2g\,(a+x) - C^2}} \quad \text{oder}$$

$$y = \int \frac{C\,dx}{\sqrt{2g\,(a+x) - C^2}}$$

und

$$y = \frac{C}{g}\sqrt{2g\,(a+x) - C^2} + C',$$

wobei C und C' Integrationskonstante bedeuten, welche in $C = \sqrt{2ga}$ und $C' = 0$ übergehen, wenn man für $x = 0$, $\dfrac{dx}{dy} = 0$ und $y = 0$ nimmt, wodurch $y = 2\sqrt{ax}$ wird. Man erhält also auf diesem Wege die bekannte parabolische Wurfbahn.

6. Lagrange hat später *ausdrücklich* hervorgehoben, daß der Eulersche Satz nur in jenen Fällen anwendbar ist, in welchen der Satz der lebendigen Kräfte gilt. Jacobi hat gezeigt, daß man eigentlich nicht behaupten kann, daß für die wirkliche Bewegung $\int v\,ds$ ein *Minimum* ist, sondern nur, daß die *Variation* dieses Ausdrucks beim Übergang zu einem unendlich nahen Nachbarweg $= 0$ wird. Diese Bedingung trifft wohl im *allgemeinen* mit einem Maximum oder Minimum zusammen, sie kann aber auch statthaben, *ohne* daß ein Maximum oder Minimum vorhanden ist, und die Minimumeigenschaft insbesondere hat gewisse Grenzen. Bewegt sich z. B. ein Körper auf einen Anstoß hin auf einer Kugelfläche, so beschreibt er einen größten Kreis, im allgemeinen eine kürzeste Linie. Überschreitet aber die Länge des größten Kreises 180°, so läßt sich leicht nachweisen, daß es dann kürzere, unendlich nahe Nachbarwege zwischen den Endpunkten gibt.

7. Es ist also bisher nur gezeigt worden, daß man die gewöhnlichen Bewegungsgleichungen erhält, indem man die Variation von $\int v\,ds$ der Null gleichsetzt. Da nun die Eigenschaften der Bewegung der Körper oder der zugehörigen Bahnen sich immer durch der Null gleichgesetzte Differentialausdrücke definieren lassen, da ferner die Bedingung, daß die Variation eines Integralausdrucks der Null gleich werde, ebenfalls durch Differentialausdrücke, welche der Null gleichgesetzt werden, gegeben ist, so lassen sich ohne Zweifel noch *viele andere* Integralausdrücke erdenken, welche durch Variation die gewöhnlichen Bewegungs-

gleichungen liefern, ohne daß diese Integralausdrücke deshalb eine besondere *physikalische* Bedeutung haben *müßten*.

8. Auffallend bleibt es immer, daß ein so *einfacher* Ausdruck wie $\int v\,ds$ die berührte Eigenschaft hat, und wir wollen nun versuchen, den *physikalischen* Sinn derselben zu ermitteln. Hierbei werden uns die Analogien zwischen der Massenbewegung und dem Fadengleichgewicht sehr nützlich sein, welche von Johann Bernoulli beziehungsweise von Möbius bemerkt worden sind.

Ein Körper, auf den keine Kraft wirkt, der also eine konstante Geschwindigkeit und Richtung beibehält, beschreibt eine Gerade. Ein Lichtstrahl in einem homogenen Medium (von überall gleichem Brechungsexponenten) beschreibt eine Gerade. Ein Faden, der nur an seinen Endpunkten von Kräften ergriffen wird, bildet eine Gerade.

Ein Körper, der sich auf einer krummen Bahn von A nach B bewegt und dessen Geschwindigkeit $v = \varphi(x, y, z)$ von den Koordinaten abhängt, beschreibt zwischen A und B eine Kurve, für welche $\int v\,ds$ im allgemeinen ein Minimum ist. Dieselbe Kurve kann ein von A nach B verlaufender Lichtstrahl beschreiben, wenn der Brechungsexponent des Mediums $n = \varphi(x, y, z)$ dieselbe Funktion der Koordinaten ist, und in diesem Fall wird $\int n\,ds$ ein Minimum. Dieselbe Kurve kann endlich auch ein von A nach B verlaufender Faden einnehmen, wenn dessen Spannung $S = \varphi(x, y, z)$ die obige Funktion der Koordinaten ist, und wieder wird für diesen Fall $\int S\,ds$ ein Minimum.

Aus einem Fall des *Fadengleichgewichts* läßt sich der entsprechende Fall der *Massenbewegung* leicht in folgender Weise herleiten. An dem Element ds eines Fadens wirken zu beiden Seiten die Spannungen S, S', und wenn auf die Längeneinheit des Fadens die Kraft P entfällt, noch die Kraft $P \cdot ds$. Diese drei Kräfte, welche wir der Größe und Richtung nach durch BA, BC, BD darstellen (Fig. 190), halten sich das Gleichgewicht. Tritt nun ein Körper mit einer der Größe und Richtung nach durch AB dargestellten Geschwindigkeit v in das Bahnelement ds ein und erhält in demselben die Geschwindigkeitskomponente $BF = -BD$, so geht er mit der Geschwindigkeit $v' = BC$ fort. Ist Q eine der P entgegengesetzte beschleunigende Kraft, so entfällt auf die Zeiteinheit

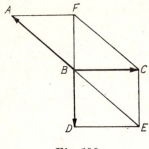

Fig. 190

die Beschleunigung Q, auf die Fadenlängeneinheit $\frac{Q}{v}$ und auf das Fadenelement der Geschwindigkeitszuwachs $\frac{Q}{v}ds$.

Die Bewegung findet also nach der *Fadenkurve* statt, wenn wir zwischen den Kräften P und den Spannungen S am Faden einerseits, den beschleunigenden Kräften Q, welche die Masse ergreifen, und ihren Geschwindigkeiten v andererseits die Beziehung festsetzen:

$$P: -\frac{Q}{v} = S : v.$$

Durch das Zeichen — ist der Gegensatz der Richtung zwischen P und Q fixiert.

Ein kreisförmiger geschlossener Faden ist im Gleichgewicht, wenn zwischen der überall konstanten Fadenspannung S und der radial auswärts auf die Längeneinheit entfallenden Kraft P die Beziehung besteht $P = \frac{S}{r}$, wobei r der Kreisradius ist.

Ein Körper bewegt sich mit der konstanten Geschwindigkeit v im Kreise, wenn zwischen der Geschwindigkeit und der radial einwärts wirkenden beschleunigenden Kraft Q die Beziehung besteht

$$\frac{Q}{v} = \frac{v}{r} \quad \text{oder} \quad Q = \frac{v^2}{r}.$$

Ein Körper bewegt sich mit *konstanter* Geschwindigkeit v in einer beliebigen Kurve, wenn stets nach der Richtung gegen den Krümmungsmittelpunkt des Elements eine beschleunigende Kraft $Q = \frac{v^2}{r}$ auf denselben wirkt. Ein Faden verläuft mit konstanter Spannung S nach einer beliebigen Kurve, wenn auf die Längeneinheit derselben vom Krümmungsmittelpunkt des Elements weg eine Kraft $P = \frac{S}{r}$ wirkt.

In bezug auf die *Lichtbewegung* ist ein dem Kraftbegriff analoger Begriff nicht gebräuchlich. Die Ableitung der entsprechenden *Lichtbewegung* aus einem *Fadengleichgewicht* oder einer *Massenbewegung* muß daher in anderer Weise stattfinden. Eine Masse bewege sich mit der Geschwindigkeit $AB = v$ (Fig. 191). Nach BD wirke eine Kraft, welche den Geschwindigkeitszuwachs BE bedingt, so daß durch die Zusammensetzung der Geschwindigkeiten $BC = AB$ und BE die neue Geschwindigkeit $BF = v'$ entsteht. Zerlegt man die Geschwindigkeiten v, v' in Komponenten parallel und senkrecht zu jener Kraft, so erkennt man, daß nur die *Parallelkomponente* durch die Kraftwirkung *geändert* wird. Dann ist aber, wenn k die senkrechte Komponente heißt, und die Winkel von v und v' mit der Kraftrichtung mit α, α' bezeichnet werden,

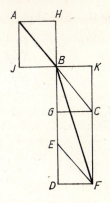

Fig. 191

$$k = v \cdot \sin \alpha$$

$$k = v' \cdot \sin \alpha' \quad \text{oder}$$

$$\frac{\sin \alpha}{\sin \alpha'} = \frac{v}{v'}.$$

Denken wir uns einen *Lichtstrahl*, welcher nach der Richtung von v eine zur Kraftrichtung senkrechte brechende Ebene durchsetzt und hierbei aus einem Medium vom Brechungsexponenten n in ein Medium vom Brechungsexponenten n' übergeht, wobei $\frac{n}{n'} = \frac{v}{v'}$, so beschreibt dieser Lichtstrahl denselben Weg, wie der gedachte Körper. Will man eine *Massenbewegung* durch eine *Lichtbewegung* (in derselben Kurve) nachahmen, so hat man überall die Brechungsexponenten n den Geschwindigkeiten *proportional* zu setzen. Um die Brechungsexponenten n aus den Kräften abzuleiten, ergibt sich zunächst für die Geschwindigkeit

$$d\left(\frac{v^2}{2}\right) = Pdq \quad \text{und analog}$$

$$d\left(\frac{n^2}{2}\right) = Pdq,$$

wobei P die Kraft und dq ein Wegelement nach der Richtung derselben bedeutet. Heißt ds das Bahnelement und α der Winkel desselben gegen die Kraftrichtung, so ist

$$d\left(\frac{v^2}{2}\right) = P \cos \alpha \cdot ds$$

$$d\left(\frac{n^2}{2}\right) = P \cos \alpha \cdot ds.$$

Für die Bahn eines geworfenen Körpers erhalten wir unter den oben angegebenen Voraussetzungen $y = 2\sqrt{ax}$. Dieselbe parabolische Bahn kann ein Lichtstrahl beschreiben, wenn für den Brechungsexponenten das Gesetz $n = \sqrt{2g(a+x)}$ angenommen wird.

9. Wir wollen nun näher untersuchen, wie die fragliche Minimumeigenschaft mit der *Form* der Kurve zusammenhängt. Nehmen wir zunächst eine gebrochene Gerade ABC an (Fig. 192), welche die Gerade MN durchschneidet, setzen $AB = s$, $BC = s'$ und suchen die Bedingung dafür, daß $v \cdot s + v' \cdot s'$ für die durch die festen Punkte A und B hindurchgehende Linie ein Minimum werde, wobei v und v' oberhalb und unterhalb MN einen verschiedenen, aber konstanten Wert haben soll. Verschieben wir den Punkt B unendlich wenig nach D, so bleibt der neue Linienzug durch A und C dem ursprünglichen parallel, wie dies die Zeichnung symbolisch andeutet. Der

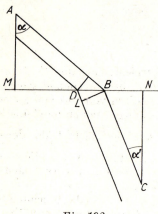

Fig. 192

Wert des Ausdrucks $vs + v's'$ wird hierbei vermehrt um $-vm \sin \alpha + v'm \sin \alpha'$, wenn $m = DB$, oder um $-v \sin \alpha + v' \sin \alpha'$.

Es ist demnach die Bedingung des Minimums, daß

$$-v \sin \alpha + v' \sin \alpha' = 0$$

oder $\dfrac{\sin \alpha}{\sin \alpha'} = \dfrac{v'}{v}$.

Soll der Ausdruck $\dfrac{s}{v} + \dfrac{s'}{v'}$ ein Minimum werden, so ergibt sich ganz analog

$$\frac{\sin \alpha}{\sin \alpha'} = \frac{v}{v'}.$$

Wenn wir zunächst einen nach ABC gespannten Faden betrachten (Fig. 193), dessen Spannungen S und S' ober und unter MN verschieden sind, so handelt es sich um das Minimum von $S \cdot s + S' \cdot s'$.
Um einen anschaulichen Fall vor Augen zu haben, denken wir uns den Faden zwischen A und B einmal, zwischen B und C dreimal gewunden, und schließlich ein Gewicht P angehängt. Dann ist $S = P$, $S' = 3P$. Verschieben wir den Punkt B um m, so drückt die *Verminderung* des Ausdrucks $Ss + S's'$ die Vermehrung der *Arbeit* aus, welche das angehängte Gewicht P hierbei leistet. Ist $-SM \sin \alpha + S'm \sin \alpha = 0$, so wird keine Arbeit geleistet. Mit dem *Minimum* von $S \cdot s + S' \cdot s'$ fällt also ein *Maximum* von Arbeitsleistung zusammen, und somit ist der Satz der kleinsten Wirkung in diesem Falle nur eine *andere Form* des Satzes der virtuellen Verschiebungen.

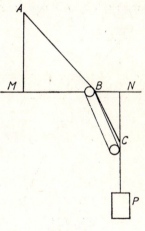

Fig. 193

ABC sei nun ein *Lichtstrahl*, dessen Geschwindigkeiten v und v' ober und unter MN sich beispielsweise wie 3 zu 1 verhalten mögen. Ein Lichtstrahl bewegt sich zwischen A und B so, daß er in einem Minimum von Zeit von A nach B gelangt. Das hat einen einfachen physikalischen Grund. Das Licht geht in Form von Elementarwellen auf verschiedenen Wegen von A nach B. Wegen der Periodizität des Lichts zerstören sich aber die Wellen im allgemeinen, und nur die, welche in gleichen Zeiten, also mit gleichen Phasen, eintreffen, geben ein Resultat. Dies findet aber *nur* für die Wellen statt, welche auf dem *Minimumwege* und dessen nächsten Nachbarwegen anlangen. Deshalb ist für den vom Lichte tatsächlich eingeschlagenen Weg $\dfrac{s}{v} + \dfrac{s'}{v'}$ ein Minimum. Da die Brechungsexponenten n den Lichtgeschwindigkeiten v umgekehrt proportioniert sind, so ist auch

$$n \cdot s + n' \cdot s' \text{ ein Minimum.}$$

Bei Betrachtung einer *Massenbewegung* tritt uns die Bedingung, daß $vs + v's'$ ein Minimum sei, als etwas *Neues* entgegen. Erhält eine Masse beim Überschreiten eines Niveaus MN (Fig. 194) eine Geschwindigkeitsvermehrung von v auf v' durch die Wirkung einer nach DB gerichteten Kraft, so ist für den wirklich eingeschlagenen Weg $v \sin \alpha = v' \sin \alpha' = k$. *Diese Gleichung, welche zugleich die Bedingung des Minimums ist, drückt nichts anderes aus, als daß nur die der Kraftrichtung parallele Geschwindigkeitskomponente eine Veränderung erleidet, während die zu derselben senkrechte Komponente k ungeändert bleibt.* Der Eulersche Satz gibt also auch hier nur den Ausdruck einer geläufigen Tatsache in neuer Form.

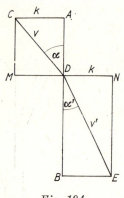

Fig. 194

Zu dieser 1883 gegebenen Darstellung habe ich folgendes hinzuzufügen. Man sieht, daß das Prinzip der kleinsten Wirkung, und so auch alle andern Minimumprinzipien der Mechanik, nichts anderes ausdrücken, als daß in den betreffenden Fällen gerade *so viel geschieht*, als unter den gegebenen Umständen *geschehen kann*, als durch dieselben *bestimmt* und zwar *eindeutig* bestimmt ist. Die Ableitung von Gleichgewichtsfällen aus der eindeutigen Bestimmtheit wurde schon besprochen, und dieselbe wird noch an einer spätern Stelle in Betracht gezogen. So viel war schon in der ersten Auflage dieses Buches 1883 klargelegt. Der Vorwurf, bei *Helm*, Energetik, Leipzig 1898, S. 247, sofern er auch gegen mich erhoben wird, dürfte kaum gerechtfertigt sein. In bezug auf die dynamischen Fälle ist aber die Bedeutung der *eindeutigen Bestimmtheit* besser und *durchsichtiger*, als es mir gelungen war, von J. Petzoldt dargestellt worden in seiner Schrift: „Maxima, Minima und Ökonomie" (Altenburg 1891). Er sagt daselbst (S. 11): „Bei allen Bewegungen lassen sich also die *wirklich* genommenen Wege immer als *ausgezeichnete* Fälle unter *unendlich vielen denkbaren* auffassen. Analytisch heißt das aber nichts anderes als: es müssen sich immer Ausdrücke finden lassen, welche dann, wenn ihre Variation der Null gleichgesetzt wird, die Differentialgleichungen der Bewegung liefern, denn die Variation verschwindet ja nur, wenn das Integral einen *einzigartigen* Wert annimmt."

In der Tat sieht man, daß in dem eben behandelten Beispiel ein Geschwindigkeitszuwachs lediglich im Sinne der Kraft *eindeutig* bestimmt ist, daß dagegen zuwachsende Geschwindigkeitskomponenten senkrecht gegen die wirksame Kraft unendlich viele ganz gleichberechtigte denkbar wären, die also durch das Prinzip der eindeutigen Bestimmtheit ausgeschlossen sind. Ich stimme Petzoldt vollkommen bei, wenn er sagt: „Somit sind die Sätze von Euler und Hamilton nichts anderes als *analytische Ausdrücke für die Erfahrungstatsache, daß die Naturvorgänge eindeutig bestimmt sind*." Die *„Einzigartigkeit"* des Minimums ist entscheidend.

Ich möchte hier noch aus meiner Notiz in der Prager Zeitschrift „Lotos", Novembernummer 1873, folgende Stelle anführen: „Die Gleichgewichts- und Bewegungsprinzipien der Mechanik lassen sich als Isoperimetergesetze ausdrücken. Die anthropomorphische Auffassung ist aber dabei keineswegs wesentlich, so z. B. bei dem Prinzip der virtuellen Geschwindigkeit. Hat man die Arbeit A einmal als das Geschwindigkeitsbestimmende erkannt, so sieht man leicht, daß, wo die Arbeit bei Übergang des Systems in alle Nachbarlagen *fehlt*, auch keine

Geschwindigkeit erlangt werden kann, also Gleichgewicht bestehen wird. Die Gleichgewichtsbedingung wird also $\delta A = 0$ sein, wobei A nicht gerade ein Maximum oder Minimum zu sein braucht. Diese Gesetze sind nicht gerade auf die Mechanik beschränkt. Sie können sehr allgemein sein. Ist die Änderung einer Erscheinungsform B von einer Erscheinung A abhängig, so wird die Bedingung dafür, daß B in einer gewissen Form eintritt, $\delta A = 0$ sein."

Ich bekenne also hiermit, daß ich es für möglich halte, Analoga des Prinzips der kleinsten Wirkung in den verschiedensten Gebieten der Physik aufzufinden, ohne den Umweg über die Mechanik zu nehmen. Ich halte auch die Mechanik nicht sowohl für die *erklärende Grundlage* aller übrigen Gebiete, als vielmehr wegen ihres formalen Vorsprunges für ein *vorzügliches Vorbild* derselben.[85] In diesem Punkt unterscheidet sich meine Auffassung scheinbar wenig, aber doch wesentlich von derjenigen der meisten Physiker. Zur Erläuterung möchte ich auf die Ausführungen in „Wärmelehre", besonders S. 192, 318, 356, sowie auf den Artikel „Über das Prinzip der Vergleichung in der Physik" (Populärwissenschaftl. Vorlesungen, S. 251[86]) hinweisen. Bemerkenswerte, den Gegenstand betreffende Artikel sind: C. Neumann, „Das Ostwaldsche Axiom des Energieumsatzes" (Berichte der Kgl. Sächs. Gesellschaft d. W., 1892, S. 184), und Ostwald, „Über das Prinzip des ausgezeichneten Falles" (ebendaselbst, 1893, S. 600).

10. Die oben angeführte Minimumbedingung

$$-v \sin \alpha + v' \sin \alpha = 0$$

können wir, wenn wir von einer endlichen geknickten Geraden zu Kurvenelementen übergehen, auch so schreiben

$$-v \sin \alpha + (v + dv) \sin (\alpha + d\alpha) = 0$$

oder

$$d(v \sin \alpha) = 0$$

oder endlich

$$v \sin \alpha = \text{Konst.}$$

Entsprechend erhalten wir für die Fälle der Lichtbewegung

$$d(n \sin \alpha) = 0, \quad n \sin \alpha = \text{Konst.}$$

$$d\left(\frac{\sin \alpha}{v}\right) = 0, \quad \frac{\sin \alpha}{v} = \text{Konst.}$$

und für das Fadengleichgewicht

$$d(S \sin \alpha) = 0, \ S \sin \alpha = \text{Konst.}$$

Um das Vorgebrachte gleich durch ein Beispiel zu erläutern, betrachten wir die parabolische Wurfbahn, wobei also stets α den Winkel des Bahnelements gegen die Vertikale bedeutet. Die Geschwindigkeit sei $V = \sqrt{2g(a+x)}$ und die Achse der y sei horizontal. Die Bedingung $v \cdot \sin \alpha = \text{Konst.}$ oder

$$2 \sqrt{g(a+x)} \ \frac{dy}{ds} = \text{Konst.}$$

fällt mit derjenigen zusammen, welche die Variationsrechnung ergibt, und wir kennen nun den *einfachen physikalischen* Sinn derselben. Denken wir uns einen Faden, dessen Spannung $S = \sqrt{2g(a+x)}$, was etwa erreicht werden könnte, wenn man auf parallele in einer Vertikalebene liegende horizontale Schienen Rollen ohne Reibung legen, zwischen diesen den Faden entsprechend winden und schließlich ein Gewicht anhängen würde (Fig. 195), so erhalten wir für das Gleichgewicht wieder die obige Bedingung, deren physikalischer Sinn nun einleuchtet. Die Form des Fadens wird parabolisch, wenn wir die Distanzen der Schienen unendlich klein werden lassen. In einem Medium, dessen Brechungsexponent nach dem Gesetz $n = \sqrt{2g(a+x)}$ oder

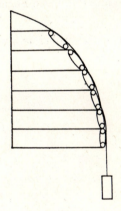

Fig. 195

dessen Lichtgeschwindigkeit nach dem Gesetz

$$v = \frac{1}{\sqrt{2g(a+x)}}$$

in vertikaler Richtung variiert, beschreibt ein Lichtstrahl eine parabolische Bahn. Würde man in einem solchen Medium $v = \sqrt{2g(a+x)}$ setzen, so würde der Strahl eine Zykloide beschreiben, für welche nicht $\int \sqrt{2g\,(a+x)} \cdot ds$, sondern

$$\int \frac{ds}{\sqrt{2g\,(a+x)}}$$

ein Minimum wäre.

11. Bei Vergleichung eines Fadengleichgewichts mit der Massenbewegung kann man statt des mehrfach durchgewundenen Fadens einen einfachen homogenen Faden anwenden, wenn man denselben einem passenden Kraftsystem unterwirft, welches die verlangten Spannungen bewirkt. Man bemerkt leicht, daß die Kraftsysteme, welche die Spannung, beziehungsweise die Geschwindigkeit zu *gleichen* Funktionen der Koordinaten machen, *verschieden* sind. Betrachtet man z. B. die Schwerkraft, so ist $v = \sqrt{2g\,(a+x)}$. Ein Faden unter dem Einfluß der Schwere bildet aber eine Kettenlinie (Fig. 196), für welche die Spannung durch die Formel

$$S = m - nx$$

gegeben ist, wobei m und n Konstanten sind. Die Analogie zwischen dem Fadengleichgewicht und der Massenbewegung ist wesentlich dadurch bedingt, daß für den Faden, der Kräften unterworfen ist, welchen eine Kraftfunktion U entspricht, im Gleichgewichtsfall die leicht nachweisbare Gleichung

$$U + S = \text{Konst.}$$

besteht. Die oben für die einfachen Fälle gegebene *physikalische* Interpretation des Satzes der kleinsten Wirkung läßt sich auch in komplizierten Fällen festhalten, wenn man sich Scharen von Flächen gleicher Spannung, gleicher Geschwindigkeit oder gleichen Brechungsexponenten konstruiert denkt, welche den Faden, die Bewegungsbahn oder die Lichtbahn in Elemente teilen und nun unter den Winkel dieser *Elemente* gegen die zugehörigen *Flächennormalen* versteht. Lagrange hat den Satz der kleinsten Wirkung auf ein System von Massen

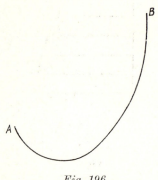

Fig. 196

ausgedehnt und in der Form gegeben

$$\delta \Sigma m \int v \, ds = 0.$$

Bedenkt man, daß durch die Verbindung der Massen der Satz der lebendigen Kräfte, welcher die wesentliche Grundlage des Satzes der kleinsten Wirkung ist, nicht aufgehoben wird, so findet man auch für diesen Fall letzern Satz gültig und physikalisch verständlich.

9. Der Hamiltonsche Satz

1. Es wurde schon bemerkt, daß sich *verschiedene* Ausdrücke erdenken lassen, welche so beschaffen sind, daß durch Nullsetzung der Variationen derselben die gewöhnlichen Bewegungsgleichungen gewonnen werden. Einen solchen Ausdruck enthält der Hamiltonsche Satz

$$\delta \int_{t_0}^{t_1} (U + T) \, dt = 0$$

oder

$$\int_{t_0}^{t_1} (\delta U + \delta T) \, dt = 0,$$

in welchem δU und δT die Variationen der Arbeit und der lebendigen Kraft bedeuten, die aber für die Anfangs- und Endzeit verschwinden müssen. Der Hamiltonsche Satz ist leicht aus dem D'Alembertschen abzuleiten und umgekehrt letzterer aus dem erstern, weil beide eigentlich identisch und nur der Form nach verschieden sind.*

2. Wir wollen, von weitläufigen Untersuchungen absehend, zur Darlegung der Identität beider Sätze ein *Beispiel* benutzen, und zwar dasselbe, welches uns zur Erläuterung des D'Alembertschen Satzes schon gedient hat. Wir betrachten die Bewegung des Wellrades durch Überwucht (Fig. 197). Wir können statt der *wirklichen* Bewegung des Wellrades uns eine von derselben unendlich wenig *verschiedene*, in derselben Zeit ausgeführte denken, welche zu Anfang und zu Ende

---

* Vgl. z. B. Kirchhoff, Vorlesungen über mathematische Physik, Mechanik, S. 25, und Jacobi, Vorlesungen über Dynamik, S. 58.

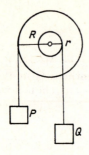

Fig. 197

mit der wirklichen genau zusammenfällt. Dadurch entstehen in jedem Zeitelement dt Änderungen der Arbeit (δU) und der lebendigen Kraft (δT), derjenigen Werte U und T, welche bei der wirklichen Bewegung vorhanden wären. Der obige Integralausdruck ist aber für die wirkliche Bewegung $= 0$ und kann also auch zur Bestimmung derselben benutzt werden. Ändert sich in einem Zeitelement dt der Drehungswinkel um α gegen denjenigen, welcher bei der wirklichen Bewegung vorhanden wäre, so ist die entsprechende Änderung der Arbeit

$$\delta U = (PR - Qr)\,\alpha = M\alpha.$$

Für die Winkelgeschwindigkeit ist die lebendige Kraft

$$T = \frac{1}{g}(PR^2 + Qr^2)\frac{\omega^2}{2},$$

und für die Variation $\delta\omega$ wird

$$\delta T = \frac{1}{g}(PR^2 + Qr^2)\,\omega\delta\omega$$

Variiert aber der Drehungswinkel in dem Element dt um α, so ist $\delta\omega = \dfrac{d\alpha}{dt}$ und

$$\delta T = \frac{1}{g}(PR^2 + Qr^2)\,\omega\,\frac{d\alpha}{dt} = N\,\frac{d\alpha}{dt}.$$

Der Integralausdruck hat also die Form

$$\int_{t_0}^{t_1} \left[M\alpha + N\,\frac{d\alpha}{dt} \right] dt = 0.$$

Da nun

$$\frac{d}{dt}(N\alpha) = \frac{dN}{dt}\,\alpha + N\,\frac{d\alpha}{dt},$$

so ist

$$\int_{t_0}^{t_1} \left(M - \frac{dN}{dt} \right) \alpha \cdot dt + (N\alpha)_{t_0}^{t_1} = 0.$$

Der zweite Teil der linken Seite fällt aber, weil zu Anfang und zu Ende der Bewegung $\alpha = 0$ vorausgesetzt wird, aus. Wir erhalten demnach

$$\int_{t_0}^{t_1} \left(M - \frac{dN}{dt} \right) \alpha\, dt = 0,$$

was, weil α in jedem Zeitelement willkürlich ist, nicht bestehen kann, wenn nicht allgemein

$$M - \frac{dN}{dt} = 0$$

ist. Mit Rücksicht auf die Bedeutung der Buchstaben gibt dies die schon bekannte Gleichung

$$\frac{d\omega}{dt} = \frac{PR - Qr}{PR^2 + Qr^2}\, g\,.$$

Man könnte umgekehrt von der für jede *mögliche* Verschiebung gültigen Gleichung

$$\left(M - \frac{dN}{dt} \right) \alpha\, dt = 0,$$

welche der D'Alembertsche Satz gibt, zu dem Ausdruck

$$\int_{t_0}^{t_1} \left(M - \frac{dN}{dt} \right) \alpha\, dt = 0,$$

von diesem zu

$$\int_{t_0}^{t_1} \left(M\alpha + N \frac{d\alpha}{dt} \right) dt - (N\alpha)_{t_0}^{t_1} = \int_{t_0}^{t_1} \left(M\alpha + N \frac{d\alpha}{dt} \right) dt = 0$$

übergehen.

3. Als ein zweites, noch einfacheres Beispiel betrachten wir die vertikale Fallbewegung. Für jede unendlich kleine Verschiebung s besteht die Gleichung $\left(mg - m\dfrac{dv}{dt} \right) s = 0$, in welcher die Buchstaben die konventionelle Bedeutung haben. Folglich besteht auch die Gleichung

$$\int_{t_0}^{t_1} \left(mg - m\frac{dv}{dt} \right) s \cdot dt = 0,$$

welche vermöge der Beziehungen

$$d\,\frac{(mvs)}{dt} = m\,\frac{dv}{dt}\,s + mv\,\frac{ds}{dt} \quad \text{und}$$

$$\int_{t_0}^{t_1} \frac{d(mvs)}{dt}\,dt = (mvs)_{t_0}^{t_1} = 0,$$

falls s an beiden Grenzen verschwindet in

$$\int_{t_0}^{t_1} \left(mgs + mv\,\frac{ds}{dt}\right) dt = 0,$$

also in die Form des Hamiltonschen Satzes übergeht.

So verschieden also die mechanischen Sätze auch aussehen, enthalten sie doch nicht den Ausdruck verschiedener Tatsachen, sondern gewissermaßen nur die Betrachtung verschiedener Seiten derselben Tatsache.

10. Einige Anwendungen der Sätze der Mechanik auf hydrostatische und hydrodynamische Aufgaben

1. Wir wollen die gegebenen Beispiele für die Anwendung der Sätze der Mechanik, welche sich auf Systeme von starren Körpern bezogen, noch durch einige hydrostatische und hydrodynamische Anwendungen ergänzen. Wir besprechen zunächst die Gleichgewichtsgesetze einer *schwerlosen* Flüssigkeit, die nur unter dem Einfluß der sogenannten Molekularkräfte steht. Wir wollen bei unserer Überlegung von den Schwerkräften absehen. Wir können aber nach Plateau eine Flüssigkeit auch in Verhältnisse bringen, in welchen dieselbe sich so befindet, als ob keine Schwerkräfte vorhanden wären. Dies geschieht z. B., wenn wir Olivenöl in eine Alkohol-Wasser-Mischung von dem spezifischen Gewicht des Öls eintauchen. Nach dem Satz des Archimedes wird das Gewicht der Ölteile in einem solchen Gemenge eben getragen, und die Flüssigkeit verhält sich in der Tat wie schwerlos.

2. Denken wir zunächst an eine frei im Raum befindliche schwerlose Flüssigkeitsmasse (Fig. 198). Wir wissen von den

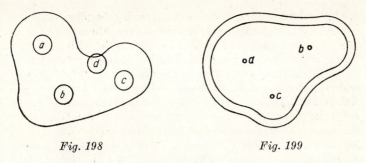

Fig. 198 *Fig. 199*

Molekularkräften zunächst, daß sie nur auf sehr kleine Entfernungen wirken. Um ein Teilchen a, b, c im Innern der Flüssigkeitsmasse können wir mit der Entfernung, auf welche die Molekularkräfte keine meßbare Wirkung mehr üben, als Radius eine Kugel beschreiben, die sogenannte Wirkungssphäre. Diese Wirkungssphäre ist um die Teilchen a, b, c herum gleichmäßig und regelmäßig mit andern Teilchen erfüllt. Die resultierende Kraft auf die Teilchen a, b, c reduziert sich also auf Null. Nur jene Teile, deren Entfernung von der Oberfläche kleiner ist als der Radius der Wirkungssphäre, befinden sich in andern Kraftverhältnissen als die Teilchen im Innern. Betrachten wir sämtliche Krümmungsradien der Oberflächenelemente der Flüssigkeitsmasse als sehr groß gegen den Radius der Wirkungssphäre, so können wir eine Oberflächenschicht von der Dicke des Radius der Wirkungssphäre abschneiden, in welcher sich nun die Teilchen in *andern* physikalischen Verhältnissen befinden als im Innern (Fig. 199). Führen wir ein Teilchen a im Innern von a nach b oder c, so bleibt es in denselben physikalischen Verhältnissen, und dasselbe gilt von den Teilchen, welche die von dem erstern verlassenen Räume einnehmen. Arbeit kann auf diese Weise nicht geleistet werden. Arbeit wird im Gegenteil nur geleistet, wenn ein Teilchen aus der Oberflächenschicht ins Innere oder aus dem Innern in die Oberflächenschicht geführt wird. Arbeit kann also nur geleistet werden bei *Veränderung* der Größe der Oberfläche. Es kommt hierbei zunächst gar nicht darauf an, ob etwa die Dichte in der Oberflächenschicht dieselbe ist wie im Innern, oder ob sie durch die ganze Dicke der Schicht konstant ist. Wie man leicht erkennt, bleibt die Arbeitsleistung an die Veränderung der Oberfläche auch noch gebunden, wenn die fragliche Flüssigkeitsmasse in eine andere Flüssigkeit eingetaucht ist, wie dies bei Plateaus Versuchen der Fall war.

Wir müssen nun fragen, ob bei Verkleinerung der Oberfläche durch Überführung von Teilchen ins Innere die Arbeit positiv oder negativ ist, d. h. ob Arbeit geleistet oder hierbei aufgewandt wird. Da zwei sich berührende Flüssigkeitstropfen *von selbst* in einen zusammenfließen, wobei sich die Oberfläche *verkleinert*, so ergibt sich eine *Arbeitsleistung* (positive Arbeit) bei *Verkleinerung* der Oberfläche. Van der Mensbrughe hat die positive Arbeitsleistung bei Verkleinerung der Flüssigkeitsoberfläche durch ein anderes sehr schönes Experiment demonstriert. Man taucht ein Drahtquadrat in Seifenlösung und legt auf die sich bildende Seifenhaut einen benetzten geschlossenen Faden (Fig. 200). Stößt man die vom Faden eingeschlossene Flüssigkeit durch, so zieht sich die umgebende Seifenhaut zusammen, und der Faden begrenzt ein kreisförmiges Loch der Flüssigkeitsplatte. Da der Kreis die größte Fläche bei gegebenem Fadenumfang vorstellt, so hat sich also die übrigbleibende Flüssigkeitshaut auf ein Minimum von Fläche zusammengezogen.

Wir erkennen nun ohne Schwierigkeit folgendes. Eine schwerlose, den Molekularkräften unterworfene Flüssigkeit wird bei jener Form im *Gleichgewicht* sein, bei welcher ein System von virtuellen Verschiebungen *keine* Veränderung der Oberflächengröße hervorbringt. Als *virtuelle* Verschiebungen können aber alle unendlich kleinen Formänderungen angesehen werden, welche ohne Veränderung des Flüssigkeits*volumens* zulässig sind. Gleichgewicht besteht also für jene Formen, für welche eine unendlich kleine Deformation eine Oberflächen-

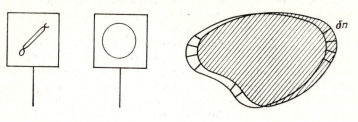

Fig. 200   *Fig. 201*

variation = 0 hervorbringt. Für ein *Minimum* von Oberfläche bei gegebenem Flüssigkeitsvolumen erhalten wir *stabiles*, für ein *Maximum von* Oberfläche *labiles* Gleichgewicht.

Die Kugel bietet die kleinste Oberfläche bei gegebenem Volumen dar. Für eine freie Flüssigkeitsmasse wird sich also die Kugelform als Form des stabilen Gleichgewichts herstellen, für welche ein Maximum von Arbeit geleistet ist, also keine Arbeit zu leisten mehr übrig bleibt. Haftet die Flüssigkeit zum Teil an starren Körpern, so ist die Form an Nebenbedingungen geknüpft, und die Aufgabe wird komplizierter.

3. Um den Zusammenhang zwischen der Oberflächen*größe* und Oberflächen*form* zu untersuchen, schlagen wir folgenden Weg ein. Wir denken uns die geschlossene Oberfläche der Flüssigkeit ohne Volumenänderung unendlich wenig variiert (Fig. 201). Die ursprüngliche Oberfläche zerschneiden wir durch zwei Scharen von (zueinander senkrechten) Krümmungslinien in rechtwinklige unendliche kleine Elemente. In den Ecken dieser Elemente errichten wir auf die ursprüngliche Oberfläche Normalen und lassen durch dieselben die Ecken der entsprechenden Elemente der variierten Oberfläche bestimmen. Einem Element dO der ursprünglichen Oberfläche entspricht dann ein Element dO' der variierten Oberfläche; dO wird in dO' durch eine unendlich kleine Verschiebung δn nach der Normale auswärts oder einwärts und durch eine entsprechende Größenveränderung übergeführt.

Es seien dp, dq die Seiten des Elements dO. Dann gelten für die Seiten dp', dq' des Elements dO' die Beziehungen

$$dp' = dp\left(1+\frac{\delta n}{r}\right)$$

$$dq' = dq\left(1+\frac{\delta n}{r'}\right),$$

wobei r und r' die Krümmungsradien der die Krümmungslinienelemente p, q berührenden Hauptschnitte, die sogenannten Hauptkrümmungsradien, vorstellen (Fig. 202). Wir rechnen in der üblichen Weise den Krümmungsradius eines nach außen konvexen Elements positiv, jenen eines nach außen konkaven Elements negativ. Für die Variation des Elements erhalten wir dann

$$\delta \cdot dO = dO' - dO = dpdq \left(1 + \frac{\delta n}{r}\right)\left(1 + \frac{\delta n}{r'}\right) - dpdq.$$

Mit Vernachlässigung der höhern Potenzen von δn finden wir

$$\delta \cdot dO = \left(\frac{1}{r} + \frac{1}{r'}\right) \delta n \cdot dO.$$

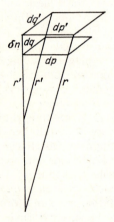

Fig. 202

Die Variation der gesamten Oberfläche wird ausgedrückt durch

$$\delta O = \int \left(\frac{1}{r} + \frac{1}{r'}\right) \delta n \cdot dO \quad (1)$$

und die Normalverschiebungen müssen so gewählt werden, daß zugleich

$$\int \delta n \cdot dO = 0, \quad (2)$$

d. h. die Summe der Räume, welche durch Hinaus- und Hineinschieben der Oberflächenelemente entstehen (die letztern negativ gerechnet), Null wird, daß also das *Volumen* konstant bleibt.

Die Ausdrücke 1 und 2 können nur dann beide zugleich allgemein $= 0$ gesetzt werden, wenn $\frac{1}{r} + \frac{1}{r'}$ für alle Punkte der Oberfläche *denselben* Wert hat. Dies sehen wir leicht durch folgende Überlegung. Die Elemente dO der ursprünglichen Oberfläche stellen wir uns symbolisch durch die Elemente der Linie AX vor und tragen auf dieselben als Ordinaten in der Ebene E die Normalverschiebungen δn auf, und zwar die Verschiebungen auswärts nach oben als positive, die Verschiebungen einwärts nach unten als negative. Wir verbinden die Endpunkte dieser Ordinaten zu einer Kurve und bilden deren Quadratur, wobei Flächen oberhalb AX als positiv, unterhalb als negativ gelten (Fig. 203). Bei allen Systemen von n, bei welchen die Quadratur $= 0$ wird, ist auch der Ausdruck 2 der Null gleich, und alle solche Systeme von Verschiebungen sind zulässig (virtuell).

Tragen wir nun als Ordinaten in der Ebene E die zu den Elementen dO gehörigen Werte von $\frac{1}{r}+\frac{1}{r'}$ auf. Wir können uns jetzt leicht einen Fall denken, in welchem die Ausdrücke 1 und 2 zugleich den Wert Null annehmen. Hat aber $\frac{1}{r}+\frac{1}{r'}$ einen *verschiedenen* Wert für verschiedene Elemente, so können wir *immer*, ohne den Nullwert des Ausdrucks 2 zu ändern, die δn so verteilen, daß der Ausdruck 1 von der Null verschieden wird. Nur wenn $\frac{1}{r}+\frac{1}{r'}$ für alle Elemente *denselben* Wert hat, ist notwendig und allgemein mit dem Ausdruck 2 zugleich der Ausdruck 1 der Null gleichgesetzt.

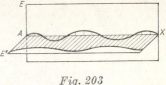

Fig. 203

Aus den beiden Bedingungen 1 und 2 folgt also

$$\frac{1}{r}+\frac{1}{r'}=\text{Konst.},$$

d. h. die Summe der reziproken Werte der Hauptkrümmungsradien (oder der Krümmungsradien der Hauptnormalschnitte) ist im Gleichgewichtsfalle über die ganze Oberfläche konstant. Durch diesen Satz ist die Abhängigkeit der Oberflächen*größe* von der Oberflächen*form* klargelegt. Der hier entwickelte Gedankengang wurde zuerst in viel ausführlicherer und umständlicherer Weise von Gauß eingeschlagen. Es hat aber keine Schwierigkeit, das Wesentliche desselben an einem einfachern Fall, wie es hier geschehen ist, in Kürze darzustellen.

4. Eine ganz *freie* Flüssigkeitsmasse nimmt, wie bereits erwähnt, die Kugelform an und bietet ein absolutes Minimum der Oberfläche dar. Die Gleichung $\frac{1}{r}+\frac{1}{r'}=\text{Konst.}$ wird hier in der Form $\frac{2}{R}=\text{Konst.}$, wobei R der Kugelradius ist, sichtlich erfüllt. Wird die freie Flüssigkeitsoberfläche durch zwei starre Kreisringe begrenzt, deren Ebenen einander parallel sind und welche so liegen, daß die Verbindungslinie der Mittelpunkte zu jenen Ebenen senkrecht ist, so nimmt die Oberfläche die Form einer Rotationsfläche an. Die Natur der Meridiankurve und das

von der Fläche eingeschlossene Volumen sind durch den Radius der Ringe R, den Abstand der Kreisebenen und den Wert der Summe $\frac{1}{r}+\frac{1}{r'}$ für die Rotationsfläche bestimmt. Die Rotationsfläche wird eine Zylinderfläche, wenn

$$\frac{1}{r}+\frac{1}{r'}=\frac{1}{r}+\frac{1}{\infty}=\frac{1}{R} \text{ wird.}$$

Für $\frac{1}{r}+\frac{1}{r'}=0$, wobei also ein Normalschnitt konvex, der andere konkav ist, wird die Meridiankurve eine Kettenlinie. Plateau hat die hierher gehörigen Fälle dargestellt, indem er zwei Kreisringe aus Draht in dem Alkohol-Wasser-Gemisch mit Öl übergossen hat.

Wir denken uns eine Flüssigkeitsmasse, welche begrenzt ist von Flächenteilen, für welche der Ausdruck $\frac{1}{r}+\frac{1}{r'}$ einen positiven, und von andern Flächenteilen, für welche derselbe einen negativen Wert hat; oder wie wir kurz sagen wollen, von konvexen und konkaven Flächenteilen. Unschwer erkennt man, daß die Verschiebung der Flächenelemente nach der Normale auswärts an konkaven Flächenteilen eine Verkleinerung, an konvexen eine Vergrößerung der Fläche zur Folge hat. Es wird also *Arbeit geleistet*, wenn *konkave* Flächenteile *auswärts*, *konvexe einwärts* sich bewegen. Es wird auch schon Arbeit geleistet, wenn ein Flächenteil sich auswärts bewegt, an welchem $\frac{1}{r}+\frac{1}{r'}=+a$ ist, während ein gleicher Flächenteil, für welchen $\frac{1}{r}+\frac{1}{r'}>a$ ist, sich einwärts bewegt.

Solange also *verschieden gekrümmte* Flächenteile eine Flüssigkeitsmasse begrenzen, werden die konvexen Teile einwärts, die konkaven auswärts, getrieben, bis die Bedingung $\frac{1}{r}+\frac{1}{r'}=$ = Konst. für die ganze Oberfläche erfüllt ist. Auch wenn eine *zusammenhängende* Flüssigkeitsmasse *mehrere* gesonderte Oberflächenteile hat, welche durch starre Körper begrenzt sind, muß für den Gleichgewichtszustand der Wert des Ausdrucks $\frac{1}{r}+\frac{1}{r'}$ für alle freien Oberflächenteile *derselbe* sein.

Wenn man z. B. den Raum zwischen den beiden erwähnten Kreisringen (im Alkohol-Wasser-Gemisch) mit Öl erfüllt, so kann man bei passender Ölmenge eine Zylinderfläche erhalten, die mit zwei Kugelabschnitten als Basisflächen kombiniert ist. Die Krümmungen der Mantel- und Basisflächen stehen nun in der Beziehung $\frac{1}{R}+\frac{1}{\infty}=\frac{1}{\varrho}+\frac{1}{\varrho}$ oder $\varrho = 2R$, wobei ϱ den Kugelradius und R den Radius des Kreisringes vorstellt. Plateau hat diese Folgerung durch den Versuch bestätigt.

5. Betrachten wir eine schwerlose Flüssigkeitsmasse, welche einen Hohlraum umschließt. Die Bedingung, daß $\frac{1}{r}+\frac{1}{r'}$ denselben Wert für die innere *und* äußere Oberfläche der Flüssigkeit haben soll, ist hier *nicht* erfüllbar. Im Gegenteil, da diese Summe für die geschlossene äußere Fläche immer einen größern positiven Wert hat als für die geschlossene innere Fläche, wird die Flüssigkeit Arbeit leistend von der äußern nach der innern Fläche strömen und den Hohlraum zum Verschwinden bringen. Hat aber der Hohlraum einen flüssigen oder gasförmigen Inhalt, der unter einem gewissen Druck steht, so kann die bei dem erwähnten Vorgang geleistete Arbeit durch die bei der Kompression aufgewandte Arbeit *kompensiert* werden, und dann tritt Gleichgewicht ein.

Denken wir uns eine Flüssigkeit, welche zwischen zwei einander sehr nahe liegenden ähnlichen und ähnlich liegenden Flächen eingeschlossen ist (Fig. 204). Eine solche Flüssigkeit stellt eine *Blase* vor. Sie kann nur mit Hilfe eines Überdrucks des eingeschlossenen Gasinhalts im Gleichgewicht sein. Hat die Summe $\frac{1}{r}+\frac{1}{r'}$ für die äußere Fläche den Wert $+a$, so hat sie für die innere Fläche sehr nahe den Wert $-a$. Eine ganz freie

Fig. 204

Blase wird stets die Kugelform annehmen. Denken wir uns eine derartige kugelförmige Blase, von deren Dicke wir absehen, so beträgt bei Verkleinerung des Radius r um dr die gesamte Oberflächenverminderung $16 \cdot r\pi dr$. Wird also für die Verminderung der Oberfläche um die Flächeneinheit die Arbeit A geleistet, so ist $A \cdot 16 r\pi dr$ die gesamte Arbeit, welche im Gleichgewichtsfalle durch die auf den Inhalt vom Druck p aufgewendete Kompressionsarbeit $p \cdot 4r^2\pi dr$ kompensiert sein muß. Hieraus folgt $\dfrac{4A}{r} = p$, aus welcher Gleichung sich A berechnen läßt, wenn r gemessen und p durch ein in die Blase eingeführtes Manometer bestimmt wird.

Eine *offene kugelförmige* Blase kann nicht bestehen. Soll eine offene Blase eine Gleichgewichtsform sein, so muß die Summe $\dfrac{1}{r} + \dfrac{1}{r'}$ nicht nur über jede der beiden Grenzflächen für sich konstant, sondern sie muß auch für beide gleich sein. Bei der entgegengesetzten Krümmung derselben folgt $\dfrac{1}{r} + \dfrac{1}{r'} = 0$. Hierbei ist also für alle Punkte $r = -r'$. Die Fläche ist eine sogenannte Fläche von *nullgleicher* Krümmung, sie ist eine Minimumfläche, und ihre Elemente sind, wie leicht ersichtlich, stets *sattelförmig*. Man erhält solche Flächen, indem man irgendeine geschlossene Raumkurve aus Draht darstellt und diesen Draht in Seifenlösung taucht. Die Seifenhaut nimmt von selbst die Form der erwähnten Fläche an.

6. Die Gleichgewichtsfiguren der Flüssigkeiten, welche aus dünnen Häuten bestehen, haben eine besondere Eigenschaft. Die Arbeit der Schwerkräfte äußert sich an der *ganzen* Masse der Flüssigkeit, die Arbeit der Molekularkräfte nur an einer *Oberflächen*schicht. Im allgemeinen überwiegt die Arbeit der Schwerkraft. Bei dünnen Häuten treten aber die Molekularkräfte in ein sehr *günstiges* Verhältnis zu den Schwerkräften, so zwar, daß die betreffenden Figuren ohne besondere Veranstaltung in der freien Luft dargestellt werden können. Derartige Figuren erhielt Plateau durch Eintauchen des Kantengerüstes eines Polyeders (aus Draht) in Seifenlösung. Es bilden sich hierbei ebene Flüssigkeitsplatten, welche mit den Drahtkanten und untereinander zusammenhängen. Wenn ebene dünne Flüssigkeitsplatten so zusammenhängen, daß sie in einer (hohlen) Kante aneinanderstoßen, so ist für die Flüssigkeitsoberfläche das Gesetz $\dfrac{1}{r} + \dfrac{1}{r'} = \text{Konst.}$ nicht mehr erfüllt, denn diese

Summe hat für die ebenen Flächen den Wert Null, für die hohle Kante aber einen sehr großen negativen Wert. Nach den bisher gewonnenen Anschauungen sollte also die Flüssigkeit aus den Platten, deren Dicke immer geringer würde, ausströmen und bei den Kanten austreten. Diese Bewegung findet auch statt. Wenn aber die Dicke der Platten bis zu einer gewissen Grenze abgenommen hat, so tritt aus *physikalischen* Gründen, welche, wie es scheint, noch nicht vollkommen bekannt sind, ein *Gleichgewichtszustand* ein.

Wenn auch an diesen Figuren die Grundgleichung $\frac{1}{r} + \frac{1}{r'} =$ = Konst. nicht mehr erfüllt ist, weil sehr dünne Flüssigkeitsplatten (namentlich zäher Flüssigkeiten) etwas andere physikalische Verhältnisse darbieten als diejenigen, von welchen wir ausgegangen sind, so zeigen auch diese Figuren noch immer ein *Minimum* der Oberfläche. Die Flüssigkeitsplatten, welche mit den Drahtkanten und untereinander in Zusammenhang bleiben, stoßen immer zu je dreien unter nahe gleichen Winkeln von 120° in einer Kante zusammen, und je vier Kanten schneiden sich abermals unter nahe gleichen Winkeln in einer Ecke. Es läßt sich geometrisch nachweisen, daß diese Verhältnisse einem Minimum von Oberfläche entsprechen. In der ganzen Mannigfaltigkeit der hier besprochenen Erscheinungen drückt sich also immer nur die Tatsache aus, daß die Molekularkräfte durch Verminderung der Oberfläche (positive) Arbeit leisten.

7. Die Gleichgewichtsfiguren, welche Plateau durch Eintauchen der Kantengerüste von Polyedern in Seifenlösung erhielt, bilden Systeme von Flüssigkeitsplatten, die eine wunderbare *Symmetrie* darbieten. Es drängt sich da die Frage auf: Was hat das *Gleichgewicht* überhaupt mit *Symmetrie* und Regelmäßigkeit zu schaffen? Die Aufklärung liegt nahe. An jedem symmetrischen System ist zu jeder symmetriestörenden Deformation eine gleiche entgegengesetzte möglich. Beiden entspricht zugleich eine positive oder eine negative Arbeit. Eine, wenn auch nicht hinreichende, Bedingung dafür, daß der Gleichgewichtsform ein Maximum oder Minimum von Arbeit entspreche, ist somit durch die Symmetrie erfüllt. Regelmäßigkeit ist mehrfache Symmetrie. Wir dürfen uns also darüber nicht wundern, daß die Gleichgewichtsformen oft symmetrisch und regelmäßig sind.

8. Die mathematische Hydrostatik hat sich an einer speziellen Aufgabe, betreffend die *Gestalt der Erde*, entwickelt. Physikalische und astronomische Anhaltspunkte führten bekanntlich Newton und Huygens zu der Ansicht, daß die Erde ein abgeplattetes Rotationsellipsoid sei. Newton versuchte diese Abplattung zu berechnen, indem er sich die rotierende Erde als flüssig dachte und annahm, daß alle von der Oberfläche zum Zentrum geführten Flüssigkeitsfäden auf dieses denselben Druck ausüben müßten. Huygens hingegen ging von der Annahme aus, daß die Kraftrichtungen auf den Oberflächenelementen senkrecht seien. Bouguer vereingt beide Annahmen. Clairaut endlich zeigt („Théorie de la figure de la terre", Paris 1743), daß auch die Erfüllung *beider* Bedingungen das Bestehen des Gleichgewichts *nicht* sichert.

Clairaut geht von folgender Überlegung aus. Wenn die flüssige Erde im Gleichgewicht ist, so können wir uns ohne Störung des Gleichgewichts einen beliebigen Teil derselben erstarrt denken, so daß nur ein mit Flüssigkeit gefüllter Kanal AB von beliebiger Form (Fig. 205 in 1) übrigbleibt, in welchem die Flüssigkeit ebenfalls im Gleichgewicht sein wird.

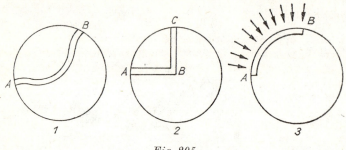

Fig. 205

Das Gleichgewicht in einem solchen Kanal ist nun leichter zu untersuchen. Besteht es in *jedem derartigen denkbaren* Kanal, so ist auch die ganze Masse im Gleichgewicht. Nebenbei bemerkt Clairaut, daß man den Newtonschen Grundsatz erhält, wenn man den Kanal durch das Zentrum (wie Fig. 205 in 2), und den Huygensschen, wenn man den Kanal an der Oberfläche führt, wie in 3.

Die weitere Verwendung der Prinzipien usw.

Der Kern der Frage liegt aber nach Clairaut in einer andern Bemerkung. In jedem denkbaren Kanal, auch in einem in sich *zurücklaufenden*, muß die Flüssigkeit im Gleichgewicht sein. Wenn also der Kanal (Fig. 206) an den beliebigen Stellen M und N quer durchschnitten wird, so müssen beide Flüssigkeitssäulen MPN und MQN auf die Schnittflächen bei M und N den gleichen Druck ausüben.

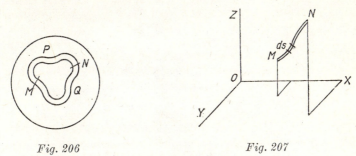

Fig. 206   *Fig. 207*

Der Druck der Flüssigkeitssäule in einem Kanal an den Enden darf also gar nicht von der *Länge* und *Form* der Säule, sondern nur von der *Lage der Enden* abhängen.

Denken wir uns einen Kanal MN (Fig. 207) von beliebiger Form in der fraglichen Flüssigkeit auf ein rechtwinkliges Koordinatensystem bezogen. Die Flüssigkeit sei von der *konstanten* Dichte ϱ, und die Kraftkomponenten X, Y, Z nach den Koordinatenrichtungen, welche auf die Masseneinheit der Flüssigkeit wirken, seien Funktionen der Koordinaten x, y, z dieser Masse. Ein Längenelement des Kanals heißt ds, dessen Projektionen auf die Achsen seien dx, dy, dz. Die Kraftkomponenten, welche nach der Richtung des Kanals auf die Masseneinheit wirken, sind dann $X\dfrac{dx}{ds}$, $Y\dfrac{dy}{ds}$, $Z\dfrac{dz}{ds}$. Die Gesamtkraft, welche das Massenelement $\varrho q ds$ des Kanals, wobei q der Querschnitt, nach der Richtung von ds treibt, ist $\varrho q ds \left(X\dfrac{dx}{ds} + Y\dfrac{dy}{ds} + Z\dfrac{dz}{ds} \right)$. Dieselbe muß durch den Zuwachs des Druckes beim Durchschreiten des Längenelements im Gleichgewicht gehalten werden und ist also $q \cdot dp$ gleichzusetzen. Wir erhalten demnach $dp = \varrho(X dx + Y dy + Z dz)$. Der Unterschied des Druckes (p) zwischen den Enden M und N ergibt sich, wenn man diesen Ausdruck von M bis N integriert. Da aber dieser Unterschied gar nicht von der Form des Kanals, sondern nur von der Lage der Enden M und N abhängen soll, so muß $(Xdx + Xdy + Zdz)$, oder bei konstanter Dichte auch $Xdx + Ydy + Zdz$, ein vollständiges Differential sein. Hierzu ist bekanntlich notwendig, daß

$$X = \frac{dU}{dx},\ Y = \frac{dU}{dy},\ Z = \frac{dU}{dz},$$

wobei U eine Funktion der Koordinaten vorstellt. *Das Gleichgewicht einer Flüssigkeit ist also nach Clairaut überhaupt nur möglich, wenn dieselbe von Kräften beherrscht wird, welche sich als die partiellen Ableitungen einer und derselben Funktion der Koordinaten darstellen lassen.*

9. Die Newtonschen Schwerkräfte und überhaupt alle *Zentralkräfte*, d. h. solche Kräfte, welche die Massen nach den Richtungen ihrer Verbindungslinien ausüben und welche Funktionen der Entfernungen dieser Massen voneinander sind, haben die verlangte Eigenschaft. Unter dem Einfluß solcher Kräfte kann das Gleichgewicht der Flüssigkeiten bestehen. Kennen wir die Funktion U, so können wir die obige Gleichung durch

$$dp = \varrho \left(\frac{dU}{dx} dx + \frac{dU}{dy} dy + \frac{dU}{dz} dz \right)$$

oder $dp = \varrho dU$ und $p = \varrho U + \text{Konst.}$ ersetzen.

Der Inbegriff aller Punkte, für welche $U = \text{Konst.}$, ist eine Fläche, die sogenannte *Niveaufläche*. Für diese ist auch $p = \text{Konst.}$ Da durch die Natur der Funktion U alle Kraftverhältnisse und, wie wir eben sehen, auch alle Druckverhältnisse bestimmt sind, so geben die Druckverhältnisse eine Abbildung der Kraftverhältnisse, wie dies bereits S. 117, 118 bemerkt worden ist.

In der eben vorgeführten Betrachtung Clairauts liegt unzweifelhaft der Grundgedanke der Lehre von der *Kraftfunktion* oder vom *Potential*, welche später so erfolgreich von Laplace, Poisson, Green, Gauß u. a. entwickelt worden ist. Ist einmal die Aufmerksamkeit auf die erwähnte Eigenschaft gewisser Kräfte, sich als Ableitungen derselben Funktion U darzustellen, hingelenkt, so erkennt man es sofort als sehr vorteil-

Die weitere Verwendung der Prinzipien usw.

haft und *ökonomisch*, statt der Kräfte selbst die Funktion U zu untersuchen.

Wenn wir die Gleichung
$$dp = \varrho\,(Xdx + Ydy + Zdz) = \varrho dU$$
betrachten, so sehen wir, daß $Xdx + Ydy + Zdz$ das Element der *Arbeit* vorstellt, welche die Kräfte an der Masseneinheit der Flüssigkeit bei der Verschiebung ds (deren Projektionen dx, dy, dz sind) leisten. Führen wir also die Masseneinheit von einem Punkt, für welchen $U = C_1$ ist, über zu irgendeinem andern Punkt, für welchen $U = C_2$ ist, oder allgemeiner von der Fläche $U = C_1$ zur Fläche $U = C_2$, so haben wir, gleichgültig auf welchem Wege die Überführung geschah, *dieselbe* Arbeit geleistet. Zugleich bieten alle Punkte der ersten Fläche in bezug auf jene der zweiten Fläche dieselbe Druckdifferenz dar, so zwar, daß
$$p_2 - p_1 = \varrho\,(C_2 - C_1),$$
wobei die mit demselben Index bezeichneten Größen derselben Fläche angehören.

10. Denken wir uns eine Schar solcher sehr nahe aneinander liegender Flächen (Fig. 208), von welchen je zwei aufeinander folgende um denselben sehr kleinen Arbeitsbetrag verschieden sind, also die Flächen $U = C$, $U = C + dC$, $U = C + 2dC$ usw.

Man erkennt, daß eine Masse in *einer und derselben* Fläche verschoben keine Arbeit leistet. Die Kraftkomponente, welche in das Flächenelement entfällt, ist demnach $= 0$. Die Richtung der *Gesamtkraft*, welche auf die Masse wirkt, steht demnach überall *senkrecht* auf dem Flächenelement. Nennen wir dn das Element der Normalen, welches zwischen zwei aufeinanderfolgenden Flächen liegt, und f die Kraft, welche eine Masseneinheit durch dieses Element von der einen zur andern Fläche überführt, so ist die Arbeit $f \cdot dn = dC$. Die

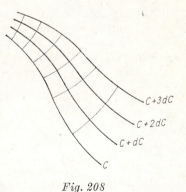

Fig. 208

Kraft $f = \dfrac{dC}{dn}$, weil dC als konstant vorausgesetzt wurde, ist überall umgekehrt proportional dem Abstand der betrachteten Flächen. Sind also einmal die Flächen U bekannt, so sind die *Kraftrichtungen* durch die Elemente einer Schar von Kurven gegeben, die auf diesen Flächen überall senkrecht stehen, und die Abstände der Flächen veranschaulichen uns die *Größe* der Kräfte. Diese Flächen und Kurven begegnen uns auch in den übrigen Gebieten der Physik. Wir finden sie als Potentialniveaus und Kraftlinien im Gebiete der Elektrostatik und des Magnetismus, als Isothermenflächen und Stromlinien im Gebiete der Wärmeleitung, als Niveauflächen und Stromkurven bei Betrachtung der elektrischen und der Flüssigkeitsströmungen.

11. Wir wollen nun den Hauptgedanken Clairauts noch durch ein sehr einfaches Beispiel erläutern. Wir denken uns zwei zueinander senkrechte Ebenen, welche die Ebene des Papiers in den Geraden OX und OY senkrecht schneiden. Wir nehmen an, es gebe eine Kraftfunktion $U = -xy$, wobei x, y die Abstände von jenen beiden Ebenen bedeuten. Dann sind die Kraftkomponenten parallel zu OX und OY beziehungsweise

$$X = \frac{dU}{dx} = -y \text{ und } Y = \frac{dU}{dy} = -x.$$

Die Niveauflächen sind Zylinderflächen, deren Erzeugende senkrecht zur Ebene des Papiers stehen und deren Leitlinien, $xy = $ Konst., gleichseitige Hyperbeln sind (Fig. 209). Die Kraftlinien erhält man, wenn man in der Zeichnungsebene das ersterwähnte Kurvensystem um 45° um O dreht. Geht die Masseneinheit von dem Punkte r nach O auf dem Wege rpO, oder rqO, oder auf irgendeinem andern Wege über, so ist die geleistete Arbeit stets

$$Op \times Oq.$$

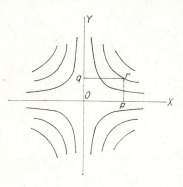

Fig. 209

Denken wir uns einen geschlossenen mit Flüssigkeit gefüllten Kanal $OprqO$, so ist die Flüssigkeit in demselben im Gleichgewicht. Legen wir an irgendwelchen zwei Stellen Querschnitte, so erleidet jeder derselben von beiden Seiten denselben Druck.

Wir wollen nun das Beispiel ein wenig modifizieren. Die Kräfte seien nun $X = -y$, $Y = -a$, wobei a einen konstanten Wert hat. Es gibt jetzt keine Funktion U von der Beschaffenheit, daß $X = \dfrac{dU}{dx}$ und $Y = \dfrac{dU}{dy}$ wäre, denn hierzu müßte $\dfrac{dX}{dy} = \dfrac{dY}{dx}$ sein, was augenscheinlich nicht zutrifft. Es gibt also keine Kraftfunktion und auch keine Niveauflächen. Führt man die Masseneinheit von r über p nach O, so ist die geleistete Arbeit $a \times Oq$. Findet die Überführung auf dem Wege rqO statt, so ist hingegen die Arbeit $a \times Oq + Op + Oq$. Wäre der Kanal $OprqO$ mit Flüssigkeit erfüllt, so könnte dieselbe *nicht* im Gleichgewicht sein, sondern müßte in dem Sinne $OprqO$ fortwährend *rotieren*. Derartige in sich zurücklaufende und endlos fortbestehende Ströme erscheinen uns als etwas unserer Erfahrung durchaus Fremdes. Hiermit ist aber die Aufmerksamkeit auf eine *wichtige Eigenschaft* der Naturkräfte geleitet, auf die Eigenschaft nämlich, daß die von ihnen geleistete *Arbeit* als eine Funktion der Koordinaten dargestellt werden kann. *Wo* wir Ausnahmen von diesem Satz bemerken, sind wir geneigt, dieselben für scheinbare zu halten, und sind bemüht, uns dieselben aufzuklären.

12. Wir betrachten nun einige Fälle der *Flüssigkeitsbewegung*. Der Begründer der Lehre von derselben ist Torricelli. Durch Beobachtung der aus der Bodenöffnung eines Gefäßes ausfließenden Flüssigkeit fand er folgenden Satz. Wenn man die Zeit der Entleerung eines Gefäßes in n gleiche Teile teilt und die in dem letzten $(n)^{\text{ten}}$ Teil ausgeflossene Menge als Einheit annimmt, so fließt in dem $(n-1)^{\text{ten}}$, $(n-2)^{\text{ten}}$, $(n-3)^{\text{ten}}$ usw. Teil beziehungsweise die Menge 3, 5, 7 usw. aus. Die Ähnlichkeit zwischen der Fallbewegung und der Flüssigkeitsbewegung tritt bei dieser Beobachtung klar hervor. Nun bietet sich leicht die Bemerkung dar, daß sich die sonderbarsten Folgerungen ergeben würden, wenn die Flüssigkeit mit Hilfe ihrer aufwärts gekehrten Ausflußgeschwindigkeit sich über den Spiegel der Flüssigkeit im Gefäß erheben könnte. Torricelli

bemerkt auch, daß sie *höchstens* bis zu dieser Höhe steigen kann, und nimmt an, daß sie *genau* zu dieser Höhe steigen würde, wenn man alle Widerstände beseitigen könnte. Von den Widerständen abgesehen, ist also die Ausflußgeschwindigkeit v aus der Bodenöffnung eines Gefäßes an die Höhe der Flüssigkeit h in dem Gefäß durch die Gleichung gebunden $v = \sqrt{2gh}$, d. h. die Ausflußgeschindigkeit ist die *End*geschwindigkeit, welche beim *freien Fall* durch die Druckhöhe h erlangt würde, denn mit dieser Geschwindigkeit kann die Flüssigkeit eben wieder bis zu dem Spiegel aufsteigen.*

Der Satz von Torricelli schließt sich unsern übrigen Erfahrungen gut an, allein man empfindet noch das Bedürfnis einer genauern Einsicht. Varignon hat versucht, den Satz aus der Beziehung zwischen der Kraft und der von ihr erzeugten *Bewegungsquantität* abzuleiten. Die bekannte Beziehung $pt = mv$ gibt in dem vorliegenden Falle, wenn wir mit a die Fläche der Bodenöffnung, mit h die Druckhöhe, mit s das spezifische Gewicht, mit g die Beschleunigung frei fallender Körper, mit v die Ausflußgeschwindigkeit und mit τ einen kleinen Zeitteil bezeichnen,

$$ahs \cdot \tau = \frac{a v \tau s}{g} \cdot v \text{ oder } v^2 = gh.$$

Hierbei stellt ahs den durch die Zeit τ auf die Flüssigkeitsmasse $\frac{a v \tau s}{g}$ wirkenden Druck vor. Berücksichtigen wir noch, daß v eine Endgeschwindigkeit ist, so erhalten wir genauer

$$ahs \cdot \tau = \frac{a \frac{v}{2} \cdot \tau s \cdot v}{g}$$

und die richtige Formel

$$v^2 = 2gh.$$

13. Daniel Bernoulli hat die Flüssigkeitsbewegungen mit Hilfe des Satzes der *lebendigen Kräfte* untersucht. Wir wollen den vorliegenden Fall von diesem Gesichtspunkt aus behandeln, den Gedanken aber in etwas mehr moderner Form durchfüh-

---

* Die älteren Forscher leiten ihre Sätze in der unvollständigen Form von Proportionen ab und setzen daher meist nur v proportional $\sqrt{gh}$ oder $\sqrt{h}$.

Die weitere Verwendung der Prinzipien usw.

ren. Die Gleichung, die wir zu verwenden haben, ist $ps = \dfrac{mv^2}{2}$.

In einem Gefäß (Fig. 210) von dem Querschnitt q, in welchem Flüssigkeit vom spezifischen Gewicht s auf die Druckhöhe h eingegossen ist, sinkt der Spiegel um die kleine Größe dh und es tritt hierbei die Flüssigkeitsmasse $\dfrac{q \cdot dh \cdot s}{g}$ mit der Geschwindigkeit v aus. Die geleistete Arbeit ist dieselbe, als ob das Gewicht $q \cdot dh \cdot s$ durch die Höhe h gesunken wäre. Auf die Bewegungsform im Gefäß kommt es hierbei gar nicht an. Es ist einerlei, ob die Schicht $q \cdot dh$ direkt durch die Bodenöffnung herausfällt oder sich nach a begibt, während die Flüssigkeit von a nach b, jene von b nach c verdrängt wird und jene von c ausfließt. Die

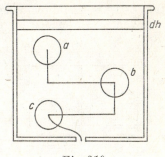

Fig. 210

Arbeit bleibt immer $q \cdot dh \cdot s \cdot h$. Indem wir diese Arbeit der lebendigen Kraft der ausgeflossenen Flüssigkeit gleichsetzen, finden wir

$$q \cdot dh \cdot s \cdot h = \frac{q \cdot dh \cdot s}{g} \frac{v^2}{2} \quad \text{oder} \quad v = \sqrt{2gh}\,.$$

Nur die Voraussetzung wird bei dieser Entwicklung gemacht, daß die *gesamte* im Gefäß geleistete *Arbeit* als lebendige Kraft der ausgeflossenen Flüssigkeit erscheint, daß also die Geschwindigkeiten im Gefäß selbst und die daselbst durch Reibung aufgezehrten Arbeiten *vernachlässigt* weren können.

Sehen wir von der Schwere der Flüssigkeit in dem Gefäß ab und denken wir uns dieselbe durch einen beweglichen Kolben, auf dessen Flächeneinheit der Druck p entfällt, belastet. Bei Verschiebung des Kolbens um die Strecke dh tritt das Flüssigkeitsvolumen $q \cdot dh$ aus. Nennen wir ϱ die Dichte der Flüssigkeit und v deren Geschwindigkeit, so ist

$$q \cdot p \cdot dh = q \cdot dh \cdot \varrho \frac{v^2}{2} \quad \text{oder} \quad v = \sqrt{\frac{2p}{\varrho}}\,.$$

Unter demselben Druck strömen also verschiedene Flüssigkeiten mit Geschwindigkeiten aus, welche der Wurzel ihrer Dichte umgekehrt proportioniert sind. Man meint gewöhnlich, diesen Satz unmittelbar auf die Gase übertragen zu können. Die Form desselben ist auch richtig, die Ableitung aber, die man häufig anwendet, schließt einen Irrtum ein, wie wir sofort sehen werden.

14. Wir betrachten zwei nebeneinander befindliche Gefäße (Fig. 211), welche durch eine kleine Wandöffnung am Boden miteinander verbunden sind. Zur Bestimmung der Durchflußgeschwindigkeit durch diese Öffnung erhalten wir unter denselben Voraussetzungen wie vorher

Fig. 211

$$q \cdot dh \cdot s \, (h_1 - h_2) = q \frac{dh \cdot s}{g} \frac{v^2}{2}$$

oder

$$v = \sqrt{2g \, (h_1 - h_2)}.$$

Sehen wir von der Schwere der Flüssigkeit ab und denken wir uns in den Gefäßen durch Kolben den Druck p_1 und p_2 hervorgebracht, so ist

$$v = \sqrt{\frac{2 \, (p_1 - p_2)}{q}}.$$

Wären beispielsweise die gleichen Kolben mit den Gewichten P und $\frac{P}{2}$ belastet, so würde das Gewicht P um die Höhe h sinken und $\frac{P}{2}$ sich um dieselbe Höhe erheben, so daß die geleistete Arbeit $\frac{P}{2} h$ übrigbliebe, welche die lebendige Kraft der durchfließenden Flüssigkeit erzeugen würde.

Ein Gas würde sich unter den angegebenen Umständen anders verhalten. Strömt es aus dem Gefäß mit der Belastung P in jenes mit der Belastung $\frac{P}{2}$ über, so sinkt ersteres Gewicht um h, letzteres aber, da sich das Gas unter dem halben Druck auf das doppelte Volumen ausdehnt, steigt um $2h$, so daß also die Arbeit $Ph - \dfrac{P}{2} 2h = 0$ verrichtet wird. Es muß also im Fall eines Gases noch eine *andere* Arbeit geleistet werden, welche das Durchfließen bewirkt. Diese Arbeit leistet das Gas selbst, indem es sich ausdehnt und durch seine *Expansivkraft* einen Druck überwindet. Die Expansivkraft p und das Volumen w eines Gases stehen in der bekannten Beziehung $pw = k$, wobei k eine Konstante ist (solange die Temperatur des Gases unverändert bleibt). Dehnt sich das Gasvolumen unter dem Druck p um dw aus, so ist die geleistete Arbeit

$$\int p\, dw = k \int \frac{dw}{w}.$$

Bei Ausdehnung von w_0 bis w oder von dem Druck p_0 bis p finden wir die Arbeit

$$k \log\left(\frac{w}{w_0}\right) = k \log\left(\frac{p_0}{p}\right).$$

Denken wir uns durch diese Arbeit das Gasvolumen w_0 von der Dichte ϱ mit der Geschwindigkeit v bewegt, so erhalten wir

$$v = \sqrt{\frac{2 p_0 \log\left(\dfrac{p_0}{p}\right)}{\varrho}}.$$

Die Durchflußgeschwindigkeit bleibt also der Wurzel der Dichte verkehrt proportioniert, allein der Betrag derselben ist verschieden von demjenigen, welcher nach der frühern Auffassung sich ergeben würde. Wir können die Bemerkung nicht unterlassen, daß auch diese Betrachtung sehr mangelhaft ist. Rasche Volumenänderungen eines Gases sind immer mit Temperaturveränderungen und folglich auch mit Änderungen der Spannkraft verbunden. Fragen über die Bewegung der Gase können also überhaupt nicht als bloße *mechanische* Fragen behandelt werden, sondern sind immer zugleich *Wärmefragen*.[87]

15. Da wir eben gesehen haben, daß ein komprimiertes Gas eine Arbeit enthält, so liegt es nahe, zu untersuchen, ob dies nicht auch bei einer komprimierten Flüssigkeit der Fall ist. In der Tat ist jede Flüssigkeit, welche unter einem Drucke steht,

komprimiert. Zur Kompression gehört Arbeit, welche wieder zum Vorschein kommt, sobald sich die Flüssigkeit ausdehnt. Allein bei den tropfbaren Flüssigkeiten ist diese Arbeit sehr klein. Stellen wir uns (Fig. 212) ein Gas und eine tropfbare Flüssigkeit unter gleichem Volumen (welches wir durch OA messen) und unter gleichem Druck (den wir durch AB bezeichnen), etwa unter dem Druck einer Atmosphäre vor. Sinkt der Druck auf eine halbe Atmosphäre, so steigt das Volumen des Gases auf das Doppelte, jenes der Flüssigkeit aber nur um etwa 25 Millionstel des ursprünglichen Volumens. Die Ausdehnungsarbeit für das Gas wird durch die Fläche $ABDC$, für die Flüssigkeit durch $ABLK$ vorgestellt, wobei aber $AK = 0{,}000025\, OA$ zu setzen ist. Lassen wir den Druck bis auf Null abnehmen, so ist die ganze Arbeit der Flüssigkeit durch die Fläche ABI, wobei $AI = 0{,}000025\, OA$, jene des Gases aber durch die zwischen AB, der unendlichen Geraden $ACEG$ ... und dem unendlichen Hyperbelast $BDFH$ ... eingeschlossene Fläche darstellt. Die Ausdehnungsarbeit der Flüssigkeiten kann also *gewöhnlich* vernachlässigt werden. Es gibt aber Vorgänge, z. B. die tönenden Schwingungen der Flüssigkeiten, wobei eben Arbeiten dieser Art und Ordnung die Hauptrolle spielen. In diesem Falle sind dann auch die zugehörigen Temperaturänderungen der Flüssigkeit zu beachten. Es ist also lediglich einem glücklichen Zusammentreffen der *Umstände* zu danken, wenn ein Vorgang mit hinreichender Annäherung als ein *rein mechanischer* betrachtet werden kann.

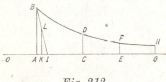

Fig. 212

16. Wir besprechen nun den Hauptgedanken, den Daniel Bernoulli (1738) in seiner Hydrodynamik durchzuführen sucht. Wenn eine Flüssigkeitsmasse sinkt, so ist die *Falltiefe* ihres Schwerpunktes (descensus actualis) gleich der möglichen *Steighöhe* des Schwerpunktes der mit ihren erlangten Geschwindigkeiten behafteten und voneinander befreiten Flüssigkeitsteile (ascensus potentials). Ohne Schwierigkeit erkennen wir diesen Gedanken als identisch mit dem schon von Huygens verwendeten. Wir denken uns ein mit Flüssigkeit gefülltes

Gefäß (Fig. 213) und nennen den horizontalen Querschnitt desselben in dem Abstande x von der durch die Bodenöffnung bestimmten Horizontalebene $f(x)$. Die Flüssigkeit bewege sich, und der Spiegel derselben sinke um dx. Der Schwerpunkt sinkt hierbei um $\dfrac{xf(x) \cdot dx}{M}$, wobei $M = \int f(x)dx$. Ist k die potentielle Steighöhe der Flüssigkeit in dem Querschnitt, welcher der Flächeneinheit gleich ist, so beträgt sie $\dfrac{k}{f(x)^2}$ in dem Querschnitte $f(x)$, und die potentielle Steighöhe des Schwerpunktes ist

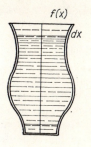

Fig. 213

$$\frac{k \int \dfrac{dx}{f(x)}}{M} = k\,\frac{N}{M},$$

wobei

$$N = \int \frac{dx}{f(x)}.$$

Für eine Verschiebung des Flüssigkeitsspiegels um dx ergibt sich nach dem ausgesprochenen Prinzip, da sich hierbei sowohl N als k ändert

$$-xf(x)dx = Ndk + kdN,$$

welche Gleichung von Bernoulli zur Lösung verschiedener Aufgaben benutzt wird. Man sieht leicht, daß der Bernoullische Satz nur dann mit Erfolg angewendet werden kann, wenn die *Verhältnisse* der Geschwindigkeiten der einzelnen Flüssigkeitsteile zueinander bekannt sind. Bernoulli setzt, wie man schon aus den angeführten Formeln erkennt, voraus, daß alle Teile, welche sich zu irgendeiner Zeit in einer Horizontalebene befinden, immer in einer Horizontalebene bleiben, und daß die Geschwindigkeiten in verschiedenen Horizontalebenen sich umgekehrt wie die Querschnitte verhalten. Es ist dies die Voraussetzung des „*Parallelismus der Schichten*". Dieselbe ent-

spricht den Tatsachen in vielen Fällen gar nicht, in andern nur
ungefähr. Ist das Gefäß sehr weit gegen die Ausflußöffnung,
so braucht man, wie wir bei Entwicklung des Torricellischen
Satzes gesehen haben, über die Bewegung im Gefäß gar keine
Voraussetzung zu machen.

17. Einzelne Fälle der Flüssigkeitsbewegung haben schon
Newton und Johann Bernoulli behandelt. Wir wollen hier einen
Fall betrachten, auf welchen sich unmittelbar ein bereits bekanntes Gesetz anwenden läßt. Eine zylindrische Heberröhre
mit vertikalen Schenkeln ist mit Flüssigkeit gefüllt (Fig. 214).
Die Länge der ganzen Flüssigkeitssäule sei l. Drückt man
die Säule einerseits um das Stück x unter das Niveau, so
erhebt sie sich andererseits um x, und die der Exkursion
x entsprechende Niveaudifferenz beträgt $2x$. Wenn α
den Querschnitt der Röhre und s das spezifische Gewicht
der Flüssigkeit bedeutet, so entspricht

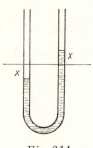

Fig. 214

der Exkursion	x
die Kraft	$2\alpha s x$, welche, da sie
die Masse	$\dfrac{\alpha l s}{g}$ zu bewegen hat,
die Beschleunigung	$\dfrac{2\alpha s x}{\dfrac{\alpha l s}{g}} = \dfrac{2g}{l} x$ und für

die Einheit der Exkursion die Beschleunigung $\dfrac{2g}{l}$ bedingt. Man
erkennt, daß pendelförmige Schwingungen von der Dauer

$$T = \pi \sqrt{\dfrac{l}{2g}}$$

stattfinden werden. Die Flüssigkeitssäule schwingt also wie ein
einfaches Pendel von der halben Länge der Flüssigkeitssäule.
Eine ähnliche, aber etwas allgemeinere Aufgabe hat Johann

Bernoulli behandelt. Die beiden Schenkel einer beliebig gekrümmten zylindrischen Heberröhre haben an den Stellen, an welchen die Flüssigkeitsspiegel sich bewegen, die Neigungen α und β gegen den Horizont (Fig. 215a). Verschiebt man den einen Spiegel um das Stück x, so erleidet der andere die gleiche Verschiebung. Es entsteht dadurch die Niveaudifferenz x (sin α + sin β), und wir finden durch eine ähnliche Überlegung wie zuvor und mit Beibehaltung derselben Bezeichnung

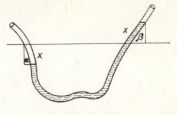

Fig. 215a

$$T = \pi \sqrt{\frac{l}{g(\sin\alpha + \sin\beta)}}.$$

Für das Flüssigkeitspendel Fig. 214 gelten die Pendelgesetze (von der Reibung abgesehen) *genau* auch bei großen Schwingungsweiten, während sie für das Fadenpendel nur annähernd für kleine Ausweichungen gelten.

18. Der *Gesamtschwerpunkt* der Flüssigkeit kann sich nur so hoch erheben, als er zur Erzeugung der Geschwindigkeiten sinken mußte. Überall, wo dieser Satz eine Ausnahme zu erleiden scheint, kann man dieselbe eben als *scheinbar* nachweisen. Der Heronsbrunnen besteht bekanntlich aus drei Gefäßen, welche in der Ordnung von oben nach unten A, B, C heißen mögen. Das Wasser von A fließt nach C ab, die aus C verdrängte Luft drückt auf B und treibt einen Wasserstrahl aufwärts, der nach A zurückfällt. Das Wasser aus B erhebt sich zwar bedeutend über das Niveau in diesem Gefäß, es fließt aber eigentlich nur auf dem Umweg über den Springbrunnen und das Gefäß A auf das viel tiefere Niveau in C ab.

Eine scheinbare Ausnahme von dem fraglichen Satz bietet auch der Montgolfiersche *Stoßheber* dar (Fig. 215b), in welchem sich die Flüssigkeit durch ihre eigene Schwerearbeit bedeutend über das ursprüngliche Niveau zu erheben scheint. Die Flüssigkeit fließt aus dem Gefäß A durch das lange Rohr RR und das sich nach innen öffnende Ventil V in das Gefäß B ab. Ist die Strömung schnell genug, so schließt sich das Ventil

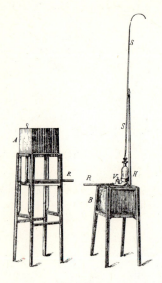

Fig. 215b

V, und wir haben in dem Rohre RR eine mit der Geschwindigkeit v behaftete plötzlich angehaltene Flüssigkeitsmasse m, welcher ihre Bewegungsquantität genommen werden muß. Geschieht dies in der Zeit t, so vermag während derselben die Flüssigkeit den Druck $\delta = \dfrac{mv}{t}$ auszuüben, welcher sich zu dem hydrostatischen Druck p hinzuaddiert. Die Flüssigkeit vermag also während dieser Zeit durch ein Ventil mit dem Druck $p+q$ in einen Heronsball H einzudringen und erhebt sich dementsprechend in dem Steigrohr SS auf ein höheres Niveau als dasjenige, welches dem bloßen Druck p entspricht. Man hat hier zu bedenken, daß immer ein beträchtlicher Teil der Flüssigkeit nach B abfließen muß, bevor durch dessen Arbeit in dem Rohre RR die zur Schließung von V nötige Geschwindigkeit erzeugt ist. Nur ein kleiner Teil erhebt sich durch das Steigrohr SS über das ursprüngliche Niveau, während der größere Teil von A nach B abfließt. Würde man die aus SS tretende Flüssigkeit sammeln, so würde es sich leicht herausstellen, daß der Schwerpunkt dieser und der nach B abgeflossenen Flüssigkeit wegen der Verluste *unter* dem Niveau von A liegt.

Das Prinzip des Stoßhebers, Übertragung der Arbeit einer großen Flüssigkeitsmasse auf einen kleinern Teil, welcher hierdurch eine große Geschwindigkeit erhält, läßt sich in folgender sehr einfacher Weise anschaulich machen. Man verschließt die enge Öffnung O eines Filtriertrichters und taucht denselben mit der weiten Öffnung nach unten gekehrt, möglichst tief in ein großes Gefäß mit Wasser (Fig. 216). Entfernt man rasch den verschließenden Finger, so füllt sich der Raum des Trichters rasch mit Wasser, wobei natürlich der

Spiegel der äußern Flüssigkeit etwas sinkt. Die geleistete Arbeit entspricht dem Fall des Trichterinhaltes vom Schwerpunkt der Oberflächenschicht S nach dem Schwerpunkt S' des Trichterinhalts. Bei gehöriger Weite des Gefäßes sind alle Geschwindigkeiten in demselben sehr klein, und fast die ganze erzeugte lebendige Kraft steckt in dem Trichterinhalt.

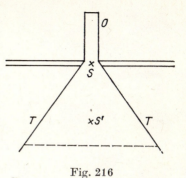

Fig. 216

Hätten alle Teile des Inhalts gleiche Geschwindigkeit, so könnten sie sich alle bis zum ursprünglichen Niveau erheben, oder die Masse als Ganzes könnte so hoch steigen, daß ihr Schwerpunkt mit S zusammenfiele. In den engern Trichterquerschnitten ist aber die Geschwindigkeit größer als in den weitern, und erstere enthalten deshalb den weitaus größern Teil der lebendigen Kraft. Die betreffenden Flüssigkeitsteile reißen sich deshalb los und springen durch den Trichterhals hoch über das ursprüngliche Niveau hinaus, während der Rest bedeutend unter demselben zurückbleibt und der Gesamtschwerpunkt nicht einmal das ursprüngliche Niveau von S erreicht.

19. Zu den wichtigsten Leistungen von Daniel Bernoulli gehört dessen Unterscheidung des *hydrostatischen* und *hydrodynamischen* Druckes. Bei Bewegung der Flüssigkeiten ändert sich nämlich der Druck derselben, und es kann der Druck der *bewegten* Flüssigkeit nach den Umständen größer oder kleiner sein, als jener der *ruhenden* Flüssigkeit bei gleicher Anordnung der Teile. Wir wollen dieses Verhältnis durch ein einfaches Beispiel erläutern. Das Gefäß A, welches die Form eines Rotationskörpers mit vertikaler Achse hat, werde stets mit einer reibungslosen Flüssigkeit gefüllt erhalten, so daß sich der Spiegel derselben bei mn nicht ändert, während das Ausfließen bei kl stattfindet (Fig. 217). Den vertikalen Abstand eines Teilchens von dem Spiegel mn rechnen wir nach unten positiv und nennen ihn z. Wir verfolgen ein prismatisches Volumenelement von der horizontalen Grundfläche α und der Höhe β, während es sich abwärts

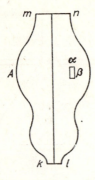

Fig. 217

bewegt, und sehen, den Parallelismus der Schichten voraussetzend, von allen Geschwindigkeiten senkrecht zu z ab. Die Dichte der Flüssigkeit nennen wir ϱ, die Geschwindigkeit des Elements v, den Druck, der von z abhängt, p. Sinkt das Teilchen um dz, so gibt der Satz der lebendigen Kräfte

(1)
$$\alpha\beta\varrho d\left(\frac{v^2}{2}\right) = \alpha\beta\varrho g dz - \alpha\frac{dp}{dz}\beta dz,$$

d. h. der Zuwachs der lebendigen Kraft des Elements ist gleich der Arbeit der Schwere bei der betreffenden Verschiebung vermindert um die Arbeit der Druckkräfte der Flüssigkeit. Der Druck auf die obere Fläche des Elements ist nämlich αp, auf die untere aber $\alpha\left(p + \frac{dp}{dz}\beta\right)$. Das Element erleidet also, wenn der Druck nach unten zunimmt, einen Druck $\alpha\frac{dp}{dz}\cdot\beta$ aufwärts, und es ist bei der Verschiebung um dz die Arbeit $\alpha\frac{dp}{dz}\beta dz$ in Abzug zu bringen. Die Gleichung 1 nimmt gekürzt die Form an

$$\varrho \cdot d\left(\frac{v^2}{2}\right) = \varrho g dz - \frac{dp}{dz} dz$$

und gibt integriert

$$\varrho \cdot \frac{v^2}{2} = \varrho g z - p + \text{Konst.} \tag{2}$$

Bezeichnen wir die Geschwindigkeit in zwei verschiedenen horizontalen Querschnitten a_1 und a_2 in den Tiefen z_1 und z_2 unter dem Spiegel beziehungsweise mit v_1, v_2 und die zugehörigen Drucke mit p_1, p_2, so können wir die Gleichung 2 in der Form schreiben

$$\frac{\varrho}{2} \cdot (v_1^2 - v_2^2) = \varrho g (z_1 - z_2) + (p_2 - p_1) \tag{3}$$

Legen wir den Querschnitt a_1 in den Spiegel, so ist $z_1 = 0, p_1 = 0$, und weil durch alle Querschnitte in derselben Zeit dieselbe Flüssigkeitsmenge hindurchströmt $a_1 v_1 = a_2 v_2$. Hieraus ergibt sich

$$p_2 = \varrho g z_2 + \frac{\varrho}{2} v_1^2 \left(\frac{a_2^2 - a_1^2}{a_2^2} \right).$$

Der Druck der *bewegten* Flüssigkeit p_2 (der hydrodynamische Druck) setzt sich zusammen aus dem Druck der *ruhenden* Flüssigkeit $\varrho g z_2$ (dem hydrostatischen Druck) und einem Druck $\frac{\varrho}{2} v_1^2 \left(\frac{a_2^2 - a_1^2}{a_2^2} \right)$, der von der Dichte, der Stromgeschwindigkeit und den Querschnitten abhängt. In den Querschnitten, welche *größer* sind als der Spiegel der Flüssigkeit, ist auch der hydrodynamische Druck *größer* als der hydrostatische und umgekehrt.

Um den Sinn des Bernoullischen Satzes noch deutlicher zu machen, denken wir uns die Flüssigkeit in dem Gefäß A schwerlos und das Ausfließen durch einen konstanten Druck p_1 auf den Spiegel hervorgebracht. Die Gleichung 3 nimmt dann die Form an

$$p_2 = p_1 + \frac{\varrho}{2} (v_1^2 - v_2^2).$$

Verfolgen wir ein Teilchen vom Spiegel an durch das Gefäß, so entspricht jeder Zunahme der Stromgeschwindigkeit (in engern Querschnitten) eine Abnahme des Drucks, jeder Abnahme der Stromgeschwindigkeit (in weitern Querschnitten) eine Zunahme des Drucks. Das läßt sich auch ohne alle Rechnung leicht übersehen. In dem gegebenen Falle muß jede Geschwindigkeits*änderung* eines Flüssigkeitselements ganz allein durch die *Arbeit der Druckkräfte* der Flüssigkeit aufgebracht werden. Tritt ein Element in einen engern Querschnitt, in welchem eine höhere Stromgeschwindigkeit herrscht, so kann es diese höhere Geschwindigkeit nur erlangen, wenn auf die Hinterfläche des Elements ein größerer Druck wirkt als auf die Vorderfläche, wenn es sich also von Punkten höhern zu Punkten niedern Drucks bewegt, wenn im Bewegungssinne der Druck abnimmt. Denken wir uns einen Augenblick in dem weitern und in dem darauffolgenden engern Querschnitt den Druck gleich, so findet die Beschleunigung der Elemente in dem engern

Querschnitt nicht statt. Die Elemente entweichen nicht schnell genug, drängen sich vor dem engern Querschnitt zusammen, und es entsteht *vor* diesem sofort die entsprechende Druckerhöhung. Die Umkehrung liegt auf der Hand.

20. Wenn es sich um kompliziertere Fälle handelt, so bieten schon Aufgaben über die Flüssigkeitsbewegung ohne Rücksicht auf die Reibung große Schwierigkeiten. Die Schwierigkeiten werden noch bedeutender, wenn der Einfluß der *Reibung* in Rechnung gezogen werden soll. In der Tat hat man bisher, obgleich diese Untersuchungen schon von Newton begonnen wurden, nur einige wenige einfachere Fälle dieser Art bewältigen können. Wir begnügen uns mit einem einfachen Beispiel. Wenn wir aus einem Gefäß mit der Druckhöhe h die Flüssigkeit nicht durch eine Bodenöffnung, sondern durch ein langes zylindrisches Rohr ausströmen lassen, so ist die Ausflußgeschwindigkeit v kleiner, als sie nach dem Torricellischen Satze sich ergeben sollte, da ein Teil der Arbeit durch die Reibung verzehrt wird. Wir finden, daß $v = \sqrt{2gh_1}$, wobei $h_1 < h$ ist. Wir können $h = h_1 + h_2$ setzen, h_1 die *Geschwindigkeitshöhe*, h_2 die *Widerstandshöhe* nennen. Bringen wir an die zylindrische Röhre vertikale Seitenröhrchen (Fig. 218) an, so steigt die Flüssigkeit in denselben so weit, daß sie dem Druck in dem Hauptrohr das Gleichgewicht hält und denselben anzeigt. Bemerkenswert ist nun, daß am Einflußende des Rohres diese Flüssigkeitshöhe $= h_2$ ist und daß sie gegen das Ausflußende

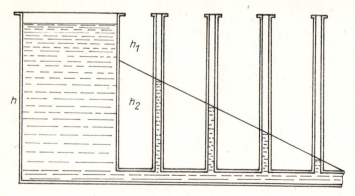

Fig. 218

Die weitere Verwendung der Prinzipien usw. 441

nach dem Gesetz einer geraden Linie bis zu Null abnimmt. Es handelt sich nun darum, sich diese Verhältnisse aufzuklären.

Auf die Flüssigkeit in dem horizontalen Ausflußrohr wirkt die Schwere *direkt* nicht mehr, sondern alle Wirkungen werden auf dieselbe nur durch den *Druck* der umgebenden Flüssigkeit übertragen. Denken wir uns ein prismatisches Flüssigkeitselement von der Grundfläche α und der Länge β, in der Richtung der Länge um dz verschoben, so ist, wie in dem zuvor betrachteten Falle, die hierbei geleistete Arbeit

$$-\alpha \frac{dp}{dz} \beta dz = -\beta \alpha \frac{dp}{dz} dz.$$

Für eine endliche Verschiebung finden wir

$$-\alpha\beta \int_{p_1}^{p_2} \frac{dp}{dz} dz = -\alpha\beta (p_2 - p_1). \tag{1}$$

Es wird Arbeit *geleistet*, wenn sich das Volumenelement von einer Stelle *höhern* zu einer Stelle *niedern* Drucks verschiebt. Der Betrag der Arbeit hängt nur von der Größe des Volumenelements und der *Differenz* des Drucks am Anfangs- und Endpunkt der Bewegung, nicht von der Länge und Form des Wegs ab. Wäre die Abnahme des Drucks in einem Falle doppelt so rasch als in einem andern, so wäre die Differenz der Drucke auf die Vorder- und Hinterfläche, also die arbeitende *Kraft* verdoppelt, der Arbeitsweg aber halbiert. Die Arbeit bliebe dieselbe (auf der Strecke *ab* oder *ac* in der Fig. 219).

Durch jeden Querschnitt q des horizontalen zylindrischen Rohrs strömt die Flüssigkeit mit derselben Geschwindigkeit v. Betrachten wir, von Geschwindigkeitsdifferenzen in *demselben* Querschnitt absehend, ein Element der Flüssigkeit, welches den Röhrenquerschnitt q ausfüllt und die

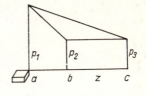

Fig. 219

Länge β hat, so ist dessen lebendige Kraft $q\beta\varrho \frac{v^2}{2}$ auf dem ganzen Wege durch die Röhre unverändert. Das ist nur möglich, wenn die durch *Reibung verzehrte* lebendige Kraft durch die *Arbeit* der *Druckkräfte* der Flüssigkeit ersetzt wird. In dem Bewegungssinne des Elements muß also der Druck abnehmen, und zwar für gleiche Wegstrecken, welchen eine gleiche Reibungsarbeit entspricht, um gleich viel. Die gesamte Arbeit der Schwere, welche für ein austretendes Flüssigkeitselement $q\beta\varrho$ geleistet wird, ist $q\beta\varrho gh$. Hiervon entfällt auf die lebendige Kraft des in die Rohrmündung mit der Geschwindigkeit v eintretenden Elements der Anteil $q\beta\varrho \frac{v^2}{2}$, oder mit Rücksicht darauf, daß $v=\sqrt{2gh_1}$, der Anteil $q\beta\varrho h_1$. Der Rest der Arbeit $q\beta\varrho g h_2$ wird also im *Rohr* verbraucht, wenn wir wegen der langsamen Bewegung von Verlusten im Gefäß absehen.

Bestehen im Gefäß, am Anfang und Ende des Rohres beziehungsweise die Druckhöhen h, h_2, 0 oder die Drucke $p=hg\varrho$, $p_2=h_2 g\varrho$, 0, so ist nach Gleichung 1 S. 380 die Arbeit zur Erzeugung der lebendigen Kraft des in die Rohrmündung *eintretenden* Elements

$$q\beta\varrho \frac{v^2}{2} = q\beta(p-p_2) = q\beta g\varrho(h-h_2) = q\beta g\varrho h_1,$$

und die Arbeit, welche durch den Druck der Flüssigkeit auf das die Rohrlänge durchlaufende Element übertragen wird, ist

$$q\beta p_2 = q\beta g\varrho h_2,$$

also diejenige, welche im Rohr eben verbraucht wird.

Nehmen wir einen Augenblick an, der Druck würde vom Anfang zum Ende des Rohres nicht von p_2 bis Null nach dem Gesetz einer geraden Linie abnehmen, sondern die Druckverteilung wäre eine andere, der Druck wäre z. B. konstant durch die ganze Rohrlänge. Sofort werden die vorausgehenden Teile durch die Reibung an Geschwindigkeit verlieren, die folgenden werden nachdrängen und dadurch am Anfang des Rohres jene Druckerhöhung erzeugen, welche die konstante Geschwindigkeit durch die ganze Rohrlänge bedingt. Am Ende des Rohres kann der Druck nur = 0 sein, weil die Flüssigkeit daselbst nicht gehindert ist, jedem andern Druck sofort auszuweichen.

Stellt man sich die Flüssigkeit unter dem Bilde eines Aggregates von glatten elastischen Kugeln vor, so sind diese

Kugeln am Boden des Gefäßes am stärksten komprimiert, treten in einem Zustande der Kompression in das Rohr ein und verlieren denselben erst allmählich, im Verlauf der Bewegung. Wir wollen es dem Leser überlassen, sich dieses Bild weiter zu entwickeln.

Es versteht sich nach einer frühern Bemerkung, daß die Arbeit, die in der Kompression der Flüssigkeit selbst liegt, sehr gering ist. Die Bewegung der Flüssigkeit entspringt aus der Arbeit der Schwere im Gefäß, die sich mit Hilfe des Druckes der komprimierten Flüssigkeit auf die Teile im Rohr überträgt.

Eine interessante Modifikation des eben besprochenen Falles erhält man, wenn man die Flüssigkeit durch ein Rohr ausfließen läßt, welches aus mehreren zylindrischen Stücken von verschiedener Weite zusammengesetzt ist. Der Druck nimmt dann (Fig. 220) in der Ausflußrichtung in den *engern* Röhren, in welchen ein größerer Verbrauch an Reibungsarbeit stattfindet, rascher ab als in den weitern. Außerdem bemerkt man bei jedem Übergang in ein weiteres Rohr, also zu einer *kleinern* Stromgeschwindigkeit, einen Druck*zuwachs* (eine positive Stauung), bei jedem Übergang in ein engeres Rohr, also zu einer *größern* Stromgeschwindigkeit, eine plötzliche Druck*abnahme* (eine negative Stauung).

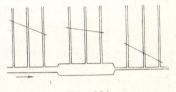

Fig. 220

Die Geschwindigkeit eines Flüssigkeitselements, auf welches keine direkten Kräfte wirken, kann eben nur vermindert oder vermehrt werden, wenn es zu Punkten höhern oder niedern Druckes übergeht.

Viertes Kapitel

Die formelle Entwicklung der Mechanik

1. Die Isoperimeterprobleme

1. Sind einmal alle wichtigen Tatsachen einer Naturwissenschaft durch Beobachtung festgestellt, so beginnt für diese Wissenschaft eine neue Periode, die *deduktive*, welche wir im vorigen Kapitel behandelt haben. Es gelingt dann, die Tatsachen in Gedanken nachzubilden, ohne die Beobachtung fortwährend zu Hilfe zu rufen. Wir bilden allgemeinere und kompliziertere Tatsachen nach, indem wir uns dieselben aus einfachern, durch die Beobachtung gegebenen wohlbekannten Elementen zusammengesetzt denken. Allein wenn wir auch aus dem Ausdruck für die elementarsten Tatsachen (den Prinzipien) den Ausdruck für häufiger vorkommende kompliziertere Tatsachen (Sätze) abgeleitet und überall dieselben Elemente erschaut haben, ist der Entwicklungsprozeß der Naturwissenschaft noch nicht abgeschlossen. Es folgt der deduktiven die *formelle* Entwicklung. Es handelt sich dann darum, die vorkommenden und nachzubildenden Tatsachen in eine übersichtliche Ordnung, in ein *System* zu bringen, so daß jede einzelne mit dem *geringsten Aufwand* gefunden und nachgebildet werden kann. In diese Anweisungen zur Nachbildung trachtet man die möglichste *Gleichförmigkeit* zu bringen, so daß dieselben leicht anzueignen sind. Man bemerkt, daß die Perioden der Beobachtung, Deduktion und der formellen Entwicklung nicht scharf voneinander getrennt sind, sondern daß diese verschiedenen Prozesse häufig nebeneinander hergehen, wenngleich die bezeichnete Aufeinanderfolge im ganzen unverkennbar ist.[88]

2. Auf die formelle Entwicklung der Mechanik hat eine besondere Art von *mathematischen* Fragen, welche die For-

scher zu Ende des 17. und zu Anfang des 18. Jahrhunderts intensiv beschäftigt hat, einen bedeutenden Einfluß geübt. Auf diese Fragen, die sogenannten *Isoperimeterprobleme*, wollen wir jetzt einen Blick werfen. Aufgaben über die größten und kleinsten Werte gewisser Größen, über Maxima und Minima, wurden schon von den alten griechischen Mathematikern behandelt. Pythagoras soll schon gelehrt haben, daß der Kreis bei gegebenem Umfang unter allen ebenen Figuren die größte Fläche darbietet. Auch der Gedanke an eine gewisse Sparsamkeit in den Vorgängen der Natur war den Alten nicht fremd. Heron leitete das Reflexionsgesetz für das Licht aus der Annahme ab, daß das Licht von einem Punkt A durch Reflexion an M (Fig. 221) auf dem kürzesten Wege nach B gelange.

Ist die Ebene der Zeichnung die Reflexionsebene, SS der Durchschnitt der reflektierenden Ebene, A der Ausgangs-, B der Endpunkt und M der Reflexionspunkt des Lichtstrahls, so erkennt man sofort, daß die Linie AMB', wobei B' das Spiegelbild von B vorstellt, eine Gerade ist.

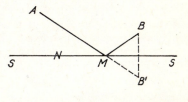

Fig. 221

Die Linie AMB' ist kürzer als etwa ANB', und demnach auch AMB kürzer als ANB. Ähnliche Gedanken kultiviert Pappus in bezug auf die organische Natur, indem er z. B. die Bienenzellen durch das Bestreben erklärt, möglichst an Material zu ersparen. Diese Gedanken fielen beim Wiederaufleben der Wissenschaften nicht auf unfruchtbaren Boden. Sie wurden zunächst von Fermat und Roberval aufgenommen, welche die Methode zur Behandlung derartiger Aufgaben ausbildeten. Diese Forscher bemerkten, was auch schon Kepler aufgefallen war, daß eine Größe y, welche von einer andern x abhängt, in der Nähe ihrer größten und kleinsten Werte im allgemeinen ein eigentümliches Verhalten zeigt. Stellen wir x als Abszisse und y als Ordinate dar, so wird, wenn y mit dem Wachsen von x durch einen Maximalwert hindurchgeht, das Steigen in ein Fallen übergehen, beim Minimalwert umgekehrt das Fallen in ein Steigen. Die Nachbarwerte des Maximal- oder Minimalwertes werden also einander

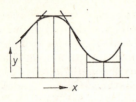

Fig. 222

sehr *nahe* liegen, und die betreffenden Kurventangenten werden der Abszissenachse *parallel* werden (Fig. 222). Zur Auffindung der Maximal- oder Minimalwerte sucht man demnach diese Paralleltangenten auf.

Diese *Tangenten*methode läßt sich auch unmittelbar in die Rechnung übersetzen. Soll z. B. von einer gegebenen Linie a ein Stück x derart abgeschnitten werden, daß das Produkt der beiden Abschnitte x und $a-x$ möglichst groß wird, so betrachten wir dieses Produkt $x(a-x)$ als die von x abhängige Größe y. Für den Maximalwert von y wird eine unendlich kleine Änderung des x, etwa um ξ, keine Änderung des y nach sich ziehen. Wir finden also den betreffenden Wert des x, indem wir setzen

$$x(a-x) = (x+\xi)(a-x-\xi)$$

oder

$$ax - x^2 = ax + a\xi - x^2 - x\xi - x\xi - \xi^2$$

oder

$$0 = a - 2x - \xi.$$

Da ξ beliebig klein sein kann, ist auch

$$0 = a - 2x,$$

wodurch also $x = \dfrac{a}{2}$ bestimmt ist.

Man sieht, daß dieses Verfahren die Anschauung der Methode der Tangenten auf das Gebiet der Rechnung überträgt und zugleich schon den Keim der *Differentialrechnung* enthält.

Fermat versuchte für das Brechungsgesetz des Lichts einen dem Heronschen Reflexionsgesetz analogen Ausdruck zu finden. Hierdurch kam er zu der Bemerkung, daß das Licht von einem Punkt A (Fig. 223) durch Brechung über M nicht auf dem kürzesten Wege, sondern in der kürzesten Zeit nach B gelangt. Wenn der Weg AMB in der kürzesten Zeit ausgeführt werden soll, so nimmt der unendlich nahe Nachbarweg ANB

dieselbe Zeit in Anspruch.
Ziehen wir von N aus auf AM
und von M aus auf NB beziehungsweise die Senkrechten NP und MQ, so fällt
vor der Brechung der Weg
$MP = NM \cdot \sin \alpha$ aus, nach der
Brechung wächst der Weg
$NQ = NM \cdot \sin \beta$ zu. Wenn also
die Geschwindigkeiten im er-
sten und zweiten Medium beziehungsweise v_1 und v_2 sind,
so wird die Zeit für AMB ein
Minimum sein, wenn

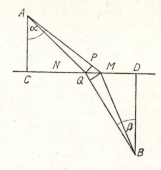

Fig. 223

$$\frac{NM \sin \alpha}{v_1} - \frac{NM \sin \beta}{v_2} = 0$$

oder

$$\frac{v_1}{v_2} = \frac{\sin \alpha}{\sin \beta} = n,$$

wobei n den Brechungsexponenten bedeutet. Das Heronsche
Reflexionsgesetz stellt sich nun, wie Leibniz bemerkt, als ein
spezieller Fall des Brechungsgesetzes dar. Für gleiche Geschwindigkeiten $v_1 = v_2$ wird die Bedingung des *Zeit*minimums
mit der Bedingung des *Weg*minimums identisch.

Huygens hat bei seinen optischen Untersuchungen die Ideen
von Fermat festgehalten und ausgebildet, indem er nicht nur
geradlinige, sondern auch krummlinige Lichtbewegungen in
Medien von kontinuierlich von Stelle zu Stelle variierender
Lichtgeschwindigkeit betrachtet und auch für diese das Fer-
matsche Gesetz als gültig erkannt hat. In allen Lichtbewegungen schien sich somit bei aller Mannigfaltigkeit als Grundzug das Bestreben nach einem *Minimum von Zeitaufwand*
auszusprechen.

3. Ähnliche Maximum- oder Minimumeigenschaften zeigten
sich auch bei Betrachtung mechanischer Naturvorgänge. Wie
schon bei einer andern Gelegenheit erwähnt wurde, war es
Johann Bernoulli bekannt, daß eine frei aufgehängte Kette
diejenige Form annimmt, für welche der Schwerpunkt der
Kette *möglichst tief* zu liegen kommt. Diese Einsicht lag na-

türlich dem Forscher sehr nahe, der zuerst die *allgemeine* Bedeutung des Satzes der virtuellen Verschiebungen erkannte. Durch diese Bemerkungen angeregt, fing man überhaupt an, Maximum-Minimum-Eigenschaften genauer zu untersuchen. Den mächtigsten Anstoß erhielt die bezeichnete wissenschaftliche Bewegung durch das von Johann Bernoulli aufgestellte Problem der *Brachistochrone*. In einer Vertikalebene liegen zwei Punkte A, B. Es soll diejenige Kurve in dieser Ebene angegeben werden, durch welche ein Körper, der auf derselben zu bleiben gezwungen ist, in der *kürzesten* Zeit von A nach B fällt. Die Aufgabe wurde in sehr geistreicher Weise von Johann Bernoulli selbst, außerdem aber noch von Leibniz, L'Hôpital, Newton und Jakob Bernoulli gelöst.

Die merkwürdigste Lösung ist jene von Johann Bernoulli selbst. Er bemerkt, daß Aufgaben dieser Art zwar nicht für die Fallbewegung, wohl aber für die Lichtbewegung schon gelöst seien. Er denkt sich also die *Fallbewegung* in zweckmäßiger Weise durch eine *Lichtbewegung ersetzt* (vgl. S. 367 f.). Die beiden Punkte A und B (Fig. 223a) sollen sich in einem Medium befinden, in welchem die Lichtgeschwindigkeit vertikal nach unten nach demselben Gesetz zunimmt wie die Fallgeschwindigkeit. Das Medium soll etwa aus horizontalen Schichten mit nach unten abnehmender Dichte bestehen, so daß $v = \sqrt{2gh}$ die Lichtgeschwindigkeit in einer Schicht bedeutet, welche in der Tiefe h unter A liegt. Ein Lichtstrahl, der bei dieser Anordnung von A nach B gelangt, beschreibt diesen Weg in der kürzesten Zeit und gibt zugleich die Kurve der *kürzesten Fallzeit* an.

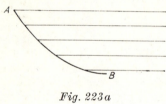

Fig. 223a

Nennen wir den Neigungswinkel des Kurvenelements gegen die Vertikale, also gegen die Schichtennormale für verschiedene Schichten, a, a', a'' ... und die zugehörigen Geschwindigkeiten v, v', v'' ..., so ist

$$\frac{\sin \alpha}{v} = \frac{\sin \alpha'}{v'} = \frac{\sin \alpha''}{v''} = \ldots = k = \text{Konst.},$$

oder wenn wir die Vertikaltiefe unter A mit x, die horizontale Entfernung von A mit y und den Kurvenbogen mit s bezeichnen

$$\frac{\left(\dfrac{dy}{ds}\right)}{v}=k.$$

Hieraus folgt

$$dy^2 = k^2v^2 ds^2 = k^2v^2(dx^2+dy^2)$$

und mit Rücksicht darauf, daß $v=\sqrt{2gx}$,

$$dy = dx\sqrt{\frac{x}{a-x}}, \quad \text{wobei} \quad a = \frac{1}{2gk^2}.$$

Dies ist die Differentialgleichung einer Zykloide, welche ein Punkt der Peripherie eines Kreises vom Radius $r = \dfrac{a}{2} = \dfrac{1}{4gk^2}$ durch Rollen auf einer Geraden beschreibt.

Um die Zykloide zu finden, welche durch A und B hindurchgeht, bedenken wir, daß *alle* Zykloiden, da sie durch ähnliche Konstruktionen zustande kommen, *ähnlich* sind, und wenn sie durch Rollen auf AD von dem Punkte A aus entstehen, auch in bezug auf den Punkt A *ähnlich liegen*. Wir ziehen also durch AB eine Gerade und konstruieren irgendeine Zykloide, welche dieselbe in B' schneidet (Fig. 224); der Radius des Erzeugungskreises sei r'. Dann ist der Radius des Erzeugungskreises der gesuchten Zykloide

$$r = r'\frac{AB}{AB'}.$$

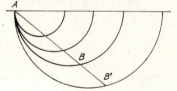

Fig. 224

Die Art, wie Johann Bernoulli, noch ohne alle Methode, bloß durch seine geometrische *Phantasie* die Aufgabe mit einem Blick löst und wie er das zufällig schon Bekannte hierbei zu benutzen weiß, ist wirklich bemerkenswert und wunderbar schön. Wir erkennen in Johann Bernoulli eine wahre, auf dem Gebiet der Naturwissenschaft tätige Künstlernatur. Sein Bruder Jakob Bernoulli war ein ganz anderer wissenschaftlicher Charakter. Ihm ward viel mehr Kritik, aber viel weniger schöpferische Phantasie zuteil. Auch Jakob Bernoulli löste dieselbe Aufgabe, wenngleich in viel mehr schwerfälliger Weise. Dafür unterließ er aber nicht, die allgemeine Methode zur Behandlung dieser Klasse von Aufgaben mit großer Gründlichkeit zu entwickeln. Wir finden so in den beiden Brüdern die beiden Seiten des wissenschaftlichen Talents, welche sich in den größten Naturforschern, wie z. B. Newton, in ungewöhnlicher Stärke vereinigt finden, getrennt vor. Wir werden bald sehen, wie diese beiden Fähigkeiten, weil an verschiedene Personen gebunden, miteinander in heftigen offenen Kampf geraten, der unter andern Umständen unbemerkt in derselben Person hätte austoben können.

4. Jakob Bernoulli findet, daß man bisher hauptsächlich untersucht habe, für welche *Werte* einer veränderlichen Größe eine davon abhängige veränderliche Größe (oder Funktion derselben) einen größten oder kleinsten Wert annimmt. Nun

Titelvignette zu: Leibnizii et Johann.
Bernoullii comercium epistolicum
Lausannae et Genevae, Bousquet, 1745.

soll aber unter *unzähligen Kurven* eine aufgefunden werden, welche eine gewisse Maximum- oder Minimum-Eigenschaft darbietet. Das sei eine Aufgabe ganz neuer Art, bemerkt Jakob Bernoulli, und erfordere eine neue Methode.

Die Grundsätze, deren sich Jakob Bernoulli („Acta eruditorum", 1697) zur Lösung der Aufgabe bedient, sind folgende:

1) Wenn eine Kurve eine Maximum-Minimum-Eigenschaft darbietet, so bietet jedes noch so kleine Stück der Kurve dieselbe Eigenschaft dar.

2) So wie die Nachbarwerte des Maximal- oder Minimalwertes einer Größe für unendlich kleine Änderungen der unabhängig Variablen dem Maximal- oder Minimalwert *gleich werden*, so behält jene Größe, welche für die gesuchte Kurve ein Maximum oder Minimum werden soll, für die unendlich nahen Nachbarkurven *denselben* Wert.

3) Außerdem wird für den besondern Fall der Brachistochrone nur noch angenommen, daß die erlangte Fallgeschwindigkeit $v = \sqrt{2gh}$ sei, wobei h die Falltiefe bedeutet.

Denkt man sich ein sehr kleines Stück ABC der fraglichen Kurve gegeben (Fig. 225), zieht durch B eine Horizontale und läßt das Kurvenstück in ADC übergehen, so erhält man durch ganz analoge Betrachtungen, wie wir dieselben bei Besprechung des Fermatschen Gesetzes angestellt haben, die bereits bekannte Beziehung zwischen den Sinusen der Neigungswinkel der Kurvenelemente gegen die Vertikale und den Fallgeschwindigkeiten. Hierbei hat man nach 1 vorauszusetzen, daß auch das *Stück ABC*

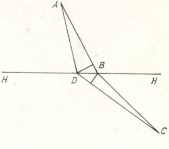

Fig. 225

brachistochron sei, und nach 2, daß ADC in derselben durchfallen werde wie ABC. Die Rechnung Bernoullis ist sehr umständlich, das Wesen derselben liegt aber auf der Hand, und mit den angedeuteten Sätzen ist die Aufgabe gelöst.

Mit der Lösung der Aufgabe der Brachistochrone legte

Jakob Bernoulli nach der damaligen Sitte der Mathematiker folgende allgemeinere „*Isoperimeteraufgabe*" vor:

„Unter allen zwischen denselben zwei festen Punkten gelegenen isoperimetrischen Kurven (d. h. Kurven von gleichem Umfang oder gleicher Länge) diejenige zu finden, welche bewirkt, daß der von einer andern Kurve, deren jede Ordinate eine gewisse bestimmte Funktion der derselben Abszisse entsprechenden Ordinate oder des entsprechenden Bogens der zu suchenden Kurve ist, ferner den Ordinaten ihrer Endpunkte und dem zwischen diesen gelegenen Teile der Abszissenachse eingeschlossene Flächenraum ein Maximum oder Minimum ist."

Es sei z. B. die durch B und N hindurchgehende Kurve BFN (Fig. 226) so zu bestimmen, daß sie unter allen durch B und N hindurchgehenden Kurven von gleicher Länge die Fläche von BZN zu einem Maximum macht, wobei die Ordinate $PZ = (PF)^n$, $LM = (LK)^n$ usw. Die Beziehung zwischen den Ordinaten für BZN und den entsprechenden Ordinaten für BFN sei durch die Kurve BH gegeben. Wir ziehen, um PZ aus PF abzuleiten, FGH senkrecht zu BG, wobei BG wieder senkrecht zu BN ist. Hierbei soll nun $PZ = GH$ sein und ebenso für die übrigen Ordinaten. Wir setzen $BP = y$, $PF = x$, $PZ = x^n$.

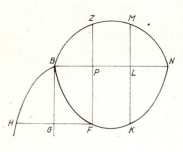

Fig. 226

Johann Bernoulli gab sofort eine Auflösung der Aufgabe in der Form

$$y = \int \frac{x^n dx}{\sqrt{a^{2n} - x^{2n}}}$$

wobei a eine willkürliche Konstante bedeutet. Für $n = 1$ wird

$$y = \int \frac{x dx}{\sqrt{a^2 - x^2}} = a - \sqrt{a^2 - x^2},$$

also BFN ein Halbkreis über BN als Durchmesser, und die Fläche BZN ist dann auch gleich der Fläche BFN. Für diesen speziellen Fall ist die Lösung auch richtig, dies gilt aber nicht von der allgemeinen Formel.

Hierauf erbot sich Jakob Bernoulli, erstens den Gedankengang seines Bruders zu erraten, zweitens die Widersprüche und Fehler in demselben nachzuweisen und drittens die wahre Auflösung zu geben. Die gegenseitige Eifersucht und Gereiztheit der beiden Brüder kam hierdurch zum Ausbruch und führte zu einem unerquicklichen, bittern und heftigen Streit, der bis zu dem Tode Jakobs währte. Nach Jakobs Tode gestand Johann seinen Irrtum ein und nahm die richtige Methode seines Bruders an.

Jakob Bernoulli hat wohl richtig erraten, daß Johann, wahrscheinlich durch die Ergebnisse seiner Untersuchungen über die Kettenlinie und die Segelkurve verführt, wieder eine *indirekte* Lösung versucht hat, indem er sich BFN mit Flüssigkeit von variablem spezifischen Gewicht gefüllt gedacht und die Kurve BFN für die tiefste Lage des Schwerpunkts bestimmt hat. Setzt man die Ordinate $PZ = p$, so soll in der Ordinate $PF = x$ das spezifische Gewicht der *Flüssigkeit* $\frac{p}{x}$ sein und analog in jeder andern Ordinate. Das Gewicht eines vertikalen Fadens ist dann $\frac{p \cdot dy}{x}$, und dessen Moment in bezug auf BN ist

$$\frac{1}{2} x \frac{pdy}{x} = \frac{1}{2} pdy.$$

Für die tiefste Lage des Schwerpunkts wird also $\frac{1}{2} \int pdy$ oder $\int pdy = BZN$ ein Maximum. Hierbei wird aber, wie Jakob Bernoulli richtig bemerkt, übersehen, daß mit der Variation der *Kurve BFN* auch das *Gewicht* der Flüssigkeit variiert und die Überlegung in dieser einfachen Form nicht mehr zulässig ist.

Jakob Bernoulli selbst löst die Aufgabe, indem er wieder annimmt, daß auch das kleine Kurvenstück FF_{III} (Fig. 227) noch die verlangte Eigenschaft hat, und indem er von den vier aufeinanderfolgenden Punkten $F F_I F_{II} F_{III}$, die beiden äußersten $F F_{III}$ als fest betrachtend, F_I und F_{II} so variiert, daß die Bogenlänge $FF_I F_{II} F_{III}$ *unverändert* bleibt, was natürlich nur bei Verschiebung von *zwei* Punkten möglich ist.

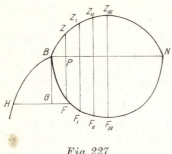

Fig. 227

Den komplizierten und schwerfälligen Rechnungen wollen wir nicht folgen. Das Prinzip derselben ist mit dem eben Gesagten deutlich bezeichnet. Nach Jakob Bernoulli wird bei Festhaltung der obigen Bezeichnung

für $dy = \dfrac{p\,dx}{\sqrt{a^2 - p^2}}$

$\int p\,dy$ ein Maximum und

für $dy = \dfrac{(a-p)\,dx}{\sqrt{2ap - p^2}}$

$\int p\,dy$ ein Minimum.

Die Mißhelligkeiten unter den beiden Brüdern waren allerdings bedauerlich. Allein das Genie des einen und die Gründlichkeit des andern haben doch die schönsten Früchte getragen durch die Anregung, welche Euler und Lagrange aus den behandelten Aufgaben schöpften.

5. Euler („Problematis isoperimetrici solutio generalis", Com. Acad. Petr. T. VI, 1738) hat zuerst eine allgemeinere Methode zur Behandlung der fraglichen Maximum-Minimum-Aufgaben oder Isoperimeterprobleme gegeben, wenn auch noch immer sich auf umständliche geometrische Betrachtungen stützend. Er teilt auch die hierher gehörigen Probleme, ihre Verschiedenheit klar erkennend und überblickend, in folgende Klassen.

1) Es soll von *allen* Kurven diejenige bestimmt werden, für welche eine Eigenschaft A ein Maximum oder Minimum ist.

2) Es soll von allen Kurven, welche eine und dieselbe Größe A *gemeinsam* haben, diejenige bestimmt werden, für welche B ein Maximum oder ein Minimum ist.

3) Es soll von allen Kurven, welche A *und* B gemeinsam haben, diejenige bestimmt werden, welche C zu einem Maximum oder Minimum macht usw.

Eine Aufgabe der ersten Klasse ist z. B. die Auffindung der *kürzesten* Kurve, welche durch M und N (Fig. 228) hindurchgeht. Wird die durch M und N hindurchgehende Kurve von der *gegebenen* Länge A gesucht, welche den *Flächenraum MPN* zu einem Maximum macht, so liegt eine Aufgabe der zweiten Klasse vor. Eine Aufgabe der dritten Klasse ist es, unter allen Kurven von der gegebenen Länge A, welche durch M, N hindurchgehen und den *gleichen* Flächenraum $MPN=B$ begrenzen, diejenige zu finden, welche durch Rotation um MN die kleinste Rotations-

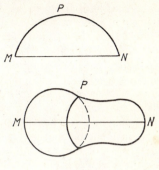

Fig. 228

fläche beschreibt usw. Wir wollen gleich hier bemerken, daß die Aufsuchung eines absoluten Maximums oder Minimums ganz ohne alle Nebenbedingungen keinen Sinn hat. In der Tat haben z. B. auch alle Kurven, unter welchen bei der ersten Aufgabe die kürzeste gesucht wird, die *gemeinsame* Eigenschaft, daß sie durch die Punkte M und N hindurchgehen.

Zur Lösung der Aufgaben der ersten Klasse genügt die Variation von *zwei* Kurvenelementen oder von *einem* Kurvenpunkt. Bei Behandlung der Aufgaben der zweiten Klasse müssen *drei* Elemente (oder *zwei* Kurvenpunkte) variiert werden, da das variierte Stück mit dem nicht variierten die Eigenschaft A, und weil B ein Maximum oder Minimum sein soll, auch den Wert B gemein haben muß, also *zwei* Bedingungen erfüllen soll. Ebenso verlangt die Lösung der Aufgaben der dritten Klasse die Variation von *vier* Kurvenelementen usw.

Man sieht, daß man bei Behandlung der Aufgabe einer höhern Klasse auch ihre Umkehrungen löst. Für die dritte Klasse variiert man z. B. vier Kurvenelemente so, daß das variierte Kurvenstück mit dem ursprünglichen die Werte A und B (und weil C ein Maximum oder Minimum werden soll) auch C gemein hat. Dieselben Bedingungen müssen aber auch erfüllt werden, wenn unter allen Kurven mit gemeinsamem B und C diejenige mit einem Maximum oder Minimum von A, oder unter allen Kurven mit gemeinsamem A und C, diejenige mit einem Maximum oder Minimum von B gesucht werden soll. So schließt, um ein Beispiel aus der zweiten Klasse zu geben, der *Kreis* unter allen Linien von gleicher Länge A die größte Fläche B ein, und der *Kreis* hat auch unter allen Kurven, welche dieselbe Fläche B umschließen, die kürzeste Länge A. Da die Bedingung dafür, daß die Eigenschaft A gemeinsam oder daß sie ein Maximum sein soll, ganz in derselben Weise ausgedrückt wird, so erkannte Euler die Möglichkeit, die Aufgaben der höhern Klassen auf die Aufgaben der ersten Klasse zurückzuführen. Soll z. B. unter allen Kurven mit dem gemeinsamen Wert A die Kurve gefunden werden, welche B zu einem Maximum macht, so suche man die Kurve, für welche $A + mB$ ein Maximum wird, wobei m eine *willkürliche* Konstante bedeutet. Soll bei einer Veränderung der fraglichen Kurve $A + mB$ für beliebige Werte von m seinen Wert nicht ändern, so ist dies allgemein nur möglich, indem hierbei die Änderung von A für sich und jene von B für sich $= 0$ wird.

6. Euler hat noch einen andern wichtigen Fortschritt herbeigeführt. Bei der Behandlung der Aufgabe, die Brachistochrone im widerstehenden Mittel zu finden, welche von Herrmann und ihm versucht worden war, ergaben sich die vorhandenen Methoden als unzureichend. Für die Brachistochrone im luftleeren Raum hängt nämlich die Geschwindigkeit *nur* von der Falltiefe ab. Die Geschwindigkeit in einem Kurvenstück hängt gar nicht von den andern Kurvenstücken ab. Man kann dann in der Tat sagen, daß jedes beliebig kleine Kurvenstück ebenfalls brachistochron ist. Im widerstehenden Mittel ist dies anders. Die ganze Länge und Form der vorausgehenden Bahn hat Einfluß auf die Geschwindigkeit in dem Element. Die ganze Kurve kann brachistochron sein, ohne daß jedes kleine Stück diese Eigenschaft aufzuweisen braucht. Durch derartige Betrachtungen erkannte Euler, daß das von Jakob Bernoulli eingeführte Prinzip keine allgemeine Gültigkeit habe, sondern daß in Fällen der angedeuteten Art eine umständlichere Behandlung nötig sei.

7. Durch die Menge der Aufgaben und die übersichtliche Ordnung derselben gelang es Euler nach und nach im wesentlichen dieselben Methoden zu finden, welche nachher Lagrange in seiner Weise entwickelt hat und deren Inbegriff den Namen *Variationsrechnung* führt. Johann Bernoulli fand also durch

Analogie eine *zufällige* Lösung einer Aufgabe. Jakob Bernoulli entwickelte zur Lösung analoger Probleme eine *geometrische* Methode. Euler *verallgemeinerte* die Probleme und die geometrische Methode. Lagrange endlich befreite sich gänzlich von der Betrachtung der geometrischen Figur und gab eine *analytische* Methode. Er bemerkte nämlich, daß die Zuwüchse, welche Funktionen durch Änderung der Funktions*form* erfahren, vollkommen *analog* sind den Zuwüchsen durch Änderung der unabhängig Variablen. Um den Unterschied beider Zuwüchse festzuhalten, bezeichnet er erstere mit δ, letztere mit d. Durch Beachtung der Analogie ist aber Lagrange in den Stand gesetzt, sofort die Gleichungen hinzuschreiben, welche zur Lösung der Maximum-Minimum-Aufgabe führen. Eine weitere Begründung dieses Gedankens, welcher sich als sehr fruchtbar erwiesen hat, hat Lagrange nie gegeben, ja nicht einmal versucht. Seine Leistung ist eine ganz eigentümliche. Er erkennt mit großem ökonomischen Scharfblick die Grundlagen, welche ihm genügend sicher und brauchbar erscheinen, um auf denselben ein Gebäude zu errichten. Die Grundsätze selbst rechtfertigen sich durch ihre Ergiebigkeit. Statt sich mit der Ableitung der Grundsätze zu beschäftigen, zeigt er, mit welchem Erfolg man sie benutzen kann. („Essai d'une nouvelle méthode etc." Misc. Taur. 1762.)

Wie schwer es den Zeitgenossen und Nachfolgern geworden ist, sich ganz in den Gedanken von Lagrange hineinzufinden, davon kann man sich leicht überzeugen. Euler bemüht sich vergeblich, sich den Unterschied einer Variation und eines Differentials dadurch aufzuklären, daß er sich Konstanten in der Funktion enthalten denkt, mit deren Veränderung die Form der Funktion sich ändert. Die Zuwüchse des Wertes der Funktion, welche von den Zuwüchsen dieser Konstanten herrühren, sollen nun die Variationen sein, während die Zuwüchse der Funktion, welche Zuwüchsen der unabhängig Variablen entsprechen, die Differentiale sind. Es ergibt sich durch diese Ansicht eine eigentümlich ängstliche, engherzige und inkonsequente Auffassung der Variationsrechnung, welche sicherlich an jene Lagranges nicht hinanreicht. Noch Lindelöfs modernes sonst ausgezeichnetes Buch leidet an diesem Übelstand. Eine vollkommen zutreffende Darstellung des Lagrangeschen Gedankens hat unsers Erachtens erst Jellett gegeben. Er scheint das ausgesprochen zu haben, was Lagrange vielleicht nicht ganz auszusprechen vermochte, vielleicht auch auszusprechen für überflüssig hielt.

8. Die Auffassung Jelletts ist in Kürze folgende. So wie man die Werte mancher Größen als *konstant*, die Werte anderer als *veränderlich* betrachtet, unter den letztern Größen aber wieder unabhängig (oder willkürlich) veränderliche von abhängig veränderlichen (variablen) unterscheidet, so kann man auch eine Funktionsform als *bestimmt* oder *unbestimmt* (veränderlich) ansehen. Ist eine Funktionsform $y = \varphi(x)$ veränderlich, so kann sich der Wert der Funktion y sowohl durch einen Zuwachs dx der unabhängig Variablen x, als auch durch eine Veränderung der *Form*, Übergang von φ zu φ_1 ändern. Die erste Änderung ist das Differential dy, die letztere die *Variation* δy. Es ist also

$$dy = \varphi(x+dx) - \varphi(x) \quad \text{und} \quad \delta y = \varphi_1(x) - \varphi(x).$$

Die Wertänderung einer unbestimmten Funktion durch Formänderung schließt noch keine Aufgabe ein, so wie die Wertänderung einer unabhängig Variablen auch keine Aufgabe enthält. Man kann eben jede beliebige Formänderung und damit jede beliebige Wertänderung annehmen. Eine Aufgabe entsteht erst, wenn die Wertänderung einer der Form nach *bestimmten* Funktion F von einer (darin enthaltenen) unbestimmten Funktion φ, welche durch die *Formänderung* der letztern herbeigeführt wird, angegeben werden soll. Wenn z. B. eine ebene Kurve von *unbestimmter* Form $y = \varphi(x)$ vorliegt, so ist die *Bogenlänge* derselben zwischen den Abszissen x_0 und x_1

$$S = \int_{x_0}^{x_1} \sqrt{1 + \left(\frac{d\varphi(x)}{dx}\right)^2} \cdot dx = \int_{x_0}^{x_1} \sqrt{1 + \left(\frac{dy}{dx}\right)^2} \cdot dx$$

eine *bestimmte* Funktion dieser unbestimmten Funktion. Sobald eine feste Form der Kurve angenommen ist, kann sofort der Wert von S angegeben werden. Für jede beliebige Formänderung der Kurve ist die Wertänderung der Bogenlänge δS bestimmbar. In dem gegebenen Beispiel enthält die Funktion S nicht direkt die Funktion y, sondern deren ersten Differentialquotienten $\frac{dy}{dx}$, der aber selbst wieder von y abhängt. Wenn $u = F(y)$ eine bestimmte Funktion einer unbestimmten

$y = \varphi(x)$, so ist
$$\delta u = F(y+\delta y) - F(y) = \frac{dF(y)}{dy} \delta y.$$

Es sei $u = F\left(y, \dfrac{dy}{dx}\right)$ eine bestimmte Funktion von $y = \varphi(x)$, einer unbestimmten Funktion. Für Formänderungen von φ ändert sich der Wert von y um δy und jener von $\dfrac{dy}{dx}$ um $\delta\dfrac{dy}{dx}$. Die entsprechende Wertänderung von u ist

$$\delta u = \frac{dF\left(y, \dfrac{dy}{dx}\right)}{dy} \delta y + \frac{dF\left(y, \dfrac{dy}{dx}\right)}{d\dfrac{dy}{dx}} \delta \frac{dy}{dx}.$$

Der Ausdruck $\delta\dfrac{dy}{dx}$ wird nach der Definition erhalten durch

$$\delta \frac{dy}{dx} = \frac{d(y+\delta y)}{dx} - \frac{dy}{dx} = \frac{d\delta y}{dx}.$$

Ebenso findet man ohne Schwierigkeit

$$\delta \frac{d^2 y}{dx^2} = \frac{d^2 \delta y}{dx^2} \text{ usw.}$$

Wir gehen nun an die Aufgabe zu untersuchen, für welche Form der Funktion $y = \varphi(x)$ der Ausdruck

$$U = \int_{x_0}^{x_1} V dx,$$

in welchem

$$V = F\left(x, y, \frac{dy}{dx}, \frac{d^2 y}{dx^2} \ldots\right)$$

bedeutet, einen Maximal- oder Minimalwert annimmt, wobei also φ eine unbestimmte, F eine bestimmte Funktion bezeichnet. Der Wert U kann sich ändern durch Veränderung der Grenzen x_0, x_1, denn die Änderung der unabhängig Variablen x als solche hat außer den Grenzen keinen Einfluß auf U. Betrachten wir die Grenzen als fest, so haben wir auf x weiter nicht zu achten. Außerdem ändert sich aber der Wert von U nur durch die *Form*änderung von $y = \varphi(x)$, welche eine *Wert*än-

derung von
$$y, \frac{dy}{dx}, \frac{d^2y}{dx^2} \ldots \text{ um } \delta y, \delta \frac{dy}{dx}, \delta \frac{d^2y}{dx^2} \ldots \text{ usw.}$$

herbeiführt. Die gesamte Änderung von U, welche wir mit DU bezeichnen, und um die Maximum-Minimum-Bedingung auszudrücken, $=0$ setzen, besteht aus dem Differential dU und der Variation δU, so daß
$$DU = dU + \delta U = 0.$$
Wir finden nun
$$DU = V_1 dx_1 - V_0 dx_0 + \delta \int_{x_0}^{x_1} V dx$$
$$= V_1 dx_1 - V_0 dx_0 + \int_{x_0}^{x_1} \delta V \cdot dx = 0.$$

Hierbei sind $V_1 dx_1$ und $V_0 dx_0$ die Elemente, welche bei Änderung der Grenzen zuwachsen und ausfallen. Nach dem Obigen haben wir ferner

$$\delta V = \frac{dV}{dy} \delta y + \frac{dV}{d\frac{dy}{dx}} \delta \frac{dy}{dx} + \frac{dV}{d\frac{d^2y}{dx^2}} \delta \frac{d^2y}{dx^2} + \ldots$$

$$= \frac{dV}{dy} \delta y + \frac{dV}{d\frac{dy}{dx}} \frac{d\delta y}{dx} + \frac{dV}{d\frac{d^2y}{dx^2}} \frac{d^2\delta y}{dx^2} + \ldots$$

Zur Abkürzung setzen wir
$$\frac{dV}{dy} = N, \quad \frac{dV}{d\frac{dy}{dx}} = P_1, \quad \frac{dV}{d\frac{d^2y}{dx^2}} = P_2, \ldots$$

Dann ist also
$$\delta \int_{x_0}^{x_1} V dx = \int_{x_0}^{x_1} \left(N\delta y + P_1 \frac{d\delta y}{dx} + P_2 \frac{d^2\delta y}{dx^2} + P_3 \frac{d^2\delta y}{dx^3} + \ldots \right) dx.$$

Hier wird die Übersicht dadurch erschwert, daß in dem Ausdruck rechter Hand nicht nur δy, sondern auch die Ausdrücke $\frac{d\delta y}{dx}, \frac{d^2\delta y}{dx^2} \ldots$ usw. vorkommen, welche zwar voneinander abhängen, aber in nicht unmittelbar ersichtlicher Weise. Dieser Übelstand kann behoben werden, indem man die bekannte Formel

$$\int u\,dv = uv - \int v\,du$$

wiederholt anwendet. Hierdurch wird

$$\int P_1 \frac{d\delta y}{dx}\,dx = P_1 \delta y - \int \frac{dP_1}{dx}\delta y\,dx$$

$$\int P_2 \frac{d^2\delta y}{dx^2}\,dx = P_2 \frac{d\delta y}{dx} - \int \frac{dP_2}{dx}\frac{d\delta y}{dx}\,dx$$

$$= P_2 \frac{d\delta y}{dx} - \frac{dP_2}{dx}\delta y + \int \frac{d^2P_2}{dx^2}\delta y\,dx \quad \text{usw.}$$

Wir erhalten demnach, diese Integrationen konsequent zwischen den Grenzen ausführend, für die Bedingung $DU = 0$ den Ausdruck

$$0 = V_1 dx_1 + V_0 dx_0$$

$$+ \left(P_1 - \frac{dP_2}{dx} + \ldots\right)_1 \delta y_1 - \left(P_1 - \frac{dP_2}{dx} + \ldots\right)_0 \delta y_0$$

$$+ \left(P_2 - \frac{dP_3}{dx} + \ldots\right)_1 \left(\frac{d\delta y}{dx}\right)_1 - \left(P_2 - \frac{dP_3}{dx} + \ldots\right)_0 \left(\frac{d\delta y}{dx}\right)_0$$

$$+ \ldots \ldots \ldots \ldots \ldots \ldots \ldots \ldots \ldots \ldots$$

$$+ \int_{x_0}^{x_1} \left(N - \frac{dP_1}{dx} + \frac{d^2P_2}{dx^2} - \frac{d^3P_3}{dx^3} + \ldots\right) \delta y \cdot dx,$$

welcher unter dem Integralzeichen nur mehr δy enthält.

Hierbei sind die Glieder der *ersten* Zeile *unabhängig* von der Formänderung der Funktion und hängen nur von der Änderung der *Grenzen* ab. Die Glieder der folgenden Zeilen, mit Ausnahme der letzten, hängen von der Formänderung der Funktion lediglich an den *Grenzen* ab, und die Indizes 1, 2 zeigen an, daß für die allgemeinen Ausdrücke die Grenzwerte einzusetzen sind. Der Ausdruck der letzten Zeile endlich hängt von der *Formänderung* der Funktion in ihrer ganzen Ausdehnung ab. Fassen wir alle Glieder mit Ausnahme jener der letzten Zeile unter der Bezeichnung $\alpha_1 - \alpha_0$ zusammen und nennen den Ausdruck in der Klammer der letzten Zeile β, so ist

$$0 = \alpha_1 - \alpha_0 + \int_{x_0}^{x_1} \beta \cdot \delta y \cdot dx.$$

Aus dieser Gleichung folgt aber

$$\alpha_1 - \alpha_0 = 0 \tag{1}$$

und

$$\int_{x_0}^{x_1} \beta \delta y \, dx = 0. \tag{2}$$

Wäre nicht jedes der Glieder für sich gleich Null, so wäre eines durch das andere bestimmt. Es kann aber nicht das Integrale einer unbestimmten Funktion durch die Werte derselben an den Grenzen *allein* gegeben sein. Soll also allgemein

$$\int_{x_0}^{x_1} \beta \delta y \, dx = 0$$

sein, so ist, weil die δy in der ganzen Ausdehnung willkürlich sind, dies nur möglich, wenn $\beta = 0$. Es ist also durch die Gleichung

$$N - \frac{dP_1}{dx} + \frac{d^2 P_2}{dx^2} - \frac{d^3 P_3}{dx^3} + \ldots = 0 \tag{3}$$

die Natur der Funktion $y = \varphi(x)$, welche den Ausdruck U zu einem Maximum oder Minimum macht, bestimmt. Die Gleichung 3 hat schon Euler gefunden. Dagegen hat erst Lagrange die Verwendung der Gleichung 1 zur Bestimmung der Funktion durch die Grenzbedingungen gelehrt. Die *Form* der Funktion $y = \varphi(x)$ ist zwar im *allgemeinen* durch die Gleichung 3, welcher sie genügen muß, bestimmt, allein dieselbe enthält eine Anzahl *willkürlicher* Konstanten, deren Wert erst durch die Bedingungen an den Grenzen fixiert wird. In bezug auf die Bezeichnung bemerkt Jellett wohl mit Recht, daß die Schreibweise der beiden ersten Glieder $V_1 \delta x_1 - V_0 \delta x_0$ in Gleichung 1, welche Lagrange anwendet, eine Inkonsequenz sei, und setzt für die Zuwüchse der *unabhängig* Variablen die gewöhnlichen Zeichen dx_1, dx_0.

9. Um den Gebrauch der gefundenen Gleichungen zu erläu-

tern, suchen wir die Funktionsform, welche

$$\int_{x_0}^{x_1} \sqrt{1+\left(\frac{dy}{dx}\right)^2}\, dx$$

zu einem Minimum macht, die kürzeste Linie. Hier ist

$$V = F\left(\frac{dy}{dx}\right).$$

Alle Ausdrücke außer

$$P_1 = \frac{dV}{d\frac{dy}{dx}} = \frac{\frac{dy}{dx}}{\sqrt{1+\left(\frac{dy}{dx}\right)^2}}$$

verschwinden in der Gleichung 3, und dieselbe wird $\frac{dP_1}{dx}=0$, was besagt, daß P_1 und folglich auch die einzige darin enthaltene Variable $\frac{dy}{dx}$ von x unabhängig ist. Demnach ist $\frac{dy}{dx}=a$ und $y=ax+b$, worin a und b Konstante bedeuten.

Die Konstanten a, b sind durch die Grenzbedingungen zu bestimmen. Soll die Gerade durch die Punkte x_0, y_0 und x_1, y_1 hindurchgehen, so ist

$$\begin{aligned} y_0 &= ax_0 + b \\ y_1 &= ax_1 + b \end{aligned} \tag{m}$$

und die Gleichung 1 fällt weg, weil $dx_0 = dx_1 = 0$, $\delta_1 y_0 = \delta y_1 = 0$. Die Koeffizienten $\delta\frac{dy}{dx}$, $\delta\frac{d^2y}{dx^2}$ usw. fallen von selbst aus. Durch die Gleichungen m allein werden also die Werte von a und b bestimmt.

Sind nur die Grenzwerte x_0, x_1 gegeben, dagegen y_0, y_1 unbestimmt, so wird $dx_0 = dx_1 = 0$, und die Gleichung 1 nimmt die Form an

$$\frac{a}{\sqrt{1+a^2}}\,(\delta y_1 - \delta y_0) = 0,$$

welche bei der Willkürlichkeit von δy_0 und δy_1 nur erfüllt sein kann, wenn $a=0$ ist. Die Gerade ist in diesem Fall $y=b$, in einem beliebigen Abstand parallel der Abszissenachse, da b unbestimmt bleibt.

Man bemerkt, daß im allgemeinen die Gleichung 1 und die Nebenbedingungen (in dem obigen Beispiele m) sich in bezug auf die Konstantenbestimmung ergänzen. Soll

$$Z = \int_{x_1}^{x_0} y \sqrt{1 + \left(\frac{dy}{dx}\right)^2}\, dx$$

ein Minimum werden, so liefert die Integration der zugehörigen Gleichung 3

$$y = \frac{c}{2}\left(e^{\frac{x-c'}{c}} + e^{-\frac{x-c}{c}}\right).$$

Ist Z ein Minimum, so ist es auch $2\pi Z$, und die gefundene Kurve liefert um die Abszissenachse rotiert die kleinste Umdrehungsfläche. Einem Minimum von Z entspricht auch die tiefste Lage des Schwerpunktes der homogen schwer gedachten Kurve, welche demnach eine Kettenlinie ist. Die Bestimmung der Konstanten c, c' geschieht wie oben mit Hilfe der Grenzbedingungen.

Bei Behandlung mechanischer Aufgaben unterscheidet man die in der Zeit *wirklich* eintretenden Zuwüchse der Koordinaten dx, dy, dz von den *möglichen* Verschiebungen δx, δy, δz, welche man (z. B. bei Verwendung des Prinzips der virtuellen Verschiebungen) in Betracht zieht. Letztere sind im allgemeinen keine Variationen, d. h. keine Wertänderungen, welche von Formänderungen einer Funktion herrühren. Nur wenn wir ein mechanisches System betrachten, welches ein Kontinuum ist, wie z. B. ein Faden, eine biegsame Fläche, ein elastischer Körper, eine Flüssigkeit, können wir die δx, δy, δz als unbestimmte Funktionen der Koordinaten x, y, z ansehen und haben es dann mit Variationen zu tun.

Wir haben hier keine mathematischen Theorien zu entwickeln, sondern den eigentlich naturwissenschaftlichen Teil der Mechanik zu behandeln. Die Geschichte der Isoperimeterprobleme und der Variationsrechnung mußte aber berührt werden, weil die betreffenden Untersuchungen einen großen Einfluß auf die Entwicklung der Mechanik geübt haben. Der Blick in bezug auf allgemeinere Eigenschaften von Systemen überhaupt und auf Maximum-Minimum-Eigenschaften insbesondere wurde durch die Beschäftigung mit den erwähnten Aufgaben so geschärft, daß man derartige Eigenschaften an mechanischen Systemen sehr leicht entdeckte. In der Tat drückt man seit Lagrange allgemeinere mechanische Sätze gern in Form von Maximum-Minimum-Sätzen aus. Diese Vorliebe bliebe unverständlich ohne Kenntnis der historischen Entwicklung.

2. *Theologische, animistische und mystische Gesichtspunkte in der Mechanik*

1. Wenn wir in eine Gesellschaft eintreten, in welcher eben von einem recht frommen Manne die Rede ist, dessen Namen wir nicht gehört haben, so werden wir an den Geheimrat X. oder den Herrn v. Y. denken, wir werden aber schwerlich zuerst und zunächst auf einen tüchtigen Naturforscher raten. Dennoch wäre es ein Irrtum, zu glauben, daß dieses etwas gespannte Verhältnis zwischen der naturwissenschaftlichen und theologischen Auffassung der Welt, welches sich zeitweilig zu einem erbitterten Kampfe steigert, zu allen Zeiten und überall bestanden habe. Ein Blick auf die Geschichte der Naturwissenschaft überzeugt uns vom Gegenteil.

Man liebt es, die Konflikte der Wissenschaft mit der Theologie oder, besser gesagt, mit der Kirche zu schildern. Und in der Tat ist dies ein reichhaltiges und dankbares Thema. Einerseits ein stattliches Verzeichnis von Sünden der Kirche gegen den Fortschritt, andererseits eine ansehnliche Reihe von Märtyrern, unter welchen keine Geringern als Giordano Bruno und Galilei sich befinden und unter welche einzutreten selbst einem so frommen Manne wie Descartes nur durch die günstigsten Umstände knapp erspart wurde. Allein diese Konflikte sind genügend dargestellt worden, und wenn man allein diese Konflikte betont, stellt man die Sache einseitig dar und wird ungerecht. Man kommt dann leicht zu der Ansicht, die Wissenschaft sei *nur* durch den Druck der Kirche niedergehalten worden und hätte sich sofort zu ungeahnter Größe erhoben, wenn *nur* dieser Druck gewichen wäre. Allerdings war der Kampf der Forscher gegen die fremde äußere Gewalt kein unbedeutender. Der Kirche war auch in diesem Kampfe kein Mittel zu schlecht, welches zum Siege verhelfen konnte, und sie ist hierbei eigennütziger, rücksichtloser und grausamer vorgegangen als irgendeine andere politische Partei. Einen nicht geringen Kampf hatten aber auch die Forscher mit ihren eigenen hergebrachten Ideen zu bestehen, namentlich mit dem Vorurteil, daß alles theologisch behandelt werden müsse. Nur allmählich und langsam wurde dieses Vorurteil überwunden.

2. Lassen wir die Tatsachen sprechen und machen wir zunächst einige persönliche Bekanntschaften!

Napier, der Erfinder der Logarithmen, ein strenger Puritaner, welcher im 16. Jahrhundert lebte, war nebenbei ein eifriger Theologe. Er verlegte sich auf höchst sonderbare Spekulationen. Er schrieb eine Auslegung der Apokalypse mit Propositionen und mathematischen Beweisen. Proposition 26 behauptet z. B., daß der Papst der Antichrist sei, Proposition 36 lehrt, daß die Heuschrecken die Türken und Mohammedaner seien usw.

Wenn wir auch kein besonderes Gewicht darauf legen, daß Blaise Pascal (17. Jahrhundert), einer der genialsten Denker auf dem Gebiete der Mathematik und Physik, höchst orthodox und asketisch war, daß er trotz seines milden Charakters zu Rouen einen Lehrer der Philosophie aus voller Überzeugung als Ketzer denunzierte, daß die Heilung seiner Schwester durch Berührung einer Reliquie einen tiefen Eindruck auf ihn machte, und daß er dieselbe als ein Wunder ansah, wenn wir auch darauf kein Gewicht legen, weil seine ganze zu religiöser Schwärmerei neigende Familie in diesem Punkte sehr schwach war, so gibt es doch noch andere Beispiele dieser Art genug. Die tiefe Religiosität Pascals zeigt sich in seinem Entschlusse, die Wissenschaften gänzlich aufzugeben und nur dem Christentum zu leben. Wenn er Trost suche, pflegte er zu sagen, so könne er denselben nur bei den Lehren des Christentums finden, und alle Weisheit der Welt könne ihm nichts nützen. Daß er es mit der Bekehrung der Ketzer aufrichtig meinte, zeigten seine „Lettres provinciales", in welchen er gegen die horrenden Spitzfindigkeiten eiferte, die von den Doktoren der Sorbonne eigens erfunden worden waren, um die Jansenisten zu verfolgen. Sehr merkwürdig ist Pascals Briefwechsel mit verschiedenen Theologen, und wir erstaunen nicht wenig, wenn Pascal in einem dieser Briefe ganz ernsthaft die Frage diskutiert, ob der Teufel auch Wunder wirken könne.

Otto von Guericke, der Erfinder der Luftpumpe, beschäftigt sich gleich zu Anfang seines vor kaum 200 Jahren verfaßten Buches mit dem Wunder des Josua, welches er mit dem Kopernikanischen System in Einklang zu bringen sucht. Und vor den Untersuchungen über den leeren Raum und über die Natur der Luft finden wir Fragen über den Ort des Himmels, über den Ort der Hölle usw. Wenn Guericke auch alle diese Fragen möglichst vernünftig zu beantworten sucht, so sieht man doch, was sie ihm zu schaffen machen, dieselben Fragen, die heute ein gebildeter Theologe nicht einmal aufwerfen wird. Und in Guericke haben wir einen Mann nach der Reformation vor uns!

Auch Newton verschmähte es nicht, sich mit der Erklärung der Apokalypse zu beschäftigen. Es war in solchen Dingen schwer mit ihm zu sprechen. Als Halley sich einmal einen Scherz über theologische Diskussionen erlaubte, soll er ihn kurz mit der Bemerkung abgewiesen haben: „Ich habe diese Dinge studiert, Sie nicht!"

Bei Leibniz, dem Erfinder der besten Welt und der prästabilierten Harmonie, welche Erfindung in Voltaires anscheinend komischem, in Wirklichkeit aber tief ernstem philosophischem Roman „Candide" ihre gebührende Abfertigung gefunden hat, brauchen wir nicht zu verweilen. Er war bekanntlich fast ebensosehr Theologe als Philosoph und Naturforscher.

Wenden wir uns an einen Mann des vorigen Jahrhunderts. Euler in seinen „Briefen an eine deutsche Prinzessin" behandelt mitten unter naturwissenschaftlichen Fragen auch theologisch-philosophische. Er bespricht die Schwierigkeit, bei der gänzlichen Verschiedenheit von Körper und Geist, die für ihn feststeht, die Wechselbeziehung beider zu begreifen. Zwar will ihm das von Descartes und seinen Nachfolgern entwickelte System des Okkasionalismus nicht recht gefallen, wonach Gott zu jeder Absicht der Seele die entsprechende Bewegung des Körpers ausführt, weil die Seele selbst dies nicht imstande ist. Er verspottet auch nicht ohne Witz die prästabilierte Harmonie, nach welcher von Ewigkeit her Einklang zwischen den Bewegungen des Körpers und den Absichten der Seele hergestellt ist, obgleich beide einander gar nichts angehen, geradeso wie zwischen zwei verschiedenen, aber genau gleich gehenden Uhren. Er bemerkt, daß nach dieser Ansicht sein eigener Leib ihm eigentlich so fremd sei wie der eines Rhinozeros mitten in Afrika, welcher ebensowohl in prästabilierter Harmonie mit seiner Seele sein könnte. Hören wir ihn selbst. Man schrieb damals fast nur lateinisch. Wollte ein deutscher Gelehrter einmal besonders herablassend sein und deutsch schreiben, so schrieb er französisch: „Si dans le cas d'un dérèglement de mon corps Dieu ajustait celui d'un Rhinoceros, ensorte, que ses mouvements fussent tellement d'accord avec les ordres de mon âme, qu'il levât la patte au moment que je voudrait leyer la main, et ainsi des autres opérations, ce serait alors mon corps. Je me trouverais subitement dans la forme d'un Rhinoceros au milieu de l'Afrique, mais non obstant cela mon âme continuerait les mêmes opérations. J'aurais également l'honneur d'écrire à V. A., mais je ne sais pas comment elle recevrait mes lettres."[89] Fast möchte man glauben, Eulern hätte die Lust angewandelt, einmal Voltaire zu spielen. Und doch, so sehr er mit seiner Kritik den Nagel auf den Kopf trifft, ist ihm die Wechselwirkung von Leib und Seele ein Wunder. Und doch hilft er sich in höchst sophistischer Weise über die Freiheit des Willens hinweg. Um uns eine Vorstellung davon zu verschaffen, welche Fragen damals ein Naturforscher behandeln konnte, bemerken wir, daß Euler in seinen physikalischen „Briefen" über die Natur der Geister, über die Verbindung von Leib und Seele, über die Freiheit des Willens, über den Einfluß der Freiheit auf die Ereignisse der Welt, über das Gebet, über das physische und moralische Übel, über die Bekehrung der Sünder und ähnliche Stoffe Untersuchungen anstellt. Dies geschieht alles in derselben Schrift, welche so viele klare physikalische Gedanken und die schöne Darstellung der Logik mit Hilfe der Kreise enthält.

3. Diese Beispiele mögen vorläufig genügen. Wir haben sie mit Absicht unter den *ersten* Naturforschern gewählt. Was wir bei diesen Männern an Theologie gefunden haben, gehört ganz ihrem innersten Privatleben an. Sie sagen uns öffentlich Dinge, zu welchen sie nicht gezwungen sind, von welchen sie auch schweigen können. Es sind nicht fremde, ihnen aufgedrungene Ansichten, es sind ihre eigenen Meinungen, welche sie vorbringen. Sie fühlen sich durch die Theologie nicht gedrückt. In einer Stadt und an einem Hofe, die Lamettrie und Voltaire beherbergten, bestand für Euler kein Grund, seine Überzeugungen zu verbergen.

Nach unserer heutigen Meinung hätten diese Männer mindestens bemerken sollen, daß die Fragen dort nicht hingehören, wo sie dieselben behandeln, daß es keine naturwissenschaftlichen Fragen sind. Mag dieser Widerspruch zwischen überkommenen theologischen und selbstgeschaffenen naturwissenschaftlichen Überzeugungen uns immer einen sonderbaren Eindruck machen, nichts berechtigt uns, diese Männer deshalb geringer zu achten. Denn das eben beweist ihre gewaltige Geisteskraft, daß sie trotz der beschränkten Anschauungen ihrer Zeit, von welchen sich ganz frei zu machen ihnen nicht vergönnt war, ihren Gesichtskreis doch so erweitern und uns zu einem freiern Standpunkte verhelfen konnten.

Der Unbefangene wird nicht mehr darüber im Zweifel sein, daß das Zeitalter, in welches die Hauptentwicklung der Mechanik fiel, *theologisch gestimmt* war. Theologische Fragen wurden durch alles angeregt und hatten auf alles Einfluß. Kein Wunder also, wenn auch die Mechanik von diesem Hauch berührt wurde. Das Durchschlagende der theologischen Stimmung wird noch deutlicher, wenn wir auf Einzelheiten eingehen.

4. Die antiken Anregungen durch Heron und Pappus wurden schon im vorigen Kapitel besprochen. Galilei finden wir zu Anfang des 17. Jahrhunderts mit Fragen über die Festigkeit beschäftigt. Er zeigt, daß hohle Röhren eine größere Biegungsfestigkeit darbieten als massive Stäbe von gleicher Länge und gleichem Material und wendet diese Erkenntnis sofort an, um die Formen der Tierknochen zu erläutern, welche gewöhnlich hohle Röhren vorstellen. Man kann dieses Verhältnis ohne Schwierigkeit durch einen zusammengerollten Bogen Papier anschaulich machen. Ein einerseits befestigter und andererseits belasteter horizontaler Balken kann ohne Schaden für die Festigkeit und mit Materialgewinn am belasteten Ende dünner genommen werden. Galilei bestimmt die Form des Balkens von in jedem Querschnitt gleichem Widerstand. Er bemerkt endlich noch, daß geometrisch ähnliche Tiere von sehr verschiedener Größe den Gesetzen der Festigkeit auch in sehr ungleichem Maße entsprechen würden.

Die bis in die feinsten Einzelheiten zweckmäßigen Formen der Knochen, Federn, Halme und anderer organischer Gebilde, die in der Tat geeignet sind, auf den gebildeten Beschauer einen tiefen Eindruck zu machen, sind bis auf den heutigen Tag unzähligemal zugunsten einer in der Natur waltenden Weisheit angeführt worden. Betrachten wir z. B. die Schwungfeder eines Vogels. Der Kiel ist eine hohle Röhre, die gegen das freie Ende hin an Dicke abnimmt, also zugleich ein Körper von gleichem Widerstand. Jedes Blättchen der Federfahne wiederholt ähnliche Verhältnisse im Kleinen. Es würde bedeutende technische Kenntnisse erfordern, eine solche Feder in ihrer Zweckmäßigkeit auch nur nachzubilden, geschweige denn sie zu erfinden. Wir dürfen aber nicht vergessen, daß nicht die bloße Bewunderung, sondern die Erforschung die Aufgabe der Wissenschaft ist. Es ist bekannt, in welcher Weise Darwin nach seiner Theorie der Anpassung diese Fragen zu lösen sucht. Daß die Darwinsche Auflösung eine vollständige sei, kann billig bezweifelt werden; Darwin selbst bezweifelt es. Alle äußern Umstände vermöchten nichts, wenn nicht etwas da wäre, was sich anpassen *will*. Darüber aber kann kein Zweifel sein, daß die Darwinsche Theorie der erste ernste Versuch ist, an die Stelle der bloßen Bewunderung der organischen Natur die Erforschung zu setzen.

Des Pappus' Ideen über die Bienenzellen werden noch im 18. Jahrhundert lebhaft diskutiert. Wood erzählt in seiner 1867 erschienenen Schrift „Über die Nester der Tiere" folgende Geschichte: „Maraldi war die große Regelmäßigkeit der Bienenzellen aufgefallen. Er maß die Winkel der rautenförmigen Grenzflächen und fand dieselben 109°28' und 70°32'. Réaumur in der Überzeugung, daß diese Winkel mit der Ökonomie der Zelle zusammenhängen müßten, bat den Mathematiker König, jene Form eines sechsseitigen durch drei Rauten geschlossenen Gefäßes zu berechnen, bei welcher der größte Inhalt mit der kleinsten Oberfläche zusammentrifft. Réaumur erhielt die Antwort, daß die Winkel der Rauten 109°26' und 70°34' betragen müßten. Der Unterschied betrug also 2 Minuten. Maclaurin, von dieser Übereinstimmung nicht befriedigt, wiederholte die Messung von Maraldi, fand sie richtig und bemerkte bei Wiederholung der Rechnung einen Fehler in der von König verwendeten Logarithmentafel. Nicht die Bienen also, sondern der Mathematiker hatte gefehlt, und die Bienen hatten zur Aufdeckung des Fehlers verholfen!" Wem es bekannt ist, wie man Kristalle mißt, und wer eine Bienenzelle gesehen hat, welche ziemlich rohe und nicht spiegelnde Flächen hat, der wird es bezweifeln, daß man beim Messen der Zellen eine Genauigkeit von zwei Minuten erreichen kann. Man muß also die Geschichte für ein frommes mathematisches Märchen halten, abgesehen davon, daß nichts daraus folgt, wenn sie wahr ist. Nebenbei sei bemerkt, daß die Aufgabe mathematisch zu unvollständig gestellt worden ist, um beurteilen zu können, wie weit die Bienen sie gelöst haben.

Die im vorigen Kapitel erwähnten Ideen von Heron und Fermat über die Lichtbewegung erhielten durch Leibniz sofort eine theologische Färbung und spielten, wie erwähnt. eine hervorragende Rolle bei Entwicklung der Variationsrechnung. In Leibnizens Briefwechsel mit Johann Bernoulli werden unter mathematischen wiederholt auch theologische Fragen berührt. Nicht selten wird auch in biblischen Bildern gesprochen. So sagt z. B. Leibniz, das Problem der Brachistochrone hätte ihn angezogen wie der Apfel die Eva.

Maupertuis, der bekannte Präsident der Berliner Akademie und Günstling Friedrichs des Großen, hat der theologisierenden Richtung der Physik einen neuen Anstoß gegeben durch Aufstellung seines Prinzips der kleinsten Wirkung. In der Schrift, welche die Aufstellung dieses Prinzips enthält, und zwar in sehr unbestimmter Form, und in welcher Maupertuis einen entschiedenen Mangel an mathematischer Schärfe zeigt, erklärt er sein Prinzip für dasjenige, welches der Weisheit des Schöpfers am besten entspräche. Maupertuis war geistreich, aber kein starker Kopf, er war ein Projektemacher. Dies zeigen seine kühnen Vorschläge, eine Stadt zu gründen, in der bloß lateinisch gesprochen würde, ein großes, tiefes Loch in die Erde zu begraben, um neue Stoffe zu finden, psychologische Untersuchungen mit Hilfe des Opiums und der Sektion von Affen anzustellen, die Bildung des Embryo durch die Gravitation zu erklären usw. Er ist von Voltaire scharf kritisiert worden in seiner „Histoire du docteur Akakia", welche bekanntlich den Bruch zwischen Friedrich und Voltaire herbeigeführt hat.

Maupertuis' Prinzip wäre wohl bald wieder vom Schauplatz verschwunden, allein Euler benutzte die Anregung. Er ließ als wahrhaft bedeutender Mensch dem Prinzip den Namen, Maupertuis den Ruhm der Erfindung und machte ein neues wirklich brauchbares Prinzip daraus. Was Maupertuis meinte, läßt sich schwer ganz klar machen. Was Euler meint, kann man an einfachen Beispielen leicht zeigen. Wenn ein Körper gezwungen ist, auf einer festen Fläche, z. B. der Erdoberfläche, zu bleiben, so bewegt er sich auf einen Anstoß hin so, daß er zwischen seiner Anfangs- und Endlage den kürzesten Weg nimmt. Jeder andere Weg, den man ihm vorschriebe, würde länger sein und mehr Zeit erfordern. Das Prinzip findet Anwendung in der Theorie der Luft- und Wasserströmungen auf der Erdoberfläche. Den theologischen Standpunkt hat Euler beibehalten. Er spricht sich dahin aus, daß man nicht allein aus den physikalischen *Ursachen*, sondern auch aus dem *Zweck* die Erscheinungen erklären könne. „Da nämlich die Einrichtung der ganzen Welt die vorzüglichste ist, und da sie von dem weisesten Schöpfer herstammt, wird nichts in der Welt angetroffen, woraus nicht irgendeine Maximum- oder Minimum-Eigenschaft hervorleuchtete; deshalb kann kein Zweifel bestehen, daß alle Wirkungen in der Welt ebensowohl durch die Methode der Maxima und Minima aus den Zwecken wie aus den wirkenden Ursachen selbst abgeleitet werden können."*

5. Auch die Vorstellungen von der Unveränderlichkeit der Menge der Materie, von der Unveränderlichkeit der Summe der Bewegung, von der Unzerstörbarkeit der Arbeit oder Energie, welche die ganze heutige Naturwissenschaft beherrschen, sind unter dem Einflusse theologischer Ideen herangewachsen. Sie sind angeregt durch einen schon erwähnten Ausspruch von Descartes in den Prinzipien der Philosophie, nach welchen die zu Anfang erschaffene Menge der Materie und Quantität der Bewegung unverändert bleibt, wie dies allein mit der Beständigkeit des Schöpfers der Welt verträglich sei. Die Vorstellung von der Art, wie die Summe der Bewegung zu rech-

---

* Quum enim mundi universi fabrica sit perfectissima, atque a creatore sapientissimo absoluta, nihil omnino in mundo contingit, in quo non maximi minimive ratio quaedam eluceat; quam ob rem dubium prorsus est nullum, quin omnes mundi effectus ex causis finalibus, ope methodi maximorum et minimorum, aeque feliciter determinari quaeant, atque ex ipsis causis efficientibus. (Methodus inveniendi lineas curvas maximi minimive proprietate gaudentes. Lausannae 1744.)

nen sei, hat sich von Descartes auf Leibniz und später bei den Nachfolgern sehr bedeutend modifiziert, und es ist nach und nach das entstanden, was man heute „Gesetz der Erhaltung der Energie" nennt. Der theologische Hintergrund hat sich aber nur sehr allmählich verloren. Ja es läßt sich nicht leugnen, daß auch heute noch manche Naturforscher mit dem Gesetz der Erhaltung der Energie eine eigene Mystik treiben.

Durch das ganze 16. und 17. Jahrhundert bis gegen das Ende des 18. Jahrhunderts war man geneigt, überall in den physikalischen Gesetzen eine besondere Anordnung des Schöpfers zu sehen. Dem aufmerksamen Beobachter kann aber eine allmähliche Umbildung der Ansichten nicht entgehen. Während bei Descartes und Leibniz Physik und Theologie noch vielfach vermengt sind, zeigt sich später ein deutliches Streben, zwar nicht das Theologische ganz zu beseitigen, aber dasselbe von dem Physikalischen zu sondern. Es wird das Theologische an den Anfang oder das Ende einer physikalischen Untersuchung verlegt. Es wird das Theologische womöglich auf die Schöpfung konzentriert, um von da an für die Physik Raum zu gewinnen.

Gegen das Ende des 18. Jahrhunderts trat nun eine Wendung ein, welche äußerlich auffällt. welche wie ein plötzlich getaner Schritt aussieht, die aber im Grunde nur eine notwendige Konsequenz des angedeuteten Entwicklungsganges ist. Nachdem Lagrange in einer Jugendarbeit versucht hatte, die ganze Mechanik auf das Eulersche Prinzip der kleinsten Wirkung zu gründen, erklärt er bei einer Neubearbeitung desselben Gegenstandes, er wolle von allen theologischen und metaphysischen Spekulationen als sehr *prekären*, und nicht in die Wissenschaft gehörigen, gänzlich absehen. Er führt einen Neubau der Mechanik auf andern Grundlagen aus, und kein Sachverständiger kann dessen Vorzüge verkennen. Alle spätern bedeutenden Naturforscher haben sich der Auffassung von Lagrange angeschlossen, und damit war im wesentlichen die heutige Stellung der Physik zur Theologie gegeben.

6. Fast drei Jahrhunderte waren also nötig, bis die Ansicht, daß Theologie und Naturwissenschaft zwei verschiedene Dinge seien, von ihrem ersten Aufkeimen bei Kopernikus bis Lagrange sich zur vollen Klarheit entwickelt hat.[90] Dabei ist nicht zu verkennen, daß den größten Geistern, wie Newton, diese

Wahrheit immer klar war. Nie hat Newton trotz seiner tiefen Religiosität die Theologie in naturwissenschaftliche Fragen eingemengt. Zwar schließt auch er seine „Optik", während noch auf den letzten Seiten der helle klare Geist leuchtet, mit dem Ausdruck der Zerknirschung über die Nichtigkeit alles Irdischen. Allein seine optischen Untersuchungen *selbst* enthalten im Gegensatz zu jenen Leibnizens nicht die Spur von Theologie. Ähnliches kann man von Galilei und Huygens sagen. Ihre Schriften entsprechen fast vollständig dem Standpunkt von Lagrange und können in dieser Richtung als klassisch gelten. Die Anschauung und Stimmung einer Zeit darf aber nicht nach den Spitzen, sondern muß nach dem Mittel gemessen werden.

Um den geschilderten Vorgang einigermaßen zu begreifen, haben wir folgendes zu überlegen. Es ist selbstverständlich, daß auf einer Kulturstufe, auf welcher die Religion fast die einzige Bildung, also auch die einzige Weltanschauung ist, notwendig die Meinung besteht, daß alles theologisch zu betrachten sei und daß diese Betrachtungsweise auch überall ausreichen müsse. Versetzen wir uns in die Zeit, da man mit der Faust die Orgel schlug, da man das Einmaleins schriftlich vor sich haben mußte, wenn man rechnen wollte, da man so manches mit der Faust verrichtete, was man heute mit dem Kopfe tut, so werden wir von einer solchen Zeit nicht verlangen, daß sie gegen ihre eigenen Ansichten *kritisch* zu Werke gehe. Mit der Erweiterung des Gesichtskreises durch die großen geographischen, technischen und naturwissenschaftlichen Entdeckungen und Erfindungen des 15. und 16. Jahrhunderts, mit der Auffindung von Gebieten, auf welchen mit dieser Anschauung nicht auszukommen war, weil dieselbe vor Kenntnis dieser Gebiete sich gebildet hatte, weicht allmählich und langsam dieses Vorurteil. Schwerverständlich bleibt immer die große Freiheit des Denkens, die im frühen Mittelalter vereinzelt, zuerst bei Dichtern, dann bei Forschern auftritt. Die Aufklärung muß damals das Werk einzelner ganz ungewöhnlicher Menschen gewesen sein und nur an ganz dünnen Fäden mit den Anschauungen des Volkes zusammengehangen haben, mehr geeignet, an diesen Anschauungen zu zerren und sie zu beunruhigen, als dieselben umzugestalten. Erst in der Literatur des 18. Jahrhunderts scheint die Aufklärung einen breitern Boden zu gewinnen. Humanistische, philosophische, historische und Naturwissenschaften berühren sich da und ermutigen sich gegenseitig zu freierm Denken. Jeder, der diesen Aufschwung und diese Befreiung auch nur zum Teil durch die Literatur miterlebt hat, wird lebenslänglich ein elegisches Heimweh empfinden nach dem 18. Jahrhundert.

7. Der alte Standpunkt ist also aufgegeben. Nur an der Form der Sätze der Mechanik erkennt man noch deren Geschichte. Diese Form bleibt auch so lange befremdlich, als man ihren Ursprung nicht berücksichtigt. Die theologische Auffassung wich nach und nach einer sehr nüchternen, welche aber mit einem bedeutenden Gewinn an Aufklärung verbunden war, wie wir dies in Kürze andeuten wollen.

Wenn wir sagen, das Licht bewege sich auf einem Wege kürzester Zeit, so können wir dadurch manches überschauen. Wir wissen aber noch nicht, *warum* das Licht die Wege kürzester Zeit vorzieht. Mit der Annahme der Weisheit des Schöpfers verzichten wir auf weitere Einsicht. Wir wissen heute, daß sich das Licht auf *allen* Wegen bewegt, daß aber nur auf den Wegen kürzester Zeit die Lichtwellen sich so verstärken, daß ein merkliches Resultat zustande kommt. Das Licht *scheint* sich also nur auf Wegen kürzester Zeit zu bewegen. Nach Beseitigung des Vorurteils fand man alsbald Fälle, in welchen neben der vermeintlichen Sparsamkeit der Natur die auffallendste Verschwendung auftritt. Solche hat. z. B. Jacobi in bezug auf das Eulersche Prinzip der kleinsten Wirkung nachgewiesen. Manche Naturerscheinungen machen also bloß deshalb den Eindruck der Sparsamkeit, weil sie nur dann sichtbar hervortreten, wenn eben zufällig ein Zusammensparen der Effekte stattfindet. Dies ist derselbe Gedanke im Gebiete des Unorganischen, welchen Darwin im Gebiete der organischen Natur ausgeführt hat. Wir erleichtern uns instinktiv die Auffassung der Natur, indem wir die uns geläufigen ökonomischen Vorstellungen auf dieselbe übertragen.

Zuweilen zeigen die Naturvorgänge darum eine Maximum- oder Minimum-Eigenschaft, weil in diesem Falle des Größten oder Kleinsten die Ursachen weiterer Veränderung wegfallen. Die Kettenlinie weist den tiefsten Schwerpunkt auf, weil nur bei dem tiefsten Schwerpunkt kein weiterer Fall der Kettenglieder mehr möglich ist. Die Flüssigkeiten unter dem Einfluß der Molekularkräfte bieten ein Minimum der Oberfläche dar, weil stabiles Gleichgwicht nur bestehen kann, wenn die Molekularkräfte die Oberfläche nicht weiter verkleinern können. Das Wesentliche liegt also nicht im Maximum oder Minimum, sondern in dem Wegfall der *Arbeit* von diesem Zustande aus, welche Arbeit eben das Bestimmende der Veränderung ist. Es klingt also viel weniger erhaben, ist aber dafür viel aufklärender, ist zugleich richtiger und allgemeiner, wenn man, statt von dem Ersparungsbestreben der Natur zu sprechen, sagt: „Es geschieht immer nur so viel, als vermöge der Kräfte und Umstände geschehen kann."

Man kann nun mit Recht die Frage aufwerfen: Wenn der theologische Standpunkt, welcher zur Aufstellung der mechanischen Sätze geführt hat, ein verfehlter war, wie kommt es, daß gleichwohl diese Sätze im wesentlichen richtig sind? Darauf läßt sich leicht antworten. Erstens hat die theologische Anschauung nicht den *Inhalt* der Sätze geliefert, sondern nur die *Färbung* des Ausdrucks bestimmt, während der Inhalt sich durch Beobachtung ergeben hat. Ähnlich würde eine andere herrschende Anschauung, z. B. eine *merkantile*, gewirkt haben, die mutmaßlich auch auf Stevins Denkweise Einfluß geübt hat. Zweitens verdankt die theologische Auffassung der Natur selbst ihren Ursprung dem Streben, einen *umfassenden Blick* zu tun, also einem Streben, welches auch der Naturwissenschaft eigen ist und welches sich ganz wohl mit den Zielen derselben verträgt. Ist also auch die theologische Naturphilosophie als eine verunglückte Unternehmung, als ein Rückfall auf eine niedere Kulturstufe zu bezeichnen, so brauchen wir doch die *gesunde Wurzel*, aus welcher sie entsprossen ist, welche von jener der wahren Naturforschung nicht verschieden ist, nicht zu verwerfen.

In der Tat kann die Naturwissenschaft durch bloße Beachtung des *Einzelnen* nichts erreichen, wenn sie nicht zeitweilig auch den Blick ins *Große* richtet. Die Galileischen Fallgesetze, das Huygenssche Prinzip der lebendigen Kräfte, das Prinzip der virtuellen Verschiebungen, selbst der Massenbegriff, konnten, wie wir uns erinnern, nur gewonnen werden, indem abwechselnd das Einzelne und das Ganze der Naturvorgänge betrachtet wurde. Man kann bei der Nachbildung der mechanischen Naturvorgänge in Gedanken von den Eigenschaften der einzelnen Massen (von den Elementargesetzen) ausgehen und das Bild des Vorganges zusammensetzen. Man kann sich aber auch an die Eigenschaften des ganzen Systems (an die Integralgesetze) halten. Da aber die Eigenschaften einer Masse immer Beziehungen zu andern Massen enthalten, z. B. in der Geschwindigkeit und Beschleunigung schon eine Beziehung auf die Zeit, also auf die ganze Welt liegt, so erkennt man, daß es *reine* Elementargesetze eigentlich gar nicht gibt. Es wäre also inkonsequent, wenn man den doch unentbehrlichen Blick auf das Ganze, auf allgemeinere Eigenschaften, als weniger sicher ausschließen wollte. Wir werden nur, je allgemeiner ein neuer Satz und je größer dessen Tragweite ist, mit Rücksicht auf die Möglichkeit des Irrtums, desto *bessere Proben* für denselben verlangen.

Die Vorstellung von dem Wirken eines Willens und einer Intelligenz in der Natur ist keineswegs durch den christlichen Monotheismus allein erzeugt. Dieselbe ist vielmehr dem Heidentum und dem Fetischismus vollkommen geläufig. Das Heidentum sucht den Willen und die Intelligenz nur im Einzelnen, während der Monotheismus den Ausdruck derselben im Ganzen vermutet. Einen reinen Monotheismus gibt es übrigens tatsächlich nicht. Der jüdische Monotheismus der Bibel ist von dem Glauben an Dämonen, Zauberer und Hexen durchaus nicht frei, der christliche Monotheismus des Mittelalters ist an solchen heidnischen Vorstellungen noch viel reicher. Von dem bestialischen Sport, den Kirche und Staat mit dem Hexenfoltern und Hexenverbrennen getrieben haben, und der wohl größtenteils nicht durch Gewinnsucht, sondern eben durch die erwähnten Vorstellungen bedingt war, wollen wir schweigen. Tylor hat in seiner lehrreichen Schrift „Über die Anfänge der Kultur" das Zauberwesen, den Aberglauben und Wunderglauben, der sich bei allen wilden Völkern findet, studiert und mit den Meinungen des Mittelalters über Hexerei verglichen. Die Ähnlichkeit ist in der Tat auffallend. Und was im 16. und 17. Jahrhundert in Europa so häufig war, das Hexenverbrennen, das wird heute noch in Zentralafrika fleißig betrieben. Auch bei uns finden sich noch, wie Tylor nachweist, Spuren dieser Zustände in einer Unzahl von Gebräuchen, deren Verständnis uns mit dem veränderten Standpunkt verlorengegangen ist.

8. Die Naturwissenschaft ist diese Vorstellungen nur sehr langsam losgeworden. Noch in dem berühmten Buche von Porta („Magia naturalis"), welches im 16. Jahrhundert erschien und wichtige physikalische Entdeckungen enthält, finden sich Zaubereien und Teufeleien aller Art, welche jenen des indianischen „Medizinmannes" wenig nachgeben. Erst durch Gilberts Schrift „De magnete" (1600) wurde diesem Spuk eine gewisse Grenze gesetzt. Wenn noch Luther persönliche Begegnungen mit dem Teufel gehabt haben soll, wenn Kepler, dessen Muhme als Hexe verbrannt worden war und dessen Mutter beinahe dasselbe Schicksal erreicht hätte, sagt, die Hexerei lasse sich nicht leugnen, und wenn er nicht wagt, sich frei über die Astrologie auszusprechen, so kann man sich die Denkweise der weniger Aufgeklärten lebhaft vorstellen.

Auch die heutige Naturwissenschaft weist in ihren „Kräften" noch Spuren des heutigen Fetischismus auf, wie Tylor richtig bemerkt. Und daß die heidnischen Anschauungen von der gebildeten Gesellschaft *nicht* überwunden sind, können wir an dem albernen abgeschmackten Spiritistenspuk sehen, welcher jetzt die Welt erfüllt.

Es hat einen triftigen Grund, daß diese Vorstellungen sich so hartnäckig behaupten. Von den Trieben, welche den Menschen mit so dämonischer Gewalt beherrschen, die ihn nähren, erhalten und fortpflanzen, ohne sein Wissen und seine Einsicht, von diesen Trieben, deren gewaltige pathologische Ausschreitungen uns das Mittelalter vorführt, ist nur der kleinste Teil der wissenschaftlichen Analyse und der begrifflichen Erkenntnis zugänglich. Der Grundzug aller dieser Triebe ist das Gefühl der Zusammengehörigkeit und Gleichartigkeit mit der ganzen Natur, welches durch einseitige intellektuelle Beschäftigung zeitweilig übertäubt, aber nicht erstickt werden kann, welches gewiß auch einen *gesunden Kern* hat, zu welch monströsen religiösen Vorstellungen es auch Anlaß gegeben haben mag.

9. Wenn die französischen Enzyklopädisten des 18. Jahrhunderts dem Ziel nahe zu sein glaubten, die ganze Natur physikalisch-mechanisch zu erklären, wenn Laplace einen Geist fingiert, welcher den Lauf der Welt in alle Zukunft anzugeben vermöchte, wenn ihm nur einmal alle Massen mit ihren Lagen und Anfangsgeschwindigkeiten gegeben wären, so ist

diese freudige Überschätzung der Tragweite der gewonnenen physikalisch-mechanischen Einsichten im 18. Jahrhundert verzeihlich, ja ein liebenswürdiges, edles, erhebendes Schauspiel, und wir können diese intellektuelle, einzig in der Geschichte dastehende Freude lebhaft mitempfinden.

Nach einem Jahrhundert aber, nachdem wir besonnener geworden sind, erscheint uns die projektierte Weltanschauung der Enzyklopädisten als eine *mechanische Mythologie* im Gegensatz zur *animistischen* der alten Religionen.[91] Beide Anschauungen enthalten ungebührliche und phantastische Übertreibungen einer einseitigen Erkenntnis. Die besonnene physikalische Forschung wird aber zur Analyse der Sinnesempfindungen führen. Wir werden dann erkennen, daß unser Hunger nicht so wesentlich verschieden von dem Streben der Schwefelsäure nach Zink, und unser Wille nicht so sehr verschieden von dem Druck des Steines auf die Unterlage ist, als es gegenwärtig den Anschein hat. Wir werden uns dann der Natur wieder näher fühlen, ohne daß wir nötig haben, uns selbst in eine uns nicht mehr verständliche Staubwolke von Molekülen, oder die Natur in ein System von Spukgestalten aufzulösen. Die *Richtung*, in welcher die Aufklärung durch eine lange und mühevolle Untersuchung zu erwarten ist, kann natürlich nur vermutet werden. Das Resultat *antizipieren*, oder es gar in die gegenwärtigen wissenschaftlichen Untersuchungen einmischen zu wollen, hieße Mythologie statt Wissenschaft treiben.

Die Naturwissenschaft tritt nicht mit dem Anspruch auf, eine *fertige* Weltanschauung zu sein, wohl aber mit dem Bewußtsein, an einer *künftigen* Weltanschauung zu arbeiten. Die höchste Philosophie des Naturforschers besteht eben darin, eine unvollendete Weltanschauung zu *ertragen* und einer scheinbar abgeschlossenen, aber unzureichenden vorzuziehen. Die religiösen Ansichten bleiben jedes Menschen eigenste *Privatsache*, solange er mit denselben nicht aufdringlich wird und sie nicht auf Dinge überträgt, die vor ein anderes Forum gehören. Selbst die Naturforscher verhalten sich, je nach der Weite ihres Blickes und je nach ihrer Wertschätzung der Konsequenz, in dieser Richtung höchst verschieden.

Die Naturwissenschaft fragt gar nicht nach dem, was einer exakten Erforschung nicht zugänglich, oder noch nicht zugänglich ist. Sollten aber einmal Gebiete der exakten Forschung erreichbar werden, die es jetzt noch nicht sind, nun dann wird wohl kein wohlorganisierter Mensch, keiner, der es mit sich und andern ehrlich meint, Anstand nehmen die *Meinung* über ein Ding mit dem *Wissen* von einem Ding zu vertauschen.

Wenn wir die heutige Gesellschaft oft schwanken sehen, wenn sie ihren Standpunkt auch in derselben Frage je nach der Stimmung und Lebenslage wechselt, wie die Register einer Orgel, wenn dies nicht ohne tiefen Gemütsschmerz abgehen kann, so ist dies eine natürliche notwendige Folge der Halbheit und des Übergangszustandes ihrer Ansichten, Eine zureichende Weltanschauung kann uns nicht *geschenkt* werden, wir müssen sie erwerben! Nur dann aber, wenn man dem Verstand und der Erfahrung freien Lauf läßt, wo sie *allein* zu entscheiden haben, werden wir uns hoffentlich zum Wohle der Menschheit langsam, allmählich, aber sicher jenem Ideale einer *einheitlichen* Weltanschauung nähern, welches allein verträglich ist mit der Ökonomie eines gesunden Gemüts.

3. Die analytische Mechanik

1. Newtons Mechanik ist eine rein *geometrische*.[92] Er entwickelt seine Sätze von gewissen Annahmen ausgehend mit Hilfe von Konstruktionen an der Figur. Der Gang ist häufig so künstlich, daß, wie schon Laplace bemerkt hat, eine Auffindung der Sätze auf diesem Wege nicht wahrscheinlich ist. Man erkennt auch, daß die Newtonschen Darstellungen nicht ebenso aufrichtig sind, als jene von Galilei und Huygens. Die Methode Newtons wird, wie jene der alten Geometer, auch als die *synthetische* bezeichnet.

Zieht man aus gegebenen Voraussetzungen eine Folgerung, so nennt man diesen Vorgang *synthetisch*. Sucht man umgekehrt zu einem Satz oder zu den Eigenschaften einer Figur die Bedingungen auf, dann geht man *analytisch* vor. Das letztere Verfahren ist hauptsächlich erst durch Anwendung der Algebra auf die Geometrie in ausgedehnten Gebrauch gekommen. Es ist deshalb üblich geworden, das rechnende Verfahren überhaupt das analytische zu nennen. Was heute analytische Mechanik im Gegensatz zur Newtonschen Mechanik heißt, ist genau genommen *rechnende* Mechanik.

2. Der Grund zur analytischen Mechanik ist von Euler gelegt worden („Mechanica, sive motus scientia analytice exposita", Petrog. 1736). Während aber Eulers Verfahren noch dadurch an die alte geometrische Methode erinnert, daß er alle Kräfte bei krummlinigen Bewegungen in Tangential- und Normalkräfte zerlegt, begründet Maclaurin („A complete system of fluxions", Edinb. 1742) einen wesentlichen Fortschritt. Er nimmt alle Zerlegungen nach drei unveränderlichen Richtungen vor, wodurch alle Rechnungen eine viel größere Symmetrie und Übersichtlichkeit gewinnen.

3. Auf die höchste Stufe der Entwicklung ist endlich die analytische Mechanik durch Lagrange gebracht worden. Lagrange („Mécanique analytique", Paris 1788) bestrebt sich, alle notwendigen Überlegungen *ein für allemal* abzutun, möglichst viel in einer Formel darzustellen. Jeden vorkommenden Fall kann man nach einem sehr einfachen symmetrischen und übersichtlichen Schema behandeln, und was noch zu überlegen bleibt, wird durch rein mechanische Kopfarbeit ausgeführt. Die Lagrangesche Mechanik ist eine großartige Leistung in bezug auf die *Ökonomie* des Denkens.

In der *Statik* geht Lagrange von dem Prinzip der virtuellen Verschiebungen aus. Auf eine Anzahl Massenpunkte m_1, m_2, m_3 ..., welche in gewissen Verbindungen stehen, wirken die Kräfte P_1, P_2, P_3 ... Erhalten diese Punkte die unendlich kleinen, mit den Verbindungen verträglichen Verschiebungen p_1, p_2, p_3 ..., so ist für den Gleichgewichtsfall $\Sigma Pp = 0$, wobei wir von dem bekannten Ausnahmefall, in welchem die Gleichung in eine Ungleichung übergeht, absehen.

Beziehen wir nun das ganze System auf ein rechtwinkliges Koordinatensystem. Die Koordinaten der Massenpunkte seien $x_1, y_1, z_1, x_2, y_2, z_2$ ... Die Kräfte mögen in die Komponenten $X_1, Y_1, Z_1, X_2, Y_2, Z_2$ ... parallel den Koordinaten und die Verschiebungen ebenfalls den Achsen in $\delta x_1, \delta y_1, \delta z_1, \delta x_2, \delta y_2, \delta z_2$ ... zerlegt werden. Bei Bestimmung der Arbeit kommt für jede Kraftkomponente nur die parallele Verschiebung ihres Angriffspunkts in Betracht, und der Ausdruck des Prinzips ist

$$\Sigma(X\delta x + Y\delta y + Z\delta z) = 0, \tag{1}$$

wobei alle Indizes für die einzelnen Punkte einzusetzen und die betreffenden Ausdrücke zu summieren sind.

Als Grundformel der Dynamik wird das D'Alembertsche Prinzip verwendet. Auf die Massenpunkte $m_1, m_2, m_3 \ldots$ mit den Koordinaten $x_1\,y_1\,z_1,\ x_2\,y_2\,z_2 \ldots$ wirken die Kraftkomponenten $X_1, Y_1, Z_1, X_2, Y_2, Z_2 \ldots$ ein. Vermöge der Verbindungen führen aber die Massen Bewegungen aus, welche durch andere Kräfte

$$m_1 \frac{d^2 x_1}{dt^2}, \quad m_1 \frac{d^2 y_1}{dt^2}, \quad m_1 \frac{d^2 z_1}{dt^2} \ldots$$

an den *freien* Massen hervorgebracht werden könnten. Die angreifenden Kräfte $X, Y, Z \ldots$ und die wirklichen Kräfte

$$m \frac{d^2 x}{dt^2}, \quad m \frac{d^2 y}{dt^2}, \quad m \frac{d^2 z}{dt^2} \ldots$$

halten sich aber an dem System das Gleichgewicht. Das Prinzip der virtuellen Verschiebungen anwendend, finden wir

$$\Sigma \left\{ \left(X - m \frac{d^2 x}{dt^2} \right) \delta x + \left(Y - m \frac{d^2 y}{dt^2} \right) \delta y + \left(Z - m \frac{d^2 z}{dt^2} \right) \delta z \right\} = 0. \quad (2)$$

4. Lagrange trägt, wie man sieht, dem Herkommen Rechnung, indem er die Statik der Dynamik vorausschickt. Dieser Gang war durchaus kein *notwendiger*. Man kann ebensogut von dem Satze ausgehen, daß die Verbindungen (von deren Dehnung man absieht) keine Arbeit leisten oder daß alle mögliche geleistete Arbeit von den angreifenden Kräften herrührt. Dann kann man von der Gleichung 2 ausgehen, welche dies ausdrückt und welche für den Fall des Gleichgewichts (oder der unbeschleunigten Bewegung) sich auf 1 als einen speziellen Fall zurückzieht. Dadurch würde aus der analytischen Mechanik ein noch konsequenteres System.

Die Gleichung 1, welche für den Gleichgewichtsfall das der Verschiebung entsprechende Arbeitselement $= 0$ setzt, ergibt leicht die Folgerungen, welche schon S. 83 besprochen wurden. Ist

$$X = \frac{dV}{dx}, \quad Y = \frac{dV}{dy}, \quad Z = \frac{dV}{dz},$$

sind also X, Y, Z die partiellen Ableitungen derselben Funktion der Koordinaten, so ist der ganze Ausdruck unter dem Summenzeichen die totale Variation δV von V. Ist dieselbe $= 0$, so ist V selbst im allgemeinen ein Maximum oder Minimum.

Die formelle Entwicklung der Mechanik   483

5. Wir wollen zunächst den Gebrauch der Gleichung 1 durch ein einfaches Beispiel erläutern. Sind alle Angriffspunkte der Kräfte voneinander *unabhängig*, so liegt eigentlich *keine* Aufgabe vor. Jeder Punkt ist dann nur im Gleichgewicht, wenn die ihn ergreifenden Kräfte, also auch deren Komponenten = 0 sind. Alle $\delta x, \delta y, \delta z \ldots$ sind dann vollkommen willkürlich, und die Gleichung 1 kann also nur allgemein bestehen, wenn die Koeffizienten aller $\delta x, \delta y, \delta z \ldots$ der Null gleich sind.

Bestehen aber *Gleichungen* zwischen den Koordinaten der einzelnen Punkte, d. h. sind die Punkte nicht unabhängig voneinander beweglich, so sind diese von der Form $F(x_1, y_1, z_1, x_2, y_2, z_2 \ldots) = 0$ oder kürzer $F = 0$. Dann bestehen auch zwischen den Verschiebungen Gleichungen von der Form

$$\frac{dF}{dx_1}\delta x_1 + \frac{dF}{dy_1}\delta y_1 + \frac{dF}{dz_1}\delta z_1 + \frac{dF}{dx_2}\delta x_2 + \ldots = 0 ,$$

die wir kurz mit $DF = 0$ bezeichnen wollen. Besteht ein System aus n Punkten, so entsprechen diesen $3n$ Koordinaten und die Gleichung 1 enthält $3n$ Größen $\delta x, \delta y, \delta z \ldots$ Bestehen nun zwischen den Koordinaten m Gleichungen von der Form $F = 0$, so sind hiermit zugleich m Gleichungen $DF = 0$ zwischen den Variationen $\delta x, \delta y, \delta z \ldots$ gegeben. Aus denselben lassen sich m Variationen durch die übrigen ausdrücken und in Gleichung 1 einsetzen. Es bleiben also $3n - m$ willkürliche Verschiebungen in 1 übrig, deren Koeffizienten = 0 gesetzt werden. Hierdurch entstehen $3n - m$ Gleichungen zwischen den Kräften und Koordinaten, zu welchen die m Gleichungen $(F = 0)$ hinzugefügt werden. Man hat also im ganzen $3n$ Gleichungen, die zur Bestimmung der $3n$ Koordinaten der Gleichgewichtslage genügen, wenn die Kräfte gegeben sind und die Gleichgewichts*form* des Systems *gesucht* wird.

Ist umgekehrt die Form des Systems gegeben und sucht man die *Kräfte*, welche das Gleichgewicht erhalten, so bleibt die Aufgabe unbestimmt. Man kann dann zur

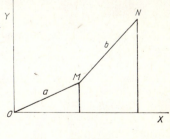

Fig. 229

Bestimmung der $3n$ Kraftkomponenten nur $3n-m$ Gleichungen verwenden, da die m Gleichungen ($F=0$) die Kraftkomponenten gar nicht enthalten.

Als Beispiel wählen wir einen um den Anfangspunkt der Koordinaten in der Ebene XY (Fig. 229) drehbaren Hebel $OM = a$, um dessen Endpunkt M ein zweiter Hebel $MN = b$ beweglich ist. In M und N, deren Koordinaten x, y und x_1, y_1 heißen mögen, greifen die Kräfte X, Y beziehungsweise X_1, Y_1 an.

Die Gleichung 1 hat hier die Form

$$X\delta x + X_1 \delta x_1 + Y\delta y + Y_1 \delta y_1 = 0. \tag{3}$$

Gleichungen von der Form $F = 0$ existieren in gegebenen Fall zwei, und zwar

$$\left. \begin{array}{r} x^2 + y^2 - a^2 = 0 \\ (x_1 - x)^2 + (y_1 - y)^2 - b^2 = 0 \end{array} \right\}. \tag{4}$$

Die Gleichungen $DF = 0$ lauten nun

$$\left. \begin{array}{r} x\delta x + y\delta y = 0 \\ (x_1 - x)\delta x_1 - (x_1 - x)\delta x + (y_1 - y)\delta y_1 - (y_1 - y)\delta y = 0 \end{array} \right\}. \tag{5}$$

Wir können in unserm Fall zwei der Variationen aus 5 durch die andern bestimmen und in 3 einsetzen. Auch zum Zwecke der Elimination hat Lagrange ein ganz gleichförmiges systematisches Verfahren angewandt, welches ganz mechanisch, ohne weiteres Nachdenken ausgeführt werden kann. Wir wollen dasselbe gleich hier benutzen. Es besteht darin, daß jede der Gleichungen 5 mit einem noch unbestimmten Koeffizienten λ, μ multipliziert und zu 3 addiert wird. Hierdurch ergibt sich

$$\left. \begin{array}{r} [X + \lambda x - \mu(x_1 - x)]\delta x + [X_1 + \mu(x_1 - x)]\delta x_1 \\ [Y + \lambda y - \mu(y_1 - y)]\delta y + [Y_1 + \mu(y_1 - y)]\delta y_1 \end{array} \right\} = 0.$$

Die Koeffizienten der vier Verschiebungen können nun ohne weiteres $= 0$ gesetzt werden. Denn zwei Verschiebungen sind willkürlich, die beiden andern Koeffizienten aber können durch die noch freie Wahl von λ und μ der Null gleichgemacht werden, was einer Elimination der beiden letztern Verschiebungen gleichkommt.

Wir haben also die vier Gleichungen

$$X + \lambda x - \mu (x_1 - x) = 0$$
$$X_1 + \mu (x_1 - x) = 0$$
$$Y + \lambda y - \mu (y_1 - y) = 0 \qquad (6)$$
$$Y_1 + \mu (y_1 - y) = 0$$

Betrachten wir zunächst die *Koordinaten als gegeben* und suchen die das Gleichgewicht erhaltenden *Kräfte*. Die beiden Werte von λ und μ sind natürlich die Annullierung zweier Koeffizienten bestimmt. Es folgt aus der zweiten und vierten Gleichung

$$\mu = \frac{-X_1}{x_1 - x}, \quad \mu = \frac{-Y_1}{y_1 - y},$$

also

$$\frac{X_1}{Y_1} = \frac{x_1 - x}{y_1 - y}, \qquad (7)$$

d. h. die bei N angreifende Gesamtkraft hat die Richtung MN. Aus der ersten und dritten Gleichung erhalten wir

$$\lambda = \frac{-X + \mu (x_1 - x)}{x}, \quad \lambda = \frac{-Y + \mu (y_1 - y)}{y},$$

demnach nach einfacher Reduktion

$$\frac{X + X_1}{Y + Y_1} = \frac{x}{y}, \qquad (8)$$

d. h. die Resultierende der in M und N angreifenden Kräfte hat die Richtung OM.*

---

* Die *mechanische* Bedeutung der Einführung der unbestimmten Koeffizienten λ, μ läßt sich in folgender Weise darlegen. Die Gleichungen 6 drücken das Gleichgewicht zweier *freier* Punkte aus, auf welche außer den Kräften X, Y, X_1, Y_1 noch Kräfte wirken, die den übrigen Ausdrücken entsprechen und welche diese Kraftkomponenten eben annullieren. Der Punkt N z. B. ist im Gleichgewicht, wenn X_1 durch die der Größe nach noch *unbestimmte* Kraft $\mu (x_1 - x)$ und Y_1 durch $\mu (y_1 - y)$ vernichtet wird. Die *Richtung* dieser von der Verbindung herrührenden und dieselbe ersetzenden Zusatzkraft ist aber bestimmt. Nennen wir α den Winkel, den

Die *vier* Kraftkomponenten unterliegen also nur den *zwei* Bedingungen 7 und 8. Die Aufgabe ist also eine unbestimmte, was in der Natur der Sache liegt, da es nicht auf die absolute Größe der Kraftkomponenten, sondern nur auf die Kraft*verhältnisse* ankommt.

Nehmen wir die *Kräfte* als gegeben an und suchen wir die vier *Koordinaten*, so können wir die Gleichungen 6 ganz in derselben Weise behandeln. Zu denselben treten aber die Gleichungen 4 hinzu. Wir haben also nach Beseitigung von λ, μ die Gleichungen 7, 8 und die beiden Gleichungen 4. Aus denselben ergibt sich leicht

$$x = \frac{a(X+X_1)}{\sqrt{(X+X_1)^2 + (Y+Y_1)^2}},$$

$$y = \frac{a(Y+Y_1)}{\sqrt{(X+X_1)^2 + (Y+Y_1)^2}},$$

$$x_1 = \frac{a(X+X_1)}{\sqrt{(X+X_1)^2 + (Y+Y_1)^2}} + \frac{bX_1}{\sqrt{X_1^2 + Y_1^2}},$$

$$y_1 = \frac{a(Y+Y_1)}{\sqrt{(X+X_1)^2 + (Y+Y_1)^2}} + \frac{bY_1}{\sqrt{X_1^2 + Y_1^2}},$$

womit die Aufgabe gelöst ist. So einfach dieses Beispiel ist, wird es doch genügen, um die Art und den Sinn der Lagrangeschen Behandlungsweise deutlich zu machen. Der Mechanismus der Methode ist einmal für alle Fälle überlegt, und man hat bei Anwendung desselben auf einen besondern Fall fast nichts mehr zu denken. Das ausgeführte Beispiel ist zugleich so einfach, daß es durch den bloßen Anblick der Figur gelöst werden kann. Man hat also bei Einübung des Verfahrens den Vorteil einer leichten Kontrolle.

6. Wir wollen nun die Anwendung der Gleichung 2, des D'Alembertschen Satzes in der Lagrangeschen Form, erläu-

---

sie mit der Abszissenachse einschließt, so ist

$$\tang \alpha = \frac{\mu(y_1-y)}{\mu(x_1-x)} = \frac{y_1-y}{x_1-x},$$

d. h. die von der Verbindung herrührende Kraft hat die Richtung von b.

tern. Auch hier entsteht keine Aufgabe, wenn alle Massen voneinander unabhängig sind. In diesem Falle folgt jede Masse den zugehörigen Kräften. Die Variationen δx, δy, δz ... sind dann vollkommen willkürlich, und jeder Koeffizient wird für sich $= 0$ gesetzt. Für die Bewegung von n Massen erhält man auf diese Weise $3n$ gleichzeitig geltende Differentialgleichungen.

Bestehen aber Bedingungsgleichungen ($F = 0$) zwischen den Koordinaten, so führen diese zu andern ($DF = 0$) zwischen den Verschiebungen oder Variationen. Mit letztern verfährt man ganz wie bei Anwendung der Gleichung 1. Es muß nur bemerkt werden, daß man schließlich die Gleichungen $F = 0$ sowohl in undifferentiierter als in differentiierter Form verwenden muß, wie dies am besten durch die folgenden Beispiele klargestellt wird.

Ein schwerer Massenpunkt m befinde sich in einer Vertikalebene XY (Fig. 230) auf einer gegen den Horizont geneigten Geraden $Y = ax$ beweglich.

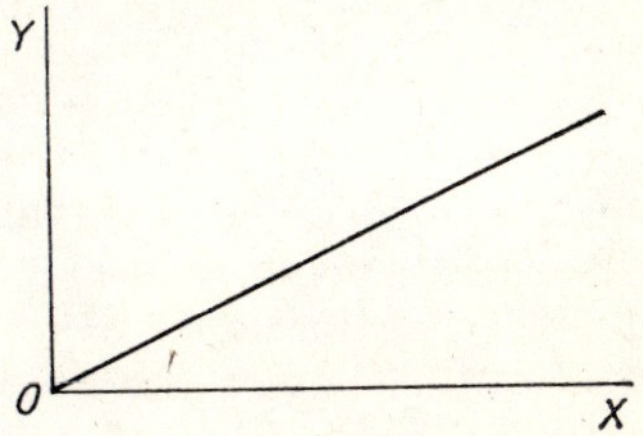

Die Gleichung 2 wird hier

$$\left(X - m\frac{d^2x}{dt^2}\right)\delta x + \left(Y - m\frac{d^2y}{dt^2}\right)\delta y = 0$$

und, weil $X = 0$, $Y = -mg$,

$$\frac{d^2x}{dt^2}\delta x + \left(g + \frac{d^2y}{dt^2}\right)\delta y = 0. \tag{9}$$

Fig. 230

An die Stelle von $F = 0$ tritt hier

$$y = ax, \tag{10}$$

und für $DF = 0$ erhalten wir

$$\delta y = a\delta x.$$

Dadurch geht 9, weil δy ausfällt und δx willkürlich bleibt, in die Form über

$$\frac{d^2x}{dt^2} + \left(g + \frac{d^2y}{dt^2}\right)a = 0.$$

Durch Differentiieren von 10 ($F=0$) folgt

$$\frac{d^2y}{dt^2} = a\,\frac{d^2x}{dt^2}$$

und demnach

$$\frac{d^2x}{dt^2} + a\left(g + a\,\frac{d^2x}{dt^2}\right) = 0 \,. \tag{11}$$

Wir erhalten also durch Integrieren von 11

$$x = \frac{-a}{1+a^2} g\,\frac{t^2}{2} + bt + c$$

und

$$y = \frac{-a^2}{1+a^2} g\,\frac{t^2}{2} + abt + ac \,,$$

wobei b und c Integrationskonstante sind, welche durch die Anfangslage und Anfangsgeschwindigkeit von m bestimmt werden. Dieses Resultat kann leicht ganz direkt gefunden werden.

Einige Vorsicht bei Anwendung der Gleichung 1 ist notwendig, wenn $F = 0$ die Zeit enthält. Das Verfahren hierbei mag durch folgendes Beispiel erläutert werden. Wir betrachten den frühern Fall, nehmen aber an, daß die Gerade mit der Beschleunigung γ vertikal aufwärts bewegt werde. Wir gehen wieder von der Gleichung 9 aus

$$\frac{d^2x}{dt^2}\,\delta x + \left(g + \frac{d^2y}{dt^2}\right)\delta y = 0 \,.$$

$F = 0$ wird durch

$$y = ax + \gamma\,\frac{t^2}{2} \tag{12}$$

vertreten.

Um $DF = 0$ zu bilden, variieren wir 12 nur nach x und y, denn es handelt sich nur um die *mögliche* Verschiebung bei einer *augenblicklich gegebenen* Form des Systems, keinesweges um die Verschiebung, welche in der Zeit *wirklich* eintritt. Wir setzen also wie vorher

$$\delta y = a\delta x$$

und erhalten wie zuvor

$$\frac{d^2x}{dt^2} + \left(g + \frac{d^2y}{dt^2}\right)a = 0 \,. \tag{13}$$

Um aber eine Gleichung in x allein zu erhalten, haben wir, weil in 13 x und y durch die *wirkliche* Bewegung miteinander verknüpft sind, 12 nach t zu differentiieren und die gefundene Beziehung

$$\frac{d^2y}{dt^2} = a\frac{d^2x}{dt^2} + \gamma$$

zur Substitution in 13 zu benutzen, wodurch die Gleichung

$$\frac{d^2x}{dt^2} + \left(g + \gamma + a\,\frac{d^2x}{dt^2}\right)a = 0$$

entsteht, die durch Integration

$$x = \frac{-a}{1+a^2}(g+\gamma)\frac{t^2}{2} + bt + c$$

$$y = \left[\gamma - \frac{a^2}{1+a^2}(g+\gamma)\right]\frac{t^2}{2} + abt + ac \text{ gibt.}$$

Liegt ein schwerloser Körper m auf der bewegten Geraden, so erhalten wir die Gleichungen

$$x = \frac{-a}{1+a^2}\gamma\frac{t^2}{2} + bt + c$$

$$y = \frac{\gamma}{1+a^2}\frac{t^2}{2} + abt + ac,$$

welche sich leicht durch die Überlegung ergeben, daß m sich auf der mit der Beschleunigung γ aufwärts bewegten Geraden so verhält, als ob er auf der ruhenden Geraden die Beschleunigung abwärts hätte.

7. Um uns das Verfahren mit der Gleichung 12 im vorigen Beispiel noch klarer zu machen, überlegen wir folgendes. Die Gleichung 2, der D'Alembertsche Satz, sagt, daß alle *mögliche* Arbeit bei einer Verschiebung von den angreifenden Kräften und nicht von den Verbindungen herrührt. Dies ist aber nur richtig, solange man von der Veränderung der Verbindungen in der *Zeit* absieht. Ändern sich die Verbindungen mit der Zeit, so leisten sie auch Arbeiten, und man kann auf die wirklich in der Zeit eintretenden Verschiebungen nur dann die Gleichung 2 anwenden, wenn man unter die angreifenden Kräfte auch diejenigen *einrechnet*, welche die Veränderung der Verbindungen bewirken.

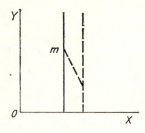

Fig. 231

Eine schwere Masse m sei auf einer zu OY parallelen Geraden beweglich (Fig. 231). Die Gleichung der letztern, welche ihre Lage mit der Zeit ändert, sei

$$x = \gamma \frac{t^2}{2}, \; (F = 0). \quad (14)$$

Der D'Alembertsche Satz liefert wieder die Gleichung 9, da aber aus $DF = 0$, $\delta x = 0$ folgt, so zieht sich dieselbe auf

$$\left(g + \frac{d^2 y}{dt^2}\right) \delta y = 0 \quad (15)$$

zurück, in welcher δy ganz willkürlich ist. Daher folgt

$$g + \frac{d^2 y}{dt^2} = 0$$

und

$$y = \frac{-gt^2}{2} + at + b,$$

wozu noch 14, d. i. $x = \gamma \dfrac{t^2}{2}$, kommt.

Es liegt auf der Hand, daß 15 nicht die ganze geleistete Arbeit bei der in der Zeit *wirklich* eintretenden Verschiebung, sondern nur jene bei der *möglichen* auf der momentan fix gedachten Geraden angibt.

Denken wir uns die Gerade masselos, parallel zu sich selbst in einer Führung durch die Kraft $m\gamma$ bewegt, so tritt an die Stelle der Gleichung 2

$$\left(m\gamma - m \frac{d^2 x}{dt^2}\right) \delta x + \left(-mg - m \frac{d^2 y}{dt^2}\right) \delta y = 0,$$

und da hier δx, δy vollkommen willkürlich sind, erhalten wir die beiden Gleichungen

$$\gamma - \frac{d^2 x}{dt^2} = 0$$

$$g + \frac{d^2 y}{dt^2} = 0,$$

welche dieselben Resultate liefern wie zuvor. Die scheinbar *verschiedene* Behandlung solcher Fälle liegt bloß an der kleinen Inkonsequenz, welche dadurch entsteht, daß man der bequemern Rechnung wegen nicht gleich von vornherein *alle* vorhandenen Kräfte berücksichtigt, sondern einen Teil erst *nachträglich* in Betracht zieht.

8. Da die verschiedenen mechanischen Sätze nur verschiedene Seiten derselben Tatsache ausdrücken, so läßt sich einer leicht aus dem andern herleiten, wie wir dies erläutern wollen, indem wir den Satz der lebendigen Kräfte aus der Gleichung 2 S. 482 entwickeln. Die Gleichung 2 bezieht sich auf augenblicklich mögliche (virtuelle) Verschiebungen. Sind die Verbindungen von der Zeit unabhängig, so sind auch die wirklich eintretenden Bewegungen virtuelle Verschiebungen. Wir können dann für δx, δy, δz auch dx, dy, dz, die in der Zeit stattfindenden Verschiebungen, schreiben und setzen

$$\Sigma\,(X dx + Y dy + Z dz) = \Sigma m \left(\frac{d^2 x}{dt^2}\,dx + \frac{d^2 y}{dt^2}\,dy + \frac{d^2 z}{dt^2}\,dz \right).$$

Der Ausdruck rechts kann auch geschrieben werden

$$\Sigma m \left(\frac{d^2 x}{dt^2}\frac{dx}{dt}\,dt + \frac{d^2 y}{dt^2}\frac{dy}{dt}\,dt + \frac{d^2 z}{dt^2}\frac{dz}{dt}\,dt \right)$$
$$= \frac{1}{2} d\Sigma m \left[\left(\frac{dx}{dt}\right)^2 + \left(\frac{dy}{dt}\right)^2 + \left(\frac{dz}{dt}\right)^2 \right] = \frac{1}{2} d\Sigma m v^2,$$

indem man für dx einführt $\frac{dx}{dt}\,dt$ usw., was auch bei dem Ausdruck linker Hand geschehen kann, und indem man mit v die Geschwindigkeit bezeichnet. Hieraus folgt

$$\int \Sigma\,(X dx + Y dy + Z dz) = \Sigma \frac{1}{2}\,m\,(v^2 - v_0^2),$$

wobei v_0 die Geschwindigkeit am Anfang und v jene am Ende der Bewegung bedeutet. Das Integral links läßt sich immer finden, wenn man imstande ist, dasselbe auf eine Variable zu reduzieren, also den Verlauf der Bewegung in der Zeit, oder doch den Weg kennt, welchen die beweglichen Punkte durchlaufen. Sind aber X, Y, Z die partiellen Ableitungen derselben Funktion U der Koordinaten, also

$$X = \frac{dU}{dx}, \quad Y = \frac{dU}{dy}, \quad Z = \frac{dU}{dz},$$

wie es immer stattfindet, wenn nur sogenannte Zentralkräfte vorhanden sind, so ist diese Reduktion unnötig. Es ist dann der ganze Ausdruck links ein vollständiges Differential. Wir haben dann

$$\Sigma (U - U_0) = \Sigma \frac{1}{2} m (v^2 - v_0^2),$$

d. h. die Differenz der Kraftfunktionen (Arbeiten) am Anfang und Ende der Bewegung ist gleich der Differenz der lebendigen Kräfte am Anfang und Ende der Bewegung. Die lebendigen Kräfte sind dann ebenfalls Funktionen der Koordinaten.

Es seien beispielsweise für einen in der XY-Ebene beweglichen Körper $X = -y$, $Y = -x$, so haben wir

$$\int (-y dx - x dy) = - \int d(xy)$$
$$= x_0 y_0 - xy = \frac{1}{2} m (v^2 - v_0^2).$$

Sind aber $X = -a$, $Y = -x$, so ist das Integrale linker Hand $-\int (a dx + x dy)$. Dasselbe kann angegeben werden, sobald man den Weg kennt, welchen der Körper durchlaufen hat, d. h. sobald y als Funktion von x gegeben ist. Wäre z. B. $y = px^2$, so würde das Integrale

$$-\int (a + 2px^2) dx = a(x_0 - x) + \frac{2p(x_0^3 - x^3)}{3}.$$

Der Unterschied der beiden Fälle besteht darin, daß im *ersten* die Arbeit lediglich eine Funktion der Koordinaten ist, daß eine Kraftfunktion existiert, daß das Arbeitselement ein vollständiges Differential ist, so daß also durch die *Anfangs-* und *End*werte der Koordinaten die Arbeit *gegeben* ist, während sie im *zweiten* Fall von dem ganzen Überführungswege abhängt.

9. Die einfachen hier angeführten Beispiele, die an sich gar keine Schwierigkeiten bieten, dürften genügen, um den Sinn der Operationen der analytischen Mechanik zu erläutern. Neue *prinzipielle* Aufklärungen über die Natur der mechanischen Vorgänge darf man von der analytischen Mechanik nicht erwarten. Vielmehr muß die prinzipielle Erkenntnis im wesentlichen abgeschlossen sein, bevor an den Aufbau einer analytischen Mechanik gedacht werden kann, welche nur die einfachste praktische *Bewältigung* der Aufgaben zum Ziel hat.

Wer dieses Verhältnis verkennen würde, dem würde Lagranges große Leistung, die auch hier eine wesentlich *ökonomische* ist, unverständlich bleiben. Poinsot ist von diesem Fehler nicht ganz freizusprechen.

10. Erwähnt muß werden, daß durch Möbius, Hamilton, Graßmann u. a. eine neue Formwandlung der Mechanik eingeleitet ist, indem die genannten Forscher mathematische Begriffe entwickelt haben, welche sich genauer und unmittelbarer den geometrischen Vorstellungen anschließen, als jene der gewöhnlichen analytischen Geometrie, wodurch also die Vorteile analytischer Allgemeinheit und geometrischer Anschaulichkeit vereinigt werden. Diese Wandlung liegt freilich noch außerhalb der Grenzen einer historischen Darstellung.

Die „Ausdehnungslehre" von 1844, in welcher Graßmann zum erstenmal seine Gedanken darlegte, ist in mehrfacher Beziehung merkwürdig. Die Einleitung enthält wertvolle erkenntnistheoretische Bemerkungen. Die Ausdehnungslehre wird als eine allgemeinere Wissenschaft entwickelt, von welcher die Geometrie einen besondern dreidimensionalen Fall darstellt, und bei dieser Gelegenheit werden die Grundlagen der letztern einer Kritik unterzogen. Die neuen und fruchtbaren Begriffe der Summe von Strecken, des Produktes von Strecken u. a. zeigen sich auch auf die Mechanik anwendbar. Die Newtonschen Prinzipien unterzieht Graßmann ebenfalls einer Kritik und glaubt dieselben auf *einen* Ausdruck bringen zu können: „Die Gesamtkraft (oder die Gesamtbewegung), die einem Verein von materiellen Teilchen zu irgendeiner Zeit einwohnt, ist die Summe aus der Gesamtkraft (oder der Gesamtbewegung), die ihm zu irgendeiner frühern Zeit einwohnte, und den sämtlichen Kräften, die ihm in der Zwischenzeit von außen mitgeteilt sind; wenn nämlich alle Kräfte als Strecken aufgefaßt werden von konstanter Richtung und Länge, und auf an Masse gleiche Punkte bezogen werden." Unter Kraft versteht hier Graßmann die unzerstörbar eingeprägte Geschwindigkeit. Die ganze Auffassung ist der Hertzschen sehr verwandt. Die Kräfte (Geschwindigkeiten) stellen sich als Strecken, die Momente als in bestimmtem Sinne gezählte Flächen dar usw., wodurch jede Entwicklung sehr anschaulich und kurz ausfällt. Den Hauptvorteil sieht jedoch Graßmann darin, daß jeder Schritt der Rechnung zugleich der reine Ausdruck des begrifflichen Fortschritts ist, während letzterer bei der gewöhnlichen Methode durch Einführung von drei willkürlichen Koordinaten ganz in den Hintergrund tritt. Der Unterschied zwischen der analytischen und synthetischen Methode wird wieder aufgehoben und die Vorteile beider vereinigten sich. Die S. 182 durch ein Beispiel veranschaulichte verwandte Methode Hamiltons kann eine Vorstellung von diesen Vorteilen geben.

4. Die Ökonomie der Wissenschaft*[94]

1. Alle Wissenschaft hat Erfahrungen zu ersetzen oder zu *ersparen* durch Nachbildung und Vorbildung von Tatsachen in Gedanken, welche Nachbildungen leichter zur Hand sind als die Erfahrung selbst und diese in mancher Beziehung vertreten können. Diese *ökomonische* Funktion der Wissenschaft, welche deren Wesen ganz durchdringt, wird schon durch die allgemeinsten Überlegungen klar. Mit der Erkenntnis des ökonomischen Charakters verschwindet auch alle Mystik aus der Wissenschaft. Die Mitteilung der Wissenschaft durch den Unterricht bezweckt, einem Individuum Erfahrung zu ersparen durch Übertragung der Erfahrung eines andern Individuums. Ja es werden sogar die Erfahrungen ganzer Generationen durch die schriftliche Aufbewahrung in Bibliotheken spätern Generationen übertragen und diesen daher erspart. Natürlich ist auch die Sprache, das Mittel der Mitteilung, eine ökonomische Einrichtung. Die Erfahrungen werden mehr oder weniger vollkommen in einfachere, häufiger vorkommende Elemente zerlegt und zum Zwecke der Mitteilung stets mit einem Opfer an Genauigkeit *symbolisiert*. Diese Symbolisierung ist bei der Lautsprache durchgängig noch eine rein nationale und wird es wohl noch lange bleiben. Die Schriftsprache nähert sich aber allmählich dem Ideale einer internationalen Universalschrift, denn sie ist keine reine Lautschrift mehr. Wir müssen die Zahlzeichen, die algebraischen und mathematischen

---

* Vgl. die Leitgedanken meiner naturwissenschaftlichen Erkenntnislehre und ihre Aufnahme durch die Zeitgenossen („Rivista di Sciennza", Vol. VII, 1910, Nr. 14,2, oder „Physikalische Zeitschrift", 1910. S. 599—606).[93]

Zeichen überhaupt, die chemischen Zeichen, die musikalische Notenschrift, die (Brückesche) phonetische Schrift, schon als Teile einer künftigen Universalschrift betrachten, die zum Teil schon sehr abstrakter Natur und fast ganz international sind. Die Analyse der Farben ist physikalisch und physiologisch auch bereits so weit, daß eine unzweideutige internationale Bezeichnung der physikalischen Farben und der Farbenempfindungen keine prinzipiellen Schwierigkeiten mehr hat. Endlich liegt in der chinesischen Schrift eine wirkliche Begriffsschrift vor, welche von verschiedenen Völkern phonetisch ganz verschieden gelesen, aber von allen in demselben Sinne verstanden wird. Ein einfacheres Zeichensystem könnte diese Schrift zu einer universellen machen. Die Beseitigung des Konventionellen und historisch Zufälligen aus der Grammatik und die Beschränkung der Formen auf das Notwendige, wie dies im Englischen fast erreicht ist, wird der Einführung einer solchen Schrift vorausgehen müssen. Der Vorteil einer solchen Schrift läge nicht allein in deren Allgemeinheit. Das *Lesen* einer derartigen Schrift wäre von dem *Verstehen* derselben nicht verschieden. Unsere Kinder lesen oft, was sie nicht verstehen. Der Chinese kann nur lesen, was er versteht.

2. Wenn wir Tatsachen in Gedanken nachbilden, so bilden wir niemals die Tatsachen *überhaupt* nach, sondern nur nach jener Seite, die für uns *wichtig* ist; wir haben hierbei ein Ziel, das unmittelbar oder mittelbar aus einem praktischen Interesse hervorgewachsen ist. Unsere Nachbildungen sind immer Abstraktionen. Auch hierin spricht sich ein ökonomischer Zug aus.

Die Natur setzt sich aus den durch die Sinne gegebenen Elementen zusammen. Der Naturmensch faßt aber zunächst gewisse Komplexe dieser Elemente heraus, die mit einer relativen Stabilität auftreten und die für ihn wichtiger sind. Die ersten und ältesten Worte sind Namen für „Dinge". Hierin liegt schon ein Absehen von der Umgebung der Dinge, von den fortwährenden kleinen Veränderungen, welche diese Komplexe erfahren und welche als weniger wichtig nicht beachtet werden. Es gibt in der Natur kein unveränderliches Ding. Das Ding ist eine Abstraktion, der Name ein Symbol für einen *Komplex* von Elementen, von deren Veränderung wir absehen. Daß wir den ganzen Komplex durch *ein* Wort, durch *ein* Symbol bezeichnen, geschieht, weil wir ein Bedürfnis haben, alle zusammengehörigen Eindrücke auf einmal wachzurufen. Sobald wir auf einer höhern Stufe auf diese Veränderungen achten, können wir natürlich nicht zugleich die Unveränderlichkeit festhalten, wenn wir nicht zum „Ding an sich" und ähnlichen widerspruchsvollen Vorstellungen gelangen wollen. Die Empfindungen sind auch keine „Symbole der Dinge". Vielmehr ist das „Ding" ein Gedankensymbol für einen Empfindungskomplex von relativer Stabilität. Nicht die Dinge (Körper), sondern Farben, Töne, Drucke, Räume, Zeiten (was wir gewöhnlich Empfindungen nennen) sind eigentliche *Elemente* der Welt.

Der ganze Vorgang hat lediglich einen ökonomischen Sinn. Wir beginnen bei Nachbildung der Tatsachen mit den stabilern gewöhnlichen, uns geläufigen Komplexen und fügen nachträglich das Ungewöhnliche korrigierend hinzu. Wenn wir z. B. von einem durchbohrten Zylinder, von einem Würfel mit abgestutzten Ecken sprechen, so ist dies genau genommen eigentlich ein Widerspruch, wenn wir nicht die eben angegebene Auffassung annehmen. Alle *Urteile* sind derartige Ergänzungen und Korrekturen schon vorhandener Vorstellungen.

3. Wenn wir von Ursache und Wirkung sprechen, so heben wir willkürlich jene Momente heraus, auf deren Zusammenhang wir bei Nachbildung einer Tatsache in der für uns wichtigen Richtung zu *achten* haben. In der Natur gibt es keine Ursache und keine Wirkung. Die Natur ist nur *einmal* da. Wiederholungen gleicher Fälle, in welchen A immer mit B verknüpft wäre, also gleiche Erfolge unter gleichen Umständen, also das Wesentliche des Zusammenhangs von Ursache und Wirkung, existieren nur in der Abstraktion, die wir zum Zweck der Nachbildung der Tatsachen vornehmen. Ist uns eine Tatsache geläufig geworden, so bedürfen wir dieser Heraushebung der zusammenhängenden Merkmale nicht mehr, wir machen uns nicht mehr auf das Neue, Auffallende aufmerksam, wir sprechen nicht mehr von Ursache und Wirkung. Die Wärme ist die Ursache der Spannkraft des Dampfes. Ist uns das Verhältnis geläufig geworden, so stellen wir uns den Dampf gleich mit der zu seiner Temperatur gehörigen Spannkraft vor. Die Säure ist die Ursache der Rötung der Lackmustinktur. Später gehört aber diese Rötung unter die Eigenschaften der Säure.

Hume hat sich zuerst die Frage vorgelegt: Wie kann ein

Ding *A* auf ein anderes *B* wirken? Er erkennt auch keine Kausalität, sondern nur eine uns gewöhnlich und *geläufig* gewordene Zeitfolge an. Kant hat richtig erkannt, daß nicht die bloße Beobachtung uns die *Notwendigkeit* der Verknüpfung von *A* und *B* lehren kann. Er nimmt einen angeborenen Verstandesbegriff an, unter welchen ein in der Erfahrung gegebener Fall subsumiert wird. Schopenhauer, der im wesentlichen denselben Standpunkt hat, unterscheidet eine vierfache Form des „Satzes vom zureichenden Grunde", die logische, physische und mathematische Form und das Gesetz der Motivation. Diese Formen unterscheiden sich aber nur nach dem *Stoff*, auf welchen sie angewandt werden, welcher teils der *äußern* und teils der *innern* Erfahrung angehört.

Die naive und natürliche Aufklärung scheint folgende zu sein. Die Begriffe Ursache und Wirkung entstehen erst durch das Bestreben, die Tatsachen nachzubilden. Zunächst entsteht nur eine Gewohnheit der Verknüpfung von *A* und *B*, *C* und *D*, *E* und *F* usw. Beobachtet man, wenn man schon viele Erfahrung besitzt, eine Verknüpfung von *M* und *N*, so erkennt man oft *M* als aus *A*, *C*, *E*, und *N* als aus *B*, *D*, *F* *bestehend*, deren Verknüpfung schon *geläufig* ist und uns mit einer höhern Autorität gegenübertritt. Dadurch erklärt es sich, daß der *erfahrene* Mensch jede neue Erfahrung mit andern Augen ansieht als der Neuling. Die neue Erfahrung tritt der ganzen ältern gegenüber. In der Tat gibt es also einen „Verstandesbegriff", unter welchen jede neue Erfahrung subsumiert wird; derselbe ist aber durch die Erfahrung selbst entwickelt. Die Vorstellung von der *Notwendigkeit* des Zusammenhangs von Ursache und Wirkung bildet sich wahrscheinlich durch unsere *willkürliche* Bewegung und die Veränderungen, welche wir mittelbar durch diese hervorbringen, wie dies Hume flüchtig angenommen, selbst aber nicht aufrechtgehalten hat. Wichtig ist es für die Autorität der Begriffe Ursache und Wirkung, daß sich dieselben *instinktiv* und unwillkürlich entwickeln, daß wir deutlich fühlen, persönlich nichts zur Bildung derselben beigetragen zu haben. Ja, wir können sogar sagen, daß das Gefühl für Kausalität nicht vom Individuum erworben, sondern durch die Entwicklung der Art vorgebildet sei. Ursache und Wirkung sind also Gedankendinge von ökonomischer Funktion. Auf die Frage, *warum* sie entstehen, läßt sich keine Antwort geben.

Denn eben durch die Abstraktion von Gleichförmigkeiten erlernen wir erst die Frage „*warum*".

4. Fassen wir die Einzelheiten der Wissenschaft ins Auge, so tritt ihr ökonomischer Charakter noch mehr hervor. Die sogenannten beschreibenden Wissenschaften müssen sich vielfach damit begnügen, einzelne Tatsachen nachzubilden. Wo es angeht, wird das Gemeinsame mehrerer Tatsachen ein für allemal herausgehoben. Bei höher entwickelten Wissenschaften gelingt es, die Nachbildungsanweisung für sehr viele Tatsachen in einen *einzigen* Ausdruck zu fassen. Statt z. B. die verschiedenen vorkommenden Fälle der Lichtbrechung uns einzeln zu merken, können wir alle vorkommenden sofort nachbilden oder vorbilden, wenn wir wissen, daß der einfallende, der gebrochene Strahl und das Lot in einer Ebene liegen und $\frac{\sin \alpha}{\sin \beta} = n$ ist. Wir haben dann statt der unzähligen Brechungsfälle bei verschiedenen Stoffkombinationen und Einfallswinkeln nur diese Anweisung und die Werte der n zu merken, was viel leichter angeht. Die ökonomische Tendenz ist hier unverkennbar. In der Natur gibt es auch kein Brechungs*gesetz*, sondern nur verschiedene Fälle der Brechung. Das Brechungsgesetz ist eine zusammenfassende konzentrierte Nachbildungsanweisung für *uns*, und zwar *nur* bezüglich der geometrischen Seite der Tatsache.

5. Am weitesten nach der ökonomischen Seite sind die Wissenschaften entwickelt, deren Tatsachen sich in nur wenige gleichartige abzählbare Elemente zerlegen lassen, wie z. B. die Mechanik, in welcher wir nur mit Räumen, Zeiten, Massen zu tun haben. Die ganze vorgebildete Ökonomie der Mathematik kommt diesen Wissenschaften zugute. Die Mathematik ist eine Ökonomie des Zählens. Zahlen sind Ordnungszeichen, die aus Rücksichten der Übersicht und Ersparung selbst in ein einfaches System gebracht sind. Die Zähloperationen werden als von der Art der Objekte unabhängig erkannt und ein für allemal eingeübt. Wenn ich zu 5 gleichartigen Objekten 7 hinzufüge, so zähle ich zur Bestimmung der Summe zuerst noch einmal alle durch, dann bemerke ich, daß ich von 5 gleich weiter zählen kann, und bei mehrmaliger Wiederholung solcher Fälle erspare ich mir das Zählen ganz und antizipiere das bereits bekannte *Resultat* des Zählens.

Alle Rechnungsoperationen haben den Zweck, das direkte Zählen zu ersparen und durch die Resultate schon vorher vorgenommener Zählprozesse zu ersetzen. Wir wollen dieselbe Zähloperation nicht öfter wiederholen, als es nötig ist. Schon die vier Spezies enthalten reichliche Belege für die Richtigkeit dieser Auffassung. Dieselbe Tendenz führt aber auch zur Algebra, welche die *formgleichen* Zähloperationen, soweit sie sich unabhängig von dem Werte der Zahlen ausführen lassen, ein für allemal darstellt. Aus der Gleichung

$$\frac{x^2-y^2}{x+y} = x-y$$

lernen wir z. B., daß die kompliziertere Zähloperation links, sich stets durch die einfachere rechts ersetzen läßt, was auch x und y für Zahlen sein mögen. Wir ersparen uns dadurch die kompliziertere Operation in jedem künftigen Fall auszuführen. Mathematik ist die Methode, *neue* Zähloperationen soweit als möglich und in der *sparsamsten* Weise durch bereits früher ausgeführte, also nicht zu wiederholende, zu ersetzen. Es kann hierbei vorkommen, daß die Resultate von Operationen verwendet werden, welche vor Jahrhunderten wirklich ausgeführt worden sind.

Anstrengendere Kopfoperationen können oft durch mechanische Kopfoperationen mit Vorteil ersetzt werden. Die Theorie der Determinanten verdankt z. B. ihren Ursprung der Bemerkung, daß es nicht nötig ist, die Auflösung der Gleichungen von der Form

$$a_1 x + b_1 y + c_1 = 0$$
$$a_2 x + b_2 y + c_2 = 0,$$

aus welchen sich ergibt

$$x = -\frac{c_1 b_2 - c_2 b_1}{a_1 b_2 - a_2 b_1} = -\frac{P}{N}$$

$$y = -\frac{a_1 c_2 - a_2 c_1}{a_1 b_2 - a_2 b_1} = -\frac{Q}{N},$$

jedesmal aufs neue durchzuführen, sondern, daß man die Auflösung aus den Koeffizienten herstellen kann, indem man dieselben nach einem gewissen Schema anschreibt und in *mecha-*

nischer Weise mit denselben operiert. Es ist

$$\begin{vmatrix} a_1 b_1 \\ a_2 b_2 \end{vmatrix} = a_1 b_2 - a_2 b_1 = N$$

und analog

$$\begin{vmatrix} c_1 b_1 \\ c_2 b_2 \end{vmatrix} = P, \quad \begin{vmatrix} a_1 c_1 \\ a_2 c_2 \end{vmatrix} = Q.$$

Bei mathematischen Operationen kann sogar eine *gänzliche* Entlastung des Kopfes eintreten, indem man einmal ausgeführte Zähloperationen durch mechanische Operationen mit Zeichen *symbolisiert* und, statt die Hirnfunktion auf Wiederholung schon ausgeführter Operationen zu verschwenden, sie für wichtigere Fälle spart. Ähnlich sparsam verfährt der Kaufmann, indem er, statt seine Kisten selbst herumzuschieben, mit Anweisungen auf dieselben operiert. Die Handarbeit des Rechners kann sogar noch durch Rechenmaschinen übernommen werden. Solcher Maschinen gibt es bekanntlich schon mehrere. Dem Mathematiker Babbage, der eine derartige Maschine konstruiert hat, waren die hier dargelegten Gedanken schon sehr klar.

Nicht immer muß ein Zählresultat durch *wirkliche* Zählung, es kann auch indirekt gefunden werden. Man kann z. B. leicht ermitteln, daß eine Kurve, deren Quadratur für die Abszisse x den Wert x^m hat, einen Zuwachs $mx^{m-1}dx$ der Quadratur für den Abszissenzuwachs dx ergibt. Dann weiß man auch, daß $\int mx^{m-1}dx = x^m$, d. h. man erkennt, daß zu dem Zuwachs $mx^{m-1}dx$ die Größe x^m gehört, so wie man eine Frucht an ihrer Schale erkennt. Solche durch *Umkehrung* zufällig gefundene Resultate werden in der Mathematik vielfach verwendet.

Es könnte auffallen, daß längst geleistete wissenschaftliche Arbeit wiederholt verwendet werden kann, was bei mechanischer Arbeit natürlich nicht angeht. Wenn jemand, der täglich einen Gang zu machen hat, einmal durch Zufall einen kürzern Weg findet und nun stets denselben einschlägt, indem er sich der Abkürzung erinnert, erspart er sich allerdings die Differenz der Arbeit. Allein die Erinnerung ist keine eigentliche Arbeit, sondern eine *Auslösung* von zweckmäßigerer Arbeit. Gerade so verhält es sich mit der Verwendung wissenschaftlicher Gedanken.

Wer Mathematik treibt, ohne sich in der angedeuteten Richtung Aufklärung zu verschaffen, muß oft den unbehaglichen Eindruck erhalten, als ob Papier und Bleistift ihn selbst an Intelligenz überträfen. Mathematik in dieser Weise als Unterrichtsgegenstand betrieben ist kaum bildender als die Beschäftigung mit Kabbala oder dem magischen Quadrat. Notwendig entsteht dadurch eine mystische Neigung, welche gelegentlich ihre Früchte trägt.

6. Die Physik liefert nun ganz ähnliche Beispiele einer Ökonomie der Gedanken, wie diejenigen, welche wir eben betrachtet haben. Ein kurzer Hinweis darauf wird genügen. Das Trägheitsmoment erspart uns die Betrachtung der einzelnen Massenteile. Mit Hilfe der Kraftfunktion ersparen wir die Untersuchung der einzelnen Kraftkomponenten. Die Einfachheit der Überlegungen mit Hilfe der Kraftfunktion beruht darauf, daß schon eine Menge Überlegungen dem Auffinden der Eigenschaften der Kraftfunktion vorausgehen mußten. Die Gaußsche Dioptrik erspart uns die Betrachtung der einzelnen brechenden Flächen eines dioptrischen Systems und ersetzt diese durch die Haupt- und Brennpunkte. Die Betrachtung der einzelnen Flächen mußte aber der Auffindung der Haupt- und Brennpunkte vorausgehen. Die Gaußsche Dioptrik *erspart* nur die fortwährende *Wiederholung* dieser Betrachtung.

Man muß also sagen, daß es gar kein wissenschaftliches Resultat gibt, welches prinzipiell nicht auch ohne alle Methode gefunden werden könnte. Tatsächlich ist aber in der kurzen Zeit eines Menschenlebens und bei dem begrenzten Gedächtnis des Menschen ein nennenswertes Wissen nur durch die *größte* Ökonomie der Gedanken erreichbar. Die Wissenschaft kann daher selbst als eine Minimumaufgabe angesehen werden, welche darin besteht, möglichst vollständig die Tatsachen mit dem *geringsten Gedankenaufwand* darzustellen.

7. Alle Wissenschaft hat nach unserer Auffassung die Funktion, Erfahrung zu ersetzen. Sie muß daher zwar einerseits in dem *Gebiet* der Erfahrung bleiben, eilt aber doch andererseits der Erfahrung voraus, stets einer Bestätigung, aber auch Widerlegung gewärtig. Wo weder eine Beschäftigung noch eine Widerlegung ist, dort hat die Wissenschaft nichts zu schaffen. Sie bewegt sich immer nur auf dem Gebiete der *unvollständigen* Erfahrung. Muster solcher Zweige der Wissenschaft sind die

Theorien der Elastizität und der Wärmeleitung, die beide den kleinsten Teilen der Körper nur dieselben Eigenschaften beilegen, welche uns die Beobachtung an größern Teilen direkt kennen lehrt. Die Vergleichung zwischen Theorie und Erfahrung kann mit der Verfeinerung der Beobachtungsmittel immer weiter getrieben werden.

Die Erfahrung allein, ohne die sie begleitenden Gedanken, würde uns stets fremd sein. Diejenigen Gedanken, welche auf dem *größten* Gebiet festgehalten werden können und am ausgiebigsten die Erfahrung ergänzen, sind die *wissenschaftlichsten*. Man geht bei der Forschung nach dem Prinzip der *Kontinuität* vor, weil *nur* nach diesem Prinzip eine nützliche und ökonomische Auffassung der Erfahrung sich ergeben kann.

8. Wenn wir einen langen elastischen Stab einklemmen, so kann derselbe in langsame, direkt beobachtbare Schwingungen versetzt werden. Diese Schwingungen kann man sehen, tasten, graphisch verzeichnen usw. Bei Abkürzung des Stabes werden die Schwingungen rascher und können nicht mehr direkt gesehen werden; der Stab gibt ein verwischtes Bild, eine neue Erscheinung. Allein die Tastenempfindung ist der frühern noch ähnlich; wir können den Stab seine Bewegungen noch aufzeichnen lassen, und wenn wir die *Vorstellung* der Schwingungen noch festhalten, so sehen wir die Ergebnisse der Versuche voraus. Bei weiterer Abkürzung des Stabes ändert sich auch die Tastempfindung, er fängt zudem an zu tönen, es tritt also wieder eine neue Erscheinung auf. Da sich aber nicht alle Erscheinungen *auf einmal* gänzlich ändern, sondern immer nur eine oder die andere, bleibt der *begleitende* Gedanke der Schwingung, der ja nicht an eine einzelne gebunden ist, noch immer *nützlich*, noch immer ökonomisch. Selbst wenn der Ton so hoch und die Schwingungen so klein geworden sind, daß die erwähnten Beobachtungsmittel der frühern Fälle versagen, stellen wir uns mit *Vorteil* noch den tönenden Stab schwingend vor und können die Schwingungen der dunklen Streifen im Spektrum des polarisierten Lichts eines Glasstabes voraussagen. Würden *alle* Erscheinungen bei weiterer Abkürzung plötzlich in *neue* übergehen, so würde die Vorstellung der Schwingung nichts mehr *nützen*, weil dieselbe kein Mittel mehr bieten würde, die neuen Erfahrungen durch die frühern zu *ergänzen*.

Wenn wir zu den wahrnehmbaren Handlungen der Menschen uns unwahrnehmbare Empfindungen und Gedanken, ähnlich den unserigen, hinzudenken, so hat diese Vorstellung einen ökonomischen Wert, indem sie uns die Erfahrung verständlich macht, d. h. ergänzt und erspart. Diese Vorstellung wird nur deshalb nicht als eine große wissenschaftliche Entdeckung betrachtet, weil sie sich so mächtig aufdrängt, daß jedes Kind sie findet. Man verfährt ganz ähnlich, wenn man sich einen eben hinter einer Säule verschwundenen bewegten Körper oder einen eben nicht sichtbaren Kometen mit allen seinen vorher beobachteten Eigenschaften in seiner Bahn fortbewegt denkt, um durch das Wiedererscheinen nicht überrascht zu werden. Man füllt die Erfahrungslücken durch die Vorstellungen aus, welche eben die Erfahrung an die Hand gegeben hat.

9. Nicht jede bestehende wissenschaftliche Theorie ergibt sich so natürlich und *ungekünstelt*. Wenn z. B. chemische, elektrische, optische Erscheinungen durch Atome erklärt werden, so hat sich die Hilfsvorstellung der Atome nicht nach dem Prinzip der Kontinuität ergeben, sie ist vielmehr für diesen Zweck eigens erfunden. Atome können wir nirgends wahrnehmen, sie sind wie alle Substanzen Gedankendinge. Ja, den Atomen werden zum Teil Eigenschaften zugeschrieben, welche allen bisher beobachteten widersprechen. Mögen die Atomtheorien immerhin geeignet sein, eine Reihe von Tatsachen darzustellen, die Naturforscher, welche Newtons Regeln des Philosophierens sich zu Herzen genommen haben, werden diese Theorien nur als *provisorische* Hilfsmittel gelten lassen und einen Ersatz durch eine natürlichere Anschauung anstreben.

Die Atomtheorie hat in der Physik eine ähnliche Funktion wie gewisse mathematische Hilfsvorstellungen; sie ist ein mathematisches *Modell* zur Darstellung der Tatsachen. Wenn man auch die Schwingungen durch Sinusformeln, die Abkühlungsvorgänge durch Exponentielle, die Fallräume durch Quadrate der Zeiten darstellt, so denkt doch niemand daran, daß die Schwingung *an sich* mit einer Winkel- oder Kreisfunktion, der Fall an sich mit dem Quadrieren etwas zu schaffen hat. Man hat eben bemerkt, daß zwischen den beobachteten Größen ähnliche Beziehungen stattfinden wie zwischen gewissen uns *geläufigen* Funktionen und benutzt diese *geläufigern* Vorstellungen zur bequemen Ergänzung der Erfahrung. Naturerscheinungen, welche in ihren Beziehungen nicht jenen der uns geläufigen Funktionen gleichen, sind jetzt sehr schwer darzustellen. Das kann anders werden mit den Fortschritten der Mathematik. — Als solche mathematische Hilfsvorstellungen können auch Räume von mehr als drei Dimensionen nützlich werden, wie ich dies anderwärts auseinandergesetzt habe. Man hat deshalb nicht nötig, dieselben für mehr zu halten als für Gedankendinge.*95

---

* Bekanntlich hat sich durch die Bemühungen von Lobatschefsky, Bolyai, Gauß, Riemann allmählich die Einsicht Bahn gebrochen, daß dasjenige, was wir Raum nennen, ein *spezieller wirklicher* Fall eines *allgemeinern denkbaren* Falles mehrfacher quantitativer Mannigfaltigkeit sei. Der Raum des Gesichts und Getastes ist eine *dreifache* Mannigfaltigkeit, er hat drei Dimensionen; jeder Ort in demselben kann durch drei voneinander unabhängige Merkmale bestimmt werden. Es ist nun eine vielfache oder noch mehrfache raumähnliche Mannigfaltigkeit *denkbar*. Und auch die Art der Mannigfaltigkeit kann anders *gedacht* werden, als sie im gegebenen Raum angetroffen wird. Wir halten diese Aufklärung, um die sich Riemann am meisten verdient gemacht hat, für sehr wichtig. Die Eigenschaften des gegebenen Raumes erscheinen sofort als Objekte der *Erfahrung,* und alle geometrischen Pseudotheorien, welche dieselben herausphilosophieren wollen, entfallen.

Einem Wesen, welches in der Kugelfläche leben würde und keinen anderen Raum zum Vergleich hätte, würde sein Raum überall gleich beschaffen erscheinen. Es könnte denselben für unendlich halten und würde nur durch die Erfahrung vom Gegenteil überzeugt. Von zwei Punkten eines größten Kreises senkrecht zu demselben ebenfalls nach größten Kreisen fortschreitend, würde dieses Wesen kaum erwarten, daß diese Kreise sich irgendwo schneiden. So kann auch für den uns gegebenen Raum nur die *Erfahrung* lehren, ob derselbe endlich ist, ob Parallellinien in demselben sich schneiden usw. Diese Aufklärung kann kaum genug hoch angeschlagen werden. Eine ähnliche Aufklärung, wie sie Riemann für die Wissenschaft herbeigeführt, hat sich für das gemeine Bewußtsein in bezug auf die Erdoberfläche durch die Entdeckungen der ersten Weltumsegler ergeben.

Die theoretische Untersuchung der erwähnten mathematischen Möglichkeiten hat zunächst mit der Frage, ob denselben Realitäten ensprechen, nichts zu tun, und man darf daher auch nicht die genannten Mathematiker für die Monstrositäten verantwortlich machen, welche durch ihre Untersuchungen angeregt worden sind. Der Raum des Gesichts und Getastes ist *drei*dimensional,

Die formelle Entwicklung der Mechanik

So verhält es sich auch mit allen Hypothesen, welche zur Erklärung neuer Erscheinungen herangezogen werden. Unsere

daran hat nie jemand gezweifelt. Würden aus diesem Raume Körper verschwinden oder neue in denselben hineingeraten, so könnte die Frage, ob es eine Erleichterung der Einsicht und Übersicht gewährt, sich den gegebenen Raum als Teil eines vier- oder mehrdimensionalen Raumes zu denken, wissenschaftlich diskutiert werden. Diese vierte Dimension bliebe darum immer noch ein Gedankending.

So steht aber die Sache nicht. Derartige Erscheinungen sind vielmehr erst *nach* dem Bekanntwerden der neuen Anschauungen in Gegenwart gewisser Personen in Spiritistengesellschaften aufgetreten. Manchen Theologen, welche in Verlegenheit waren, die Hölle unterzubringen, und den Spiritisten kam die vierte Dimension sehr gelegen. Der Nutzen der vierten Dimension für die Spiritisten ist folgender. Aus einer begrenzten Linie kann man ohne die Endpunkte zu passieren durch die zweite Dimension, aus der von einer Kurve umgrenzten Fläche durch die dritte und analog aus einem geschlossenen Raum durch die vierte Dimension entweichen, ohne die Grenzen zu durchbrechen. Selbst das, was die Taschenspieler bisher harmlos in drei Dimensionen trieben, erhält nun durch die vierte Dimension einen neuen Nimbus. Alle Spiritistenkünste, in geschlossene Schnüre Knoten zu machen oder dieselben zu lösen, aus verschlossenen Räumen Körper zu entfernen, gelingen nur in Fällen, wo gar nichts darauf ankommt. Alles läuft auf nutzlose Spielerei hinaus. Ein Accoucheur, der eine Geburt durch die vierte Dimension bewerkstelligt hätte, ist noch nicht aufgetreten. Die Frage würde sofort eine *ernste*, wenn dies geschähe. Professor Simonys schöne Knotenkünste, welche sich taschenspielerisch sehr hübsch verwerten lassen, sprechen nicht für, sondern gegen die Spiritisten.

Es sei jedem unbenommen, eine Meinung aufzustellen und Beweise für dieselbe beizubringen. Ob aber ein Naturforscher auf irgendeine aufgestellte Meinung in einer ernsten Untersuchung einzugehen *wert findet*, das zu entscheiden muß seinem Verstand und Instinkt überlassen werden. Sollten diese Dinge sich als wahr erweisen, so werde ich mich nicht schämen, der letzte zu sein, der sie glaubt. Was ich davon gesehen habe, war nicht geeignet, mich gläubiger zu machen.

Als mathematisch-physikalisches Hilfsmittel habe ich selbst die mehrdimensionalen Räume schon vor dem Erscheinen der Riemannschen Abhandlung betrachtet. Ich hoffe aber, daß mit dem, was ich darüber gedacht, gesagt und geschrieben habe, niemand

Gedanken über elektrische Vorgänge folgen diesen sofort, beinahe von selbst in den gewohnten Bahnen ablaufend, sobald wir bemerken, daß alles so vorgeht, als ob sich anziehende und abstoßende Flüssigkeiten auf der Oberfläche der Leiter wären. Diese Hilfsvorstellungen selbst haben aber mit der Erscheinung *an sich* nichts zu schaffen.

10. Die Vorstellung von einer Ökonomie des Denkens entwickelte sich mir durch Lehrerfahrungen, durch die Praxis des Unterrichts. Ich hatte dieselbe schon, als ich 1861 meine Vorlesungen als Privatdozent begann, und glaubte damals im alleinigen Besitz derselben zu sein, was man wohl verzeihlich finden wird. Ich bin jetzt im Gegenteil davon überzeugt, daß wenigstens eine Ahnung dieser Einsicht stets ein Gemeingut *aller* Forscher gewesen sein muß, welche über das Forschen *als solches* sich überhaupt Gedanken gemacht haben. Der Ausdruck dieser Einsicht kann ja noch sehr verschiedene Formen annehmen. So möchte ich das Leitmotiv der *Simplizität* und der *Schönheit*, welches bei Kopernikus und Galilei so deutlich hervortritt, nicht nur als ästhetisch, sondern auch als ökonomisch bezeichnen. Auch Newtons „Regulae Philosophandi" sind wesentlich von ökonomischen Gesichtspunkten beeinflußt, wenn auch das ökonomische Prinzip als solches nicht ausdrücklich ausgesprochen ist. MacCormack hat in einem interessanten Artikel „An episode in the history of philosophy" (The Open Court, April 4, 1895) gezeigt, daß Adam Smith in seinen „Essays" der Gedanke der Ökonomie der Wissenschaft recht nahe lag. In neuerer Zeit ist die betreffende Einsicht, wenn auch in verschiedener Form, wiederholt ausgesprochen worden, von mir in meinem 1871 gehaltenen Vortrag „Über die Erhaltung der Arbeit", von Clifford 1872 in seinen „Lectures and essays", von Kirchhoff in seiner „Mechanik" 1874 und von Avenarius 1876. Auf eine mündliche Äußerung des Nationalökonomen E. Herrmann habe ich schon in „Erhaltung der Arbeit" (S. 55, Anm. 5[96]) hingewiesen. Eine auf diesen Gegenstand bezügliche Publikation dieses Autors ist mir jedoch nicht bekannt.

---

die Kosten einer Spukgeschichte bestreiten wird. (Vgl. Mach. „Die Geschichte und die Wurzel des Satzes von der Erhaltung der Arbeit".)

11. Ich möchte hier auf die ergänzende Darstellung in meinen „Populär-wissenschaftlichen Vorlesungen", 4. Aufl. (S. 217 f., 245 f.), und in den „Prinzipien der Wärmelehre" (S. 294) hinweisen.[97] In letzterer Schrift sind auch die Einwendungen von Petzoldt („Vierteljahresschrifft f. wissenschaftl. Philosophie", 1891) berücksichtigt. Kürzlich hat Husserl in dem ersten Teil seiner Schrift „Logische Untersuchungen" (1900) neue Bedenken gegen die Denkökonomie vorgebracht. Zum Teil sind dieselben durch die Replik an Petzoldt schon beantwortet. Ich denke nun, daß es sich empfiehlt, mit der ausführlichen Antwort zu warten, bis die ganze Arbeit von Husserl vorliegt, und dann erst zu sehen, ob sich keine Verständigung erzielen läßt. Vorläufig möchte ich aber doch einige Bemerkungen vorausschicken. Ich bin als Naturforscher gewöhnt, die Untersuchungen an Spezielles anzuknüpfen, dieses auf mich wirken zu lassen und von diesem zum Allgemeinern aufzusteigen. Diese Gewohnheit befolgte ich auch bei Untersuchung der Entwicklung der physikalischen Erkenntnis. Ich mußte mich schon deshalb so verhalten, weil eine allgemeine Theorie der Theorie für mich eine zu *schwierige* Aufgabe war, doppelt schwierig auf einem Gebiet, in welchem ein Minimum von zweifellosen, allgemeinen, unabhängigen Prinzipien, aus welchen man *alles deduzieren* kann, nicht gegeben, sondern erst zu suchen ist. Eher möchte ein solches Unternehmen Aussicht auf Erfolg bieten, wenn man von der Mathematik ausgeht. So richtete ich also meine Aufmerksamkeit auf Einzelerscheinungen: Anpassung der Gedanken an die Tatsachen, Anpassung der Gedanken aneinander*, Denkökonomie, Vergleichung, Gedankenexperiment,

---

* „Populärwissenschaftl. Vorlesungen", S. 260, woselbst die Anpassung der Gedanken *aneinander* als die Aufgabe der eigentlichen *Theorie* bezeichnet wird. Wesentlich dasselbe scheint mir Graßmann in seiner Einleitung zur Ausdehnungslehre von 1844, S. XIX, zu sagen: „Die oberste Teilung aller Wissenschaften ist die in reale und formale, von denen die erstern das Sein, als das dem Denken selbständig Gegenübertretende, im Denken abbilden und ihre Wahrheit haben in der Übereinstimmung des Denkens mit jenem Sein; die letztern hingegen das durch das Denken selbst Gesetze zum Gegenstand haben und ihre Wahrheit haben in der Übereinstimmung der Denkprozesse unter sich."

Beständigkeit und Kontinuität des Denkens usw. Hierbei war es mir förderlich und ernüchternd zugleich, das vulgäre Denken und auch die ganze Wissenschaft als eine biologische, organische Erscheinung zu betrachten, wobei denn auch das *logische* Denken als ein *idealer Grenzfall* angesehen wurde. Daß man an *beiden* Enden *anfangen* kann zu untersuchen, will ich keinen Augenblick bezweifeln. Ich selbst bezeichnete meine Versuche als erkenntnispsychologische Skizzen.* Schon hieraus kann man sehen, daß ich zwischen psychologischen und logischen Fragen wohl zu unterscheiden weiß, wie ich dies übrigens jedem zutraue, der das Bedürfnis fühlt, logische Prozesse auch psychologisch zu beleuchten. Schwerlich wird mir aber derjenige vorwerfen dürfen, daß ich den Unterschied zwischen natürlichem, *blindem* und *logischem* Denken *nivellieren* will, der sich einmal genau auch nur die logische Analyse der Newtonschen Aufstellungen in meiner Mechanik angesehen hat. Wenn auch die logische Analyse aller Wissenschaften schon vollständig fertig vor uns läge, so bliebe die biologisch-psychologische Untersuchung ihres Werdens für mich noch immer ein Bedürfnis, was nicht ausschließen würde, daß man diese letztere Untersuchung wieder logisch analysiert. Wenn man die Denkökonomie auch als bloßes teleologisches, also provisorisches Leitmotiv auffaßt, so ist hiermit die Zurückführung desselben auf tiefere Grundlagen** nicht nur nicht ausgeschlossen worden, sondern sogar gefordert. Die Denkökonomie ist aber auch, abgesehen hiervon, ein sehr klares *logisches Ideal*, welches selbst nach *vollendeter* logischer Analyse noch seinen Wert behält. Aus denselben Prinzipien kann das System einer Wissenschaft noch in verschiedener Weise deduziert werden. Aber *eine* von diesen Ableitungen entspricht der Ökonomie besser als die andern, wie ich dies an dem Beispiel der Gaußschen Dioptrik erläutert habe.*** Soviel ich also jetzt sehen kann, glaube ich nicht, daß durch die Untersuchungen von Husserl die Ergebnisse der meinigen hinfällig werden. Übrigens muß ich seine weitere Publikation abwarten, für welche ich ihm aufrichtig den besten Erfolg wünsche.

---

* „Prinzipien der Wärmelehre", Vorwort zur 1. Auflage.[98]
** „Analyse der Empfindungen", 2. Aufl., S. 64, 65.[99]
*** „Wärmelehre", S. 394.[100]

Als ich fand, daß die Idee der Denkökonomie so oft vor und nach mir sich geltend gemacht hatte, mußte dies wohl meine Selbstschätzung vermindern, der Gedanke selbst schien mir aber hierdurch nur zu gewinnen. Und gerade das, was Husserl als eine Erniedrigung des wissenschaftlichen Denkens empfindet, die Anknüpfung an das vulgäre („blinde"?) Denken, erscheint mir als eine Erhebung. Aus einer bloßen Gelehrtenstubenangelegenheit wird eine solche, die tief in dem Leben der Menschheit wurzelt und mächtig wieder auf dieses zurückwirkt.

Fünftes Kapitel

Beziehungen der Mechanik zu andern Wissensgebieten

1. Beziehungen der Mechanik zur Physik

1. Rein mechanische Vorgänge gibt es nicht. Wenn Massen gegenseitige Beschleunigungen bestimmten, so scheint dies allerdings ein reiner Bewegungsvorgang zu sein. Allein immer sind mit diesen Bewegungen in Wirklichkeit auch thermische, magnetische und elektrische Änderungen verbunden, und in dem Maße, als diese hervortreten, werden die Bewegungsvorgänge modifiziert. Umgekehrt können auch thermische, magnetische, elektrische und chemische Umstände Bewegungen bestimmen. Rein mechanische Vorgänge sind also Abstraktionen, die absichtlich oder notgedrungen zum Zwecke der leichtern Übersicht vorgenommen werden. Dies gilt auch von den übrigen Klassen der physikalischen Erscheinungen. Jeder Vorgang gehört genaugenommen allen Gebieten der Physik an, welche nur durch eine teils konventionelle, teils physiologische, teils historisch begründete Einteilung getrennt sind.[101]

2. Die Anschauung, daß die Mechanik als Grundlage aller übrigen Zweige der Physik betrachtet werden müsse und daß alle physikalischen Vorgänge *mechanisch* zu erklären seien, halten wir für ein Vorurteil.[102] Das historisch Ältere muß nicht immer die Grundlage für das Verständnis des später Gefundenen *bleiben*. In dem Maße, als mehr Tatsachen bekannt und geordnet werden, können auch ganz neue leitende Anschauungen platzgreifen. Wir können jetzt noch gar nicht wissen, welche von den physikalischen Erscheinungen am *tiefsten* gehen, ob nicht die mechanischen gerade die oberflächlichsten sind, ob nicht alle *gleich tief* gehen. Auch in der Mechanik betrachten wir ja nicht mehr das älteste Gesetz, das Hebelgesetz, als die Grundlage aller übrigen.

Die mechanische Naturansicht erscheint uns als eine historisch begreifliche, verzeihliche, vielleicht sogar auch vorübergehend nützliche, aber im ganzen doch künstliche Hypothese. Wollen wir der Methode treu bleiben, welche die bedeutendsten Naturforscher, Galilei, Newton, S. Carnot, Faraday, J. R. Mayer, zu ihren großen Erfolgen geführt hat, so beschränken wir unsere Physik auf den Ausdruck des *Tatsächlichen*, ohne hinter diesem, wo nichts Faßbares und Prüfbares liegt, Hypothesen aufzubauen. Wir haben dann einfach den wirklichen Zusammenhang der Massenbewegungen, Temperaturänderungen, Änderungen der Werte der Potentialfunktion, chemischen Änderungen zu ermitteln, ohne uns unter diesen Elementen anderes zu denken als mittelbar oder unmittelbar durch Beobachtung gegebene physikalische Merkmale oder Charakteristiken.

In bezug auf die Wärmevorgänge wurde dieser Gedanke schon anderwärts* ausgeführt, in bezug auf Elektrizität daselbst angedeutet. Jede Fluidums- oder Mediumshypothese entfällt in der Elektrizitätslehre als unnötig, wenn man bedenkt, daß mit den Werten des Potentials V und der Dielektrizitätskonstanten alle elektrischen Umstände gegeben sind. Denkt man sich die Differenzen der Werte von V durch die Kräfte (am Elektrometer) gemessen und betrachtet nicht die Elektrizitätsmenge Q, sondern V als den primären Begriff, als eine meßbare physikalische Charakteristik, so ist (für einen einzigen Isolator) die Elektrizitätsmenge

$$Q = \frac{-1}{4\pi} \int \left(\frac{d^2V}{dx^2} + \frac{d^2V}{dy^2} + \frac{d^2V}{dz^2} \right) dv,$$

wobei x, y, z die Koordinaten und dv das Volumenelement bedeutet, und die Energie

$$W = \frac{-1}{8\pi} \int V \left(\frac{d^2V}{dx^2} + \frac{d^2V}{dy^2} + \frac{d^2V}{dz^2} \right) dv.$$

Es erscheinen dann Q und W als *abgeleitete* Begriffe, in welchen gar keine Fluidums- oder Mediumsvorstellung mehr enthalten ist. Führt man die ganze Physik analog durch, so beschränkt

---

* Mach, Die Geschichte und die Wurzel des Satzes von der Erhaltung der Arbeit.

man sich auf den begrifflichen quantitativen Ausdruck des Tatsächlichen. Alle unnötigen müßigen Vorstellungen und die daran geknüpften *vermeintlichen* Probleme entfallen.

Die vorstehenden Zeilen, welche 1883 niedergeschrieben wurden, mochten damals bei der großen Mehrzahl der Physiker noch wenig Anklang finden. Man wird aber bemerken, daß sich die physikalischen Darstellungen seither dem hier bezeichneten Ideal sehr genähert haben. Hertz' „Untersuchungen über die Ausbreitung der elektrischen Kraft" (1892) geben für diese Beschreibung der Vorgänge durch bloße Differentialgleichungen ein gutes Beispiel.

Sehr nützlich zur Beseitigung zufälliger historisch begründeter oder konventioneller Vorstellungen ist es, die Begriffe verschiedener Gebiete miteinander zu vergleichen, für jeden Begriff des einen Gebietes den entsprechenden des andern zu suchen.* Man findet so, daß den Geschwindigkeiten der Massenbewegung die Temperaturen und die Potentialfunktionen entsprechen. *Ein* Wert der Geschwindigkeit, Potentialfunktion oder Temperatur ändert sich nie *allein*. Während aber für die Geschwindigkeiten und Potentialfunktionen, soviel wir bis jetzt sehen, nur die Differenzen in Betracht kommen, liegt die Bedeutung der Temperatur nicht bloß in der Differenz gegen andere Temperaturen. Den Massen entsprechen die Wärmekapazitäten, der Wärmemenge das Potential einer elektrischen Ladung, der Entropie die Elektrizitätsmenge usw. Die Verfolgung solcher Ähnlichkeiten und Unterschiede führt zu einer *vergleichenden Physik*, welche schließlich einen zusammenfassenden Ausdruck sehr großer Gebiete von Tatsachen, ohne *willkürliche* Zugaben, gestatten wird. Man wird dann zu einer homogenen Physik auch ohne Zuhilfenahme der künstlichen Atomtheorie gelangen. (Vgl. hierzu die Ausführungen in den „Prinzipien der Wärmelehre", S. 396 f.[104]

Man sieht auch leicht ein, daß durch mechanische Hypothesen eine eigentliche *Ersparnis* an wissenschaftlichen Gedanken nicht erzielt werden kann. Selbst wenn eine Hypothese vollständig zur Darstellung eines Gebietes von Erscheinungen,

---

* Vgl. „Populär-wissenschaftl. Vorlesungen", 4. Aufl., S. 266 f.[103]

z. B. der Wärmeerscheinungen ausreichen würde, hätten wir nur an die Stelle der tatsächlichen Beziehung zwischen mechanischen und Wärmevorgängen die Hypothese gesetzt. Die Zahl der Grundtatsachen wird durch eine ebenso große Zahl von Hypothesen ersetzt, was sicherlich kein Gewinn ist. Hat uns eine Hypothese die Erfassung neuer Tatsachen durch Substitution geläufiger Gedanken nach Möglichkeit erleichtert, so ist hiermit ihre Leistungsfähigkeit erschöpft. Man gerät auf Abwege, wenn man von derselben *mehr* Aufklärung erwartet als von den Tatsachen *selbst*.

3. Die Entwicklung der mechanischen Naturansicht wurde durch mehrere Umstände begünstigt. Zunächst ist ein Zusammenhang aller Naturvorgänge mit mechanischen Vorgängen unverkennbar, wodurch das Bestreben nahegelegt wird, die noch weniger bekannten Vorgänge durch die bekanntern mechanischen zu erklären. Außerdem wurden im Gebiete der Mechanik zuerst große allgemeine Gesetze von weittragender Bedeutung erkannt. Ein derartiges Gesetz ist der Satz der lebendigen Kräfte $\Sigma(U_1 - U_0) = \Sigma \frac{1}{2} m (v_1^2 - v_0^2)$, welcher sagt, daß der Zuwachs der lebendigen Kräfte eines Systems bei dem Übergang desselben aus einer Lage in die andere dem Zuwachs der Kraftfunktion (oder der Arbeit) gleich ist, welcher sich als eine Funktion der Anfangs- und Endlagen darstellt. Achtet man auf die Arbeit, welche in dem System verrichtet werden *kann*, und nennt dieselbe mit Helmholtz *Spannkraft S*, so erscheint jede *wirklich geleistete* Arbeit U als eine Verminderung der anfänglich vorhandenen Spannkraft K, dann ist $S = K - U$, und der Satz der lebendigen Kräfte nimmt die Form an

$$\Sigma S + \frac{1}{2} \Sigma m v^2 + \text{Konst.},$$

d. h. jede Verminderung der Spannkraft wird durch eine Vermehrung der lebendigen Kraft ausgeglichen. In dieser Form nennt man den Satz auch Gesetz der *Erhaltung der Energie*, indem die Summe der Spannkraft (der potentiellen Energie) und der lebendigen Kraft (der kinetischen Energie) im System konstant bleibt. Da nun in der Natur überhaupt für eine geleistete Arbeit nicht nur lebendige Kraft, sondern auch eine

Wärmemenge, oder das Potential einer elektrischen Ladung usw. auftreten kann, so sah man hierin den Ausdruck eines *mechanischen*, allen Naturerscheinungen zugrunde liegenden Vorganges. Es spricht sich aber hierin nichts aus, als ein unveränderlicher quantitativer *Zusammenhang* zwischen mechanischen und andern Vorgängen.

4. Es wäre ein Irrtum zu glauben, daß ein großer und weiter Blick in die Naturwissenschaft erst durch die mechanische Naturansicht hineingekommen ist. Derselbe war vielmehr zu allen Zeiten den ersten Forschern eigen und hat schon beim Aufbau der Mechanik mitgewirkt, ist also nicht erst *durch* diese entstanden. Galilei und Huygens haben stets mit der Betrachtung des Einzelnen und des großen Ganzen gewechselt und sind in dem Bestreben nach einer einfachen und widerspruchslosen Auffassung zu ihren Ergebnissen gelangt. Daß die Geschwindigkeiten einzelner Körper und Systeme an die Falltiefen gebunden sind, erkennen Galilei und Huygens nur durch die genaueste Untersuchung der Fallbewegung im Einzelnen zugleich mit der Beachtung des Umstandes, daß die Körper von selbst überhaupt nur sinken. Huygens betont schon bei dieser Gelegenheit die Unmöglichkeit eines mechanischen Perpetuum mobile, er hat also schon den modernen Standpunkt. Er fühlt die *Unvereinbarkeit* der Vorstellung des Perpetuum mobile mit den ihm geläufigen Vorstellungen der mechanischen Naturvorgänge.

Die Stevinschen Fiktionen, z. B. jene der geschlossenen Kette auf dem Prisma, sind ebenfalls Beispiele eines solchen weiten Blickes. Es ist die an vielen Erfahrungen geschulte Vorstellung, welche an den einzelnen Fall herangebracht wird. Die bewegte geschlossene Kette erscheint Stevin als eine Fallbewegung ohne Fall, als eine *ziellose* Bewegung, wie eine absichtliche Handlung, die der Absicht nicht entspricht, ein Streben nach einer Änderung, das jene Änderung nicht herbeiführt. Wenn die Bewegung im allgemeinen an das Sinken gebunden ist, so ist auch im speziellen Fall an die Bewegung das Sinken gebunden. Es ist das Gefühl der *gegenseitigen* Abhängigkeit von v und h in der Gleichung $v = \sqrt{2gh}$, welches hier, wenn auch nicht in so bestimmter Form, auftritt. Für Stevins feines Forschergefühl besteht in der Fiktion ein Widerspruch, der weniger tiefen Denkern entgehen kann.

Derselbe, das Einzelne mit dem Ganzen, das Besondere mit dem Allgemeinen vergleichende Blick zeigt sich, nur nicht auf Mechanik *beschränkt,* in den Arbeiten von S. Carnot. Wenn Carnot findet, daß die von einer höhern Temperatur t auf eine tiefere Temperatur t' für die Arbeitsleistung L abgeflossene Wärmemenge Q nur von den Temperaturen und nicht von der Natur der Körper abhängen kann, so denkt er ganz nach der Methode Galileis. Ebenso verfährt J. R. Mayer bei Aufstellung seines Satzes der Äquivalenz von Wärme und Arbeit. Die mechanische Naturansicht bleibt ihm hierbei fremd, und er bedarf ihrer gar nicht. Wer die Krücke der mechanischen Naturansicht braucht, um zur Erkenntnis der Äquivalenz von Wärme und Arbeit zu gelangen, hat den Fortschritt, der darin liegt, nur halb begriffen. Stellt man aber auch Mayers originelle Leistung noch so hoch, so ist es deshalb nicht nötig, die Verdienste der Fachphysiker Joule, Helmholtz, Clausius, Thomson, welche sehr viel, vielleicht alles, zur *Befestigung* und *Ausbildung* der neuen Anschauung im einzelnen beigetragen haben, zu unterschätzen. Die Annahme einer *Entlehnung* der Mayerschen Ideen erscheint uns ebenfalls unnötig. Wer sie vertritt, hat zudem auch die Verpflichtung, sie zu *beweisen.* Ein mehrfaches Auftreten derselben Idee ist in der Geschichte nicht neu. Die Diskussion von Personalfragen, die nach 30 Jahren schon kein Interesse mehr haben werden, wollen wir hier vermeiden. Auf keinen Fall ist es aber zu loben, wenn Männer, angeblich aus Gerechtigkeit, insultiert werden, die schon hochgeehrt und ruhig leben dürfen, wenn sie nur ein Dritteil ihrer wirklichen Leistungen aufzuweisen hätten.

In Deutschland fanden Mayers Arbeiten zunächst eine sehr kühle, ablehnende, teilweise recht unfreundliche Aufnahme, und sie hatten sogar mit Schwierigkeiten der Publikation zu kämpfen, während sie in England bald anerkannt wurden. Als sie daselbst über die Fülle der neuen Erscheinungen wieder in Vergessenheit gerieten, war es Tyndall, der in seinem Buch „Heat a mode of motion" (1863) durch rückhaltloses Lob wieder die Aufmerksamkeit auf dieselben lenkte. Dies hatte nun auch in Deutschland eine Reaktion zur Folge, deren Höhepunkt durch Dührings Schrift „Robert Mayer, der Galilei des 19. Jahrhunderts" (1878) bezeichnet wird. Fast schien es so, als sollte das an Mayer begangene Unrecht nun durch gegen andere geübtes Unrecht ausgeglichen werden. Die Summe des Unrechts wird aber wie in der Strafrechtspflege hierbei nur größer, denn eine algebraische Aufhebung tritt nicht ein. Eine enthusiastische und allseitige Würdigung fanden die Verdienste Mayers durch die Besprechung Poppers (Das Ausland, 1876, Nr. 35), welche auch wegen der vielen interessanten erkenntnistheoretischen Aperçus lesenswert ist. Ich habe mich bemüht (Prinzipien der Wärmelehre), eine nach allen Seiten billige und gerechte Darstellung der Leistungen der Forscher im Gebiete der mechanischen Wärmetheorie zu geben.[105] Aus derselben geht hervor, daß jeder der beteiligten Forscher durch eine intellektuelle Eigentümlichkeit sich auszeichnet und fördernd wirkt. Mayer kann als der Philosoph der Wärme- und Energielehre gelten. Joule, ebenfalls auf philosophischem Wege zum Energieprinzip geführt, begründet die Lehre experimentell, und Helmholtz theoretisch-physikalisch. Helmholtz, Clausius und Thomson vermitteln die Anknüpfung an den Gedankenkreis Carnots, der mit seinen Ideen einzig dasteht. Jeder einzelne der andern vorher genannten Forscher könnte ausgeschaltet werden. Der Gang der Entwicklung wäre verzögert, aber nicht aufgehalten worden. (Vgl. auch die Ausgabe der Mayerschen Schriften von Weyrauch, Stuttgart 1893.)

5. Wir wollen nun sehen, daß der weite Blick, welcher sich im Satze der Erhaltung der Energie ausspricht, nicht der Mechanik eigentümlich, sondern daß er an das konsequente und umfassende naturwissenschaftliche Denken *überhaupt* gebunden ist. Unsere Naturwissenschaft besteht in der Nachbildung der Tatsachen in Gedanken oder in dem begrifflichen quantitativen Ausdruck der Tatsachen. Die Nachbildungsanweisungen sind die Naturgesetze. In der Überzeugung, daß solche Nachbildungsanweisungen überhaupt möglich sind, liegt das Kausalgesetz. Das Kausalgesetz spricht die *Abhängigkeit der Erscheinungen voneinander aus*. Die besondere Betonung des Raumes und der Zeit im Ausdruck des Kausalgesetzes ist unnötig, da alle Raum- und Zeitbeziehungen wieder auf Abhängigkeit der Erscheinungen voneinander hinauslaufen.

Die Naturgesetze sind Gleichungen zwischen den meßbaren Elementen $\alpha \beta \gamma \delta \ldots \omega$ der Erscheinungen. Da die Natur veränderlich ist, so sind diese Gleichungen stets in geringerer Anzahl vorhanden als die Elemente.

Verfügen wir über alle Werte von $\alpha\beta\gamma\delta\ldots$, durch welche z. B. die Werte von $\lambda\mu\nu\ldots$ gegeben sind, so können wir die Gruppe $\alpha\beta\gamma\delta\ldots$ die Ursache, die Gruppe $\lambda\mu\nu\ldots$ die Wirkung nennen. In diesem Sinne können wir sagen, daß die Wirkung durch die Ursache *eindeutig* bestimmt sei. Der Satz des zureichenden Grundes, wie ihn z. B. Archimedes bei Entwicklung der Hebelgesetze anwendet, sagt also nichts, als daß die Wirkung durch eine Anzahl Umstände nicht *zugleich* bestimmt und unbestimmt sein kann.

Stehen zwei Umstände α und λ im Zusammenhang, so entspricht, bei Unveränderlichkeit der übrigen, einer Veränderung von α eine Änderung von λ, im allgemeinen aber einer Änderung von λ auch eine Änderung von α. Dieses Beachten der *gegenseitigen* Abhängigkeit finden wir bei Stevin, Galilei, Huygens usw. Derselbe Gedanke hat die Auffindung der *Gegen*erscheinungen zu bekannten Erscheinungen bewirkt. Der Volumenänderung der Gase durch Temperaturänderung entspricht eine Temperaturänderung durch Volumenänderung, der Seebeckschen Erscheinung die Peltiersche usw. Bei derartigen Umkehrungen muß man natürlich mit Rücksicht auf die *Form* der Abhängigkeit vorsichtig sein. Fig. 232 macht es deutlich, wie jeder Veränderung von λ eine merkliche Änderung von α entsprechen kann, aber nicht umgekehrt. Die Beziehungen zwischen den elektromagnetischen und Induktionserscheinungen, die Faraday fand, geben hierfür ein gutes Beispiel.

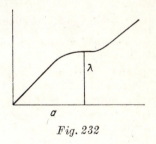

Fig. 232

Läßt man eine Gruppe von Umständen $\alpha\beta\gamma\delta\ldots$, durch welche eine andere Gruppe $\lambda\mu\nu\ldots$ bestimmt ist, von ihren Anfangswerten zu den Endwerten $\alpha'\beta'\gamma'\delta'\ldots$ übergehen, so geht auch $\lambda\mu\nu\ldots$ in $\lambda'\mu'\nu'\ldots$ über. Kehrt die erstere Gruppe zu ihren Anfangswerten zurück, so geschieht dies auch mit der zweiten Gruppe. Hierin liegt die „Äquivalenz von Ursache und Wirkung", welche Mayer wiederholt betont.

Wenn die erstere Gruppe nur *periodische* Änderungen eingeht, so kann auch die letztere nur periodische und keine fortwährenden, *bleibenden* Änderungen erfahren. Die so fruchtbaren Denkmethoden von Galilei, Huygens, S. Carnot, Mayer u. a. lassen sich auf die eine wichtige und einfache Einsicht zurückführen, *daß rein periodische Änderungen einer Gruppe von Umständen auch nur zur Quelle von ebenfalls periodischen und nicht von fortdauernden und bleibenden Änderungen einer andern Gruppe von Umständen werden können.* Die Sätze „die Wirkung ist der Ursache äquivalent", „Arbeit kann nicht aus Nichts erzeugt werden", „ein Perpetuum mobile ist unmöglich" sind spezielle weniger bestimmte und klare Formen dieser Einsicht, welche an sich nichts mit Mechanik allein zu schaffen hat, sondern dem naturwissenschaftlichen Denken überhaupt angehört. Hiermit entfällt jede metaphysische Mystik, welche dem Satze der Erhaltung der Energie noch anhaften könnte.*

Die Erhaltungsideen haben wie der Substanzbegriff ihren triftigen Grund in der Ökonomie des Denkens. Eine bloße zusammenhanglose Veränderung ohne festen Anhaltspunkt ist nicht faßbar und nachbildbar. Man fragt also, welche Vorstellung kann bei der Veränderung als *bleibend* festgehalten werden, welches *Gesetz* besteht, welche *Gleichung* bleibt erfüllt, welche *Werte* bleiben konstant? Wenn man sagt, bei allen Brechungen bleibt der Exponent konstant, bei allen Bewegungen schwerer Körper bleibt $g = 9{,}810 \dfrac{m}{\text{sek.}^2}$, in jedem abgeschlossenen System bleibt die Enerige konstant, so haben alle diese Sätze dieselbe ökonomische Funktion, die Nachbildung der Tatsachen in Gedanken zu erleichtern.

Man vergleiche zu diesen 1883 niedergeschriebenen Zeilen die Ausführungen von Petzoldt über das Streben nach *Stabilität* im intellektuellen Leben („Maxima, Minima und Ökonomie" in „Vierteljahrssch. f. w. Philosophie", 1891).

6. In bezug auf das Energieprinzip möchte ich hier noch hinzufügen, was ich über die seit 1883 erschienenen, diesen

---

* Auch entfallen die monströsen Anwendungen des Satzes auf das ganze Weltall, wenn man bedenkt, daß jeder naturwissenschaftliche Satz ein Abstraktum ist, welches die Wiederholung *gleichartiger* Fälle zur Voraussetzung hat.

Gegenstand behandelnden Schriften von J. Popper („Die physikalischen Grundsätze der elektrischen Kraftübertragung", Wien 1883), G. Helm („Die Lehre von der Energie", Leipzig 1887), M. Planck („Das Prinzip der Erhaltung der Energie", Leipzig 1887), F. A. Müller („Das Problem der Kontinuität in der Mathematik und Mechanik", Marburg 1886) zu sagen habe. In der *Tendenz* stimmen die voneinander unabhängigen Arbeiten von Popper und Helm sowohl untereinander als auch mit meinen Untersuchungen so überein, daß ich nur wenig mir in gleichem Grade Sympathisches gelesen habe, ohne daß deshalb die individuellen Unterschiede aufgehoben wären. Beide Verfasser treffen namentlich in dem Versuch einer allgemeinen Energetik zusammen, und einen *Ansatz* zu einer solchen findet man auch in einer Anmerkung meiner Schrift „Über die Erhaltung der Arbeit", S. 54. Seither ist die „allgemeine Energetik" durch Helm, Ostwald u. a. ausführlich behandelt worden.

Ich habe schon 1872 („Erhaltung der Arbeit", S. 42 f.[106]) dargelegt, daß die Überzeugung von dem Prinzip des ausgeschlossenen Perpetuum mobile sich auf die allgemeinere Überzeugung von der *eindeutigen* Bestimmtheit einer Gruppe (mechanischer) Elemente $\alpha\beta\gamma$ ... durch eine Gruppe anderer Elemente xyz ... gründet. Die nur der Form nach etwas verschiedenen Aufstellungen Plancks, S. 99, 138, 139, stimmen hiermit wesentlich überein. Übrigens habe ich wiederholt dargelegt, daß alle Formen des Kausalgesetzes subjektiven Trieben entspringen, welchen zu entsprechen eine Notwendigkeit für die Natur *nicht* besteht, worin meine Auffassung jener von Popper und Helm verwandt ist.

Auf die „metaphysischen" Gesichtspunkte, durch welche Mayer geleitet war, kommt Planck, S. 21 f., 135, Helm, S. 25 f. zu sprechen, und beide erkennen an, Planck, S. 26 f., Helm, S. 28, daß auch Joule durch analoge, wenn auch unausgesprochene Gedanken geleitet sein mußte, welcher Ansicht ich vollkommen zustimme.

Über die sogenannten „metaphysischen" Gesichtspunkte Mayers, welche nach Helmholtz' Worten von den Anhängern der metaphysischen Spekulation als das *Höchste* gepriesen werden, während sie Helmholtz als die *schwächste* Seite der Auseinandersetzung erscheinen, habe ich folgendes zu bemerken. Mit Sätzen wie „aus Nichts wird Nichts", „die Wirkung ist der Ursache gleich" usw. wird man einem *andern* nichts beweisen. Wie wenig solche auch bis vor kurzem in der Wissenschaft *anerkannte* leere Sätze zu leisten vermögen, habe ich (in „Erhaltung der Arbeit") durch Beispiele erläutert. Deshalb aber erscheinen mir diese Sätze bei Mayer doch noch nicht als *Schwächen*. Sie sind im Gegenteil bei ihm der Ausdruck eines *gewaltigen* instinktiven, noch unbefriedigten und ungeklärten Bedürfnisses (das ich nicht gerade metaphysisch nennen möchte) nach einer *substantiellen* Auffassung dessen, was wir heute Energie nennen. Daß Mayer auch die begriffliche Kraft nicht fehlte, seinem Drang zur *Klarheit* zu verhelfen, wissen wir heute. Mayer verhielt sich hierin gar nicht wesentlich *anders* als Galilei, Black, Faraday und andere große Forscher, wenngleich manche vielleicht schweigsamer und vorsichtiger waren.

Auf diesen Punkt habe ich schon („Beiträge zur Analyse der Empfindungen", 1. Aufl., 1886, S. 161 f.[107]) hingewiesen. Abgesehen davon, daß ich den Kantschen Standpunkt nicht einnehme, auch nicht den Berkeleyschen, wie flüchtige Leser meiner letzterwähnten Schrift angenommen haben, stimme ich darin mit F. A. Müller (S. 104 f.) überein. Ausführliche Erörterungen über das Energieprinzip finden sich in meinen „Prinzipien der Wärmelehre".

2. *Beziehungen der Mechanik zur Physiologie*[108]

1. Alle Wissenschaft geht ursprünglich aus dem Bedürfnis des Lebens hervor. Mag sich dieselbe durch den besondern Beruf, die einseitige Neigung und Fähigkeit ihrer Pfleger in noch so feine Zweige teilen, seine volle frische Lebenskraft kann jeder Zweig nur im Zusammenhang mit dem *Ganzen* erhalten. Nur durch diese Verbindung kann er seinem eigentlichen Ziele erfolgreich zustreben und vor monströsen einseitigen Entwicklungen bewahrt bleiben.

Die Teilung der Arbeit, die Beschränkung eines Forschers auf ein kleines Gebiet, die Erforschung dieses Gebietes als Lebensaufgabe, ist die notwendige Bedingung einer ausgiebigen Entwicklung der Wissenschaft. Mit dieser Einseitigkeit und Beschränkung können erst die besondern intellektuellen ökonomischen Mittel zur Bewältigung dieses Gebietes die nötige Ausbildung erlangen. Zugleich liegt aber hierin die Gefahr, diese *Mittel*, mit welchen man immer beschäftigt ist, zu überschätzen, ja dieselben, die doch nur Handwerkszeug sind, für das eigentliche *Ziel* der Wissenschaft zu halten.

2. Durch die unverhältnismäßig größere formelle Entwicklung der Physik, gegenüber den andern Naturwissenschaften, ist nun ein derartiger Zustand unseres Erachtens wirklich geschaffen worden. Den Denkmitteln der Physik, den Begriffen Masse, Kraft, Atom, welche keine andere Aufgabe haben, als ökonomisch geordnete Erfahrungen wachzurufen, wird von den meisten Naturforschern eine Realität außerhalb des Denkens zugeschrieben. Ja man meint, daß diese Kräfte und Massen das eigentlich zu Erforschende seien, und wenn diese einmal bekannt wären, dann würde alles aus dem Gleichgewicht und der Bewegung dieser Massen sich von selbst ergeben. Wenn jemand die Welt nur durch das Theater kennen würde und nun hinter die mechanischen Einrichtungen der Bühne käme, so könnte er wohl auch meinen, daß die wirkliche Welt eines Schnürbodens bedürfe und daß alles gewonnen wäre, wenn nur dieser einmal erforscht wäre. So dürfen wir auch die intellektuellen Hilfsmittel, die wir zur *Aufführung* der Welt auf der *Gedankenbühne* gebrauchen, nicht für *Grundlagen* der wirklichen Welt halten.

3. In der richtigen Erkenntnis der Unterordnung des Spezialwissens unter das Gesamtwissen liegt eine besondere Philosophie, die von jedem Spezialforscher gefordert werden kann. Ihr Mangel äußert sich durch das Auftreten vermeintlicher Probleme, in deren Aufstellung schon, einerlei ob man sie als lösbar betrachtet oder nicht, eine Verkehrtheit liegt. Ein solches Überschätzen der Physik gegenüber der Physiologie, ein Verkennen des wahren Verhältnisses spricht sich in der Frage aus, ob es möglich sei, die Empfindungen durch Bewegung der Atome zu *erklären*?

Forschen wir nach den Umständen, die zu einer so sonderbaren Frage drängen können. Zunächst bemerken wir, daß allen Erfahrungen über räumliche und zeitliche Verhältnisse ein größeres *Vertrauen* entgegengebracht wird, daß man ihnen einen objektivern, realern Charakter zuschreibt als Erfahrungen über Farben, Töne, Wärmen usw. Doch kann man bei genauerer Untersuchung sich nicht darüber täuschen, daß Raum- und Zeitempfindungen ebenso *Empfindungen* sind wie Farben-, Ton-, Geruchsempfindungen, nur daß wir in Übersicht der erstern viel geübter und klarer sind als in bezug auf letztere. Raum und Zeit sind wohlgeordnete Systeme von Empfindungsreihen. Die Größen in den Gleichungen der Mechanik sind nichts als Ordnungszeichen der in der Vorstellung herauszuhebenden Glieder dieser Reihen. Die Gleichungen drücken die Abhängigkeit dieser Ordnungszeichen voneinander aus.

Ein Körper ist eine verhältnismäßig beständige Summe von Tast- und Lichtempfindungen, die an dieselben Raum- und Zeitempfindungen geknüpft ist. Mechanische Sätze, wie z. B. jener der Gegenbeschleunigung zweier Massen, geben unmittelbar oder mittelbar den Zusammenhang von Tast-, Licht-, Raum- und Zeitempfindungen. Sie erhalten *nur* (durch den oft komplizierten) Empfindungsinhalt einen *verständlichen Sinn*.

Es hieße also wohl das Einfachere und Näherliegende durch das Kompliziertere und Fernerliegende erklären, wollte man aus Massenbewegungen die Empfindungen ableiten, abgesehen davon, daß die *mechanischen Begriffe* ökonomische Mittel sind, welche zur Darstellung *mechanischer* und nicht physiologischer oder *psychologischer* Tatsachen entwickelt wurden. Bei richtiger Unterscheidung der *Mittel* und *Ziele* der Forschung, bei Beschränkung auf die Darstellung des *Tatsächlichen* können solche falsche Probleme gar nicht auftreten.

4. Alle Wissenschaft kann nur Komplexe von jenen *Elementen* nachbilden und vorbilden, die wir gewöhnlich *Empfindungen* nennen. Es handelt sich um den *Zusammenhang* dieser *Elemente*. Ein solches Element wie die Wärme eines Körpers A hängt nicht nur mit andern Elementen zusammen, deren Inbegriff wir z. B. als eine Flamme B bezeichnen, sondern es hängt auch mit der Gesamtheit der Elemente unseres Leibes, z. B. eines Nerven-N, zusammen. Als Objekt und Element unterscheidet sich N nicht wesentlich, sondern nur konventionell von A und B. Der Zusammenhang von A und B gehört der *Physik*, jener von A und N der *Physiologie* an. Keiner ist *allein* vorhanden, *beide* sind *zugleich* da. Nur zeitweilig können wir von dem einen oder andern absehen. Selbst die scheinbar rein mechanischen Vorgänge sind also stets auch physiologische,

als solche auch elektrische, chemische usw. Die Mechanik faßt nicht die *Grundlage*, auch nicht einen *Teil* der Welt, sondern eine Seite derselben.

3. Schlußwort

Eingangs dieses Buches wurde die Ansicht ausgesprochen, daß sich die Lehren der Mechanik aus den aufgesammelten Erfahrungen des Handwerks durch intellektuelle Läuterung entwickelt haben. In der Tat, wenn wir die Sache unbefangen betrachten, haben die wilden Erfinder von Bogen und Pfeil, von Schleuder und Wurfspeer das wichtigste Gesetz der modernen Dynamik, das Trägheitsgesetz, statuiert, lange bevor es von Aristoteles, und seinen gelehrten Kommentatoren in gründlicher Perversität verkannt worden war. Und obwohl schon die antiken Ballisten und Katapulten, dann die modernen Feuerwaffen dies Gesetz täglich vor Augen führten, so hat es doch noch viele Jahrhunderte gewährt, bevor durch das Genie von Galilei und Newton die richtige theoretische Idealisierung gefunden worden ist. Sie lag in der entgegengesetzten Richtung, als die ungeheure Mehrzahl der Menschen sie erwartet haben mochte. Nicht die Erhaltung, sondern die Abnahme der Wurfgeschwindigkeit war das theoretisch zu Erklärende, zu Rechtfertigende.

Die einfachen Maschinen, die fünf mechanischen Potenzen, wie sie Heron von Alexandrien beschreibt und in der auf uns gekommenen arabischen Übersetzung dem Mittelalter überliefert hat, sind fraglos ein Produkt des Handwerks. Wenn nun ein junger Mensch, fast noch ein Kind, mit ganz einfachen, primitiven Mitteln sich mit mechanischen Arbeiten beschäftigt, wie dies bei meinem Sohn, Dr. med. Ludwig Mach, der Fall war, so machen die hierbei beobachteten dynamischen Empfindungen, die bei den Anpassungsbewegungen gewonnenen dynamischen Erfahrungen einen gewaltigen, unauslöschlichen Eindruck. Achtet man auf diese Empfindungen, so kommt man auch dem instinktiven Ursprung der Maschinen intellektuell näher. Man versteht, warum man den längern, dem geringern Druck nachgebenden Hebel vorzieht, warum man dem am Stiel geschwungenen Hammer auf seinem längern

Wege eine größere Arbeit oder lebendige Kraft zu übertragen vermag. Den Transport von Lasten auf rollenden Walzen versteht man durch den Versuch sofort, ebenso die Entstehung des Rades, der befestigten Walze. Die Herstellung von Walzen mußte eine hohe technische Wichtigkeit gewinnen und zur Erfindung der Drehbank drängen. War diese da, dann fand sich leicht das Rad, das Wellrad und die Rolle. Die primitive Drehbank ist aber der uralte, mit Bogen und Sehne betriebene Feuerbohrer der Wilden, allerdings zunächst für kleinere Objekte. Die Araber benutzten diese Vorrichtung noch, und sie war vor kurzem bei unsern Uhrmachern fast noch ausnahmslos in Gebrauch. Die Töpferscheibe des alten Ägypten war auch eine Art Drehbank. Vieleicht dienten die Formen als Modell für die ausgiebigere Drehbank, deren Erfindung nebst jener des Bleilots und Winkelmaßes dem Theodoros von Samos zugeschrieben wird. Da mögen wohl auch Steinsäulen gedreht worden sein (532 v. Chr.). Nicht alle Kenntnisse finden gleich Verwendung; sie liegen oft lange brach. Die alten Ägypter hatten Räder an den Kriegswagen der Könige. Ihre Steinkolosse transportierten sie mit frecher Mißachtung der Menschenarbeit auf Schlitten (!). Was kümmert sie auch die Arbeit der kriegsgefangenen Sklaven. Die mochten froh sein, daß sie nicht nach assyrischer Mode gepfählt oder mindestens geblendet, sondern nur milde als Zugvieh eingespannt wurden. Unsere edlen Vorbilder, die Griechen, dachten ja auch nicht viel anders.

Wenn man aber auch den besten Willen zum Fortschritt voraussetzt, bleibt dennoch manche Erfindung schwer verständlich. Die Ägypter kannten die Schraube nicht. In den vielen Tafeln des Rossellinischen Werkes ist keine Spur davon zu finden. Die Griechen schreiben deren Erfindung, auf unsichere Nachrichten hin, Archytas von Tarent (um 390 v. Chr.) zu. Bei Archimedes (250 v. Chr.) und bei Heron (100 v. Chr.) finden wir aber die Schraube schon als etwas sehr Bekanntes in den mannigfaltigsten Formen vor. Heron kann leicht und auch der heutigen Schulsprache verständlich sagen: „Die Schraube ist ein gewundener Keil." Wer aber noch keine Schraube gesehen oder gehandhabt hat, wird nach dieser Anweisung keine erfinden. Nach Analogie der vorher besprochenen Fälle müssen wir annehmen, daß wenn ein schraubenförmiges Objekt, etwa ein gedrehtes Seil, ein Paar zu ornamentalen

Zwecken zusammengewundene Drähte, der von der Sehne schraubenförmig ausgescheuerte Wirtel eines alten Feuerbohrers in die Hand geriet, beim zufälligen Spiel, bei der Empfindung des Ein- und Ausdrehens dieses Dinges in die Hand der Gedanke der Schraubenkonstruktion nahegelegt wurde. Im Grunde sind es ja zufällige Beobachtungen, in welchen sich die mangelhafte Anpassung des Menschen an die Umgebung äußert und welche, einmal bemerkt, eben die weitere Anpassung herbeiführen.[109]

Mein Sohn schildert lebhaft, wie in einem ethnographischen Museum seine dynamischen Jugenderfahrungen wieder aufleuchten, wie sie durch die wahrnehmbaren Spuren der Bearbeitung an den ausgestellten Objekten wieder geweckt werden. Möchten diese Erfahrungen zur Begründung einer allgemeinen genetischen Technologie benutzt werden und vielleicht nebenbei auch eine Schicht tiefer in das Verständnis der Urgeschichte der Mechanik hineinführen!

ANHANG

Anmerkungen der Herausgeber zum Text

1 Mach hebt hier den hohen Entwicklungsstand der antiken Wissenschaft hervor. Er versäumt aber, auf das *prinzipiell* Neue zu verweisen, das mit der vornehmlich von Galilei begründeten experimentellen Methode in die Physik eingebracht wurde und die Naturwissenschaft der Neuzeit erst konstituierte. Dieses Versäumnis ist durchaus nicht zufälliger Natur; im folgenden wird sich zeigen, daß es das Machsche Physikverständnis grundlegend charakterisiert.
2 Zu Machs Konzeption des wissenschaftlichen Erkenntnisprozesses siehe auch: E. Mach, Die Ökonomie der physikalischen Forschung (1882), in: E. Mach, Populär-wissenschaftliche Vorlesungen, Leipzig 1910; E. Mach, Über Umbildung und Anpassung im naturwissenschaftlichen Denken (1883), in: ebenda; E. Mach, Über das Prinzip der Vergleichung in der Physik (1894), in: ebenda; E. Mach, Die Prinzipien der Wärmelehre, Leipzig 1919, S. 362–462; E. Mach, Erkenntnis und Irrtum, Leipzig 1917.
3 Mach stellt an diesem Beispiel seine grundlegende Einsicht in den Charakter der Physik vor, wonach nur die Erfahrung sagt, *welche Größen* zueinander in Beziehung gesetzt werden müssen, um einen physikalischen Zusammenhang zu erfassen. Aus diesem Grunde ist nach Mach Physik nicht auf Mathematik zu reduzieren. Allerdings ist die Erfahrung, auf die die Physik gründet, nicht wie Mach meint, unwillkürlicher und instinktiver Art; sie ist nicht individuelle, sondern gesellschaftliche Erfahrung, sie ist nicht die Erfahrung des empirischen Ich, sondern die der menschlichen Gattung. Aufgrund seines Erfahrungsbegriffs verkennt Mach, daß

es, um einen physikalischen Zusammenhang zu erfassen, stets nicht nur empirischer, sondern *auch theoretischer Voraussetzungen* bedarf. Die von Archimedes unterstellte Gültigkeit der euklidischen Geometrie, ohne die die Statik nicht zu formulieren wäre, wird von Mach daher übersehen. Ihrerseits beruht die euklidische Geometrie natürlich wiederum auf Erfahrung, auf der jahrhundertelangen gesellschaftlichen Erfahrung der Landvermessung und der getesteten Möglichkeit ihrer Extrapolation auf den Kosmos. Diese Erfahrung wurde dadurch, daß Euklid sie axiomatisierte, zur Theorie verschärft.

4 Es ist durchaus zutreffend, daß aus der bloßen Annahme des Gleichgewichts gleicher Gewichte in gleichen Abständen vom Unterstützungspunkt nicht die umgekehrte Proportion zwischen Gewicht und Hebelarm einfach abgeleitet, daß überhaupt die bloße Abhängigkeit des Gleichgewichts von Gewicht und Abstand nicht „herausphilosophiert" werden kann. Doch irrt Mach, wenn er meint, Archimedes gebe vor, dies zu können. Das Anliegen des Begründers der theoretischen Statik bestand vielmehr darin, die statischen Erfahrungen seiner Zeit, die er als gegeben voraussetzt, in der Form eines Axiomensystems zur Theorie zu erheben. Archimedes unterstellt die Gültigkeit der Theorie „Euklidische Geometrie" *und die Erfahrung*, daß das Produkt $L \cdot P$ der entscheidende Maßbegriff ist. Er muß nun natürlich demonstrieren, daß diese beiden Voraussetzungen hinreichen, um die Theorie der Statik zu begründen, daß sie hinreichen, um die Sätze der Statik hieraus abzuleiten. *Diese* Demonstration mißdeutet Mach als Absicht des Archimedes, das statische Moment logisch-mathematisch deduzieren zu wollen und wirft ihm deshalb einen Zirkelschluß vor.

5 Machs Vorschlag, auf welche Weise man zum Begriff des statischen Moments hätte kommen können, ist ein typisches Beispiel für seine Identifizierung einer didaktisch geschickten Darstellung mit der Untersuchung der Gesetze, nach denen sich die Wissenschaft entwickelt.

6 Der philosophisch haarsträubenden Formulierung „instinktive Erkenntnisse von logischer Gewalt" ist — wie Machs Ausführungen zu Stevin zeigen — eine Einsicht in die epistemologische Basis der Physik inhärent. Denn jede phy-

sikalische Theorie beruht auf Prinzipien. Diese gründen zwar auf Erfahrungen, aber erst indem ihre Allgemeingültigkeit unterstellt wird, werden diese Erfahrungen zu Prinzipien verschärft (hier zum Prinzip des ausgeschlossenen Perpetuum mobile) und können so zur Grundlage der physikalischen Theorie werden. Das Funktionieren der jeweiligen Theorie rechtfertigt die Setzung der Allgemeingültigkeit. Mach reflektiert diese Setzung als instinktive Erkenntnis, da ihm eine rein empirische Begründung der Physik vorschwebt.

7 Mach schreibt dort: „Die Wahrnehmung des Strahlungsgleichgewichts eines Systems von Körpern gleicher Temperatur drängt sich ungesucht und *instinktiv* etwa so auf, wie die Ueberzeugung von dem Gleichgewicht der *Stevin*schen Kette (Mech., S. 50). Wie aus dem letzteren weitgehende Folgerungen gezogen werden können, die sich als *Bedingungen* des Gleichgewichts zu erkennen geben, kann ähnliches in Bezug auf das Temperaturgleichgewicht geschehen. In beiden Fällen sind die gezogenen Folgerungen vorher oder nachher durch besondere Beobachtungen bestätigt worden."

8 Sieht man einmal von Machs Berufung auf die instinktive Erkenntnis ab und nimmt das Prinzip vom ausgeschlossenen Perpetuum mobile als gesetztes physikalisches Prinzip (siehe die Anmerkungen 6 und 7), so bietet der vorangegangene Abschnitt eine interessante Studie über die Vorgeschichte der klassischen Mechanik, über die Entwicklung von der Statik zur Dynamik. Stevin fand mit seinem Kugelkranzbeweis eine Methode, um das allgemeine Problem des Gleichgewichts fester Körper nicht nur (wie Archimedes) unter dem Einfluß ausschließlich vertikal gerichteter Kräfte, sondern auch unter der Wirkung von Kräften, die in beliebigen Richtungen angreifen, behandeln zu können. Sein Werk verkörpert somit einen wichtigen Zwischenschritt auf dem Weg von Archimedes zu Galilei. Ausführlicher hierzu: J. C. Poggendorff, Geschichte der Physik, Leipzig 1879, S. 245–249; E. J. Dijksterhuis, Die Mechanisierung der Mechanik, Berlin – Göttingen – Heidelberg 1956, S. 360–366.

9 Mach stellt hier wiederum klar, daß Physik nicht auf Mathematik reduziert werden kann. Gewiß läßt sich die Vektorrechnung, darunter Sätze, die das Vektorparallelogramm

betreffen, rein mathematisch begründen. Daß aber physikalische Kräfte als Vektoren dargestellt werden können, dies bedarf der physikalischen Erfahrung, und deshalb ist der Satz des Kräfteparallelogramms nicht rein mathematisch herzuleiten. Vgl. auch Anm. 3.

[10] „Es ist klar, daß es dasselbe ist, hundert Pfund Wasser den Weg von einem Zoll machen zu lassen wie ein Pfund Wasser den Weg von 100 Zoll machen zu lassen."

[11] Vgl. Anm. 4.

[12] Lagrange lag die Newtonsche Mechanik in voller theoretischer Begründung vor. Seine Aufgabe sah er darin, die Mechanik mathematisch zu vervollkommnen, um sie für komplizierte Fälle leichter anwenden zu können. Um den von ihm verwandten mathematischen Formalismus als hierfür brauchbar nachzuweisen, mußte er demonstrieren, daß die (natürlich schon bekannten) Sätze der Mechanik im Rahmen seines Formalismus ableitbar sind. Mach mißversteht dieses Vorgehen als Absicht, mathematisch etwas beweisen zu wollen, was man in der Tat nur aus der Erfahrung wissen kann. Dieses Mißverständnis ist dem bezüglich des Archimedes analog. Vgl. auch Anm. 4.

[13] Der starke Bezug in dem Kapitel über die Statik auf Erfahrungen, die an irdischen Maschinen gewonnen wurden, sowie der Verweis darauf, daß Hebel und schiefe Ebene nicht einfach Naturprodukte, sondern geschaffene Idealobjekte sind, unterscheidet Machs Konzeption positiv von einer schlechthin empiristischen. Die Behauptung jedoch, auf diese Weise Sätze über die Natur als solche zu gewinnen, läßt außer acht, daß die Mechanik als Wissenschaft und damit als Naturtheorie nur dadurch begründet werden konnte, daß Newton irdische Mechanik und Planetentheorie synthetisierte. Mach schildert zwar an der entsprechenden Stelle (S. 208—215) die Keplerschen Leistungen als Voraussetzung für die klassische Mechanik, verkennt aber die prinzipielle Notwendigkeit eines zweiten Erfahrungsbereichs. Diese Vernachlässigung der „kosmischen Komponente" ist ein Grundmangel der gesamten Machschen „Mechanik" und bestimmt seinen Glauben, die Produktionsbasis der (neuzeitlichen) Wissenschaft, insbesondere die der klassischen Mechanik, auf das Handwerk reduzieren zu können. (Zur

Notwendigkeit, über die Kräfte der Hand hinauszugehen, wenn Wissenschaft betrieben werden soll, siehe: I. Newton, Mathematische Prinzipien der Naturlehre, hrsg. v. J. Ph. Wolfers, Berlin 1872, S. 1f.)

[14] Vgl. auch: E. Mach, Kultur und Mechanik, Stuttgart 1915.

[15] Machs Behauptung ist gewagt, da es einen Unterschied ausmacht, ob man die Begriffe, mit denen die statischen Prinzipien gefaßt werden, schon hat und sie auf flüssige Körper anwendet oder ob man sie an flüssigen Körpern zu bilden sucht. Daß letzteres möglich ist, hat Mach nicht bewiesen. Ein solcher Beweis dürfte auch schwerfallen, da man sich natürlich nicht von seinem Wissen befreien kann, da es nahezu unmöglich ist, von den Begriffen abzusehen, über die man schon verfügt.

[16] Die Gleichsetzung von aristotelischem und antikem Denken (vor Philoponos) läßt Ansätze, die für die spätere Physik fundamental wurden, von Aristoteles aber nicht in angemessener Weise rezipiert worden waren, außer acht. Erwähnt sei nur das vom Atomismus entwickelte Prinzip physikalischen Denkens.

[17] Es sei hier auf die Vorzüge der Machschen Betrachtungsweise verwiesen, die darauf orientiert, daß die uns heute geläufigen physikalischen Begriffe erst entwickelt werden mußten, und die bestrebt ist aufzuzeigen, welche grundlegende Rolle die Idealisierung neben der Abstraktion hierbei gespielt hat. Machs tiefsinnige Gedanken zu dieser Problematik finden allerdings ihre Grenze darin, daß er den Begriff lediglich als ein philosophisches Gebilde bestimmt. Bezüglich seines Urteils über das Verhältnis des ersten Axioms zum zweiten wird dieser empiristische Fehlgriff dann gar als physikalischer Fehler relevant (Vgl. auch Anm. 21). Da Mach in typisch empiristischer Manier das Einzelne für das gegenüber dem Allgemeinen Primäre hält (Vgl. auch Anm. 24), verläuft seine ursprüngliche, sehr sinnvolle Unterscheidung von Abstraktion und Idealisierung schließlich zu ein und derselben Vorgehensweise. Vgl. auch: E. Mach, Analyse der Empfindungen, Jena 1918, S. 262–266; E. Mach, Die Prinzipien der Wärmelehre, a. a. O., S. 456; E. Mach, Erkenntnis und Irrtum, a. a. O., S. 126–143, 192, 224 f., 313, 391, 455.

[18] Es gibt kein theoriefreies Experiment, keine theoriefreien

Tatsachen. Mach demonstriert dies im Grunde genommen selbst, und er müßte hier sein empiristisches Konzept kritisieren. Aber er verhindert diese Notwendigkeit durch die Flucht in die „instinktive Erkenntnis". Als rationaler Kern seiner Ausführungen bleibt jedoch, daß er feststellt: Galilei hat keine Naturphilosophie erdacht, sondern experimentiert. Da Mach spekulative Philosophie und Theorie nicht unterscheidet, erscheint ihm Galileis Vorgehen als ein theoriefreies. Dementsprechend erkennt er auch nicht, daß das *Prinzip der Kontinuität* auf „spekulativen", auf naturphilosophischen Voraussetzungen beruht. Vgl. auch Anm. 6.

[19] Mach schreibt dort: „Seit *Newton* hat nun das Trägheitsgesetz, welches bei *Galilei* noch eine blosse Bemerkung ist, die Würde und Unantastbarkeit eines päbstlichen Ausspruchs. Man kann dasselbe vielleicht am besten so aussprechen: Jeder Körper behält seine Richtung und Geschwindigkeit bei, so lange dieselbe nicht durch äussere Kräfte abgeändert wird. — Ich habe nun schon vor vielen Jahren bemerkt, dass in diesem Trägheitsgesetz eine große Unbestimmtheit liegt, indem nicht gesagt gegen welche Körper die Richtung und Geschwindigkeit des bewegten Körpers gemeint ist. Auf diese Unbestimmtheit, so wie auf eine Reihe von Paradoxen, die sich daraus ziehen lassen, und die Auflösung der Schwierigkeit habe ich zuerst in meinem von etwa 40 Zuhörern besuchten Collegium ‚über einige Hauptfragen der Physik' im Sommer 1868 aufmerksam gemacht. Derselbe Gegenstand wurde regelmässig in den folgenden Jahren von mir besprochen. Meine Untersuchung gelangte jedoch ... nicht zum Druck." Siehe auch: ebenda, S. 47–50; vgl. auch: Nachwort der Herausgeber S. 600–604.

[20] Damit Galilei das Ziel, das er sich gesetzt hatte, die aristotelische Bewegungslehre zu mathematisieren, um so die Bewegung meßbar zu machen, erreichen konnte, zerlegte er de facto den in der archimedischen Statik noch unaufgelösten Kraftbegriff — und zwar derart, daß die Bewegung mit den Begriffen Geschwindigkeit und Beschleunigung faßbar wurde, mit Größen also, die auf raum-zeitliche Größen zurückführbar sind. Dadurch war für Galilei der Anschluß an die Geometrie, die die noch fehlende physikalische Theorie vertrat, gegeben. Die Geometrie wurde so als Theo-

rie der Bewegungsmessung verwendbar. Aufgrund der noch fehlenden wirklichen Dynamik fungieren die (nach antikem Konzept ausgezeichneten) Kreisbahnen, in die aber die irdischen Bewegungen integriert werden, noch als ideale Bahnen, als Bahnen der natürlichen Bewegung. Die von Copernicus im Sinne des Heliozentrismus modifizierte Impetustheorie bot Galilei hierfür die begrifflichen Voraussetzungen. (Ausführlicher hierzu: M. Wolff, Geschichte der Impetustheorie. Untersuchungen zum Ursprung der klassischen Mechanik, Frankfurt a. M. 1978, S. 290–312.) Als „natürliche" Bewegung wird in der ausgearbeiteten klassischen Mechanik dann die Trägheitsbewegung unterstellt. Sie fungiert als Bewegungsetalon, an dem die Bewegung gemessen wird. (Ausführlicher dazu: H.-H. v. Borzeszkowski/R. Wahsner, Physikalischer Dualismus und dialektischer Widerspruch. Studien zum physikalischen Bewegungsbegriff, Darmstadt 1988).

21 Diese berühmte Kritik Machs beruht auf der auch heute noch stark verbreiteten Meinung, daß das zweite Newtonsche Axiom, das den Kraftbegriff definiert, das erste Axiom schon enthalte. Diese Interpretation ist jedoch falsch. Denn das erste Axiom hält fest, daß ein Körper auf sich selbst keine Kraft ausübt, d. h. daß die Kraft gleich Null ist, wenn nur ein einzelner Körper vorhanden ist. Damit eine Kraft vorhanden sein kann, muß noch etwas physikalisch Zweites, ein zweiter „Körper" da sein. Diese Feststellung folgt nun aber nicht schlechthin aus dem zweiten Axiom, sondern muß gesondert gefordert werden. Setzt man im zweiten Axiom für $\mathfrak{F}$ den Gravitationsausdruck ein, so zeigt sich, daß Terme auftreten, die unendlich groß werden. Es sind jeweils diejenigen, die die Wechselwirkung des jeweiligen Körpers mit sich selbst charakterisieren. Diese Terme müssen *per Festsetzung* weggelassen werden, um etwas physikalisch Sinnvolles zu erhalten. Das erste Axiom ist eine äquivalente Formulierung dieser Festsetzung. Für den allgemeinen Fall wäre es möglich (nachdem man zu dieser Einsicht in die Rolle des ersten Axioms gekommen ist), das erste Axiom durch bestimmte Strukturanforderungen an den im zweiten Axiom einzusetzenden Kraftterm $\mathfrak{F}$ zu ersetzen. Diese wären derart, daß die Kraft $\mathfrak{F}$ keine Funktion sein darf, die nur Größen enthält, die den sich bewegenden Körper charakterisieren.

Eine Diskussion mit Mach würde vermutlich zu keinem Ergebnis führen, da er die Notwendigkeit des ersten Axioms auch nicht im Sinne der hier gegebenen Interpretation einsehen würde. Sein Argument: Eine Kraft ist *selbstverständlich* eine Wirkung zwischen verschiedenen Körpern.

[22] Das physikalische Trägheitsprinzip kann aus einem metaphysischen Satz tatsächlich nicht als unmittelbar einleuchtend abgeleitet werden. Diese Feststellung impliziert aber nicht die Ansicht, das Trägheitsgesetz sei nichts weiter als die Folge des zweiten Axioms.

[23] D'Alembert hatte klargestellt, daß beide Maße richtig sind, daß sie aber verschiedene Größen erfassen. Vgl.: D'Alembert, Abhandlung über Dynamik, Leipzig 1899, S. 13–16.

Nachdem die Newtonsche Theorie vorlag, war in der Tat über das Maß der Bewegung nicht mehr zu streiten. Um zu dieser Theorie zu gelangen, war es aber sehr wohl nötig, diesen Streit zu führen. Der Streit um Begriffe ist – wie Mach an anderer Stelle ja selbst hervorhebt – notwendig, um die Zusammenhänge, die Gegenstand der Untersuchung sind, begrifflich adäquat zu fassen.

[24] Mach diskutiert in den vorangegangenen Abschnitten in einprägsamer Weise die Bedeutung des Satzes vom Kräfteparallelogramm für die Begründung der Mechanik und den Anteil, den Galilei an der Begründung dieses Satzes hatte. Er nimmt aber diese Diskussion zum Anlaß, um sein empiristisches Konzept in den historischen Gang der Physik hineinzuinterpretieren. Hiernach wird die Welt als eine unbegrenzte Mannigfaltigkeit einzelner Gegenstände (oder Empfindungskomplexe) unterstellt. Daß eine Tätigkeit der Vereinzelung erforderlich ist, um zum Einzelnen zu gelangen, wird völlig ignoriert und demzufolge gemeint, daß zuerst die „harten" Tatsachen, die wissenschaftlichen Einzelerkenntnisse – theoriefrei – zusammengetragen bzw. „erschaut" und erst hernach in einer Theorie synthetisiert werden. Machs Modifikation des Empirismus besteht lediglich darin, daß er nicht meint, das Bewußtsein sei, wenn es an die Erkenntnis der Wirklichkeit geht, eine tabula rasa, sondern verfüge schon über „instinktive Erkenntnisse". Es ist dies eine Modifikation, die auf Machs Kenntnis der Physik (die nicht empiristisch ist) zurückgeht.

Obwohl sie keineswegs für nichtig erklärt werden kann, so hebt sie doch den empiristischen Grundfehler nicht auf.

[25] Mach schreibt an den beiden zuerst genannten Stellen: „Auch *Fourier* befolgt die Methode, welche *Galilei* zum Verständniss der Wurfbewegung geführt hat. Er versucht einen Vorgang, welchen auf einmal zu begreifen nicht gelingen will, *schrittweise* zu verstehen, indem er denselben *in leichter übersichtliche Bestandteile zerlegt*."
„Die verschiedenen Strahlungsvorgänge denkt sich *Prévost gleichzeitig* und *unabhängig* voneinander, so wie sich *Galilei* (Mech., S. 156) mehrere Bewegungen gleichzeitig und unabhängig voneinander vorgehend denkt. — Der *Prévost*'sche Gedanke spielt auch, als Mittel der Erleichterung der Uebersicht und der Zerlegung verwickelter Vorgänge in einfachere Theile eine ganz analoge Rolle wie der *Galilei*'sche." Vgl. auch Anm. 20.

[26] Galileis Gedanken über das Kontinuum sind keinesfalls von mystischer oder verwunderlicher Natur, sondern sie beleuchten die Schwierigkeiten, die es macht, das Unendliche und das Unteilbare begrifflich zu erfassen. Machs Aversion gegen die Philosophie (als Kategorienlehre und Erkenntnistheorie) und die Atomistik läßt ihn den Sinn dieser Gedanken nicht erkennen. Insbesondere war Galilei bestrebt, nicht nur die (mechanische) Bewegung, sondern auch die Struktur der Körper geometrisch zu begründen, um sie so meßbar zu machen. Diese Absicht führte ihn zu der Auffassung, daß — genauso wie geometrische Körper sich aus unendlich vielen Punkten zusammensetzen — die physikalischen Körper aus unendlich vielen unendlich kleinen Atomen bestehen. Welche gedanklichen Schwierigkeiten diese Auffassung bereitet, diskutierte Galilei in den von Mach erwähnten Passagen. Vgl.: G. Galilei, Unterredungen und mathematische Demonstrationen über zwei neue Wissenschaften, die Mechanik und die Fallgesetze betreffend. Erster und zweiter Tag, hrsg. v. A. v. Oettingen, Leipzig 1890, S. 29–47.

[27] Vgl. Anm. 18.

[28] Dieser Terminus ist etwas irreführend, da er nicht erkennen läßt, daß sich Huygens mit der Konstruktion einer Uhr nicht als Handwerker beschäftigte, sondern als Wissenschaftler, der die Gesetze der Fall- und Pendelbewegung

untersuchte (Vgl. hierzu: A. Koyré, Metaphysics and Measurement, London 1968). Für Mach ist dieser Unterschied seiner Konzeption entsprechend unwichtig.

29 Einem gewissen zeitbedingten Sprachgebrauch folgend, rechnet Mach in diesem Abschnitt die Mechanik nicht zur Physik. Demzufolge setzt er auch die Huygensschen „rein mechanischen Erklärungen" der Newtonschen klassisch-mechanischen Fernwirkungstheorie entgegen.

30 Das Urteil Machs basiert auf dem mit der Entdeckung der Hertzschen Wellen erbrachten Nachweis der Wellennatur des Lichtes. Dieser Nachweis ist allerdings keine Bestätigung der Huygensschen Elastizitätstheorie, sondern Ausdruck der Tatsache, daß das Licht durch die Gleichungen der Maxwellschen Elektrodynamik, die nicht auf dem Begriff eines elastischen Äthers, sondern auf dem eines Vakuumfeldes beruht, beschrieben wird. Zudem ist aus der Sicht der modernen Quantenelektrodynamik, deren Begründung mit der Einsteinschen Lichtquantenhypothese begann (1905), das Licht sowohl wellen- als auch teilchenartig.

31 Da die Meinung stark verbreitet ist, Machs hauptsächliches Verdienst bestünde darin, die Newtonsche Mechanik grundlegend kritisiert zu haben, sei hier darauf aufmerksam gemacht, daß Machs Newton-Kritik auf einer tiefsinnigen Einsicht in Newtons Leistungen beruht. Mach erkennt die Newtonsche Mechanik als exakteste Naturwissenschaft seiner Zeit. Er hebt hervor, daß nach Newton kein wesentlich neues Prinzip der klassischen Mechanik ausgesprochen wurde. Und er versteht seine eigene Kritik als Diskussion um das philosophische Verständnis der mechanischen Prinzipien (Vgl. S. 272 f.).

32 Vgl. Anm. 13.

33 Man kann nicht — wie Mach glaubt — ohne weiteres, nicht ohne bestimmte theoretische und weltanschauliche Voraussetzungen, von der Erde auf den Kosmos schließen. Zu meinen, ein Kontinuitätsprinzip allein ließe diesen Schluß schon zu, unterstellt die die bürgerliche Weltsicht charakterisierende These von der naturgesetzlichen Einheit der Erde und des Kosmos als eine Selbstverständlichkeit, was sie zweifelsfrei nicht ist (Vgl. hierzu: R. Wahsner, Mensch und Kosmos. Die copernicanische Wende, Berlin 1978, S. 7–70).

Doch selbst unter Voraussetzung dieser These ist es nicht gerechtfertigt, *alle* irdischen Erfahrungen auf den Kosmos zu übertragen. Machs Behauptung: „Was einmal eine Eigenschaft der Natur ist, das findet sich immer und überall wieder" würde ja — so sie richtig wäre — jeden Zufall ausschließen, würde jedes Geschehen zu einem gesetzmäßigen erklären, es sei denn, man definiert nur das als „Eigenschaft der Natur", was ihr gesetzmäßig zukommt. Damit unterstellte man aber, daß schon die Einzelerfahrung für sich — vor der Überprüfung an „der" Natur, an der über das unmittelbar Erfahrene hinausgehenden Natur — entscheiden kann, was ein gesetzmäßiger Zusammenhang ist. In der Tat waren die Grundsätze und Untersuchungen, die Newton zu seiner Entdeckung führten, wesentlich differenzierter als Mach es mit seinem Kontinuitätsprinzip erfassen kann. (Bereits die von Mach zitierten Autoren Rosenberger und Goldbeck belegen dies.) Was er Newtons Phantasie nennt, ist dessen **physikalisch-theoretische Leistung** (die natürlich nicht ohne Phantasie zu erbringen war, aber sich ja doch nicht auf sie reduziert). Vgl. auch Anm. 13.

[34] Abgesehen davon, daß Mach Copernicus einige Seiten später (S. 253) noch einmal als denjenigen erwähnt, durch den eine Wandlung in der Auffassung des Weltsystems eingetreten war, und daß er ihn hin und wieder als Vorläufer Newtons mit aufzählt, ist dies hier die einzige Stelle, an der er auf Copernicus eingeht. Damit wird er seiner Bedeutung für die Herausbildung der Mechanik in keiner Weise gerecht. Auf die Gründe hierfür wurde schon verschiedentlich eingegangen (Vgl. z. B. die Anm. 13, 33). Ebendieselben Gründe bedingen auch, daß Mach die gedanklichen Voraussetzungen Keplers als wesentlich aristotelisch-scholastisch bestimmt. Vgl. hierzu und zum Verhältnis von Galilei und Kepler: R. Wahsner, Weltharmonie und Naturgesetz. Zur wissenschaftstheoretischen und wissenschaftshistorischen Bedeutung der Keplerschen Harmonielehre, in: Deutsche Zeitschrift für Philosophie (Berlin), *29* (1981), S. 531.

[35] Newton diskutierte diese Fragen vorrangig in den folgenden Schriften: I. Newton, Mathematische Prinzipien der Naturlehre, a. a. O. (Vorwort an den Leser, Regulae Philosophandi,

Scholium Generale); I. Newton, Briefe an W. Bentley, in: Isaac Newton's Papers and Letters on Natural Philosophy, ed. by I. B. Cohen, Cambridge 1958; I. Newton, Optics, with a foreword by A. Einstein, an introduction by Sir E. Wittaker, a preface by I. B. Cohen, Dover 1952 (bes. Frage 21, 22, 28, 31). Die Schriften verdeutlichen, daß der Gegenstand der Newtonschen Diskussion um das Gravitationsgesetz die Frage nach dem Charakter physikalischer Gesetze überhaupt war, die Frage nach dem Status der Mathematik im Rahmen einer physikalischen Theorie, die Frage danach, was *physikalisch erklären* bedeutet. Ausführlich hierzu: H.-H. v. Borzeszkowski/R. Wahsner, Newton und Voltaire. Zur Begründung und Interpretation der klassischen Mechanik, Berlin 1980, S. 31–40; R. Wahsner, Das Aktive und das Passive. Zur erkenntnistheoretischen Begründung der Physik durch den Atomismus – dargestellt an Newton und Kant, Berlin 1981, S. 47–54. Erstere Schrift enthält auch die oben genannten Originaltexte Newtons.

[36] Da sich gemäß der Einsteinschen Relativitätstheorie die Gravitationswirkung mit einer endlichen (der Lichtgeschwindigkeit gleichen) Geschwindigkeit ausbreitet, wird diese Theorie den hier von Mach genannten Forderungen gerecht. Als die Ausgabe der „Mechanik" von 1912 erschien, war Einstein allerdings noch damit beschäftigt, diese Theorie auszuarbeiten. Bekanntlich hat Mach dann aber die Allgemeine Relativitätstheorie abgelehnt – aus Gründen, die an anderer Stelle (S. 598–604, 633–642) erläutert werden. Diese Gründe waren für ihn offenbar so gewichtig, daß er die partielle Realisierung seiner Erwartungen durch die Allgemeine Relativitätstheorie nicht wahrnahm. Hätte er sie aber wahrgenommen, so hätte er vermutlich ähnlich wie im Zusammenhang mit der Diskussion über die atomistische Begründung der Thermodynamik gesagt: „Wenn es gelang, die Einsteinsche Hypothese und die Tatsache der endlichen Ausbreitungsgeschwindigkeit der Gravitation in Einklang zu bringen, so ist dies ein Glück für die Hypothese, aber nicht für die Tatsache" (Vgl. S. 611).

[37] Ausführlich zu Machs Newton-Kritik siehe S. 597–604.

[38] Mach schreibt dort:

„*Newtons* in den Prinzipien aufgestellte ‚leges motus' ... sind überhaupt vorzügliche Beispiele der Entdeckung durch

Abstraktion. Wenn wir von der Tautologie in Lex II (mutationem motus proportionalem esse vis motrici impressae) absehen, so steckt hier noch ein nicht ausdrücklich hervorgehobener Inhalt, der gerade die *wichtigste* durch Abstraktion gewonnene Entdeckung vorstellt. Es ist dies die Voraussetzung, daß alle *bewegungs*bestimmenden Umstände (‚Kräfte') *beschleunigungs*bestimmend sind. Wie kam man zu dieser Abstraktion, nachdem ein direkter Nachweis durch *Galilei* nur für die Schwere geliefert war? Woher wußte man, daß dies auch für elektrische und magnetische Kräfte gilt? Man mochte wohl denken: Allen Kräften gemeinsam ist der *Druck*, falls die Bewegung verhindert wird; der Druck wird immer dieselben Folgen haben, woher derselbe auch rühren mag; was für *einen Druck* gilt, wird auch für den *anderen* gelten. Diese Doppelvorstellung von der Kraft, als beschleunigungsbestimmend und als Druck, scheint mir auch die psychologische Quelle der Tautologie zu sein in dem Ausdrucke von Lex II. Ich glaube übrigens, daß man solche Abstraktionen nur richtig würdigt, wenn man dieselben als ein *intellektuelles Wagnis* auffaßt, das durch den *Erfolg* gerechtfertigt wird."

„Die Grundlage aller Erkenntnis ist also die *Intuition* (Ein einzelner individueller Befund, der ja nur eine Tatsache ist, kann als solcher nicht als Irrtum oder Erkenntnis bezeichnet werden.), welche sich sowohl auf sinnlich Empfundenes, wie auf bloß anschaulich Vorgestelltes, als auch auf potentiell Anschauliches, Begriffliches beziehen kann. Die *logische* Erkenntnis ist nur ein *besonderer* Fall des eben genannten. . . . Ist unser Interesse für einen neuen Befund erregt, wegen dessen unmittelbarer oder mittelbarer biologischen Wichtigkeit, wegen dessen Übereinstimmung oder Gegensatz mit anderen Befunden, so konzentrieren wir schon durch den psychischen Mechanismus der Association die Aufmerksamkeit auf zwei oder mehrere in dem Befund verbundene Elemente. Es tritt schon unwillkürliche *Abstraktion*, Nichtbeachtung der unwichtig erscheinenden Elemente ein, wodurch der Individualfall den Charakter eines allgemeinen, viele gleichartige Individualfälle repräsentierenden Falles erhält . . . Der erfahrene Forscher kann aber auch *absichtlich* und mit dem vollen Bewußtsein eines *Wagnisses*, von Nebenumständen absehend, in Voraussicht eines möglichen Erfolges, die Abstraktion *versuchsweise* vornehmen.

39 Vgl. die Kritik an Machs Begriff der Tatsache und des Tatsächlichen: S. 589–597, 625–630; Anm. 18.

40 Zu Machs Massedefinition siehe S. 598–601.

41 Besonders erwähnt seien die Seiten 268–271. Auf S. 271 schreibt Mach: „Es kann sich nicht darum handeln, für den Hand- und Hausgebrauch den vulgären Begriff der Materie, der sich für diesen Zweck instinktiv herausgebildet hat, abzuschaffen. Auch alle physikalischen Maßbegriffe bleiben aufrecht, und erfahren nur eine kritische Läuterung, wie ich dieselbe in Bezug auf Mechanik, Wärme, Elektrizität usw. versucht habe! Hierbei treten einfach *empirische* Begriffe an die Stelle der *metaphysischen*. Die Wissenschaft erleidet aber keinen Verlust, wenn das *starre, sterile, beständige, unbekannte Etwas* (die Materie) durch ein *beständiges Gesetz* ersetzt wird, das in seinen Einzelheiten noch weiter durch die physikalisch-physiologische Forschung aufgeklärt werden kann. Es soll hiermit keine neue Philosophie, keine neue Metaphysik geschaffen, sondern einem augenblicklichen Streben der positiven Wissenschaften nach gegenseitigem Anschluß entsprochen werden."

42 Kurz nach der von ihm angegebenen Stelle schreibt Mach: „Die Theile eines Körpers, d. h. deren auf verschiedene Reaktionen auftretenden Eigenschaften, sind addirbare Quantitäten. Die Materie oder ein Körper wird also *so vielfach substanziell* erscheinen, als Eigenschaften aufweisbar sind, so in Bezug auf das Gewicht, die Wärmecapazität, die Verbrennungswärme, die Masse u.s.w. Für *gleichartige* Körper gehen diese Quantitäten, da sie in jedem Teilchen aneinander gebunden sind, einander *proportional*, und man kann daher *jede* derselben als Maass der anderen benützen. *Newton* hat die *Masse* als *Quantität der Materie* bezeichnet, und dieser (scholastische) Ausdruck ist schon anderwärts beleuchtet worden (Mech., S. 181 [217]). Hier soll nur darauf hingewiesen werden, dass jede der beispielsweise angeführten Eigenschaften für sich eine *substanzielle Quantität* darstellt, so dass für den Begriff Materie eigentlich keine andere Funktion übrig bleibt, als jene, die *beständige Beziehung* der Einzeleigenschaften darzustellen. Von grosser praktischer

Bedeutung war der von *Newton* geführte experimentelle Nachweis, dass die *Masse* und das *Gewicht* (an demselben Orte der Erde) für ganz *beliebige* verschiedene Körper einander proportional sind (Mech., S. 183 [220]). Die Masse ist aber darum noch nicht die ‚Quantität der Materie', sondern *eine* (mechanische) Eigenschaft des als Materie bezeichneten Komplexes, ganz wie die übrigen als Beispiel angeführten." (E. Mach, Die Prinzipien der Wärmelehre, a. a. O., 426 f.)

43 Ob das Gegenwirkungsaxiom instinktiver Herkunft ist bzw. ob es instinktiv eingesehen werden kann oder nicht, ist für seine Bewertung völlig irrelevant. Die epistemologische Begründung und physikalisch-grundlagentheoretische Bedeutung dieses Axioms (wie auch die des ersten und zweiten) ergibt sich aus der Leistungsfähigkeit des Axiomensystems, dem es angehört. Ein einzelnes Axiom muß durchaus nicht für sich genommen eingesehen werden können. (Vgl. die Diskussion zwischen Albert Einstein und Hans Reichenbach: A. Einstein, Bemerkungen zu den in diesem Bande vereinigten Arbeiten, in: Albert Einstein als Philosoph und Naturforscher, hrsg. v. P. A. Schilpp, Braunschweig – Wiesbaden 1979, S. 503.) Das dritte Axiom stellt ebenso wie das erste (vgl. Anm. 21) bestimmte Forderungen an die Struktur des im zweiten Axiom einzusetzenden Kraftterms. Diese laufen darauf hinaus, daß sich die Gesamtheit der wechselwirkenden Körper wieder wie ein einzelner sich selbst überlassener Körper verhält, also sich geradlinig gleichförmig bewegt. Nach dieser Interpretation der Beziehungen der drei Newtonschen Axiome zueinander ist es klar, daß auf das erste Axiom niemals, auf das dritte gelegentlich verzichtet werden kann (wenn auch dies nicht ohne physikalische Einbuße).

Machs Weg, die Axiome zu begründen, gibt dem in ihnen auftretenden Kraftbegriff eine sinnesphysiologische Färbung (Kraft als Druck), die dem Newtonschen Kraftbegriff nicht gerecht wird. Siehe auch: E. Mach, Die Mechanik in ihrer Entwicklung, a. a. O., S. 216 mit den entsprechenden Anmerkungen.

44 Mach zieht hier die Grenzen der Mechanik so eng, daß er nicht einmal die Akustik zur Mechanik hinzurechnet, da er

die einzelnen Gebiete der Physik sinnesphysiologisch begründet sieht. Hiernach sind z. B. die dem Tast- und Gesichtssinn zugänglichen Bewegungen der Körper Gegenstand der Mechanik, während der dem Gehörsinn zugängliche Schall Gegenstand der Akustik ist, und der Gegenstand der Wärmelehre sind die Vorgänge, die den Wärmeempfindungen zugänglich sind. Nun trifft es zweifelsfrei zu, daß Optik und Thermodynamik nicht bzw. nicht schlechthin der Mechanik zugeordnet werden können. Doch ist dies keinesfalls sinnesphysiologisch zu erklären. Indiz für Machs Irrtum ist seine falsche Bestimmung des Verhältnisses von Akustik und Mechanik .Vgl. u. a.: E. Mach, Die Prinzipien der Wärmelehre, a. a. O., S. 2; E. Mach, Analyse der Empfindungen, a. a. O., S. 256 f.

[45] Vgl. hierzu: E. Cassirer, Newton and Leibniz, in: The Philosophical Review, Vol. LII 1943, Number 4.

[46] Das Gegenwirkungsaxiom ist im allgemeinen eine Aussage über die *Kräfte*, die Körper aufeinander ausüben (vgl. Anm. 43). Mach redet hier dagegen so, als handele es von den Impulsen MV und mv der Körper. Machs Formulierung ist eine unter sehr speziellen Voraussetzungen aus dem Gegenwirkungsaxiom zu ziehende Konsequenz. In den nachfolgenden Abschnitten kehrt Mach allerdings zur allgemeingültigen Formulierung des Gegenwirkungsaxioms zurück.

[47] Vgl.: G. Galilei, Unterredungen und mathematische Demonstrationen, a. a. O., S. 57 f.
Die Polemik gegen die Meinung der Aristoteliker, daß schwere Körper rascher fallen als leichte, wurde bereits lange Zeit vor Galilei im Rahmen der Impetustheorie (vgl. M. Wolff, Geschichte der Impetustheorie, a. a. O.) geführt, auf deren Argumentation Galilei aufbaut. Daß Mach dies außer acht läßt, folgt aus seiner Mißachtung der Notwendigkeit philosophischer Voraussetzungen für eine physikalische Theorie.

[48] Vgl. Anm. 43 sowie Nachwort der Herausgeber S. 598–604.

[49] Mach äußert hier den wichtigen Gedanken, daß es durchaus nicht selbstverständlich ist, verschiedene Körper mit dem gleichen Maß zu messen. Reale Gleichheiten herauszufinden, die sich in physikalische Meßgrößen fassen lassen, ist die Kunst der physikalischen Begriffsbildung. Daß Mach diese

Kunst zu würdigen weiß, ist ein großes Verdienst, das ihn gegenüber so manchem modernen Theoretiker auszeichnet. Verwunderlich ist hierbei allerdings, daß er die Bildung des Begriffs Materie für einen instinktiven Vorgang hält (vgl. E. Mach, Analyse der Empfindungen, a. a. O., S. 271; Anm. 41). Nach seiner Vorstellung setzt der wissenschaftliche Erkenntnisprozeß erst ein, wenn nach quantitativen Abstufungen der zuvor instinktiv erfaßten Qualität gefragt wird.

50 Der Haupteinwand gegen die Machsche Definition besteht darin, daß Mach die Allgemeingültigkeit seiner Massebestimmung nicht nachweist (vgl. Nachwort S. 598–602). Er unterstellt sie vielmehr. Das ist aber nur dann gerechtfertigt, wenn man die Gültigkeit der Newtonschen Theorie voraussetzt. Damit ist sein Massebegriff nicht theoriefrei und beruht insofern auch auf einer kosmischen Komponente, da diese der klassischen Mechanik inhärent ist (vgl. Anm. 13, 33).

51 An der erstgenannten Stelle schreibt Mach:
„Dass das Thermoskop an einem wirklich wärmeren Körper eine Volumenvergrösserung, an einem merklich kälteren eine Volumenverkleinerung zeigt, ist ja unzweifelhaft. Unsere *Wärmeempfindung* kann uns aber nicht sagen, dass dies bis zum vollen Ausgleich der Wärmezustände geht. Hingegen können wir dem neuen Standpunkt entsprechend ganz willkürlich festsetzen: *Als gleiche Wärmezustände verschiedener Körper sollen jene gelten, in welchen die Körper* (von Druckkräften, elektrischen Kräften u.s.w. abgesehen) *keine Volumenänderungen aneinander bestimmen*. Diese Definition kann sofort auch auf das Thermoskop Anwendung finden. Dasselbe wird den Zustand des berührten Körpers anzeigen, sobald durch die Berührung keine gegenseitige Volumänderung mehr bedingt ist."

52 Wie Helmholtz verweist Mach darauf, daß die Drittengleichheit von Größen nicht logisch erschlossen, sondern nur empirisch erforscht werden kann. Helmholtz geht allerdings noch einen Schritt weiter, indem er feststellt, daß nur solche Größen als physikalische Meßgrößen geeignet sind, die das Gesetz der Drittengleichheit erfüllen (vgl.: H. v. Helmholtz, Vorlesungen über theoretische Physik, Bd. I, 1. Einleitung zu den Vorlesungen über theoretische Physik, hrsg. v. A. König und C. Runge, Leipzig 1903, S. 28).

53 Diese berühmte Formulierung der Machschen Newton-Kritik ist Ausdruck des Bestrebens, die gesamte Newtonsche Theorie auf eine einzige Tatsache zu reduzieren, wodurch der Sinn der Newtonschen Axiomatik verschlossen bleibt (vgl. Anm. 43, 50).

54 Gemäß der Machschen Definition wird das negative reziproke Verhältnis der Beschleunigungen, die zwei Körper einander mitteilen, deren Massenverhältnis genannt. Mach will zeigen, daß diese Definition allgemein verwandt werden kann. Dies verlangt natürlich, auch nachzuweisen, daß die Meßbarkeit der Masse durch das Gewicht (bei unveränderlicher Schwerebeschleunigung) aus dieser Definition abgeleitet werden kann. Der hier versuchte Nachweis kann aber nicht als gelungen bezeichnet werden, denn er unterstellt ohne Beweis, daß alle hier auftretenden Kräfte (die äußere durch die Erde bedingte Schwerkraft plus der Fadenkraft) der direkten Wechselwirkung zwischen den beiden Körpern (über die in der Machschen Definition nur gesprochen wird) äquivalent sind (vgl. Nachwort der Herausgeber S. 598–602).

55 Daß der Mensch mit seinen Gedanken nur ein Stück Natur sein soll, ist Ausdruck der auch andernorts (vgl. Nachwort S. 590–593) kritisierten Machschen Absicht, den Dualismus von Subjekt und Objekt zu liquidieren.

56 Machs berühmte Kritik des Newtonschen Raum- und Zeitbegriffs resultiert aus seiner Absicht, eine metaphysikfreie Physik zu schaffen. Diese Zielstellung wird ausführlich im Nachwort kritisiert. Newtons Ausführungen über Raum und Zeit in den Präliminarien zu seinen „Prinzipien" versteht Mach als Absage an das „Tatsächliche". Damit hat er insofern recht, als es sich um erkenntnistheoretische „a-priorische"- Erklärungen handelt. Diese aber sind notwendig, und genau das sieht er nicht.

Man kann Newton nur dann vorwerfen, er habe dem Machschen Urteil Vorschub geleistet, wenn man die Notwendigkeit von Theorien (Wissenschaften) für die Erforschung der Natur und die an sie zu stellenden Anforderungen nicht begreift, wenn man glaubt, die sinnliche Wahrnehmung sei eine hinreichende Basis zur Erforschung der Natur. Um dieses Mißverständnis abzuwehren, schrieb Newton am Anfang seiner „Prinzipien": *„Zeit, Raum,*

Ort und *Bewegung* als allen bekannt, erkläre ich nicht. Ich bemerke nur, daß man gewöhnlich diese Größen nicht anders als in bezug auf die Sinne auffaßt und so gewisse Vorurteile entstehen, zu deren Aufhebung man sie passend in absolute und relative, wahre und scheinbare, mathematische und gewöhnliche unterscheidet." (I. Newton, Mathematische Prinzipien der Naturlehre, a. a. O., S. 25).

Newton spricht also explizit vom Vorurteil der Sinne und führt neben der relativen (scheinbaren, gewöhnlichen) Zeit und dem relativen Raum die Begriffe der absoluten (wahren, mathematischen) Zeit und des absoluten Raumes ein. Diese absolute Zeit und dieser absolute Raum sind nicht durch die Sinne gegeben; sie sind in der und durch die Theorie der Newtonschen Mechanik bestimmt. Newton hebt ausdrücklich hervor, daß man in einer empirischen Naturwissenschaft über die Sinne hinausgehen muß: „Es kann nämlich sein, daß kein wirklich ruhender Körper existiert, auf welchen man die Orte und Bewegungen beziehen kann." (Ebenda) Die absolute Zeit und der absolute Raum sind konstruktive Elemente der Newtonschen Mechanik, die es ermöglichen, die dynamischen Grundgesetze dieser Theorie zu formulieren.

Um diese Theorie experimentell überprüfen zu können, um sie mit der Erfahrung koppeln zu können, bedarf es zudem der Newtonschen Begriffe der relativen Zeit und des relativen Raumes, aus denen ein Maß für Raum-Zeit-Messungen zu gewinnen ist. Auch sie sind jedoch nicht unmittelbar durch die Sinne gegeben; sie sind meßtheoretische Konstruktionen, die wissenschaftliche Erfahrungen möglich machen. Raum und Zeit sind in der klassischen Mechanik weder rein rationale Setzungen noch etwas unmittelbar sinnlich Wahrnehmbares. Sie sind in dem Sinne physikalisch real, daß sie im Rahmen einer physikalischen Theorie definiert sind. Ob sie berechtigt sind oder nicht, kann also weder durch eine bloße logische Begriffsanalyse noch durch den Hinweis auf die alltägliche Sinneserfahrung entschieden werden, sondern nur durch die experimentelle Überprüfung der physikalischen Theorie als ganzer, in der sie bestimmt sind.

[57] Vgl. Anm. 13.

[58] Vgl. insbesondere: E. Mach, Analyse der Empfindungen, a.

a. O., S. 84–159, 200–213; E. Mach, Erkenntnis und Irrtum, a. a. O., S. 237–448. In letzterem Werk auf S. 434 schreibt Mach: „In physiologischer Beziehung sind Zeit und Raum Systeme von Orientierungsempfindungen, welche nebst den Sinnesempfindungen die Auslösung biologisch zweckmäßiger Anpassungsreaktionen bestimmen. In physikalischer Hinsicht sind *Zeit und Raum besondere Abhängigkeiten der physikalischen Elemente voneinander*. Dies spricht sich schon darin aus, daß Maßzahlen von Zeit und Raum in allen Gleichungen der Physik vertreten sind, und daß die chronometrischen Begriffe durch Vergleichung der physikalischen Prozesse, die geometrischen Begriffe durch Vergleichung der Körper untereinander gewonnen werden."

59 Mach schreibt dort: „Es ließe sich leicht durch analoge Beispiele aus anderen Gebieten der Physik darthun, dass die Menschen überhaupt die Neigung haben, ihre selbstgeschaffenen abstrakten Begriffe zu hypostasiren, ihnen Realität ausserhalb des Bewusstseins zuzuschreiben. *Platon* hat von dieser Neigung in seiner Ideenlehre nur einen etwas freien Gebrauch gemacht. Selbst Forscher wie *Newton* waren, ihren Grundsätzen zum Trotz, nicht immer vorsichtig genug. Es verlohnt sich also wohl der Mühe, zu untersuchen, worauf dieser Vorgang in diesem besonderen Falle beruhen mag. Wir gehen bei unseren Beobachtungen von der *Wärmeempfindung* aus, sehen uns aber später genöthigt, *dieses Merkmal* des Verhaltens der Körper durch *andere Merkmale* zu ersetzen. Diese Merkmale, welche nach Umständen verschiedene sind, gehen aber einander nicht *genau parallel*. Gerade deshalb bleibt insgeheim und unbewusst die ursprüngliche Wärmeempfindung, welche durch jene unter einander nicht genau übereinstimmenden Merkmale ersetzt wurde, der *Kern* unserer Vorstellungen."

60 Im Abschnitt „Zeit und Raum physikalisch betrachtet" bezieht Mach seine vorangegangenen psychologischen und sinnesphysiologischen Untersuchungen explizite auf die Physik.

61 Mit der Feststellung, „in Wirklichkeit" sei alles relativ, kann man eine physikalische Theorie, also auch die klassische Mechanik, nicht kritisieren. Die Begriffe Masse, Geschwindigkeit, Kraft sind physikalische Begriffe und das heißt, sie können nicht an sich, sondern nur im Rahmen der jeweiligen

physikalischen Theorie bestimmt werden. Eine solche muß aber stets etwas als absolut *setzen*. Natürlich darf man nicht vergessen, daß es sich um eine *Setzung* handelt und darf den in ihr formulierten Zusammenhang nicht als an sich bestehend deklarieren.

[62] Der „absolute" Raum, die „absolute" Zeit, die „absolute" Bewegung sind in der Tat Gedankendinge. Ohne sie kommt aber keine physikalische Theorie aus. Machs Umbildung der Newtonschen Mechanik, die den absoluten Raum durch die Gesamtheit der kosmischen Massen zu ersetzen sucht, befreit die Theorie nicht von dieser Notwendigkeit. Denn die Gesamtheit der kosmischen Massen ist ein ebensolches Absolutum wie der „absolute Raum" (vgl. auch: Nachwort S. 602–604, 636f.). Machs Glaube, man könne Grundsätze aufstellen, die die Grenzen der Erfahrung nicht überschreiten, ist auf seine Prämisse der instinktiven Erkenntnis zurückzuführen (vgl. Anm. 6). Überschritte man die Erfahrung jedoch nicht, so wäre jegliche Wissenschaft unmöglich – worauf Boltzmann Mach mit zwingenden Argumenten hingewiesen hat (vgl. Nachwort S. 613, 617f.).

[63] „*Zusatz 5.* Körper, welche in einem gegebenen Raum eingeschlossen sind, haben dieselbe Bewegung unter sich; dieser Raum mag ruhen oder sich gleichförmig und geradlinig, nicht aber im Kreise fortbewegen." (I. Newton, Mathematische Prinzipien der Naturlehre, a. a. O., S. 38)

[64] In seinem Brief vom 25. Juni 1913 an Mach hat Einstein auf diese Kritik Machs an der Newtonschen Argumentationsweise verwiesen. Einstein meinte zu jener Zeit, daß in seiner Allgemeinen Relativitätstheorie die Trägheitseigenschaften der Körper aus einer Art Wechselwirkung der Körper folgen würden. Insbesondere führe gemäß der Allgemeinen Relativitätstheorie die Rotation einer Masseschale um eine durch ihren Mittelpunkt gehende Achse zu einer Corioliskraft im Inneren der Schale. Einstein hatte daher die Hoffnung, die auf ein rotierendes Wassergefäß wirkenden Trägheitskräfte durch die Rotation gegen den Fixsternhimmel („Masseschale") erklären zu können. Diese Ansicht schien dann auch durch die Resultate von H. Thirring und J. Lense (H. Thirring, Über die Wirkung rotierender ferner Massen in der Einsteinschen Gravitationstheo-

rie, Physikalische Zeitschrift *19*, 33 (1918), J. Lense/H. Thirring, Über den Einfluß der Eigenrotation der Zentralkörper auf die Bewegung der Planeten und Monde nach der Einsteinschen Gravitationstheorie, Phys. Zs. *19*, 156 (1918)) bestätigt zu werden. Bald zeigte sich aber, daß gemäß der Allgemeinen Relativitätstheorie die Trägheit eines Körpers *K* (insbesondere die auf ihn wirkenden Trägheitskräfte) durch die Wechselwirkung mit anderen Körpern nur modifiziert und nicht völlig bestimmt wird (vgl.: H.-J. Treder, Die Relativität der Trägheit, Berlin 1972).

65 Es wird hier deutlich, daß Machs Kritik am Newtonschen absoluten Raum in den früheren Auflagen der „Mechanik" ihren Ursprung auch in einem physikalisch-mathematischen Mißverständnis der klassischen Mechanik hatte. Offenbar glaubte Mach zunächst, daß der absolute Raum durch ein einziges Bezugssystem gegeben ist, auf das alle in der Mechanik beschriebenen Vorgänge unabdingbar bezogen werden müssen (vgl. Nachwort S. 603). Er geht allerdings nicht so weit, den Newtonschen absoluten Raum als Gesamtheit der Galileischen Inertialsysteme zu begreifen und unter der Voraussetzung dieses entmetaphysizierten Raumbegriffs seine frühere Kritik zu überprüfen.

66 Vgl. Nachwort der Herausgeber S. 601—604

67 Das Glück, von dem Mach hier spricht, ist die Voraussetzung, unter der es möglich ist, Einzelwissenschaft überhaupt zu betreiben. In der philosophischen Reflexion ist nicht zu vergessen, daß man von der Welt als Ganzes abgesehen hat. Und für die Einzelwissenschaft ist es erforderlich, erkenntnistheoretische Prinzipien vorauszusetzen, nach denen die jeweils betrachteten Systeme isoliert werden *können*.

68 Daß die Namen Einstein, Lorentz, Poincaré hier nicht mit genannt werden, beruht darauf, daß die Spezielle Relativitätstheorie (1905) den Machschen Erwartungen nicht gerecht wurde. In einer Relativitätstheorie im Sinne Machs dürften nur die Abstände, Geschwindigkeiten und Beschleunigungen zwischen den Körpern, also die relativen Abstände, Geschwindigkeiten, Beschleunigungen auftreten. Dieser Forderung genügt die Spezielle Relativitätstheorie nicht. In ihr ändern sich beim Übergang von einem Bezugssystem zu einem geradlinig gleichförmig dazu bewegten die

räumlichen und zeitlichen Abstände; diese sind also nicht absolut, sondern bezugssystemabhängig. Daher ihr Name. Die Spezielle Relativitätstheorie postuliert die Gültigkeit des sog. speziellen Relativitätsprinzips für alle physikalischen Theorien. Dieses Prinzip stellt eine Verallgemeinerung des Galileischen Relativitätsprinzips dar, dem die klassische Mechanik genügt.

[69] Zu Machs zusammenfassender Newton-Kritik vgl. vor allem: Nachwort S. 598–604 sowie die Anm. 21, 43.

[70] Vgl. Anm. 38.

[71] Das in der Wissenschaft in der Tat enthaltene subjektive Element wird von Mach nur als Konvention reflektiert, was darauf zurückzuführen ist, daß er das Erkenntnismittel unter das Erkenntnissubjekt subsumiert.

Aus der Tatsache, daß es auch andere Darstellungen der klassischen Mechanik gibt als die von Newton gegebene, folgt nicht, daß es sich bei den Grundsätzen der Mechanik um Konventionen handelt. Denn es sind nur Darstellungen erlaubt, die physikalisch-inhaltlich der Newtonschen äquivalent sind.

[72] Hier wird deutlich, daß Mach die Geschichte nicht als einen gesetzmäßigen Prozeß denkt. Historische Untersuchungen sind für ihn wichtig, um die historischen Zufälle, die zu unseren Begriffen geführt haben, aufzuspüren. Dieser Zufälligkeit versucht Mach durch nachträgliche sinnesphysiologische und psychologische Erklärungen der Begriffsbildungen einen gewissen notwendigen Anstrich zu geben.

[73] Zum Verhältnis von Mach und Hertz siehe: Nachwort S. 604–609.

[74] „Nun ist es bekannt, daß der Körper von der Ruhe in A aus längs AB Geschwindigkeiten erlangt, proportional der Zeit, der Wert in B wird der größte sein, und würde unabänderlich dem Körper innewohnen, wenn neue Ursachen der Beschleunigung oder Verzögerung fehlten; der Beschleunigung, wenn der Körper noch weiter fiele, der Verzögerung, wenn er längs BC anstiege; längs der Horizontalen GH würde also die in B erlangte Geschwindigkeit ohne Ende beharren." (G. Galilei, Unterredungen und mathematische Demonstrationen über zwei neue Wissenszweige, die Mechanik und die Fallgesetze betreffend. Dritter und vierter Tag, hrsg. v. A. v. Oettingen, Leipzig 1891, S. 57 f.) *Dialog über die zwei hauptsächlichen Weltsysteme. Zweiter Dialog:*

„*Sagr.* Wenn aber das Geschütz nicht lotrecht aufgepflanzt wird, sondern nach irgend welcher Richtung geneigt, wie beschaffen muß dann die Bewegung der Kugel sein? Fliegt sie etwa wie vorher längs einer lotrechten Linie und kehrt auch wieder längs dieser zurück?
Simpl. Das wird sie nicht tun, sondern nach Verlassen des Geschützes wird sie ihre Bewegung in der geraden Linie fortsetzen, welche die Verlängerung der Achse des Laufes bildet, abgesehen von der Ablenkung, die sie durch ihr eigenes Gewicht von dieser Richtung erfährt.
Sagr. Danach ist also die Richtung des Laufes maßgebend für die Bewegung der Kugel, sie verläßt diese Linie nicht oder würde sie doch nicht verlassen, wenn ihr eigenes Gewicht sie nicht nach unten ablenkte ..." (G. Galilei, Dialog über die beiden hauptsächlichen Weltsysteme, das ptolemäische und das copernicanische, übers. und erläutert v. Emil Strauß, Leipzig 1891, Zweiter Tag, S. 184.) *Unterredungen und mathematische Demonstrationen. Dritter Dialog:* „Zudem ist zu beachten, daß der Geschwindigkeitswert, den der Körper aufweist, in ihm selbst unzerstörbar enthalten ist (impresso), während äußere Ursachen der Beschleunigung oder Verzögerung hinzukommen, was man nur auf horizontalen Ebenen bemerkt, denn bei absteigenden nimmt man Beschleunigung wahr, bei aufsteigenden Verzögerung. Hieraus folgt, daß die Bewegung in der Horizontalen eine unaufhörliche sei, denn wenn sie sich stets gleich bleibt, wird sie nicht geschwächt oder aufgehoben, geschweige denn vermehrt." (G. Galilei, Unterredungen und mathematische Demonstrationen, a. a. O., S. 57.)

[75] Vgl. Anm. 31. Um die Tragweite der Newtonschen Prinzipien zu demonstrieren, beweist Mach in den folgenden Abschnitten vor allem, daß die Statik ein Spezialfall der Dynamik ist.

[76] Mach weist nicht nur die Statik als Spezialfall der Newtonschen Dynamik nach, sondern er verweist an verschiedenen Stellen auch darauf, daß in der Statik Ansätze für die begriffliche Grundlegung der Dynamik entwickelt wurden. Wenn er hier aber von einer absichtlichen Beschränkung auf statische Probleme spricht, so unterschätzt er das qualitativ Neue, das mit der Dynamik vorgelegt wurde. Machs Sicht ist

seinem Bestreben geschuldet, möglichst in allen mechanischen Naturvorgängen eine einzige Tatsache zu „erschauen", sowie seinem Bestreben, die Newtonsche Dynamik aus dem Umgang mit den klassischen Maschinen herzuleiten (vgl. Anm. 13). Nach der Logik, die Mach hier zugrunde legt, müßte es möglich sein, die klassische Mechanik, die Grenzfall sowohl der Relativitätstheorie als auch der Quantenmechanik ist, als relativitätstheoretische oder als quantenmechanische Mechanik zu bezeichnen.

[77] Vgl. Anm. 23.

[78] Machs Kritik an den evidenten Ausgangssätzen des Descartes trifft den rationalistischen Mangel des cartesischen Konzepts. Er bemerkt aber nicht, daß seine „instinktive Erkenntnis von logischer Gewalt" und das „Erschauen" von Prinzipien nicht weit von den angeborenen Ideen und der Selbstevidenz entfernt sind.

[79] Mach verfällt hier wie auch anderenorts nicht in den Fehler vieler sich mit der Geschichte ihres Faches beschäftigenden Physiker, die naturphilosophische Gedanken aus der Vorgeschichte der Physik mit modernen Formalismen zu erfassen suchen.

[80] Die Bewegungsgröße wird heute als Impuls, die lebendige Kraft als kinetische Energie bezeichnet.

[81] Machs Bedürfnis, Gefühle und Instinkte in die Wissenschaft einzubeziehen, enthält als rationalen Kern die Ahnung, daß die Mechanik wie jede physikalische Theorie keine Aussagen über das Verhalten sinnlich-konkreter Naturgegenstände trifft, sondern über die Beziehungen zwischen Meßgrößen (die Verstandesgegenstände sind), und aus diesem Grunde zu der physikalischen Theorie noch etwas hinzutreten muß, um mit ihr wirkliche Zusammenhänge erfassen zu können. Machs Versuch, Theorie und Wirklichkeit durch die Erklärung zu verknüpfen, daß unser Organismus selbst ein Stück Mechanik ist, führt allerdings nicht zur Lösung des Problems. Denn eben weil die Gegenstände der Mechanik keine sinnlich-konkreten sind, kann unser Organismus kein Stück dieser Mechanik sein. Das Verkennen der Mechanik als Theorie ist eine notwendige Konsequenz von Machs Bestreben, ihre Begriffe von jeglichen philosophisch-erkenntnistheoretischen Voraussetzungen zu befreien.

[82] So sehr Mach auch die Physik von der Mathematik unterschieden wissen will und so auch betont, daß der d'Alembertsche Satz kein neues *physikalisches* Prinzip ist, so sehr weiß er den Nutzen der Mathematik für die Physik zu schätzen. Er sieht ihn vor allem in der Erweiterung des Anwendungsbereiches der Physik und in der bequemeren Lösung physikalischer Aufgaben. Die Rolle der Mathematik als Sprache der Physik scheint ihm hingegen weniger gegenwärtig zu sein.

[83] Vgl. M. Planck, Das Prinzip der kleinsten Wirkung, in: Die Kultur der Gegenwart, 3. Abt., 1. Band. Physik, Leipzig 1925.

[84] Zur Leistung Maupertuis siehe: E. Du Bois-Reymond, in: Sitzungsberichte der Preußischen Akademie der Wissenschaften, Berlin 1892, S. 409–430.

[85] Die Tendenz, alles auf Mechanik zu reduzieren, herrschte noch bis zum Ende des vorigen Jahrhunderts vor. Namhafte Wissenschaftler wie z. B. Hermann v. Helmholtz, Emil Du Bois-Reymond oder Heinrich Hertz sahen das Endziel der Naturwissenschaften darin, sich in Mechanik aufzulösen (vgl. H. v. Helmholtz, Über das Ziel und die Fortschritte der Naturwissenschaft, in: H. v. Helmholtz, Philosophische Vorträge und Aufsätze, Berlin 1971, S. 164), „die Welt mechanisch zu begreifen und sofern das nicht gelingt, den unlösbaren Rest des Exempels klar und bestimmt auszusprechen" (E. Du Bois-Reymond, Brief an Eugen Dreher, zit. nach: E. Dreher, Die Grundlagen der exakten Naturwissenschaften im Lichte der Kritik, Dresden 1900, S. 114), bzw. bemühten sich, ein vollständig in sich zusammenhängendes System der Mechanik konsequent durchzuführen und die vielen speziellen Prinzipien aus einigen wenigen oder möglichst nur einem abzuleiten (vgl. H. Hertz, Die Prinzipien der Mechanik, in neuem Zusammenhange dargestellt, in: Gesammelte Werke von Heinrich Hertz, hrsg. v. Ph. Lenard, Bd. 3, Leipzig 1894, S. 4). Dies hat natürlich nichts mit Mechanizismus zu tun, solange es sich im Rahmen der Physik abspielt. Nach einer möglichst einheitlichen physikalischen Theorie zu streben, muß ein Grundanliegen der Wissenschaft sein, wenn sie sich nicht selbst auflösen will. (Mechanizismus ist stets eine inadäquate philosophische Rezeption einer schon vorliegenden einzelwissenschaftlichen Theorie.)

Wie der Gang der Geschichte bewiesen hat, ist es nicht gelungen, verschiedene physikalische Theorien auf der Basis der klassischen Mechanik zu vereinigen. Dennoch hat die Mechanik für das Gesamtgebäude der Physik grundlegende Bedeutung, insofern bei der Fortentwicklung der Physik immer wieder auf ihre Grundbegriffe und Fragestellungen zurückgegriffen werden mußte, insofern sie für die meßtheoretische Grundlegung einer jeden physikalischen Theorie unentbehrlich ist. Machs Analogiekonzept (vgl. Anm. 86) deutet auf diese Bedeutung der Mechanik hin, vermag sie aber keinesfalls voll zu erfassen. Dies ist nicht verwunderlich, da für Mach aufgrund der Subsumtion des Erkenntnismittels unter das Erkenntnissubjekt das Problem der Verknüpfung beider nicht existiert. Vgl. Nachwort S. 589–597.

86 Mach schreibt an den von ihm angegebenen Stellen: „Obgleich also die *ursprünglichen* Begriffe in ihrer Einfachheit nicht mehr zugänglich waren, hat man es doch vorteilhafter gefunden, dieselben entsprechend zu modifizieren, anstatt ganz neue an deren Stelle zu setzen, schon deshalb, weil für eine angenäherte Darstellung die älteren einfachen Begriffe wirklich ausreichen. — Das Produkt $\varkappa\vartheta$ (Wärmekapazität $\times$ Temperatur — d. V.) der Wärmelehre ist analog dem Produkt mv der Mechanik. Die gegenseitigen Temperaturänderungen sind wie die gegenseitigen Geschwindigkeitsänderungen von entgegengesetzten Zeichen. Negative Massen sind ebenso wenig gefunden worden als negative Wärmecapacitäten. Doch haben sich die Massen als unabhängig von den Geschwindigkeiten gezeigt, während die Wärmecapacitäten von den Temperaturen abhängen. Ueber die $\varkappa\vartheta$ lassen sich analoge Sätze für *eine* Dimension aufstellen wie über mv für *drei* Dimensionen."„Ohne also die physikalischen Vorgänge als *identisch* mit mechanischen zu betrachten, können wir letztere immerhin zur Erläuterung der ersteren benützen. Was die *mechanische* Physik Bleibendes geleistet hat, besteht in der That in der Durchleuchtung grosser physikalischer Kapitel durch *mechanische* Analogien (Lichttheorie), oder in der Ermittlung exacter *quantitativer* Beziehungen zwischen *mechanischen* und *anderen physikalischen* Processen (Thermodynamik)."

„Die *physikalischen* Vorgänge bieten mannigfache Analogie zu *rein mechanischen*. Temperaturdifferenzen, elektrische Differenzen, gleichen sich ähnlich aus wie Lagendifferenzen der Massen. Gesetze, welche dem Newton'schen Gegenwirkungsprincip, dem Gesetz der Erhaltung des Schwerpunktes, der Erhaltung der Quantität der Bewegung, dem Princip der kleinsten Wirkung u.s.w. entsprechen, lassen sich in *allen* physikalischen Gebieten aufstellen. Diese Analogien können nun darauf beruhen, dass, wie die Physiker gern annehmen, alle physikalischen Vorgänge eigentlich *mechanische* sind. Ich bin aber im Gegentheil seit langer Zeit der Ansicht, dass sich *allgemeine* phänomenologische Gesetze auffinden lassen, welchen die mechanischen als Specialfälle einfach unterzuordnen sind. Die Mechanik soll uns nicht sowohl zur *Erklärung* derselben, sondern vielmehr als *formales Muster* und als *Fingerzeig* bei Aufsuchung jener Gesetze dienen. Darin scheint mir der Hauptwerth der Mechanik für die gesammte physikalische Forschung zu liegen."

„Erst wird uns der freie Fall der Körper vertraut. Die Begriffe Kraft, Masse, Arbeit werden in geeigneter Modifikation auf die elektrischen und magnetischen Erscheinungen übertragen . . ., und diese Methode verbreitet sich über die ganze Physik. . . . Eine solche Beziehung von Begriffssystemen, in welcher sowohl die Unähnlichkeit je zweier homologer Begriffe als auch die Übereinstimmung in den logischen Verhältnissen je zweier homologer Begriffspaare zum klaren Bewußtsein kommt, pflegen wir eine Analogie zu nennen. Dieselbe ist ein wirksames Mittel, heterogene Tatsachengebiete durch einheitliche Auffassung zu bewältigen. Es zeigt sich hier deutlich der Weg, auf dem sich eine *allgemeine*, alle Gebiete umfassende *physikalische Phänomenologie* entwickeln wird." (Sammlung „Populärwissenschaftliche Vorlesungen" S. 279 f.)

[87] Diese Bemerkung Machs wirft die Frage nach dem Verhältnis von Mechanik und Thermodynamik auf. Nun war gerade in den Jahrzehnten vor dem Erscheinen der „Mechanik" viel zur Beantwortung dieser Frage geleistet worden. Maxwell, Krönig, Clausius u. a. hatten die kinetische Gastheorie begründet, Boltzmann und Clausius hatten hiervon

ausgehend den Zusammenhang von Mechanik und Thermodynamik weitgehend aufgeklärt. Aufgrund seiner Ablehnung der Atomistik nimmt Mach diese Entwicklung kaum zur Kenntnis. Er meint, die phänomenologische Thermodynamik könne nicht mechanisch-atomistisch begründet werden. Er sieht – wie er in „Prinzipien der Wärmelehre" ausführlich darstellt – die Leistungen von Maxwell u. a. nur darin, auf Analogien zwischen thermodynamischen und mechanischen Begriffen hingewiesen zu haben (vgl. z. B.: E. Mach, Die Prinzipien der Wärmelehre, a. a. O., S. 298, 364; siehe auch Anm. 86).

88 Zu Machs historischer Sicht, die in dieser Periodisierung wieder deutlich wird, siehe: Nachwort S. 573f., 589–597.

89 „Wenn Gott im Falle einer Unregelmäßigkeit meines Körpers denjenigen eines Nashorns derart eingerichtet hätte, daß seine Bewegungen derart eins wären mit den Befehlen meines Geistes, daß es seine Pfote hebt, wenn ich meine Hand heben möchte, und ebenso die anderen Tätigkeiten, dann wäre dies mein Körper. Ich befände mich plötzlich in der Gestalt eines Nashorns inmitten Afrikas, aber nichtsdestotrotz würde mein Geist fortfahren, dieselben Operationen auszuführen. Ich würde mich gleichermaßen beehren, V. A. zu schreiben, aber ich weiß nicht, wie sie meine Briefe aufnehmen würden."

90 Mach verwechselt hier die philosophische Rezeption der Physik, die gewiß noch lange nach Copernicus und teils bis in unser Jahrhundert hinein nicht frei von theologischen Beimischungen war, und die erkenntnistheoretischen Voraussetzungen, auf denen eine physikalische Theorie aufbaut. In diese Voraussetzungen sind – wie Mach bezüglich Galilei, Huygens und Newton selbst bemerkt – niemals theologische Elemente eingegangen, sonst wäre es nicht gelungen, eine experimentell vorgehende Naturwissenschaft zu begründen. Letzteres muß den Schöpfern einer solchen Theorie durchaus nicht bewußt sein. Die experimentelle und praktische Überprüfung der Theorie lehrt sie, ob auf ihren unterstellten erkenntnistheoretischen Voraussetzungen eine Theorie errichtet werden konnte, die die jeweils Gegenstand seiende Bewegung meßbar und berechenbar gemacht hat oder nicht. Nicht zu verkennen ist jedoch die der Aufklärung

verpflichtete Absicht Machs, nachzuweisen, daß die Naturwissenschaft der Theologie nicht bedarf.

91 Das Konzept der französischen Aufklärung blieb Mach verschlossen. Es hängt dies wesentlich damit zusammen, daß er zwischen dem erkenntnistheoretischen Status einer Weltanschauung und dem einer Naturwissenschaft nicht zu unterscheiden weiß – nicht davon zu reden, daß die weltgeschichtliche Rolle der Französischen Revolution kein Thema seiner historischen Betrachtungen ist.

92 Newton hat sich zwar in den „Prinzipien" nicht der Fluxions- bzw. Infinitesimalrechnung bedient, sondern seine mathematischen Ableitungen mit geometrischen Methoden durchgeführt. Das berechtigt aber nicht dazu, seine Mechanik als eine rein geometrische anzusehen. Mach widerspricht diesem Urteil selbst, wenn er anderenorts darauf verweist, daß Physik nicht auf Mathematik reduziert werden kann und andererseits alle physikalischen Prinzipien der Mechanik von Newton angegeben wurden. Machs Bezeichnungen der Mechanik als synthetische, analytische, geometrische beziehen sich nur auf die mathematische Darstellungsform der Mechanik.

93 Siehe Anhang S. 653–669.

94 Zur Diskussion des Machschen Wissenschafts- und Erkenntnisbegriffs siehe Nachwort der Herausgeber.

95 Ob eine Verallgemeinerung der dreidimensionalen euklidischen Geometrie mehr als ein mathematisches Gedankending ist, kann – wie Mach auch bemerkt – nur durch die Erfahrung entschieden werden. Diese Erfahrung ist aber nicht mit der bloßen sinnlichen Wahrnehmung gegeben, sondern nur mit der experimentellen Bestätigung derjenigen physikalischen Theorie, der die jeweilige Geometrie zugrunde gelegt ist.

96 Mach schreibt dort: „Die Ansicht, dass es bei der Wissenschaft hauptsächlich auf Bequemlichkeit und Ersparnis im Denken ankommt, vertrete ich seit Beginn meiner Lehrthätigkeit. Die Physik mit ihren Formeln, mit ihrer Potentialfunktion, ist besonders geeignet diese Ansicht klar zu stellen. Das Trägheitsmoment, das Centralellipsoid u.s.w. sind z. B. nichts wie Surrogate, durch die man mit Bequemlichkeit die Betrachtung der einzelnen Massenpunkte er-

spart. Besonders klar fand ich diese Ansicht bei meinem Freunde, dem Nationalökonomen E. Herrmann. Von ihm habe ich den mir sehr passend scheinenden Ausdruck angenommen: ‚Die Wissenschaft hat eine ökonomische oder wirthschaftliche Aufgabe'."

[97] Gemeint sind die Vorträge „Die ökonomische Natur der physikalischen Forschung" (1882) und „Über Umbildung und Anpassung im naturwissenschaftlichen Denken" (1883) aus der Sammlung „Populär-wissenschaftliche Vorlesungen". Bei dem Zitat aus der „Wärmelehre" handelt es sich offensichtlich um einen Druckfehler. Mach meint den Abschnitt „Die Ökonomie der Wissenschaft", S. 391–395.

[98] Mach schreibt dort: „Das vorliegende Buch stellt sich eine analoge Aufgabe wie meine ‚Mechanik'. ... Dasselbe strebt nach *erkenntniskritischer Aufklärung der Grundlagen der Wärmelehre*, legt die Thatsachen dar, unter deren Eindruck die Begriffe der Wärmelehre entstanden sind, und zeigt wie weit und warum erstere von letzteren durchleuchtet werden. Auch in Bezug auf dieses Gebiet habe ich meinen Standpunkt bereits in älteren Schriften angedeutet. ... − Das Buch ist, so wie die ‚Mechanik', einerseits das Ergebnis und andererseits die Grundlage meiner Vorlesungen. Es mag wohl schon manchem Lehrer vorgekommen sein, dass er, hergebrachte allgemein angenommene Ansichten mit einer gewissen Begeisterung vorbringend, plötzlich merkte, dass die Sache nicht mehr recht von Herzen ging. Stille nachträgliche Ueberlegung führt dann gewöhnlich sehr bald zur Entdeckung logischer Ungehörigkeiten, die einmal erkannt, unerträglich werden. So entstanden allmählich viele der hier vorgebrachten Einzelerörterungen, mit welchen ich meinem principiellen Streben, auch aus diesem Kapitel der Physik müssige, überflüssige Vorstellungen und unberechtigte metaphysische Ansichten zu entfernen, zu entsprechen hoffe."

[99] Mach diskutiert das Problem der Vererbung erworbener Eigenschaften und die Erklärungsleistung einer derartigen These. Dazu prägt er den schönen Satz: „Der Zufall ist kein Aktionsprinzip".

[100] Nach Diskussion der Gaußschen Dioptrik kommt Mach zu dem Ergebnis: „Es trifft also hier nicht zu, dass mit *gegebe-*

nen Mitteln nur *ein* Endresultat auf *eine* Weise erzielt werden kann. Geistige Arbeit kann (in Bezug auf einen bestimmten Zweck) gerade so *vergeudet* werden, wie Wärme in der Dampfmaschine für *mechanische* Arbeit verloren gehen kann."

[101] Vgl. die Anm. 29 und 44.

[102] Vgl. Anm. 86.

[103] Mach verweist wiederum auf seinen Vortrag „Das Prinzip der Vergleichung in der Physik". Vgl. auch Anm. 86.

[104] Der Verweis meint den Abschnitt „Der Vergleich als wissenschaftliches Prinzip" (S. 396–405). Vgl. auch Anm. 86.

[105] Siehe Anm. 87.

[106] Mach schreibt dort: „Es wird nun nach diesen Betrachtungen nicht schwer fallen, die Quelle aufzufinden, aus der das Princip des ausgeschlossenen perpetuum mobile herstammt. Es ist wieder nur eine andere Form des Causalgesetzes. — ‚Es ist nicht möglich, Arbeit aus Nichts zu schaffen'. Wenn eine Gruppe von Erscheinungen zur Quelle von fortwährender Arbeit werden soll, so heisst dies, sie soll eine Quelle fortwährender Veränderung einer anderen Gruppe von Erscheinungen werden. Denn vermöge des allgemeinen Naturzusammenhanges stehen alle Erscheinungen auch mit mechanischen in Connex, also mit Arbeitsleistung. Jede Quelle fortwährender Veränderung von Erscheinungen ist eine Quelle von Arbeit. Und umgekehrt. — Wenn nun die Erscheinungen $\alpha\beta\gamma$ ... von den Erscheinungen xyz ... abhängen, so bestehen gewisse Gleichungen ..., aus welchen sich die $\alpha\beta\gamma$ eindeutig bestimmen, wenn die xyz gegeben sind ... Soll eine Gruppe von Erscheinungen xyz ... zur Quelle von Arbeit werden, ... so muss xyz selbst in fortdauernder Veränderung begriffen sein. Dies ist eine schärfere, Missdeutungen nicht zugängliche, Form des Satzes vom ausgeschlossenen perpetuum mobile."

[107] In der hier zitierten Auflage S. 279.

[108] Zu Machs Auffassung der Beziehung der Mechanik zur Physiologie siehe Nachwort der Herausgeber, 593ff.

[109] In der neunten Auflage der „Mechanik" von 1933 verweist der Herausgeber Ludwig Mach hier auf: E. Mach, Kultur und Mechanik, Stuttgart 1915.

Zur vorliegenden Ausgabe

Unser Text bietet die siebente Auflage von 1912, die Ausgabe letzter Hand. Machs Vorworte zu den einzelnen Ausgaben (1883, 1888, 1897, 1901, 1904, 1908, 1912) verweisen auf die Änderungen, die er jeweils vorgenommen hat. Die wichtigsten waren die Aufnahme der Abschnitte „Die Hertzsche Mechanik" und „Verschiedene Auffassungen der hier dargelegten Gedanken" in die Ausgabe von 1901 und die Zusätze, die zunächst in einem Anhang zusammengestellt und dann in den Text der Ausgabe von 1912 eingearbeitet wurden. Der Ausgabe von 1912 wurde auch die milde Korrektur der Kritik des Newtonschen Raumbegriffs (S. 257) sowie das Schlußwort beigefügt. Die nach Machs Tod erschienenen Ausgaben unterscheiden sich nur durch die Vorworte bzw. durch einen Anhang, den der Herausgeber J. Petzold der achten Auflage von 1921 angefügt hatte, den aber die neunte Auflage von 1933, hrsg. von Ph. Lenard, nicht mehr enthält.

Die Rechtschreibung und Interpunktion wurde behutsam modernisiert, d. h. sie wurde nur dort geändert, wo sie der gegenwärtigen Schreibweise direkt widersprach. Offensichtliche Druckfehler der vorangegangenen Auflagen wurden ebenfalls korrigiert. Die Seitenangaben zu Machs „Mechanik" im Text wie im Anhang beziehen sich auf die vorliegende Ausgabe. Wo der Originaltext frühere Ausgaben zitiert, sind die Seitenangaben unserer Ausgabe in eckigen Klammern nachgestellt. Die von Mach selbst gemachten Anmerkungen sind mit Sternchen gekennzeichnet und befinden sich auf der jeweiligen Seite. Die Anmerkungen der Herausgeber wurden durchgehend numeriert und stehen im Anhang.

Weiterhin wurden in unseren Anhang neben dem Nachwort der Herausgeber und biographisch-bibliographischen Daten zu Ernst Mach eine Auswahl zeitgenössischer Texte von Ernst und Ludwig Mach, Max Planck und Albert Einstein aufgenommen, die Machs Wirken in der damaligen Grundlagendiskussion der Physik veranschaulichen sollen.

Nachwort der Herausgeber

Das vor über 100 Jahren erstmals erschienene Werk „Die Mechanik in ihrer Entwicklung. Historisch-kritisch dargestellt" verfaßte Ernst Mach ausgehend von der Überlegung, daß die Kenntnis der Entwicklungsgeschichte der Mechanik für ihr volles Verständnis und damit für das volle Verständnis der Physik notwendig ist. Denn − so meinte er − Begriffe, deren Entwicklungsgeschichte man nicht kennt, laufen immer Gefahr, verabsolutiert und ontologisiert zu werden. Mach wollte zudem am Beispiel der Mechanik zeigen, wie Naturwissenschaft überhaupt zustande kommt.

Diese von einem bedeutenden *Physiker* dargestellte Physikgeschichte − beginnend mit der Statik des Archimedes und endend mit der nach-Newtonschen Ausgestaltung der Mechanik durch d'Alembert, Lagrange und Hamilton − wurde zu einer Zeit geschrieben, als bedingt durch die Begründung neuer physikalischer Theorien über den Status der Mechanik im Gebäude der Physik heftig gestritten wurde und Klarheit über die erkenntnistheoretische Basis der Physik gewonnen werden mußte. Das Studium dieses Machschen Werkes kann auch heute noch dazu beitragen, das epistemologische Fundament der Physik zu begreifen und damit die gegenwärtige Diskussion um das Selbstverständnis der Wissenschaft und der Philosophie fördernd zu beeinflussen. Dies setzt allerdings voraus, daß der weltanschauliche und wissenschaftshistorische Hintergrund, vor dem dieses Werk entstanden ist, zur Kenntnis genommen wird.

Ernst Machs physikalische und physikhistorische Leistungen sind sehr wohl von seinem philosophischen Standpunkt zu unterscheiden, wenn sie auch keineswegs beziehungslos neben ihm stehen. Mach war durchaus auch Machist. Doch er war –im Gegensatz zu den Machisten im allgemeinen – auch Physiker, und hinter seinem philosophischen Konzept steht ein physikalisches Grundlagenproblem, das mit der notwendigen Kritik seines philosophischen Konzepts nicht hinweggewischt werden darf.

Indem Mach die begriffliche Grundlegung der Mechanik durch Newton analysierte und kritisierte, deckte er prinzipielle Probleme der epistemologischen Fundierung der Mechanik auf und attackierte maßgeblich *die Auffassung seiner Zeit* über die Art der Newtonschen Grundlegung. Sein Anliegen war vor allem anti-metaphysisch, anti-mechanizistisch und anti-rationalistisch. Es kam ihm darauf an, bewußt zu machen, daß Erfahrung durch nichts, also durch keinerlei logische Ableitung oder metaphysische Überlegung, ersetzt werden und daher insbesondere Physik nicht auf Mathematik reduziert werden kann. Die durch nichts zu kompensierende Rolle der Erfahrung mißdeutete er aber derart, daß er die Bedeutung der Theorie für die Möglichkeit der Erfahrung, namentlich der wissenschaftlichen Erfahrung, verkannte, also Kants Einsicht, daß Erfahrung eine Erkenntnisart ist, die Verstand erfordert,[1] verwarf. Zwar sah Mach, daß die Physik auf Sätzen gründet, die auf nicht abschließbarer Erfahrung beruhen, doch schloß er daraus, daß sie keine objektiven Wahrheiten darstellten, sondern nur Denkmittel der Physik seien, die zur ökonomischsten Darstellung dieser Wissenschaft verhelfen. Der Fehler liegt hier nicht darin, theoretische Voraussetzungen als Mittel zu bestimmen, sondern darin, das Erkenntnismittel begrifflich unter das Erkenntnissubjekt zu subsumieren.

Mach erkannte, daß es – um das von der Physik Erfaßte epistemologisch bewerten zu können – notwendig ist, die Grundlagen der menschlichen Erfahrung zu untersuchen. Es war ihm bewußt, daß diese Untersuchung nicht von der Physik selbst durchgeführt werden kann. Doch aufgrund seiner Ablehnung jeglicher Metaphysik – Metaphysik sowohl im Sinne von Mechanizismus und Anti-Dialektik als auch im Sinne von Erkenntnistheorie und Kategorienlehre,[2] sah er diese auch

---

[1] Vgl.: I. Kant, Kritik der reinen Vernunft, Leipzig 1924, S. 23.
[2] Nach Hegel (Enzyklopädie, § 26) charakterisiert die Metaphy-

nicht als einen Gegenstand der Philosophie an. Er setzte vielmehr alle seine Hoffnungen auf die Sinnesphysiologie. Der rationale Kern des Machschen Konzepts liegt mehr im Negativen, darin, wogegen er polemisierte, in der Erkenntnis der Grenze der Physik (als einer Einzelwissenschaft) und dem Wunsch, diese zu überspringen. Der von Mach konzipierte Weg dieses Überspringens kann nicht akzeptiert werden. Machs Ersetzung der Erkenntnistheorie bzw. der Philosophie durch Sinnesphysiologie und Psychologie liegt in seinem kontemplativen Sinnlichkeitsbegriff und seinem bürgerlich-abstrakten Menschenbild begründet, die beide durch die Marxsche Philosophie − die Mach nicht zur Kenntnis nahm − schon überholt waren.

Um das Machsche Konzept und vor allem seine physik-historische Darstellung in den „Zeitgeist" einordnen zu können, muß die physikalische Grundlagendiskussion zwischen Ernst Mach, Heinrich Hertz, Ludwig Boltzmann, Max Planck und Albert Einstein rezipiert werden. In ihr ging es vordergründig um das Verhältnis der klassischen Mechanik zur statistischen Thermodynamik, mithin zur physikalischen Atomistik, und zur Elektrodynamik, hintergründig jedoch um das Verhältnis vom Mathematik, Physik und Wirklichkeit. In diesem Zusammenhang ergab sich auch die Frage, auf die Lenin in seinem Werk „Materialismus und Empiriokritizismus" starken Bezug nahm: Löst sich durch die moderne Physik die Materie in Gleichungen auf? Insofern jene Diskussion das Verhältnis

---

sik die erste Stellung des Gedanken zur Objektivität. Sie ist jenes unbefangene Verfahren, das noch ohne Bewußtsein des Gegensatzes des Denkens in und gegen sich den Glauben enthält, daß durch das Nachdenken die Wahrheit erkannt werde, daß durch das Nachdenken das, was die Objekte wahrhaft sind, vor das Bewußtsein gebracht werde. Insofern nun aber das Nachdenken zunächst überhaupt das Prinzip der Philosophie enthält (Enzyklopädie, § 7), so führt die Ablehnung der Metaphysik nicht nur zur Bekämpfung von Mechanizismus und ontologischer Naturspekulation, sondern zur Ablehnung und Bekämpfung der Philosophie überhaupt, wenn die Metaphysik nicht auch (neben dem Empirismus) als notwendiges, aufgehobenes Moment der (dialektischen) Philosophie erkannt wird. Machs anti-metaphysische Haltung war genau von dieser Art.

von Empirie und Theorie zum Gegenstand hatte, fand sie eine Parallele in Debatten anderer Fachgebiete sowie in den philosophischen Auseinandersetzungen jener Zeit. Erwähnt sei nur der Methodenstreit der spätbürgerlichen Nationalökonomie.

Die Machsche Arbeit über die Geschichte der Mechanik wirkte sich auf die weitere Entwicklung der Physik (Hertzsche Relativmechanik, Einsteinsche Allgemeine Relativitätstheorie) und deren philosophische Rezeption maßgeblich aus. Die Wirkung Machs auf Naturwissenschaftler war u. a. deshalb so groß, weil seine Sicht auf die Physik genau die war, die ihnen unmittelbar einleutete, wenn sie im Rahmen naturwissenschaftlicher Begriffsbildungen über ihre Disziplin nachdachten, ohne den Status dieser Begriffsbildungen erkenntnistheoretisch zu reflektieren. Das Machsche Konzept hat aber nicht nur Naturwissenschaftler beeinflußt, sondern auch in der österreichischen und in der russischen Sozialdemokratie eine große Rolle gespielt. Dies veranlaßte bekanntlich Lenin, Machs Konzept in seinem Werk „Materialismus und Empiriokritizismus" grundsätzlich zu kritisieren. Der Machsche Einfluß ist auch heute noch − wenn auch nicht unter dem Namen „Mach" − durchaus vorhanden. Eine philosophische Analyse der erkenntnistheoretischen und physikproblematischen Basis, von der aus Mach seine Geschichte der Mechanik schrieb, ist daher nach wie vor von Bedeutung.

* * *

Ernst Mach wurde in seinen physikalischen und philosophischen Arbeiten durch das Vermächtnis der achtundvierziger Revolution und dessen Konsequenzen für die Entwicklung von Wissenschaft und Philosophie bestimmt.

Wissenschaft und Technik nahmen einen enormen Aufschwung. Die wissenschaftliche Situation zur Mitte des 19. Jahrhunderts ist insbesondere durch die bekannten drei großen Forschungsergebnisse charakterisiert: durch die Entdeckung der organischen Zelle, das Gesetz von der Erhaltung und Umwandlung der Energie und die Abstammungslehre: In den Jahren 1838/39 wiesen Matthias Schleiden und Theodor Schwann nach, daß die Zelle die Grundform und die strukturelle Einheit des pflanzlichen wie des tierischen Organismus bildet und konzipierten eine geschlossene Zellulartheorie des

Aufbaus der Organismen. In den Jahren von 1842 bis 1857 entdeckten und begründeten vorrangig Robert Mayer, James Prescott Joule und Hermann v. Helmholtz das Gesetz von der Erhaltung und Umwandlung der Energie. Im Jahre 1859 erschien das Hauptwerk von Charles Darwin „The origin of species by means of natural selections".[3] In den sechziger Jahren eröffnete sich mit der durch Gustav R. Kirchhoff und Robert W. Bunsen entdeckten Spektralanalyse eine grundlegend neue Möglichkeit, den Zusammenhang zwischen der irdischen Laborphysik und kosmischen bzw. astronomischen Theorien zu überprüfen. Im letzten Jahrfünft des Jahrhunderts kamen weitere grundlegende physikalische Erkenntnisse hinzu, so die Entdeckung der Röntgenstrahlen, des Elektrons, der Radioaktivität und der Quantenstruktur der schwarzen Strahlung.

Die naturwissenschaftliche Diskussion jener Zeit wurde maßgeblich durch die Entwicklung der Thermodynamik und der Elektrodynamik geprägt. Sie galt vor allem der Frage, ob die Begründung derartiger neuer Gebiete auch der Begründung neuer physikalischer Prinzipien bedarf oder ob die Prinzipien der Mechanik eine allgemeingültige Grundlage der Physik bilden. Die Differenz zwischen klassischer Mechanik und mechanistischer Weltanschauung wurde implizite hierbei mit diskutiert. „Kosmische" Verabsolutierungen neuer Erkenntnisse

---

[3] Diese bedeutsamen wissenschaftlichen Ereignisse beruhten auf naturwissenschaftlichen Erkenntnissen, die in den Jahrzehnten bis zur Mitte des 19. Jahrhunderts gewonnen wurden und führten deren Grundgedanken fort. Als wesentliche seien genannt: Antoine L. Lavoisier entdeckte die Massenerhaltung. John Dalton schuf mit seiner Atomtheorie eine wissenschaftliche Basis für die Chemie. Durch Friedrich Wöhler, dem eine erste Synthese von organischen Substanzen aus anorganischen Ausgangsstoffen gelang (1828), brach eine der Stützen des Vitalismus zusammen. Die französische Physiologieschule unter François Magendie und Marie Jean Flourens erbrachte durch ihre Vivisektionen zahlreiche Beweise der physischen Bedingtheit des psychischen Geschehens. Die Embryologie stürzte die Präformationstheorie mit dem Nachweis der Entwicklung aller pflanzlichen und tierischen Keime. Immanuel Kant und Pierre Simon Laplace hatten das kosmische Geschehen, Jean-Baptiste de Lamarck und Etienne Geoffroy St. Hilaire die Organismenwelt durch naturgeschichtliche Prozesse zu erklären versucht.

blieben dabei nicht aus. Erinnert sei nur an den Energetismus.

Der wissenschaftliche Progreß ließ ein einheitliches wissenschaftliches Weltbild in greifbare Nähe gerückt erscheinen. So interpretiert ein Zeitgenosse Ernst Machs, der Berliner Physiologe Emil Du Bois-Reymond, Sekretar der Akademie der Wissenschaften, auf einer Sitzung der Akademie im Jahre 1882 die wissenschaftlichen Zustände seiner Zeit in der folgenden Weise: Man muß „bis auf *Newtons* Zeiten zurückgehen . . ., um einem Beispiel einer ähnlichen Erweiterung unserer theoretischen Vorstellungen zu begegnen, wie sie der Lehre von der Erhaltung der Energie und von der Bewegung, die wir Wärme nennen, entsprang. Wie damals . . . so umfaßt, durch die Arbeiten unserer Generation von Forschern, jetzt ein Prinzip die Gesamtheit der dem Versuch, der messenden Beobachtung und der Rechnung zugänglichen Erscheinungen: Mechanik, Akustik, Optik, den Proteus Elektrizität, die Wärme und die spannkräftigen Phänomene der Gase und Dämpfe. . . . Anorganische und organische Chemie, von Anbeginn geschieden, erkennen jetzt in der Quantivalenz der Atome einen alles beherrschenden Grundgedanken an. . . . (Analog) wurde das Gebiet des Lebens durch die Deszendenztheorie zu einem Bilde zusammengefaßt, welches die unermeßliche Gestaltenfülle der Gegenwart mit den unscheinbaren Spuren der Vergangenheit in einem Rahmen vereint . . . An Stelle des leblosen Systems der älteren Schule schwebt uns jener *Darwinsche* Baum vor, in dessen immergrüner Krone der Mensch selber nur ein Zweig ist . . . Eine höhere Entwicklungsgeschichte führt die Biologie durch Paläontologie und Geologie zurück bis zur feurig flüssigen Jugend unseres Planeten, und reicht hier in der Nebularhypothese der Lehre von der Erhaltung der Energie die Hand, während Anthropologie, Ethnographie, Urgeschichte den Übergang vermitteln zur Linguistik, der Erkenntnistheorie und den historischen Wissenschaften . . . Auch Wissenschaften, deren Kreise früher kaum je sich schnitten, näherten sich einander. Die Spektralanalyse schlug eine Brücke zwischen Astronomie und Chemie."[4]

---

[4] E. Du Bois-Reymond, Über die wissenschaftlichen Zustände der Gegenwart. In der Sitzung der Akademie der Wissenschaften

Dieses schöne Bild wissenschaftlichen Fortschritts sieht man allerdings — wie Du Bois-Reymond selbst bemerkt — nur, wenn man sich aus dem Gefühl der zeitgenössischen Einzelkämpfe auf eine Höhe begibt, von der man den sich verwirklichenden Plan überblickt. Findet man diesen Standpunkt nicht, so sieht man ein ganz und gar gegenteiliges Bild — ein Bild der Zersplitterung und des Praktizismus: „Wir haben Mühe, ... die uns auferlegte äußere Arbeit zu verrichten und doch der inneren Arbeit treu zu bleiben, welche unser eigenster Beruf ist ... Die Hydra krankhaft gereizten Nationalgefühls erhebt rings Haupt um Haupt und entzweit sogar die bisher als Glieder einer Gemeinde sich fühlenden Gelehrten verschiedener Länder ... Aber auch die neuere Entwicklung des wissenschaftlichen Lebens selbst läßt wenig ansprechende Züge erkennen ... An Stelle edler Hetärien trat in oft sehr gehässiger Form rücksichtsloser Kampf ums Dasein ... Der Strom der Erkenntnis spaltet sich in immer zahlreichere, immer unbedeutendere Rinnsale und läuft Gefahr, im Sand und Sumpf sich zu verlaufen. In der vorwärts jagenden Hast gilt jeder Stillstand zum Über- oder Rückblick für Zeitverlust ... An Stelle gesunder Verallgemeinerung aber regt sich wieder in Deutschland die erhebliche Neigung zu ungezügelter Spekulation. Im Abscheu der falschen Naturphilosophie erwachsen, müssen wir erleben, daß das uns folgende Geschlecht, welches wir strenge geschult zu haben glaubten, in Fehler zurückfällt, von denen das Geschlecht vor uns sich zürnend abwandte ... Die Fülle der durch die neuere Entwicklung der Technik ins Spiel kommenden Mittel und Kräfte wirkt durch unzählige Verkettungen auf alle Kreise und Schichten der Gesellschaft zurück, und der endliche Sieg des Utilitarismus, dessen Lehren ohnehin der Menge stets einleuchteten, scheint nah. So sieht man für die reine Wissenschaft mit Besorgnis einer schlimmen Zeit entgegen, ohne bestimmte Hoffnung auf baldigen günstigen Umschwung".[5] Das „gebildete" Deutschland und die in seinen Kulturkreis einbezogenen Gebiete waren mit der Re-

---

zur Geburtstagsfeier des Kaisers und Königs am 23. März 1882 gehaltene Rede, in: E. Du Bois-Reymond, Vorträge über Philosophie und Gesellschaft, hrsg. v. S. Wollgast, Berlin 1974, S. 192—195.

[5] Ebenda, S. 189—192.

volution von 1848 auf den Boden der Praxis übergegangen und hatten der Theorie den Absagebrief erteilt.[6]

Es nimmt daher nicht wunder, daß zu der staatlichen Förderung und der aufsteigenden Entwicklung von Naturwissenschaft und Technik (die ihren Ausdruck auch in der Herausbildung eines Stammes von Naturwissenschaftlern und Technikern fand, die ideologisch so geformt waren, daß sie der kapitalistischen Gesellschaftsordnung und ihrem Staat treu dienten) der Niedergang der bürgerlichen Gesellschaftswissenschaft und der bürgerlichen Philosophie im Kontrast stand. Dennoch mußten Naturwissenschaft und Technik noch bis zum Ende des 19. Jahrhunderts an den deutschen Universitäten und Hochschulen um ihre Gleichberechtigung kämpfen. Dieser Widerspruch spiegelte sich in den heftigen Parteienkämpfen innerhalb der akademischen und der nichtakademischen bürgerlichen Philosophie, im Widerstreit zwischen den alten bürgerlichen Ideen und Idealen und den ideologischen Bedürfnissen der neuen imperialistischen Philosophie.

In der Mitte des vorigen Jahrhunderts vollzog die bürgerliche Philosophie im industrialisierten Europa gegenüber dem bürgerlichen philosophischen Denken der ersten Hälfte jenes Jahrhunderts eine schroffe Wende, verursacht durch den Übergang der Bourgeoisie von einer revolutionären (wenn auch häufig nur zögernd revolutionären) Klasse zu einer betont nichtrevolutionären Klasse. Dieser Übergang war in Deutschland bereits während der Revolution von 1848/49 deutlich geworden.

In der Politik ließ diese Wende die deutsche Bourgeoisie zunächst den politischen Kompromiß mit der feudalen Reaktion suchen, was schließlich zum junkerlich-kapitalistischen „Deutschen Reich" von 1871 führte. Mit diesem schloß die seit dem Vormärz hinter Deutschland wirtschaftlich zurückgebliebene österreichisch-ungarische Monarchie 1879 ein Bündnis, das dann vierzig Jahre hindurch zu den fundamentalen Tatsachen der Weltpolitik gehörte.[7]

---

[6] Vgl. F. Engels, Ludwig Feuerbach und der Ausgang der klassischen deutschen Philosophie, in: MEW, Bd. 21, Berlin 1962, S. 306.

[7] Ausführlich zur speziellen Situation in Österreich, siehe: A. Fuchs, Geistige Strömungen in Österreich 1867–1918, Wien 1978.

Die genannte Wende verlangte jedoch auch nach einer philosophischen Rechtfertigung. Denn die Philosophie, die das Bürgertum in den Jahrzehnten vor der 48er Revolution hervorgebracht hatte, war hierfür weitgehend ungeeignet. Das Charakteristische der modernen bürgerlichen Philosophie[8] war nunmehr die Preisgabe des philosophischen Wahrheitsgehalts, der materialistischen und dialektischen Momente der Philosophie. Der *philosophische* Erkenntnisfortschritt vollzog sich nach 1848 jenseits des bürgerlichen Denkens, das in Hegel und Feuerbach gipfelte. Mit der klassischen Philosophie der Bourgeoisie ist — wie Engels schreibt — der alte theoretisch-rücksichtslose Geist verlorengegangen und gedankenloser Eklektizismus, ängstliche Rücksicht auf Karriere und Einkommen sind an seine Stelle getreten: „In demselben Maße, wie die Spekulation aus der philosophischen Studierstube auszog, um ihren Tempel zu errichten auf der Fondbörse, in demselben Maß ging auch dem gebildeten Deutschland jener große theoretische Sinn verloren, der der Ruhm Deutschlands während der Zeit seiner tiefsten politischen Erniedrigung gewesen war — der Sinn für rein wissenschaftliche Forschung, gleichviel, ob das erreichte Resultat praktisch verwertbar war oder nicht, polizeiwidrig oder nicht".[9] Das Verlangen, einen philosophisch adäquaten Ausdruck für ihre nachrevolutionäre Situation zu finden, stellte die Bourgeoisie vor nicht wenige Schwierigkeiten, die allein mit dem Rückgriff auf zuvor kaum beachtete Philosophen wie A. Schopenhauer nicht zu lösen waren. Es konnte die Naturwissenschaft — auf deren Resultate sich von jeher Materialisten und Atheisten beriefen — philosophisch nicht ignoriert werden. Denn ohne die Naturwissenschaft und ihren raschen Fortschritt vermochte sich die Bourgeoisie weder zu behaupten noch zu entwickeln. Sie ist an der Entwicklung der Naturwissenschaft unmittelbar interessiert. Sie und ihre Ideologen orientierten sich daher auf die industrielle Praxis und die messende und rechnende Naturwissen-

---

[8] Ausführlich hierzu u. a.: W. Heise, Aufbruch in die Illusion, Berlin 1964 (für den hier interessierenden Zeitraum siehe besonders S. 95—138); G. Lukács, Die Zerstörung der Vernunft, Berlin und Weimar 1984.

[9] F. Engels, Ludwig Feuerbach und der Ausgang der klassischen deutschen Philosophie, in: MEW, Bd. 21, a. a. O., S. 306.

schaft. Sie gingen – wie oben zitiert – zur Praxis über und verabschiedeten die Theorie, die Theorie im Sinne einer den Erkenntnisfortschritt reflektierenden Philosophie.

Wissenschaftsbejahend wurden die Ergebnisse der Naturwissenschaft zunächst von dem aus der kleinbürgerlichen Oppositionsbewegung hervorgegangen, durchaus antisozialistischen Vulgärmaterialismus philosophisch verarbeitet.[10] Dieser rezipierte die Naturwissenschaft in anti-theologischem und anti-idealistischem, aber borniert metaphysischem Sinne. Unter den Naturforschern selbst spiegelte sich die progressive Entwicklung der Naturwissenschaften in anti-religiösen Strömungen, die sich bereits vor der Revolution zu formieren begonnen hatten und um die Jahrhundertmitte viele deutsche Naturforscher umfaßte. Genannt seien nur der Pathologe R. Virchow, der Physiologe E. Du Bois-Reymond, der Zoologe H. Burmeister, der Physiologe und Physiker H. v. Helmholtz, der Anatom J. Henle und der Geologe B. v. Cotta. Sie waren vornehmlich durch die Ergebnisse ihrer eigenen wissenschaftlichen Tätigkeit zu einer Kritik religiöser Naturvorstellungen herausgefordert worden. Vor allem polemisierten sie gegen die sog. Lebenskraft und die Teleologie. Es gab natürlich unter den Naturwissenschaftlern auch eine Gegenpartei. Der Kampf gegen sie war durch Schranken beengt, die letzten Endes aus der neuen politischen Haltung der bürgerlichen Klasse erwuchsen, der Abkehr von den progressiven philosophischen Überlieferungen ihrer eigenen Vergangenheit, vor allem der Abkehr von der klassischen deutschen Philosophie. Das Verlassen dieser Philosophie widerspiegelte sich unter den Naturforschern in der nahezu einstimmigen Ablehnung der mit ihr verbundenen Naturphilosophie durch alle Parteien. Sie steigerte sich bis zur Verachtung des philosophischen Denkens überhaupt. „Metaphysikfreie Wissenschaft" wurde die Losung. (Sie ist in etwas anderer Formulierung auch heute noch das Leitmotiv mancher Wissenschaftstheoretiker.)

In dem Widerspruch zwischen technischem Erkenntnisinteresse und Mystifikationsinteresse gegenüber der Gesell-

---

[10] Ausführlich zu dieser Strömung siehe D. Wittich, Einleitung zu: Vogt, Moleschott, Büchner, Schriften zum kleinbürgerlichen Materialismus in Deutschland, Berlin 1971.

schaft,[11] deren inneren Zusammenhängen und Entwicklungsgesetzmäßigkeiten, reflektiert sich der sozialökonomische Grundwiderspruch der imperialistischen Gesellschaftsordnung philosophisch und ideologisch. Jener Widerspruch erscheint auch als Zwang, einerseits das Faktum Naturwissenschaft anzuerkennen und andererseits das Faktum einer nunmehr begründeten Gesellschaftswissenschaft und einer die Erkenntnisse der klassischen deutschen Philosophie positiv aufhebenden materialistisch-dialektischen Philosophie zu negieren. Dieser Widerspruch bedingt weitgehend die erkenntnistheoretische Problematik der modernen bürgerlichen Philosophie und deren Wissenschaftsverständnis.[12] Er erscheint auch im Gegeneinander verschiedener philosophischer Schulen und Richtungen. Den philosophischen Mystizismen innerhalb der bürgerlichen Philosophie steht als Richtung, die die Naturwissenschaft bejahend reflektiert, nur der idealistische Positivismus in verschiedenen Schattierungen gegenüber, nicht mehr ein naturwissenschaftlich argumentierender Materialismus. Die empiriokritizistische Lösung des Erkenntnis- und Wissenschaftsproblems ist ein markantes Beispiel dafür.

* *
*

Wollte man Machs „Mechanik" (1883), seine „Wärmelehre" (1896) und seine „Optik" (1921) als bloße Historiographie der jeweiligen Disziplin verstehen, so unterschätzte man die Bedeutung, die Ernst Mach der historisch-kritischen Darstellung physikalischer Theorien beimaß. Nicht ohne Grund heißt sein Werk über die Mechanik nicht „Die Geschichte der Mechanik", sondern eben „Die Mechanik in ihrer Entwicklung. Historisch-kritisch dargestellt" bzw. sind die anderen Werke „Die Prinzipien der Wärmelehre. Historisch-kritisch entwickelt" und „Die Prinzipien der physikalischen Optik. Historisch und erkenntnispsychologisch entwickelt" betitelt. Mach hatte nicht primär historiographische Interessen, er wollte vor allem die

---

[11] Dieses Mystifikationsinteresse wird weitgehend nicht erkannt. Soziologische und wissenschaftstheoretische Fallstudien erscheinen als (z. T. sogar exakte) Gesellschaftswissenschaften. Philosophisch werden sie positivistisch oder eben mystifizierend rezipiert.
[12] Vgl. hierzu: W. Heise, a. a. O., S. 12.

Physik verstehen lernen und verständlich lehren. Die historische Darstellung war für ihn notwendiger Bestandteil einer systematisch-kritischen Analyse der Naturwissenschaften, und die Kenntnis der Geschichte dieser Disziplinen rechnete er zur klassischen Bildung des Naturwissenschaftlers.[13] Die historische Darstellung war für ihn der Weg, die Metaphysik aus der Physik zu vertreiben — also seinem Hauptanliegen gerecht zu werden. „Denn" — erklärte er 1871 in seinem für sein Lebenswerk programmatischen Vortrag „Die Geschichte und die Wurzel des Satzes von der Erhaltung der Arbeit" — „metaphysisch pflegen wir diejenigen Begriffe zu nennen, von welchen wir vergessen haben, wie wir dazu gelangt sind." „Man kann jedoch" — fährt er fort — „nie den thatsächlichen Boden unter den Füssen verlieren oder gar mit den Thatsachen in Collision gerathen, wenn man stets auf den Weg zurückblickt, den man gegangen."[14]

Schon seine Prager Spezialvorlesungen zur Optik, Wärmelehre und Elektrostatik waren historisch-kritisch ausgerichtet. Jedenfalls ist nachgewiesen, daß er bereits im Sommersemester des Jahres 1862 ein einstündiges Colleg mit dem Titel „Die Prinzipien der Mechanik und die mechanische Physik in ihrer Entwicklung" hielt.[15] Es gibt viele Gründe für diese schon früh

---

[13] Vgl.: E. Mach, Die Geschichte und die Wurzel des Satzes von der Erhaltung der Arbeit, Prag 1872, S. 3; siehe auch: ders., Über den relativen Bildungswert der philologischen und der mathematisch-naturwissenschaftlichen Unterrichtsfächer der höheren Schulen (1886), in: E. Mach, Populärwissenschaftliche Vorlesungen, Leipzig 1910.

[14] E. Mach, Die Geschichte und die Wurzel des Satzes von der Erhaltung der Arbeit, a. a. O., S. 2. Machs Bestimmung des Begriffs „metaphysisch" könnte voll und ganz zugestimmt werden, wenn er in den Weg, auf dem man zu den Begriffen gelangt ist, auch die kategorialen Voraussetzungen der jeweiligen Begriffsbildungen einbeziehen würde und wenn er unter den den Begriffen zugrunde liegenden Erfahrungen nicht nur die des menschlichen Individuum, sondern die der menschlichen Gattung begreifen würde. Aber die Machschen Untersuchungen der Herkunft der Begriffe lassen diese Aspekte aus. Hierdurch sind ihre Grenzen bestimmt.

[15] Vgl.: F. Herneck, Wiener Physiker vor 100 Jahren, Physikalische Blätter *17*, 455 (1961).

bei Mach ausgeprägte Betrachtungsweise. Einige sind in den Umständen und Einflüssen zu sehen, die seine Studien- und frühen Dozentenjahre bestimmt haben.

Mach studierte von 1856 bis 1860 in Wien. Sein Lehrer Andreas Ritter von Ettinghausen war kein unbedeutender Physiker (er entdeckte den sog. thermoelektrischen Effekt) und auch kein schlechter Lehrer (er führte als erster an einer deutschsprachigen Universität regelmäßige experimental-physikalische Praktika ein). Im allgemeinen jedoch nahm die Wiener Physik zu jener Zeit noch keine führende wissenschaftliche Stellung ein.[16] Wichtige Kenntnisse der Mathematik (wie die Differential- und Integralrechnung) und der Physik (wie die Theorien der Elektro- und Thermodynamik) mußte sich Mach selbst erarbeiten, und vieles davon gleich im Zusammenhang mit der Verpflichtung, es zu lehren. Denn schon im Jahre 1861 las er dreimal wöchentlich „Physik für Mediziner", einmal wöchentlich „Methoden der physikalischen Forschung" und einmal in der Woche „Höhere physiologische Physik".[17]

Mit diesen Aufgaben wurde für Mach die Erarbeitung grundlegender physikalischer Kenntnisse und die Suche nach ihrer didaktisch geschicktesten Vermittlung partiell zu ein und demselben Problem. Vermutlich prägte dies seine spätere Denkweise. Denn er fand in der kritischen Darstellung der historischen Herausbildung bestimmter physikalischer Prinzipien das Ordnungsschema seiner Vorlesungen. Zudem wurde das didaktische Anliegen Machs durch die in Wien zu jener Zeit verbreiteten pädagogischen Ideen des Philosophen, Psychologen und Pädagogen Johann Friedrich Herbart belebt. Herbarts An-

---

[16] Das änderte sich erst in den achtziger Jahren durch das Wirken von J. Stefan, J. J. Loschmidt und L. Boltzmann. Stefan war nur einige Jahre älter als Mach, er war junger Dozent, als Mach studierte und wurde 1866 der Nachfolger von Ettinghausen. Loschmidt begann als Industriechemiker zu arbeiten, wurde von Stefan an die Universität geholt und dort 1868 zum Professor berufen. Boltzmann studierte von 1861 bis 1865 in Wien (könnte also Machs erste Vorlesung besucht haben) und wurde hier später Stefans Nachfolger.

[17] Vgl. F. Herneck, a. a. O. Über den Zusammenhang von Machs Lehrverpflichtungen mit seiner wissenschaftstheoretischen Konzeption, vgl. auch Anmerkung 97 zum Machschen Text.

sichten hatten vor allem Franz S. Exner beeinflußt, der als Ratgeber des österreichischen Erziehungsministers Herbarts Ideen in die Organisation und Planung der Gymnasien Österreichs einbrachte.[18]

Ernst Machs Vorlesungstätigkeit für Mediziner in seinen frühen Jahren ist nicht nur darauf zurückzuführen, daß er, um seinen Lebensunterhalt zu verdienen, jede Dozentur annehmen mußte, sondern auch auf sein wirkliches Interesse an Physiologie und Psychologie. Um dieses Interesse zu verstehen, muß man wissen, daß während der Machschen Studienzeit die Physiologie überhaupt hoch im Kurs stand und daß die großen naturwissenschaftlichen Persönlichkeiten Wiens nicht auf dem Gebiet der Physik, sondern mit Ernst Wilhelm Ritter von Brücke und Carl Ludwig auf dem Gebiet der Physiologie anzutreffen waren. Noch stärker fiel für Mach aber ins Gewicht, daß Brücke und Ludwig in ihren physiologischen Untersuchungen physikalische Methoden benutzten. Machs Publikationen zwischen 1860 und 1875 zeigen den Einfluß dieser Wiener physiologischen Schule, und auch für seine späteren wissenschaftsphilosophischen Werke lieferte sie entscheidende Grundlagen. Überzeugend wird dies z. B. durch sein „Compendium der Physik für Mediciner" demonstriert. Dieses Werk war von Mach als Leitfaden für seine Vorträge vor Studenten, insbesondere vor Medizinstudenten, gedacht – ausgehend von der gegen die Lebenskraft-Philosophie gerichteten Überzeugung, daß die Physiologie nunmehr nach physikalischen Methoden arbeiten könne, und von der Meinung, daß die Physik dem Mediziner schwer zugänglich ist. Letzteres führte er nicht so sehr auf fehlende Detailkenntnisse zurück, sondern mehr auf die Unvertrautheit mit den physikalischen Anschauungsweisen. Es war ihm „daher durchgängig weniger um Häufung von Thatsachen und Einzelheiten als um Klarheit der Grundbegriffe und Zusammenhang zu thun".[19]

---

[18] Ausführlicher hierzu: O. Blüh, Ernst Mach – His Life as a Teacher and Thinker, in: Ernst Mach – Physicist and Philosopher, ed. by R. S. Cohen and R. J. Seeger, Dordrecht 1970.

[19] E. Mach, Compendium der Physik für Mediciner, Wien 1868, S. V. Ausführlicher über den Einfluß der physiologischen Schule auf Machs wissenschaftstheoretische Konzeption siehe: O. Blüh, Ernst Mach – His Life as a Teacher an Thinker, a. a. O.

Was nun Machs Interesse an der Psychologie betrifft, so ist dieses zweifellos auch durch das soeben erwähnte Interesse an der Physiologie geweckt worden. Doch viel mehr noch ist es das Resultat eines heute schon klassisch zu nennenden Mißverständnisses: Mach hatte, da er die Prinzipien der Physik und nicht ein Sammelsurium von einzelnen Lehrsätzen und Beschreibungen von Versuchsanordnungen darstellen und lehren wollte, schon in seinem ersten Buch, dem „Compendium der Physik für Mediciner", implizite philosophische Intentionen. Da er nun aber Philosophie schlechthin für Metaphysik hielt und diese aus der Naturwissenschaft eliminieren wollte, außerphysikalischer, den Erkenntnisprozeß charakterisierender Prinzipien aber andererseits bedurfte, so meinte er, diese außer in der Sinnesphysiologie in der Psychologie zu finden. Er lebte und wirkte in dem irrigen Glauben, die Psychologie sei neben der Sinnesphysiologie die wahre, da metaphysikfreie Erkenntnislehre. Mach hatte schon als Fünfzehnjähriger Kants „Prolegomena" gelesen. Das, was er damals von Kant verstand, verband er dann mit dem, was er von Herbarts mathematischer Psychologie und Fechners Psychooptik, in denen er „Annehmbares und Unannehmbares in inniger Verbindung" fand, akzeptieren konnte. Er schreibt: „Die durch *Kant* eingepflanzte Abneigung gegen Metaphysik, sowie die Analysen *Herbarts* und *Fechners* führten mich auf einen dem *Hume*schen naheliegenden Standpunkt."[20] Dieser „naheliegende Standpunkt" war dann eben der empiriokritizistische.

Die historisch-kritische Sicht zusammen mit seiner sinnesphysiologischen Definition wissenschaftlicher Tatsachen und der Idee vom „wirtschaftlichen Moment in jeder Art von Beschäftigung"[21] entwickelte Mach dann in der Prager Zeit (1867–1895) zu der bestimmenden Leitlinie seiner auf eine pädagogisch effektive Vermittlung ausgerichteten Darstellungen.

Wenn hier die wichtigsten Einflüsse genannt werden, die

---

[20] E. Mach, Die Leitgedanken meiner naturwissenschaftlichen Erkenntnislehre und ihre Aufnahme durch die Zeitgenossen, Physikalische Zeitschrift *11*, 599 (1910), S. 604 [Anhang S. 662]. Über sein Verhältnis zu Kant äußert sich Mach auch in: E. Mach, Analyse der Empfindungen, Jena 1918, S. 24, 299.
[21] E. Mach, Die Leitgedanken meiner naturwissenschaftlichen Erkenntnislehre, a. a. O., S. 599 [Anhang S. 653].

Machs Denken geformt haben, so muß schließlich noch ein von ihm selbst hervorgehobener Umstand kommentierend vermerkt werden. Mach schreibt in seinen „Leitgedanken": „Als Gymnasiast lernte ich schon 1854 die Lehre Lamarcks durch meinen verehrten Lehrer F. X. Wessely kennen, war also wohl vorbereitet, die 1859 publizierten Gedanken Darwins aufzunehmen. Diese wurden schon in meiner Grazer Vorlesung 1864–1867 wirksam und äußern sich durch Auffassung des Wettstreits der wissenschaftlichen Gedanken als Lebenskampf, als Überleben des Passendsten."[22] Durch die Übertragung der biologischen Theorie auf die Wissenschaftsgeschichte glaubte Mach, über eine Theorie der Wissenschaftsentwicklung zu verfügen.[23]

Wollte man Mach in seiner Auffassung vom „Überleben des Passendsten" – eine Auffassung, die er als durchgängig gültig ansah – absolut ernst nehmen, so müßte man sagen: Mach hatte das Glück, daß es Ausnahmen von dieser Regel gibt. Dies wird an seinem schulischen und wissenschaftlichen Werdegang deutlich. So scheiterte sein Versuch, auf dem Benediktiner-Gymnasium in Seitenstetten als Schüler zu bestehen (also sich anzupassen). Und auch seine Jahre (1853–1855) am Kremsierer Gymnasium mit seinen ewigen religiösen Exerzitien verliefen nicht eben glücklich, so daß er es später selbst als Zufall betrachtete, durchgekommen zu sein. Mach hatte viel Glück, insbesondere auch das Glück, in seinem Vater Johann Mach, einem Gymnasiallehrer, einen sehr guten Erzieher und Lehrer zu finden.

Das Vertrauen, welches Mach in seine Sicht der Naturwissenschaften setzte, wurde durch seine Erfolge auf dem Gebiet der Physiologie und Physik bestärkt. Und was man auch immer an seiner Erkenntnislehre kritisieren muß, diese Erfolge weisen ihn als ingeniösen Experimentator aus.[24]

---

[22] Ebenda, S. 600.
[23] Vgl. E. Mach, Die Prinzipien der Wärmelehre, Leipzig 1919, S. 380. – R. Riedls „Biologie der Erkenntnis" sowie die „evolutionäre Erkenntnistheorie" im allgemeinen hat hier ihre Vorform. Vgl. auch Anm. 208.
[24] Zu seinen physiologischen und physikalischen Arbeiten vgl.: K. D. Heller, Ernst Mach – Wegbereiter der modernen Physik,

Von Machs physiologischen Arbeiten sei hier nur die 1875 erschienene Schrift über Bewegungsempfindungen genannt. Sie stellt einen wichtigen Schritt bei der Entdeckung eines für die Bewegungsempfindungen verantwortlichen besonderen Sinnesorgans dar. Zu seinen physikalischen Arbeiten sei etwas mehr gesagt, da sie im engeren Zusammenhang mit seiner „Mechanik" stehen.

Mach war ein begabter Experimentalphysiker. Das zeigte sich zunächst in seinen für die damalige Zeit teils beispielhaften physikalischen Vorlesungen, die mit zahlreichen von ihm entwickelten experimentellen, für die Demonstration physikalischer Effekte vor einem großen Zuhörerkreis besonders geeigneten Geräten und Versuchsanordnungen angefüllt waren. Vor allem bezeugen aber seine wissenschaftlichen Originalarbeiten zum Dopplereffekt und zu Problemen der Gasdynamik und Ballistik diese Fähigkeit. Die in der Physik auf diesen Gebieten benutzten Begriffe wie Machsche Zahl, Machsche Welle, Machscher Winkel zeugen von der Bedeutung seiner physikalischen Arbeiten.

Während Mach von 1875 bis 1885 vornehmlich die durch Explosionen erzeugten Stoßwellen[25] untersuchte, wandte er sich dann ab 1886 dem Studium ballistischer Probleme zu. Er interpretierte die von P. Salcher nach seinem Plan durchgeführten Experimente und entdeckte dabei physikalische Charakteristiken von Projektilen (bzw. Strömen), die sich in Medien mit Überschallgeschwindigkeit bewegen. Insbesondere konnte er zeigen, daß die Schallgeschwindigkeit bzw. das Verhältnis der Schallgeschwindigkeit zur Geschwindigkeit des sich im Medium bewegenden Projektiles eine charakteristi-

---

Wien und New York 1964; F. Ratliff, On Mach's Contributions of the Analysis of Sensations, in: Ernst Mach — Physicist and Philosopher, a. a. O.; W. F. Merzkirch, Mach's Contribution to the Development of Gas Dynamics, in: ebenda; K. J. Seeger, On Mach's Curiosity about Shockwaves, in: ebenda; P. G. Bergmann, Ernst Mach and Contemporary Physics, in: ebenda; J. T. Blackmore, Ernst Mach. His Work, Life and Influence, Berkeley — Los Angeles — London 1972.

[25] Stoßwellen sind Wellenfronten, an denen sich Dichte und Druck des Mediums, in dem die Wellenausbreitung erfolgt, unstetig ändern.

sche Größe der Überschall-Aerodynamik bildet. Damit gelang es ihm, zwei alte ballistische Fragen zu beantworten: zum einen die Frage nach der Ursache des Auftretens zweier knallartiger Geräusche beim Abfeuern mancher Geschütze und zum anderen die Frage, warum manche der durch Geschosse erzeugten Wunden eine trichterförmige Gestalt haben.

Mach konnte zwar keine endgültige theoretische Lösung dieser Probleme angeben, er erhielt aber korrekte Resultate. Zudem definierte er wichtige physikalische Begriffe und entwickelte eine Experimentiertechnik, die den weiteren Untersuchungen auf diesem Gebiet zugrunde gelegt werden konnten. Er wurde damit zu einem der Begründer eines neuen Gebietes der Mechanik, eines Gebietes, in dem Phänomene untersucht werden, deren Ausbreitungsgeschwindigkeit von derselben Größenordnung ist wie die Schallgeschwindigkeit. Machs Arbeiten haben mehrere Jahrzehnte lang die Entwicklung auf diesem Gebiet bestimmt.[26]

Interessant ist die von Mach entwickelte Untersuchungsmethode. Sie erlaubt es nämlich, die in Luft oder einem anderen Gas erzeugten Stoßwellen optisch sichtbar zu machen. Hier wird nun der Zusammenhang deutlich, den Mach zwischen seinen physikalischen und seinen wissenschaftstheoretischen Arbeiten sah. Er wollte durch seine experimentellen Arbeiten grundlegende physikalische Zusammenhänge als Fakten aufzeigen. Das Experiment sollte die Tatsachen den Sinnen „erschaubar" machen. Aufgrund dieser Zielstellung bedeutete für ihn das Fehlen einer umfassenden theoretischen Erklärung kein Manko.

Es ist äußerst aufschlußreich, daß seine Versuche, auch auf anderen physikalischen Gebeiten − wie z. B. der Optik − mit den genannten Methoden physikalische Effekte zu entdecken, nicht erfolgreich waren. Dieser Mißerfolg weist gewissermaßen die Mängel seiner Erkenntnis- und Untersuchungsmethode aus, auf die auch Planck in seiner Diskussion mit Mach nachdrücklich hingewiesen hat.[27]

Im Gesamtwerk Machs stellt die „Mechanik" bezüglich des

---

[26] Siehe: W. F. Merzkirch, a. a. O.
[27] Vgl. M. Planck, Zur Machschen Theorie der physikalischen Erkenntnis, Phys. Zs. *11*, 1186 (1910) [Anhang S. 670—678].

Zusammenspiels physikalischer und philosophischer Interessen zweifellos einen unübertroffenen Höhepunkt dar. Man geht nicht fehl, den Grund hierfür mit einigen der frühen Kritiker Machs[204] sowie mit Planck und Einstein aus der grundlagentheoretischen Bedeutung der Mechanik für die gesamte Physik herzuleiten – daraus, daß sich bei Machs historisch-kritischer Betrachtung der Mechanik der Umstand geltend macht, daß man in der Mechanik den ersten Prinzipien der physikalischen Forschung, die auch in den übrigen Zweigen der physikalischen Wissenschaft mehr oder weniger bewußt benutzt werden, näher ist als in den anderen Gebieten.[28]

* * *

Zu einem weltbekannten, heiß umstrittenen Gelehrten wurde Mach vor allem dadurch, daß er neben Richard Avenarius den Empiriokritizismus begründete. In verschiedenen Ländern fanden Machs Anschauungen zahlreiche Anhänger.[29] Genannt seien zum Beispiel: Friedrich Adler und Theodor Beer in Österreich, Hans Henning, Hans Kleinpeter, Josef Petzold und Rudolf Willy in Deutschland sowie Karl Pearson in England. Die deutschen Immanenzphilosophen Johannes Rehmke, Richard Schubert-Soldern und Wilhelm Schuppe näherten sich dem Empiriokritizismus, ohne seine Lehre direkt zu übernehmen. Mach selbst bezeichnete auch die französischen Wissenschaftler Pierre Duhem und Henri Poincaré als Gesinnungsgenossen.

Nach dem ersten Weltkrieg entstand um Rudolf Carnap, Philipp Frank, Moritz Schlick der sog. Wiener Kreis, der den „Verein Ernst Mach" gründete. Manche Mitglieder dieses Kreises stimmten mit Mach in den Grundfragen überein, andere – wie Moritz Schlick – distanzierten sich von ihm. Der Wiener Kreis wollte durch den „Verein Ernst Mach" zu einer breiteren Öffentlichkeit sprechen, vor ihr über den augen-

---

[28] Zu Machs Lebensweg siehe auch die biographische Zusammenstellung auf den Seiten 648f. einschließlich der dort zitierten Literatur.

[29] Er selbst schildert in den Vorworten zur „Mechanik" und auch in denen zu seinen anderen Hauptwerken diesen Prozeß ausführlich. Desgleichen siehe die entsprechenden Passagen innerhalb des „Mechanik"-Textes.

blicklichen Stand des wissenschaftlichen Weltbildes berichten, um die Bedeutung der exakten Forschung für die Sozial- und die Naturwissenschaften zu zeigen. Mit der Wahl seines Namens wollte der Verein seine Grundrichtung demonstrieren: metaphysikfreie Wissenschaft. Er erklärte sich damit aber nicht, mit den einzelnen Lehren von Mach einverstanden zu sein.[30]

Ein besonders starkes Echo fand der Empiriokritizismus bekanntlich in Rußland. Unter den russischen Mach-Schülern befand sich eine Reihe von sozialdemokratisch orientierten oder gar organisierten Intellektuellen wie z. B. Bazarov, Berman, Bogdanov, Juškevič, Lunačarskij und Valentinov. Besonders rege in der Propagierung des Machismus waren Bogdanov und Lunačarskij, die beide dem nach dem II. Parteitag (1903) von Lenin geführten Flügel der SDAPR, den Bolschewiki, angehörten. Da auf diese Weise Konzepte der zeitgenössischen bürgerlichen Philosophie in die Arbeiterbewegung eindrangen und als vereinbar mit dem Marxismus bzw. als ihn fortbildend propagiert wurden, sahen sich Lenin und − von ihm angeregt − zuvor Plechanow veranlaßt, sich mit Ernst Mach und den Lehren seiner Anhänger auseinanderzusetzen.[31]

In seinem 1909 erschienenen Werk „Materialismus und Empiriokritizismus" kritisierte Lenin die empiriokritizistische Richtung sowie benachbarte Konzepte scharf und prinzipiell. Er beeinflußte mit diesem Werk das marxistische Denken nachdrücklich. Er konnte sich nicht darauf beschränken, bereits erreichte marxistische Positionen zu verteidigen, sondern war genötigt, den Marxismus weiterzuentwickeln. Schließlich schrieb er sein philosophisches Hauptwerk, als die Bolschewiki um

---

[30] Vgl.: A. Fuchs, Geistige Strömungen in Österreich 1867—1918, a. a. O., S. 199—210.
[31] Siehe: W. I. Lenin, Materialismus und Empiriokritizismus, in: W. I. Lenin, Werke, Bd. 14, Berlin 1962; G. Plechanow, Materialismus militans, in: G. Plechanow, Eine Kritik unserer Kritiker. Schriften aus den Jahren 1898 bis 1911, Berlin 1982. Ausführlich zur Erläuterung der politischen, ideologischen und wissenschaftsgeschichtlichen Hintergründe der damaligen Auseinandersetzungen und deren nachfolgender Rezeption siehe: D. Wittich, Warum und wie Lenins philosophisches Hauptwerk entstand. Entstehung, Methodik und Rezeption von „Materialismus und Empiriokritzismus", Berlin 1985.

eine Partei neuen Typus rangen, also um eine gegenüber den sozialdemokratischen Parteien der II. Internationale konsequentere Führungskraft.

Es ging in der Kontroverse darum, die Behauptung der russischen Machisten zu widerlegen, Marx könne bzw. müsse durch Mach naturwissenschaftlich ergänzt werden. Lenin zeigte, daß die Philosophie des Marxismus nicht auswechselbar ist, da sie mit seinen anderen Bestandteilen in einem notwendigen Zusammenhang steht; er zeigte, daß die Gesellschaftskonzeption der Marxschen Philosophie ihre Naturkonzeption unzweideutig festlegt.[32] Und er konnte nachweisen, daß die Ergebnisse der modernen Naturwissenschaft nicht der dialektisch-materialistischen Philosophie widersprechen, sondern dem mechanistischen – und dem empiriokritizistischen – Weltbild.[33]

Die russischen Machisten indes glaubten, erst im Empiriokritizismus eine zur Marxschen Gesellschaftskonzeption passende, dem „letzten Wort der Wissenschaft" entsprechende Naturphilosophie gefunden zu haben. Dabei ist die falsche Bewertung des Empiriokritizismus ihr zweiter Irrtum. Ihr erster liegt in der Verkennung der Marxschen Philosophie. Bogda-

---

[32] Vgl. z. B.: W. I. Lenin, Materialismus und Empiriokritizismus, a. a. O., S. 329.

[33] Es sei in diesem Zusammenhang ausdrücklich betont, daß Lenin seine Kritik am Empiriokritizismus niemals als Polemik gegen moderne naturwissenschaftliche Entwicklungen konzipiert hat. Philipp Frank hat daher unrecht, wenn er meint, Lenin hätte gefürchtet, Einsteins Relativitätstheorie könnte ein trojanisches Pferd für das Einsickern machistischer idealistischer Strömungen in das Denken russischer Wissenschaftler werden, und er trüge damit Schuld „an der bittersüßen Aufnahme, die Einsteins Theorie in den ersten Jahren des Sowjetregimes in Rußland häufig gefunden hat'. (Ph. Frank, Einstein, Mach und der logische Positivismus, in: Albert Einstein als Philosoph und Naturforscher, hrsg. v. P. A. Schilpp, Braunschweig – Wiesbaden 1979, S. 174) Lenin hat im Gegenteil unter expliziter Nennung des Namens Einsteins zum Bündnis der Kommunisten mit den Vertretern der modernen Naturwissenschaften aufgefordert. (Vgl.: W. I. Lenin, Über die Bedeutung des streitbaren Materialismus, in: W. I. Lenin, Werke, Bd. 33, Berlin 1962, S. 215, 218 f.)

nov schrieb wörtlich: „Wo Mach den Zusammenhang der Erkenntnis mit dem sozialen Arbeitsprozeß beschreibt, wirkt die Gleichheit seiner Gedanken und der Ideen von Marx manchmal geradezu frappierend."[34] Bogdanov kommt zu dieser Meinung, da Mach mehrfach schreibt, daß die Wissenschaft aus den Bedürfnissen des praktischen Lebens, aus der Technik entstanden ist.[35,36] Also — schlossen die russischen Empiriokritizisten — zeigt Mach, daß die Physik, daß die Wissenschaft der Produktionsarbeit ihre Existenz verdankt. Sie begingen dabei den grundlegenden Fehler zu verkennen, daß nicht die Produktion schlechthin, insbesondere nicht das Handwerk, sondern die industrielle Großproduktion Basis der Naturwissenschaft der Neuzeit ist. Sie fragten weder nach den Marxschen *Begriffen* Wissenschaft und Theorie noch nach den Marxschen *Begriffen* Arbeit und Produktion. Der sprachliche Gleichklang genügte ihnen. Im Zeichen ihres inadäquaten Produktionsbegriffes, ihrer konzeptionell oberflächlichen Verknüpfung von Wissenschaft und Produktion muß dann auch Lunačarskijs Satz gesehen werden: „Die Theorie ist ein Werkzeug, aber die Theorie ist keine Widerspiegelung."[37] Die Theorie ist in der Tat ein Werkzeug. Aber sie kann es nur sein, weil sie auch Widerspiegelung ist. (Natürlich kann man das nicht erkennen, wenn man sich mit dem *Verweis* auf die Produktion begnügt und gar nicht fragt, *wie* aus bestimmten Produktionsverhältnissen die Wissenschaft entstehen kann.) Bei dieser Trennung von Mittel und Objekt können die Sätze „Die ganze Welt ist

---

[34] A. A. Bogdanov, Empiriomonizm, kn. 1, St. Petersburg 1906, S. 8.
[35] Plechanow attackiert diese Schlußfolgerung Bogdanovs mit scharfen Worten. Siehe: G. Plechanow, Materialismus militans, a. a. O., S. 322.
[36] Vgl. z. B.: E. Mach, Die Mechanik in ihrer Entwicklung, S. 95, 509, 523—529; ders., Die ökonomische Natur der physikalischen Forschung (Vortrag, gehalten am 25. 5. 1882), in: Populärwissenschaftliche Vorlesungen, a. a. O.; ders., Die Prinzipien der Wärmelehre, Leipzig 1919, S. 451 f.; ders., Erkenntnis und Irrtum, Leipzig 1917, S. 84—87, 262; ders., Kultur und Mechanik, Stuttgart 1915.
[37] A. Lunačarskij, Religija i socializm, tom. 2, St. Petersburg 1908, S. 345.

ein Arbeitsprodukt!"[38] oder „Die Wirklichkeit ist ein Produkt der kollektiven Organisation der Arbeitserfahrung ..."[39] nur subjektivistisch gefaßt sein. Der theoretische Grundfehler ist die Perversion des Marxschen Arbeitsbegriffs, die Abstraktion von dem diesen Begriff immanenten objektiven Moment (den objektiven Arbeitsbedingungen). Wie W. Heise schreibt, wird im Machismus das Verhältnis von Gegenstand und Mittel sowie von Objektivem und Subjektivem doppelt verkehrt: „der objektive Inhalt erscheint als subjektive Zutat, die subjektive Form aber als Inhalt, als das letztlich und einzig ‚Gegebene‘, außer dem und hinter dem nichts ist." Die verselbständigte Sphäre der Empfindung wird zum Gegenstand der Erkenntnis.[40] Es ist dies eine Konsequenz, die sich unter den genannten Voraussetzungen zwangsläufig ergibt, wird, wie bei den Machisten, der Mensch als Individuum und nicht als Gattung gefaßt. In dieser Weise versubjektivierten die russischen Machisten die Kategorie Praxis und konnten so weder die Marxsche Wissenschafts- noch die Marxsche Praxisauffassung bewahren. Sie verhinderten damit für lange Zeit eine vernünftige Erforschung des kategorialen Status der Arbeit.

Es sei an dieser Stelle vermerkt, daß die philosophische Zielstellung Machs und die der Machisten nicht so behandelt werden können, als seien sie ein und dasselbe. Zwar muß man bestreiten, daß Mach – wie Franz Mehring meint – vollkommen unschuldig an dem Machismus ist, doch zweifelsfrei trifft es zu, daß er "nie das Bedürfnis gefühlt (hat), den historischen Materialismus zu ‚ergänzen'". „Aber um so mehr sollten" – fährt Mehring fort – „die Marxisten auf solche ‚Ergänzung‘ verzichten, bei der auf die Dauer eine Konfusion herauskommen muß ..." So richtig dieser Rat, so bedenklich ist seine Begründung, die nämlich zugleich deutlich macht, weshalb der Machismus in Rußland mit dem Anspruch auftreten konnte, den Marxismus naturwissenschaftlich zu ergänzen. Mehring schreibt (und zwar noch 1909/10): „Der historische Materialismus ist eine in sich geschlossene Theorie, bestimmt die historische Entwicklung der menschlichen Gesellschaft zu er-

---

[38] Ebenda, Bd. 1, S. 11,
[39] Ebenda, Bd. 2, S. 372.
[40] Vgl.: W. Heise, Aufbruch in die Illusion, a. a. O., S. 112.

kennen, eine Theorie, die ihr Recht nur von sich selbst nimmt und sich mit naturwissenschaftlichen Methoden sowenig verquicken läßt, wie sie selbst naturwissenschaftliche Ansprüche erhebt."[41] „Gegen eine ‚Ergänzung' in dem Sinne, daß Mach auf dem Gebiet der Physik das gleiche geleistet hat wie Marx auf dem Gebiete der Geschichte (eine Behauptung Friedrich Adlers[42] – d. Verf.), habe ich durchaus nichts einzuwenden; worauf es mir ankam, war allein die klare und reinliche Scheidung der gesellschafts- und naturwissenschaftlichen Forschungsmethoden." Mehring glaubte, aus diesem Grunde hätten Marx und Engels den historischen von dem naturwissenschaftlichen Materialismus getrennt, und er zog in Zweifel, daß Marx jemals den mechanischen Materialismus abgelehnt hat.[43] Mehrings Irrtum: die Gleichsetzung von Naturwissenschaft und Naturphilosophie sowie die Identifizierung von Philosophie und Gesellschaftswissenschaft und die hieraus resultierende Trennung zwischen Natur- und Gesellschaftskonzeption einer Philosophie. Dieser Irrtum geistert in modifizierter Form noch heute in manchen Köpfen.

Sowohl die russischen Machisten als auch Mach selbst mit seiner empiriokritizistischen Philosophie bewegten sich innerhalb des oben skizzierten Haupttrends der bürgerlichen Philosophie seit der Mitte des 19. Jahrhunderts. Der unaufgelöste Grundwiderspruch der modernen bürgerlichen Philosophie zwischen technischem Erkenntnis- und gesellschaftlichem Mystifikationsinteresse trennt nicht schlechthin die philosophische Reflexion in positivistische Natur- und mystifikatorische Gesellschaftsrezeption, sondern er bricht sich z. B. im

---

[41] F. Mehring, Kant, Dietzgen, Mach und der historische Materialismus, in: F. Mehring, Gesammelte Werke, hrsg. v. J. Schleifstein, Bd. 13, Berlin 1961, S. 218.

[42] Vgl.: F. Adler, Ernst Machs Überwindung des mechanischen Materialismus, Wien 1918.

[43] Vgl.: F. Mehring, Eine Antwort an Friedrich Adler, in: F. Mehring, Gesammelte Werke, a. a. O., S. 219. Einen analogen Standpunkt vertrat Kautsky. Er betrachtete die materialistische Geschichtsauffassung als eine Einzelwissenschaft und meinte, die Machsche Erkenntnistheorie widerspreche nicht dem Marxismus. Vgl.: K. Kautsky, Ein Brief über Marx und Mach, Kampf 2, 452 (1908/09).

Widerstreit zwischen einem empiristischen und einem rationalistischen Herangehen an den begrifflichen Aufbau ein und derselben gesellschaftswissenschaftlichen Disziplin. Belegt sei dies an dem in den 80er Jahren aufflammenden sog. ersten Methodenstreit in der spätbürgerlichen Nationalökonomie,[44] in dem die Historische Schule eine dem empiriokritizistischen Standpunkt völlig analoge Position bezog, die von der neoklassischen nationalökonomischen Richtung heftig bekämpft wurde.

Die jüngere Historische Schule der deutschen Nationalökonomie (ihr führender Kopf war Gustav Schmoller, der ab 1882 an der Berliner Universität tätig war) stand unter dem Motto: Weg von der abstrakt-spekulativen Theorie, hin zur wissenschaftlich exakten historischen Detailuntersuchung! Dieser Standpunkt implizierte ein weitgehendes Unverständnis für das Wesen und die Bedeutung der theoretischen Arbeit. Exakt ist hiernach nur die Detailforschung. Alles, was den Boden der Deskription verläßt, kann hiernach nur hypothetisch sein. Daraus erwuchs die Forderung nach einer Theorie, „die auf einer Beobachtung beruht, der man objektive Gültigkeit und erschöpfende Genauigkeit nachrühmen kann."[45] Es komme „nur darauf an, richtig zu abstrahieren, so daß sich uns infolge unserer Abstraktion wissenschaftliche Wahrheiten ergeben, nicht schemenhafte Phantome".[46] Die Vertreter der Historischen Schule erlagen wie der Empiriokritizismus der Illusion, daß eine genügend lange gründliche Beobachtung und erschöpfende Beschreibung die theoretische Verallgemeinerung sich fast von selbst einstellen läßt. Marx trifft den Grundfehler

---

[44] Ausführlich hierzu: G. Richter, Der sogenannte erste Methodenstreit in der spätbürgerlichen Nationalökonomie als Ausdruck metaphysischer Entgegensetzung des Logischen und Historischen, in: Denkweise und Weltanschauung. Studien zur weltanschaulichen und methodologischen Funktion der materialistischen Dialektik, hrsg. von H. Horstmann Berlin 1981.

[45] G. Schmoller, Die Schriften von Carl Menger und Wilhelm Dilthey zur Methodologie der Staats- und Sozialwissenschaften, in: Zur Literaturgeschichte der Staats- und Sozialwissenschaften, Leipzig 1888, S. 282.

[46] Ebenda, S. 283.

dieser Konzeption, wenn er bemerkt: „Die Vulgärökonomie tut nichts, als *dieses seinen Motiven und seinen Vorstellungen nach in der Erscheinung* der kapitalistischen Produktionsweise *befangene Bewußtsein in doktrinärer Form auszusprechen.* Und je flacher sie an der Oberfläche hängt und sie nur in einer gewissen Ordnung widerhallt, um so mehr ist sie sich bewußt, ‚naturgemäß' zu sein und aller abstrakten Spintisiererei fernzustehen."[47]

Gegen die Illusion dieser historisch-empiristischen Schule und damit implizite auch gegen die empiriokritizistische Position opponierte die österreichische Schule der neoklassischen Nationalökonomie zu Recht. (Ihr führender Kopf war Carl Menger. Diese Schule differierte inhaltlich mit der klassischen Nationalökonomie, wollte aber deren Methode nicht aufgeben.) Sie erkannte, daß man durch reine Beobachtung und historische Beschreibung niemals zu Gesetzen kommt. Um dieses Ziel zu erreichen, hielt sie rationale Voraussetzungen in Form unterstellter typischer Elemente für unabdingbar. Sie setzte sich das Ziel, „die komplizierten Erscheinungen der menschlichen Wirtschaft auf ihre einfachsten, der sicheren Beobachtung noch zugänglichen Elemente" zurückzuführen und zu untersuchen, „wie sich die komplizierten wirtschaftlichen Erscheinungen aus ihren Elementen gesetzmäßig entwickeln".[48] Diese Konzeption enthielt allerdings die irrige Meinung, man stehe philosophisch vor der Alternative, das theoretisch Generelle zu wählen oder das historisch Individuelle. Sowohl die systematische Theorie als auch die Geschichte könnte und müßte jeweils erforscht werden, aber das eine schließe das andere jeweils aus.[49] Nach Menger zerfällt die theoretische Forschung in mehrere Zweige, in die „realistisch-empirische" und in die „exakte" Forschung. Erstere, worunter er auch die Na-

---

[47] K. Marx, Theorien über den Mehrwert, in: MEW, Bd. 26.3, Berlin 1962, S. 483; siehe auch S. 499. (Hervorhebung − d. Verf.)
[48] C. Menger, Grundsätze der Volkswirtschaftslehre, Wien und Leipzig 1923, S. XX (erschienen erstmals 1871).
[49] Vgl.: C. Menger, Untersuchungen über die Methode der Sozialwissenschaften und der politischen Ökonomie insbesondere, Tübingen 1969, S. 14, 17.

turwissenschaften rechnete, komme aber nie zu Gesetzen. Dies leiste nur die exakte Richtung der theoretischen Forschung. Sie suche „die *einfachsten Elemente* alles Realen zu ergründen, Elemente, die eben, weil sie die einfachsten sind, streng typisch gedacht werden müssen". Festgestellt würden diese Elemente „ohne Rücksicht darauf, ob sie in der Wirklichkeit als *selbständige* Erscheinungen vorhanden" sind. Ebenso würden die exakten Gesetze gewonnen, die als Regelmäßigkeiten in den Relationen der Erscheinungen, welche ausnahmslos und als solche vollständig verbürgt sind, aufgefaßt werden. Es gehe dabei nicht um Regelmäßigkeiten in der Aufeinanderfolge realer Phänomene, sondern darum, „wie aus den ... einfachsten, zum Teil sogar unempirischen Elementen der realen Welt in ihrer (gleichfalls unempirischen) Isolierung von allen sonstigen Einflüssen sich komplizierte Phänomene entwickeln".[50] Es bleibt trotz aller triftigen Argumente gegen den historio-empiristischen Standpunkt bei Menger und seiner Schule nun allerdings offen, wie man das Vorliegen typischer Elemente bzw. ein und derselben Bedingungen ausmachen kann. Daher beweisen seine „einfachsten Elemente" ihre Wahrheit nur durch ontologische Deutung einer logischen Folgebeziehung. Nur um diesen Preis konnte die rationalistisch orientierte neoklassische Richtung den empiristischen Standpunkt der Historischen Schule vermeiden. Die geniale Marxsche Leistung, gezeigt zu haben, wie das Historische gesetzmäßig gefaßt werden kann, daß die gesellschaftliche Gesetzmäßigkeit unter Ausschluß der Historizität nicht gefaßt werden kann, gezeigt zu haben, daß es möglich ist, Geschichtlichkeit und Gesetzmäßigkeit konsistent in einer Theorie zu vereinen, nahmen sie nicht zur Kenntnis.

* * *

Zu den Ansichten, die Ernst Mach der „Mechanik" zugrunde legte, war er schon viele Jahre vorher gekommen. Alle wesentlichen Thesen hatte er – nach seiner eigenen Aussage – bereits in seiner Notiz „Über die Definition der Masse" ausgesprochen.[51] Er benennt dort den Grund für seine Unzufriedenheit mit der

---

[50] Ebenda, S. 41 f.
[51] Vgl.: E. Mach, Die Mechanik in ihrer Entwicklung, a. a. O., S. 288.

vorliegenden Newtonschen Mechanik: „Der Umstand, dass die Grundsätze der Mechanik weder ganz a priori, noch ganz durch die Erfahrung gefunden werden können ..., bringt eine eigentümlich ungenaue und unwissenschaftliche Behandlung dieser Grundsätze und Grundbegriffe mit sich."[52] Mach sah den Ausweg aus dieser Situation darin, alle durch die Erfahrung nicht kontrollierbaren Annahmen, vor allem die (im Kantschen Sinne) metaphysischen, aus der Mechanik bzw. aus der Wissenschaft überhaupt auszuscheiden. Er meinte folgerichtig, daß sich daher die Wissenschaft „auf die übersichtliche Darstellung des Tatsächlichen zu beschränken habe".[53] Die ökonomische Darstellung des Tatsächlichen als das Ziel, die physikalischen Begriffe lediglich als Mittel zum Zwecke anzusehen, bestimmt er als den erkenntnistheoretischen Standpunkt in der Naturwissenschaft überhaupt und in der Physik im besonderen. Und er meint, damit den Begriff Ursache durch den Funktionsbegriff ersetzt zu haben. Die funktionale Abhängigkeit der Phänomene zu ermitteln sei die der Wissenschaft angemessene Aufgabe. Denn „das Ding, der Körper, die Materie ist nichts außer dem *Zusammenhang* der Elemente, der Farben, Töne u.s.w., außer den sog. Merkmalen" —[54] meint Mach.

Ernst Mach polemisiert damit gegen eine metaphysisch-rationalistisch unterstellte Substanz, die nicht sinnlich wahrnehmbar und in dem Sinne nicht erfahrbar ist,[55] also gegen die kategoriale Subsumtion des Verhaltens unter den Gegenstand. Sein Gegenkonzept besteht nun aber in der Subsumtion des Gegenstandes unter das Verhalten resp. in der Auflösung des Körpers in funktionale Beziehungen, d. h., wiederum in der Reduktion des philosophisch in seiner Einheit zu fassenden Widerspruchs von Gegenstand und Verhalten auf die eine seiner Seiten — nur eben nicht auf die, auf die die rationalistische Metaphysik diesen Widerspruch reduziert. Hiermit sind im Kern Machs Leistungen und seine Grenzen bestimmt: Gegen die meta-

---

[52] E. Mach, Über die Definition der Masse, in: E. Mach, Die Geschichte und die Wurzel des Satzes von der Erhaltung der Arbeit, a. a. O., S. 50.

[53] E. Mach, Analyse der Empfindungen, a. a. O., S. X.

[54] Ebenda, S. 5. Siehe auch: ebenda, S. 271.

[55] Machs Kampf gegen die Substanzauffassung determinierte auch seine Haltung zum Atomismus. Siehe dazu S. 609—617, 630—632.

physisch inspirierte Unterordnung des Verhaltens unter den Gegenstand ebenso wie gegen die mechanizistische Subsumtion des Erkenntnismittels unter das Erkenntnisobjekt polemisierte Mach mit treffenden Argumenten, soweit er nicht in den genannten gegenteiligen Fehler verfiel.

Mach glaubte, durch seine Auflösung der Substanz die Philosophie überflüssig gemacht zu haben — womit er insofern recht hatte, als sich Philosophie natürlich erübrigt, wenn man ihre Grundfrage wegwischt. Genau dies tat Mach aber, indem er aus seinem anti-metaphysischen Motiv heraus das Verhältnis von Materie und Bewußtsein in sog. Weltelemente transformierte (und damit logischerweise sowohl den Begriff der Materie als auch den des (vernünftigen) Bewußtseins auflöste).[56] Er hoffte, damit einen „einheitlichen monistischen Bau" aufführen zu können und den „leidigen verwirrenden Dualismus" losgeworden zu sein,[57] und kam zu dem seine Weltsicht grundlegend charakterisierenden Schluß: „Der Gegensatz von Subjekt und Objekt ... besteht auf unserem Standpunkt nicht. Die Frage der mehr oder weniger genauen Abbildung der Tatsachen durch die Vorstellungen ist eine naturwissenschaftliche Frage, wie jede andere Frage."[58] Mach wehrte sich daher auch stets entschieden dagegen, als Philosoph zu gelten. „Es gibt keine *Mach*sche Philosophie"[59] betonte er mehrfach. Er wolle keine neue Philosophie begründen, sondern nur den Anschluß der Wissenschaften aneinander aufzeigen,[60] nur die „jedermann, insbesondere jedem Naturforscher geläufige allgemeine natürliche Weltansicht" darstellen und sie auf ihre einfachsten und sichersten Grundlagen zurückführen.[61] Mach hatte die Illusion, daß man dies tun könne,

---

[56] Vgl. W. I. Lenin, Materialismus und Empiriokritizismus, a. a. O., z. B. S. 13, 257. Siehe auch Plancks Diskussion mit Mach um den Begriff des Realen: S. 625–632.
[57] Vgl. z. B.: E. Mach, Analyse der Empfindungen, a. a. O., S. 255, 300 f.
[58] Ebenda, S. 278 f.
[59] Ebenda, S. 300; siehe auch: E. Mach, Erkenntnis und Irrtum, a. a. O., S. III–IX.
[60] Vgl.: E. Mach, Analyse der Empfindungen, a. a. O., S. 271 (siehe das Zitat in Anmerkung 41 zum Machschen Text).
[61] Vgl.: ebenda, S. V; siehe auch S. VII.

ohne dabei einen bestimmten philosophischen Standpunkt einnehmen zu müssen.[62]

Nach Machs „monistischer" Sicht erzeugen nicht die Körper Empfindungen, sondern Empfindungskomplexe (Elementarkomplexe) bilden die Körper. Was als Körper erscheint, seien nur besonders konstante Komplexe. Die Natur setze sich nicht aus Körpern, sondern aus den durch die Sinne gegebenen Elementen, den Empfindungen, zusammen.[63] Die Empfindungen seien die gemeinsamen Elemente aller möglichen physischen und psychischen Erlebnisse (die sich nur dadurch unterschieden, daß die Elemente in ihnen unterschiedlich verbunden seien[64]), und sie bildeten die eigentliche, nächste und letzte Grundlage wissenschaftlicher Untersuchungen.[65]

Aus diesem Grunde glaubte Mach, durch den Anschluß der

---

[62] Vgl.: ebenda, S. 24; E. Mach, Erkenntnis und Irrtum, a. a. O. S. III—IX. Manchmal jedoch gerät er ins Schwanken und kann seinen „philosophiefreien" Standpunkt selbst von seiner Wortwahl her nicht durchhalten (Vgl.: E. Mach, Die Mechanik in ihrer Entwicklung, a. a. O., S. 53. Machs Glaube, Philosophie vom Standpunkt der Naturwissenschaft aus (philosophiefrei) betreiben zu können, wenn auch nur vorübergehend, kommt besonders deutlich im Vorwort seines Frühwerkes zum Ausdruck. Er schreibt dort: „Wo philosophische Fragen berührt wurden, was nicht ganz zu vermeiden war, hielt ich mich auf dem Boden der Naturwissenschaft. Theils weil dieser Standpunkt eine gewisse Berechtigung hat, theils auch in der Ueberzeugung, dass man von diesem Standpunkte einige Zeit die Aussicht müsse genossen haben, um die Nothwendigkeit zu fühlen, dass die Untersuchung auch von einer anderen Seite her geführt werden müsse; manche Menschen gelangen nie dahin." (E. Mach, Compendium der Physik für Mediciner, a. a. O., S. VI).

[63] Vgl. E. Mach, Die Mechanik in ihrer Entwicklung, S. 458 f.

[64] Wie in der modernen Systemtheorie werden hier unterschiedliche Situationen nur durch unterschiedliche Beziehungen gefaßt, nicht aber durch unterschiedliche Beziehungen unterschiedlicher Elemente. (Vgl. hierzu: H.-H. v. Borzeszkowski/R. Wahsner, Physikalische Bewegung und dialektischer Widerspruch, in: Deutsche Zeitschrift für Philosophie *30*, 634 (1982), R. Wahsner, Nicht die Einzelheit herrscht in der Natur der Dinge. Zum Wissenschaftsprinzip des kollektiven Individuums, PRE-EL 87-03.)

[65] Vgl. E. Mach, Analyse der Empfindungen, a. a. O., S. X, 23.

Physik an die Sinnesphysiologie die Metaphysik aus der Physik vertreiben zu können. Denn die Sinnesphysiologie kläre ja die Herkunft der physikalischen Begriffe auf — ebenso wie von anderer Seite die Geschichte. Der von Mach vertretene Empiriokritizismus besteht also in dem Versuch, alle bezüglich einer physikalischen Theorie apriorischen Bestimmungen empiristisch bzw. subjektiv-sensualistisch aufzulösen. Wie wenig Mach die *erkenntnistheoretische* Fragestellung begreift, demonstriert er z. B. mit der Bemerkung, daß ein Name ein akustisches Merkmal sei, das zu den übrigen sinnlichen Merkmalen hinzugefügt werden würde.[66] Da der Empiriokritizismus die Frage nach der Herkunft der Begriffe nicht mit Blick auf die kategorialen Voraussetzungen unseres Denkens, sondern nut mir Blick auf die sinnesphysiologischen Empfindungen diskutiert, löst er auch den positiven Gedanken des Kantschen Apriorismus auf. Empiriokritizismus ist die empiristische bzw. sensualistische und historistische Verdrillung des Kantschen Kritizismus. Gewiß muß das von diesem gestellte Problem noch gelöst werden. Doch gelingt dies nicht, wenn man hinter Kant zurückfällt.

Der Grundwiderspruch des Machschen Konzepts besteht darin, einerseits die gnoseologische Fundierung der Physik sinnesphysiologisch und historioempirisch umgestalten, also das erkenntnistheoretische Fundament der Physik eliminieren zu wollen, andererseits aber allerorten Prinzipien zu etablieren, Prinzipien, die nun einmal ohne erkenntnistheoretische Bestimmungen nicht denkbar sind. Für Mach scheint diese Situation nicht widersprüchlich zu sein, da er Prinzipien zugleich als die elementarsten Tatsachen ansieht, die man „erschaut".[67] Offenbar sind ihm Grundsätze also nichts Begriffliches. Denn Begriffe, alle physikalischen Begriffe, gelten ihm nur als Denkmittel — als Mittel, denen lediglich die Aufgabe zukommt, ökonomisch geordnete Erfahrung wachzurufen, die aber keine Realität außerhalb des Denkens bezeichnen.[68] Denn ein Denkmittel oder ein Gedankending ist für Mach stets

---

[66] Vgl. E. Mach, Die Prinzipien der Wärmelehre, a. a. O., S. 65.
[67] Vgl. z. B.: E. Mach, Die Mechanik in ihrer Entwicklung, a. a. O., S. 444, 83—94, 131.
[68] Vgl. ebenda, S. 521.

nur mathematischer Natur und deshalb nicht auf die Wirklichkeit bezogen. Ein Erkenntnismittel aber — und ein Denkmittel sollte ja ein solches sein — ist gerade dadurch charakterisiert, zwischen Erkenntnisobjekt und Erkenntnissubjekt zu vermitteln, welchselbige Funktion es selbstredend nur erfüllen kann, wenn es nicht nur im Subjekt oder gar nur im Denken existiert. Andererseits scheinen Prinzipien im Machschen System nun doch wiederum den Status eines Denkmittels und Begriffes zu haben. Denn Mach spricht davon, daß jedes Prinzip stets auch einen gewissen ökonomischen Wert hat, da es uns ermöglicht, von einer Sache Verhaltensweisen zu kennen, ohne sie unmittelbar sinnlich wahrzunehmen. Man sollte meinen, daß sei dann der Fall, wenn man einen Begriff von der Sache hat. Es wäre kein Fehler, in der Tatsache die Einheit von Denkmittel oder Erkenntnismittel und Erkenntnisobjekt zu sehen. Aber Mach bestimmt das Denkmittel ja gerade so, daß es diese Einheit in seinem System nicht geben kann.

Ein Grund, der Mach zu diesem Widerspruch trieb, besteht in seiner Einsicht, daß Physik nicht auf Mathematik reduziert werden kann, daß die Physik Erkenntnisse grundsätzlicher Natur enthält, die den Menschen *nur* die Erfahrung gelehrt hat.[69] Seine Geschichte der Mechanik ist gerade so angelegt, diese Momente aufzuweisen —[70] ausgehend von dem Grundsatz, daß man nicht mathematisch beweisen kann, daß die Natur so sein muß, wie sie ist.

Eine Mißachtung der Mathematik folgt hieraus keineswegs. Denn mathematisch könne bewiesen werden, daß eine beobachtete Eigenschaft eine Reihe anderer Eigenschaften, die oftmals nicht direkt sichtbar sind, mitbestimmt.[71] Mach meint sogar, daß alles, was wir zu wissen wünschen können, durch die Lösung einer Aufgabe von mathematischer Form geboten werde, nämlich durch die Ermittlung der funktionalen Abhängigkeit der sinnlichen Elemente voneinander.[72] Allerdings — muß man hier entgegenhalten — sind die Elemente einer mathematischen Gleichung keine sinnlichen Elemente schlecht-

---

[69] Vgl. z. B.: ebenda, S. 242 f.; E. Mach, Die Prinzipien der Wärmelehre, a. a. O., S. 41.
[70] E. Mach, Die Mechanik in ihrer Entwicklung, a. a. O., S. 44
[71] Ebenda, S. 94.
[72] Vgl. E. Mach, Analyse der Empfindungen, a. a. O., S. 300.

hin. Sie sind vielmehr mathematische Entitäten; und wenn es sich um eine mathematisch formulierte physikalische Gleichung handelt, dann sind sie physikalische Meßgrößen, die sich als *physikalische* Gedankendinge oder — hegelsch gesagt — Verstandesgegenstände in ihrem Status von den Empfindungen kategorial unterscheiden.[73] Im Nicht-Erkennen des Unterschiedes und möglichen Gegensatzes von Begriff und Wahrnehmung, von Verstandesgegenstand und Empfindung gründet die empiriokritizistische Physikrevision Machs und seine erkenntnistheoretisch unzulängliche Bestimmung des Verhältnisses von Mathematik und Physik.[74]

Mach bezieht sich mit seiner für das Physik- und Wissenschaftsverständnis grundlegenden Einsicht in die Unersetzbarkeit der Erfahrung ausdrücklich auf Newton, der seine in der Begründung der Physik als Einzelwissenschaft bestehende Arbeit von der spekulativen Naturphilosophie seiner Zeit dadurch abgehoben wissen wollte, daß er seine Orientierung auf das „Tatsächliche" betonte.[75] Mach mystifiziert nun aber diese Einsicht, indem er nicht erkennt, daß es des (vorausgesetzten) Verstandes (im Kantschen Sinne) bedarf, um Erfahrung machen zu können. Natürlicherweise kann er unter dieser Prämisse die Frage nach den spezifischen Voraussetzungen physikalischer Erfahrung — gemeint ist die Frage nach dem erkenntnistheoretischen Charakter wissenschaftlicher Erfahrung — gar nicht erst stellen.[76] Da er theorie- und

---

[73] Vgl. R. Wahsner, Naturwissenschaft zwischen Verstand und Vernunft, in: Vom Mute des Erkennens. Beiträge zur Philosophie G. W. F. Hegels, hrsg. v. M. Buhr und T. I. Oiserman, Berlin 1981; H.-H. v. Borzeszkowski/R. Wahsner, Noch einmal über das Bedürfnis der Naturwissenschaft nach Philosophie, in: DIALEKTIK 5. Darwin und die Evolutionstheorie, hrsg. v. K. Bayertz, B. Heidtmann und H.-J. Rheinberger, Köln 1982.
[74] Zu Machs Auffassung des Verhältnisses von Physik und Mathematik siehe auch: 604—621, 645.
[75] Vgl.: E. Mach, Die Mechanik in ihrer Entwicklung, S. 216.
[76] Ein charakteristisches Symptom der Machschen Sicht ist z. B. die starke Betonung der Rolle des Vergleichs für die Gewinnung empirischer Daten. Mach hält den Vergleich für das innere Lebenselement der Wissenschaft. Die Spezifik des für die Physik typischen *messenden* Vergleichs kommt ihm aber gar nicht zu Bewußtsein. (Vgl.: E. Mach, Die Prinzipien der Wärmelehre,

philosophiefreie Erfahrung konzipiert, kann er die Tatsachen nur „erschauen". (Die Fähigkeit dazu unterstellt er als Selbstverständlichkeit — zumindest bei auserwählten Individuen.) Das heißt, Mach kann nicht rational erklären, wie die Physik zu ihren Tatsachen, zu ihrer empirischen Basis gelangt. Er muß auf das Vorhandensein der sog. instinktiven Erkenntnis zurückgreifen.[77] Und er verweist auch aus *diesem* Grunde auf die Herkunft der Wissenschaft aus der Produktion[78] und auf die Notwendigkeit, die Geschichte der Wissenschaften zu studieren. Machs geschichtliche Darstellungen leiden darunter, von den jeweiligen Theorien und Weltanschauungen abzusehen, in deren Rahmen und unter deren Voraussetzungen unsere Vorfahren zu ihren Erkenntnissen gelangten.

Mach ist nur konsequent, wenn er nach dieser Charakterisierung der empirischen Basis der Physik ihr (und überhaupt der Wissenschaft) Ideal nicht in einem das physikalisch Allgemeine in Gesetze fassenden theoretischen System sieht, sondern in einem „vollständigen übersichtlichen Inventar der Tatsachen eines Gebietes" bzw. darin, daß „die Tabelle der Tatsachen durch eine kompendiöse Herstellungsregel ersetzt werden kann."[79] Die eine Regel würde dann offenbaren, daß

---

a. a. O., S. 396 ff.) Zum Status des Experiments siehe: H.-H. v. Borzeszkowski/R. Wahsner, Zur Beziehung von experimenteller Methode und Raumbegriff, Dt. Zs. f. Phil. *28*, 685 (1980).

[77] Die instinktive Erkenntnis ist für Mach Arterkenntnis, während er die wissenschaftliche Erkenntnis als Individualerkenntnis ansieht. Vgl. hierzu z. B.: E. Mach, Die Mechanik in ihrer Entwicklung, a. a. O., S. 25, 50—56, 96—99. Aufgrund seines empiriokritizistischen Tatsachenbegriffs setzt er auch Newtons Orientierung auf das Tatsächliche mit seinem sinnesphysiologischen Erfahrungskonzept gleich (siehe: ebenda, S. 216). Dies jedoch ist nicht gerechtfertigt. Denn Newton orientierte sich auf die Begründung einer empirischen, d. h. hier einer messenden und rechnenden Einzelwissenschaft, womit er sich von einer nur spekulierenden Naturmetaphysik abwandte. Er mußte, um seinen Zweck zu realisieren, aber bestimmte erkenntnistheoretische Voraussetzungen als angenommen unterstellen — eine Notwendigkeit, die Mach gerade bestritt.

[78] Vgl. E. Mach, Die Mechanik in ihrer Entwicklung, S. 23—31.

[79] Vgl.: E. Mach, Die Prinzipien der Wärmelehre, a. a. O., S. 461,

es sich bei der Vielzahl der Sätze der Mechanik oder der Wärmelehre jeweils nur um eine Tatsache handelt,[80] die auf einmal zu „erschauen" wir nur nicht in der Lage sind. Die Aufgabe der Wissenschaft ist es nach Mach, Erfahrung zu ersparen oder zu ersetzen.[81] (Eine Herstellungsregel – so man sie hat – leistet dies vortrefflich.) Doch die Aufgabe der Wissenschaft ist es eben auch, Erfahrung zu *ermöglichen*. Will man den Rückgriff auf „instinktive Erkenntnis" vermeiden, so ist man darauf angewiesen, daß die Wissenschaft dies leistet.[82] Machs These, daß es der Sinn der Wissenschaft sei, Erfahrung zu ersparen, enthält aber auch den positiven Gedanken, daß sie notwendig ist, um Erfahrung zu erhalten. Mach sieht die Aufgabe der Wissenschaft darin zu ermöglichen, daß ein Individuum auf den Erfahrungen der ihm vorangegangenen Individuen aufbauen kann. Doch die Weitergabe der Erfahrung ist für ihn rein ideeller Natur. Ihre, der Wissenschaft erst ein gesellschaftliches Fundament gebende, gegenständliche Vermittlung über die Produktionsmittel vermag er nicht zu denken.

Die der Machschen Konzeption zugrunde liegenden *positiven* Erkenntnisse seien abschließend zusammengefaßt: Die Erfahrung ist durch nichts zu ersetzen. Physik kann nicht auf Mathematik reduziert werden. Die Physik bedarf, um Erkenntnisse zu gewinnen, bestimmter Erkenntnismittel. Um eine Wissenschaft vollständig zu verstehen, muß man ihre Geschichte studieren und ihre Herkunft aus der Befriedigung ökonomischer Bedürfnisse erkennen. Die Mechanik ist ein Teil der Kulturgeschichte.

Dies sind kurz umrissen die Ansichten, die Mach seiner historisch-kritischen Darstellung der Mechanik zugrunde legte

---

121 Zur Beurteilung des Machschen Wissenschaftskonzepts siehe auch: A. Einstein, Ernst Mach, Phys. Zs. *17*, 101 (1916) bzw. Anhang S. 683–689; siehe auch S. 636f. des Nachwortes.

[80] Vgl. z. B.: E. Mach, Die Prinzipien der Wärmelehre, a. a. O., S. 116; E. Mach, Die Mechanik in ihrer Entwicklung, a. a. O., S. 273f., 491.

[81] Vgl.: ebenda, S. 494–509, siehe auch die Anmerkungen 95, 96.

[82] Zum Machschen Prinzip der Denkökonomie siehe auch S. 611, 622–625.

und die ihn vor allem zur Kritik des Newtonschen Massebegriffs, der Newtonschen Raum-Zeit-Konzeption und damit verbunden der Newtonschen Axiomatik veranlaßten.

Daß Mach mit einer Analyse des Massebegriffs beginnt, ist verständlich, denn der Massebegriff ist ein fundamentaler Begriff der klassischen Mechanik, und darüber hinaus beginnt das Newtonsche Werk „Mathematische Prinzipien der Naturphilosophie" tatsächlich mit einer Erläuterung desselben. In den Präliminarien zu diesem Werk werden die im weiteren verwandten Termini durch Erklärungen eingeführt, und die erste Erklärung betrifft den Massebegriff.

Diese erste Newtonsche Erklärung besteht aus zwei Teilen. Im ersten Teil wird festgestellt, daß die Masse (Newton spricht zunächst von der Menge der Materie, sagt aber bald, daß sie „Masse" genannt werden soll) gleich dem Produkt von Dichte und Volumen ist. Im zweiten Teil wird hinzugefügt, daß die Masse dem Gewicht proportional ist, also durch eine Waage gemessen werden kann.

Mach kritisiert beide Teile dieser Erklärung. Zum ersten Teil bemerkt er, daß es sich dabei um keine Definition der Masse, sondern um einen Zirkel handele, da die Dichte ja schließlich nur als das Verhältnis von Masse und Volumen definiert werden könne. Dieser Einwand ist natürlich berechtigt, auch Boltzmann nennt diese erste Formulierung Newtons nichtssagend. Man muß aber auch feststellen, daß Newton mit gutem Grund nicht verspricht, an dieser Stelle befriedigende Definitionen zu liefern, sondern nur Termini einführt. Schließlich sind die Grundgrößen einer Theorie dieser nicht fertig voranzustellen. Sie sind erst im Zusammenhang mit der nachfolgenden Axiomatik zu definieren.

Wichtiger ist der Machsche Einwand gegen den zweiten Teil der Newtonschen Erklärung. Mach meint, man könne zwar feststellen, daß das Verhältnis der Gewichte zweier Körper deren Masseverhältnis genannt wird. Man müsse aber dann noch den Gebrauch der so bestimmten Größen in der gesamten Mechanik begründen. Man müsse also z. B. begründen, daß die so eingeführte Masse eine die himmelsmechanischen Bewegungen bestimmende Größe ist. Nach Mach beruht die Newtonsche Massedefinition auf einer Behauptung, die weit über die Erfahrung hinausgeht. Mach, der ja die Newtonsche

Theorie für wahr und nur für teilweise mißverständlich formuliert hielt, versuchte, die Newtonsche Definition durch eine solche zu ersetzen, die der Erfahrung näher ist. Er ging dabei von zwei seines Erachtens nicht über die Erfahrung hinausgehenden Tatsachen aus. Zum einen von der „Erfahrung", daß alle Körper durch ein beschleunigungsbestimmendes Moment charakterisiert sind, zum anderen durch die „Erfahrung", daß sich zwei Körper A und B gegenseitig immer so beeinflussen, daß die Wirkung des Körpers A auf den Körper B der Wirkung des Körpers B auf den Körper A entgegengesetzt gleich ist (Gegenwirkungsaxiom). Davon ausgehend schlug Mach nun vor, das Verhältnis der Massen zweier Körper zu definieren als das negative umgekehrte Verhältnis der Beschleunigungen, die sie einander mitteilen.

Sieht man zunächst von Machs Behauptung ab, seine Massedefinition beruhe auf zwei nicht über die Erfahrung hinausgehenden Tatsachen, dann muß man noch immer Mach mit Mach kritisieren. Denn Machs Massedefinition genügt seinen eigenen Anforderungen nicht. Der Einwand, den Mach gegen Newton vorbrachte, läßt sich nämlich im Prinzip wiederholen: Man kann sich zwar darauf einigen, das negativ umgekehrte Verhältnis der Beschleunigungen, die zwei Körper einander mitteilen, deren Massenverhältnis zu nennen. Aber man hat dann wiederum den Gebrauch dieser Definition für die gesamte Mechanik zu begründen. Die Behauptung, ihr Gebrauch sei für die gesamte Mechanik zulässig, ist ebenfalls eine Behauptung, die über die Erfahrung hinausgeht.

Diese Kritik wurde schon von Boltzmann u. a. gegen Machs Definition vorgebracht. Boltzmann schreibt: „Wir könnten auch (um die Masse zu definieren) nach Mach einfach den Satz der Gleichheit der Wirkung und Gegenwirkung postulieren. Wenn dann bloß zwei Körper in Wechselwirkung begriffen sind, so wäre die Gleichheit der Kräfte, welche auf beide Körper wirken, evident. Wenn sie sich zudem nur Parallelverschiebungen erteilen, so wäre das Verhältnis ihrer Massen einfach zu definieren als das verkehrte Verhältnis der Beschleunigungen, welche an ihnen zu beobachten sind. Allein bei der Wirkung dazwischen gebrachter Schnüre, Fäden usw. haben wir eigentlich schon immer mehr als zwei in Wechselwirkung begriffene Körper, und es würde auch die Deformation dieser Zwischenkörper in Betracht zu ziehen sein. Der von Mach angenommene Fall könnte also in reiner Weise eigentlich nur bei direkter Fernwirkung vorkommen, und es wäre sehr mißlich, wenn man vom rein empirischen Standpunkt aus die direkte Fernwirkung a priori annehmen müßte."[83]

Kehren wir nun zu den Machschen Prämissen zurück, wonach alle Körper durch ein beschleunigungsbestimmendes Moment charakterisiert sind und alle physikalischen Wirkungen dem Gegenwirkungsaxiom genügen. Machs Behauptung, er ginge mit ihnen nicht über die Erfahrung hinaus, kann nicht akzeptiert werden, denn er setzt mit ihnen die gesamte Newtonsche Theorie als gültig voraus (die beiden „Tatsachen" sind nur etwas unklare Formulierungen der Newtonschen Axiome), um dann unter dieser Voraussetzung für den Spezialfall der Schwerewirkung (der Newtonschen gravitativen Fernwirkung) eine Massedefinition abzuleiten. Er gelangt damit also nicht einmal zu *der* Massedefinition, sondern nur zu einer in speziellen Situationen gültigen. Nur deshalb, weil er dieser Einschränkung nicht gewahr wurde, konnte er meinen, die Newtonsche Mechanik auf diese Definition reduziert zu haben. Das Machsche Vorhaben mußte scheitern, da keine Theorie einer endlichen Zahl ihrer Konsequenzen äquivalent ist, geschweige denn einer ihrer simpelsten.[84] Und die Machsche Massedefinition ist nichts anderes als eine der simpelsten Konsequenzen der Newtonschen Theorie.

Indem Mach die Masse in der von ihm angegebenen Weise allgemein definiert sah, meinte er, das zweite Newtonsche Axiom (Kraft = Masse × Beschleunigung) sei nichts weiter als eine Konvention und das dritte Newtonsche Axiom (Wirkung

---

[83] L. Boltzmann, Über die Grundprinzipien und Grundgleichungen der Mechanik, in: L. Boltzmann, Populäre Schriften, Leipzig 1905, S. 293. Und an anderer Stelle schreibt er: „Selbstverständlich geht auch der Vorschlag *Machs*, Gerade, welche durch die Gesamtheit aller Massen der Welt bestimmt sind, ... an Stelle des absoluten Raumes zu setzen, über die Erfahrung hinaus. (Dieser) Vorschlag knüpft nämlich wieder an rein ideale transzendente Begriffe an." (Ebenda, S. 256) Siehe auch: S. 613–618.

[84] M. Bunge, Mach's Criticism of Newtonian Mechanics, American Journal of Physics *34*, 585 (1966).

= Gegenwirkung) eine Konsequenz der ursprünglichen Massedefinition. Auch hier ergeben sich sofort Fragen, die Mach sich wohl selbst hätte stellen können, Fragen, die zeigen, daß seine Ansicht auch logisch unhaltbar ist[85]: Wieso bedarf eine Konvention einer empirischen Bestätigung? Und wie kommt es, daß diese Konvention nur für Galileische Inertialsysteme möglich ist? (Bekanntlich gilt das zweite Newtonsche Axiom nur in diesen Bezugssystemen.)

Während Mach das zweite und dritte Newtonsche Axiom als durch seine Massedefinition gegeben sah, hielt er das erste Newtonsche Axiom, also das Trägheitsgesetz, wonach sich ein kräftefreier Körper geradlinig und gleichförmig bewegt, für eine von Galilei erschaute Tatsache, meinte aber: „Statt nun einen bewegten Körper K auf den Raum (auf ein Koordinatensystem) zu beziehen, wollen wir direkt sein Verhältnis zu den Körpern des Weltraumes betrachten, durch welche jenes Koordinatensystem allgemein *bestimmt* werden kann".[86] Mach versuchte, seine Sicht auf das Trägheitsgesetz dadurch zu begründen, daß er zeigte: die Bewegung eines auf den Schwerpunkt eines Systems von „N kosmischen Massen" bezogenen Körpers K erfolgt ebenfalls gemäß dem Trägheitsgesetz. Nach Mach bedarf es also nicht der von ihm als metaphysisch angesehenen Newtonschen Voraussetzung des absoluten Raumes, auf den die Tatsache der Trägheitsbewegung zu beziehen ist.

Machs Argumentation ist äußerst aufschlußreich, denn sie zeigt nichts anderes, als daß der geradlinig und gleichförmig bezüglich eines Galileischen Bezugssystems bewegte Schwerpunkt von N Massen ebenfalls als Galileisches Bezugssystem für den Körper K gewählt werden kann. Zu analogen Einsichten waren zu jener Zeit − worauf Mach selbst verweist − auch andere Autoren gelangt. Insbesondere war von L. Lange[87] und C. Neumann[88] herausgearbeitet worden, daß eine Be-

---

[85] Vgl.: ebenda.
[86] Vgl.: E. Mach, Die Mechanik in ihrer Entwicklung, a. a. O., S. 257f.
[87] Vgl.: L. Lange, Die geschichtliche Entwickelung des Bewegungsbegriffs und ihr voraussichtliches Endergebnis. Ein Beitrag zur historischen Kritik der mechanischen Prinzipien, Leipzig 1886.
[88] Vgl.: C. Neumann, Über die Principien der Galilei-Newtonschen Theorie, Leipzig 1870.

zunahme auf den absoluten Raum nicht heißt, auf einen starren Welthintergrund Bezug zu nehmen, sondern auf ein beliebiges der unendlich vielen Galileischen Bezugssysteme, die gerade durch das erste Newtonsche Axiom bestimmt werden.[89] Die Gesamtheit dieser Bezugssysteme bildet den absoluten Raum der klassischen Mechanik.

Indem Mach in seiner Argumentation zeigte, daß das Schwerpunktsystem der N Massen unter gewissen Voraussetzungen ein Galileisches Bezugssystem ist, erhielt er die richtige Aussage, daß K auch bezüglich dieses Systems geradlinig und gleichförmig bewegt ist, also dem Trägheitsgesetz genügt. Er meinte aber, damit mehr gezeigt zu haben, nämlich daß man „das Gespenst des absoluten Raumes" durch die Gesamtheit der kosmischen Massen ersetzen und damit das Trägheitsgesetz „kosmisch begründen" könne. Hierin irrte er allerdings, denn die von ihm beabsichtigte, den absoluten Raum Newtons angeblich überflüssig machende Umformulierung der Mechanik, gelingt nur dann, wenn man Aussagen über die Bewegung des Schwerpunktes gegenüber dem absoluten Raum macht, also den Raumbegriff der Newtonschen Theorie voraussetzt. Mach unterstellt demnach wiederum die Newtonsche Mechanik und diskutiert eine ihrer (kinematischen) Konsequenzen. Suggestivkraft gewinnt Machs Argument erst dann, wenn man von den eben genannten impliziten Voraussetzungen absieht.

Mach meinte, daß seine Formulierung des Trägheitsgesetzes der Newtonschen äquivalent sei und deshalb auch dieselben Schwierigkeiten impliziere: „In dem einen Fall können wir des absoluten Raumes nicht habhaft werden, in dem anderen Fall ist nur eine beschränkte Zahl von Massen unserer Kenntnis zugänglich, und die angedeutete Summation ist also nicht zu vollenden."[90] Mach hielt diese Schwierigkeiten für solche von prinzipieller Natur, so wie Sätze über die „Energie der Welt" oder die „Entropie der Welt" keinen faßbaren Sinn haben, weil sie Anwendungen von Maßbegriffen auf ein Objekt, wel-

---

[89] Ausführlicher zur begrifflichen Bestimmung des Raumes in der klassischen Mechanik: H.-H. v. Borzeszkowski/R. Wahsner, Physikalischer Dualismus und dialektischer Widerspruch. Studien zum physikalischen Bewegungsbegriff, Darmstadt 1988.
[90] E. Mach, Die Mechanik in ihrer Entwicklung, a. a. O., S. 260.

ches der Messung unzugänglich ist, enthalten.[91] Er meinte aber, durch seine Formulierung bewußt zu machen, daß das Trägheitsgesetz — ebenso wie andere grundlegende Sätze der Mechanik — auf unabgeschlossener, ja sogar auf nie vollständig abschließbarer Erfahrung beruht.

Damit gelangt Mach zu einer wichtigen, gegen den Mechanizismus gerichteten Konsequenz. Daß er sie allerdings durch eine Umformulierung der Mechanik zu begründen sucht, liegt an seinem irrigen Ausgangspunkt, die Mechanik in ihrer Newtonschen Formulierung sei mechanizistisch.[92] Mach hielt den Newtonschen Raumbegriff für kritikwürdig, da er meinte, der absolute Raum sei im Gegensatz zu den kosmischen Massen der Erfahrung prinzipiell nicht zugänglich. Zu dieser Auffassung gelangte er, da er die notwendige Bestimmung der physikalischen Begriffe im Rahmen der gesamten (empirisch überprüften) jeweiligen physikalischen Theorie verkannte.

Der Gedanke der kosmischen Begründung des Trägheitsgesetzes wurde später von A. Einstein auch in der Form ausgesprochen, daß die träge Masse eines Körpers durch alle übrigen Massen des Universums bestimmt ist. Diese Formulierung wird vor allem durch Machs Erörterung des sogenannten Eimerversuchs[93] nahegelegt und wurde 1918 von Einstein zum „Machschen Prinzip" verschärft.[94] Dieses Prinzip besagt allerdings nicht genau das, was Mach tatsächlich zeigen wollte. Es wurde mit Blick auf eine über die klassische Mechanik (die diesem Prinzip nicht genügt) hinausgehende Weiterentwick-

---

[91] Vgl.: E. Mach, Die Prinzipien der Wärmelehre, a. a. O., S. 338; s. a. ders., Die Mechanik in ihrer Entwicklung a. a. O., S. 518.

[92] Über das Verhältnis der Mechanik zu ihrer mechanistischen Interpretation siehe: H.-H. v. Borzeszkowski/R. Wahsner, Newton und Voltaire. Zur Begründung und Interpretation der klassischen Mechanik, Berlin 1980.

[93] E. Mach, Die Mechanik in ihrer Entwicklung, a. a. O., S. 250ff.

[94] Einstein selbst formuliert es mit den folgenden Worten: „Das G-Feld ist *restlos* durch die Masse der Körper bestimmt. Da Masse und Energie nach den Ergebnissen der speziellen Relativitätstheorie das Gleiche sind und die Energie formal durch den metrischen Energietensor ($T_{\mu\nu}$) beschrieben wird, so besagt dies, daß das G-Feld durch den Energietensor der Materie *bedingt* und bestimmt sei." (A. Einstein, Prinzipielles zur allgemeinen Relativitätstheorie, Ann. Phys. *55*, 241 (1918).

lung der Physik formuliert. Die Allgemeine Relativitätstheorie schien Einstein zunächst eine dem Machschen Prinzip genügende Theorie zu sein, bis er — wohl auch unter dem Eindruck der Argumente Hermann Weyls — um 1920 seine Ansicht in diesem Punkte änderte.[95]

Die vorangegangenen Ausführungen zeigen, daß Machs Newton-Kritik mehr eine Kritik der theoretischen Physik als der Newtonschen Mechanik war, woraus erhellt, daß diesem Kritiker die moderne Physik nicht besser gefallen hätte als die Newtonsche. Dies beweist auch seine Diskussion mit namhaften Physikern seiner Zeit — mit Heinrich Hertz, Ludwig Boltzmann, Max Planck und Albert Einstein. Es wurden aber mit Machs Kritik — eben weil sie sich gar nicht so sehr gegen die Newtonsche Form richtete — prinzipielle grundlagentheoretische Probleme der Physik diskutiert: Löst sich im Laufe der Entwicklung die Physik in Mathematik auf? Wie ist die wissenschaftliche Erfahrung erkenntnistheoretisch zu charakterisieren und wodurch unterscheidet sie sich von der Alltagserfahrung? Bedarf die Physik einer erkenntnistheoretischen Begründung oder kann sie jegliches philosophische Element aus sich entfernen (indem sie sinnesphysiologisch bzw. psychologisch begründet wird)? Machs Diskussion mit den genannten Physikern belegt zudem exemplarisch, daß es zum Ende des 19. und zu Beginn des 20. Jahrhunderts im Interesse der theoretischen Fortbildung der Physik erforderlich geworden war, Klarheit über die epistemologische Grundlage der Physik zu gewinnen und die mechanistische Interpretation der Mechanik zu überwinden.

* * *

Die vielleicht erste verbürgte Wirkung von Machs „Mechanik" auf die Physik wird von H. Hertz in seiner Schrift „Die Prinzipien der Mechanik in neuem Zusammenhange dargestellt" (1894) festgehalten. Einleitend schreibt er dort: „In allgemeiner Hinsicht verdanke ich sehr viel dem schönen Buche über die Entwicklung der Mechanik von Mach."[96] Mach seinerseits würdigt

---

[95] Siehe auch: S. 633—642.

[96] H. Hertz, Die Prinzipien der Mechanik in neuem Zusammenhange dargestellt, in: Gesammelte Werke von Heinrich Hertz, hrsg. v. Ph. Lenard, Bd. III, Leipzig 1894, S. XXVI; siehe auch S. 10.

in der vierten Auflage die Hertzsche Mechanik als wesentlichen Fortschritt im Sinne des von ihm selbst skizzierten allgemeinen Programmes einer künftigen Mechanik.[97] Insbesondere stellt er hierzu fest: „Die Hertzsche Forderung der Zweckmäßigkeit fällt mit unserer Forderung der Ökonomie zusammen."[98] Mach sieht hier seine Einsicht widergespiegelt, daß Begriffe der Physik selbstgemachte, jedoch nicht ganz willkürlich gemachte sind — nicht ganz willkürlich, weil sie aus einem Anpassungsstreben an die sinnliche Umgebung hervorgingen.[99] Die anti-metaphysische oder — wie er selbst es nennt — die erkenntniskritische Sicht verbindet Mach mit Hertz.

Die Bewertung der Hertzschen Leistung zusammenfassend bemerkt Mach: „In dem schönen Idealbild der Mechanik, welches Hertz entwickelt hat, ist der physikalische Gehalt bis auf einen *scheinbar* kaum merklichen Rest zusammengeschrumpft. Es ist kaum zu zweifeln, daß Descartes, wenn er heute leben würde, in der Hertzschen Mechanik noch mehr als in der Lagrangeschen, ‚der analytischen Geometrie von vier Dimensionen', sein eigenes Ideal wiedererkennen würde."[100] Mach selbst meint: „Als *ideales Programm* ist die Hertzsche Mechanik schöner und einheitlicher, für die *Anwendung* empfiehlt sich aber unsere gewöhnliche Mechanik, wie dies Hertz selbst (S. 47) mit der ihm eigenen Aufrichtigkeit hervorhebt."[101] Als

---

[97] Vgl.: E. Mach, Die Mechanik in ihrer Entwicklung, a. a. O., S. 282.

[98] Ebenda. Hertz schreibt: „Bei gleicher Deutlichkeit wird von zwei Bildern dasjenige zweckmäßiger sein, welches neben den wesentlichen Zügen die geringere Zahl überflüssiger oder leerer Beziehungen enthält, welches also das einfachere ist. "(H. Hertz, Die Prinzipien der Mechanik, a. a. O., S. 2f.; siehe auch; S. 11, 22, 46.)

[99] Vgl.: E. Mach, Die Mechanik in ihrer Entwicklung, a. a. O., S. 283.

[100] Ebenda, S. 286.

[101] Ebenda. Mach stimmt hier völlig mit den Urteilen von Boltzmann und Planck überein. Vgl. L. Boltzmann, Über die Entwicklung der Methoden der theoretischen Physik in neuerer Zeit (1899), in: L. Boltzmann, Populäre Schriften, Leipzig 1905, S. 213 ff.; L. Boltzmann, Über die Grundprinzipien und Grundgleichungen der Mechanik (1899), in: ebenda, S. 258 ff.; M. Planck, Die Stellung der neueren Physik zur mechani-

Grund für diese Bewertung gibt Mach an, daß Hertz mit seinem Ansatz nur das formal-mathematische System der Mechanik ausbaue, womit er die physikalisch-mechanischen Fragen nicht nur nicht miterledige, sondern nicht einmal berühre.[102]

Warum aber dann — ist man geneigt zu fragen — sieht Mach in der Hertzschen Mechanik ein Idealbild, ein ideales Programm? Nur wegen der Zweckmäßigkeitsidee (wie z. B. Kleinpeter glaubt)? Nein, ein weiterer Grund liegt darin, daß Mach in dem Bestreben von Hertz, die Physik zu vereinheitlichen und sie von (vermeintlich) metaphysischen Prämissen zu befreien, sein eigenes Anliegen wiedererkennt.

Hertz wollte durch Entmystifizierung der physikalischen Begriffe (also durch die vermeintliche Entfernung der Metaphysik aus der Physik) zur Einheit der Physik kommen. Er stellte zu Beginn seines Werkes fest: „Alle Physiker sind einstimmig darin, daß es die Aufgabe der Physik sei, die Erscheinungen der Natur auf die einfachen Gesetze der Mechanik zurückzuführen. Welches aber diese einfachen Gesetze sind, darüber herrscht nicht mehr die gleiche Einstimmigkeit."[103] Hertz wollte gerade deshalb aufzeigen, *welche* Gesetze es sind. Er wollte den Wirrwarr der Meinungen über die Mechanik (bzw. in der Mechanik) entmystifizieren. Entmystifizierung hieß für ihn: logische Klarheit und logische Konsistenz, also Ableitung der ganzen Mechanik aus *möglichst* nur einem Grundsatz.[104]

Wesentlicher Bestandteil der Entmystifizierung war für Hertz die Liquidierung der Fernkräfte. Dies sollte geschehen, indem die Gravitationstheorie nach dem Vorbild der Elektrodynamik umgeformt werden sollte — nach dem Vorbild einer Theorie also, in der es gelungen war, die Fernkräfte zu eliminieren. Dabei war die Absicht, die Fernkräfte um jeden Preis

---

schen Naturanschauung, in: M. Planck, Physikalische Abhandlungen und Vorträge, hrsg. v. Verband Deutscher Physikalischer Gesellschaften und der Max-Planck-Gesellschaft, Braunschweig 1958, Bd. III, S. 34 f.

[102] Vgl.: E. Mach, Die Mechanik in ihrer Entwicklung, S. 286. Über Machs Auffassung zum Verhältnis von Mathematik und Physik vgl. auch: S. 593—595, 604—621.

[103] H. Hertz, Die Prinzipien der Mechanik, a. a. O., S. XXIII.

[104] Vgl.: ebenda, S. 4

zu entfernen, wesentlich durch die falsche Interpretation der Newtonschen Kraft als einer vor jeder Bewegung gegebenen Ursache der Bewegung bedingt.[105]

Hertzens allgemeine, auf die Einheit der Physik gerichtete Zielstellung entsprach dem Machschen Programm. Denn Mach wollte – wie gesagt –[80] in der Vielzahl der mechanischen Sätze nur eine einzige Tatsache festgestellt wissen. Nur aus historischen Gründen – meinte er –, nur auf Grund historischer Zufälle gäbe es die bekannte Vielzahl. Die eine Tatsache, die die Mechanik nach Mach erfaßt, wollte er als Idealziel aus einer Herstellungsregel abgeleitet, in einem Gesamtinventar reflektiert sehen.

In seinem Streben nach einer einheitlichen und metaphysikfreien Darstellung der Physik stimmte Mach mit Hertz überein. Er meinte aber, daß die Ausführung der Hertzschen Mechanik weder der Zielstellung ihres Begründers noch seinen eigenen Ansprüchen gerecht würde. Insbesondere hielt Mach (mit Boltzmann) die üblichen Newtonschen Kräfte bezüglich ihrer sinnlichen Nachweisbarkeit den Hertzschen „verborgenen Massen" und „verborgenen Bewegungen" gegenüber überlegen. Er akzeptierte zudem nicht die prinzipielle Kritik von Hertz an Newton. Hertz warf Newton vor, er habe die Trägheit doppelt berechnet.[106] Doch Mach zeigte, daß Newton hier keinen Fehler begangen hat.

Die Perspektiven und Grenzen des Hertzschen Programms zeigen sich in der etwa zwei Jahrzehnte später von Einstein begründeten Allgemeinen Relativitätstheorie. In ihr ist es in der Tat gelungen, die gravitativen Fernkräfte durch Bewegungsbeschränkungen zu ersetzen und damit eine „Nahwirkungsmechanik" zu begründen. Man könnte fast meinen, das sei die Erfüllung des Hertzschen Programms, wenn da nicht zwei Einwände zu machen wären, die zeigen, daß die Allgemeine Relativitätstheorie vielmehr die Undurchführbarkeit des Hertzschen Programms zeigt. Erstens ist nämlich die Allgemeine Relativitätstheorie keine Umformulierung der klassischen Mechanik (und nur daran dachte Hertz), sondern eine neue physikalische Theorie, die auf einem neuen physika-

---

[105] Vgl.: ebenda, S. 5.
[106] Vgl.: ebenda, S. 7.

lischen Prinzip, nämlich dem Äquivalenzprinzip, beruht. Und zweitens ist sie nicht eine *die* Physik vereinheitlichende Theorie, sondern nur eine Theorie der Gravitation, denn nur für die Gravitation gilt das Äquivalenzprinzip. Wäre dagegen Einsteins Versuch gelungen, eine einheitliche geometrische Feldtheorie zu schaffen, so wäre diese als Realisierung des Hertzschen Programms anzusehen.[107]

Im Gegensatz zu Mach sah Hertz in der Wissenschaft nicht nur geläuterte Handwerker-Erfahrung.[108] Er unterstellte daher als Elemente der Physik auch nicht die Empfindungen, sondern drei Grund*begriffe* — Zeit, Raum und Masse —, von denen er nur forderte, daß sie etwas im Prinzip Beobachtbares beinhalten.[109] Für ihn sind daher die Gleichungen das eigentlich Reale; das andere sei Farbe usw. Für Mach hingegen ist das Eigentliche die „erschaute Tatsache"; die Gleichungen helfen nur beim „Erschauen". In charakteristischer Weise kommt dieser Unterschied zum Ausdruck, wenn Hertz seine berühmte Bestimmung gibt: Die Elektrodynamik (die Maxwellsche Theorie) ist das System der Maxwellschen Gleichungen.[110] Mach hingegen definiert: Die Elektrizität ist nichts anderes als die Summe aller Erfahrungen, welche wir auf diesem Gebiete schon gemacht haben und noch zu machen hoffen.[111]

---

[107] Zum Verhältnis der Hertzschen Relativmechanik zur Einsteinschen Relativitätstheorie siehe: II.-J. Treder, Über Prinzipien der Dynamik von Einstein, Hertz, Mach und Poincaré, Berlin 1974.

[108] Vgl.: H. Hertz, Die Prinzipien der Mechanik, a. a. O., S. 12.

[109] Sein Vorgehen gleicht damit dem der vom cartesischen Rationalismus herkommenden französischen Materialisten, über die Hegel schreibt: „Das Bedürfnis des Verstandes, das abstrakte Denken, was aus einem festgehaltenen Prinzip die ungeheuersten Konsequenzen ziehen läßt, hat sie getrieben, ein Prinzip als das Letzte zu setzen, aber ein solches, das zugleich Gegenwart habe und der Erfahrung ganz nahe liege." (G. W. F. Hegel, Vorlesungen über die Geschichte der Philosophie, hrsg. v. G. Irrlitz, Leipzig 1971, Bd. III, S. 452.)

[110] Vgl.: H. Hertz, Untersuchungen über die Ausbreitung der elektrischen Kraft, in: Gesammelte Werke von Heinrich Hertz, a. a. O., Bd. II, S. 23.

[111] So zitiert bei: L. Boltzmann, Über die Entwicklung der Methoden der theoretischen Physik, a. a. O., S. 221.

Die Frage nach dem erkenntnistheoretischen Status physikalischer Aussagen, nach deren Abhängigkeit vom gewählten mathematischen Formalismus und ihrem Verhältnis zur Erfahrung, bildet den kardinalen Inhalt der Diskussion zwischen Mach und Hertz. Beider Antworten können zwar noch nicht befriedigen, trugen aber, indem sie der „logischen Durchmusterung" der Mechanik dienten, dazu bei, eine Lösung des diskutierten Problems zu finden.

* *
*

Boltzmann bestimmte die zweite Hälfte des 19. Jahrhunderts als eine Zeit, für die „eine fast übertriebene Kritik der Methoden der naturwissenschaftlichen Forschung charakteristisch" ist [112], und er räumte Mach hierbei einen herausragenden Platz ein, wenn er sich auch über dessen Prinzip der Denkökonomie lustig machte.[113] Boltzmann verehrte Mach – wie er erklärte – sehr, obwohl er nicht in allem gleicher Meinung mit ihm sei.[114]

Hauptgegenstand ihrer Meinungsverschiedenheit war der Atomismus. Als Boltzmann im Jahre 1903 in der Nachfolge Machs von der Universität Wien den Lehrauftrag für „Methode und allgemeine Theorie der Naturwissenschaften" erhielt, erklärte er, daß er, der eigentlich für Philosophie unzuständig sei, sich nur einmal auf dieses Gebiet begeben habe. Es sei dies in einer Diskussion mit Ernst Mach über die Bedeutung der Atomistik für die moderne Physik gewesen. Machs damals gestellte Frage:

---

[112] L. Boltzmann, Über die Methoden der theoretischen Physik (1892), in: L. Boltzmann, Populäre Schriften, a. a. O., S. 1.

[113] Boltzmann schreibt: Mach „behauptet geradezu, der Zweck der Wissenschaft sei nur Arbeitsersparnis. — Fast mit gleichem Rechte könnte man, bemerkend, daß bei Geschäften die größte Ersparnis wünschenswert ist, diese einfach für den Zweck der Verkaufsbuden und des Geldes erklären, was ja in gewissem Sinne in der Tat richtig wäre. Doch wird man nur ungern, wenn die Distanzen und Bewegungen, die Größe, physikalische und chemische Beschaffenheit der Fixsterne ergründet, wenn Mikroskope erfunden und damit die Urheber unserer Krankheiten entdeckt werden, dies als bloße Sparsamkeit bezeichnen." (Ebenda).

[114] Vgl.: L. Boltzmann, Entgegnung auf einen von Prof. Ostwald über das Glück gehaltenen Vortrag, in: L. Boltzmann, Populäre Schriften, a. a. O., S. 368.

„Existieren die Atome wirklich?" bzw. seine Erklärung: „Ich glaube nicht, daß die Atome wirklich existieren" sei ihm seither nicht mehr aus dem Kopf gegangen.[115]

Nun war Boltzmann ja – wie allgemein bekannt ist – ein überzeugter Atomist. Es mag daher verwunderlich erscheinen, daß er die Machsche Frage nicht auf der Stelle mit „ja" beantwortete, sondern sie ihm zum Problem wurde. Eine Erklärung findet sich darin, daß Boltzmann ebenso wie Mach eine metaphysische Ontologie und deshalb auch einen so verstandenen Atomismus ablehnte, daß er aber trotz *dieser* Ablehnung den Atomismus als solchen befürwortete.

Boltzmann war sich mit Mach darüber einig, daß im Prozeß der naturwissenschaftlichen Forschung Modelle – oder wie Boltzmann es nennt – Bilder unabdingbar sind. Doch über den Charakter dieser Bilder waren sie uneins. Für Boltzmann sind jene Gedankendinge nicht nur – wie für Mach – rein mathematischer oder gar metaphysischer Natur, sondern das „Bild" ist für ihn das, was wir vermittels der experimentell begründeten, mathematisch formulierten Naturwissenschaft über die Natur überhaupt erfahren.[116] Es ist insofern physikalisch real. Daher fällt die Antwort auf die Frage: „Existieren die Atome wirklich?" – obwohl beide die Atome für Bilder halten – unterschiedlich aus. Für Boltzmann sind sie *physikalische* Realitäten.

Die Polemik gegen die Atomistik verstand Boltzmann als Polemik gegen die Aufgabe der Naturwissenschaft, die Natur zu erkären, nicht nur zu beschreiben. Der Streit zwischen Boltzmann und Mach über die Atomistik ist demzufolge ein Streit um genau dieses Problem. Es tritt zu jener Zeit vorrangig im Streit darüber in Erscheinung, ob es möglich sei, die Thermodynamik auf die Mechanik molekularer Bewegungen zurückzuführen. Mach hält diesen Ansatz für verfehlt. Er gesteht dem Versuch, die Thermodynamik mechanisch aufzu-

---

[115] Vgl.: L. Boltzmann, Ein Antrittsvortrag zur Naturphilosophie (1903), in: L. Boltzmann, Populäre Schriften, a. a. O., S. 338 f.

[116] Vgl.: L. Boltzmann, Der zweite Hauptsatz der mechanischen Wärmetheorie, in: L. Boltzmann, Populäre Schriften, a. a. O., S. 27–29; E. Mach, Die Mechanik in ihrer Entwicklung, a. a. O., S. 29 f.; E. Mach, Beschreibung und Erklärung, in: E. Mach, Populär-wissenschaftliche Vorlesungen, a. a. O.

fassen zwar zu, ein nützliches Mittel der Veranschaulichung zu sein, hält ihn aber nicht für eine wesentliche physikalische Vermittlung von Thermodynamik und Mechanik. Er scheibt: „Es wird (auch) jeder, der einmal bei der Forschung den Wert einer *anschaulichen* eine Tatsache darstellenden Vorstellung gefühlt hat, die Anwendung solcher Vorstellungen als *Mittel* gern zulassen. Man bedenke nur wie sehr gerade durch das, was eine solche Vorstellung der bloßen Tatsache *hinzufügt*, letztere *bereichert* wird, wie dieselbe dadurch in der Phantasie *neue* Eigenschaften erhält, welche zu experimentellen Untersuchungen treiben, zu Fragen, ob die vorausgesetzte Analogie wirklich besteht, wie weit und wo sie überall besteht." Er hält die Annahme der „unsichtbaren verborgenen" molekularen Bewegungen für eine Vorstellung, die der „bloßen Tatsache" hinzugefügt werde. Diese sei zulässig, wie eben jede Vorstellung als Forschungsmittel zulässig sei. Es müsse aber — ergänzt er — „doch andererseits hervorgehoben werden, wie notwendig es ist, von Zeit zu Zeit die Darstellung der Forschungsergebnisse von den überflüssigen unwesentlichen Zutaten zu reinigen, welche sich durch die Operation mit Hypothesen eingemengt haben." Wenn man die hypothetisch eingeführten Elemente nicht als bildliche erkenne, wenn man Analogien für Identitäten hielte, so habe man metaphysische Elemente in die naturwissenschaftliche Darstellung eingeführt. Mach schreibt, viele bedeutende Physiker seiner Zeit seien so naiv, dieser Metaphysik zu erliegen. Gleich darauf kommt Mach dann auf Boltzmanns Versuch einer mechanischen (molekularen bzw. atomistischen) Begründung des zweiten Hauptsatzes der Thermodynamik des Entropieprinzips zu sprechen. Er zitiert zustimmend R. Wald, welcher schrieb: „Meines Erachtens liegen die Wurzeln dieses (Entropie-)Satzes viel tiefer, und wenn es gelang, Molekularhypothese und Entropiesatz in Einklang zu bringen, so ist dies ein Glück für die Hypothese, aber nicht für den Entropiesatz."[117]

Mach lehnte, und zwar mit Entschiedenheit, „die" — wie er sagte — „atomistische Glaubenslehre der heutigen Schule oder Kirche" ab.[118] Die Atomistik bestimmte er als Versuch,

---

[117] Vgl.: E. Mach, Prinzipien der Wärmelehre, a. a. O., S. 363f.
[118] E. Mach, Die Prinzipien der physikalischen Optik, Leipzig

die Substanzvorstellung in ihrer naivsten und rohesten Form zur Grundvorstellung der Physik zu machen. Dabei stellte Mach nicht den „heuristischen und didaktischen Wert der Atomistik" in Abrede. Insbesondere habe er nichts dagegen — so führt er aus —, wenn Boltzmann die Vorzüge preist, welche die Atomtheorie für den Physiker allen anderen Auffassungen voraushabe. Er sehe nur nicht ein, warum man nicht ebensogut von Volumenelementen (anstelle von Atomen) und wie Kirchhoff von Differentialgleichungen ausgehen könne und warum Boltzmann meine, daß sich jede Differentialgleichung auf atomistische Betrachtungen gründen müsse.[119]

Um die Machsche Argumentation[120] richtig einzuordnen, sei daran erinnert, daß es Machs Bestreben war, alle metaphysischen Elemente aus den Grundbegriffen der Physik zu entfernen und zu jener Zeit die Atomistik als Inkarnation der

---

1921, S. VIII. Siehe auch Machs Diskussion mit Planck zur atomistischen Begründung der Thermodynamik: S. 630—632. Es sei hier vermerkt, daß Mach nicht immer schon ein fanatischer Gegner des Atomismus gewesen war. In seinem „Compendium" hatte er sogar geglaubt, die von ihm angestrebte Klarheit der Grundbegriffe und die Darstellung des Zusammenhangs auf der Basis der Atomistik erreichen zu können. Er führt dort aus: „Die Atomentheorie liess ich überall in den Vordergrund treten, zwar nicht in der Meinung, dass sie das Letzte und Höchste sei, und selbst keiner weiteren Stütze mehr bedürfe, sondern weil sie die Erscheinungen in einen einfachen und anschaulichen Zusammenhang bringt. Man kann die Atomentheorie, wenn es erlaubt ist sich so auszudrücken, als eine Formel betrachten, die schon zu manchen Resultaten geführt hat und auch fernerhin noch zu solchen führen wird. In der That, was immer für eine naturphilosophische Ansicht über die Materie künftig auftreten wird, immer werden sich die nach der Atomentheorie gewonnenen Resultate in dieselbe übersetzen lassen, so wie man Formeln nach Polarcoordinaten in Parallelcoordinaten ausdrücken kann." (E. Mach, Compendium der Physik für Mediciner, a. a. O., S. VI.)

[119] Vgl. E. Mach, Die Prinzipien der Wärmelehre, a. a. O., 429 bis 431.

[120] Ausführlicher hierzu: S. G. Brush, Mach and Atomism, Synthese *18*, 192 (1968); E. N. Hiebert, The Genesis of Mach's Early View on Atomism, in: Ernst Mach — Physicist and Philosopher, a. a. O.

metaphysischen Ontologie sowie der mechanizistischen Erklärung der Natur galt. Umgekehrt wurde die Absicht, die Naturerscheinungen *erklären* zu wollen, identifiziert mit dem Vorhaben, sie atomistisch zu begründen. Aufgrund dieser Identifikation war Mach auch der Meinung, die Physik habe die Naturprozesse nur zu beschreiben.

Boltzmann hingegen vertrat den Standpunkt, daß die Naturwissenschaften die physischen Prozesse auch erklären müßten – genauer gesagt meinte er, daß eine exakte Beschreibung gar nicht möglich sei, verzichte man auf jede Erklärung. In diesem Sinne verstand Boltzmann seine Atomistik als Gegenpol zur Phänomenologie seiner Zeit.

Diese unterschied er in mathematische und allgemeine Phänomenologie. Erstere hielt er für die extremste Richtung. Ihr zufolge ist es nach Boltzmann „das einzige Ziel der Physik, ... durch Probieren möglichst einfache Gleichungen zu finden, welche gewisse notwendige formale Bedingungen der Isotropie usw. erfüllen, und sie dann mit der Erfahrung zu vergleichen".[121] Die allgemeine Phänomenologie hingegen, zu deren charakteristischen Vertretern Boltzmann auch Mach rechnet, sucht „jede Tatsachengruppe durch Aufzählung und naturgeschichtliche Schilderung aller dahin gehörigen Erscheinungen zu beschreiben ... unter Verzicht auf jede einheitliche Naturauffassung, auf jede mechanische Erläuterung oder sonstige Begründung."[122] Zusammenfassend bemerkt Boltzmann: „Wenn die Phänomenologie glaubte die Natur darstellen zu können, ohne irgendwie über die Erfahrung hinauszugehen, so halte ich das für eine Illusion."[123]

Aus der Gegenposition der Atomistik zur Phänomenologie folgt für Boltzmann aber nun nicht, diese rundweg abzulehnen. Er anerkannte sowohl die sog. Differentialgleichungsmethode der mathematischen Phänomenologie als ein unentbehrliches Hilfsmittel der modernen Physik als auch die Vorgehensweise der allgemeinen Phänomenologie, *insofern* sie sehr viel neues empirisches Material zusammengetragen hatte.

---

[121] L. Boltzmann, Über die Entwicklung der Methoden der theoretischen Physik in neuerer Zeit (1899), in: Populäre Schriften, a. a. O., S. 221.

[122] Ebenda.

[123] Ebenda, S. 222.

Boltzmanns Hoffnung war eine Synthese von Atomistik und Phänomenologie. Er sah neben der Möglichkeit, daß die Atomistik einmal verlassen werden wird (woran er nicht glaubte), auch die, daß in ihr die Phänomenologie mehr und mehr aufgehen wird.[124] Dies meinte er im Sinne des Übergangs zu einer Methode, die Erklären nicht mehr — wie die mechanizistische Atomistik — versteht als vollständige Kongruenz der Theorie mit der Natur, sondern im (Sinne seiner oben erwähnten Bild-Methode) als Analogiekonstruktion.[125]

Dieses Atomistikverständnis schließt es aus, auf atomistischer Basis leichtfertig eine die ganze Welt erklären sollende Hypothese zu konstruieren. Boltzmann sieht im Atomismus zwar sehr wohl ein die Physik vereinheitlichendes Prinzip[126], nicht aber ein ein für allemal fertiges Weltschema. Er hielt die Atomistik einer großen Weiterentwicklung fähig und weder an die derzeitige Mechanik noch an bestimmte Atomvorstellungen gebunden.[127] Die Atome müssen seines Erachtens weder unveränderlich noch im klassischen Sinne unteilbar sein.[128]

Die Atome können nach Boltzmann sehr verschiedenartig sein und auch „Vorstellungseinheiten" oder schlechthin „Etwase" genannt werden. Von der Bezeichnung „Volumenelemente" jedoch — wie Mach vorschlägt — sei abzuraten. Nicht, daß die Vorstellung nicht praktisch nützlich sein könne, sie sei nur erkenntnistheoretisch unvollkommener als die atomistische. Dies deshalb, weil die Vorstellung über eine bestimmte geometrische Gestalt der Atome vermieden werden soll und desgleichen die Vorstellung, daß die Teile der Volumenelemente

---

[124] Vgl.: L. Boltzmann, Über die Unentbehrlichkeit der Atomistik in der Naturwissenschaft (1897), in: L. Boltzmann, Populäre Schriften, a. a. O., S. 142.
[125] Vgl.: L. Boltzmann, Über die Methoden der theoretischen Physik, a. a. O., S. 9f.
[126] Vgl. L. Boltzmann, Gustav Kirchhoff (1887), in: L. Boltzmann, Populäre Schriften, a. a. O., S. 57; Über die Unentbehrlichkeit der Atomistik, a. a. O., S. 147; Über die Entwicklung der Methoden der theoretischen Physik, a. a. O., S. 221.
[127] Vgl.: L. Boltzmann, Über die Unentbehrlichkeit der Atomistik, a. a. O., S. 105f.
[128] Vgl.: L. Boltzmann, Über statistische Mechanik (1904), in: Populäre Schriften, a,a.O., S. 358.

wieder die gleichen Eigenschaften haben könnten wie die Volumenelemente selbst. Außerdem impliziere diese Vorstellung u. U. einen zu engen Atombegriff [129] (z. B. seien die zur Beschreibung elektromagnetischer Erscheinungen erfundenen Vektoratome nicht darunter zu fassen [130]). — Dies zu dem Volumenelement-Einwand von Mach gegen Boltzmanns Atomismuskonzept.

Machs zweiter Einwand richtet sich gegen Boltzmanns Behauptung, daß sich jede Differentialgleichung auf atomistische Betrachtungen gründen müsse.

Boltzmann zeigt zunächst, daß die Verwendung des Differentialkalküls mit einer atomistischen Begründung vereinbar ist, daß dieser den Atomismus nicht ausmerze und daß auch der Vorwurf, die Atomistik ginge mehr über die Tatsachen hinaus als die Differentialgleichungen, nur dann zutreffe, wenn man von einer kontinuierlichen Materievorstellung ausgegangen sei, also bereits gegenteilige Prämissen gesetzt habe.

Darüber hinaus zeigt er aber auch (und beide Aspekte unterscheidet er nicht immer ganz klar), daß ohne atomistische Vorstellung der Limitenbegriff sinnlos ist. Denn — so argumentiert er: „Man glaube doch nicht, daß man sich durch das Wort Kontinuum oder das Hinschreiben einer Differentialgleichung auch einen klaren Begriff des Kontinuums verschafft habe." [131] „Wollen wir uns" — so erklärt er an anderer Stelle — „vom Kontinuum ein Bild in Worten machen, so müssen wir uns notwendig zuerst eine große endliche Zahl von Teilen denken, die mit gewissen Eigenschaften begabt sind, und das Verhalten des Inbegriffs solcher Teilchen untersuchen. Gewisse Eigenschaften dieses Inbegriffs können sich nun einer bestimmten Limite nähern, wenn man die Zahl der Teilchen immer mehr zu-, ihre Größe immer mehr abnehmen läßt. Von diesen Eigenschaften kann man dann behaupten, daß sie dem Kontinuum zukommen, und dies ist meiner Ansicht nach die einzige widerspruchsfreie Definition eines mit gewissen Eigenschaften begabten Kontinuums." [132]

---

[129] Vgl.: L. Boltzmann, Über die Unentbehrlichkeit der Atomistik, a. a. O., S. 157.
[130] Vgl. ebenda.
[131] Ebenda.
[132] L. Boltzmann, Über statistische Mechanik, a. a. O., S. 358.

Doch ist nach Boltzmann nicht nur der Kontinuumsbegriff an die Atomistik gebunden, auch umgekehrt gilt: „Die Atomistik scheint von dem Begriffe des Kontinuums untrennbar."[133]

Obwohl Boltzmanns Argumentation stark durch die von ihm begründete spezifische physikalische Theorie, die statistische Thermodynamik, geprägt ist, enthält sie doch auch zweifelsfrei allgemeine Momente: *Erstens:* Boltzmann hat sicher recht, daß der Differentialkalkül das *Verhältnis* von Kontinuität und Diskontinuität impliziert, daß er nicht auf dem Kontinuumsprinzip allein beruht. *Zweitens:* Boltzmanns Konzept der atomistischen Begründung der Differentialgleichungen ist die meßtheoretische Grundeinsicht inhärent, daß stets nur endliche Distanzen gemessen werden können. Da Boltzmann auch von Raum- und Zeitatomen spricht[134], kann man seinen Darlegungen diese Inhärenz zugestehen, obwohl er die Meßbelange nirgends explizit erwähnt. (Aus diesem Grunde nun wiederum ist es Mach nicht zu verübeln, daß er diesen tiefsinnigen meßtheoretischen Hintergrund der Boltzmannschen Atomismusdiskussion nicht erkannt hat.)

Mach kämpfte in erster Linie gegen die seinerzeitige mechanizistische Atomismusauffassung. Boltzmann hingegen — so läßt sich alles in allem mit gutem Grund behaupten — tendierte zur Erkenntnis der grundsätzlichen Bedeutung des Atomismus für die erkenntnistheoretische Grundlegung der Physik — eine Bedeutung, die auf die Elementarteilchentheorie ebenso zutrifft wie etwa auf die Relativitätstheorie. Diese Bedeutung des Atomismus ist darin zu sehen, daß er das Prinzip physikalischen Denkens begründete. Jene Leistung erbrachte er durch die Verteilung der nur in Einheit bestehenden Momente der Wirklichkeit, durch die Verteilung gegensätzlicher begrifflicher Bestimmungen und deren Substantivierung (nicht Fassung als Substanz, sondern Substantivierung des Prädikats, z. B. des Prädikats „leer sein"). Gegensätzliche begriffliche Bestimmungen (Sein und Nichtsein) faßte er als zwar zusammengehörige, aber deutlich voneinander abge-

---

[133] L. Boltzmann, Über die Unentbehrlichkeit der Atomistik, a. a. O., S. 145.
[134] Siehe z. B.: ebenda.

grenzte Bereiche (Atome und Leeres). Der Atomismus machte die Bewegung somit logisch widerspruchsfrei denkbar, und er vollzog die begriffliche Trennung von Materie und Raum. Er ermöglichte es damit, die Bewegung physikalisch zu fassen.

Daß man im Sinne Boltzmanns denkt, wenn man ihm die Tendenz zu dieser Einsicht in die prinzipielle Bedeutung des Atomismus zuschreibt, zeigt seine Bemerkung: „Die von jeder atomistischen Vorstellung losgelösten Begriffe der Differential- und Integralrechnung sind echt metaphysische, wenn wir einer gelungenen Definition *Machs* folgend darunter solche verstehen, von denen wir vergessen haben, wie wir dazu gelangt sind."[135] Boltzmann versucht hier, mit Mach gegen Mach klarzustellen, daß es praktisch und vorübergehend auch möglich sein kann, den Grundgedanken, aus dem gewisse Formalismen erwachsen sind, zu vergessen, daß man ihn dadurch aber nicht losgeworden ist (die erkenntnistheoretische Problematik nicht gelöst hat). − Den Grundgedanken losgeworden zu sein bzw. ihn nicht zu benötigen, das ist aber gerade der Irrglaube der Phänomenologie und damit auch Machs.

Daß der Grundgedanke, dem ein mathematischer Formalismus oder irgendein Forschungsschema entsprungen ist, nicht vergessen werden darf, ist dasselbe wie die Einsicht, daß die Naturforschung ohne Erklärung nicht auskommt. Sie kommt ohne sie nicht aus, weil die bloße Beschreibung des Beobachteten nicht zum gesetzmäßigen Erfassen der Naturprozesse führt. Es geht nicht ohne Erklärung, denn ohne über die Erfahrung hinauszugehen, können die Naturprozesse nicht gesetzmäßig erfaßt werden. Und wenn die Phänomenologie das Gegenteil glaubt, so zeugt das nur von ihrem illusionären Bewußtsein. Denn „keine Gleichung stellt irgendwelche Vorgänge absolut genau dar, jede idealisiert sie, hebt Gemeinsames heraus und sieht" − wie Boltzmann schreibt − „von Verschiedenem ab, geht also über die Erfahrung hinaus". „Daß dies notwendig ist, wenn wir irgendeine Vorstellung haben wollen, die uns etwas Künftiges vorauszusagen erlaubt" − fährt er fort − „folgt aus der Natur des Denkprozesses selbst, der darin besteht, daß wir zur

---

[135] L. Boltzmann, Über die Frage nach der objektiven Existenz der Vorgänge in der unbelebten Natur (1897), in: L. Boltzmann, Populäre Schriften, a. a. O., S. 160.

Erfahrung etwas hinzufügen und ein geistiges Bild schaffen, welches nicht die Erfahrung ist und darum viele Erfahrungen darstellen kann."[136] Hat man sich ein Bild geschaffen und es gewissen Tatsachen angepaßt und schließt von diesem Bilde auch nur auf eine einzige neue Tatsache, so geht man jedesmal über die Erfahrung hinaus. Die Hauptaufgabe der Wissenschaft sieht Boltzmann aber gerade darin, die Bilder so zu gestalten, daß solche Schlüsse möglich sind.[137]

Mit dieser Bestimmung des Wissenschaftsziels (die der ökonomistischen, empiriokritizistischen entgegensteht) erkennt Boltzmann als Machs Hauptmangel dessen Bestreben, den gesetzmäßigen Verlauf der Erscheinungen beschreiben zu wollen, ohne über die Erfahrungen hinauszugehen.[138]

Dieser Mangel tritt verständlicherweise nicht nur in der Atomistik-Diskussion in Erscheinung. Boltzmann weist — wie schon erwähnt — Mach an seiner Massedefinition nach, daß er entgegen seiner eigenen Behauptung über die Erfahrung hinausgeht. Diese Kritik hat Boltzmann nie zurückgenommen. Und wenn Friedrich Adler behauptet, Boltzmann habe die Machsche Massedefinition in seinen „Vorlesungen über die Prinzipe der Mechanik" verwendet,[139] so tat Boltzmann dies eben unter Einschluß seiner Kritik, d. h. ohne die Machsche Illusion zu teilen.[140]

---

[136] L. Boltzmann, Über die Entwicklung der Methoden der theoretischen Physik, a. a. O., S. 222.

[137] Vgl.: L. Boltzmann, Über die Unentbehrlichkeit der Atomistik, a. a. O., S. 152.

[138] Vgl. auch Boltzmanns Kritik an Hertz: L. Boltzmann, Über die Methoden der theoretischen Physik, a. a. O., S. 5.

[139] Adler schreibt dort: „So verwendet Boltzmann („Vorlesungen über die Principe der Mechanik" — Leipzig 1897, I. Bd. p. 18—22) die Machsche Definition." (F. Adler, Die Metaphysik in der Ostwald'schen Energetik, Leipzig 1905, S. 2.)

[140] Boltzmanns einleitende Bemerkungen zu diesen Vorlesungen belegen dies eindeutig. Er schreibt dort: „Man sprach in neuerer Zeit viel über die Dunkelheiten in den Principien der Mechanik und suchte sie dadurch zu beseitigen, dass man der Mechanik ein ganz neues, fremdartiges Gewand gab. Ich habe hier den entgegengesetzten Weg eingeschlagen und versucht, ob sich nicht bei möglichst treuer Darstellung der Mechanik in ihrer alten classischen Form die Dunkelheiten ebenfalls

Boltzmann ging stets vom Wert der Ansichten seines Gegners aus und trat nur abwertend auf, wenn sie den Nutzen der seinigen verkleinern wollten.[141] Vermutlich deshalb versteht er sich gerade bezüglich seiner Atomistik-Auffassung als Fortentwicklung von Mach.[142] Dabei unterstellt Boltzmann u. E. Mach zuviel Einsicht. Mach hingegen will nicht wahrhaben, daß Boltzmanns Fürsprache für die Atomistik keine Fürsprache für die mechanistische Substanzkonzeption ist: Aus Machs Bemerkung, daß er nicht alle bildlichen Vorstellungen aus der Physik entfernen wolle und daß trotz der Bedenken gegen den metaphysischen Begriff *Materie* der Begriff *Masse* nicht aus der Physik eliminiert zu werden brauche, da — wie er bewiesen habe — dieser Begriff nichts als die Erfüllung einer wichtigen Gleichung bedeute,[143] liest Boltzmann ab: „Die Differentialgleichungen der mathematisch-physikalischen Phänomenologie sind offenbar nichts als Regeln für die Bildung und Verbindung von Zahlen und geometrischen Begriffen, diese sind aber wieder nichts anderes als Gedankenbilder, aus denen die Erscheinungen vorhergesagt werden können."[144] Hier beruft sich Boltzmann auf Mach, dessen Schriften zur Klärung seiner eigenen Weltanschauung beigetragen hätten. Boltzmann fährt dann zur Erläuterung seines Atomistik-Verständnisses fort, daß auch die Vorstellungen der Atomistik nur Gedankenbilder seien, aus denen die Erscheinungen vorhergesagt werden können und *insofern* zwischen den beiden Methoden kein Un-

---

vermeiden liessen, theils indem ich gewisse Dinge, die man früher überging oder als selbstverständlich nur obenhin berührte, ausführlich behandelte, theils indem ich jede berechtigte Kritik sorgfältig berücksichtigte. Besonders kann ich da den Bemerkungen *Hertz'* über den Ideenreichtum der einschlägigen Schriften *Mach's* nur aufs Wärmste zustimmen, wenn ich auch keineswegs überall derselben Ansicht bin, wie *Mach*."
(L. Boltzmann, Vorlesungen über die Principe der Mechanik, I. Theil, Leipzig 1897, S. V.)

[141] Vgl.: L. Boltzmann, Über statistische Mechanik, a. a. O., S. 350.
[142] Vgl.: L. Boltzmann, Ein Antrittsvortrag zur Naturphilosophie, a. a. O., S. 338 f.
[143] Vgl. E. Mach, Die Prinzipien der Wärmelehre, a. a. O., S. 363.
[144] L. Boltzmann, Über die Unentbehrlichkeit der Atomistik, a. a. O., S. 142.

terschied bestehe. Mach hingegen hält diese Erklärung „der Mechaniker" für einen „nicht ganz ritterlichen polemischen Zug", die ihre wirkliche Auffassung nicht widergebe.[145] Mach hält hieran fest, obwohl Boltzmann explizit erklärt, was er unter atomistischer und was er unter mechanischer Erklärung versteht.[146]

Trotz seiner freundlichen Interpretation argumentiert Boltzmann in der Sache sehr wohl gegen Mach. Es geht dabei um das Verhältnis der Gleichungen zur Realität. Kurz könnte man die eingenommenen Standpunkte folgendermaßen umreißen. Mach sagt mit Hertz: Das einzig Reale sind die Gleichungen. Während Mach nun aber meint: Das einzig Reale sind die Gleichheiten in den verschiedenen Sinneswahrnehmungen – meint Hertz: Das einzig Reale an der physikalischen Theorie ist das Gleichungssystem. Für Boltzmann hingegen gilt: Das Reale sind die nach den Regeln der Differentialgleichungen verknüpften, atomistisch begründeten und experimentell überprüften Bilder (die bei ihm den Status von *physikalischen* Gedankendingen haben). Das Reale ist das, wovon die Sinneseindrücke ausgehen und das in der genannten Weise in „Bildern" erfaßt wird.

Machs und Boltzmanns Differenz in der Bestimmung des Verhältnisses der Gleichungen zur Realität ist direkt mit ihrem unterschiedlichen Bildbegriff verknüpft. Energie, Materie sind für Mach symbolische Ausdrücke für gewisse Beziehungen zwischen den Wahrnehmungen, symbolische Ausdrücke für gewisse Gleichungen zwischen den gegebenen physikalischen Erscheinungen.[147] Sowohl über den *Begriff* Masse [148] als auch

---

[145] Vgl.: E. Mach, Die Prinzipien der Wärmelehre, a. a. O., S. 363f.; siehe auch S. 452, wo Mach die Boltzmannschen Argumente für trivial erklärt (er habe das auch gewußt). Boltzmann hingegen zitiert Mach, in der Arbeit, auf die sich Mach bezieht, positiv. (Siehe: L. Boltzmann, Über die Frage nach der objektiven Existenz der Vorgänge in der unbelebten Natur, a. a. O., S. 165. Die Stellen, die Boltzmann zitiert, sind: E. Mach, Die Prinzipien der Wärmelehre, a. a. O., S. 386, 416.)

[146] Siehe z. B.: L. Boltzmann, Über die Unentbehrlichkeit der Atomistik, a. a. O., S. 151.

[147] So beschrieben bei L. Boltzmann, Entgegnung auf einen von Prof. Ostwald über das Glück gehaltenen Vortrag, a. a. O., S. 368.

[148] Vgl.: E. Mach, Die Prinzipien der Wärmelehre, a. a. O., S. 363.

über den Körper[149] sagt Mach, er sei die Erfüllung gewisser Gleichungen. Ob diese Gleichungen als „Noumena" oder „Realitäten" gesehen werden, sei eine reine Terminologiefrage.[150] Die Gültigkeit der Formel bedeute eine Analogie zwischen einer Rechnungsoperation und einem physikalischen Prozeß, deren Bestehen oder Nichtbestehen in jedem Fall zu prüfen wäre.[151] Und dies tun zu können, scheint Mach ohne jegliche theoretische Problematik zu sein.[152] Vermutlich meint Mach mit Gleichungen eben Gleichheiten, Gleichheiten zwischen sinnlichen Elementen, keine mathematischen Gleichungen zwischen physikalischen Meßgrößen, bzw. er meint mathematische Gleichungen nur als Spezialfall seines allgemeinen Gleichheitenbegriffs. Boltzmann hingegen denkt bei seiner Bestimmung des Verhältnisses Gleichungen – Realität an Differentialgleichungen (ggf. auch an einfachere mathematische Gebilde). Diese liefern seines Erachtens die Regeln für die Verbindung der in der genannten Weise charakterisierten Bilder.[153] Nach dieser Konzeption ist die Materie kein symbolischer Ausdruck für gewisse Beziehungen zwischen den Wahrnehmungen, sondern ein als physikalisch Reales aufgefaßtes Bild, das durch Gleichungen dargestellt wird.[154]

Die Differenzen zwischen Boltzmann und Mach sind also keineswegs als persönliche Streitigkeiten zu bestimmen; sie scheinen unseres Erachtens viel mehr in einer Entgegensetzung des Standpunktes der theoretischen Physik zur Machschen Erkenntnistheorie begründet zu sein.

*   *   *

---

[149] Vgl.: ebenda, S. 424. Mach schreibt dort: „Der Körper besteht in der Erfüllung gewisser Gleichungen, welche zwischen den sinnlichen Elementen statt haben. Auch wo man nicht messen kann, mag der Ausdruck als ein *symbolischer* festgehalten werden. Diese *Gleichungen* oder Beziehungen sind also das eigentlich *Beständige*."

[150] Vgl. ebenda.

[151] Vgl. ebenda, S. 363.

[152] Vgl. Einsteins Bemerkung zu Machs Begriff der Beobachtung: S. 641f.

[153] Vgl. L. Boltzmann, Über die Unentbehrlichkeit der Atomistik, a. a. O., S. 142.

[154] Vgl.: L. Boltzmann, Über die Frage nach der objektiven Existenz der Vorgänge in der unbelebten Natur, a. a. O., S. 176f.

Im Prinzip gleichartige Argumente wie Boltzmann brachte Planck gegen Mach vor — und zwar in einer ungewöhnlich harten Auseinandersetzung, die beide auf den Seiten der Physikalischen Zeitschrift führten.[155] Zudem klagte Mach selbst, daß er zwar Anklang bei Philosophen, nicht aber bei Physikern gefunden habe.[156]

Es kann dies nicht (nur) auf einem Vorurteil bzw. auf einer Aversion der Physiker gegen erkenntnistheoretische Überlegungen beruhen. Mit Sicherheit trifft dies auf Planck nicht zu. Denn Planck zählte sich in seiner Kieler Zeit (1885—1889) zu den entschiedenen Anhängern der Machschen Philosophie und er anerkennt, daß diese eine starke Wirkung auf sein physikalisches Denken ausgeübt hat. „Aber" — so fährt er fort — „ich habe mich später von ihr abgewendet, hauptsächlich, weil ich zu der Einsicht gelangte, daß die Machsche Naturphilosophie ihr glänzendes Versprechen, das ihr wohl die meisten Anhänger zugeführt hat: die Eliminierung aller metaphysischen Elemente aus der physikalischen Erkenntnislehre, keineswegs einzulösen vermag."[157]

Planck demonstriert dies eindrucksvoll an Machs Prinzip der Denkökonomie, indem er, ausgehend von Machs Behauptung, daß die Denkökonomie in ihren Zielen durchaus nicht auf die Untersuchung menschlich-praktisch-ökonomischer Bedürfnisse beschränkt und gebunden ist, die Inkonsistenz dieses Prinzips aufzeigt. Planck schreibt: „Es geht ... nicht an, zuerst das Prinzip der Ökonomie durch ausdrückliche Berufung auf seine menschlich-praktische Bedeutung als Trumpf gegen die Meta-

---

[155] Siehe: M. Planck, Die Einheit des physikalischen Weltbildes, Phys. Zs. *10*, 62(1909); E. Mach, Die Leitgedanken meiner naturwissenschaftlichen Erkenntnislehre und ihre Aufnahme durch die Zeitgenossen, Phys. Zs. *11*, 599 (1910) [Anhang S. 653—669]; M. Planck, Zur Machschen Theorie der physikalischen Erkenntnis, Phys. Zs. *11*, 1180 (1910) [Anhang S. 670—678]. Vgl. auch: H.-J. Treder, Plancks „Einheit des physikalischen Weltbildes" und Lenins „Materialismus und Empiriokritizismus" in: H.-J. Treder, Große Physiker und ihre Probleme, Berlin 1983, S. 108—112.

[156] Vgl. z. B.: E. Mach, Die Leitgedanken meiner naturwissenschaftlichen Erkenntnislehre, a. a. O., S. 600 [Anhang S. 656].

[157] M. Planck, Zur Machschen Theorie der physikalischen Erkenntnis, a. a. O., S. 1181 [Anhang S. 671].

physik auszuspielen, und dann nachträglich, wenn es so nicht mehr passen will, das Menschlich-praktische an der Ökonomie ebenso ausdrücklich wieder in Abrede zu stellen. Mit diesem geschmeidigen Begriff der Ökonomie läßt sich natürlich alles machen, oder vielmehr: es läßt sich eben überhaupt nichts Bestimmtes machen. Jedenfalls aber darf *Mach*, wenn er von nun an sich der erweiterten Definition der Ökonomie bedient, nicht mehr behaupten, daß er durch Einführung dieses Begriffs die physikalische Erkenntnis von allen metaphysischen Elementen befreit hat, wenigstens solange er von seiner eigenen Definition Gebrauch macht, wonach metaphysische Begriffe solche sind, bei denen man vergessen hat, wie man dazu gelangt ist."[158] Es mag nun vielleicht auf den ersten Blick scheinen, als operiere Planck hier zu Unrecht mit einem einseitig orientierten Ökonomie-Begriff, indem er diesen auf den Aspekt der Bezugnahme auf menschlich-praktische Bedürfnisse reduziert. Dies trifft aber nicht zu. Planck hat durchaus auch den Gesichtspunkt der Zweckmäßigkeit im Auge, den dieser Begriff auch mit umfaßt. Aber jede Zweckmäßigkeit muß den Zweck angeben, dem sie gemäß ist. Wenn die menschlich-praktischen Bedürfnisse dieser Zweck nicht (ausschließlich) sein sollen und ein anderer nicht angegeben wird, dann unterstellt Mach einen „Zweck an sich" – und das ist natürlich Mystik, die Planck höflich Metaphysik nennt.

Außer dem Nachweis dieser Inkonsistenz bringt Planck gegen das Prinzip der Denkökonomie das Argument vor, daß es kein brauchbares, kein konstruktives methodisches Mittel ist, „weil man von vorherein niemals wissen kann, von welchem Standpunkt aus die Ökonomie am besten und dauerhaftesten gewahrt wird".[159] Der Physiker müsse deshalb vor allem Realist sein, d. h. nach dem im Wechsel der Erscheinungen Bleibenden und nach dem von den menschlichen Sinnen Unabhängigen suchen. Die Ökonomie des Denkens sei hierbei ein hilfreiches Mittel, aber sie sei niemals der eigentliche Zweck.[160]

---

[158] Ebenda, 1187f. [Anhang S. 672f.].
[159] Ebenda, S. 1190 [Anhang S. 678].
[160] Analog diskutierte Planck in seinem Vortrag „Die Einheit des physikalischen Weltbildes": „Als die großen Meister der exakten Naturforschung ihre Ideen in die Wissenschaft warfen . . . (Kopernikus, Kepler, Newton . . .) . . ., da waren ökonomische

Wenn das Prinzip der Denkökonomie so unbrauchbar ist, mag es verwundern, daß Mach mit ihm eine so große Wirkung erzielte. Diese Wirkung verzeichnet Planck in zweifacher Weise. Zunächst als Wirkung auf sich selbst – wie eingangs zitiert. Dann aber auch als Wirkung gegen sich: „Ich selber habe in den achtziger und neunziger Jahren des vorigen Jahrhunderts am eigenen Leibe erfahren, wie einem Forscher zumute ist, der sich im Besitz einer sachlich überlegenen Idee weiß – und der die Wahrnehmung macht, daß alle seine vorgebrachten guten Gründe nicht verfangen, da seine eigene Stimme zu schwach ist, um sich in der wissenschaftlichen Welt das nötige Gehör zu verschaffen. Gegen die Autorität von Männern wie *Wilhelm Ostwald, Georg Helm, Ernst Mach* war eben damals nicht aufzukommen."[161]

Planck hat aber für diese große Wirkung eine Erklärung – eine Erklärung, die man wohl akzeptieren kann. Seines Erachtens resultierte der Erfolg der Machschen Erkenntnistheorie aus dem (damals eindringlich sichtbaren) Mißerfolg des Mechanizismus bzw. aus den nicht verwirklichten großen Er-

---

Gesichtspunkte sicherlich die allerletzten, welche diese Männer in ihrem Kampfe gegen überlieferte Anschauungen und gegen überragende Autoritäten stählten. Nein — es waren ihr felsenfester, sei es auf künstlerischer, sei es auf religiöser Basis ruhender Glaube an die Realität ihres Weltbildes. Angesichts dieser doch gewiß unanfechtbaren Tatsache läßt sich die Vermutung nicht von der Hand weisen, daß, falls das *Mach*sche Prinzip der Ökonomie wirklich einmal in den Mittelpunkt der Erkenntnistheorie gerückt werden sollte, die Gedankengänge solcher führender Geister gestört, der Flug ihrer Phantasie gelähmt und dadurch der Fortschritt der Wissenschaft vielleicht in verhängnisvoller Weise gehemmt werden würde. Wäre es da nicht wahrhaft ‚ökonomischer', dem Prinzip der Ökonomie einen etwas bescheideneren Platz anzuweisen? Übrigens werden sie schon aus der Formulierung dieser Frage ersehen, daß ich selbstverständlich weit davon entfernt bin, die Rücksicht auf die Ökonomie in höherem Sinne außer acht lassen oder gar verbannen zu wollen." (in: Max Planck, Physikalische Abhandlungen und Vorträge, a. a. O., S. 28)

[161] M. Planck, Ursprung und Auswirkung wissenschaftlicher Ideen, in: Max Planck, Physikalische Abhandlungen und Vorträge a. a. O., S. 244.

wartungen, die man an diese Naturanschauung geknüpft hatte. „Ich will nicht sagen" – schreibt er –, „daß diese Erwartungen nicht manche hervorragenden Leistungen von bleibendem Wert gezeigt haben – ich nenne nur die kinetische Gastheorie –, aber in vollem Umfange genommen haben sie sich doch als übertrieben herausgestellt, ja die Physik hat durch die Einführung der Statistik in ihre Betrachtungen auf eine vollständige Durchführung der Mechanik der Atome grundsätzlich verzichtet. Ein philosophischer Niederschlag der unausbleiblichen Ernüchterung war der *Mach*sche Positivismus. Ihm gebührt in vollem Maße das Verdienst, angesichts der drohenden Skepsis den einzig legitimen Ausgangspunkt aller Naturforschung in den Sinnesempfindungen wiedergefunden zu haben. Aber er schießt über das Ziel hinaus, indem er mit dem mechanischen Weltbild zugleich das physikalische Weltbild überhaupt degradiert."[162]

Das den Status der Naturwissenschaft charakterisierende

---

[162] M. Planck, Die Einheit des physikalischen Weltbildes, a. a. O., S. 26f. — Wenn F. Adler Planck vorwirft (vgl. F. Adler, Ernst Machs Überwindung des mechanischen Materialismus, a. a. O., S. 113), er argumentiere hier grundlos gegen Mach, denn eine vollkommenere Übereinstimmung als es sie zwischen ihnen bezüglich der Forderung nach einem konstanten Weltbild gibt, könne es gar nicht geben, so übersieht er die unterschiedliche Funktion des Weltbildes in Plancks und in Machs Konzept. Es trifft zwar zu, daß Mach schreibt: „Das Ziel der wissenschaftlichen Wirtschaft ist ein möglichst vollständiges, zusammenhängendes, einheitliches, ruhiges, durch neue Vorkommnisse keiner bedeutenden Störung mehr ausgesetztes *Weltbild*, ein Weltbild von möglichster Stabilität." (E. Mach, Die Prinzipien der Wärmelehre, a. a. O., S. 366, vgl. auch: S. 394; und E. Mach, Die Mechanik in ihrer Entwicklung, a. a. O., S. 479.) Doch nach Machs gesamter Konzeption kann ein solches Weltbild nur pragmatische, niemals objektive Bedeutung haben. Er benötigt es zudem nicht als transzendentale Voraussetzung, um Erfahrungen machen zu können, nicht als Leitfaden der Wissenschaft, nicht als Objektivierungsmittel, während es im Planckschen Konzept maßgeblich gerade diese Funktion erfüllt. Das Weltbild ist bei Planck Mittel und Ergebnis. Bei Mach ist es nur Ergebnis – und zwar eines, das er nur denken kann, wenn er seine eigenen Voraussetzungen verletzt.

Verhältnis von Sinnesempfindungen und Weltbild ist das zentrale Problem des Disputs zwischen Planck und Mach. Für Planck konzentriert es sich in der Frage: „Ist das physikalische Weltbild lediglich eine mehr oder minder willkürliche Schöpfung unseres Geistes, oder finden wir uns zu der gegenteiligen Auffassung getrieben, daß es reale, von uns ganz unabhängige Naturvorgänge wiederspiegelt?"[163]

Plancks Antwort hierauf kann schon aus dem oben zitierten Text abgelesen werden. Zum einen spricht er (gegen das Prinzip der Denkökonomie polemisierend) von der „Realität des Weltbildes" — an die die großen Gelehrten der Vergangenheit glaubten, wodurch sie zu ihren herausragenden Leistungen befähigt wurden. Zum anderen postuliert er, daß der Naturwissenschaftler (nicht Ökonom, sondern) Realist sein müsse, und dies heiße, er müsse in dem Wechsel der Erscheinungen nach dem Bleibenden, dem Unvergänglichen, nach dem von den menschlichen Sinnen Unabhängigen forschen. Das Konstante und von den menschlichen Sinnen Unabhängige findet nach Planck seinen Ausdruck im jeweiligen Weltbild. Dieses ist für ihn die Inkarnation des Realen, besser gesagt: die jeweilige Annäherungsstufe an das Reale. Explizite schreibt er: „Das konstante einheitliche Weltbild ist . . . das feste Ziel, dem sich die wirkliche Naturwissenschaft in allen ihren Wandlungen fortwährend annähert, und in der Physik dürfen wir mit Recht behaupten, daß schon unser gegenwärtiges Weltbild, obwohl es je nach der Individualität des Forschers noch in den verschiedensten Farben schillert, dennoch gewisse Züge enthält, welche durch keine Revolution, weder in der Natur noch im menschlichen Geiste, je mehr verwischt werden können. *Dieses Konstante, von jeder menschlichen, überhaupt jeder intellektuellen Individualität Unabhängige ist nun eben das, was wir das Reale nennen.*"[164]

Die Forderung nach einem *solchen* konstanten Weltbild ist nach Planck (und in der Tat) dem Machschen System vollständig fremd. Daher habe es für die konstruktive naturwissenschaftliche Forschung auch keine Bedeutung. Denn es biete

---

[163] M. Planck, Die Einheit des physikalischen Weltbildes, a. a. O., S. 25.
[164] Ebenda, S. 27 (Hervorhebung — d. Verf.).

auch keinen brauchbaren Ersatz an: „Das *Mach*sche Prinzip der Kontinuität bietet hierfür keinen Ersatz; denn Kontinuität ist nicht Konstanz."[165]

Machs Realitätsbegriff ist natürlich ein ganz anderer. Nach Mach gibt es keine andere Realität als unsere eigenen Empfindungen, und alle Naturwissenschaft ist letztendlich nur eine ökonomische Anpassung unserer Gedanken an unsere Empfindungen, zu der wir auch durch den Kampf ums Dasein getrieben werden. Die Grenze zwischen Physischem und Psychischem ist hiernach lediglich eine praktische und konventionelle, die eigentlichen und einzigen Elemente der Welt sind die Empfindungen.[166] Diese klare Zusammenfassung des Machschen Konzepts vergleicht Planck mit dem tatsächlichen, unsere Naturauffassung fortschreitend objektivierenden Entwicklungsgang der Physik und kommt zu dem Schluß, daß nach Mach dieser Entwicklungsgang gerade darin bestehen müßte, das Reale zu eliminieren. Und dies ist zweifellos ein starkes Argument gegen Mach.[167]

---

[165] Ebenda. Mach ist durchaus bemüht, sein Kontinuitätsprinzip mit dem Begriff Beständigkeit zu verknüpfen. Seine Überlegungen hierzu erzeugen den Eindruck, als habe ihm so eine Art Fließgleichheit vorgeschwebt. Doch da er seine Erkenntnislehre nur empirisch begründen, jegliche Philosophie („Metaphysik") von ihr fernhalten will, kann er die philosophisch-konkrete Einheit von (kontinuierlicher) Veränderung und Erhaltung nicht wirklich denken und überwiegt die Fundierung auf dem Kontinuitätsprinzip. (Vgl. z. B.: E. Mach, Analyse der Empfindungen, a. a. O., S. 47, 279.)

[166] Vgl.: M. Planck, Die Einheit des physikalischen Weltbildes, a. a. O., S. 25; siehe auch S. 591 f.

[167] Wörtlich schreibt Planck: „Halten wir den letzten Satz (die eigentlichen und einzigen Elemente der Welt sind die Empfindungen — d. Verf.) mit dem zusammen, was wir unserer Überschau über den tatsächlichen Entwicklungsgang der Physik entnommen haben, so gelangen wir notwendig zu dem eigentümlichen Schluß, daß das charakteristische Merkmal dieser Entwicklung seinen Ausdruck findet in der fortschreitenden Eliminierung der eigentlichen Elemente der Welt aus dem physikalischen Weltbilde. . . . Ich glaube nicht, daß ein richtiger Physiker jemals auf solch seltsame Gedankengänge verfallen würde." (Ebenda, S. 25 f.)

Dennoch ist der Plancksche Realitätsbegriff und damit die Argumentation gegen Mach nicht unproblematisch. Zwar ist es völlig richtig zu meinen, daß man zum Realen nur durch Objektivierung, nicht durch Subjektivierung oder Sicherung des Konstanten der subjektiven individuellen Erfahrung gelangt. Daher kann man Planck auch durchaus zustimmen, wenn er schreibt, daß das Ziel unserer Erkenntnis „nicht die vollständige Anpassung unserer Gedanken an unsere Empfindungen" sei, sondern, *„die vollständige Loslösung des physikalischen Weltbildes von der Individualität des bildenden Geistes."* [168] Obwohl Planck einschränkend hinzufügt, daß dieses Ziel niemals ganz zu erreichen ist, verbleibt ein problematischer Rest seiner Zielbestimmung, den er selbst bemerkt, den er aber nicht aufzulösen vermag. Er gibt an, daß mit der „vollständigen Loslösung von der Individualität" die Emanzipierung des Weltbildes von anthropomorphen Elementen gemeint sei, nicht die Lösung vom bildenden Geist überhaupt, denn dies wäre ein widersinniges Beginnen.[169] Wie paßt aber die Entfernung der individuellen Empfindungen damit zusammen, daß die Sinnlichkeit die Basis der Physik bildet? Planck hat darauf nur das Argument des Erfolges (womit er in die Nähe der Machschen pragmatischen Argumentation rückt): „Schauen wir auf das Bisherige zurück, so können wir kurz zusammenfassend sagen: die Signatur der ganzen bisherigen Entwicklung der theoretischen Physik ist eine Vereinheitlichung ihres Systems, welche erzielt ist durch eine gewisse Emanzipierung von den anthropomorphen Elementen, speziell den spezifischen Sinnesempfindungen. Bedenkt man nun andererseits, daß doch die Empfindungen anerkanntermaßen den Ausgangspunkt aller physikalischen Forschung bilden, so muß diese bewußte Abkehr von den Grundvoraussetzungen immerhin erstaunlich, ja paradox erscheinen. Und dennoch liegt kaum eine Tatsache in der Geschichte der Physik so klar zutage wie diese. Fürwahr, es müssen unschätzbare Vorteile sein, welche einer solchen prinzipiellen Selbstentäußerung wert sind!"[170]

Das, was Planck hier als paradoxe Erscheinung charakterisiert − und akzeptiert, hatte er bei Mach als Gedankengang

---

[168] Ebenda, S. 27
[169] Vgl. ebenda, S. 27 f.   [170] Ebenda, S. 9.

kritisiert, auf den kein vernünftiger Physiker verfallen würde. Die Ähnlichkeit der Konsequenzen bei völlig kontroversen Positionen findet ihren tieferen Grund darin, daß das Subjekt weder bei Planck noch bei Mach als Gattung (d. i. als Kollektivum), sondern nur als Individuum, daß die Sinnlichkeit nicht als produktiv-gegenständliche, sondern nur als kontemplative Wahrnehmung, nur konsumtiv gefaßt wird, daß das Experiment nicht als Vermittlung von Erkenntnissubjekt und Erkenntnisobjekt gedacht wird. Deshalb streiten sich beide und haben beide in einer bestimmten Hinsicht recht und in einer anderen unrecht.

Auf der Basis ihres gemeinsamen Fehlers werten sie z. B. die Rolle der Empfindung für das physikalische Weltbild unterschiedlich. Planck erkennt, daß individualistische (anthropomorphe) Elemente verschwinden müssen. Mach ahnt, daß das Erkenntnissubjekt niemals eliminiert werden kann. Diese Ahnung will er aber demonstrieren, indem er das Erkenntnissubjekt mit dem sinnlichen Individuum gleichsetzt − und damit wird sein Konzept falsch. *Dagegen* hat Planck recht. Die genannte Gleichsetzung aber einmal unterstellt, ist es konsequent, die metaphysischen (aus dem Gattungsbewußtsein stammenden) Elemente aus der Physik eliminieren zu wollen und demzufolge die Bedeutung des physikalischen Weltbildes für die Physikgeschichte zu leugnen. Daß die angestrebte Eliminierung in Wirklichkeit nicht funktioniert, erkennt Mach nicht, da er die vorliegende (*nicht* nach seinen Prinzipien ausgearbeitete) Physik zur Verfügung hat und die dort enthaltenen „metaphysischen" Elemente einfach übersieht oder als Tatsachen (was richtig ist, insofern sie als „physikalische Tatsachen" vorliegen) uminterpretiert.

Wenn Planck von Realität spricht, so meint er stets − ohne es explizit zu sagen − die physikalische Realität. *Diese* bestimmt er mit ihrer Kopplung an das physikalische Weltbild im Prinzip richtig, sogar tiefsinnig. Und zweifellos kann sich Mach mit seinem individualistischen Realitätsbegriff hiergegen nicht behaupten. Doch Plancks Identifizierung von Realität und physikalischer Realität ist keineswegs akzeptabel. *Hiergegen* ist Mach im Recht mit seinem Verweis auf lebensweltliche Aktivitäten und nichteliminierbare Sinnlichkeiten. Da Planck jedoch über die „eigentliche" Wirklichkeit nichts sagt, sondern tatsächlich nur über die physikalische

Wirklichkeit spricht, sagt er nichts Falsches. Dies allerdings um den Preis, daß er die o. g. „paradoxe Erscheinung" nicht erklären kann. Mit anderen Worten: Planck kann nicht den Grund dafür angeben, warum das Einheitliche, das Beständige im physikalischen Weltbild, die von ihm angegebene Objektivierungsrolle spielen muß, aber er erkennt richtig, daß es sie spielt. Auch Planck faßt (wie Mach) das Erkenntnissubjekt als Individuum, aber er korrigiert diesen Fehler implizit partiell, indem er mit dem Weltbild ein Symbol für das Subjekt als menschliche Gattung setzt, indem er mit dem *Streben nach Konstanz* einen Stellvertreter für den komplizierten Objektivierungsprozeß einsetzt.

Jener „Symbolcharakter" des Prinzips der Einheit der Physik schlägt mitunter auch negativ aus. Planck hält dieses Prinzip für so unabdingbar, daß er (gelegentlich) offene Probleme überspielt. Deutlich wird dies anhand der gaskinetischen Begründung der Thermodynamik. Planck stellt sehr eindrucksvoll dar, daß man aus der kinetischen Gastheorie die Thermodynamik nur unter Hinzunahme zweier Postulate ableiten kann, daß man außer dem Wahrscheinlichkeitsprinzip (also dem Prinzip, daß ein Zusammenhang zwischen der Wahrscheinlichkeit mikroskopischer Prozesse und dem Verhalten der makroskopischen Observablen „Entropie" besteht) noch das Prinzip der elementaren Unordnung (d. h. das Prinzip, wonach die einzelnen Elemente, mit denen die statistische Betrachtung operiert, sich vollständig unabhängig voneinander verhalten) annehmen muß. Seine *Begründung* für die Postulierung des zweiten Prinzips ist aber nicht stichhaltig. Planck geht nämlich davon aus, daß die Prozesse, die die Statistik als unwahrscheinlich bestimmt, damit aber als mögliche zuläßt, selbstverständlich auszuschließen sind — weil die Natur so nicht ist. „Eine Natur" — schreibt er — „in welcher solche Dinge passieren, wie das Zurückströmen der Wärme in den wärmeren Körper oder die spontane Entmischung zweier ineinander diffundierter Gase, wäre eben nicht mehr unsere Natur."[171] Man müsse daher noch ein zweites Prinzip annehmen, um die Notwendigkeit alles Naturgeschehens wieder herzustellen, das Prinzip der elementaren Unordnung. Mit dem als unabdingbar postulier-

---

[171] Ebenda, S. 20.

ten Grundsatz der Einheit der Physik wird hier die Problematik *dieser* Zuordnung verschiedener physikalischer Gebiete zueinander (kinetische Gastheorie und phänomenologische Wärmelehre) überspielt. Planck hat mit der Formulierung des Prinzips der elementaren Unordnung die Bedingung präzise angegeben, unter der der Boltzmannsche Anschluß der phänomenologischen Wärmelehre an die kinetische Gastheorie vollzogen werden kann. Er ging dabei aber von der Voraussetzung aus, daß dieser Anschluß bestehen muß, während dies für Mach gerade die offene Frage war. Von ihr ausgehend hat Mach dann durchaus recht, wenn er sagt: „Wenn *Boltzmann* gefunden hat, daß Vorgänge entsprechend dem zweiten Hauptsatz sehr wahrscheinlich entgegen demselben nur sehr unwahrscheinlich sind, so ... kann ich es nicht richtig finden, wenn Planck den ersten Teil annimmt, ohne dem zweiten Teil folgen zu wollen ..., denn beide Hälften der Folgerung sind nicht voneinander trennbar."[172] Mach schließt hieraus allerdings, daß die ganze Boltzmannsche Thermodynamik auf wackligen Füßen steht. (Eine Wahrscheinlichkeitstheorie kommt für ihn natürlich grundsätzlich nicht in Frage, da für ihn Physik ja das Erschauen von Tatsachen ist.)

Hierin kommt wohl in erster Linie seine Allergie gegen die Atomistik ins Spiel. Planck argumentierte ja nicht, daß die Boltzmannsche Theorie richtig, weil atomistisch begründet ist, sondern er zeigte, daß Boltzmann mit der Zurückführung des Begriffs der Entropie auf die Wahrscheinlichkeit diesen von anthropomorphen Elementen emanzipierte und dadurch den zweiten Hauptsatz zu einem realen Prinzip verobjektivierte.[173] Mach müßte, wenn er sachlich-nüchtern argumentierte, gegen die Behauptung der Objektivierung polemisieren. Stattdessen aber echauffiert er sich, nachdem er als die eigentliche Differenz zwischen Planck sowie den anderen Physikern und sich den Glauben an die Realität der Atome aus ihrem Streit herausgelesen hat: „Wenn der Glaube an die Realität der Atome für Euch so wesentlich ist, so sage ich mich von der physikalischen Denkweise los, so will ich kein richtiger Physiker sein, so ver-

---

[172] E. Mach, Die Leitgedanken meiner naturwissenschaftlichen Erkenntnislehre, a. a. O., S. 602 [Anhang S. 659].

[173] Vgl.: M. Planck, Die Einheit des physikalischen Weltbildes, a. a. O., S. 19.

zichte ich auf jede wissenschaftliche Wertschätzung, kurz, so danke ich schönstens für die Gemeinschaft der Gläubigen. Denn die Denkfreiheit ist mir lieber."[174]

Nicht nur bezüglich der Atomismusdiskussion, sondern auch bezüglich des Methodenstreites (Erklärung – Beschreibung) finden wir Boltzmann und Planck gegen Mach auf derselben Seite (was aufgrund des oben dargestellten Zusammenhanges von atomistischer Begründung und physikalischer Erklärung notwendig auch so sein muß). Planck hält beide Methoden für erforderlich, um das Ziel der Naturbetrachtung, die Zusammenfassung in einem System, zu erreichen.[175] Mach hingegen spricht der Erklärungsmethode zwar die historisch erprobte Nützlichkeit nicht ab, hält jedoch für richtig nur die Methode der Beschreibung.[176] Er denkt sich hierbei, daß bei der Beschreibung nur die Züge der Natur aufgenommen werden, die durch direkte Erfahrung vollkommen sichergestellt sind. Auf diese Weise hofft er zu einer allseitigen Beschreibung einer Tatsache zu gelangen, womit dann für eine Erklärung kein Platz mehr wäre. Denn – so bemerkt er in Anlehnung an J. R. Mayer – „ist eine Tatsache nach allen ihren Seiten bekannt, so ist sie eben dadurch erklärt und die Aufgabe der Wissenschaft ist beendigt."[177]

Es versteht sich, daß von diesen unterschiedlichen Standpunkten aus Planck und Mach hinsichtlich ihrer Konzeption über die Grundsätze, verschiedene physikalische Theorien zu vereinheitlichen bzw. einander zuzuordnen, nicht übereinkommen konnten – ein zusätzlicher Grund (oder eine andere Seite des Grundes), weshalb sie in ihren Ansichten über die Boltzmannsche Begründung der Thermodynamik differierten.

Alles in allem läßt sich konstatieren, daß Boltzmann und Planck gegenüber Mach den Vorteil besaßen, kein eigenes philosophisches System zu konstruieren und *insofern* vorur-

---

[174] E. Mach, Die Leitgedanken meiner naturwissenschaftlichen Erkenntnislehre, a. a. O., S. 603 [Anhang S. 661 f.]. Siehe auch Machs Diskussion mit Boltzmann zum Atomismus: S. 609–617.
[175] Vgl. M. Planck, Die Einheit des physikalischen Weltbildes, a. a. O., S. 6 ff.
[176] Vgl. E. Mach, Die Leitgedanken meiner naturwissenschaftlichen Erkenntnislehre, a. a. O., S. 601 [Anhang S. 655–658].
[177] Ebenda, S. 657 f.

teilsfrei auf die Physik zu blicken — daher ihre erkenntnistheoretische Überlegenheit in vielen Fragen. Sie stellte sich selbstverständlich nur ein, da der vorurteilsfreie Blick mit einem tiefen Einblick in die Physik kombiniert war.

* * *

Die aufgestellte Behauptung, Machs Streitigkeiten mit Boltzmann und Planck seien Differenzen mit der theoretischen Physik als solcher gewesen bzw. Machs eigene Klage, er habe bei Physikern keinen Anklang gefunden, sondern nur bei Philosophen, scheint durch die weit verbreitete Überzeugung, daß Einstein durch Mach zur Relativitätstheorie gekommen sei, Lügen gestraft zu werden. Man wird sehen, daß dies nicht zutrifft. Doch zunächst spricht der Schein für das Gegenteil: Die Äußerungen Einsteins zu Mach aus den Jahren 1909 bis etwa 1920[178] erklären Mach zum Vorläufer und Initiator der Relativitätstheorie.

Veranlaßt durch eine Literaturzusendung (Mach hatte Einstein seine in zweiter Auflage erschienene Arbeit „Die Geschichte und die Wurzel des Satzes von der Erhaltung der Arbeit" zugeschickt) schrieb Einstein an Mach, daß er auf die erkenntnistheoretischen Auffassungen der jüngeren Physiker-Generation einen solchen Einfluß gehabt habe, daß sogar heutige Mach-Gegner, wie z. B. Herr Planck, zweifellos als

---

[178] Es handelt sich hierbei um vier Schreiben Einsteins an Mach und um Einsteins Nachruf auf Mach [Anhang S. 679—689] sowie um grundlegende physikalische Arbeiten aus den Jahren 1912—1918/20 (hierzu siehe: A. Pais, ‚Subtle is the Lord'. The Science and the Life of Albert Einstein, Oxford—New York—Toronto—Melbourne 1982, S. 282—288). Die Briefe sind mit 9. 8. 1909 (publiziert in: F. Herneck, Zum Briefwechsel Albert Einsteins mit Ernst Mach, Forschungen und Fortschritte *37*, 241 (1963), 17. 8. 1909 (publiziert in: F. Herneck, Nochmals über Einstein und Mach, Phys. Bl. *17*, 275 (1961), Jahreswechsel 1911/12, 1912/13 oder 1913/1914 (publiziert in: F. Herneck, Zum Briefwechsel Albert Einsteins mit Ernst Mach, a. a. O., bzw. mit der letztgenannten Datierung in: G. Wolters, Mach I, Mach II, Einstein und die Relativitätstheorie. Eine Fälschung und ihre Folgen, Berlin—New York 1987) und 25. 6. 1913 (publiziert in: H. Hönl, Ein Brief Albert Einsteins an Ernst Mach, Phys. Bl. *16*, 571 (1960) datiert.

„Machianer" angesehen werden könnten.[179] Einstein selbst unterzeichnet mit „Ihr Sie verehrender Schüler".

Einsteins Briefe gaben zu der Vermutung Anlaß, daß diese tiefe Verehrung auf einer gewissen Gegenseitigkeit beruhte, daß Mach Einsteins Relativitätstheorie befürwortete. Im Brief vom 17. 8. 1909 liest man: „Es freut mich sehr, daß Sie Vergnügen an der Relativitätstheorie haben"[180], und in einem späteren Brief: „Ich freue mich sehr über das freundliche Interesse, das Sie der neuen Theorie entgegenbringen."[181] Da man aber den Wortlaut der Machschen Briefe nicht kennt, ist es schwer zu entscheiden, ob die genannte Vermutung berechtigt ist oder ob es sich nur um eine – durchaus verständliche – Überinterpretation höflicher Formulierungen handelte.

Die eventuelle Überinterpretation wäre deshalb verständlich, weil Einstein seine Relativitätstheorie, namentlich die Allgemeine, als Antwort und Bestätigung der Machschen Kritik auffaßte und die Machsche Physik-Konzeption damit für eine Vorstufe dieser Theorie hielt. Ende des Jahres 1911, 1912 oder 1913 (auf alle Fälle aber zu einem Zeitpunkt, als Einstein die endgültige Formulierung der Grundgleichungen der Allgemeinen Relativitätstheorie noch nicht gefunden hatte) schrieb er an Mach: „Es freut mich außerordentlich, daß bei der Entwicklung der Theorie die Tiefe und Wichtigkeit Ihrer Untersuchungen über das Fundament der klassischen Mechanik offenkundig wird." Er bemerkt dann, daß vorerst das Machsche erkenntnistheoretische Argument das einzige sei, das er zugunsten seiner neuen Theorie vorbringen könne, und fährt dann fort, seine neue Raumkonzeption darzulegen, wonach dem Raum keine physikalischen Eigenschaften mehr zukommen und er seine „nebulose apriorische Existenz" verliert.[182] Einige Monate später, nachdem die erste, später verworfene, Fassung der Allgemeinen Relativitätstheorie fertig war, wendet sich Einstein erneut an Mach, um ihm mitzuteilen, daß seine neue Arbeit über Relativität und Gravitation

---

[179] Vgl. A. Einstein, Brief vom 9. 8. 1909 an E. Mach.
[180] A. Einstein, Karte vom 17. 8. 1909 an E. Mach.
[181] A. Einstein, Brief zum Jahreswechsel 1911/12, 1912/13 oder 1913/14 an E. Mach.
[182] Vgl. A. Einstein, ebenda.

nunmehr beendet sei und im nächsten Jahr bei der Sonnenfinsternis getestet werden soll. Sollte der Test positiv ausgehen, so seien damit, meinte Einstein, die genialen Untersuchungen Machs zur Induktion der Trägheit durch die Wechselwirkung der Körper bestätigt.[183]

Der Brief stammt — wie gesagt — aus einer Zeit, in der Einstein die Allgemeine Relativitätstheorie in ihrer endgültigen Fassung (von 1915) noch nicht ausgearbeitet hatte und sie zudem für eine den Raum total physikalisierende Theorie und damit für eine Realisation der Machschen Ambitionen hielt. Doch änderte zunächst auch die Neufassung der Allgemeinen Relativitätstheorie nichts an Einsteins Beurteilung der Rolle Machs für die Herausbildung der Relativitätstheorie. Denn noch 1916 im Nachruf auf Mach erklärt Einstein, „daß *Mach* die schwachen Seiten der klassischen Mechanik klar erkannt hat und nicht weit davon entfernt war, eine allgemeine Relativitätstheorie zu fordern".[184]

In seiner klassischen Arbeit „Die Grundlage der allgemeinen Relativitätstheorie" argumentiert Einstein in Machschem Geiste, daß als Ursachen der Trägheitskräfte beobachtbare Erfahrungstatsachen angegeben werden müssen.[185]

Da Einsteins Meinung über Machs Bedeutung für die Physikentwicklung auch von anderen geteilt wurde, erregte Machs 1913 (wenige Monate nach Einsteins Brief aus diesem Jahr) niedergeschriebenes, aber erst 1921 veröffentlichtes Vorwort zu seinem Werk „Die Prinzipien der physikalischen Optik" großes Erstaunen. Mach wehrte dort nämlich entschieden ab, Vorläufer der Relativitätstheorie zu sein. Er schrieb: „Den

---

[183] Vgl. A. Einstein, Brief vom 25. 6. 1913 an E. Mach. Einsteins Polemik gegen Planck bezieht sich hier wohl vorrangig auf dessen Kritik des von Mach „beharrlich verfochtenen, aber physikalisch ganz unbrauchbaren Gedanken, daß der Relativität aller Translationsbewegungen auch eine Relativität aller Drehungsbewegungen entspreche". (M. Planck, Zur Machschen Theorie der physikalischen Erkenntnis, a. a. O., S. 1189 [Anhang S. 677]).

[184] A. Einstein, Ernst Mach, a. a. O., S. 103 [Anhang S. 688].

[185] Vgl.: A. Einstein, Die Grundlagen der allgemeinen Relativitätsheorie, Ann. Phys. *49*, 769 (1916).

mir zugegangenen Publikationen und vor allem meiner Korrespondenz entnehme ich, daß mir langsam die Rolle des Wegbereiters der Relativitätslehre zugedacht wird. Nun kann ich mir heute ein ungefähres Bild davon machen, welche Umdeutungen und Auslegungen manche der in meiner Mechanik niedergelegten Gedanken von dieser Seite in Zukunft erfahren werden. — Wenn Philosophen und Physiker den Kreuzzug gegen mich predigen, so mußte ich dies natürlich finden, und war damit ganz einverstanden, denn ich war, wie ich dies wiederholt dargetan habe, auf den verschiedensten Gebieten doch nur ein unbefangener Spaziergänger mit eigenen Gedanken, muß es aber nun mit der Entschiedenheit ablehnen, den Relativisten vorangestellt zu werden, mit welcher ich die atomistische Glaubenslehre der heutigen Schule oder Kirche für meine Person abgelehnt habe.[186] — Warum aber und inwiefern ich die heutige mich immer dogmatischer anmutende Relativitätslehre für mich ablehne, welche sinnesphysiologischen Erwägungen, erkenntnistheoretische Bedenken und vor allem experimentell gewonnene Einsichten mich hierzu im einzelnen veranlaßten, das soll in der Fortsetzung dieses Werkes dargetan werden."[187]

Diese Fortsetzung konnte Mach leider nicht mehr schreiben (oder hatte es nie ernsthaft vor). Aber auch so ist klar, weshalb

---

[186] Vgl. auch: Nachwort der Herausgeber, S. 609–617, 630–632.
[187] E. Mach, Die Prinzipien der physikalischen Optik, Leipzig 1921, S. VIII f. In jüngster Zeit ist die Authentizität der die Relativitätstheorie ablehnenden Passage aus dem Vorwort zur „Optik" sowie die im Vorwort zur neunten Auflage der „Mechanik" zitierten Worte Machs, die in die gleiche Richtung zielen, angezweifelt und einer kritischen Analyse unterzogen worden. (Vgl. G. Wolters, Mach I, Mach II, Einstein und die Relativitätstheorie, a, a. O.) Der Autor belegt, daß diese Passagen von Ludwig Mach formuliert wurden. Das muß bei ihrer Interpretation zweifellos berücksichtigt werden. Sie für direkte Fälschungen zu halten, ist unter Beachtung aller Umstände nicht gerechtfertigt. Insbesondere aber folgt aus der sorgfältig zusammengetragenen Dokumentation — entgegen der Ansicht ihres Autors — nicht, „daß Mach *nicht den geringsten* Grund hatte, die Relativitätstheorie abzulehnen." (Vgl. R. Wahsner, [Rezension dieses Titels], in: Deutsche Literaturzeitung für Kritik der internationalen Wissenschaft 109, H. 7/8 1988)).

er die Relativitätstheorie ablehnen mußte. Zum einen entsprach sie noch weniger als die klassische Mechanik seiner Physik-Konzeption, die auf ein Erschauen der Tatsachen ausgerichtet war und jede erkenntnistheoretische (da vorgeblich metaphysische), jede nicht unmittelbar durch das Individuum erfahrbare Voraussetzung ablehnte. Zum anderen war sich Mach eben völlig darüber im klaren, daß uns die unendliche Summe der kosmischen Massen (die die Trägheit induziert) ebensowenig gegeben ist wie der unendliche Raum, es also grundsätzlich keine physikalische Theorie geben kann, die sich über diesen Mangel erhebt.[188] Seine Kritik der Newtonschen Mechanik bzw. sein positiver – unter der Bezeichnung „Machsches Prinzip" bekannt gewordener – Vorschlag sollte ja gerade auf diesen Mangel aufmerksam machen.[189]

Er konnte also gar nicht die Hoffnung haben, daß es jemals eine physikalische Theorie geben werde, die sein sog. Prinzip realisiert. Es springt hier allerdings auch die Grenze seiner Newton-Kritik ins Auge. Der gegen die metaphysisch-mechanizistische Interpretation der klassischen Mechanik gerichtete Nachweis, daß der absolute Raum Newtons nicht auf evidenter Erfahrung beruht, sondern eine aus gewissen Erfahrungen extrapolierte, durch die Zwänge der Theorie erforderliche Setzung ist, hätte ja genügt, um das auszudrücken, wozu Mach den Gedanken der Induktion der Trägheit durch die Wechselwirkung aller kosmischen Massen zu benötigen glaubte.

Das technische Verhältnis des sog. Machschen Prinzips zur Einsteinschen relativistischen Gravitationstheorie formulierte Wolfgang Pauli sehr klar anläßlich einer A. Einstein gewidmeten Rede: „In der weiteren Entwicklung der Allgemeinen Relativitätstheorie tauchte ein Problem auf, das sich nicht eindeutig lösen ließ. Ernst Mach hatte vorgeschlagen, die Trägheit ganz auf die Wirkung ferner Massen zurückzuführen. Wenn dieses Machsche Prinzip richtig wäre, müßte Einsteins G-Feld verschwinden, wenn alle Materie entfernt wurde. Einstein war bei Aufstellung seiner Theorie durch dieses Prinzip wohl geleitet und hielt es für richtig. Aus den Gleichungen der Theorie hat es sich aber nicht herleiten lassen. Es scheint im

---
[188] Siehe auch: S. 602f.
[189] Vgl.: E. Mach, Die Mechanik in ihrer Entwicklung, a. a. O., S. 260f.

Wesen des Feldbegriffs zu liegen, daß das Feld zwar durch die Massenverteilung beeinflußt wird, daß es aber als selbständige Realität bestehen bleibt, auch wenn alle Massen entfernt werden. Wie die endgültige Lösung sein wird, ist uns nicht bekannt."[190]

Einstein selbst bemerkte diesen Sachverhalt erstmals 1920 in seiner Leidener Rede „Äther und Relativitätstheorie", in der er erkannte, daß er in seiner Allgemeinen Relativitätstheorie den Raum nicht total dynamisiert hatte, sondern dieser durchaus noch als etwas Selbständiges fungierte. Einstein zog daraus den Schluß, daß in der Physik „neben den beobachtbaren Objekten noch ein anderes, nicht wahrnehmbares Ding als real angesehen werden muß"[191] − eben der Raum.

Obwohl Einstein später gar meinte, „von dem Machschen Prinzip sollte man eigentlich überhaupt nicht mehr sprechen",[192] wurde und wird es in der physikalischen Literatur diskutiert: zum einen, um seinen Zusammenhang zur Allgemeinen Relativitätstheorie aufzuklären,[193] zum anderen, um es zum möglichst konstruktiven Ausgangspunkt physikalischer Theorienbildung zu machen.[194]

---

[190] W. Pauli, Albert Einstein in der Entwicklung der Physik, Phys. Bl. *15*, 244 (1959).

[191] A. Einstein, Äther und Relativitätstheorie; Rede, gehalten am 5. 5. 1920 an der Reichs-Universität zu Leiden, Berlin 1920, S. 11.

[192] A. Einstein, Brief an Pirani vom 2. 2. 1954, zitiert bei A. Pais, ‚Subtle is the Lord', a. a. O., S. 288. In diesem Buch findet man auch (S. 282−288) eine Darstellung des Wandels der Ansichten Einsteins zum Machschen Prinzip. Zur Entwicklung von Einsteins Verhältnis zu Mach siehe auch: B. G. Kuznecov, Ejnštein, Moskva 1963.

[193] Vgl. dazu: H. Hönl, Das Machsche Prinzip und seine Beziehung zur Gravitationstheorie Einsteins, in: Einstein-Symposium. Entstehung, Entwicklung und Perspektiven der Einsteinschen Gravitationstheorie, hrsg. v. H.-J. Treder, Berlin 1966; H. Goenner, Mach's Principle and Einstein's Theory of Gravitation, in: Ernst Mach − Physicist and Philosopher, a. a. O.; McCrea, Doubts about Mach's Principle, Nature *230*, Nr. 5289 (1971).

[194] Vgl. dazu: H.-J. Treder, Die Relativität der Trägheit, Berlin 1972; H.-J. Treder/H.-H. v. Borzeszkowski/A. van der Merwe/

Einsteins Einsicht in den Charakter seiner Theorie und in den Charakter physikalischer Theorien schlechthin implizierte auch eine veränderte Beurteilung der Machschen Konzeption. Einsteins strenges Urteil, das er in einer Diskussion über die Relativitätstheorie vor der französischen philosophischen Gesellschaft auf eine Anfrage über sein Verhältnis zu Mach abgab, scheint daher sehr wohl theoretisch-sachlich begründet zu sein (wenn auch eine − in der Literatur oftmals behauptete − Verärgerung Einsteins über das Machsche Vorwort zu seiner „Optik" nicht auszuschließen ist). Einstein hatte dort erklärt, daß für Mach das Ensemble der zwischen den Elementen der Erfahrung bestehenden Beziehungen die Wissenschaft ausmacht und daß daher das, worauf das Machsche Werk abzielt, einen Katalog, aber kein System darstellt. Ebensosehr wie Mach ein guter Mechaniker war, ebensosehr sei er ein beklagenswerter Philosoph gewesen, schlußfolgerte er daher.[195]

Daß es sich um eine sachlich begründete und nicht um eine durch akute Verärgerung erregte Veränderung von Einsteins Verhältnis zu Mach handelt, belegt die Tatsache, daß sich Einstein viele Jahre später in gleicher Weise äußerte. Im Jahre 1949 schreibt er in seinem Beitrag „Autobiographisches" zu dem bekannten Schilpp-Band: „Ernst Mach war es, der in seiner Geschichte der Mechanik an diesem dogmatischen Glauben (die Mechanik als endgültige Basis alles physikalischen Denkens zu betrachten − d. Verf.) rüttelte; dies Buch hat gerade in dieser Beziehung einen tiefen Einfluß auf mich als Student ausgeübt. Ich sehe Machs wahre Größe in der unbestechlichen Skepsis und Unabhängigkeit; in meinen jungen Jahren hat mich aber auch Machs erkenntnistheoretische Einstellung sehr beeindruckt, die mir heute als im wesentlichen unhaltbar erscheint. Er hat nämlich die dem Wesen nach

---

W. Yourgrau, Fundamental Principles of General Relativity Theories. Local and Global Aspects of Gravitation and Cosmology, New York−London−Washington−Boston 1980.

[195] „Le systèm de Mach étudie les relatiòns qui existent entre les données de l'experience; l'ensemble de ces relations c'est pour Mach, la science. C'est là un point de vue mauvais; en somme, ce qu'a fait Mach, c'est un catalogue et non un système. Autant Mach fut un bon mécanicien, autant il fut un déplorable philosophe ..." (Bull. Soc. fr. Philosophie 22, 111 (1922).

konstruktive und spekulative Natur alles Denkens und im besonderen des wissenschaftlichen Denkens nicht richtig ins Licht gestellt und infolge davon die Theorie gerade an solchen Stellen verurteilt, an welchen der konstruktiv-spekulative Charakter unverhüllbar zutage tritt, z. B. in der kinetischen Atomtheorie."[196]

Um auf eine Kritik der Mechanik als Grundlage der Physik eingehen zu können, formuliert Einstein nun erst einmal etwas Allgemeines über die Gesichtspunkte, nach denen physikalische Theorien überhaupt kritisiert werden können. Als ersten Gesichtspunkt nennt er, daß die Theorie den Erfahrungstatsachen nicht widersprechen dürfe, verweist aber darauf, daß die Anwendung dieser Forderung sehr schwierig ist: „Man kann nämlich häufig, vielleicht sogar immer, an einer allgemeinen theoretischen Grundlage festhalten, indem man durch künstliche zusätzliche Annahmen ihre Anpassung an die Tatsachen möglich macht." Es sei deshalb notwendig, auch noch einen zweiten Gesichtspunkt zu beachten, einen Gesichtspunkt, der die logische Einfachheit der Prämissen der Theorie, d. h. ihre Grundbegriffe und der zwischen diesen zugrunde gelegten Beziehungen, betrifft."[197] – Nachdem Einstein nun die Ursache für die Auszeichnung der Systeme angegeben hat, bezüglich der das Trägheitsgesetz gilt, also die Ursache für die Auszeichnung der Inertialsysteme – im übrigen eine Überlegung, die seines Erachtens in der Zukunft bei der Auswahl der Theorien eine umso größere Rolle spielen muß, je weiter sich die Grundbegriffe und Axiome von dem direkt Wahrnehmbaren entfernen, die zugleich aber auf einem Argument beruht, das von Newton ganz deutlich erkannt worden war – nachdem Einstein also dies angegeben hat, bemerkt er: „Mach vermutet, daß in einer wirklich vernünftigen Theorie die Trägheit, genau wie bei Newton die übrigen Kräfte, auf Wechselwirkung der Massen beruhen müsse, eine Auffassung, die ich lange für im Prinzip die richtige hielt. Sie setzt aber implizite voraus, daß die basische Theorie eine solche vom allgemeinen Typus der Mechanik Newtons sein solle: Massen und Wirkungen zwischen diesen als ursprüngliche Begriffe. In eine konsequente Feldtheorie

---

[196] A. Einstein, Autobiographisches, in: Albert Einstein als Philosoph und Naturforscher, a. a. O., S. 8.
[197] Ebenda, S. 8f.

paßt ein solcher Lösungsweg nicht hinein, wie man unmittelbar einsieht."[198] Dennoch hielt Einstein Machs Kritik gegen bevorzugte Bezugssysteme für an sich stichhaltig.[199]

Was Einstein also an Mach kritisiert, ist letztlich dessen Versuch, alle sog. metaphysischen Elemente aus der Physik zu entfernen, ist der Glaube, die Physik könne ohne erkenntnistheoretische Setzungen, ohne vorausgesetzte physikalische Prinzipien auskommen. (Er gibt damit implizite Planck im Streit mit Mach recht. Allerdings verdeckt die Plancksche Argumentation, in der nur von der „Einheit der Physik", nicht aber von Prinzipien gesprochen wird, daß es in der Mach-Planck-Diskussion um diesen Punkt ging; und völlige erkenntnistheoretische Klarheit kann man Planck hier auch nicht zusprechen.) Es resultiert also auch Einsteins Kritik an Mach aus seiner Einsicht in den erkenntnistheoretischen Status der Physik. In einem 1926 mit Heisenberg geführten Gespräch wehrte Einstein entschieden die Meinung ab, daß er im Anschluß an Mach eine physikalische Theorie nur für die Zusammenfassung der Beobachtungen unter dem Prinzip der Denkökonomie hielte. Sein hauptsächliches Gegenargument bestand darin, daß man den Begriff Beobachtung nicht als eine vor der physikalischen Theorie gegebene Selbstverständlichkeit unterstellen könne. Wörtlich sagte er (nach Heisenberg): „Die Tatsache, daß es die Welt wirklich gibt, daß unseren Sinneseindrücken etwas Objektives zugrunde liegt, kommt bei Mach etwas zu kurz. Ich will damit nicht einem naiven Realismus das Wort reden; ich weiß schon, daß es sich hier um sehr schwierige Fragen handelt, aber ich empfinde den Machschen

---

[198] Ebenda, S. 10f.
[199] In gleicher Richtung, wenn auch weniger ausführlich als in den autobiographischen Skizzen äußerte sich Einstein noch 1952 in einem Brief an Carl Seelig: „My attention was drawn to Ernst Mach's ‚Science of Mechanics' by my friend Besso while a student, around the year 1897. The book exerted a deep and persisting impression upon me ... owning to its physical orientation toward fundamental concepts and fundamental laws." (A. Einstein, Brief vom 8. 4. 1952 an C. Seelig, Princeton-Archiv, zitiert bei G. J. Holton, Mach, Einstein and the Search for Reality, in: Ernst Mach — Physicist and Philosopher, a. a. O., S. 169.)

Begriff der Beobachtung eben auch als etwas zu naiv. Mach tut so, als wisse man schon, was das Wort ‚beobachten' bedeutet; und da er glaubt, sich an dieser Stelle um die Entscheidung ‚objektiv oder subjektiv' drücken zu können, erhält sein Begriff der Einfachheit einen so verdächtig kommerziellen Charakter: Denkökonomie. Dieser Begriff hat eine viel zu subjektive Färbung. In Wirklichkeit ist die Einfachheit der Naturgesetze auch ein objektives Faktum, und es käme darauf an, in einer richtigen Begriffsbildung die subjektive und die objektive Seite der Einfachheit ins richtige Gleichgewicht zu setzen. Das ist halt sehr schwer."[200]

Nicht zu bestreiten ist jedoch der Einfluß Machs auf Einstein und damit auf das Zustandekommen der Speziellen und Allgemeinen Relativitätstheorie.[201] Hieraus jedoch die konstruktive Rolle des subjektiven Idealismus oder des Positivismus ableiten zu wollen, ist nicht gerechtfertigt. Produktiv war Machs anti-metaphysische und anti-mechanizistische Kritik, nicht sein positiver Vorschlag einer sinnesphysiologischen oder „empiriokritizistischen" Erkenntnislehre. Das ist auch genau die Weise, in der Einstein Machs fördernde Rolle für die Physikgeschichte sah. Diese bestand seines Erachtens nicht darin, einen (gegenüber Bacon und Hume) neuen Gedanken in die Wissenschaft eingeführt zu haben, sondern darin, daran erinnert zu haben, wie bestimmte Begriffe in die Wissenschaft gekommen sind, und damit aufgezeigt zu haben, daß sie vom Menschen eingeführte Gebilde sind und an bestimmte Bedingungen geknüpft waren.[202]

* * *

Wie Ludwig Boltzmann, Max Planck und Albert Einstein beweisen, hat Ernst Mach sein Hauptversprechen, die Metaphysik aus der Physik zu entfernen, nicht eingelöst. Das konnte er auch nicht. Denn Metaphysik als mechanizistische Anti-Dialektik ist in der Physik nicht enthalten. Metaphysik als

---

[200] W. Heisenberg, Der Teil und das Ganze, München 1969, S. 95.
[201] Hier muß man Abraham Pais widersprechen, der es ablehnt, Mach als philosophischen Mentor Einsteins zu akzeptieren. (Vgl. A. Pais, ‚Subtle is the Lord'. The Science and the Life of Albert Einstein, a. a. O., S. 12).
[202] Vgl. A. Einstein, Ernst Mach, a. a. O., S. 102 [Anhang S. 684–686].

Epistemologie hingegen kann aus dem Fundament der Physik nicht herausgelöst werden, ohne die Physik als Wissenschaft zu liquidieren.[203] Mach erschien es nur deshalb so, als käme er ohne philosophisch bestimmte Epistemologie aus, da er gewisse durchaus problematische Begriffe oder Zusammenhänge als selbstverständlich unterstellte. Der vermeintliche Verzicht auf Transzendentales schien (nur deshalb) möglich zu sein, weil die Physik als ausgebildete Wissenschaft schon vorlag und Mach sie nur uminterpretierte.[204]

---

[203] Zum Beleg für beide Behauptungen siehe: H.-H. v. Borzeszkowski/R. Wahsner, Die Metaphysizierung der Physik, in: Denkweise und Weltanschauung, a. a. O., H.-H. v. Borzeszkowski/R. Wahsner, Über die Notwendigkeit der Philosophie für die Naturwissenschaft, in: DIALEKTIK 1. Orientierungen der Philosophie, hrsg. v. B. Heidtmann, Köln 1980.

[204] Es sei an dieser Stelle noch vermerkt, daß Machs erkenntniskritisches Anliegen und seine Ausführung schon frühzeitig von vielen Autoren analysiert und zum Teil mit treffenden Argumenten kritisiert wurden.

So verwies R. Hönigswald bereits 1903 darauf, daß die Inkonsequenzen der Machschen Erkenntnistheorie „zum überwiegenden Teile in einem Verkennen der Probleme begründet sind, die dem philosophischen Kritizismus ihre klassische Formulierung verdanken, und daß auf der anderen Seite der geistvolle Vertreter einer neuen realistischen Wissenschaftslehre selber doch überall wieder von der Gewalt dieser alten Probleme beherrscht wird". (R. Hönigswald, Zur Kritik der Machschen Philosophie, Berlin 1903, S. III.)

Und H. Buzello erinnert ebenfalls an die Erkenntnisse der klassischen deutschen Philosophie, wenn er schreibt: „Jede Einzelwissenschaft macht gewisse Voraussetzungen über das Verhältnis von Subjekt und Objekt der Erkenntnis und über die Prinzipien der Forschung. Sie muß diese Voraussetzungen machen, um überhaupt einen Ausgangspunkt zu haben, und prüft ihre Berechtigung nicht. Sie untersucht daher die Beziehung zwischen dem Gegenstand und dem erkennenden Subjekt nicht mehr, sondern beschränkt sich auf die Erforschung des Objekts. Aber eine Theorie des Erkennens darf diese Voraussetzungen nicht schlechthin gelten lassen, sondern hat sie aufzudecken und ihre Bedeutung für die Erkenntnis überhaupt nachzuweisen. Eine Erkenntnistheorie, die, wie Machs, die naturwissenschaftliche Methode auf die Untersuchung der Erkennt-

Metaphysische Elemente aus dem physikalischen Weltbild zu entfernen — dies hingegen ist im Prinzip natürlich möglich und ist Mach zum Teil auch gelungen. Diesem Erfolg ist seine Leistung und seine Grenze inhärent.

Die Grenze liegt in dem Versuch Machs, ein physikalisches Weltbild zu begründen, das frei ist von Metaphysik als Epistemologie. Diese Grenze ist trotz aller empiriokritizistischen Modifikationen die des Empirismus, und sie kann nicht besser charakterisiert werden, als Hegel dies getan hat. Sie besteht hiernach darin, sich auf Endliches zu beschränken, das Übersinnliche oder wenigstens seine Erkenntnis und Bestimmtheit zu leugnen und dem Denken nur die Abstraktion und formelle Allgemeinheit und Identität zu lassen. Sie ist fernerhin durch die Grundtäuschung des Empirismus bestimmt, welche darin besteht, philosophische Kategorien und deren Verbindungen vorauszusetzen und zu gebrauchen und bei alledem die Illusion zu hegen, man käme ohne sie aus. Ein besonders unkritischer und bewußtloser Gebrauch der Kategorien ist das Ergebnis —[205]

---

nisbeziehung überträgt, die lediglich das Objekt der Erkenntnis untersucht und Begriffe der Naturwissenschaft ohne Prüfung gelten läßt, begeht damit eine petetio principii. Mach stellt sich zwar die Aufgabe, keine Voraussetzungen in der Erkenntnistheorie zuzulassen, sondern vom ‚unmittelbar gegebenen' auszugehn. Aber darin liegt gerade das Problem, was unmittelbar gegeben sei." (H. Buzello, Kritische Untersuchung von Ernst Mach's Erkenntnistheorie, Kantstudien, Ergänzungshefte No. 23, Berlin 1911.)

Als weitere frühe Analysen der Machschen Lehre seien — neben den schon erwähnten — die folgenden genannt: R. Musil, Beitrag zur Beurteilung der Lehren Machs (Diss. 1908), Hamburg 1980; K. Gerhards, Machs Erkenntnistheorie und der Realismus, Münchener Studien zur Psychologie und Philosophie, 3. Heft, Stuttgart 1914; R. Thiele, Zur Charakteristik von Mach's Erkenntnislehre, Halle a. S. 1914; H. Henning, Ernst Mach als Philosoph, Physiker und Psycholog, Leipzig 1915; R. Wlassak, Ernst Mach. Gedächtnisrede., Leipzig 1917; H. Reichenbach, Der gegenwärtige Stand der Realitätsdiskussion, in: Lotos. Internationale Zeitschrift für Philosophie ¦der Kultur **10**, 316 (1921); H. Dingler, Die Grundgedanken der Machschen Philosophie, Leipzig 1924.

[205] Vgl.: G. W. F. Hegel, Enzyklopädie der philosophischen Wis-

also genau das Gegenteil des vom Empiriokritizismus angestrebten Zieles.

Machs Versuch, die Philosophie in empiristischer Weise aus dem physikalischen Weltbild zu eliminieren, determiniert auch seinen Theorie-Begriff. Theorie bedeutet für Mach Metaphysik oder Mathematik. Erstere will er entfernen, letztere gilt ihm als wesentliches Erkenntnis(hilfs)mittel, das aber von sich aus nichts über die Wirklichkeit aussagt. Damit hat er insofern recht, als die Mathematik ihre Aussagen nur über abstraktmögliche, nicht über wirkliche Zusammenhänge trifft. Zu kritisieren ist nur, daß er die genannte Eigenschaft der Mathematik nicht als ein Spezifikum mathematischer Theorien erkennt, sondern sie zum Charakteristikum von Theorien schlechthin bestimmt. Für die Theorie von spezifisch physikalischer Natur ist daher in seinem Konzept kein Platz – und folglich auch nicht für die vermittelnde Rolle des Experiments.[206]

Daß Mach die Philosophie aus dem wissenschaftlichen Weltbild entfernen zu müssen meint, ist unter seinen Prämissen konsequent. Wenn er nämlich die Erfahrung zur Grundlage des Weltbildes bestimmt und diese nur die Erfahrung des Individuums ist (bzw. die *bloße Summe* der Erfahrungen der Individuen), nicht die Erfahrung des Menschen als Gattung, dann ist die Ablehnung der Philosophie (die das Allgemeine der Gattung zum Gegenstand hat) zwangsläufig. Genau diese Identifizierung von Mensch und Individuum nimmt Mach aber vor. (Es ist dies übrigens ein Kardinalfehler, der allen hier referierten Standpunkten von Physikern gemeinsam ist.)

Machs Erkenntnissubjekt ist (kategorial gesehen) das Indi-

---

senschaften im Grundrisse, hrsg. v. F. Nicolin und O. Pöggeler, Berlin 1969, S. 64—66 bzw. §§ 37, 38.

[206] Zu dem hier zugrunde gelegten Verhältnis von Mathematik und Physik bzw. von Physik und Wirklichkeit siehe: H.-H. v. Borzeszkowski/R. Wahsner, Physikalisches Erkenntnismittel und physikalische Realität, in: Deutsche Zeitschrift für Philosophie **34**, 1098 (1986); dies., Erwin Schrödingers Subjekt und Realitätsbegriff, in: Deutsche Zeitschrift für Philosophie **35**, 1109 (1987); R. Wahsner, Eigenschaft und Verhalten — Zur Beziehung von Mathematik und Physik, in: Gravitation und Kosmos. Beiträge zu Problemen der Allgemeinen Relativitätstheorie, hrsg. von R. Wahsner, Berlin 1988.

viduum. Die Menschheit versteht er als ewig lebendes Individuum,[207] das er keineswegs als ein kollektives Individuum faßt. Mit dieser Unterstellung unternimmt er auch seine historischen Betrachtungen. In diese geht als „metaphysische" Voraussetzung die Annahme ein, daß zwischen der Kindheit eines Menschen und der Ur- bzw. Frühgeschichte der Menschheit eine Analogie besteht, derart, daß das biogenetische Grundgesetz der Biologie (und zwar in dessen landläufigem Verständnis) auf die Gesellschaft übertragen werden kann, ohne daß hierfür ein Beweis erforderlich wäre.[208] Deshalb auch sind Machs historisch-kritische Darstellungen keine wirkliche Geschichte, d. h. keine Darstellungen des gesetzmäßigen Verlaufs der Wissenschaftsentwicklung. Der Unterschied zwischen kritizistischem Historismus und Historizität ist etwa derselbe wie der zwischen positivistischer Beschreibung und wissenschaftlicher Erklärung. Es geht aber, um durch die Kenntnis der Entwicklungsgeschichte der Physik zu deren vollem Verständnis zu gelangen, nicht um geschichtliche Beschreibung, sondern um das *gesetzmäßige* Erfassen der Geschichte. Dieses erfordert dann auch, den Zusammenhang von Wissenschaft und Produktion wirklich aufzuzeigen, beides zu vermitteln und nicht nur auf diesen Zusammenhang zu verweisen resp. in pragmatistischer Weise die Frage der wissenschaftlichen Widerspiegelung auf Erfolg in der Produktion abzuschieben. Würden Wissenschaft und Produktion wirklich miteinander vermittelt werden, so erwiese sich recht bald, daß das Handwerk keine hinreichende Produktionsbasis darstellt.[209]

---

[207] Vgl.: E. Mach, Kultur und Mechanik, a. a. O., S. 84.
[208] Vgl.: ebenda, bes. S. 5; E. Mach, Die Mechanik in ihrer Entwicklung, a. a. O., S. 523—525]. Nach dieser Konzeption ist es selbstverständlich, daß ein *prinzipieller* Unterschied zwischen Tier und Mensch nicht existiert. Vgl. z. B.: Die Prinzipien der Wärmelehre, a. a. O., S. 365. Der von Mach verwandte Begriff biologisch-ökonomische Erkenntnistheorie (siehe z. B. Anhang S. 654) verweist das spezifisch Menschliche auf die Zwecksetzung. Hiergegen wäre nichts einzuwenden, würde die menschlich-gesellschaftliche Produktion 'des Zweck mit Einschluß ihres objektiven Moments gedacht werden. Genau dies wird aber unterlassen. Vgl. auch Anm. 23.
[209] Siehe auch Anm. 13 zum Machschen Text.

Nachwort

Aus Machs Bestimmung des Subjekts als Individuum folgt auch mit Notwendigkeit die Ersetzung der Erkenntnistheorie durch die Psychologie und Physiologie bzw. die Bestimmung von Sinnesphysiologie und Psychologie als Erkenntnislehre. – Soweit zur Grenze der Machschen Leistung.

Machs Streben nach einem metaphysikfreien wissenschaftlichen Weltbild war nun aber auch darauf gerichtet, mechanizistische Anti-Dialektik aus ihm zu entfernen. Dies ist ihm insofern gelungen, als er in der (durchaus unbewußten) Nachfolge der klassischen deutschen und der Marxschen Philosophie nachdrücklich darauf aufmerksam machte, daß die Herkunft unserer Begriffe erforscht werden muß, daß das Ding nicht als mechanistische Substanz, sondern als Produkt, als etwas vom Menschen Produziertes, angesehen werden muß. Hierauf gründet Machs Appell, die verwandten Begriffe kritisch zu analysieren und beruht seine fördernde Wirkung auf den Prozeß der Physik um die Jahrhundertwende. Machs Versuche, die Begriffsproduktion historisch-kritisch und sinnesphysiologisch zu erklären, können durchaus als Beiträge zur Aufklärung der Herkunft unserer Begriffe gewertet werden. Aber es ist natürlich klar, daß diese Herkunft nicht wahrhaft erforscht werden kann, wird die Philosophie ausgespart. Wenn Mach die wissenschaftliche Nachwelt konstruktiv beeinflußt hat, so dadurch, daß er mit dazu beitrug, das mechanizistische Weltbild aus den Köpfen der Physiker zu vertreiben.

Machs Ambition kann am besten durch seine eigenen Worte wiedergegeben werden: „Die höchste Philosophie des Naturforschers besteht eben darin, eine unvollendete Weltanschauung zu *ertragen* und einer scheinbar abgeschlossenen, aber unzureichenden vorzuziehen."[210] Das Ziel ist aller Ehren wert. Mach hat nur leider eben doch die unvollendete Weltanschauung nicht ertragen und daher eine unzureichende vorgezogen.

Renate Wahsner
Horst-Heino von Borzeszkowski

Berlin, Juni 1985

---

[210] E. Mach, Die Mechanik in ihrer Entwicklung, a. a. O., S. 479.

Ernst Mach –
biographische und bibliographische Daten

Ausführlichere Darstellungen des Lebensweges von Ernst Mach finden sich in: H. Henning, Ernst Mach als Philosoph, Physiker und Psycholog, Leipzig 1915; Friedrich Adler, Ernst Machs Überwindung des mechanischen Materialismus, Wien 1918; K. D. Heller, Ernst Mach – Wegbereiter der modernen Wissenschaft, Wien und New York 1964; Ernst Mach – Physicist and Philosopher, hrsg. v. R. S. Cohen und R. J. Seeger, Dordrecht 1970; J. T. Blackmore, Ernst Mach. His Work, Life and Influence, Berkely–Los Angeles–London 1972; E. Broda, Der Einfluß von Ernst Mach und Ludwig Boltzmann auf Albert Einstein, in: Einstein-Centenarium 1979, hrsg. v. H.-J. Treder, Berlin 1979. Von den Publikationen Machs wurden hier nur diejenigen ausgewählt, die für das Verständnis der in diesem Bande publizierten Texte besondere Bedeutung haben.

1838	Am 18. Februar in Tuřany bei Brno als Sohn des Johann Mach (1805–1879), eines Gymnasiallehrers, und der Josefine geb. Langhans (1813–1869) geboren.
1853	Aufnahme in die 6. Klasse des Kremsierer Gymnasiums.
1856	Immatrikulation an der Wiener Universität.
1859	Erste wissenschaftliche Publikation: „Über elektrische Entladung und Induction" (zusammen mit Blaserna und Peterin).
1860	Promotion zum Dr. phil.
1861	Habilitation; Beginn der Vorlesungstätigkeit.
1863	Veröffentlichung des Werkes „Compendium der Physik für Mediciner".
1864	Professur für Physik an der Universität Graz.
1867	Berufung nach Prag auf den Lehrstuhl für Experimentalphysik, den er bis 1895 innehatte.

1868	Vermählung mit Louise Marussig. Veröffentlichung der Schrift „Über die Definition der Masse". Geburt des Sohnes Ludwig (1868–1951).
1872	Veröffentlichung des Vortrages „Die Geschichte und die Wurzel des Satzes von der Erhaltung der Arbeit".
1872/73	Wahl zum Dekan der Philosophischen Fakultät der Prager Universität.
1873	Geburt der Tochter Caroline (1873–1965).
1874	Geburt des Sohnes Heinrich (1874–1894).
1876	Ernennung zum Regierungsrat.
1879/80	Rektor der Prager Universität.
1881	Geburt des Sohnes Victor (1881–1942).
1882	Veröffentlichung der Schrift „Die ökonomische Natur der physikalischen Forschung".
1883	Veröffentlichung des Werkes „Die Mechanik in ihrer Entwicklung. Historisch-kritisch dargestellt".
1886	Veröffentlichung des Buches „Die Analyse der Empfindungen und das Verhältnis des Physischen zum Psychischen".
1895	Berufung zum Professor der Philosophie nach Wien.
1896	Veröffentlichung der Bücher „Die Prinzipien der Wärmelehre. Historisch-kritisch entwickelt" und „Populär-wissenschaftliche Vorlesungen". Sekretär der mathematisch-naturwissenschaftlichen Klasse der Kaiserlichen Akademie der Wissenschaften Wien. Ernennung zum Hofrat.
1897	Mach erleidet einen Schlaganfall.
1900	Emeritierung.
1901	Mitglied des österreichischen Parlaments.
1905	Veröffentlichung des Buches „Erkenntnis und Irrtum".
1912	Umzug in das Haus seines Sohnes Ludwig nach Vaterstetten in Bayern.
1915	Veröffentlichung der Schrift „Kultur und Mechanik".
1916	Am 19. Februar in Vaterstetten gestorben.
1921	Veröffentlichung des Werkes „Die Prinzipien der physikalischen Optik. Historisch und erkenntnispsychologisch entwickelt".

Vorwort zur neunten Auflage

Von Ludwig Mach

Die Ausgabe letzter Hand war die siebente vom Jahre 1912; nachdem die achte von dem inzwischen leider verstorbenen Professor Jos. Petzold im Jahre 1921 veranstaltet wurde, erscheint nach langer Pause jetzt eine neunte des im Jahre 1883 erstmals aufgelegten Werkes.

Es werden für den Leserkreis der „Mechanik" die auf diese sich beziehenden Äußerungen des Autors aus seinen letzten Lebensjahren nicht ohne Interesse sein, zumal das Vorwort der 1921 erschienenen „Physikalischen Optik" in seinen auf die Relativitätstheorie sich beziehenden Bemerkungen überrascht hat. Als einziger Gefährte des in diesen Jahren schwer leidenden Autors teile ich einige dieser Äußerungen hier mit.

Ich muß dazu auf den Stand der Dinge Ausgang 1915 verweisen; soweit die einschlägige Literatur noch zugänglich war.

„Schon in jungen Jahren war ich durch meine ständige Selbstanalyse oder Kritik relativistisch, wie man es heute nennt, eingestellt und hätte diese Dinge vielleicht weiter verfolgen können, aber weniger von meinen eigenen Gedanken eingenommen, interessierte mich vorerst der Ausblick, das Hinaustreten aus den Schranken der Vergangenheit, aus dem Bannkreis, den naturgemäß große Denker um sich ziehen, und deshalb haben mich gleichzeitig allgemeine sinnesphysiologische und psychologische Fragen stets lebhaft beschäftigt."

„Und dann, man lebt nur einmal, und ich wollte von der Welt, soweit sie mir eben zugänglich war, möglichst viel haben und war außerstande, mein Leben ‚mit einem Gedanken auszufüllen — hauszuhalten."[1]

Zweifellos war der Begründer der „Kritischen Physik", wie ihn H. Dingler nennt, an der Herausarbeitung der Grundlagen, auf denen die Relativitätstheorie später aufgebaut wurde, hervorragend beteiligt; bei der ungemein raschen Entwicklung derselben lag aber doch so viel die Tatsachen Vergewaltigendes vor, daß er sich nicht unbedingt anschließen konnte.

„Ich habe die Newton'schen Prinzipien nicht als Vollkommenes, Abgeschlossenes angesehen, ich kann aber auf meine alten Tage die Relativität eben so wenig wie die Existenz der Atome und so manches andere als Dogma hinnehmen. Nichts lag mir ferner, wie Schule zu machen, im Gegenteil, meine unwiderstehliche Neigung, außerhalb der Heerstraße zu wandern, stand dem entgegen, bedingte ein weitgehendes Verständnis für Andersdenkende, ohne denselben deshalb Gefolgschaft zu leisten, denn nichts ist förderlicher wie die durch Widerspruch geweckten Zweifel."

Soweit meine in frühe Zeiten zurückgehende Erinnerung reicht und auch seine Korrespondenz besondes mit Ludwig Lange beweist, war der ausschließlich seiner Arbeit Lebende von dem rückhaltlosen elementaren Drang nach persönlicher Klarheit beherrscht. Zur Aufdeckung der Schwächen der klassischen Mechanik gehörte damals ebensoviel Mut und Selbstlosigkeit wie heute zur Ablehnung moderner Richtungen.

Der Denkökonom, der den Tod nur als „Untergang einer denkökonomischen Einheit" wertete, konnte der Mathematik und der Theorie nur die Rolle von Werkzeugen der Aufklärung im physikalischen Weltbild zuerkennen.

Umstände, deren Erörterung unterbleiben kann, nötigen mich hier zur Kürze und Abstandnahme von weiteren Ausführungen; doch bin ich auf Grund teilweise noch gemeinsam gewonnener experimenteller Einsichten und nach den Jahren [des]

---

[1] E. M. wurde der Vorwurf „grandioser Einseitigkeit" gemacht, der wohl bei der Mannigfaltigkeit seiner Untersuchungen und Einstellung auf die verschiedensten Dinge (vgl. H. Henning: E. M. als Philosoph, Physiker und Psycholog) kaum ernst zu nehmen ist. Auf die liebevoll vertiefte Studie von Dr. Robert Bouvier, La Pensée d'E. Mach, sei auch noch hingewiesen.

Zusammenarbeitens gewiß, daß P. Lenards[2] originelle in Neuland führende Studie und ebenso die, bei voller Wertung der mathematischen Untersuchungen von ernstestem Ringen nach Wirklichkeit durchdrungene Schrift G. von Gleichs[3] den Beifall Ernst Machs gefunden hätte.

München–Vaterstetten, Januar 1933. Dr. Ludwig Mach

---

[2] P. Lenard: Über Äther und Uräther. Leipzig 1922.
[3] Gerold von Gleich: Einsteins Relativitätstheorien und Physikalische Wirklichkeit. Leipzig 1930.

Die Leitgedanken meiner naturwissenschaftlichen Erkenntnislehre und ihre Aufnahme durch die Zeitgenossen[1]

Von E. Mach

Um die Erkenntnislehre, der ich einen guten Teil meines Lebens gewidmet habe, in Kürze darzustellen, beginne ich mit Angabe der Umstände, unter welchen diese Gedanken sich entwickelt haben.

Indem ich bei Beginn meiner Lehrtätigkeit als Privatdozent der Physik 1861 auf die Arbeiten der Forscher achtete, über welche ich zu referieren hatte, erkannte ich in der Auswahl der einfachsten, sparsamsten, zweckdienlichsten zum Ziel führenden Mittel das Eigentümliche ihres Vorgehens. Durch den Verkehr mit dem Nationalökonomen *E. Hermann* 1864, der seinem Beruf gemäß ebenfalls das wirtschaftliche Element in jeder Art von Beschäftigung aufzuspüren suchte, gewöhnte ich mich, die geistige Tätigkeit des Forschers als eine wirtschaftliche oder ökonomische zu bezeichnen. Dies wird schon durch die einfachsten Fälle nahe gelegt. Jeder abstrakt begriffliche, zusammenfassende Ausdruck des Verhaltens von Tatsachen, jeder Ersatz einer Zahlentabelle durch eine Formel oder eine Herstellungsregel, das Gesetz derselben, jede Erklärung einer neuen Tatsache durch eine andere bekanntere, kann als eine ökonomische Leistung aufgefaßt werden. Je weiter, eingehender man die wissenschaftlichen Methoden, den systematischen, ordnenden, vereinfachenden, logisch-mathematischen Aufbau analysiert, desto mehr erkennt man das wissenschaftliche Tun als ein ökonomisches.

---

[1] Aus „Scientia", Internationale Zeitschrift für wissenschaftliche Synthese (Wilhelm Engelmann, Leipzig; Williams and Norgate, London; Felix Alcan, Paris; Nicola Zanichelli, Bologna); Vol. VII, Anno IV (1910), Nr. XIV, 2.

Als Gymnasiast lernte ich schon 1854 die Lehre *Lamarcks* durch meinen verehrten Lehrer *F. X. Wessely* kennen, war also wohl vorbereitet, die 1859 publizierten Gedanken *Darwins* aufzunehmen. Diese werden schon in meinen Grazer Vorlesungen 1864–1867 wirksam und äußern sich durch Auffassung des Wettstreites der wissenschaftlichen Gedanken als Lebenskampf, als Überleben des Passendsten. Diese Ansicht widerspricht nicht der ökonomischen Auffassung, sondern läßt sich, diese ergänzend, mit ihr zu einer biologisch-ökonomischen Darstellung der Erkenntnislehre vereinigen. In kürzester Art ausgedrückt erscheint dann als Aufgabe der wissenschaftlichen Erkenntnis: *Die Anpassung der Gedanken an die Tatsachen und die Anpassung der Gedanken aneinander.* Jeder förderliche biologische Prozeß ist ein Selbsterhaltungsvorgang, als solcher zugleich ein Anpassungsprozeß und ökonomischer als ein dem Individuum nachteiliger Vorgang. Alle förderlichen Erkenntnisprozesse sind Spezialfälle oder Teile biologisch günstiger Prozesse. Denn das physische biologische Verhalten der höher organisierten Lebewesen wird mit bestimmt, ergänzt durch den inneren Prozeß des Erkennens, des Denkens. An dem Erkenntnisprozeß mögen sonst noch die verschiedensten Eigenschaften zu bemerken sein; wir charakterisieren diesen zunächst als *biologisch* und als *ökonomisch*, d. h. zwecklose Tätigkeit ausschließend.

Diese leitenden Gedanken habe ich in verschiedenen Schriften ausgeführt. Zuerst in „Die Geschichte und die Wurzel des Satzes von der Erhaltung der Arbeit", 1872, mit besonderer Rücksicht auf die Denkökonomie; ferner beide Seiten berücksichtigend in „Die Mechanik in ihrer Entwicklung", 1883, und in „Die Prinzipien der Wärmelehre", 1896. Besonders beachtete ich die biologische Seite der Frage in „Die Analyse der Empfindungen", 1886. In der reifsten Form ist meine Erkenntnislehre behandelt in „Erkenntnis und Irrtum", 1905. Diese Schriften sollen im folgenden der Reihe nach zitiert werden als „E. d. A.", „M.", „W.", „A. d. E.", und „E. u. I.".

Obwohl einzelne Anerkennungen nicht fehlten, so war es doch sehr natürlich, daß namentlich meine ersten Publikationen sowohl von den Physikern als auch von den Philosophen äußerst kühl und ablehnend aufgenommen wurden. In der Tat hatte ich bis in die achtziger Jahre des abgelaufenen

Jahrhunderts das Gefühl, *allein* gegen den Strom zu schwimmen, obgleich dies längst nicht mehr der Fall war. Kurz vor Ausgabe der „Mechanik" lernte ich beim Suchen nach Schriften verwandten Inhalts *Avenarius'*, „Philosophie als Denken der Welt nach dem Prinzip des kleinsten Kraftmaßes", 1876, kennen, und konnte diese Arbeit noch im Vorwort zur Mechanik anführen. Schon 2 Jahre nach meiner „Analyse" erschien der erste Band von *Avenarius'*, „Kritik der reinen Erfahrung", 1888, und einige Jahre später ermutigten mich die Arbeiten von *H. Cornelius*, „Psychologie als Erfahrungswissenschaft", 1897, und „Einleitung in die Philosophie", 1903, und *J. Petzoldt*, „Einführung in die Philosophie der reinen Erfahrung" 1900. So sah ich, daß ich wenigstens einem Teil der Philosophen nicht gar so fern stand, als ich lange dachte. Freilich findet der längst verstorbene *Avenarius* auch heute sein Publikum mehr in Italien, Frankreich und Rußland, als in seinem Vaterlande. Erst vor einigen Jahren wurde ich mit *W. Schuppes* Arbeiten namentlich mit seiner „Erkenntnistheoretischen Logik", 1878, bekannt und sah, daß dieser Autor schon 1870 verwandte Bahnen eingeschlagen hatte.

Weit seltener fand ich Zustimmung bei den Physikern. Zwar hatte ich und auch die „Energetik" *Ostwalds* einen sehr berühmten Vorgänger in *W. J. Rankine*, der schon in seiner 1855 erschienenen kleinen Abhandlung „Outlines of the Science of Energetics"[2] auf den Unterschied der *erklärenden* (hypothetischen) und der *abstrakten* (beschreibenden) Physik hinwies und die letztere als die eigentlich wissenschaftliche empfahl, zu welcher die erstere nur die vorbereitende Stufe bilden sollte. Allein schon der Umstand, daß mir *Rankines* Ausführungen bei Beginn meiner Arbeit noch unbekannt waren und sein konnten, bezeichnet genügend deren geringe räumliche und zeitliche Fernwirkung. Als ich nun in „E. d. A." für die *ökonomische Darstellung des Tatsächlichen*, für die Ermittlung der *Abhängigkeit der Erscheinungen voneinander* eintrat, was wenigstens teilweise als eine Erneuerung der *Rankine*schen Vorschläge anzusehen ist, blieb dies selbstverständlich ebenso unbeachtet. Das „allgemeine Staunen", mit welchem 2

---

[2] The Edinburgh New Philos. Journ. Vol. II (New Series) p. 120, 1855.

Jahre später *Kirchhoffs* Bezeichnung der Aufgabe der Mechanik als „vollständige einfachste Beschreibung der Bewegungen" aufgenommen wurde, ist ebenso charakteristisch. Die vereinzelten Äußerungen, welche als Zustimmung zu der neuen Auffassung angesehen werden können, habe ich in dem Vorwort zum zweiten Abdruck von „E. d. A." 1909 erwähnt. Spät hören wir das Wort von *Hertz*, die *Maxwell*sche Theorie bestünde eigentlich in den *Maxwell*schen Gleichungen, spät hören wir die Worte von *Helmholtz* in der Vorrede zu *Hertz'* Mechanik, S. XXI. Erst 1906 erschien *P. Duhem*, „La Théorie physique", welche vollständig mit dem alten Standpunkt bricht.

Bei meinen historischen Studien über Mechanik und Wärmelehre erleichterte mir die biologisch-ökonomische Auffassung des Erkenntnisprozesses ungemein das Verständnis der wissenschaftlichen Entwicklung. Der durch das Streben nach Selbsterhaltung zu praktisch-ökonomischem Verhalten gedrängte Mensch reagiert zunächst ganz instinktiv auf günstige und ungünstige Umstände. Sobald aber die soziale Entwicklung, die Teilung der Arbeit, die Entstehung des Handwerkerstandes den einzelnen nötigt, seine Aufmerksamkeit den Zwischenzielen zur Befriedigung der Bedürfnisse zuzuwenden, so tritt eigentlich erst bewußt der Intellekt in Wirksamkeit. Die praktische Unbehaglichkeit wird alsbald durch die drängende intellektuelle Unbehaglichkeit ersetzt. Das willkürlich gewählte Zwischenziel wird nun mit demselben Eifer und mit denselben Mitteln verfolgt, als vorher etwa die Stillung des Hungers. Die instinktiven Bewegungen des Wilden, die halbbewußt erlernten Griffe des Handwerkers sind die Vorbereitungen der Begriffe des Forschers. Die Ansichten und die verachteten banausischen Künste des Handwerks gehen unvermerkt in die Ansichten und Kunstgriffe des Physikers über, und die Ökonomie der *Tat* wächst allmählich zur *intellektuellen* Ökonomie des Forschers aus, die sich auch in dem Streben nach den idealsten Zielen betätigen kann.

Die Äußerungen dieser Ökonomie sehe ich deutlich in der allmählichen Zurückführung der statischen Gesetze der Maschinen auf ein *einziges*, das der virtuellen Verschiebung oder des Verschwindens der Arbeit, in dem Ersatz der *Keplerschen* Gesetze durch das *einzige Newton*sche $d^2r/dt^2 = mm'/r^2$, in der Verminderung, Vereinfachung und Klärung der Begriffe der

Dynamik. Deutlich sehe ich die biologisch-ökonomische Gedankenanpassung, die nach dem Prinzip der Kontinuität (Permanenz) und dem der zureichenden Bestimmtheit vorgeht, den Begriff „Wärme" in die beiden Begriffe „Temperatur" und „Wärmemenge" spalten, sehe wie dann der Begriff „Wärmemenge" zur „latenten Wärme", zu den Begriffen „Energie" und „Entropie" führt. Aber dies auszuführen, ist Sache von Büchern und nicht Gegenstand einer Abhandlung.

Der biologisch-ökonomische Gesichtspunkt mag willkürlich, beschränkt und einseitig, vielleicht auch unpassend bezeichnet sein, für falsch oder unfruchtbar kann ich ihn nicht halten. *Petzoldt* spricht lieber von Stabilität als von Ökonomie. Ich zog den Ausdruck Ökonomie vor, weil diese Analogie zum vulgären Leben mich zuerst zum Verständnis wissenschaftlicher Wandlungen geleitet hat. Übrigens kommen später noch andere Gesichtspunkte zur Sprache.

Um nun deutlich zu machen, welcher Auffassung meine Erkenntnislehre bei hervorragenden modernen Physikern begegnet, bitte ich den Leser womöglich *M. Plancks,* „Die Einheit des physikalischen Weltbildes", Leipzig, S. Hirzel, 1909[3], zur Hand zu nehmen, da ich mich mit dieser 38 Seiten fassenden Schrift etwas auseinandersetzen muß. Ohne auf die Form zu reagieren, oder diese gar nachzuahmen – le style c'est l'homme – will ich deren Inhalt rein sachlich besprechen.

Planck unterscheidet S. 4 zwei Methoden des Betriebes der Physik, ungefähr im Sinne *Rankines,* die von erfaßten Einzelerscheinungen ausgehende, kühn verallgemeinernde und *erklärende* und die nüchtern *beschreibende.* Als Beispiel für die erstere nennt er des *Thales* Wassertheorie, *Ostwalds* Energetik und *Hertz'* „geradeste Bahn", als Vertreter der zweiten Methode führt er *Kirchhoff* an. Nun freue ich mich zwar, daß der Energetik sogar eine bedeutende „Stoßkraft" zugeschrieben wird, während sie noch in Lübeck „nicht das geringste" geleistet hatte, aber die Energetik kann ich nur zur zweiten *Rankine*schen Methode rechnen, ebenso wie den *Hertz*schen Gedanken der geradesten Bahn. Wenn man ferner *Kirchhoffs* „vollständige einfachste Beschreibung" genau übt, nicht nur „Beschreibung", so bleibt kein Raum für Erklärungen. Denn „ist einmal eine

---

[3] Diese Zeitschr. *10,* 62, 1909.

Tatsache nach allen ihren Seiten bekannt, so ist sie eben dadurch erklärt und die Aufgabe der Wissenschaft ist beendigt" *(J. R. Mayer)*. *Kirchhoff* kann also wenigstens in seinem Fall an keinen *Gegensatz* zu einer zweiten Methode gedacht haben. Nach P. kann die Forschung auf *keine* der beiden Methoden verzichten; ich halte allerdings die *Kirchhoff*sche für die richtige, ohne der andern die historisch erprobte Nützlichkeit abzusprechen.

S. 5 (Phys. Zeitschr. *10*, 62, 1909) frägt P., wie das physikalische Weltbild, welches durch Anwendung dieser Methoden zustande kommt, beschaffen ist? „Ist dasselbe lediglich eine zweckmäßige, aber im Grunde willkürliche Schöpfung unseres Geistes, oder finden wir uns zur gegenteiligen Auffassung getrieben, daß es reale, von uns ganz unabhängige Naturvorgänge widerspiegelt?" Ich kann hier *keinen unvereinbaren Gegensatz* finden. *Zweckmäßig* muß es sein, um uns zu leiten; was würden wir sonst damit anfangen? Von der Individualität *abhängig*, also in gewissem Sinne willkürlich muß es wohl ebenfalls sein. Das zeigt der Vergleich der *Newton*schen mit der *Huygens*schen, *Biot*schen, *Young-Fresnel*schen Optik, der Vergleich der *Lagrange*schen mit der *Poinsot*schen und *Hertz*schen Mechanik. Wer könnte die Forscher hindern, auf verschiedene Seiten der Tatsachen ihre besondere Aufmerksamkeit zu richten? Etwa das Dekret eines hinreichend angesehenen Physikers? Natürlich wird aber das *menschliche, sozial sich erhaltende* Weltbild durch den Wechsel der Forscher zusehends unabhängiger von der Individualität, fortschreitend ein reinerer Ausdruck der Tatsachen. Im allgemeinen kommen aber in jeder Beobachtung, in jeder Ansicht sowohl die Umgebung als auch der Beobachter zum Ausdruck.

S. 6, 7 (PZ 63) enthalten bekannte historische Tatsachen, über die kaum etwas zu bemerken ist.

S. 8 u. f. (PZ 64) ist von der Vereinheitlichung des Systems der Physik die Rede, gegen die gewiß niemand etwas einzuwenden hat, am allerwenigsten der Verteter der *Denkökonomie*, selbst wenn diese Vereinheitlichung nur eine vorläufige, hypothetisch-fiktive[4] sein sollte. Nur glaube ich allerdings, daß die Elektrodynamik, oder sagen wir die *Lorentz*sche Theo-

---

[4] Den Ausdruck „fiktiv" entlehne ich von H. Driesch.

rie viel mehr Aussicht hat, nach *W. Wiens* Auffassung die Mechanik als speziellen Fall in sich aufzunehmen, als umgekehrt.

Auch den Ausführungen, die nun von S. 10 an bis etwa 29 (PZ 64—71) folgen, die sich auf den ersten und zweiten Hauptsatz der Thermodynamik beziehen, namentlich auf die wichtige Unterscheidung reversibler und irreversibler Vorgänge, kann ich im wesentlichen zustimmen. Denn wenn auch die betreffenden Sätze gerade bei Gelegenheit und auf Anlaß praktisch-ökonomischer Fragen gefunden worden sind, so ist die Denkökonomie in ihren Zielen durchaus nicht auf die Untersuchung menschlich-praktisch-ökonomischer Bedürfnisse beschränkt und gebunden.

Nur meiner Abneigung gegen die hypothetisch-fiktive Physik kann ich nicht entsagen. Darum habe ich auch meine besondere Meinung über die Wahrscheinlichkeits-Untersuchungen *Boltzmanns* auf Grundlage der kinetischen Gastheorie, betreffend den zweiten Hauptsatz. Wenn *Boltzmann* gefunden hat, daß Vorgänge entsprechend dem zweiten Hauptsatz sehr wahrscheinlich, entgegen demselben nur sehr unwahrscheinlich sind, so kann ich nicht annehmen, daß das Verhalten gemäß diesem Satz nachgewiesen sei. Auch kann ich es nicht richtig finden, wenn P. den ersten Teil annimmt, ohne dem zweiten Teil folgen zu wollen (S. 24 PZ 70), denn beide Hälften der Folgerung sind nicht voneinander trennbar. Wie könnte auch ein absolut konservatives System elastischer Atome durch die geschicktesten mathematischen Betrachtungen, die ihm doch nichts anhaben können, dazu gebracht werden, sich wie ein nach einem Endzustand strebenden System zu verhalten? Vgl. „W.", 2. Aufl., S. 364, ferner *Seeliger*, „Über die Anwendung der Naturgesetze auf das Universum", S. 20, Münchener Akad., 1. Mai 1909.

S. 29 (PZ 72) konstatiert P., daß die Sinnesempfindungen als die Quelle unserer Erfahrung nicht ignoriert werden dürfen, daß aber das farblose kinetische Weltbild wegen seiner Einheitlichkeit doch vorzuziehen sei. Dieses Weltbild sei (S. 31 PZ 72) nicht nur unabhänig von Individuum, sondern auch für alle Zeiten und Völker, ja auch für die anders organisierten Marsbewohner gültig. Wer dies nicht anerkennt, sage sich von der physikalischen Denkweise los. S. 34 (PZ 73) finden wir die Behauptung, die Atome seien nicht weniger real als die Himmelskörper, und daß ein Atom Wasserstoff $1,6 \cdot 10^{-24}$ g wiegt, sei ebenso gewiß, wie daß der Mond $7 \cdot 10^{25}$ g wiegt. Eine ähnliche Äußerung finden wir übrigens bei dem berühmten Begründer der modernen Elektronentheorie *H. A. Lorentz*.

Auch ich betrachte die Sinnesempfindungen als die Quelle aller Erfahrung, glaube aber nicht, daß sie bestimmt sind, nach Fundierung der physikalischen Begriffe sofort wieder vergessen zu werden, sondern schreibe ihnen höheren Wert zu, nametlich als Band zwischen der Physik und den anderen Naturwissenschaften. Ich habe anderwärts zu zeigen versucht, wie ohne künstliche Hypothesen allmählich eine einheitliche Physik aufgebaut werden kann [5], allerdings nicht in einer Woche.

Die Sorge um eine für alle Zeiten und Völker bis zu den Marsbewohnern gültige Physik, während uns noch manche physikalische Tagesfragen recht drücken, scheint mir sehr verfrüht, ja fast komisch. Aber auch auf diese Frage habe ich schon vor Jahren geantwortet. Alle Lebewesen, welche künftig Physik treiben werden, werden wie wir für ihre Lebenserhaltung zu sorgen, daher zunächst auf das ökonomisch Wichtige, Beständige in der Natur zu achten haben, womit sogar schon der Anknüpfungspunkt zu unserer Physik, sofern diese ihnen wunderbarerweise zugänglich sein sollte, gegeben wäre [6]. Ja, ich zweifle auch nicht, daß ein uns analog organisiertes Wesen, wenn es vor Entstehung oder nach dem Untergang der Erde irgendwo im Weltraum beobachten könnte, einen dem von uns konstatierten entsprechenden Weltlauf wahrnehmen würde. Nur diesen *hypothetischen* Sinn kann ich vernünftigerweise der *Planck*schen Frage S. 32 (PZ 73) beilegen. Das alles hängt gerade nach meiner biologisch-ökonomischen Auffassung gar nicht so in der Luft, und überhaupt gar nicht von der *Qualität* der Empfindungen ab – Was endlich die „Realität" der Atome betrifft, so zweifle ich gar nicht, daß wenn die Atomentheorie der sinnlich gegebenen Realität quantitativ angepaßt ist, auch die hieraus gezogenen Folgerungen in *irgendeiner* Weise zu den *Tatsachen* in Beziehung stehen werden, nur in *welcher* bleibt

---

[5] Über das Prinzip der Vergleichungen in der Physik. „Populäre Vorlesungen", 3. Aufl. 1903, S. 263.

[6] E. u. I., 2. Aufl. 1906, S. 149.

fraglich. Der Abstand der Gläser des ersten dunklen Ringes im reflektierten Licht entspricht der Hälfte der Anwandlungsperiode nach *Newton*, aber einem Viertteil der Wellenlänge nach *Young-Fresnel*. So können auch die Ergebnisse der Atomentheorie noch mannigfaltige und *nützliche* Umdeutungen erfahren, auch wenn man sie nicht geradezu eilfertig für Realitäten hält. Also den Glauben der Physiker in Ehren! Ich kann ihn aber nicht zu dem meinigen machen.

Wenn der *Planck*sche Vortrag mit S. 32 (PZ 73) abgeschlossen hätte, so wäre für mich gar kein Anlaß gewesen, mich mit demselben zu beschäftigen. Nun beginnt aber an dieser Stelle eine ausdrücklich gegen mich gerichtete Polemik, die mir erst zum Bewußtsein brachte, daß auch die in dem vorausgehenden Teil bemerkbaren Spitzen, die allerdings an mir vorbeifuhren, ohne mich zu verwunden, ebenfalls mir, oder doch meinesgleichen zugedacht waren. Deshalb habe ich auch den ersten Teil besprochen. Namentlich die Polemik, welche das Ende bildet, bestimmt mich aber durch das Ungewöhnliche der Form, durch die vollständige Unkenntnis der bekämpften Sache und durch den eigentümlichen Schluß zu einigen Worten der Entgegnung. Die Richtigstellung des *Planck*schen Referates über meine vermeintlich perverse Auffassung der Empfindungen muß ich einem folgenden Abschnitt dieser Abhandlung zuweisen.

Wie der Leser wohl bemerkt hat, genügt die *biologisch-ökonomische* Auffassung des Erkenntnisprozesses vollständig, um zu jener der heute gangbaren Physik in ein *verträgliches*, ja *freundliches* Verhältnis zu treten. Die eigentliche Differenz, die sich bisher geoffenbart hat, bildet der *Glaube an die Realität der Atome*. Das ist es auch, weswegen *Planck* kaum genug degradierende Worte für solche Verkehrtheit finden kann. Will man sich an psychologischen Konjekturen erfreuen, so muß man seinen Vortrag selbst lesen, und ich kann nur wünschen, daß es geschehe. Nachdem nun P. noch mit christlicher Milde zur Achtung für den Gegner gemahnt, brandmarkt er mich schließlich mit dem bekannten Bibelworte als falschen Propheten. Man sieht, die Physiker sind auf dem besten Wege, eine Kirche zu werden und eignen sich auch schon deren geläufige Mittel an. Hierauf antworte ich nun einfach: Wenn der Glaube an die Realität der Atome für Euch so wesentlich ist, so sage ich mich von der physikalischen Denkweise los (P.: S. 31 u. PZ 72), so will ich kein richtiger Physiker sein (P.: S. 33 u. PZ 73), so verzichte ich auf jede wissenschaftliche Wertschätzung (P.: S. 35 u. PZ 74), kurz, so danke ich schönstens für die Gemeinschaft der Gläubigen. Denn die Denkfreiheit ist mir lieber.

Ich muß noch einer für meine Denkrichtung bestimmenden Anregung gedenken. Es ist zeitlich die erste, die ich aber aus besonderen Gründen zuletzt erwähne. Schon 1853, in früher Jugend, wurde meine naiv-realistische Weltauffassung durch die „Prolegomena" von *Kant* mächtig erschüttert. Indem ich ein oder zwei Jahre später das „Ding an sich" instinktiv als müßige Illusion erkannte, kehrte ich auf den bei *Kant* latent enthaltenen *Berkeley*schen Standpunkt zurück. Die idealistische Stimmung vertrug sich aber schlecht mit physikalischen Studien. Die Qual wurde noch vergrößert durch die Bekanntschaft mit *Herbarts* mathematischer Psychologie und mit *Fechners* Psychophysik, die Annehmbares und Unannehmbares in inniger Verbindung boten. Nach Beendigung der Universitätsstudien fehlten zum Unglück oder Glück die Mittel zu physikalischen Untersuchungen, wodurch ich zunächst auf das Gebiet der Sinnesphysiologie gedrängt wurde. Hier, wo ich meine Empfindungen, zugleich aber deren Bedingungen in der Umgebung beobachten konnte, gelangte ich, wie ich glaube, zu einer natürlichen, von spekulativ-metaphysischen Zutaten freien Weltauffassung. Die durch *Kant* eingepflanzte Abneigung gegen die Metaphysik, sowie die Analysen *Herbarts* und *Fechners* führten mich auf einen dem *Hume*schen naheliegenden Standpunkt zurück[7].

---

[7] Direkt bin ich von *Hume*, dessen Arbeiten ich gar nicht kannte, nicht beeinflußt worden, dagegen kann dessen jüngerer Zeitgenosse *Lichtenberg* auf mich gewirkt haben. Wenigstens erinnere ich mich des starken Eindrucks, den sein „Es denkt" mir zurückgelassen hat. *Humes* „Untersuchungen über den menschlichen Verstand" lernte ich in der *Kirchmann*schen Übersetzung erst zu Ende der achtziger Jahre kennen, den viel wichtigeren „Treatise on human nature" gar erst 1907/8. Ich betrachte heute den metaphysikfreien Standpunkt als ein Produkt der allgemeinen Kulturentwicklung. Vgl. „Sur le rapport de la physique avec la psychologie", *Binet*, L'Année Psychologique *12*, 303—318, 1906.

Wir finden uns empfindend, denkend und handelnd mit unorganischen und organischen Körpern, Pflanzen, Tieren und Menschen nebeneinander im Raume. Meinen Leib unterscheide ich durch besondere Eigentümlichkeiten des Verhaltens von den ähnlichen Leibern der anderen Menschen. Die Beobachtung anderer Menschen führt durch eine unwiderstehliche Analogie zur Annahme, daß sie ganz ähnliche Beobachtungen machen wie ich, daß *ihr* Leib für sie dieselbe Sonderstellung einnimmt, wie für mich der *meinige*, daß sich an *ihren* Leib ebenso besondere Empfindungen, Wünsche, Handlungen knüpfen, wie an den *meinigen*. Ihr Verhalten nötigt mich ferner anzunehmen, daß *ihnen mein* Leib und die übrigen Körper ebenso unmittelbar gegeben sind, wie *mir ihr* Leib und die anderen Körper, daß dagegen meine Erinnerungen, Wünsche usw. für sie ebenso nur erschließbar sind, wie für mich die ihrigen. Das *allen* gemeinsam Gegebene nennen wir das *Physische*, das nur *einem* unmittelbar Gegebene, allen anderen nur Erschließbare nennen wir das *Psychische*. Das nur einem Gegebene kann man auch das *Ich* nennen.

Die einfachsten Erfahrungen genügen, um die Annahme einer *allen gemeinsamen Welt* und anderer *Ich* außer dem eigenen zu begründen, welche Annahmen sich für das theoretische und praktische Verhalten zunächst gleich vorteilhaft erweisen. Die genauere fortschreitende Erfahrung lehrt aber, daß die Welt uns durchaus nicht so unmittelbar gegeben ist, als es anfangs schien. Um einen Körper zu sehen, bedarf es der Gegenwart eines anderen selbstleuchtenden; um einen Körper zu hören, muß derselbe erschüttert werden und diese Erschütterungen müssen unser Ohr erreichen. Das aufnehmende Auge und Ohr muß ferner gesund, funktionstüchtig sein. Schon der gewöhnliche Mensch kennt den Einfluß der äußeren Umstände und der Sinnesorgane auf den Eindruck der Welt, welche daher jedem etwas verschieden erscheint. Die wissenschaftliche Erfahrung bestätigt dies, ja sie lehrt sogar, daß die Empfindung (Wahrnehmung) durch das *Endglied* einer aus der Umgebung ins Zentralorgan reichende Kette bestimmt ist, welches ausnahmsweise auch ohne äußere Anregung als *Halluzination* selbständig auftreten kann. In diesem Fall ist eine Berichtigung durch andere Sinne oder auch andere Personen nötig, wenn es sich um ein Urteil handelt, welches wissenschaftlichen, also *sozialen* Wert haben soll. Die Überschätzung dieses Ausnahmefalles führt leicht zu monstreusen idealistischen oder selbst solipsistischen Systemen.

Es wäre sehr sonderbar, wenn die Erfahrung über die Welt durch ihre Verfeinerung sich selbst *aufheben* und von der Welt selbst nichts als unerreichbare Phantome übrig lassen würde[8]. In der Tat können wir uns durch eine genauere Untersuchung von dieser Besorgnis befreien. Alles was wir sehen, hören, tasten usw. hängt davon ab, was wir sonst noch in unserer Umgebung sehen, hören, tasten usw., aber auch davon, was an unserem Leib durch größere oder feinere sinnliche Untersuchung konstatiert werden kann. Dies gilt nicht nur von den Wahrnehmungen im ganzen, sondern auch noch, wenn wir unsere Sinnesempfindungen in die einfachsten qualitativen Elemente: Farben, Töne, Drucke usw. zerlegen, für diese Elemente selbst. Nennen wir $ABCDE\ldots$ die sinnlichen Elementarbestandteile der Umgebung, U die Umgrenzung unseres Leibes gegen die Umgebung und $KLMN\ldots$ die sinnlichen Elementarbestandteile, die wir innerhalb der geschlossenen Flächen U vorfinden. Dann ist jedes Element der ersten Gruppe, z. B. A (das Grün eines Blattes) von anderen Elementen derselben Gruppe, z. B. B (dem grünhaltigen Sonnenlicht), aber auch von den Elementen der zweiten Gruppe, z. B. K (Offensein der Augen) und etwa N (Empfindlichkeit der Netzhaut) *abhängig*. Diese ganz unabhängig von irgend einer Theorie konstatierbaren Tatsachen können und dürfen von keiner gesunden Erkenntnislehre übersehen werden. Jeder wird die Abhängigkeit innerhalb der ersten Gruppe als eine *physikalische*, die ganz anders geartete, die Grenze U überschreitende Abhängigkeit als eine *physiologische* erkennen[9].

Die Zusammenfassung der letzten Zeilen genügt nun schon, um die verschiedenen Bedenken *Plancks* bezüglich der Empfindungen auf ihren wahren Wert zurückzuführen. Was wir an Abhängigkeit der $ABCDE\ldots$ voneinander bemerken, ist *gar nicht willkürlich*, es ist *physikalisch* oder, wenn man es durchaus so nennen will, *real*. (P.: S. 5 u. PZ 63). Nur das *Physiologische* hängt von der Individualität des Leibes ab, ist

---

[8] L'Année Psychologique *12*, 307.
[9] E. u. I., 2. Aufl., S. 10.

aber darum noch nicht gesetzlos, sondern wie der Einfluß eines individuellen Galvanometers, Thermometers usw. bestimmbar und eliminierbar. Hiermit ist auch die Bemerkung von P.: S. 35 (PZ 74) über das Reale erledigt. Weit entfernt zu bedauern, daß wir die Sinnesempfindungen nicht ausschalten können (P.: S. 29 u. PZ 72), müssen wir sie vielmehr als die einzige unmittelbare Quelle der Physik schätzen und dürfen sie auch nach der Benützung nicht sofort vergessen. Denn, wenn der Ursprung des Begriffes „Kraft" auf den „Muskelsinn" zurückzuführen ist (P.: S. 7 u. PZ 63), so lehrt uns dies, daß immer und überall, wo der Muskelsinn ins Spiel kommt oder kommen könnte, wir auch eine Beschleunigung eines Beweglichen anzunehmen haben, wie sie *Galilei nur* für den Fall eines schweren Körpers nachgewiesen hat.[10] An eine Empfindung können sich die wichtigsten Abstraktionen knüpfen. Von einer rein subjektivistischen Auffassung der Empfindungen, wie sie P. S. 33 (PZ 73) anzunehmen scheint, kann gerade nach meiner Ansicht keine Rede sein. Ich weiß also nicht, ob der „schwer ganz durchzudenkende Machsche Positivismus" (P.: S. 37 u. PZ 75) zu seiner widerspruchslosen folgerichtigen Durchführung noch des Schlüssels bedarf, den P. S. 35 (PZ 74) zu besitzen scheint; ich werde übrigens für jede Hilfe dankbar sein.

Nun kann ich auch sagen, daß P. S. 34 (PZ 74) meinen „Positivismus" nicht richtig beurteilt, wenn er denselben als Rückschlag der Mißerfolge atomistischer Spekulationen ansieht. Würde das kinetische physikalische Weltbild, welches ich allerdings für hypothetisch halte, ohne es deshalb degradieren zu wollen, auch *alle* physikalischen Erscheinungen „erklären", so würde ich die Mannigfaltigkeit der Welt hiermit nicht für erschöpft halten, denn für mich sind eben *Materie, Zeit* und *Raum* auch noch *Probleme*, welchen übrigens die Physiker (*Lorentz, Einstein, Minkowski*) allmählich auch näher rücken. Die Physik ist auch nicht die ganze Welt; die *Biologie* ist auch da, und gehört wesentlich mit in das Weltbild.

Nur in ihrer *physiologischen* Abhängigkeit der *ABCDE* ... von *KLMN* ... sind erstere Elemente als *Empfindungen* zu bezeichnen, in ihrer Abhängigkeit voneinander sind *ABCDE* ...

---

[10] E. u. I., S. 140.

physikalische Merkmale. Die allgemeinste Aufgabe der Naturwissenschaft besteht nun hauptsächlich in der Ermittlung letzterer Abhängigkeit voneinander. Die Empfindungen lassen Erinnerungsspuren (Vorstellungen) der sinnlichen Erlebnisse zurück, ob es sich um Elemente oder mehr oder weniger zusammengesetzte Komplexe von Elementen handelt. Die Nachbildungen der sinnlichen Erlebnisse durch die Erinnerungen (Vorstellungen) sind die ersten Bausteine der Wissenschaft. Indem die Vorstellungen (oder Gedanken) sich den Erlebnissen anpassen, wächst unsere Kenntnis der Umgebung, steigt der praktische und intellektuelle Nutzen dieser Kenntnis. Die *Vorstellungen* sind der *Qualität* nach den Empfindungen gegenüber *keine neuen* Elemente. Vorstellungen sind aber an Erregungen des *Zentralorgans* gebunden, Empfindungen aber auch an Erregungen des *Sinnesorgans*. Während man mit einer leuchtend, flackernd und heiß vorgestellten Flamme nichts in der Umgebung verrichten kann, wird ein leuchtend, flackernd, heiß *Empfundenes* wohl nicht umhin können, eine *Flamme zu sein*, an der man auch Wasser kochen kann. Empfindungen gehören also der physischen und psychischen Welt zugleich an, Vorstellungen nur der letzteren.

Das Verhältnis meiner Auffassung zu jenen *Plancks* ist hiermit hoffentlich genügend geklärt. Es sollen nun noch wenige Bemerkungen folgen, um die Richtung meiner Erkenntnislehre näher zu bezeichnen.

Das *bedingungslose Beständige* nennen wir *Substanz*. Ich kann einen Körper sehen, wenn ich ihm den Blick zuwende, ich kann ihn tasten, sobald ich nach demselben greife. Ich kann ihn sehen, ohne ihn zu tasten, und umgekehrt. In der Regel ist aber die Sichtbarkeit mit der Tastbarkeit verbunden. Obgleich also das Hervortreten der Elemente des Komplexes an Bedingungen gebunden ist, so sind diese uns so geläufig, daß wir sie kaum beachten. Wir betrachten den Körper als stets vorhanden, ob er uns augenblicklich in die Sinne fällt oder nicht. Wir sind gewöhnt, den Körper als bedingungslos beständig zu betrachten, obgleich es eine *bedingungslose Beständigkeit nicht gibt*[11].

Der Anblick des Körpers kann sofort den ganzen Komplex

---

[11] A. d. E., S. 1886, S. 154—157, 5. Aufl. 1906 S. 268 u. f.

in Erinnerung bringen, was von Vorteil sein, aber auch irreführen kann, wenn ich z. B. ein bloßes optisches Bild wahrgenommen habe. Wir haben also allen Grund, ein Ding, einen ganzen Komplex von Elementen, von der Erscheinung, einem Teil des Komplexes zu unterscheiden. Diese Erfahrung aber über die Grenzen der Erfahrung auszudehnen, ein „Ding an sich" anzunehmen, hat keinen verständlichen Sinn.

Wir haben uns gewöhnt, einen Körper als beständig zu betrachten. Indem wir nun einmal dies, einmal ein anderes sinnliches Element weglassen, ohne daß der Rest aufhört den Körper zu repräsentieren, in Erinnerung zu rufen, können wir leicht auf den Gedanken kommen, daß noch immer etwas übrig wäre, wenn wir alle Elemente wegließen. Wir denken an ein außersinnliches Band der Elemente, einen *Träger* der Eigenschaften, an eine *Substanz* des Körpers in philosophischem Sinne. Diese Idee findet keine Begründung in den Elementen, die wir $ABCDE$ ... genannt haben; sie ist lediglich der dichtenden Phantasie entsprungen.

Was der Physiker unter *Substanz* oder *Menge* versteht, ist etwas ganz anderes. Ein Körper hat ein gewisses Gewicht. Teilt man ihn und legt alle Teile nacheinander auf die Waage, so ist die Summe der Gewichte dem ursprünglichen Gewichte gleich. Dasselbe gilt von den Massen des Körpers und seiner Teile, von den Wärmekapazitäten usw. Gleichartige Größen, die unter gewissen Bedingungen stets eine konstante Summe geben, sind physikalische Beständigkeiten, *Substanzen*, Mengen[12].

Die beobachtete Abhängigkeit der Elemente $ABCDE$ ... voneinander wird in den einfachsten Fällen durch sinnliche Vorstellungen nachgebildet und im Gedächtnis als Baustein einer rudimentären Naturwissenschaft aufbewahrt. Lassen sich nun mehrere oder viele solcher, in gewisser Beziehung übereinstimmender Bausteine zu einem größeren Bestandstück in Form eines *Begriffes* zusammenfassen, so wird dies

---

[12] W., 2. Aufl. 1900, S. 422 u. f. Daselbst ist schon darauf hingewiesen, daß es dem Mathematiker wenig ausmacht, ob eine Summe konstant gesetzt oder die Erfüllung anderer Gleichungen verlangt wird.

von Vorteil sein. Ein solcher Begriff ist nun nichts weiter, als die durch das Wort bezeichnete und erregte Fähigkeit, sich jener Einzelerfahrungen zu erinnern, aus welchen er allmählich entstanden ist. Ein höherer Begriff kann andere Begriffe (als Merkmale) enthalten, doch wird sich auch ein solcher, soll er überhaupt einen naturwissenschaftlichen Sinn haben, auf sinnliche Erfahrungen über die Elemente $ABCDE$ ... zurückführen lassen. Dies scheint ja P. zuzugeben, wenn er S. 34 (PZ 73) sagt: „Ein einziger Blick in ein Präzisionslaboratorium zeigt uns die Summe von Erfahrungen und Abstraktionen, welche gerade in einer solchen so einfachen Messung (Wägung) enthalten ist." Ja in der Tat, bei Anwendung auf den konkreten Fall findet ein rapider Abbau der abstraktesten Begriffe bis zu den Elementen statt, aus welchen die Theorie sie aufgebaut hat. Natürlich muß der Begriff die Elemente auch enthalten haben, die man in ihm vorfindet; vielleicht sind dieselben sogar wichtiger, als die durch Dichtung eingefügten Bestandteile.

Anderwärts[13] habe ich dargelegt und begründet, daß unsere physikalischen Begriffe, so nahe sie den Tatsachen kommen, doch nicht als vollkommener endgültiger Ausdruck dieser angesehen werden dürfen. Von besonderer Wichtigkeit sind die Begriffe, welche Glieder eines Begriffskontinuums sind, die *mathematischen* Begriffe[14]. „*Die Beständigkeit der Verbindung der Reaktionen* aber, welche die *physikalischen Sätze* darlegen, sind die *höchste Substanzialität*, welche die Forschung bisher enthüllen konnte, beständiger als alles, was man bisher *Substanz* genannt hat"[15]. Was P.'s Angriffe gegen meine Erkenntnislehre veranlaßt hat und welches Ziel er hierbei verfolgt, habe ich hier nicht zu untersuchen. Andere mögen beurteilen, ob er im Recht war, ob meine Ansichten wirklich in so schreiendem Gegensatz zur gangbaren Physik stehen. P. findet die Stellung, die ich der Denkökonomie gebe, unbescheiden. War es aber nicht auch recht ... mutwillig, auf den ersten unangenehmen oder befremdenden Eindruck hin eine Sache von oben her zu bekämpfen, die er gar nicht kannte, die seiner

---

[13] E. u. I., S. 141.
[14] W. Aufl., S. 421.
[15] E. u. I., S. 136, vgl. Note I, S. 606, Spalte I dieser Abhandlung.

Denkrichtung und Denkübung gänzlich fern lag? Ich halte es nicht für ein Unglück, wenn die an Tatsachen anknüpfenden Gedanken sich ungleich in verschiedenen Köpfen abspielen, im Gegenteil. Auch Widerspruch nehme ich nicht tragisch, er leuchtet ja oft wie eine Fackel in die fremde und auch in die eigene Gedankenwelt hinein. Aber ein Versuch, den Gegner zu verstehen, sollte doch vorausgehen.

(Eingegangen 11. Juni 1910.)

(Aus: Physikalische Zeitschrift **11**, 599 (1910))

Zur Machschen Theorie der physikalischen Erkenntnis

Eine Erwiderung.

Von Max Planck.

In einem vor zwei Jahren zu Leiden gehaltenen Vortrage allgemein physikalischen Inhalts[1] hatte ich Veranlassung, mich gegen einige Punkte der *Mach*schen Erkenntnislehre zu wenden. Während meine Ausführungen auch in Kreisen, die an sich der Physik ferner stehen, so namentlich bei berufenen Vertretern der Transzendentalphilosophie, ein gewisses Interesse und gelegentlich direkte Zustimmung fanden, haben sie, wie nicht anders zu erwarten, von seiten der Vertreter der *Mach*schen Richtung mehr oder weniger scharfe Zurückweisung erfahren.

Bisher hegte ich nicht die Absicht, auf diesen Gegenstand noch einmal zurückzukommen, da von meiner Seite nichts wesentlich Neues zu sagen war, und ich außerdem die Empfindung hatte, meine Meinung in ihren wichtigsten Punkten hinreichend klar zum Ausdruck gebracht zu haben. In letzterer Beziehung bin ich aber zweifelhaft geworden seit dem Erscheinen eines Artikels von *Ernst Mach*[2], betitelt: „Die Leitgedanken meiner naturwissenschaftlichen Erkenntnislehre und ihre Aufnahme durch die Zeitgenossen", der auch in diese Zeitschrift[3] übergegangen ist. *Mach* erklärt darin nicht nur seine Erkenntnistheorie für unwiderlegt, sondern er nimmt meine Einwendungen gegen sie gar nicht einmal für ernst, und geht zum

---

[1] M. Planck, Die Einheit des physikalischen Weltbildes. Leipzig, S. Hirzel 1909. Diese Zeitschr. *10*, 62, 1909.
[2] E. Mach, Scientia, internationale Zeitschrift für wissenschaftliche Synthese, VII, *14*, 225, 1910.
[3] E. Mach, diese Zeitschrift *11*, 599, 1910.

Schluß sogar so weit, mir die Befähigung zur Mitarbeit an der physikalischen Erkenntnislehre überhaupt abzusprechen.

Muß es nun auch einigermaßen auffallend erscheinen, daß *Mach* sich keinen stärkeren Gegner auszusuchen wußte – ich bin ja doch schließlich nicht der einzige Zeitgenosse –, so fühle ich mich durch diese eigentümliche Stellungnahme denn doch veranlaßt, meine Standpunkte gegenüber der *Mach*schen Erkenntnistheorie noch etwas deutlicher darzulegen, als ich das bisher zu tun für geboten hielt. Dabei dürfte sich allerdings bald herausstellen, daß meine Herren Kritiker ihre Sache doch wohl etwas zu leicht genommen haben.

Die Berechtigung zu einer Meinungsäußerung über die *Mach*sche Theorie der physikalischen Erkenntnis glaube ich aus dem Umstand ableiten zu dürfen, daß ich mich mit dieser Theorie seit Jahren eingehend beschäftigt habe. Zählte ich mich doch in meiner Kieler Zeit (1885–1889) zu den entschiedenen Anhängern der *Mach*schen Philosophie, die, wie ich gerne anerkenne, eine starke Wirkung auf mein physikalisches Denken ausgeübt hat. Aber ich habe mich später von ihr abgewendet, hauptsächlich, weil ich zu der Einsicht gelangte, daß die *Mach*sche Naturphilosophie ihr glänzendes Versprechen, das ihr wohl die meisten Anhänger zugeführt hat: die Eliminierung aller metaphysischen Elemente aus der physikalischen Erkenntnislehre, keineswegs einzulösen vermag. Ein Beweis, für diese Behauptung ist schon implizite in den Ausführungen meines Leidener Vortrags enthalten, ich will ihn aber hier noch etwas deutlicher zu machen suchen, und gehe dabei am besten aus von der Darstellung, die *Mach* in der genannten letzten Publikation selber von seiner Theorie gegeben hat.

Auf den ersten Seiten setzt *Mach* die bekannten Gedankengänge, die ihn zu der Auffassung führten, daß die Naturerkenntnis im Grunde eine biologisch-ökonomische sei, noch einmal ganz klar und einleuchtend auseinander. Wer aber nun meint, daß damit das Wesentliche der *Mach*schen Theorie gesagt sei, und daß die nun folgende Kritik meines Leidener Vortrags sich einfach als folgerichtige Anwendung des geschilderten Standpunktes ergebe, der würde sich irren. Die Hauptsache kommt noch, und diese besteht in einer zwar stillschweigend vorgenommenen, aber ganz wesentlichen Verschiebung der eingeführten Begriffe.

So heißt es gleich am Anfang der Besprechung meiner thermo-dynamischen Ausführungen, daß „die Denkökonomie in ihren Zielen durchaus nicht auf die Untersuchung menschlich-praktisch-ökonomischer Bedürfnisse beschränkt und gebunden" ist. Das ist nun etwas ganz anderes, als was oben gesagt wurde. Die Denkökonomie ist in ihren Zielen nicht an menschlich-praktische Bedürfnisse gebunden! Ja, an welche Bedürfnisse denn sonst? Die Ziele der Denkökonomie sind doch gerade aus der Praxis des menschlichen Lebens abgeleitet bzw. abzuleiten. Wenige Seiten vorher hat *Mach* sogar betont: „Alle förderlichen Erkenntnisprozesse sind Spezialfälle oder Teile biologisch günstiger Prozesse". Dient denn die Denkökonomie noch anderen Zwecken als der Förderung der menschlichen Erkenntnis? – Eine Antwort auf diese Frage sucht man vergebens. – Ich wage daher die Behauptung, daß mit dieser ohne weiteres vorgenommenen Verallgemeinerung der Begriff der Ökonomie seine ursprüngliche Bedeutung verliert und in einen metaphysischen umgewandelt wird.

Die Sache ist eben, kurz gefaßt, diese: Die wissenschaftliche Physik ist, wie von allen Seiten anerkannt wird, menschlich-praktischen Bedürfnissen entsprungen; also, schließt *Mach*, ist die physikalische Erkenntnis im Grunde ökonomischer Art. Dieser letzte Satz wird nun von *Mach* für alles folgende festgehalten. Nachdem sich also herausgestellt hat, daß die wissenschaftliche Physik in ihrer tatsächlichen Entwicklung, wie nicht wohl direkt bestritten werden kann, ihren menschlich-praktischen Charakter immer mehr abstreift, so wird weiter geschlossen – nicht etwa, daß die ökonomische Auffassung nicht ausreicht, sondern –, daß die Denkökonomie nicht an menschlich-praktische Gesichtspunkte gebunden ist. Das ist nach meiner Meinung in kurzen Worten der Gedankengang der *Mach*schen Erkenntnistheorie.

Nun kann man ja niemandem verwehren, einen Begriff zu definieren, wie es ihm beliebt. Aber es geht doch nicht an, zuerst das Prinzip der Ökonomie durch ausdrückliche Berufung auf seine menschlich-praktische Bedeutung als Trumpf gegen die Metaphysik auszuspielen, und dann nachträglich, wenn es so nicht mehr passen will, das Menschlich-praktische an der Ökonomie ebenso ausdrücklich wieder in Abrede zu stellen. Mit diesem geschmeidigen Begriff der Ökonomie läßt sich natürlich alles machen, oder vielmehr: es läßt sich eben überhaupt nichts Bestimmtes machen. Jedenfalls aber darf *Mach*, wenn er von nun an sich der erweiterten Definition der Ökonomie bedient, nicht mehr behaupten, daß er durch Einführung dieses Begriffes die physikalische Erkenntnis von allen metaphysischen Elementen befreit hat, wenigstens solange er von seiner eigenen Definition Gebrauch macht, wonach metaphysische Begriffe solche sind, bei denen man vergessen hat, wie man dazu gelangt ist. —

Vorstehende Erwägungen hatte ich im Sinne, als ich in meinem Leidener Vortrag die so scharf angegriffene Bemerkung machte, daß der *Mach*schen Erkenntnistheorie, wenn sie konsequent durchgeführt wird, zwar kein innerer Widerspruch nachzuweisen ist, daß sie aber im Grunde nur formalistische Bedeutung besitzt, weil ihr das vornehmste Kennzeichen jeder naturwissenschaftlichen Forschung: die Forderung eines *konstanten* Weltbildes, fremd ist.

Nun glaubte F. W. Adler[4] mich dadurch schlagend zu widerlegen, daß er eine (mir übrigens wohlbekannte) Stelle aus *Machs* Prinzipien der Wärmelehre zitiert, in welcher als Ziel der wissenschaftlichen Wirtschaft ein Weltbild von möglichster *Stabilität* bezeichnet wird. Letzteres ist auch ganz meine Meinung; aber was ich bestritten habe und noch bestreite, ist ja eben, daß die Stabilität des Weltbildes eine Forderung der *Mach*schen Denkökonomie bildet. *Mach* sucht zwar den Unterschied zwischen Stabilität und Ökonomie möglichst abzuschwächen: „*Petzoldt* spricht lieber von Stabilität als von Ökonomie. Ich zog den Ausdruck Ökonomie vor". Als ob es nur eine untergeordnete Sache des Geschmackes wäre, wenn man den einen Ausdruck an die Stelle des anderen setzt. In Wirklichkeit sind doch diese beiden Begriffe himmelweit voneinander verschieden. Denn die Ökonomie ist von der Zweckmäßigkeit unzertrennlich, während der Begriff der Stabilität mit dem der Zweckmäßigkeit nicht das allergeringste zu tun hat. Man könnte mit demselben Recht gerade umgekehrt die

---

[4] Friedrich W. Adler, Die Einheit des physikalischen Weltbildes. Naturwissenschaftliche Wochenschrift, VIII, *52*, 1909, — eine Schrift, die sich übrigens durch ihren sachlichen Ton wohltuend unterscheidet von dem stark persönlich gefärbten Artikel Machs.

Variabilität, die Entwicklungsfähigkeit, als eine Forderung der Ökonomie hinstellen. — Auch hier erhellt wieder deutlich, wie hinter den offiziell festgehaltenen Stichworten die Begriffe sich ganz sachte so lange verschieben, bis das gewünschte Resultat ausgesprochen werden kann.

Doch bin ich nicht geneigt, diese Diskussion noch länger fortzusetzen. Meine Gegner darf ich doch nicht hoffen zu überzeugen; im Gegenteil muß ich mich auf den Vorwurf gefaßt machen, wiederum alles mißverstanden zu haben. Ich werde also die hereinbrechende Flut in Ruhe vorüberrauschen lassen und warten, bis etwas sachlich Neues kommt. —

Wer wird nun aber in diesem Streit schließlich das ausschlaggebende Urteil sprechen? „An ihren Früchten sollt ihr sie erkennen." Es tut mit leid, aber ich weiß wirklich auch jetzt kein höheres Schiedsgericht vorzuschlagen. *Mach* ist zwar mit dieser Instanz, auf die ich mich mit ihm schiedlich und friedlich zu vereinigen gedachte, seltsamerweise gar nicht einverstanden, und wittert dahinter verkapptes Christentum. Doch es wird alles nichts helfen, *Mach* und seine Erkenntnistheorie werden sich schließlich doch, wie schon so manche Theorie vor ihm, jenem Spruch beugen müssen, trotzdem er in der Bibel steht. Prüfen wir also einmal die Früchte; es liegen ja auf beiden Seiten schon einige vor.

Meinen Auseinandersetzungen über die Hauptsätze der Wärmetheorie erklärt *Mach* im allgemeinen zustimmen zu können. Ich bedauere, ihm bezüglich seines Werkes über die Prinzipien der Wärmetheorie[5] nicht die analoge Erklärung abgeben zu können, und es wundert mich, daß er die in meinen Ausführungen enthaltene Kritik desselben gar nicht bemerkt hat. So bin ich denn genötigt, hier noch deutlicher darzulegen, daß das Studium seines genannten Werkes dem Leser auf alle Fälle nur eine oberflächliche Vorstellung von den Prinzipien der Wärmelehre verschaffen kann.

Es ist in dem Buch zwar sehr häufig vom Perpetuum mobile die Rede, aber mit diesem Wort wird gar kein bestimmter physikalischer Sinn verbunden. Denn es wird dabei fortwäh-

---

[5] E. Mach, Die Prinzipien der Wärmelehre, historisch-kritisch entwickelt. Leipzig, Joh. Ambr. Barth, 1896. 2. Aufl. 1900. Die folgenden Seiten-Zitate gelten für beide Auflagen.

rend das Perpetuum mobile erster Art (Erzeugung von Arbeit aus nichts) verwechselt mit dem Perpetuum mobile zweiter Art (kompensationslose Erzeugung von Arbeit aus Wärme). Wenn *Mach* z. B. sagt: „Der Satz vom ausgeschlossenen Perpetuum mobile kann am klarsten und leichtesten auf rein mechanischem Gebiet erkannt werden, und in der Tat hat er dort zuerst Wurzel geschlagen" (S. 318), so denkt er unzweifelhaft an das Perpetuum mobile erster Art. Wenn er aber andererseits sagt: „Ein umkehrbarer Kreisprozeß liefert das Arbeitsmaximum, welches der Überprüfung einer bestimmten Wärmemenge von höherer auf niedere Temperatur entsprechen kann. Dieses Maximum ist für alle Stoffe dasselbe, da sonst ein Perpetuum mobile möglich wäre" (S. 302), so muß dabei, wenn der Gedankengang überhaupt einen Sinn haben soll, das Perpetuum mobile zweiter Art vorausgesetzt werden. Daß die beiden Grundsätze, welche die Unmöglichkeit der beiden Arten des Perpetuum mobile aussprechen, voneinander total verschieden sind, daß z. B. der erste sich auch umkehren läßt (Vernichtung von Arbeit ist unmöglich), der zweite aber nicht (kompensationslose Erzeugung von Wärme aus Arbeit ist keineswegs unmöglich), daß auf dem ersten Grundsatz das Energieprinzip (der erste Hauptsatz), auf dem zweiten das *Carnot-Clausius*sche Prinzip (der zweite Hauptsatz) beruht, daß der zweite Grundsatz vollkommen äquivalent ist dem bekannten *Clausius*schen Satz von dem Wärmeübergang aus tieferer in höhere Temperatur[6], daß dieser Satz die Existenz nichtumkehrbarer Prozesse zur Voraussetzung hat, daß ohne die Annahme nichtumkehrbarer Prozesse ein Beweis für das *Carnot-Clausius*sche Prinzip gar nicht zu führen ist – alles dieses und noch manches andere nicht minder Wichtige wird in dem *Mach*schen Buch nicht mit einer Silbe erwähnt, obwohl, wie ich besonders betone, zur Zeit der Abfassung desselben (1896) der Sachverhalt durch die Arbeiten von *R. Clausius* und *W. Thomson* schon seit 40 Jahren vollkommen klargestellt war.

Statt dessen werden eingehende Betrachtungen angestellt über die Analogie zwischen Wärme und Elektrizität; nament-

---

[6] Deshalb ist es auch nicht richtig, wenn Adler meint, daß der Clausiussche Grundsatz keine antropomorphen Elemente enthält.

lich wird ausgeführt, daß es „einen bloß historischen und ganz zufälligen formalen und konventionellen Grund" habe, wenn wir die Elektrizität nicht, wie die Wärme, als Bewegung auffassen, daß nämlich, wenn das *Rieß*sche elektrische Luftthermometer früher erfunden worden wäre als die *Coulomb*sche Drehwage, die Elektrizität heute höchstwahrscheinlich als ein Bewegungszustand angesehen werden würde (S. 323). Als ob das *Rieß*sche Luftthermometer und die *Coulomb*sche Drehwage die einzigen Instrumente wären, durch die wir etwas von der Elektrizität wissen. Als ob nicht auch *Faraday*, *Feddersen*, *Hertz* gewisse Versuche mit Elektrizität angestellt hätten, welche die von *Mach* so in den Vordergrund gestellte Analogie als eine ganz äußerliche und formale erkennen lassen, schon deshalb, weil nach ihnen die Elektrizität, im Gegensatz zur Wärme, Trägheit besitzt.

Bezüglich des absoluten Nullpunktes der Temperatur wird bemerkt: „In der Tat hat man angenommen, daß eine Abkühlung unter diese Temperatur nicht denkbar ist, daß ein Körper von −273 °C gar keine Wärmeenergie enthält, usw. Ich glaube, daß diese Schlüsse auf einer unzulässigen allzu kühnen Extrapolation beruhen" (S. 341). Den Glauben an ein physikalisches Gesetz kann man so wenig erzwingen, wie verbieten. Daß *Mach* aber mit dieser seiner Ansicht das *Carnot*sche Prinzip für vereinbar hält, wie die unmittelbar folgenden Sätze zeigen, beleuchtet wiederum zur Genüge seine Auffassung von der Bedeutung des *Carnot*schen Prinzips.

Auf einem höheren Niveau als die „Prinzipien der Wärmelehre" steht Machs „Mechanik"[7], welche insbesondere durch die Belebung des historischen Interesses und auch als Gegengewicht gegen eine gewisse Dogmatik nützlich gewirkt hat, wie ich schon in meinem Leidener Vortrag nachdrücklich hervorgehoben habe. Aber es ist mir nicht gelungen, irgendein greifbares physikalisches Resultat, etwa einen physikalischen Satz oder auch nur eine für die physikalische Forschung wertvolle Anschauung aufzufinden, die man als eine für die *Mach*sche biologisch-ökonomische Erkenntnistheorie charakteristisch bezeichnen könnte. Gerade im Gegenteil: Wo *Mach* im

---

[7] E. Mach, Die Mechanik in ihrer Entwicklung historisch-kritisch dargestellt. Leipzig, F. A. Brockhaus.

Sinne seiner Erkenntnistheorie selbständig vorzugehen versucht, gerät er recht oft in die Irre.

Hierher gehört der von *Mach* beharrlich verfochtene, aber physikalisch ganz unbrauchbare Gedanke, daß der Relativität aller Translationsbewegungen auch eine Relativität aller Drehungsbewegungen entspreche, daß man also z. B. prinzipiell gar nicht entscheiden könne, ob der Fixsternhimmel um die ruhende Erde rotiert oder ob die Erde gegen den ruhenden Fixsternhimmel rotiert. Der ebenso allgemeine wie einfache Satz, daß in der Natur die Winkelgeschwindigkeit eines unendlich entfernten Körpers um eine im Endlichen liegende Drehungsachse unmöglich einen endlichen Wert besitzen kann, ist also für *Mach* entweder nicht richtig oder nicht anwendbar. Das eine ist für die *Mach*sche Mechanik so schlimm wie das andere.

Die physikalischen Begriffsirrungen, welche diese unzulässige Übertragung des Satzes von der Relativität der Drehungsbewegungen aus der Kinematik in der Mechanik schon gestiftet hat, hier des näheren zu schildern, würde zu weit führen. Natürlich hängt damit auch zusammen, daß die *Mach*sche Theorie unmöglich imstande ist, dem ungeheuren Fortschritt, der mit der Einführung der kopernikanischen Weltanschauung verbunden ist, gerecht zu werden – ein Umstand, der allein schon genügen würde, um die *Mach*sche Erkenntnislehre in etwas bedenklichem Licht erscheinen zu lassen.

Also mit den „Früchten" läßt sich einstweilen noch kein Staat machen. Aber vielleicht künftig einmal? Ich bin jederzeit gerne bereit, mich durch Tatsachen eines besseren belehren zu lassen. *Mach* zweifelt an der Zurückführbarkeit des zweiten Hauptsatzes auf Wahrscheinlichkeit, er glaubt nicht an die Realität der Atome. Wohlan: vielleicht wird er oder einer seiner Anhänger einmal eine andere Theorie entwickeln, die leistungsfähiger ist als die jetzige. Das müssen wir abwarten.

Übrigens darf man nicht glauben, daß diese *Mach*schen Ansichten wirklich strenge Folgerungen seiner Erkenntnistheorie vorstellen. Weit entfernt davon! Eine so formalistische Theorie vermag, wie ich schon oben betonte, überhaupt kein bestimmtes physikalisches Resultat zu zeitigen, weder ein richtiges noch ein falsches. Es würde mich gar nicht wundern, wenn ein Mitglied der *Mach*schen Schule eines Tages mit der großen

Entdeckung herauskäme, daß die Wahrscheinlichkeitshypothese oder daß die Realität der Atome gerade eine Forderung der wissenschaftlichen Ökonomie ist. Dann wäre ja alles in schönster Ordnung, die Atomistik wäre glücklich gerettet, und ein besonderer Vorteil wäre dabei noch der, daß ein jeder bei dem Worte der Ökonomie sich immer das denken könnte, was ihm gerade paßt.

Trotz dieser verlockenden Aussichten meine ich doch, man sollte dem Begriff der Ökonomie einen wirklichen Sinn geben und ihm daher seine menschlich-praktische Bedeutung belassen. Dieselbe ist wichtig genug, auch für die reine Wissenschaft. Denn ebenso wie die Uranfänge der Physik und wohl auch jeder anderen Naturwissenschaft auf praktischem Gebiete liegen, so empfängt auch gegenwärtig die wissenschaftliche Physik nicht nur ihren stärksten Ansporn, sondern auch ihre wirksamste Unterstützung immer wieder durch die Bedürfnisse des praktischen Lebens. Daher liegt es auch im eigensten Interesse der Wissenschaft, die Fühlung mit der Technik möglichst eng zu halten und immer weiter auszubilden.

Aber um der physikalischen Forschung den Weg zu zeigen, nützt das Prinzip der Ökonomie, selbst wenn man es im weitesten Sinne faßt, nichts, schon aus dem einfachen bekannten Grunde, weil man von vornherein niemals wissen kann, von welchem Standpunkt aus die Ökonomie am besten und dauerhaftesten gewahrt wird. Deshalb muß der Physiker, wenn er seine Wissenschaft fördern will, Realist sein, nicht Ökonom, d. h. er muß in dem Wechsel der Erscheinungen vor allem nach dem Bleibenden, Unvergänglichen, von den menschlichen Sinnen Unabhängigen forschen und dies herauszuschälen suchen. Die Ökonomie des Denkens dient ihm hierbei als Mittel, nicht aber als Endzweck. Das ist stets so gewesen und wird auch, trotz *E. Mach* und seiner vermeintlichen Antimetaphysik, wohl immer so bleiben.

Berlin, den 2. November 1910.

(Eingegangen 4. November 1910.)

(Aus: Physikalische Zeitschrift 11, 1180 (1910))

Vier Briefe an Ernst Mach

von Albert Einstein

Hoch geehrter Herr Professor! 9. VIII. 09

Ich danke Ihnen bestens für den mir übersandten Vortrag über das Gesetz von der Erhaltung der Arbeit, den ich bereits mit Sorgfalt durchgelesen habe. Im übrigen kenne ich natürlich Ihre Hauptwerke recht gut, von denen ich dasjenige über die Mechanik am meisten bewundere. Sie haben auf die erkenntnistheoretischen Auffassungen der jüngeren Physiker-Generation einen solchen Einfluß gehabt, daß sogar Ihre heutigen Gegner, wie z. B. Herr Planck, von einem der Physiker, wie sie vor einigen Jahrzehnten im Ganzen waren, ohne Zweifel für „Machianer" erklärt würden.

Weil ich nicht weiß, wie ich mich Ihnen sonst dankbar zeigen soll, schicke ich Ihnen einige meiner Abhandlungen. Besonders möchte ich Sie bitten, sich das über die Brown'sche Bewegung kurz anzusehen, weil hier eine Bewegung vorliegt, die man als „Wärmebewegung" deuten zu müssen glaubt.

Mit aller Hochachtung
Ihr ganz ergebener

A. Einstein

A. Einstein

Bern, 17. VIII. 09

Hochgeehrter Herr Professor!

Ihr freundlicher Brief hat mich ungemein gefreut und nicht minder die Abhandlung. Was Sie mir Persönliches von sich mitteilen, war mir schon alles bekannt, wie allen Freunden der Wissenschaft. Ich bewundere Ihre große Energie. Es scheint, daß ich Ihnen die Abhandlungen zu senden vergessen habe. Aber sie gehen nun zusammen mit der Karte ab. Es freut mich sehr, daß Sie Vergnügen an der Relativitätstheorie haben. Leider habe ich keine Exemplare mehr von der zusammenfassenden Arbeit, die ich im Jahrbuch für Radioaktivität und Elektronik darüber publiziert habe.

Indem ich Ihnen nochmals herzlich danke für Ihren freundlichen Brief verbleibe ich Ihr sie verehrender Schüler

A. Einstein

Vier Briefe

(Jahreswechsel 1911/1912
oder 1912/1913
oder 1913/1914)

Hoch geehrter Herr Kollege!

Ich freue mich sehr über das freundliche Interesse, das Sie der neuen Theorie entgegenbringen. Die mathematischen Schwierigkeiten, auf die man bei Verfolgung dieser Gedanken stößt, sind leider auch für mich sehr große. Es freut mich außerordentlich, daß bei der Entwicklung der Theorie die Tiefe und Wichtigkeit Ihrer Untersuchungen über das Fundament der klassischen Mechanik offenkundig wird. Ich kann heute noch nicht begreifen, wie Planck, den ich sonst wie kaum einen zweiten hochschätzen gelernt habe, Ihren Bestrebungen so wenig Verständnis entgegenbringen konnte. Er steht übrigens auch meiner neuen Theorie ablehnend gegenüber.

Ich kann ihm das nicht verargen. Denn bis jetzt ist jenes erkenntnistheoretische Argument das Einzige, was ich zugunsten meiner neuen Theorie vorbringen kann. Für mich ist es absurd, dem „Raum" physikalische Eigenschaften zuzuschreiben. Die Gesamtheit der Massen erzeugt ein $G_{\mu\nu}$-Feld (Gravitationsfeld), das seinerseits den Ablauf aller Vorgänge, auch die Ausbreitung der Lichtstrahlen und das Verhalten der Maßstäbe und Uhren regiert. Das Geschehen wird zunächst auf vier *ganz willkürliche* raum-zeitliche Variable bezogen. Diese müssen dann, wenn den Erhaltungssätzen des Impulses und der Energie Genüge geleistet werden soll, derart spezialisiert werden, daß nur (ganz) *lineare* Substitutionen von einem berechtigten Bezugssystem zu einem andern führen. Das Bezugssystem ist der bestehenden Welt mit Hilfe des Energiesatzes sozusagen angemessen und verliert seine nebulose apriorische Existenz.

In kurzem sende ich Ihnen einige Darstellungen des Gegenstandes, in denen das Formale möglichst zurücktritt, das Sachliche möglichst betont ist. Aber es gelingt mir bei diesen abstrakten Dingen nicht recht, das Sachliche von der Form zu trennen.

Mit den besten Wünschen für das neue Jahr
Ihr ganz ergebener

A. Einstein

A. Einstein

Zürich, 25. VI. 13

Hochgeehrter Herr Kollege!

Dieser Tage haben Sie wohl meine neue Arbeit über Relativität und Gravitation erhalten, die nach unendlicher Mühe und quälendem Zweifel nun endlich fertig geworden ist. Nächstes Jahr bei der Sonnenfinsternis soll sich zeigen, ob die Lichtstrahlen an der Sonne gekrümmt werden, ob m. a. W. die zugrunde gelegte fundamentale Annahme von der Aequivalenz von Beschleunigung des Bezugssystems einerseits und Schwerefeld andererseits wirklich zutrifft.

Wenn ja, so erfahren Ihre genialen Untersuchungen über die Grundlagen der Mechanik — Planck's ungerechtfertigter Kritik zum Trotz — eine glänzende Bestätigung. Denn es ergibt sich mit Notwendigkeit, daß die *Trägheit* in einer Art *Wechselwirkung* der Körper ihren Ursprung hat, ganz im Sinne Ihrer Überlegungen zum Newtonschen Eimer-Versuch.

Eine erste Konsequenz in diesem Sinne finden Sie oben auf Seite 6 der Arbeit. Es hat sich ferner folgendes ergeben:
1) Beschleunigt man eine träge Kugelschale S, so erfährt nach der Theorie ein von ihr eingeschlossener Körper eine beschleunigende Kraft.
2) Rotiert die Schale S um eine durch ihren Mittelpunkt

gehende Achse (relativ zum System der Fixsterne („Restsystem")), so entsteht im Innern der Schale ein Coriolis-Feld, d. h. die Ebene des Foucault-Pendels wird (mit einer allerdings praktisch unmeßbar kleinen Geschwindigkeit) mitgenommen.

Es ist mir eine große Freude, Ihnen dies mitteilen zu können, zumal jene Kritik Plancks mir schon immer höchst ungerechtfertigt erschienen war.

Mit größter Hochachtung grüßt Sie herzlich

Ihr ergebener A. Einstein

Ich danke Ihnen herzlich für die Übersendung Ihres Buches.

chanik anspiele, welche durch die Relativitätstheorie eine Modifikation erfahren haben. Niemand kann es den Erkenntnistheoretikern nehmen, daß sie der Entwicklung hier die Wege geebnet haben; von mir selbst weiß ich mindestens, daß ich insbesondere durch *Hume* und *Mach* direkt und indirekt sehr gefördert worden bin. Ich bitte den Leser, *Machs* Werk: „Die Mechanik in ihrer Entwicklung" in die Hand zu nehmen und die unter 6. und 7. im zweiten Kapitel gegebenen Betrachtungen („*Newtons* Ansichten über Zeit, Raum und Bewegung" und „Übersichtliche Kritik der *Newton*schen Aufstellungen"). Dort finden sich Gedanken meisterhaft dargelegt, die noch keineswegs Gemeingut der Physiker geworden sind. Diese Partien sind noch deshalb besonders anziehend, weil sie an wörtlich zitierte Stellen *Newtons* anknüpfen. Hier einige Rosinen:

Newton: „Die absolute, wahre und mathematische Zeit verfließt an sich und vermöge ihrer Natur gleichförmig und ohne Beziehung auf irgendeinen äußeren Gegenstand. Sie wird auch mit dem Namen Dauer belegt."

„Die relative, scheinbare und gewöhnliche Zeit ist ein fühlbares und äußerliches, entweder genaues oder ungleiches Maß der Dauer, dessen man sich gewöhnlich statt der wahren Zeit bedient, wie Stunde, Tag, Monat, Jahr."

Mach: „... Wenn ein Ding *A* sich mit der Zeit ändert, so heißt dies nur, die Umstände eines Dinges *A* hängen von den Umständen eines andern Dinges *B* ab. Die Schwingungen eines Pendels gehen in der *Zeit* vor, wenn dessen Exkursion von der Lage der Erde abhängt. Da wir bei Beobachtung des Pendels nicht auf die Abhängigkeit von der Lage der Erde zu achten brauchen, sondern dasselbe mit irgendeinem andern Ding vergleichen können (...), so entsteht leicht die Meinung, daß alle diese Dinge unwesentlich seien. ... Wir sind außerstande, die Veränderungen der Dinge an der *Zeit* zu messen. Die Zeit ist vielmehr eine Abstraktion, zu der wir durch die Veränderung der Dinge gelangen, weil wir auf kein bestimmtes Maß angewiesen sind, da eben alle untereinander zusammenhängen."

Newton: „Der absolute Raum bleibt vermöge seiner Natur und ohne Beziehung auf einen äußeren Gegenstand gleich und unbeweglich."

Ernst Mach

v. A. Einstein

In diesen Tagen schied von uns *Ernst Mach*, der auf die erkenntnistheoretische Orientierung der Naturforscher unserer Zeit von größtem Einfluß war, ein Mann von seltener Selbständigkeit des Urteils. Bei ihm war die unmittelbare Freude am Sehen und Begreifen, Spinozas amor dei intellectualis, so stark vorherrschend, daß er bis ins hohe Alter hinein mit den neugierigen Augen des Kindes in die Welt guckte, um sich wunschlos am Verstehen der Zusammenhänge zu erfreuen.

Wie kommt aber ein ordentlich begabter Naturforscher überhaupt dazu, sich um Erkenntnistheorie zu kümmern? Gibt es nicht in seinem Fach wertvollere Arbeit? So höre ich manche meiner Fachgenossen hierauf sagen, oder spüre bei noch viel mehr, daß sie so fühlen. Diese Gesinnung kann ich nicht teilen. Wenn ich an die tüchtigsten Studenten denke, die mir beim Lehren begegnet sind, d. h. an solche, die sich durch Selbständigkeit des Urteils, nicht nur durch bloße Behendigkeit auszeichneten, so konstatiere ich bei ihnen, daß sie sich lebhaft um Erkenntnistheorie kümmerten. Gerne begannen sie Diskussionen über die Ziele und Methoden der Wissenschaften und zeigten durch Hartnäckigkeit im Verfechten ihrer Ansichten unzweideutig, daß ihnen der Gegenstand wichtig erschien. Dies ist fürwahr nicht zu verwundern.

Wenn ich mich nicht aus äußeren Gründen, wie Gelderwerb, Ehrgeiz und auch nicht oder wenigstens nicht ausschließlich des sportlichen Vergnügens, der Lust am Gehirn-Turnen wegen einer Wissenschaft zuwende, so muß mich als Jünger dieser Wissenschaft die Frage brennend interessieren: Was für ein Ziel will und kann die Wissenschaft erreichen, der ich mich hingebe? Inwiefern sind deren allgemeine Ergebnisse „wahr"? Was ist wesentlich, was beruht nur auf Zufälligkeiten der Entwicklung?

Um nun *Machs* Verdienst zu würdigen, darf man nicht die Frage aufwerfen: Was hat *Mach* in diesen allgemeinen Fragen erdacht, was kein Mensch vor ihm ersann? Die Wahrheit in diesen Dingen muß immer und immer wieder von kräftigen Naturen neu gemeißelt werden, immer entsprechend den Bedürfnissen der Zeit, für die der Bildner arbeitet; wird sie nicht immer neu erzeugt, so geht sie uns überhaupt verloren. So ist es schwer, und auch gar nicht so wesentlich, die Fragen zu beantworten: „Was hat *Mach* gelehrt, was gegenüber *Bacon* und *Hume* prinzipiell neu wäre?" „Was unterscheidet ihn wesentlich von *Stuart Mill*, *Kirchhoff*, *Hertz*, *Helmholtz*, was den allgemein erkenntnistheoretischen Standpunkt gegenüber den Einzelwissenschaften anlangt?" Tatsache ist, daß *Mach* durch seine historisch-kritischen Schriften, in denen er das Werden der Einzelwissenschaften mit so viel Liebe verfolgt und den einzelnen auf dem Gebiete bahnbrechenden Forschern bis ins Innere ihres Gehirnstübchens nachspürt, einen großen Einfluß auf unsere Generation von Naturforschern gehabt hat. Ich glaube sogar, daß diejenigen, welche sich für Gegner *Machs* halten, kaum wissen, wieviel von *Mach*scher Betrachtungsweise sie sozusagen mit der Muttermilch eingesogen haben.

Nach *Mach* ist Wissenschaft nichts anderes, als Vergleichung und Ordnung der uns tatsächlich gegebenen Bewußtseinsinhalte nach gewissen, von uns allmählich ertasteten Gesichtspunkten und Methoden. Physik und Psychologie unterscheiden sich also voneinander nicht in dem Gegenstande, sondern nur in den Gesichtspunkten der Anordnung und Verknüpfung des Stoffes. Als seine wichtigste Aufgabe scheint es *Mach* vorgeschwebt zu sein, an den von ihm beherrschten Einzelwissenschaften darzutun, wie sich diese Ordnung im einzelnen vollzogen hat. Als Resultate der Ordnungstätigkeit ergeben sich die abstrakten Begriffe und die Gesetze (Regeln) ihrer Verknüpfung. Beide werden so gewählt, daß sie zusammen ein ordnendes Schema bilden, in welches sich die zu ordnenden Gegebenheiten sicher und übersichtlich einreihen lassen. Begriffe haben nach dem Gesagten nur Sinn, sofern die Dinge aufgezeigt werden können, auf die sie sich beziehen, sowie d. Gesichtspunkte, gemäß welchen sie diesen Dingen zugeordne sind (Analyse der Begriffe).

Die Bedeutung solcher Geister, wie *Mach*, liegt nun keineswegs nur darin, daß sie gewisse philosophische Bedürfnisse der Zeit befriedigen, die der eingefleischte Fachwissenschaftler als Luxus bezeichnen mag. Begriffe, welche sich bei der Ordnung der Dinge als nützlich erwiesen haben, erlangen über uns leicht eine solche Autorität, daß wir ihres irdischen Ursprungs vergessen und sie als unabänderliche Gegebenheiten hinnehmen. Sie werden dann zu „Denknotwendigkeiten", „Gegebenen a priori" usw. gestempelt. Der Weg des wissenschaftlichen Fortschritts wird durch solche Irrtümer oft für lange Zeit ungangbar gemacht. Es ist deshalb durchaus keine müßige Spielerei, wenn wir darin geübt werden, die längst geläufigen Begriffe zu analysieren und zu zeigen, von welchen Umständen ihre Berechtigung und Brauchbarkeit abhängt, wie sie im einzelnen aus den Gegebenheiten der Erfahrung herausgewachsen sind. Dadurch wird ihre allzu große Autorität gebrochen. Sie werden entfernt, wenn sie sich nicht ordentlich legitimieren können, korrigiert, wenn ihre Zuordnung zu den gegebenen Dingen allzu nachlässig war, durch andere ersetzt, wenn sich ein neues System aufstellen läßt, das wir aus irgendwelchen Gründen vorziehen.

Derartige Analysen erscheinen dem Fachwissenschaftler, dessen Blick mehr auf das Einzelne gerichtet ist, meist überflüssig, gespreizt, zuweilen gar lächerlich. Die Situation ändert sich aber, wenn eine der gewohnheitsmäßig benutzten Begriffe durch einen schärferen ersetzt werden soll, weil es die Entwicklung der betreffenden Wissenschaft erheischt. Dann erheben diejenigen, welche den eigenen Begriffen gegenüber nicht reinlich verfahren sind, energischen Protest und klagen über revolutionäre Bedrohung der heiligsten Güter. In dies Geschrei mischen sich dann die Stimmen derjenigen Philosophen, welche jenen Begriff nicht entbehren zu können glauben, weil sie ihn in ihr Schatzkästlein des „Absoluten", d „a priori" oder kurz derart eingereiht hatten, daß sie dess prinzipielle Unabänderlichkeit proklamiert hatten.

Der Leser errät schon, daß ich hier vorzugsweise auf wisse Begriffe der Lehre von Raum und Zeit, sowie der

44 Mach, Mechanik

„Der relative Raum ist ein Maß oder ein beweglicher Teil des ersteren, welcher von unseren Sinnen, durch seine Lage gegen andere Körper bezeichnet und gewöhnlich für den unbeweglichen Raum genommen wird."

Dann folgt eine entsprechende Definition der Begriffe „absolute Bewegung" und „relative Bewegung". Hierauf:

„Die wirkenden Ursachen, durch welche absolute und relative Bewegung voneinander verschieden sind, sind die Fliehkräfte von der Achse der Bewegung. Bei einer nur relativen Kreisbewegung existieren diese Kräfte nicht, aber sie sind kleiner oder größer, je nach Verhältnis der Größe der (absoluten) Bewegung."

Es folgt nun die Beschreibung des wohlbekannten Eimerversuches, welcher die letzte Behauptung anschaulich begründen soll.

Die Kritik, welche *Mach* diesem Standpunkte zuteil werden läßt, ist sehr interessant; ich zitiere aus derselben einige besonders prägnante Stellen. „Wenn wir sagen, daß ein Körper K seine Richtung und Geschwindigkeit nur durch den Einfluß eines anderen Körpers K' ändert, so können wir zu dieser Einsicht gar nicht kommen, wenn nicht andere Körper $A, B, C \ldots$ vorhanden sind, gegen welche wir die Bewegung des Körpers K beurteilen. Wir erkennen also eigentlich eine Beziehung des Körpers K zu $A, B, C \ldots$ Wenn wir nun plötzlich von $A, B, C \ldots$ absehen, und von einem Verhalten des Körpers K im absoluten Raume sprechen wollten, so würden wir einen doppelten Fehler begehen. Einmal könnten wir nicht wissen, wie sich K bei Abwesenheit von $A, B, C \ldots$ benehmen würde, dann aber würde uns jedes Mittel fehlen, das Benehmen des Körpers K zu beurteilen, und unsere Aussage zu prüfen, welche demnach keinen naturwissenschaftlichen Sinn hätte."

„Die Bewegung eines Körper K kann immer nur beurteilt werden in bezug auf andere Körper $A, B, C, \ldots$ Da wir immer ein günstige Anzahl gegeneinander relativ festliegender oder ihre Lage nur langsam ändernder Körper zur Verfügung haben, so sind wir hierbei auf keinen *bestimmten* Körper angewiesen, und können bald von diesem, bald von jenem absehen. Hierdurch entstand die Meinung, daß diese Körper überhaupt gleichgültig seien."

„Der Versuch *Newtons* mit dem rotierenden Wassergefäß lehrt nur, daß die Relativdrehung des Wassers gegen die *Gefäßwände* keine merklichen Zentrifugalkräfte weckt, daß dieselben aber durch die Relativdrehung gegen die Masse der Erde und die übrigen Himmelskörper geweckt werden. Niemand kann sagen, wie der Versuch verlaufen würde, wenn die Gefäßwände immer dicker und massiger und zuletzt mehrere Meilen dick würden ..."

Die zitierten Zeilen zeigen, daß *Mach* die schwachen Seiten der klassischen Mechanik klar erkannt hat und nicht weit davon entfernt war, eine allgemeine Relativitätstheorie zu fordern, und dies schon vor fast einem halben Jahrhundert! Es ist nicht unwahrscheinlich, daß *Mach* auf die Relativitätstheorie gekommen wäre, wenn in der Zeit, als er jugendfrischen Geistes war, die Frage nach der Bedeutung der Konstanz der Lichtgeschwindigkeit schon die Physiker bewegt hätte. Beim Fehlen dieser aus der *Maxwell-Lorentzschen* Elektrodynamik fließenden *Anregung* reichte auch *Machs* kritisches Bedürfnis nicht hin, um das Gefühl der Notwendigkeit einer Definition der Gleichzeitigkeit örtlich distanter Ereignisse zu erwecken.

Die Betrachtungen über *Newtons* Eimerversuch zeigen, wie nahe seinem Geiste die Forderung der Relativität im allgemeineren Sinne (Relativität der Beschleunigungen) lag. Allerdings fehlt hier das lebhafte Bewußtsein davon, daß die Gleichheit der trägen und schweren Masse der Körper zu einem Relativitätspostulat im weiteren Sinne herausfordert, indem wir nicht imstande sind, durch Versuche darüber zu entscheiden, ob das Fallen der Körper relativ zu einem Koordinatensystem auf das Vorhandensein eines Gravitationsfeldes oder auf einen Beschleunigungszustand des Koordinatensystems zurückzuführen sei.

Mach war seiner geistigen Entwicklung nach nicht ein Philosoph, der sich die Naturwissenschaften als Objekt seiner Spekulationen wählte, sondern ein vielseitiger interessierter, emsiger Naturforscher, dem die Erforschung auch abseits vom Brennpunkte des allgemeinen Interesses gelegener Detailfragen sichtlich Vergnügen machte. Hiervon zeugen die schier unzählbaren Einzeluntersuchungen aus dem Gebiete der Physik und empirischen Psychologie, die er teils allein, teils zusammen mit Schülern publizierte. Von seinen physikalischen Experimentaluntersuchungen sind diejenigen über die Schallwellen, welche von Geschossen erzeugt werden, am bekanntesten geworden. War auch der dabei verwendete Grundgedanke nicht prinzipiell neu, so zeugten doch diese Untersuchungen von außergewöhnlicher experimenteller Begabung. Es gelang ihm, die Dichteverteilung der Luft in der Umgebung eines mit Über-Schallgeschwindigkeit fliegenden Geschosses photographisch aufzunehmen und so über eine Gattung akustischer Vorgänge Licht zu verbreiten, über welche man vor ihm nichts wußte. Sein populärer Vortrag hierüber wird jedem Freude machen, der an physikalischen Dingen Freude haben kann.

Machs philosophische Studien entspringen einzig dem Wunsche, einen Standpunkt zu gewinnen, von dem aus die verschiedenen wissenschaftlichen Fächer, denen er seine Lebensarbeit gewidmet hatte, als ein einheitliches Streben sich auffassen ließen. Alle Wissenschaft faßt er als Streben nach Ordnung der elementaren Einzelerfahrungen auf, die er als „Empfindungen" bezeichnete. Diese Wortbezeichnung brachte es wohl mit sich, daß der nüchterne und vorsichtige Denker von solchen, die sich nicht eingehend mit seinen Werken befaßten, öfter für einen philosophischen Idealisten und Solipsisten gehalten wurde.

Beim Lesen der *Mach*schen Werke fühlt man angenehm das Behagen, das der Autor beim mühelosen Niederschreiben seiner prägnanten, treffenden Sätze gefühlt haben muß. Aber nicht nur intellektuelles Vergnügen und Freude am guten Stil machen die Lektüre seiner Bücher immer wieder so anziehend, sondern auch die gütige, menschenfreundliche und hoffnungsfrohe Gesinnung, die oft zwischen den Zeilen hervorschimmert, wenn er über allgemein menschliche Dinge redet. Diese Gesinnung schützte ihn auch vor der Zeitkrankheit, von der heute wenige verschont sind, vor dem nationalen Fanatismus. In seinem populären Aufsatze „Über Erscheinungen an fliegenden Projektilen" hat er es sich nicht versagen können, im letzten Absatze seiner Hoffnung auf eine Verständigung der Völker Ausdruck zu geben.

(Eingegangen 14. März 1916.)

(Aus: Physikalische Zeitschrift **17**, 101 (1916))

Personenregister

ADLER, Friedrich (1879—1960) 581, 586, 618, 625, 648, 673, 675
AITKEN, John (1839—1884) 172
D'ALEMBERT, Jean-Baptiste le Rond (1717—1783) 166, 276, 319, 362—372, 373, 379, 380, 389, 391, 409, 411, 482, 486, 489, 490, 536, 554, 563
ANAXAGORAS (um 500—428 v. u. Z.) 27, 128
ANDING, Ernst Emil Ferdinand (1860—1945) 21, 263
APELT, Ernst Friedrich (1812 bis 1859) 296
ARCHIMEDES (287—212 v. u. Z.) 18, 32, 34—47, 51, 54, 77, 95 bis 98, 108—110, 123—125, 147, 184, 412, 517, 524, 530, 531, 563
ARCHYTAS VON TARENT (428 bis 365 v. u. Z.) 32, 524
D'ARCY, Patrick (1725—1779) 330
ARISTOTELES (384—322 v. u. Z.) 27, 33, 102, 104, 107f., 129, 145, 147, 174, 175, 292, 523, 533
ATWOOD, George (1745—1807) 167
AVENARIUS, Richard (1843 bis 1896) 14, 22, 506, 581, 655

BABBAGE, Charles (1792—1871) 500
BABO, Clemens Heinrich Lambert von (1818—1899) 168
BACON, Francis (1561—1626) 642, 684
BALIANI, Giovanni Battista (1582—1666) 160, 217
BARROW, Isaac (1630—1677) 226
BAZAROV, Vladimir Aleksandrovič (Rudnev) (1874—1939) 582
BEECKMANN, Isaac (1588—1637) 176
BEER, Theodor 581
BELANGER, Jean-Baptiste-Charles-Joseph (1790—1874) 315
BENEDETTI, Giovanni Battista (1530—1590) 101, 104, 146 bis 148, 172, 176, 292
BENTLEY, Richard (1662—1742) 213
BERGMANN, Peter Gabriel 579
BERKELEY, George (1685—1753) 520, 662
BERMAN, Jakov Aleksandrovič (1868—1933) 582
BERNOULLI, Daniel (1700—1782) 63—69, 96, 97, 98, 279, 330, 372, 376f., 383, 428, 432 bis 434, 437—440

Personenregister

BERNOULLI, Jakob (1654 bis 1705) 92, 362f., 448—454
BERNOULLI, Johann (1667 bis 1748) 77, 92, 278, 364f., 372, 383, 399, 434f., 447 bis 454, 471
BESSO, Michele (1873—1955) 641
BIOT, Jean-Baptiste (1774 bis 1862) 658
BLACK, Joseph (1728—1799) 142, 520
BLACKMORE, John T. 579, 648
BLÜH, Otto 576
BOGDANOV, Aleksandr Aleksandrovič (Milinovskij) (1873 bis 1928) 582—584
BOIS-REYMOND, Emil du (1818—1896) 554, 568f., 572
BOLTZMANN, Ludwig (1844 bis 1906) 18, 287, 392, 556, 565, 575, 598, 599, 600, 604, 605, 607, 608, 609—621, 631f., 633, 642, 648, 659
BOLYAI, Janos (1802—1860) 504
BORELLI, Giovanni Alfonso (1608—1679) 211, 212
BORZESZKOWSKI, Horst-Heino von 535, 540, 592, 595, 596, 602, 603, 638, 643, 645, 647
BOSSCHA, Johannes (1831 bis 1911) 208
BOUGUER, Pierre (1698—1758) 422
BOUVIER, Robert 651
BOYLE, Robert (1627—1691) 130f., 141—144
BRAHE, Tycho de (1546—1601) 208
BRODA, Engelbert (1910—1983) 648
BRÜCKE, Ernst Wilhelm Ritter von (1819—1892) 495, 576

BRUNO, Giordano (1548—1600) 146, 465
BRUSH, Stephen G. 612
BUDDE, Emil (1842—1921) 17
BÜCHNER, Friedrich Karl Christian Ludwig (1824—1899) 572
BUNGE, Mario Augusto 600
BUNSEN, Robert (1811—1899) 567
BURMEISTER, Hermann (1807 bis 1892) 572
BUZELLO, Herbert 643f.

CANTON, John (1718—1772) 113
CARDANO, Girolamo (1501 bis 1576) 101, 104f., 146, 175, 176
CARNAP, Rudolf (1891—1970) 581
CARNOT, Nicolas-Léonard-Sadi (1796—1832) 359, 511, 515, 516, 518, 675, 676
CASSIRER, Ernst (1874—1945) 544
CAVALIERI, Bonaventura (1598?—1647) 226
CAVENDISH, Henry (1731 bis 1810) 131, 142
CLAIRAUT, Alexis-Claude (1713 bis 1765) 376, 422—427
CLASSEN, Johannes (1864 bis 1928) 287
CLAUSIUS, Rudolf Julius Emanuel (1822—1888) 515, 516, 556, 675
CLIFFORD, William Kingdom (1845—1879) 18, 506
COMANDINO, Federigo (1509 bis 1575) 109
COPERNICUS, Nicolaus (1473 bis 1543) 174, 211, 252, 253, 255, 473, 506, 535, 539, 558, 623

CORIOLIS, Gustave-Gaspard (1792—1843) 315, 682

CORNELIUS, Hans (1863—1947) 22, 655

COTTA, Bernhard von (1808 bis 1879) 572

COULOMB, Charles-Augustin de (1736—1806) 676

COURTIVRON, Gaspard le (1715 bis 1785) 91

Cox, John (1851—1923) 22

CURTIUS (QUINTUS C. RUFUS) (um 50 u. Z.) 233

DALTON, John (1766—1844) 567

DARWIN, Charles Robert (1809 bis 1882) 470, 475, 567, 568, 578, 595, 654

DEL MONTE, siehe Guido Ubaldo del Monte

DEMOKRITOS AUS ABDERA (um 460—370 v. u. Z.) 129

DESCARTES, René (1596—1650) 102, 105, 176, 185, 195, 207, 212, 226, 276, 278, 286, 314, 315—319, 358, 465, 467, 472f., 553

DIELS, Hermann (1848—1922) 130

DIJKSTERHUIS, Eduard Jan (1892—1965) 531

DILTHEY, Wilhelm (1833—1911) 587

DINGLER, Hugo (1881—1954) 24, 644, 651

DRUDE, Paul Karl Ludwig (1863—1906) 214

DÜHRING, Eugen (1833—1921) 14, 515

DUHEM, Pierre-Maurice-Marie (1861—1916) 20, 21, 23, 101 bis 108, 175, 176, 177, 317, 581, 656

DVOŘÁK, Vincenz (1848—1922) 338

EINSTEIN, Albert (1879—1955) 538, 540, 543, 549, 550, 565, 566, 581, 583, 597, 603f., 607f., 621, 633—642, 648, 652, 665, 679—689

EMPEDOKLES (um 500—435 v. u. Z.) 27, 129

ENGELS, Friedrich (1820—1895) 570, 571

EPSTEIN, Josef (geb. 1862—?) 16, 249

ETTINGSHAUSEN, Andreas Ritter von (1796—1878) 575

EUKLID (um 365—300 v. u. Z.) 45, 530

EULER, Leonhard (1707—1783) 200, 206, 297, 330, 367, 376, 396, 398, 404f., 454—457, 462, 467f., 471f., 475, 481

EXNER, Franz Serafin (1849 bis 1926) 576

FARADAY, Michael (1791—1867) 142, 207, 214, 511, 520, 676

FECHNER, Gustav Theodor (1801—1887) 577, 662

FERMAT, Pierre de (1601—1665) 226, 395, 445, 446f., 451, 471

FEUERBACH, Ludwig Andreas (1804—1872) 570, 571

FLOURENS, Pierre-Marie-Jean (1794—1867) 567

FÖPPL, August (1854—1924) 18, 21, 214, 266

FOUCAULT, Jean-Bernard-Léon (1819—1868) 338, 682

FOURIER, Jean-Baptiste Joseph Baron de (1768—1830) 173, 322, 537

FRANK, Philipp (1884—1966) 581, 583

FRESNEL, Augustin-Jean (1788 bis 1827) 658, 661

FRIEDLAENDER, Benedict 266

FRIEDLAENDER, Gottfried Immanuel (1871—?) 17, 266
FRIEDRICH II. (1712—1786), König von Preußen 471
FUCHS, Albert (1905—1946) 570, 582

GALILEI, Galileo (1564—1642) 23, 37, 43, 44, 47, 52, 53, 62, 71, 72—75, 78f., 95, 97, 102, 105, 107, 108, 111, 125, 131, 132, 141, 145—176, 177, 178, 186, 196, 208, 210, 211, 212, 215, 222, 226, 229, 230, 238, 239, 240, 253, 256, 273 bis 281, 283, 284, 292, 294 bis 297, 301, 313, 315, 318, 340, 342, 344—346, 348, 355, 375, 376, 382, 465, 469, 474, 476, 480, 506, 511, 514, 515, 517, 518, 520, 523, 529, 531, 534f., 537, 544, 551f., 557, 601, 665
GAUSS, Carl Friedrich (1777 bis 1855) 94, 284f., 321, 379 bis 391, 393, 395f., 417, 424, 501, 504, 508, 559
GELLIUS, Aulus (2. Jh. u. Z.) 32
GEOFFROY SAINT-HILAIRE, Etienne (1772—1844) 567
GERBER, Paul (geb. 1854—?) 214
GERHARDS, Karl 644
GILBERT, William (1544—1603) 108, 211, 212, 478
GLEICH, Gerold von (1869 bis 1938) 652
GOENNER, Hubert 638
GOLDBECK, Ernst August Wilhelm (1861—1940) 174, 211, 539
GOMPERZ, Theodor (1832—1912) 129
GOVI, Gilberto (1826—1889) 27

GRASSI, Guido Giovanni (1851 bis 1935) 114f.
GRASSMANN, Hermann (1809 bis 1877) 493, 507
GREEN, George (1793—1841) 127, 424
GUERICKE, Otto von (1602 bis 1686) 130f., 135—142, 467
GUIDO UBALDO DEL MONTE (1545—1607) 46, 71, 95
GULDIN, Habakuk (Paul) (1577 bis 1643) 226
GÜNTHER, Siegmund (1848 bis 1923) 20

HABERDITZL, A. 338
HAJEK, F. 15
HALLEY, Edmund (1656—1742) 467
HAMEL, Georg (1877—1954) 23
HAMILTON, William Rowan (1805—1865) 182, 378, 405, 409—412, 493, 494, 563
HARTMANN 21, 281
HEGEL, Georg Wilhelm Friedrich (1770—1831) 564, 571, 595, 608, 644
HEISE, Wolfgang (1925—1987) 571, 573, 585
HEISENBERG, Werner (1901 bis 1976) 641, 642
HELLER, Karl D. 578, 648
HELM, Georg (1851—1923) 16, 392, 405, 519, 624
HELMHOLTZ, Hermann Ludwig Ferdinand von (1821 bis 1894) 14, 513, 515, 516, 519, 545f., 554, 567, 572, 676, 684
HENKE, Richard (1847—1929) 286
HENLE, Jacob Friedrich Gustav (1809—1885) 572
HENNING, Hans (1874—?) 581, 644, 648, 651

HERBART, Johann Friedrich (1776—1841) 575, 576, 577, 662
HERMANN, Jacob (1678—1733) 367, 456
HERNECK, Friedrich 574, 575, 633
HERON VON ALEXANDRIA (um 100 u. Z.) 33, 102, 129f., 174, 435, 445, 446f., 469, 471, 523, 524
HERRMANN, Emanuel (1839 bis 1902) 506, 559, 653
HERTZ, Heinrich Rudolf (1857 bis 1894) 17, 18, 22, 282 bis 287, 301, 493, 512, 538, 551, 554, 562, 565, 566, 604—609, 619, 620, 656, 657, 658, 676
HEYMANS, Gerardus (1857 bis 1930) 23, 290, 292f., 298f.
HIEBERT, Erwin Nicholas 612
HIPP, Matthaeus (1813—1893) 169
HIPPARCHOS AUS NIKAIA (um 190—125 v. u. Z.) 147
HÖFLER, Alois (1853—1922) 290 f., 294—298
HÖLDER, Otto (1859—1937) 18, 23, 43f.
HÖNIGSWALD, Richard (1875 bis 1947) 643
HÖNL, Helmut (1903—1981) 633, 638
HOLLEFREUND, Karl (1860 bis 1929) 391
HOLTON, Gerald James 641
HOOKE, Robert (1635—1703) 211
L'HOPITAL, Guillaume-François-Antoine de (1661—1704) 362, 448
HUME, David (1711—1776) 496f., 577, 642, 662, 684, 686
HUSSERL, Edmund (1859—1938) 507—509

HUYGENS, Christiaan (1629 bis 1695) 39—42, 161, 166, 177—208, 210, 215, 223, 240, 273—280, 283, 287, 299, 313, 317—319, 346—350, 354—359, 362f., 371, 372, 376, 383, 422, 432, 447, 474, 476, 480, 514, 517, 518, 537, 538, 557, 658

JACOBI, Carl Gustav Jacob (1804—1851) 93, 391, 398, 409, 475
JELLETT, John Hewitt (1817 bis 1888) 457—462
JÓHANNES PHILOPONOS (GRAMMATIKOS) (6. Jh.) 145f., 533
JOHANNESSON, Paul 17
JOLLY, Philipp von (1809 bis 1884) 14, 211
JORDANUS NEMORARIUS (gest. 1237) 101f., 105
JOULE, James Prescott (1818 bis 1889) 515, 516, 519, 567
JOURDAIN, Philip E. B. (1879 bis 1919) 23, 391
JUŠKEVIČ, Pavel Solomonovič (1843—1945) 582

KANT, Immanuel (1724—1804) 23, 497, 520, 540, 564, 567, 577, 593, 662
KAUTSKY, Karl (1854—1938) 586
KEPLER, Johannes (1571—1630) 208, 210, 211, 212, 226, 238, 265, 275f., 281, 330, 445, 478, 532, 539, 623, 656
KIRCHHOFF, Gustav Robert (1824—1887) 14, 22, 288, 409, 506, 567, 612, 614, 656, 657f., 684
KLEINPETER, Hans (1869 bis 1916) 20, 263, 581, 606

König, Samuel (1712—1757) 470
Koyré, Alexandre (1892—1964) 538
Krönig, August Karl (1822 bis 1891) 556
Ktesibios (3. Jh. v. u. Z.) 33, 130
Kuznecov, Boris Grigor'evič 638

Laborde 168
Lagrange, Josef-Louis de (1736—1813) 14, 37, 39, 85 bis 88, 94, 97, 285f., 367, 376f., 379, 389, 391, 398, 408, 454, 456—458, 462, 465, 473f., 481, 482, 484, 486, 493, 532, 563, 605, 658
Lamarck, Jean-Baptiste de Monet de (1744—1829) 567, 578, 654
Lamé, Gabriel (1795—1870) 114
LaMettrie, Julien Offray de (1709—1751) 468
Lampa, Anton (1868—1938) 245
Lampe, Karl Otto Emil (1840 bis 1908) 20, 21
Lamy (Lami), Bernard (1640 bis 1715) 221
Lange, Ludwig (1863—1936) 16, 23, 261—265, 601f., 651
Laplace, Pierre-Simon, Marquis de (1749—1827) 214, 424, 478, 480, 567
Lasswitz, Kurd (1848—1910) 17, 186
Lavoisier, Antoine-Laurent de (1743—1794) 131, 567
Lechalas, Georges 20
Leibniz, Gottfried Wilhelm (1646—1716) 226, 276, 278, 314—319, 395, 447, 448, 467, 471, 473, 474, 544

Lenard, Philipp (1862—1947) 562, 652
Lenin, Vladimir Il'ič (Uljanov) (1870—1924) 565, 566, 582f., 591, 622
Lense, Josef (1890—?) 549
Leonardo da Vinci (1452 bis 1519) 45, 48, 95, 101—105, 146, 175, 176
Lichtenberg, Georg Christoph (1742—1799) 662
Lindelöf, Lorenz Leonard (1827—1908) 457
Lippich, Ferdinand (1838 bis 1913) 168
Lipschitz, Rudolf Otto Sigismund (1832—1903) 391
Lobačevskij (Lobatschefsky), Nikolaj Ivanovič (1793 bis 1856) 504
Lorentz, Hendrik Antoon (1853—1928) 550, 658, 660, 665, 688
Loschmidt, Joseph J. (1821 bis 1895) 575
Love, Augustus Edward Hough (1863—1940) 18, 22, 263
Ludwig, Carl Friedrich Wilhelm (1816—1895) 576
Lukács, Georg (1885—1971) 571
Lunačarskij, Anatolij Vasil'evič (1875—1933) 582—585
Luther, Martin (1483—1546) 478

MacGregor, James Gordon (1852—1913) 17, 22, 263f.
Mach, Johann (1805—1879) 578, 648
Mach, Ludwig (1868—1951) 338, 523, 525, 560, 649, 650 bis 652

MACLAURIN, Colin (1698—1746) 470, 481

MAGENDIE, François (1783 bis 1855) 567

MAGGI, Gian Antonio (1856—?) 18, 22

MANSION, Paul (1844—1919) 263

MARALDI, Giacomo Filippo (1665—1729) 470

MARCI, DE KRONLAND, Johannes Marcus (1595—1667) 340f.

MARIOTTE, Edmé (um 1620 bis 1684) 142—144, 345, 346

MARX, Karl (1818—1883) 565, 583, 584—586, 587, 588, 589, 646

MAUPERTUIS, Pierre-Louis Moreau de (1698—1759) 87f., 392—398, 471f., 554

MAXWELL, James Clerk (1831 bis 1879) 207, 214, 538, 556, 608, 656, 688

MAYER, Julius Robert (1814 bis 1878) 277, 511, 515—520, 567, 632, 658

MCCORMACK, Thomas G. 17, 506

MCCREA, W. H. 638

MEHRING, Franz (1846—1919) 585f.

MENGER, Carl (1840—1921) 587—589

MENSBRUGGHE, Gustave Léonard van der (1835—1911) 414

MERSENNE, Marin (1588—1648) 132, 195

MERWE, Alwyn van der 638

MERZKIRCH, Wolfgang F. 579, 580

MEWES, Ferdinand Rudolf (1858—?) 186

MILL, John Stuart (1806—1873) 684

MILNE, R. M. 20

MINKOWSKI, Hermann (1864 bis 1909) 665

MÖBIUS, August Ferdinand (1790—1868) 399, 493

MOLESCHOTT, Jakob (1822 bis 1893) 572

MONTGOLFIER, Joseph-Michel (1740—1810) 435f.

MORIN, Arthur-Jules (1795 bis 1880) 167

MÜLLER, Aloys (1879—1952) 23

MÜLLER, Ferdinand August 16, 519, 520

MÜLLER, Johannes Peter (1801 bis 1858) 28

MUSIL, Robert (1880—1942) 644

NAPIER, John (1550—1617) 466

NATORP, Paul (1854—1924) 23

NEUMANN, Carl Gottfried (1832—1925) 261, 282, 297, 300, 392, 406, 601f.

NEWTON, Isaac (1643—1727) 24, 28, 60, 63, 77, 161, 173, 184, 188, 207, 208—226, 228, 238, 240, 246—282, 283, 284, 289, 290, 291, 297, 299, 301, 302 bis 312, 313, 315, 319, 325, 326, 330, 331, 342, 346, 350f., 353f., 355, 371, 422, 424, 434, 440, 448, 450, 467, 473f., 480, 493, 503, 506, 508, 511, 523, 532, 533, 534, 536, 538, 539f., 544, 545, 546f., 548, 549, 550, 551, 553, 557, 562, 563, 564, 568, 590, 595, 596, 598—604, 607, 623, 637, 640, 651, 656, 658, 661, 686—688

Nikolaus von Kues (1401 bis 1464) 174

Ørsted (Oerstedt), Hans Christian (1777—1851) 114
Ostwald, Wilhelm (1853 bis 1932) 392, 406, 519, 609, 618, 620, 624, 655, 657

Page, Charles Grafton (1812 bis 1868) 329
Pais, Abraham 633, 638, 642
Pappos von Alexandria (um 320 u. Z.) 445, 469, 470
Pascal, Blaise (1623—1662) 75, 105, 112, 116, 118, 121, 130—135, 317, 466
Pauli, Wolfgang (1900—1958) 637
Pearson, Karl (1857—1936) 17, 263, 581
Perrier, Jean Baptiste (1870 bis 1942) 133
Petzoldt, Joseph (1862—1929) 17, 22, 23, 249, 262, 263, 286, 290, 293, 405, 507, 518, 562, 581, 650, 655, 657, 673
Philon von Alexandria (25 v. u. Z. bis um 50 u. Z.) 129
Philoponos siehe Johannes Philoponos
Picard, Emile (1856—1941) 20
Piccolomini, Ascanio (gest. 1671) 176
Pirani, F. A. E. 638
Planck, Max (1858—1947) 16, 519, 554, 565, 580, 581, 604, 605f., 612, 622—633, 635, 641, 642, 657—669, 670 bis 678, 679, 681, 682
Plateau, Jose Antoine Ferdinand (1801—1883) 412, 414, 418—421

Platon (427—347 v. u. Z.) 548
Plechanov, Georgij Valentinovič (1856—1918) 582, 584
Plinius (Gaius P. Caecilius Secundus, d. Ä.) (23—79 u. Z.) 28
Poggendorff, Johann Christian (1796—1877) 230, 288, 531
Poincaré, Henri (1854—1912) 20, 272, 273, 550, 581, 608
Poinsot, Louis (1777—1859) 47, 206, 278, 312, 493, 658
Poisson, Simeon-Denis (1781 bis 1840) 65, 68, 424
Poncelet, Jean-Victor (1788 bis 1867) 278, 315, 360
Popper, Josef (Pseud.: Lynkeus) (1838—1921) 16, 22, 516, 519
Porta, Giambattista della (1535—1615) 478
Poske, Friedrich Wilhelm Paul (1852—1925) 16, 160, 290, 292—296
Prévost, Pierre (1751—1839) 537
Priestley, Joseph (1733—1804) 131
Ptolemaios (Claudius P.) (87—165 u. Z.) 27, 252, 255, 299
Pythagoras (um 570—490 v. u. Z.) 27, 445

Rankine, William John Macquorn (1820—1872) 655, 657
Ratliff, Floyd 579
Réaumur, René-Antoine Ferchault de (1683—1757) 470
Regnault, Noël (1683—1762) 114
Rehmke, Johannes (1848 bis 1930) 581

REICHENBACH, Hans (1891 bis 1953) 543, 644
RICHER, Jean (1630—1696) 184, 278
RICHTER, Gudrun 587
RIEDL, Rupert 578
RIEMANN, Bernhard (1826 bis 1866) 504
ROBERVAL, Gilles Personier de (1602—1675) 81, 102, 105, 121, 226, 342, 445
ROBINS, Benjamin (1707—1781) 361
ROSENBERGER, Johann Karl Ferdinand (1845—1899) 17, 210, 211, 219, 539
RYFF (RIVIUS), Walther Hermann (16. Jh.) 171

SALCHER, Peter 579
SAMTER, V. 21
SANTBACH (SANTBECK) (16. Jh.) 171
SARPI, Pietro (Paolo) (1552 bis 1623) 150
SAUVEUR, Joseph (1653—1716) 173
SCALIGER, Julius Caesar (1484 bis 1558) 176
SCHEFFLER, Herrmann (1820 bis 1903) 381, 391
SCHIAPARELLI, Giovanni Virginio (1835—1910) 27
SCHLEIDEN, Matthias Jakob (1804—1881) 566
SCHLICK, Moritz (1882—1936) 581
SCHMIDT, Wilhelm (1862—1905) 130
SCHMOLLER, Gustav (1838 bis 1917) 587
SCHOPENHAUER, Arthur (1788 bis 1860) 497, 571
SCHRÖDINGER, Erwin (1887 bis 1961) 613

SCHUBERT-SOLDERN, Richard von (1852—1935) 581
SCHUPPE, Wilhelm (1836 bis 1913) 22, 581, 655
SCHUSTER, Arthur (1851—1934) 337
SCHÜTZ, Ignaz Robert 266
SCHWANN, Theodor (1810 bis 1882) 566
SEEGER, Raymond John 579
SEELIG, Carl (1894—1962) 641
SEELIGER, Hugo von (1849 bis 1924) 17, 21, 22, 262f., 659
SEGNER, Johann Andreas von (1704—1777) 206, 343
SIMONY, Oscar (1852—1915) 505
SMITH, Adam (1723—1790) 506
STALLO, John Bernhard (1823 bis 1900) 18, 263
STEFAN, Josef (1835—1893) 575
STEVIN, Simon (1548—1620) 37, 44, 48—58, 70—73, 74, 97, 98, 102, 105, 110f., 119, 125, 128, 476, 514, 517, 530, 531
STRATON (um 350—270 v. u. Z.) 129f.
STRAUSS, Emil (1859—1892) 17
STREINTZ, Heinrich (1848 bis 1892) 16, 242, 261, 290

TAIT, Peter Cuthrie (1831 bis 1901) 264, 290
TARTAGLIA, Nicoló (1500 bis 1557) 101, 171, 175
TAYLOR, Johann Brook (1685 bis 1731) 365
THALES VON MILET (um 625 bis 545 v. u. Z.) 657
THEODOROS VON SAMOS (6. Jh. v. u. Z.) 524
THIELE, Rudolf 644

THIRRING, Hans (1888—1958) 549
THOMSON, Joseph John (1856 bis 1940) 263, 264
THOMSON, William (Lord Kelvin) (1824—1907) 264, 273, 290, 515, 516, 675
TORRICELLI, Evangelista (1608 bis 1647) 73f., 132, 134f., 142f., 427f., 440
TREDER, Hans Jürgen 550, 608, 622, 638
TUMLIRZ, Ottokar (1856—1920) 338
TYLOR, Edward Burnett (1832 bis 1917) 477, 478
TYNDALL, John (1820—1893) 515

VAILATI, Giovanni (1863—1909) 21, 23, 44f., 172, 217
VALENTINOV, Nikolaj Vladislavovič (Pseud.: Volskij) (1879—1964) 582
VALERIANUS MAGNUS (17. Jh.) 135
VARIGNON, Pierre (1654—1722) 60—63, 70, 77, 95, 121, 311f.
VENTURI, Giovanni Battista (1746—1822) 146
VICAIRE, Eugène (1839—1901) 17
VIRCHOW, Rudolf (1821—1902) 572
VITRUVIUS (MARCUS V. POLLIO) (88—26 v. u. Z.) 26, 108, 130
VIVIANI VINCENTIO (1622 bis 1703) 132
VOGT, Carl (1817—1895) 572
VOLKMANN, Paul (1856—1938) 17, 20, 23, 173, 289—291, 300
VOLTA, Alessandro (1745—1827) 131
VOLTAIRE (François-Marie Arouet) (1694—1778) 131, 467, 468, 471, 540, 603

WAHSNER, Renate 535, 538, 539, 540, 592, 595, 596, 602, 603, 636, 643, 645, 647
WALD, R. 611
WALLIS, John (1616—1703) 223, 226, 346, 347, 351, 359
WESSELY, Franz Xaver 578, 654
WESTON, Frederick 79
WEYL, Hermann (1885—1955) 604
WHEATSTONE, Charles (1802 bis 1875) 169
WIEN, Wilhelm Carl (1864 bis 1928) 215, 659
WILLY, Rudolf (1855—1920) 581
WITTICH, Dieter 572, 582
WLASSAK, Rudolf (1865—1930) 644
WÖHLER, Friedrich (1800 bis 1882) 567
WOHLWILL, Emil (1835—1912) 11, 16, 17, 21, 23, 70—73, 101f., 107, 145—147, 150, 159f., 174, 176, 295, 342
WOLFF, Michael 535, 544
WOLTERS, Gereon 633, 636
WOOD, William 470
WREN, Christopher (1632 bis 1723) 223, 346

YOUNG, Thomas (1773—1829) 658, 661
YOURGRAU, Wolfgang (1908 bis 1979) 638

ZAHRADNIK, Karel (ZAHRADNIČEK), (1848—1916) 20
ZEMPLÉN, Győző (1879—1916) 20, 392
ZELLER, Eduard (1814—1908) 102